EUROPA LEHRMITTEL

Edition Harri Deutsch

# Kinematik und Kinetik

Arbeitsbuch mit ausführlichen Aufgabenlösungen,
Grundbegriffen, Formeln, Fragen, Antworten

von
Gerhard Knappstein



**4. Auflage**

VERLAG EUROPA-LEHRMITTEL · Nourney, Vollmer GmbH & Co. KG
Düsselberger Straße 23 · 42781 Haan-Gruiten

**Europa-Nr.: 55583**

**Der Autor**

Dipl.-Ing. Gerhard Knappstein war nach seiner Ausbildung zum Werkzeugmacher und dem Maschinenbaustudium als Konstrukteur und Berechnungsingenieur in der Industrie tätig. Er ist Mitarbeiter im Fachbereich Maschinenbau – Fachgebiet Technische Mechanik – an der Universität Siegen.

4. Auflage 2014
Druck 5 4 3 2 1

ISBN 978-3-8085-5559-0



Umschlaggestaltung: braunwerbeagentur, 42477 Radevormwald
Druck: Medienhaus Plump GmbH, 53619 Rheinbreitbach

# Vorwort

Studierende der Ingenieurwissenschaften stellen sehr schnell fest, dass zum richtigen Verstehen und Einordnen der theoretischen Grundlagen des Mechanikfachs *Kinematik und Kinetik* das selbständige Lösen von Aufgaben unverzichtbar ist. Oft glauben Übende, die gelernten Formeln und Lehrsätze verstanden zu haben, doch in Wirklichkeit haben sie keineswegs alle ihre Anwendungsbedingungen und Konsequenzen erfasst.

Das vorliegende Arbeitsbuch ist als Ergänzung zu den Vorlesungen gedacht und bietet die notwendigen Grundbegriffe und Formeln, zahlreiche ausführlich gelöste Übungsaufgaben sowie Fragen und Antworten zum Überprüfen der Kenntnisse.

Alle wichtigen Teilgebiete der Kinematik und Kinetik werden behandelt und sind so strukturiert, dass in jedem Kapitel die drei Komponenten ***Grundbegriffe und Formeln***, ***Aufgaben mit Lösungen*** sowie ***Fragen und Antworten*** aufeinander folgen. Dadurch besteht eine ausgewogene Verbindung von Theorie und gelösten Übungsaufgaben.

Der Inhalt des Buches beschränkt sich bewusst auf das Notwendige und ist durch viele Bilder leicht verständlich, so dass die Studierenden schnell erkennen, worauf es ankommt und den Überblick behalten. Überhaupt habe ich mit Zeichnungen nicht gespart, da Studierende dadurch viel schneller und besser über schwierige Sachverhalte **"im Bilde"** sind, als das je mit Text geschehen könnte.

Zur bestmöglichen Nutzung des Buches empfehle ich, in Verbindung mit den Vorlesungen zunächst das Wesen der wichtigsten Grundbegriffe und Grundformeln zu studieren, und dann zu versuchen, die Aufgaben selbständig zu lösen. Oft ist es auch hilfreich, die Aufgaben, Lösungen, Fragen und Antworten in der Gruppe zu bearbeiten und zu diskutieren.

Da die Erfahrung zeigt, dass viele Studienanfänger den Weg von der Problemstellung zur Lösung verlieren, wenn man ihn nicht systematisch anlegt, sind ergänzend Leitlinien zum Lösen von Mechanik-Aufgaben als grundsätzliches Lösungsverfahren angegeben.

In der vorliegenden 4. Auflage habe ich zusätzlich zur Formelsammlung der Kinematik und Kinetik noch Formelsammlungen zur Statik und zur Festigkeitslehre aus meinen gleichlautenden Büchern aufgenommen, so dass jetzt alle wichtigen Formeln für das Grundlagenfach Technische Mechanik wiedergegeben sind. Das Buch erscheint erstmals in der Edition Harri Deutsch des Verlags Europa-Lehrmittel.

Siegen, 2014 *Gerhard Knappstein*

**Leserkontakt**

Autoren und Verlag Europa-Lehrmittel
Nourney, Vollmer GmbH & Co. KG
Düsselberger Str. 23
42781 Haan-Gruiten
lektorat@europa-lehrmittel.de
http://www.europa-lehrmittel.de

# Inhaltsverzeichnis

# 0 Einleitung

Die ***Kinematik*** beschreibt Bewegungen eines Körpers, ohne auf die bewegenden Kräfte einzugehen, das heißt, die Lage von Körpern in Abhängigkeit von der Zeit wird beschrieben.
In der ***Kinetik*** wird der Zusammenhang zwischen den Kräften und den durch sie bewirkten Bewegungsänderungen von Massen untersucht. Sind die Kräfte bekannt, so kann daraus im Allgemeinen der Bewegungsablauf bestimmt werden und umgekehrt.

# 1 Kinematik der geradlinigen Bewegung eines Punktes

Die Bewegung eines Punktes entlang einer geraden Linie wird beschrieben durch die Weg-Zeit-Funktion, besser Orts-Zeit-Funktion $x = x(t)$, das heißt, wir wissen zu jeder Zeit $t$ den Abstand $x$ des Punktes P von einem festen Punkt 0 (Bild 01.1).

## 1.1 Grundbegriffe und Formeln

### 1.1.1 Ort (Weg), Geschwindigkeit, Beschleunigung

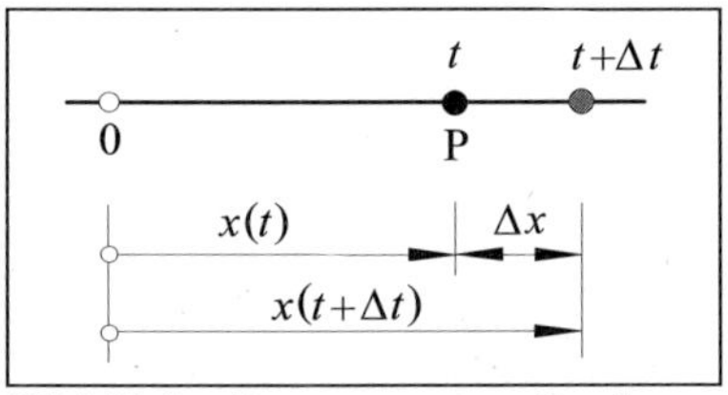


*Bild 01.1: Bewegung eines Punktes auf geradliniger Bahn*

$$\boxed{x = x(t)}$$

$$v_m = \frac{\Delta x}{\Delta t} = \frac{x(t+\Delta t) - x(t)}{\Delta t}$$

$$a_m = \frac{\Delta v}{\Delta t} = \frac{v(t+\Delta t) - v(t)}{\Delta t}$$

$$\boxed{v = \lim_{\Delta t \to 0} \frac{\Delta x}{\Delta t} = \frac{dx}{dt} = \dot{x}}$$

$$\boxed{a = \lim_{\Delta t \to 0} \frac{\Delta v}{\Delta t} = \frac{dv}{dt} = \dot{v} = \ddot{x}}$$

| | |
|---|---|
| $x$ | Ortskoordinate (Wegkoordinate) |
| $t$ | Zeit, Zeitpunkt |
| $v_m$ | mittlere Geschwindigkeit im Zeitintervall $\Delta t$ |
| $a_m$ | mittlere Beschleunigung im Zeitintervall $\Delta t$ |
| $v$ | momentane Geschwindigkeit zur Zeit $t$ |
| $a$ | momentane Beschleunigung zur Zeit $t$ |
| $\dot{x}$ | Geschwindigkeit (1. Ableitung des Ortes (Weges) nach der Zeit) |
| $\ddot{x}$ | Beschleunigung (2. Ableitung des Ortes (Weges) nach der Zeit) |
| $\dot{v}$ | Beschleunigung (1. Ableitung der Geschwindigkeit nach der Zeit) |

## 1.1.2 Kinematische Diagramme

Über die Bewegung eines Punktes gewinnen wir einen anschaulichen Überblick, wenn wir die Ortskoordinate $x$, die Geschwindigkeit $v$ und die Beschleunigung $a$ über der Zeit auftragen.

Die Ortskoordinate $x$ wird öfters auch als Wegkoordinate bezeichnet, was dann zu Missverständnissen führen kann, weil die Koordinate $x$ nicht den Weg, sondern den Ort des Punktes angibt. Wenn zum Beispiel ein Punkt auf einer Strecke hin und her bewegt wird, so kann der zurückgelegte Weg beliebig groß werden, während sich sein Ort nur zwischen zwei Grenzen $x_1$ und $x_2$ ändert.

Die Geschwindigkeits-Zeit-Funktion $v(t) = \dot{x}(t)$ (der Punkt über der Größe bedeutet die Ableitung nach der Zeit) entsteht durch Ableitung (**Differentiation**) der Funktion $x(t)$. Dies gilt auch analog für die Funktionen $v(t)$ und $a(t)$. Durch **Integration** können wir umgekehrt aus der Beschleunigungs-Zeit-Funktion $a(t)$ die Geschwindigkeits-Zeit-Beziehung $v(t)$ und weiter die Orts (Weg)-Zeit-Beziehung $x(t)$ bestimmen. Das bedeutet zum Beipiel, daß die Änderung des Ortes (Ortsdifferenz) durch die Fläche unter der $v,t$-Linie dargestellt wird (Bild 01.3). In Bild 01.2 sind diese Diagramme für eine ungleichförmige Bewegung in einer geradlinigen Bahn dargestellt. Die geradlinige Bahn ist neben der Ortskoordinate $x$ im Bild 01.2 zu sehen. Manchmal wird der Ort $x$ als unabhängige Variable gewählt, um zum Beispiel die Geschwindigkeits-Orts-Funktion $v(x)$ darzustellen.

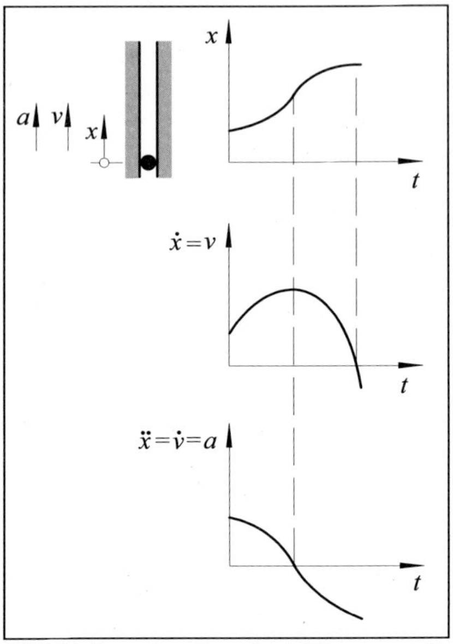


*Bild 01.2: x,t-, v,t- und a,t-Diagramm für eine ungleichförmige Bewegung in einer geradlinigen Bahn*

All diese graphischen Darstellungen bezeichnen wir als ***kinematische Diagramme***.

## 1.1.3 Geradlinige Bewegung mit konstanter Geschwindigkeit (gleichförmige Bewegung)

Gleichförmige geradlinige Bewegung heißt eine Bewegung, bei der die Beschleunigung $a = 0$ und die Geschwindigkeit $v = konstant$ ist.

Der zurückgelegte Weg nach der Zeit $t$ ist

$$\boxed{x = x_0 + v\,t}.$$

$x_0$ ist der Weg, der zu Beginn der Zeitmessung bereits zurückgelegt war.

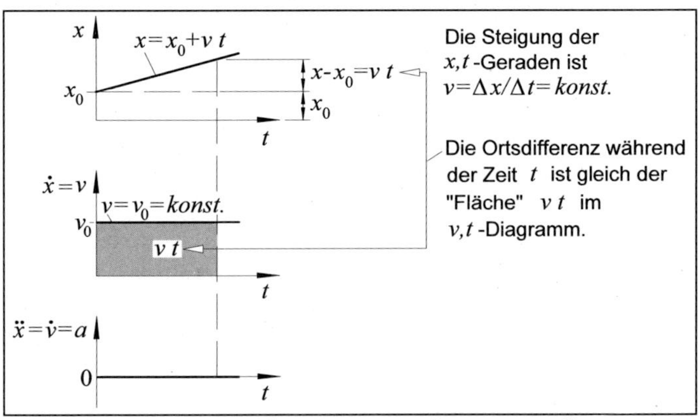


*Bild 01.3: x,t-, v,t- und a,t-Diagramm für eine geradlinige Punktbewegung mit konstanter Geschwindigkeit*

### 1.1.4 Geradlinige Bewegung mit konstanter Beschleunigung (gleichmäßig beschleunigte Bewegung oder gleichmäßig verzögerte Bewegung)

Gleichmäßig beschleunigte geradlinige Bewegung heißt eine Bewegung, bei der die Beschleunigung $a = konstant$ ist.

Die Geschwindigkeit zu einem beliebigen Zeitpunkt $t$ ist $\boxed{v = v_0 + a\,t}$.

$v_0$ ist die Anfangsgeschwindigkeit zum Zeitpunkt $t = 0$. Nach Integration mit der Anfangsbedingung $t = 0$, $x = x_0$ folgt:

$$x = \int v\,dt \quad \Rightarrow \quad \boxed{x = x_0 + v_0\,t + \frac{1}{2}a\,t^2}.$$

Aus diesen beiden Gleichungen wird durch Elimination von $t$: $\boxed{v = \sqrt{2a(x - x_0) + v_0^{\,2}}}$.

Wenn wir die Ortskoordinate $x$, die Geschwindigkeit $v$ und die Beschleunigung $a$ über der Zeit auftragen, erhalten wir die Diagramme nach (Bild 01.4).

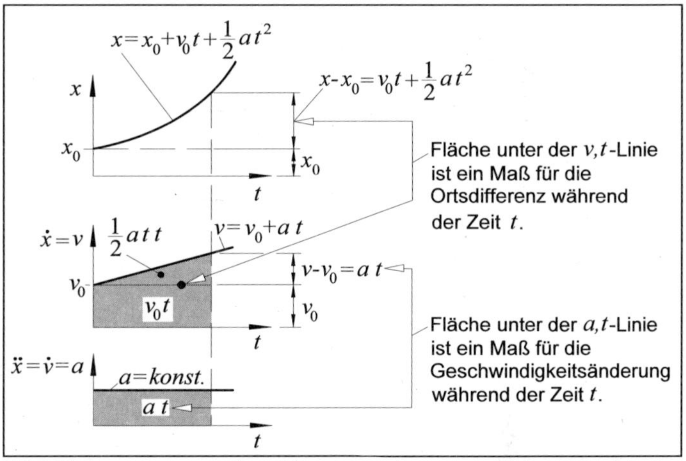


*Bild 01.4: x,t-, v,t- und a,t-Diagramm einer geradlinigen Punktbewegung mit konstanter Beschleunigung*

Die Ortskoordinate $x$ ist eine quadratische Funktion der Zeit $t$, während die Geschwindigkeit $v = \dot{x}$ linear in $t$ ist (Bild 01.4). Die Geschwindigkeit setzt sich aus der Anfangsgeschwindigkeit $v_0$ und der durch die Beschleunigung verursachten Geschwindigkeitszunahme $a\,t$ (Rechteck im $a,t$-Diagramm) zusammen. Die Fläche unter der $v,t$-Linie im $v,t$-Diagramm besteht aus dem Dreieck $\frac{1}{2}a\,t\,t$ und dem Rechteck $v_0 t$ und sie entspricht der Ortsdifferenz während der Zeit $t$ (Bild 01.4). Ausgehend vom $x,t$-Diagramm erhalten wir das $v,t$-Diagramm als erste und das $a,t$-Diagramm als zweite Ableitung.

### 1.1.5 Ungleichförmig beschleunigte Bewegung

Ist die Bewegung weder gleichförmig noch gleichmäßig beschleunigt, das heißt, wenn die Beschleunigung eine Funktion der Zeit, also nicht mehr konstant oder Null ist, so liegt eine ungleichförmig beschleunigte Bewegung vor.

Als ***kinematische Grundaufgaben*** werden die gegenseitigen Überführungen der kinematischen Größen Zeit $t$, Ort (Weg) $x$, Geschwindigkeit $v$ und Beschleunigung $a$ bei einer geradlinigen Bewegung bezeichnet (siehe nebenstehende Tabelle). Ist eine dieser Funktionen gegeben, so können die gesuchten Funktionen (siehe Tabelle) teils durch Differentiation, teils durch Integration berechnet werden.

| Fall | gegebene Funktion | gesuchte Funktionen |
|---|---|---|
| 1 | $a(t)$ | $x(t)$, $v(t)$ |
| 2 | $v(t)$ | $x(t)$, $a(t)$ |
| 3 | $x(t)$ | $v(t)$, $a(t)$ |
| 4 | $v(x)$ | $a(x)$, $t(x)$ |
| 5 | $a(x)$ | $v(x)$, $t(x)$ |
| 6 | $a(v)$ | $x(v)$, $t(v)$ |

In der nachstehenden Tabelle sind für die Fälle 1 bis 6 die gegebenen und die daraus berechneten kinematischen Funktionen (Lösungswege bzw. Ansätze) zusammengestellt.
Alle in der Tabelle vorkommenden Integrale sind bestimmte Integrale, wobei $\bar{t}$, $\bar{v}$, $\bar{x}$ und $\hat{x}$ als sogenannte Integrationsvariable eingeführt werden.

***Kinematische Grundaufgaben*** bei geradliniger Bewegung.

Beginn der Bewegung zur Zeit $t = t_0$: $x = x_0$ und $v = v_0$

| Fall | Gegebene Funktion | Berechnete Funktionen | |
|---|---|---|---|
| 1 | $a(t)$ | $v(t) = v_0 + \int\limits_{\bar{t}=t_0}^{t} a(\bar{t})\,d\bar{t}$ ; | $x(t) = x_0 + \int\limits_{\bar{t}=t_0}^{t} v(\bar{t})\,d\bar{t}$ ;<br>$x(t) = x_0 + v_0(t-t_0) + \int\limits_{\bar{t}=t_0}^{t} a(\bar{t})(t-\bar{t})\,d\bar{t}$ |
| 2 | $v(t)$ | $a(t) = \frac{dv(t)}{dt}$ ; | $x(t) = x_0 + \int\limits_{\bar{t}=t_0}^{t} v(\bar{t})\,d\bar{t}$ |
| 3 | $x(t)$ | $a(t) = \frac{d^2x(t)}{dt^2}$ ; | $v(t) = \frac{dx(t)}{dt}$ |
| 4 | $v(x)$ | $a(x) = v(x)\frac{dv(x)}{dx}$ ; | $t(x) = t_0 + \int\limits_{\bar{x}=x_0}^{x} \frac{d\bar{x}}{v(\bar{x})}$ |
| 5 | $a(x)$ | $v(x) = \sqrt{v_0^2 + 2\int\limits_{\bar{x}=x_0}^{x} a(\bar{x})\,d\bar{x}}$ ; | $t(x) = t_0 + \int\limits_{\bar{x}=x_0}^{x} \frac{d\bar{x}}{v(\bar{x})}$ ;<br>$t(x) = t_0 + \int\limits_{\bar{x}=x_0}^{x} \frac{d\bar{x}}{\sqrt{v_0^2 + 2\int\limits_{\hat{x}=x_0}^{x} a(\hat{x})\,d\hat{x}}}$ |
| 6 | $a(v)$ | $x(v) = x_0 + \int\limits_{\bar{v}=v_0}^{v} \frac{\bar{v}\,d\bar{v}}{a(\bar{v})}$ ; | $t(v) = t_0 + \int\limits_{\bar{v}=v_0}^{v} \frac{d\bar{v}}{a(\bar{v})}$ |

# 1.2 Aufgaben mit Lösungen

## Aufgabe 1.1 Freier Fall

Ein Körper wird im freien Fall (Fallbeschleunigung $g$) ohne Berücksichtigung des Luftwiderstandes aus der Höhe $h$ auf die Erde fallen gelassen (Bild 1.1).
Wie groß sind Aufprallgeschwindigkeit und Fallzeit, wenn der Körper zur Zeit $t_A = 0$ mit $v_A = 0$ und $x_A = 0$ losgelassen wird?

$h = 100\,\mathrm{m}, \quad g = 9{,}81\,\frac{\mathrm{m}}{\mathrm{s}^2}$ .

Die kinematischen Diagramme für die Funktionen $x(t)$, $v(t)$ und $a(t)$ sind zu zeichnen.

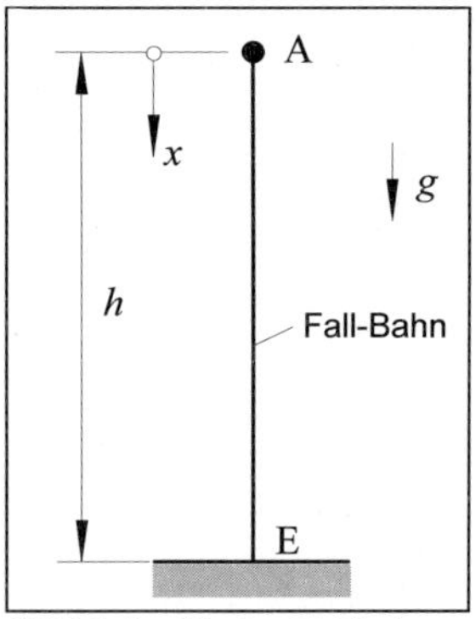


*Bild 1.1: Freier Fall ohne Luftwiderstand*

***Lösung:***

$a(t) = g = \textit{konstant}$ (gleichmäßig beschleunigte Bewegung), das heißt:

$$\frac{dv}{dt} = g\ ; \qquad dv = g\,dt\ ; \qquad \int_{v_A=0}^{v} dv = g\int_0^t dt \quad \Rightarrow \quad \boxed{v = g\,t} \tag{1}$$

$$\frac{dx}{dt} = v = g\,t\ ; \qquad dx = g\,t\,dt\ ; \qquad \int_{x_A=0}^{x} dx = g\int_0^t t\,dt \quad \Rightarrow \quad \boxed{x = \frac{g}{2}t^2} \tag{2}$$

Aus (2) folgt: $t = \sqrt{\dfrac{2x}{g}}$ (3)

(3) in (1) eingesetzt: $v = g\sqrt{\dfrac{2x}{g}} = \sqrt{2gx}$ .

Mit $x = h$ erhalten wir die Aufprallgeschwindigkeit $v_E = \underline{\underline{\sqrt{2gh}}}$ ,

und aus (3) folgt die Fallzeit $t_E = \underline{\underline{\sqrt{\dfrac{2h}{g}}}}$ .

**Zahlenwerte:** $v_E = \sqrt{2\cdot 9{,}81\frac{\mathrm{m}}{\mathrm{s}^2}\cdot 100\,\mathrm{m}} = \underline{\underline{44{,}3\,\frac{\mathrm{m}}{\mathrm{s}}}}$ (Aufprallgeschwindigkeit)

$t_E = \sqrt{\dfrac{2\cdot 100\,\mathrm{m}}{9{,}81\frac{\mathrm{m}}{\mathrm{s}^2}}} = \underline{\underline{4{,}52\,\mathrm{s}}}$ (Fallzeit).

Im Bild 1.1.1 sind die kinematischen Diagramme dargestellt, wobei links oben im Bild die positiven Koordinatenrichtungen von $x$, $v$ und $a$ eingetragen sind.

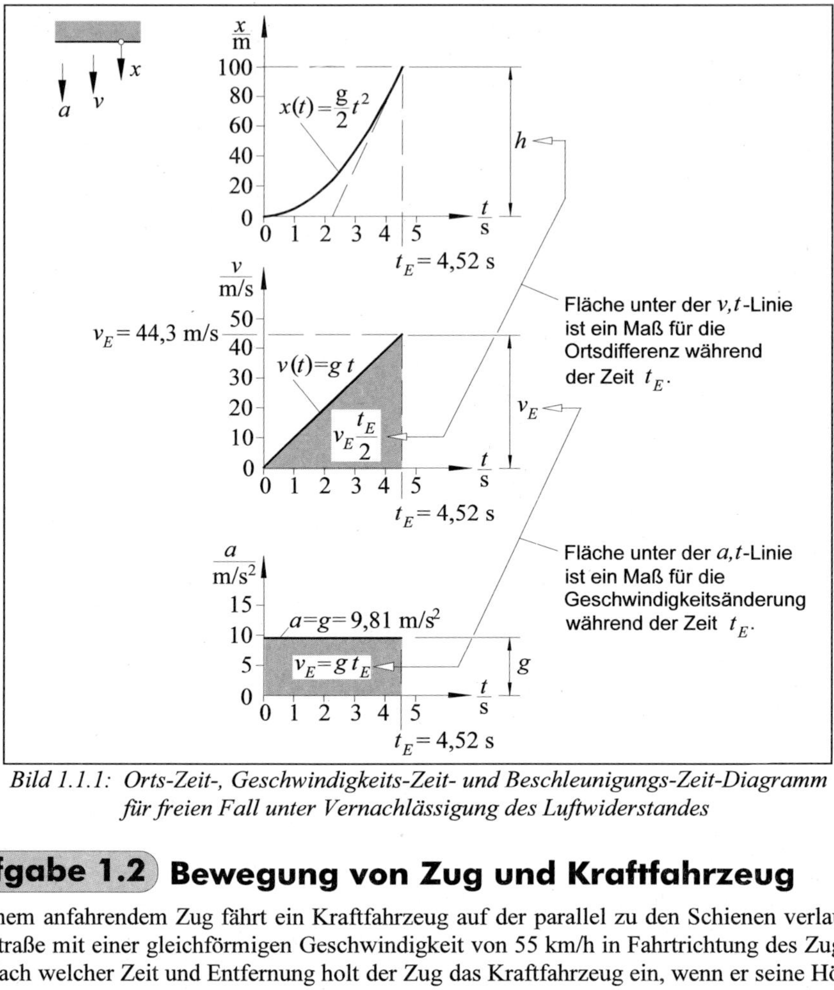


*Bild 1.1.1: Orts-Zeit-, Geschwindigkeits-Zeit- und Beschleunigungs-Zeit-Diagramm für freien Fall unter Vernachlässigung des Luftwiderstandes*

## Aufgabe 1.2 Bewegung von Zug und Kraftfahrzeug

An einem anfahrendem Zug fährt ein Kraftfahrzeug auf der parallel zu den Schienen verlaufenden Landstraße mit einer gleichförmigen Geschwindigkeit von 55 km/h in Fahrtrichtung des Zuges vorbei. Nach welcher Zeit und Entfernung holt der Zug das Kraftfahrzeug ein, wenn er seine Höchstgeschwindigkeit von 85 km/h bei gleichmäßiger Beschleunigung nach 3 min 32 s erreicht und diese dann beibehält?

### *Lösung:*

Zur Lösung wird das $v,t$-Diagramm jeweils für das Kraftfahrzeug und den Zug gezeichnet (Bild 1.2.1).

Es ist: $v_K = 55\,\text{km/h}$; $v_Z = 85\,\text{km/h}$;

$t_H = 212\,\text{s}$; $x_K = x_Z = x_E$.

Das Kraftfahrzeug ist vom Zug nach einer Strecke $x_K = x_Z = x_E$ und der Zeit $t_E$ eingeholt.

Da die Fläche unter der $v,t$-Linie (Bild 1.2.1) ein Maß für die Ortsdifferenz ist, gilt:

Kraftfahrzeug: $x_K = v_K\, t_E$

Zug: $x_Z = \dfrac{v_Z t_H}{2} + v_Z (t_E - t_H)$.

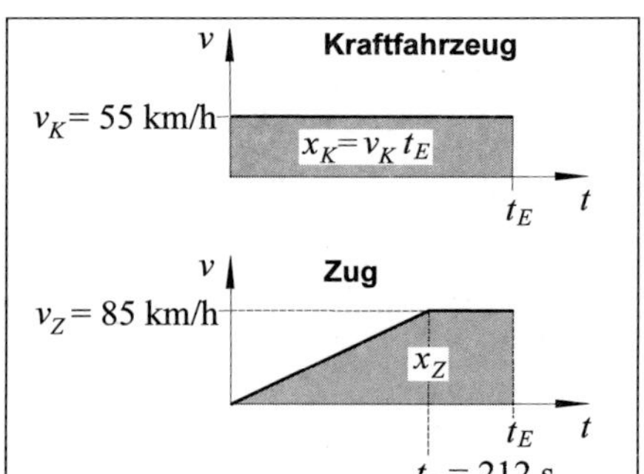


*Bild 1.2.1: v,t-Diagramme für Kfz und Zug*

Weiter gilt mit $t_H = 212$ s: $x_K = x_Z = x_E$

$$x_K = x_Z$$

$$v_K t_E = \frac{v_Z t_H}{2} + v_Z (t_E - t_H) \quad \Rightarrow \quad v_K t_E = \frac{v_Z t_H}{2} + v_Z t_E - v_Z t_H$$

$$t_E = -\underline{\underline{\frac{v_Z t_H}{2(v_K - v_Z)}}}$$

$$x_E = x_K = v_K t_E = -\underline{\underline{\frac{v_K v_Z t_H}{2(v_K - v_Z)}}} .$$

**Zahlenwerte:**

$$t_E = -\frac{85\frac{\text{km}}{\text{h}} 212\,\text{s}}{2(55-85)\frac{\text{km}}{\text{h}}} = 300\,\text{s} = \underline{\underline{5\,\text{min}}}; \qquad x_E = 55\frac{\text{km}}{\text{h}}\,5\,\text{min}\frac{1\,\text{h}}{60\,\text{min}} = \underline{\underline{4{,}58\,\text{km}}}.$$

## Aufgabe 1.3 Geradlinige Bewegung eines Fahrzeugs

Ein Fahrzeug bewegt sich auf einer geraden Strecke. Es startet aus dem Stillstand mit konstanter Beschleunigung $a_1 = 5\,\text{m/s}^2$, erreicht die Fahrgeschwindigkeit $\overline{v}$, die es beibehält, bis es auf dem letzten Teil der Gesamtfahrstrecke mit konstanter Bremsverzögerung $a_3 = 3\,\text{m/s}^2$ bis zum erneuten Stillstand abgebremst wird. Die Gesamtfahrstrecke beträgt 400 m, die gesamte Fahrzeit 25 s.

Gesucht ist die gleichförmige Geschwindigkeit $\overline{v}$, und es sind für die drei Bewegungsabschnitte die kinematischen Diagramme der Funktionen $x(t)$, $v(t)$ und $a(t)$ zu zeichnen.

### *Lösung:*

Der gesamte Bewegungsablauf läßt sich in drei Abschnitte unterteilen. Im ersten Abschnitt steigt die $v,t$-Linie bei konstanter Beschleunigung linear an, verläuft dann im 2. Abschnitt bei der Beschleunigung von Null waagerecht und fällt im 3. Abschnitt schließlich bei gleichförmiger Verzögerung linear auf Null ab (Bild 1.3.1).

Außerdem sind bekannt:

$T_3 = 25\,\text{s}$ ; $x_{ges} = 400\,\text{m}$ ; $a_1 = 5\,\text{m/s}^2$

$a_3 = 3\,\text{m/s}^2$.

Gesamtfahrstrecke $x_{ges} = x_1 + x_2 + x_3$ .

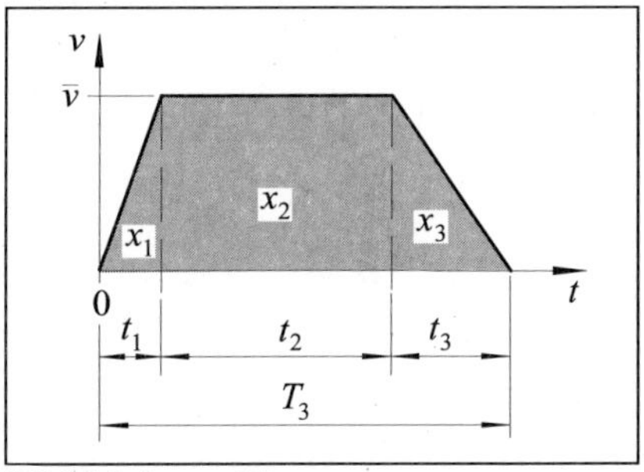

*Bild 1.3.1: v,t-Diagramm*

Die Fahrstrecken (Ortsdifferenzen) $x_1, x_2$ und $x_3$ in den einzelnen Bewegungsabschnitten entsprechen den Flächen unter der $v,t$-Linie (Bild 1.3.1 und 1.3.2b):

$$x_{ges} = x_1 + x_2 + x_3 = \frac{\overline{v}\,t_1}{2} + \overline{v}\,t_2 + \frac{\overline{v}\,t_3}{2} . \qquad (1)$$

Gesamte Fahrzeit: $T_3 = t_1 + t_2 + t_3 = \frac{\overline{v}}{a_1} + t_2 + \frac{\overline{v}}{a_3} \quad \Rightarrow \quad t_2 = T_3 - \frac{\overline{v}}{a_1} - \frac{\overline{v}}{a_3}$ .

In (1) eingesetzt, folgt:

$$x_{ges} = \frac{\overline{v}\overline{v}}{2a_1} + \overline{v}\left(T_3 - \frac{\overline{v}}{a_1} - \frac{\overline{v}}{a_3}\right) + \frac{\overline{v}\overline{v}}{2a_3} = \frac{\overline{v}^2}{2a_1} + \overline{v}T_3 - \frac{\overline{v}^2}{a_1} - \frac{\overline{v}^2}{a_3} + \frac{\overline{v}^2}{2a_3}$$

$$x_{ges} = \bar{v}T_3 - \frac{\bar{v}^2}{2a_1} - \frac{\bar{v}^2}{2a_3} = \bar{v}T_3 - \bar{v}^2\left(\frac{a_3 + a_1}{2a_1 a_3}\right)$$

$$\bar{v}^2 \frac{a_1 + a_3}{2\,a_1\,a_3} - \bar{v}\;T_3 + x_{ges} = 0$$

$$\bar{v}^2 - \frac{2\,a_1\,a_3}{a_1 + a_3} T_3\,\bar{v} + \frac{2\,a_1\,a_3}{a_1 + a_3} x_{ges} = 0$$

$$\bar{v}_{1/2} = \frac{a_1 a_3 T_3}{(a_1 + a_3)} \pm \sqrt{\left(\frac{a_1 a_3 T_3}{a_1 + a_3}\right)^2 - \frac{2a_1 a_3}{a_1 + a_3} x_{ges}}$$

$$\bar{v}_{1/2} = \left(\frac{5\cdot 3\cdot 25}{5+3} \pm \sqrt{\left(\frac{5\cdot 3\cdot 25}{5+3}\right)^2 - \frac{2\cdot 5\cdot 3}{5+3}400}\right)\frac{\text{m}}{\text{s}} \quad\Rightarrow\quad \bar{v}_1 = 73{,}28\frac{\text{m}}{\text{s}}\,; \qquad \bar{v}_2 = 20{,}47\frac{\text{m}}{\text{s}}\,.$$

Welche Geschwindigkeit gilt, können wir ermitteln, indem wir die Fahrzeiten im ersten und dritten Abschnitt berechnen.

$$t_{1_1} = \frac{\bar{v}_1}{a_1}\,; \quad t_{3_1} = \frac{\bar{v}_1}{a_3}\,;$$

mit $\bar{v} = 73{,}28\frac{\text{m}}{\text{s}}$ ergibt sich: $t_{1_1} = \frac{73{,}28}{5}\text{s} = 14{,}66\text{ s}$ und $t_{3_1} = \frac{73{,}28}{3}\text{s} = 24{,}43\text{ s}$.

Da die Addition dieser beiden Fahrzeiten $t_{1_1} + t_{3_1} = 39{,}09\text{ s}$ schon größer ist als die gesamte Fahrzeit von 25 s, erkennen wir, dass die Geschwindigkeit $\bar{v}_2 = 20{,}47\frac{\text{m}}{\text{s}}$ gelten muß.

Also beträgt die gesuchte gleichförmige Geschwindigkeit $\underline{\underline{\bar{v} = 20{,}47\frac{\text{m}}{\text{s}}}}$.

Um nun die kinematischen Diagramme (Bild 1.3.2) zeichnen zu können, berechnen wir zunächst die **Fahrzeiten** und die **Fahrstrecken** in den drei Bewegungsabschnitten.

Fahrzeit im ersten Bewegungsabschnitt: $t_1 = \frac{\bar{v}}{a_1} = \frac{20{,}47\text{ m/s}}{5\text{ m/s}^2} = 4{,}094\text{ s}$

Fahrzeit im dritten Bewegungsabschnitt: $t_3 = \frac{\bar{v}}{a_3} = \frac{20{,}47\text{ m/s}}{3\text{ m/s}^2} = 6{,}823\text{ s}$

Fahrzeit im zweiten Bewegungsabschnitt: $t_2 = T_3 - t_1 - t_3 = 25\text{s} - 4{,}094\text{s} - 6{,}823\text{s} = 14{,}083\text{s}$

Fahrstrecken (siehe auch Gleichung (1)):

Fahrstrecke im ersten Bewegungsabschnitt: $x_1 = \frac{\bar{v}\,t_1}{2} = \frac{20{,}47\cdot 4{,}094}{2}\text{m} = 41{,}9\text{ m}$

Fahrstrecke im zweiten Bewegungsabschnitt: $x_2 = \bar{v}\,t_2 = 20{,}47\cdot 14{,}083\text{m} = 288{,}28\text{m}$

Bremsweg im dritten Bewegungsabschnitt: $x_3 = \frac{\bar{v}\,t_3}{2} = \frac{20{,}47\cdot 6{,}823}{2}\text{m} = 69{,}83\text{ m}$ .

Die Diagramme (Bild 1.3.2) zeigen im ersten Bewegungsabschnitt eine konstante Beschleunigung, die nach $t_1 = 4{,}094\text{ s}$ Null wird. Im zweiten Bewegungsabschnitt folgt die gleichförmige Bewegung und im dritten Bewegungsabschnitt ist die Beschleunigung negativ.

Die *x,t*-Kurve setzt sich aus der Parabel der gleichförmig beschleunigten Bewegung und der Geraden der gleichförmigen Bewegung und der Parabel der gleichförmig verzögerten Bewegung zusammen.

Weil die Beschleunigung in den Zeitpunkten $t_1$ und $T_2$ unstetig (Sprung) und die Geschwindigkeit nicht differenzierbar (Knick) ist, stellt sich die Bewegung hier als eine Idealisierung dar. Die Orts-Zeit-Funktion ist im Gegensatz dazu differenzierbar, weil die Parabelteile knickfrei mit dem Geradenteil verbunden sind. Bei realen Bewegungen sind zu allen Zeitpunkten die Geschwindigkeit differenzierbar und die Beschleunigung stetig.

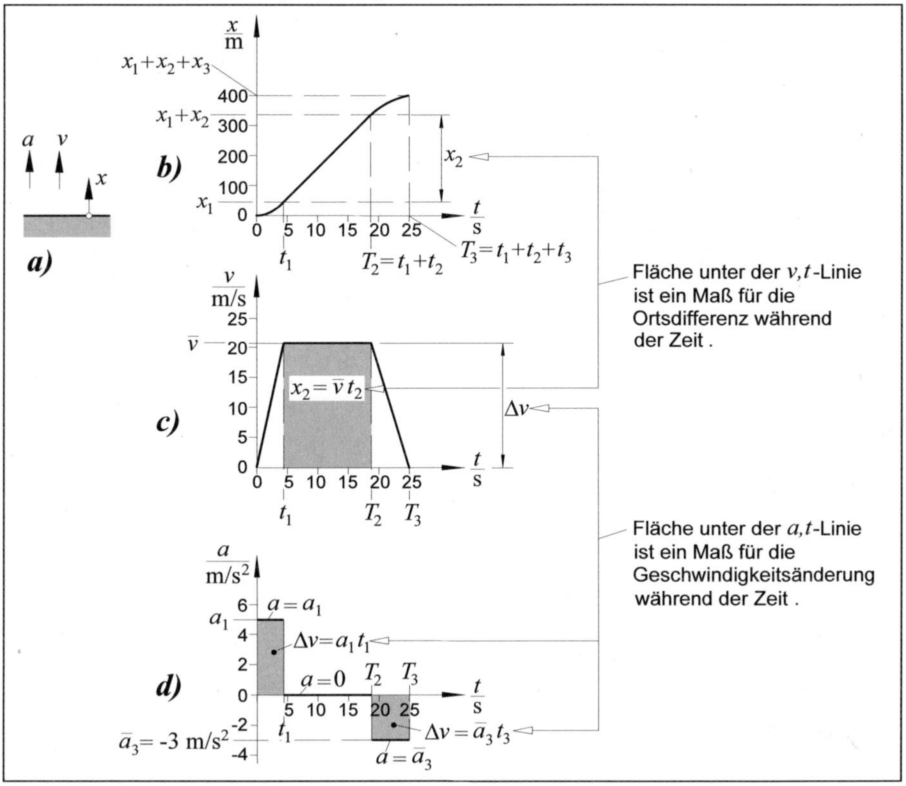


*Bild 1.3.2: Kinematische Diagramme mit Koordinatensystemen*
*a) Koordinatensysteme*
*b) x,t-Diagramm*
*c) v,t-Diagramm*
*d) a,t-Diagramm*

## Aufgabe 1.4 Auffahrunfall zweier Kraftfahrzeuge

Zwei Kraftfahrzeuge A und B fahren mit einer Geschwindigkeit $\bar{v} = 75\,\text{km/h}$ im Abstand von 20 m (Bild 1.4) hintereinander her. Das vorausfahrende Kraftfahrzeug A bremst plötzlich mit einer Verzögerung von $a_A = 3{,}5\,\text{m/s}^2$.

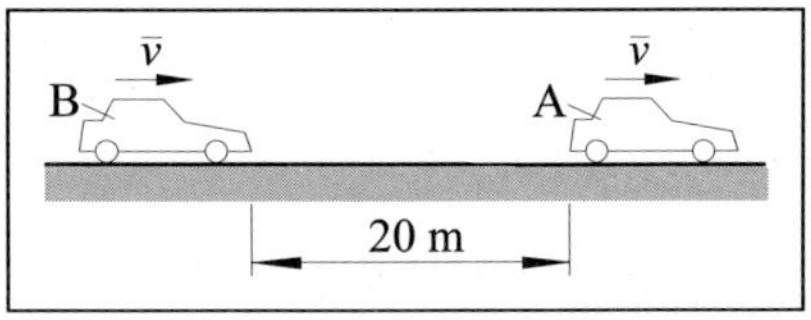


*Bild 1.4: Zwei Fahrzeuge auf gerader Strecke*

1. Wie viel Sekunden nach dem Bremsbeginn des Kraftfahrzeugs A fährt das ungebremste Kraftfahrzeug B auf A auf?
2. Wie groß ist dann im Moment des Aufpralls von B auf A die Geschwindigkeit des Kraftfahrzeugs A?

***Lösung:***

**zu 1.**

Den Ursprung der gemeinsamen Ortskoordinate $x$ für die Bewegung beider Kraftfahrzeuge legen wir dorthin, wo sich zum Zeitpunkt des Beginns der Abbremsung von Kraftfahrzeug A $(t_0 = 0)$ die vordere Stoßstange des Kraftfahrzeugs B befindet (Bild 1.4.1).
Nach Beginn des Bremsvorgangs von Kraftfahrzeug A fährt B nach Ablauf der Zeit $t_U$ auf Kraftfahrzeug A auf.
Den Lösungsansatz für diese Aufgabe finden wir, wenn wir für die Bewegung der beiden Kraftfahrzeuge jeweils getrennt die kinematischen Diagramme zeichnen (Bild 1.4.2).

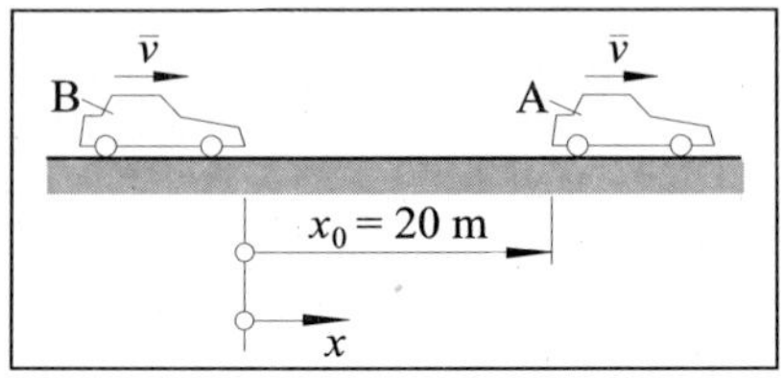


*Bild 1.4.1: Lage der Ortskoordinate x (Beginn der Abbremsung des Kraftfahrzeugs A)*

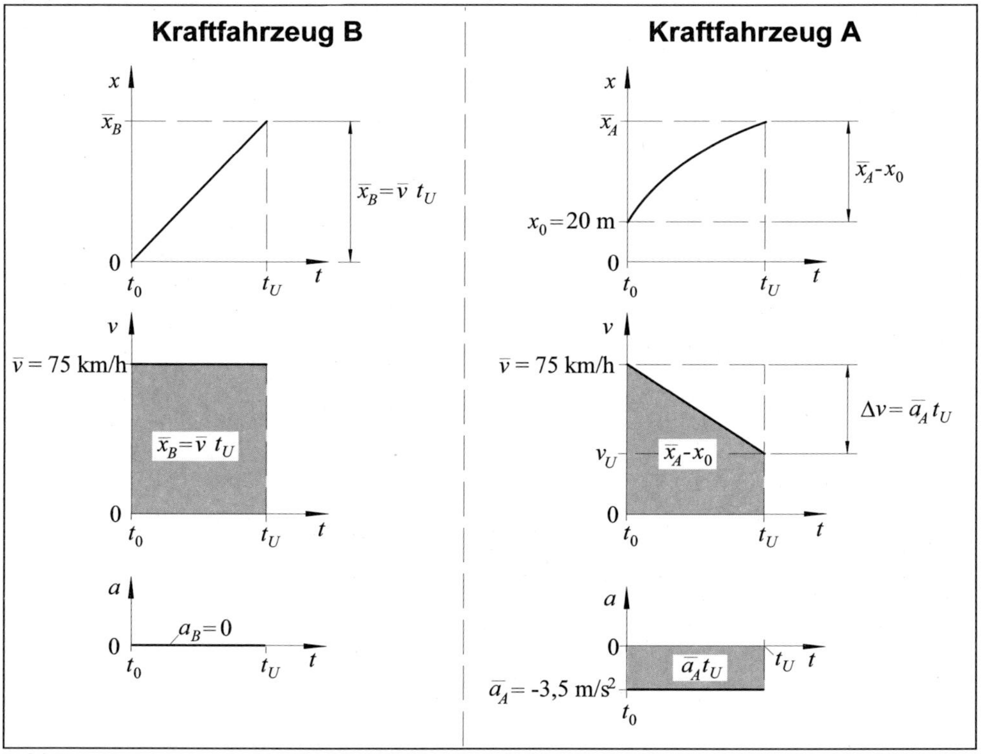


*Bild 1.4.2: Kinematische Diagramme für die Kraftfahrzeuge A und B*

Der Lösungsansatz lautet nun:
Nach der Zeit $t_U$ fährt Fahrzeug B an dem Ort $x = \overline{x}_B$ auf Fahrzeug A auf, das heißt, in den Ort-Zeit-Diagrammen für die beiden Fahrzeuge (Bild 1.4.2) muß der $x(t)$-Punkt für den Aufprall der beiden Fahrzeuge gleich sein.

Daraus folgt die Bedingung: $\overline{x}_A = \overline{x}_B$ . (1)

Da die Flächen unter der $v,t$-Linie ein Maß für die Ortsdifferenz sind, können wir schreiben (Bild 1.4.2):

$$\overline{x}_B = \overline{v} \cdot t_U$$

$$\overline{x}_A - x_0 = \overline{v} \cdot t_U - a_A \cdot t_U \cdot \frac{t_U}{2} \qquad \Rightarrow \qquad \overline{x}_A = x_0 + \overline{v} \cdot t_U - a_A \frac{t_U^2}{2} .$$

In Gleichung (1) einsetzen: $x_0 + \bar{v} \cdot t_U - a_A \dfrac{t_U^2}{2} = \bar{v} \cdot t_U$ .

Daraus folgt: $$t_U = \sqrt{\frac{2\,x_0}{a_A}} = \sqrt{\frac{2 \cdot 20\ \text{m}}{3{,}5\ \text{m/s}^2}} = \underline{\underline{3{,}381\ \text{s}}}\ .$$

**zu 2.**

Aus dem $v,t$-Diagramm des Fahrzeugs A (Bild 1.4.2) können wir die Geschwindigkeit $v_U$ des Kraftfahrzeugs A im Moment des Aufpralls von B auf A ablesen:

$$v_U = \bar{v} - a_A \cdot t_U = 75\frac{\text{km}}{\text{h}} - 3{,}5\frac{\text{m}}{\text{s}^2}\,3{,}381\,\text{s}\,\frac{1\ \text{km}}{1000\ \text{m}} \cdot \frac{3600\ \text{s}}{1\ \text{h}} = \underline{\underline{32{,}4\frac{\text{km}}{\text{h}}}}\ .$$

## Aufgabe 1.5 Zwei sich begegnende Körper auf parallelen Strecken

Ein Körper 1 wird mit einer Anfangsgeschwindigkeit $v_A$ senkrecht nach oben und gleichzeitig aus der Höhe $h$ ein zweiter Körper 2 mit gleicher Anfangsgeschwindigkeit $v_A$ auf einer parallelen Strecke senkrecht nach unten geschleudert (Bild 1.5).

1. Für die Begegnung der beiden Körper auf gleicher Höhe sind zu bestimmen:
   a) die Zeit,
   b) die Steig- bzw. Fallhöhe,
   c) die Geschwindigkeiten bei der Begegnung beider Körper,
2. Das $x,t$-Diagramm für die Bewegung der beiden Körper ist zu zeichnen.

Der Luftwiderstand sei vernachlässigbar.

Zahlenwerte: $v_A = 30\ \text{m/s}$; $h = 60\ \text{m}$; $g = 9{,}81\ \text{m/s}^2$.

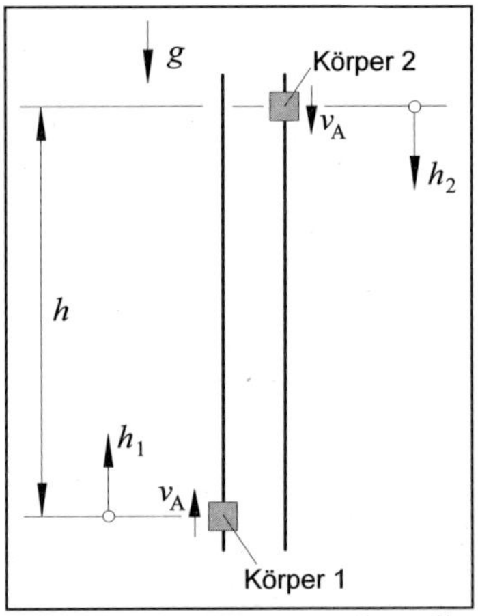


*Bild 1.5: Zwei Körper auf parallelen senkrechten Strecken*

### *Lösung:*

**zu 1.a)**

Bild 1.5.1 zeigt das $v,t$-Diagramm des Körpers 2. Die Zeit, nach der sich die zwei Körper begegnen, bezeichnen wir mit $t_B$. Die zurückgelegte Fallhöhe $h_{2B}$ während der Zeit $t_B$ bis zur Begegnung ist gleich der "Fläche" im $v,t$-Diagramm (Bild 1.5.1):

$$h_{2B} = v_A\, t_B + \frac{1}{2} g\, t_B^2\ . \qquad (1)$$

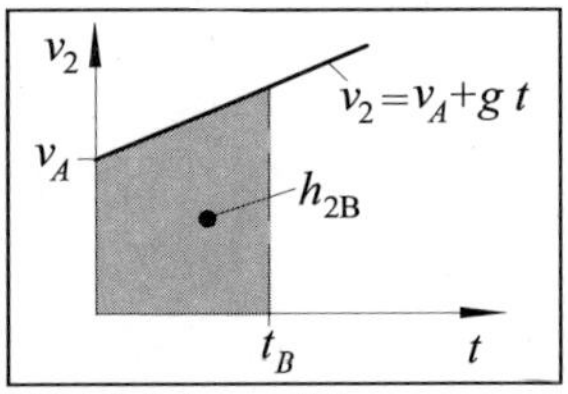


*Bild 1.5.1: v,t-Diagramm des Körpers 2*

Bild 1.5.2 zeigt das $v,t$-Diagramm des Körpers 1. Die zurückgelegte Steighöhe $h_{1B}$ während der Zeit $t_B$ bis zur Begegnung ist gleich der "Fläche" im $v,t$-Diagramm (Bild 1.5.2):

$$h_{1B} = v_A\, t_B - \frac{1}{2} g\, t_B^2\ . \qquad (2)$$

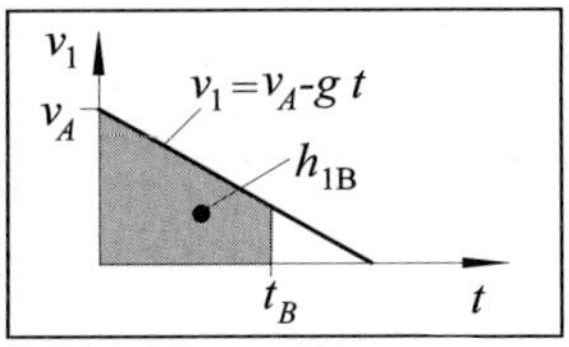


*Bild 1.5.2: v,t-Diagramm des Körpers 1*

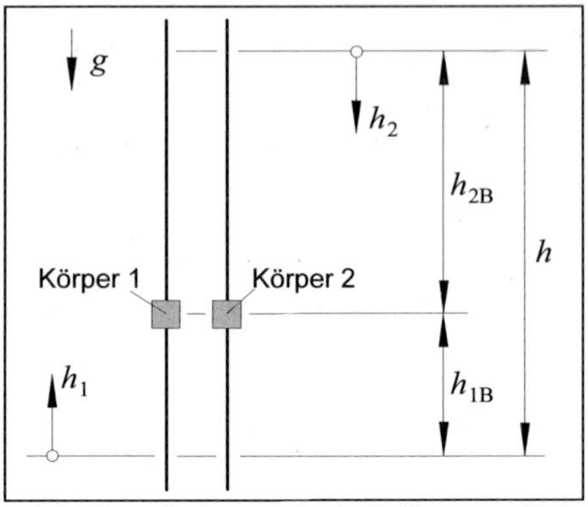


*Bild 1.5.3: Steig- und Fallhöhe zum Zeitpunkt der Begegnung*

Für den Zeitpunkt der Begegnung beider Körper gilt (Bild 1.5.3):

$$h = h_{1B} + h_{2B}$$

$$h = v_A\, t_B - \frac{1}{2} g\, t_B^2 + v_A\, t_B + \frac{1}{2} g\, t_B^2$$

$$t_B = \frac{h}{2\, v_A} = \frac{60\,\text{m}}{2 \cdot 30\,\frac{\text{m}}{\text{s}}} = \underline{\underline{1\,\text{s}}}\,.$$

**zu 1.b)**

Aus Gleichung (1) erhalten wir die Fallhöhe $h_{2B}$ des Körpers 2 bis zur Begegnung:

$$h_{2B} = v_A t_B + \frac{1}{2} g t_B^2 = 30\frac{\text{m}}{\text{s}} 1\text{s} + \frac{1}{2} 9{,}81\frac{\text{m}}{\text{s}^2}(1\text{s})^2 = \underline{\underline{34{,}905\text{m}}}\,.$$

Aus Gleichung (2) folgt die Steighöhe $h_{1B}$ des Körpers 1 bis zur Begegnung:

$$h_{1B} = v_A t_B - \frac{1}{2} g t_B^2 = 30\frac{\text{m}}{\text{s}} 1\text{s} - \frac{1}{2} 9{,}81\frac{\text{m}}{\text{s}^2}(1\text{s})^2 = \underline{\underline{25{,}095\text{m}}}\,.$$

**zu 1.c)**

Geschwindigkeit des Körpers 2 bei der Begegnung (Bild 1.5.1):

$$v_{2B} = v_A + g\, t_B = 30\frac{\text{m}}{\text{s}} + 9{,}81\frac{\text{m}}{\text{s}^2}\, 1\,\text{s} = \underline{\underline{39{,}81\frac{\text{m}}{\text{s}}}}\,.$$

Geschwindigkeit des Körpers 1 bei der Begegnung (Bild 1.5.2):

$$v_{1B} = v_A - g\, t_B = 30\frac{\text{m}}{\text{s}} - 9{,}81\frac{\text{m}}{\text{s}^2}\, 1\,\text{s} = \underline{\underline{20{,}19\frac{\text{m}}{\text{s}}}}\,.$$

**zu 2.**

Für das Orts-Zeit-Diagramm beider Körper legen wir den Ursprung der Ortskoordinate $x$ in den Startpunkt des Körpers 1 (Bild 1.5.4).
Die auf dieses $x$ bezogenen Orts-Zeit-Funktionen lauten nun:

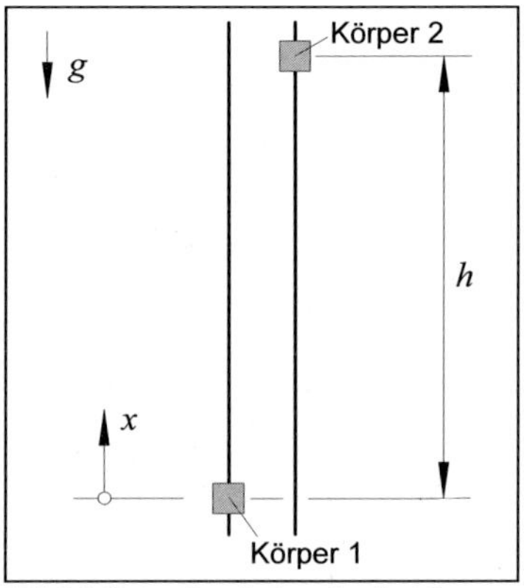


*Bild 1.5.4: Ortsbahn der beiden Körper*

**Körper 1:**

$$x = v_A\, t - \frac{1}{2} g\, t^2$$

$$x = 30\frac{\text{m}}{\text{s}}\, t - 4{,}905\frac{\text{m}}{\text{s}^2} t^2$$

**Körper 2:**

$$x = h - \left( v_A t + \frac{1}{2} g t^2 \right)$$

$$x = 60\text{m} - \left( 30\frac{\text{m}}{\text{s}} t + 4{,}905\frac{\text{m}}{\text{s}^2} t^2 \right).$$

Um die Ortskoordinate über der Zeit auftragen zu können, berechnen wir für einige Zeitwerte die $x$-Werte (siehe nebenstehende Wertetabelle).
Die Auftragung der $x,t$-Funktionen ergibt das $x,t$-Diagramm für beide Körper (Bild 1.5.5).

| $t$ in s | Körper 1 $x$ in m | Körper 2 $x$ in m |
|---|---|---|
| 0 | 0 | 60 |
| 0,5 | 13,77 | 43,77 |
| 1 | 25,095 | 25,095 |
| 1,5 | 33,96 | 3,96 |

Aus dem $x,t$-Diagramm (Bild 1.5.5) können wir ablesen:

- Der Schnittpunkt beider Kurven (Begegnung der beiden Körper) liegt bei $t = t_B = 1\,\text{s}$ und $x = h_{1B} = 25{,}095\,\text{m}$.
- Die Tangentensteigungen an die Kurven im Ort der Begegnung beider Körper sind gleich den Geschwindigkeiten der Körper zum Zeitpunkt der Begegnung.

$$\tan\alpha_1 \,\widehat{=}\, v_{1B} \approx \frac{25\,\text{m}}{1{,}25\,\text{s}} = \underline{\underline{20\,\frac{\text{m}}{\text{s}}}}$$

$$\tan\alpha_2 \,\widehat{=}\, v_{2B} \approx \frac{25\,\text{m}}{0{,}625\,\text{s}} = \underline{\underline{40\,\frac{\text{m}}{\text{s}}}}\,.$$

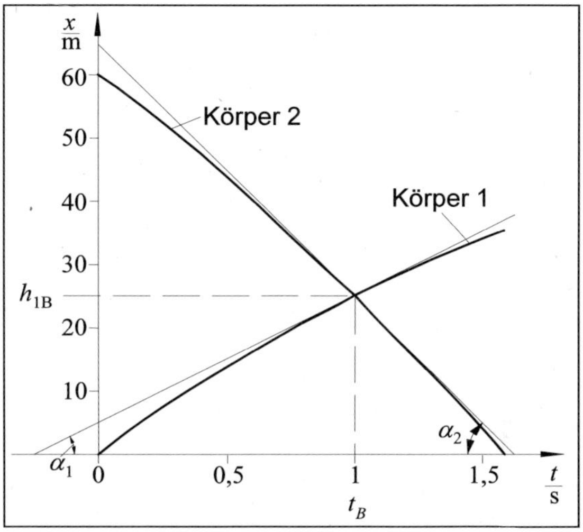

*Bild 1.5.5: x,t-Diagramm der beiden Körper*

## Aufgabe 1.6 Punktmasse über Seil an Gleitstein gekoppelt

Der Gleitstein A ist durch ein Seil mit der Länge $l$, welches über eine kleine Rolle geführt wird, mit der Punktmasse B verbunden. Der Gleitstein A bewegt sich mit der konstanten Geschwindigkeit $v_A$. Zum Zeitpunkt $t = 0$ befindet sich der Gleitstein A in der skizzierten Lage (Bild 1.6).

Gegeben: $e = 2\,\text{m}$; $l = 3\,\text{m}$; $a = 1\,\text{m}$;

$v_A = 0{,}7\,\text{m/s}$.

Für die bekannte Seillänge $l$ sollen für die Punktmasse B die Funktionen $x_B(t)$, $\dot{x}_B(t)$ und $\ddot{x}_B(t)$ ermittelt und gezeichnet werden.

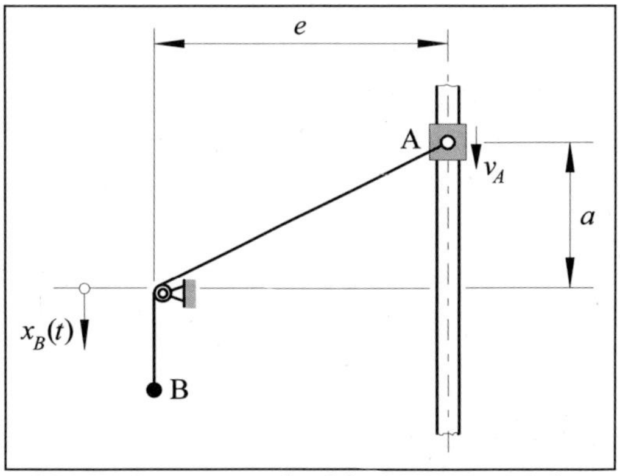

*Bild 1.6: System mit gleichförmiger Antriebsbewegung*

***Lösung:***

Die geometrischen Verhältnisse des Mechanismus zu einem beliebigen Zeitpunkt $t$ zeigt das Bild 1.6.1. Der vom Gleitstein A zurückgelegte Weg beträgt $x_A = v_A t$, und aus Bild 1.6.1 folgt:

$$(a - v_A t)^2 + e^2 = (l - x_B)^2$$

$$x_B = l - \sqrt{(a - v_A t)^2 + e^2} \; .$$

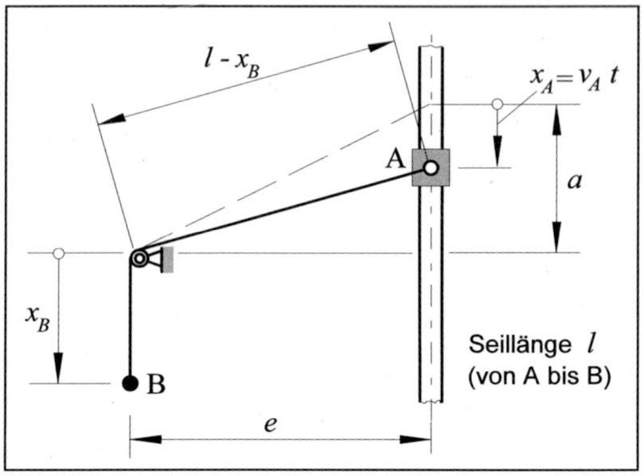


*Bild 1.6.1: Geometrische Verhältnisse zum Zeitpunkt t*

Durch Differenzieren nach $t$ erhalten wir die Geschwindigkeit $\dot{x}_B$ und die Beschleunigung $\ddot{x}_B$ der Punktmasse B.

$$\dot{x}_B = -\frac{1}{2}\frac{1}{\sqrt{(a - v_A t)^2 + e^2}}\left(-2av_A + 2v_A^2 t\right)$$

$$\dot{x}_B = \frac{(a - v_A t)v_A}{\sqrt{(a - v_A t)^2 + e^2}} \; ;$$

$$\ddot{x}_B = \frac{1}{\left(\sqrt{(a - v_A t)^2 + e^2}\right)^2}\left[-v_A^2\sqrt{(a - v_A t)^2 + e^2} - v_A(a - v_A t)\frac{2v_A(-a + v_A t)}{2\sqrt{(a - v_A t)^2 + e^2}}\right]$$

$$\ddot{x}_B = -\frac{e^2}{\left(\sqrt{(a - v_A t)^2 + e^2}\right)^3} v_A^2 \; .$$

Mit den Zahlenwerten folgt:

$$x_B = 3\text{m} - \sqrt{\left(1\text{m} - 0{,}7\frac{\text{m}}{\text{s}}t\right)^2 + 4\text{m}^2} \; ;$$

$$\dot{x}_B = \frac{\left(1\text{m} - 0{,}7\frac{\text{m}}{\text{s}}t\right)0{,}7\frac{\text{m}}{\text{s}}}{\sqrt{\left(1\text{m} - 0{,}7\frac{\text{m}}{\text{s}}t\right)^2 + 4\text{m}^2}} \; ; \qquad \ddot{x}_B = -\frac{1{,}96}{\left(\sqrt{\left(1\text{m} - 0{,}7\frac{\text{m}}{\text{s}}t\right)^2 + 4\text{m}^2}\right)^3}\cdot\frac{\text{m}^4}{\text{s}^2} \; .$$

Der Zeitpunkt $t_e$, bei dem die Punktmasse B die Rolle erreicht und somit $x_B$ gleich null wird, können wir aus der Bedingung

$$x_B = l - \sqrt{(a - v_A t_e)^2 + e^2} = 0$$

errechnen. Es folgt daraus: $t_e = 4{,}623\,\text{s}$.

Die Wegkoordinate $x_B$ erreicht ihren größten Wert, wenn der Gleitstein A den Weg $x_A = a$ zurückgelegt hat (Bild 1.6.1), das heißt, wenn Gleitstein A und Rolle auf einer horizontalen Linie liegen. Zu diesem Zeitpunkt hat die Punktmasse B einen Umkehrpunkt. Die Umkehrzeit $t_u$ können wir aus $x_A(t = t_u) = v_A t_u = a$ berechnen: $t_u = \dfrac{a}{v_A} = \dfrac{1\,\text{m}}{0{,}7\,\text{m/s}} = 1{,}429\,\text{s}$ .

Das Bild 1.6.2 zeigt die kinematischen Diagramme der Funktionen $x_B(t)$, $\dot{x}_B(t)$ und $\ddot{x}_B(t)$ für die Bewegung der Punktmasse B.

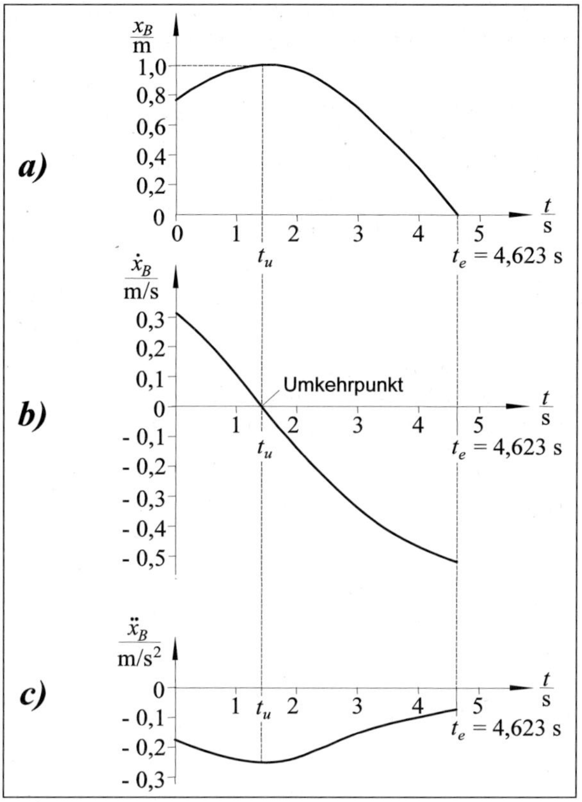


*Bild 1.6.2:*
*Kinematische Diagramme für die Bewegung der Punktmasse B*
*a) Orts-Zeit-Funktion*
*b) Geschwindigkeits-Zeit-Funktion*
*c) Beschleunigungs-Zeit-Funktion*

Aus den kinematischen Diagrammen (Bild 1.6.2) lassen sich folgende Aussagen ablesen:

- In dem Zeitpunkt $t_u$, zu dem die Ortskoordinate $x_B$ ein Maximum hat (Bild 1.6.2a) (Umkehrpunkt der Punktmasse B), hat die Geschwindigkeit $\dot{x}_B$ einen Nulldurchgang (Bild 1.6.2b).

- Die Beschleunigung $\ddot{x}_B$ der Punktmasse B ist im gesamten Zeit-Bereich negativ (die Wahl der Richtung der Ortskoordinate $x_B$ definiert auch die Richtungen positiver Geschwindigkeit und positiver Beschleunigung). Während der Abwärtsbewegung von B kennzeichnet dies die Verzögerung (kleiner werdende Geschwindigkeit, Bild 1.6.2b), nach dem Durchfahren des Umkehrpunktes die wieder schneller werdende Bewegung (Geschwindigkeit und Beschleunigung sind dann aufwärts gerichtet; gleicher Richtungssinn dieser beiden Größen bedeutet immer, dass sich der Absolutbetrag der Geschwindigkeit vergrößert).

- Die Beschleunigung $\ddot{x}_B$ (Bild 1.6.2c) hat zu keinem Zeitpunkt den Wert Null, selbstverständlich auch nicht im Moment des Stillstands der Punktmasse B im Umkehrpunkt (Beschleunigung gleich null im Moment des Stillstands würde diesen Zustand andauern lassen).

## Aufgabe 1.7 Parallelprojektion einer Kreisbewegung

Ein Punkt P bewegt sich längs einer Geraden (Bild 1.7) nach der Beschleunigungs-Zeit-Funktion ($a,t$-Funktion) $a = -r\,\omega^2 \sin \omega t$ einer harmonischen Schwingung. Er durchläuft den Ort $x = 0$ zur Zeit $t = 0$ mit der Geschwindigkeit $v_0 = r\,\omega$.

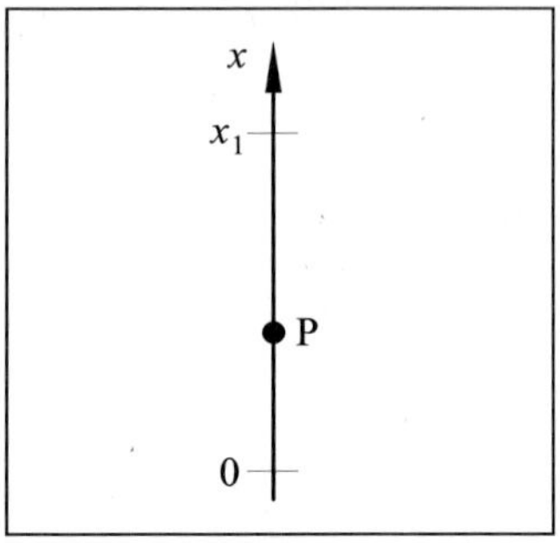


*Bild 1.7: Punktbewegung längs einer Geraden*

1. Welche Geschwindigkeit $v$ hat der Punkt P bei $t = 1\,\text{s}$?
2. An welchem Ort $x_1$ der Geraden befindet sich dann der Punkt P?
3. Zeichnen der kinematischen Diagramme der Funktionen $x(t)$, $v(t)$ und $a(t)$ in dem Gültigkeitsbereich $0 \le \omega t \le 2\pi$.

Zahlenwerte: $r = 0{,}15\,\text{m}$; $\omega = 6\,\text{s}^{-1}$.

### *Lösung:*

Jede harmonische Schwingung kann als Bewegung der Parallelprojektion einer gleichförmigen Kreisbewegung aufgefasst werden. Bewegt sich ein Punkt P gleichförmig mit der Winkelgeschwindigkeit $\omega$ im Gegenuhrzeigersinn auf einer Kreisbahn mit dem Radius $r$ (Bild 1.7.1), so beschreibt die Projektion der Punktbewegung auf die $x$-Achse $x = r \sin \omega t$ den Bewegungsablauf.

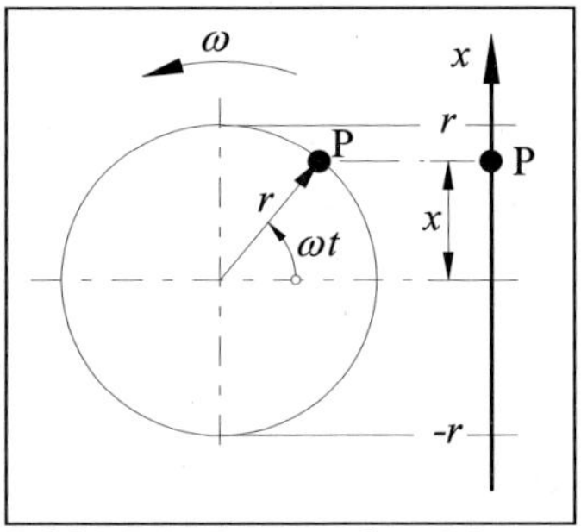


*Bild 1.7.1: Rotierender Massenpunkt mit Projektion auf eine Gerade (x-Achse)*

**zu 1.**

$$a = \frac{dv}{dt} = -r\,\omega^2 \sin \omega t \quad \Rightarrow \quad dv = -r\,\omega^2 \sin \omega t \cdot dt$$

$$v = \int -r\omega^2 \sin \omega t \cdot dt \qquad \text{Substitution: } u = \omega t\,, \quad \frac{du}{dt} = \omega\,, \quad dt = \frac{du}{\omega}$$

$$v = \int -r\omega^2 \sin u \cdot \frac{du}{\omega} = r\omega \cos u + C_1$$

$$v = r\,\omega \cos \omega t + C_1\,.$$

Für $t = 0$ ist $v = v_0 = r\,\omega$, also $r\,\omega = r\,\omega + C_1 \quad \Rightarrow \quad C_1 = 0.$

Es folgt: $\boxed{v = r\,\omega \cos \omega t}$.

Für $t = 1\,\text{s}$ folgt: $\omega t = 6\,\text{s}^{-1} \cdot 1\,\text{s} = 6$ oder $\omega t = 6 \cdot \dfrac{180°}{\pi} = 343{,}8°$

$$v(t = 1\text{s}) = 0{,}15\text{m} \cdot 6\text{s}^{-1} \cdot \cos 343{,}8° = \underline{\underline{0{,}864\text{m/s}}}\,.$$

**zu 2.**

$$v = \frac{dx}{dt} = r\,\omega \cos \omega t \quad \Rightarrow \quad dx = r\,\omega \cos \omega t \cdot dt$$

$$x = \int r\omega \cos \omega t \cdot dt \qquad \text{Substitution: } u = \omega t\,, \quad \frac{du}{dt} = \omega\,, \quad dt = \frac{du}{\omega}$$

$$x = r \sin \omega t + C_2$$

Für $t = 0$ ist $x = 0$, also $C_2 = 0$. Es folgt: $\boxed{x = r \sin \omega t}$.

Der Ort an dem sich der Punkt P bei $t = 1\,\text{s}$ befindet, ist:

$$\omega t = 6\,\text{s}^{-1} \cdot 1\,\text{s} = 6 \quad \text{oder} \quad \omega t = 6 \cdot \frac{180°}{\pi} = 343{,}8°$$

$$x_1 = x(t = 1\text{s}) = 0{,}15\text{m} \cdot \sin 343{,}8° = \underline{\underline{-0{,}0419\text{m}}}.$$

**zu 3.**

Zum Zeichnen der kinematischen Diagramme ergeben sich mit den gegebenen Zahlenwerten folgende Funktionen:

$$x(t) = 0{,}15\text{m}\sin\omega t\,,$$

$$v(t) = 0{,}9\frac{\text{m}}{\text{s}}\cos\omega t\,,$$

$$a(t) = -5{,}4\frac{\text{m}}{\text{s}^2}\sin\omega t\,.$$

Für den Gültigkeitsbereich $0 \leq \omega t \leq 2\pi$ sind die Ergebnisse der drei Funktionen in der nebenstehenden Wertetabelle eingetragen.

Die Auftragung der Ergebnisse liefert dann die drei kinematischen Diagramme (Bild 1.7.2).

| | $\omega t$ | $t$ | $x$ | $v$ | $a$ |
|---|---|---|---|---|---|
| Dim. | ° | s | m | m/s | m / s² |
| | 0 | 0 | 0 | 0,9 | 0 |
| | 45 | 0,1309 | 0,1061 | 0,6364 | -3,82 |
| | 68,76 | 0,2 | 0,14 | 0,3261 | -5,03 |
| | 90 | 0,2618 | 0,15 | 0 | -5,4 |
| | 135 | 0,3927 | 0,1061 | -0,6364 | -3,82 |
| | 137,51 | 0,4 | 0,1013 | -0,6637 | -3,65 |
| | 180 | 0,5236 | 0 | -0,9 | 0 |
| | 206,26 | 0,6 | -0,0664 | -0,8071 | 2,39 |
| | 225 | 0,6545 | -0,1061 | -0,6364 | 3,82 |
| | 270 | 0,7854 | -0,15 | 0 | 5,4 |
| | 275,02 | 0,8 | -0,1494 | 0,0788 | 5,38 |
| | 315 | 0,9163 | -0,1061 | 0,6364 | 3,82 |
| | 343,78 | 1,0 | -0,0419 | 0,8642 | 1,51 |
| | 360 | 1,0472 | 0 | 0,9 | 0 |

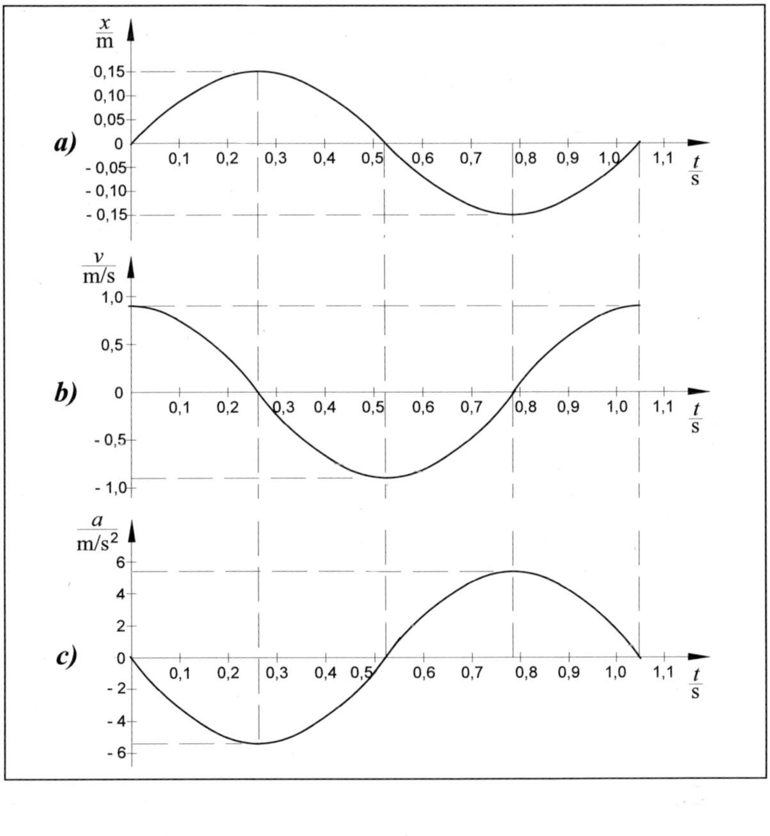


*Bild 1.7.2: Kinematische Diagramme*
*a) x,t-Diagramm*
*b) v,t-Diagramm*
*c) a,t-Diagramm*

Aus den Diagrammen (Bild 1.7.2) erkennen wir:

- Dort wo die Vorzeichen von $v$ und $a$ gleich sind, liegt eine beschleunigte Bewegung vor, das heißt, die Bewegung des Punktes wird immer schneller. Sind die Vorzeichen von $v$ und $a$ ungleich, so handelt es sich um eine verzögerte Bewegung, was bedeutet, dass die Geschwindigkeit abnimmt.
  Eine Aussage, ob Beschleunigung oder Verzögerung vorliegt, ist allein aus dem Vorzeichen von $a$ nicht möglich.
- Der Betrag der maximalen Entfernung des Punktes P vom Nullpunkt aus beträgt $r = 0{,}15\,\mathrm{m}$ (Amplitude).
- In den Nulldurchgängen $x = 0$ des Schwingers liegt die maximale Geschwindigkeit mit dem Betrag $r\,\omega = 0{,}9\,\mathrm{m/s}$ vor.
- $r\,\omega^2 = 5{,}4\,\mathrm{m/s^2}$ ist der Betrag der maximalen Beschleunigung in den Totlagen (Umkehrlagen).

# 1.3 Fragen und Antworten

## ☹ Fragen

1. Was versteht man unter dem Begriff ***kinematische Diagramme***?

2. Was drückt die Orts-Zeit-Funktion $x(t)$ einer geradlinigen Bewegung eines Punktes aus?

3. Welche Aussagen können wir aus einem Orts-Zeit-Diagramm bezüglich der Geschwindigkeit machen?

4. Was verstehen Sie unter dem Begriff ***kinematische Grundaufgaben*** bei geradliniger Bewegung?

5. Wie groß ist die Beschleunigung $a(x)$ bei einer geradlinigen Bewegung, wenn die Geschwindigkeit $v = v(x)$ gegeben ist?

## ☺ Antworten

1. Die graphischen Darstellungen, z.B. der Orts (Weg)-Zeit-Funktion $x(t)$, der Geschwindigkeits-Zeit-Funktion $v(t)$, der Beschleunigungs-Zeit-Funktion $a(t)$ und der Geschwindigkeits-Orts-Funktion $v(x)$ nennen wir kinematische Diagramme.

2. Die Orts-Zeit-Funktion $x(t)$ gibt die Lage des Punktes zu jedem Zeitpunkt $t$ auf einer geraden Linie an, wobei der Anfangspunkt der Ortskoordinate $x$ und der Beginn der Zeitzählung $(t = 0)$ eindeutig festgelegt sein muß.

3. Die Geschwindigkeit ist der Steigung $\tan\alpha$ der Tangente an die $x,t$-Kurve proportional. Horizontale Anteile der $x,t$-Kurve geben an, dass momentane Ruhe herrscht (im Bild 1.3.1A für $t_1 \le t \le t_2$).

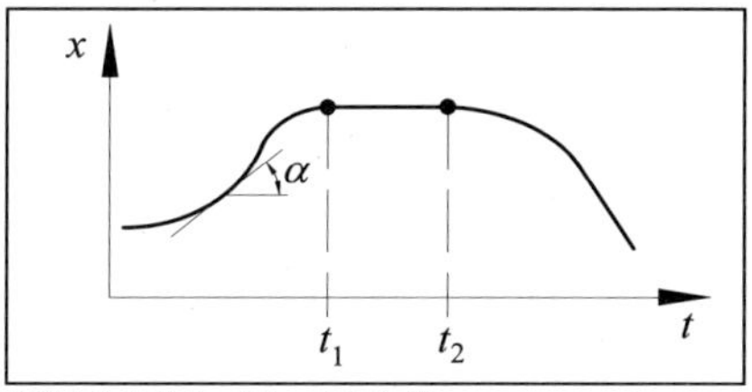


*Bild 1.3.1A: Weg-Zeit-Diagramm einer Bewegung*

4. Als ***kinematische Grundaufgaben*** werden die gegenseitigen Überführungen der kinematischen Größen Zeit $t$, Ort $x$, Geschwindigkeit $v$ und Beschleunigung $a$ bei einer geradlinigen Bewegung bezeichnet. Ist zum Beispiel die Funktion $v(t)$ gegeben, so lässt sich die Beschleunigung $a(t)$ durch Differentiation $\left(\dfrac{dv(t)}{dt}\right)$ und der Ort $x(t)$ durch Integration $\left(x_0 + \int_{\bar{t}=t_0}^{t} v(\bar{t})d\bar{t}\right)$ berechnen.

5. $$a(x) = \frac{dv}{dt} = \frac{dv}{dx}\cdot\frac{dx}{dt} = v(x)\cdot\frac{dv(x)}{dx}\ .$$

### *Notizen*

# 2 Kinematik der krummlinigen Bewegung eines Punktes

## 2.1 Grundbegriffe und Formeln

### 2.1.1 Ebene Bewegung in einem rechtwinkligen Koordinatensystem

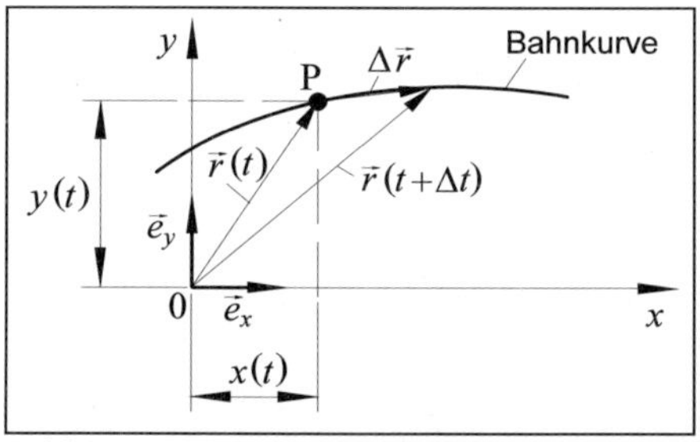


*Bild 02.1: Bahnkurve einer ebenen Bewegung eines Punktes im rechtwinkligen Koordinatensystem*

$$\vec{r} = \vec{r}(t) = x(t)\cdot\vec{e}_x + y(t)\cdot\vec{e}_y$$

Die krummlinige Bewegung eines Punktes P in der Ebene können wir zu jeder Zeit $t$ durch den vom Koordinatenursprung aus gezogenen Ortsvektor $\vec{r}(t)$ oder durch die Koordinatenabstände $x(t)$ und $y(t)$ angeben (Bild 02.1).

$\vec{r}(t)$ Ortsvektor vom Bezugspunkt 0 zum Bahnpunkt P

$t$ Zeit

$x(t)$ Koordinate des Ortsvektors

$y(t)$ Koordinate des Ortsvektors

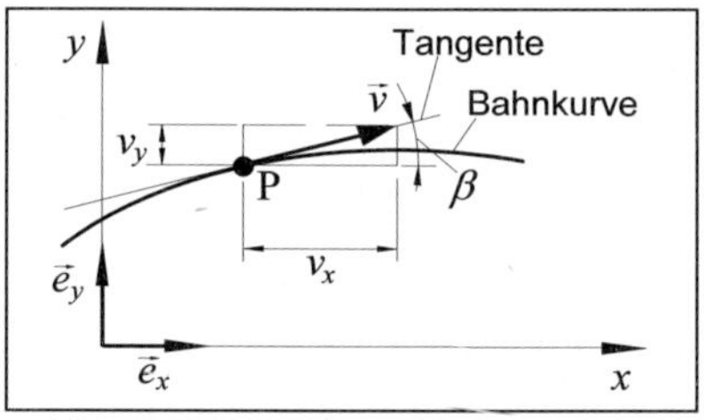


*Bild 02.2: Geschwindigkeit des Punktes P an einer Stelle der Bahnkurve*

$$\vec{v} = \frac{d\vec{r}}{dt} = \dot{\vec{r}} = \dot{x}\cdot\vec{e}_x + \dot{y}\cdot\vec{e}_y$$

$$v_x = \dot{x}(t)\ ; \qquad v_y = \dot{y}(t)$$

$$v = |\vec{v}| = \left|\frac{d\vec{r}}{dt}\right| = \sqrt{v_x^2 + v_y^2} = \sqrt{\dot{x}^2 + \dot{y}^2}$$

$$\tan\beta = \frac{\dot{y}}{\dot{x}} = \frac{v_y}{v_x}\ ; \qquad \vec{v}(t) = v(t)\cdot\vec{e}_t(t)$$

$\vec{v}$ Geschwindigkeitsvektor (tangential zur Bahnkurve gerichteter Vektor)

$v_x$; $v_y$ Koordinaten des Geschwindigkeitsvektors

$v$ absoluter Betrag des Geschwindigkeitsvektors (Bahngeschwindigkeit)

$\beta$ Richtungswinkel des Geschwindigkeitsvektors

$\vec{e}_t(t)$ Tangenteneinheitsvektor (mit der Zeit $t$ veränderlich)

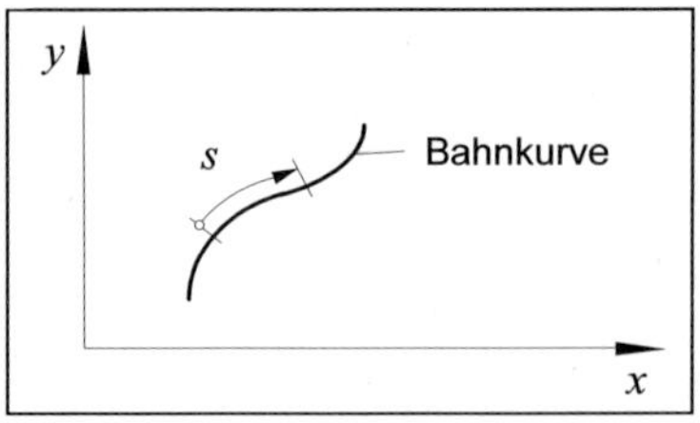


*Bild 02.3: Weg s auf der Bahnkurve*

$$s_{1,2} = \int_{t_1}^{t_2} \sqrt{\dot{x}^2 + \dot{y}^2}\, dt$$

$s_{1,2}$ zurückgelegter Weg (Länge $s_{1,2}$ eines Stückes der Bahnkurve) zwischen zwei Zeitpunkten $t_1$ und $t_2$ (Bild 02.3)

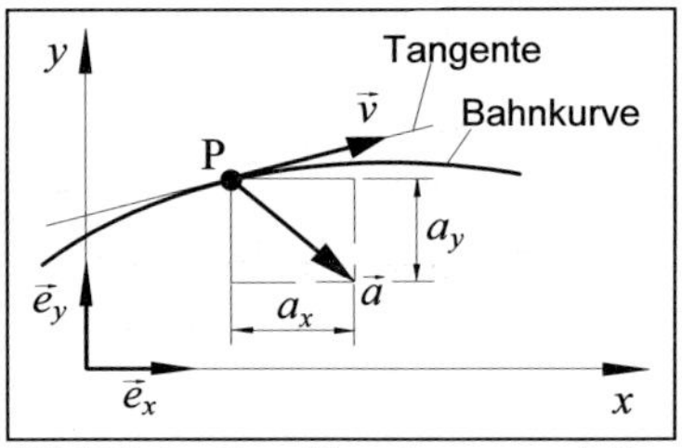


*Bild 02.4: Beschleunigung und Geschwindigkeit des Punktes P an einer Stelle der Bahnkurve*

$\vec{a}$ Beschleunigungsvektor (liegt bei der **krummlinigen** Bewegung niemals tangential zur Bahnkurve)

$a_x$; $a_y$ Koordinaten des Beschleunigungsvektors

$a$ absoluter Betrag des Beschleunigungsvektors

$$\vec{a} = \frac{d\vec{v}}{dt} = \ddot{\vec{r}} = \ddot{x} \cdot \vec{e}_x + \ddot{y} \cdot \vec{e}_y$$

$$\vec{a} = a_x \cdot \vec{e}_x + a_y \cdot \vec{e}_y$$

$$a_x = \dot{v}_x = \ddot{x}\,; \qquad a_y = \dot{v}_y = \ddot{y}$$

$$a = |\vec{a}| = \sqrt{a_x^2 + a_y^2} = \sqrt{\ddot{x}^2 + \ddot{y}^2}$$

- **Bei einer krummlinigen Bewegung unterliegt der bewegte Punkt immer einer Beschleunigung, auch dann, wenn die Geschwindigkeit konstant ist.**
- Der Beschleunigungsvektor der Bewegung eines Punktes auf gekrümmter Bahn ist immer nach innen (Seite des Krümmungsmittelpunktes) gerichtet.

## 2.1.2 Ebene Bewegung in natürlichen Koordinaten; Tangential- und Normalbeschleunigung

Für manche Betrachtungen und Berechnungen ist es sinnvoller (natürlicher) - zumal der Geschwindigkeitsvektor die Bahnkurve tangiert -, die Beschleunigung durch ihre Komponenten in Richtung der ***Tangente*** der Bahnkurve und in Richtung der ***Normalen*** (Senkrechte zur Tangente) anzugeben (Bild 02.5).
In diesem Zusammenhang (Zerlegung in Richtung Tangenteneinheitsvektor $\vec{e}_t$ und in Richtung Normaleneinheitsvektor $\vec{e}_n$) sprechen wir von einer Darstellung in ***natürlichen Koordinaten***.

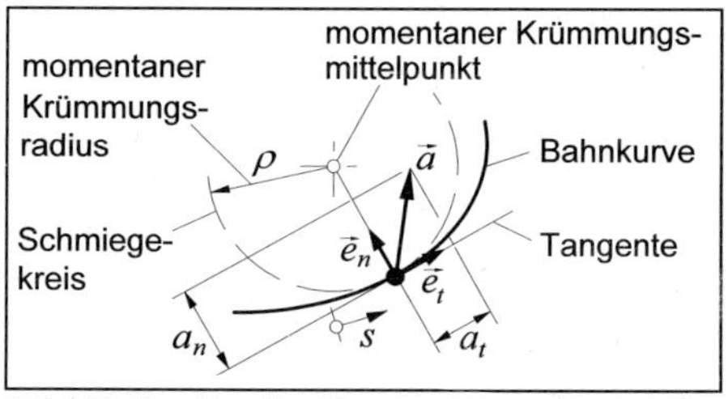


*Bild 02.5: Beschreibung einer ebenen Bewegung in natürlichen Koordinaten (tangential und normal zur Bahnkurve)*

$$\vec{v}(t) = v(t)\cdot\vec{e}_t(t) \quad \text{mit} \quad v(t) = \frac{ds}{dt} = \dot{s}$$

$$\vec{a} = \frac{dv}{dt}\cdot\vec{e}_t + \frac{v^2}{\rho}\cdot\vec{e}_n = a_t\cdot\vec{e}_t + a_n\cdot\vec{e}_n$$

$$a_t = \frac{dv}{dt} = \dot{v} = \ddot{s} \quad ; \quad a_n = \frac{v^2}{\rho}$$

$$a = |\vec{a}| = \sqrt{a_t^2 + a_n^2}$$

$s$ Bogenlänge (Wegkoordinate)

$\vec{v}$ Geschwindigkeitsvektor (tangential zur Bahnkurve)

$\vec{a}$ Beschleunigungsvektor

$a_t$ Tangential- oder Bahnbeschleunigung

$a_n$ Normalbeschleunigung (ist immer auf den Mittelpunkt des Schmiegekreises hingerichtet)

$\rho$ Krümmungsradius der Kurve in einem Bahnkurvenpunkt

$a$ Betrag der Gesamtbeschleunigung

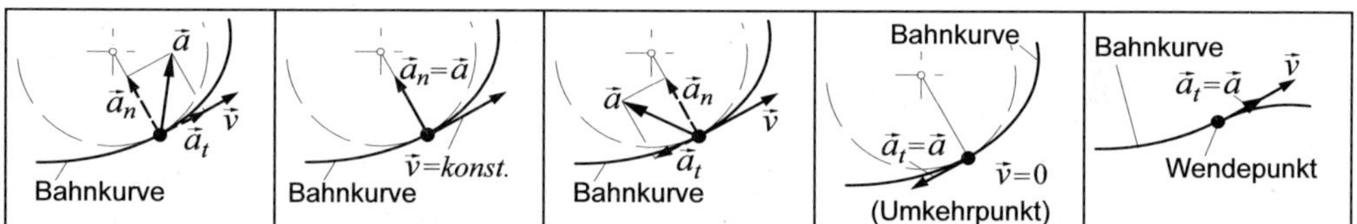


| | | | | |
|---|---|---|---|---|
| **Beschleunigte Bewegung.** $\vec{a}$ und $\vec{v}$ bilden einen spitzen Winkel. | **Bewegung mit konstanter Geschwindigkeit.** Es ist $\vec{a}_t = 0$ und damit $\vec{a}_n = \vec{a}$. Vektor $\vec{a}$ steht senkrecht auf der Bahngeschwindigkeit $\vec{v}$. | **Verzögerte Bewegung.** $\vec{a}$ und $\vec{v}$ bilden einen stumpfen Winkel. | **Umkehrpunkt für die Bewegung (keine Bewegung, momentaner Haltepunkt).** Momentan ist $\vec{v} = 0$. Dadurch ist $\vec{a}_n = 0$ und damit $\vec{a}_t = \vec{a}$. Vektor $\vec{a}$ tangiert die Bahn. | **Wendepunkt der Bahnkurve.** Im Wendepunkt ist die Bewegung **geradlinig**. Wegen $\rho = \infty$ ist $\vec{a}_n = 0$ und damit $\vec{a}_t = \vec{a}$. Der Vektor $\vec{a}$ liegt im Wendepunkt tangential zur Bahn. |
| Wegen der Lage von $\vec{a}_n$ liegt der Vektor $\vec{a}$ auf der *Innenseite (Seite des Krümmungsmittelpunktes) der Bahnkurve.* | | | | |

*Bild 02.6: Mögliche Lagen des resultierenden Beschleunigungsvektors $\vec{a}$ und deren Deutung*

## 2.1.3 Bewegung auf kreisförmiger Bahn; Winkelgeschwindigkeit, Winkelbeschleunigung, gleichförmige Kreisbewegung, gleichmäßig beschleunigte Kreisbewegung

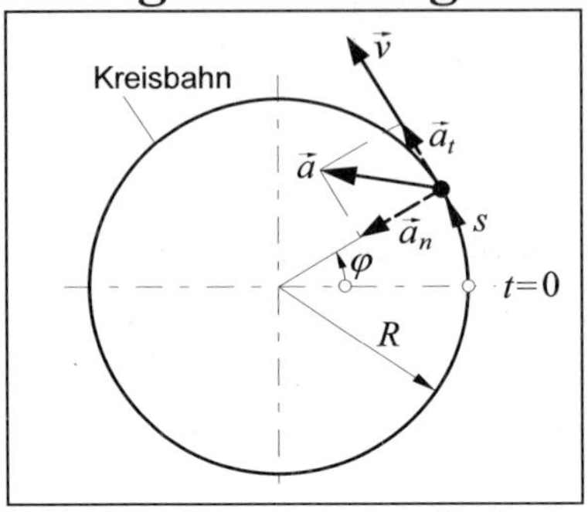


*Bild 02.7: Bewegung eines Punktes auf einer Kreisbahn*

$R$ Radius der Kreisbahn

$s$ Bogenlänge (Wegkoordinate)

$\varphi$ Winkel (Winkelkoordinate)

$v$ Bahngeschwindigkeit

$a_t$ Tangential- oder Bahnbeschleunigung

$a_n$ Normalbeschleunigung

$\omega$ Winkelgeschwindigkeit

$\alpha$ Winkelbeschleunigung

$$\boxed{s(t) = R\varphi(t)}$$

$$\boxed{v = \dot{s} = R\,\dot{\varphi} = R\,\omega}$$

$$\boxed{a_t = \dot{v} = R\,\ddot{\varphi} = R\,\dot{\omega} = R\,\alpha}$$

$$\boxed{\omega = \frac{d\varphi}{dt} = \dot{\varphi}} \quad ; \quad \boxed{\alpha = \dot{\omega} = \ddot{\varphi}}$$

$$\boxed{a_n = \frac{v^2}{R} = v\,\omega = R\,\omega^2}$$

- Eine Winkelgeschwindigkeit $\omega = 1\,\text{s}^{-1}$ bedeutet, dass sich der Winkel in einer Sekunde um 1 rad vergrößert $\left(1\text{rad} = \dfrac{180°}{\pi} \approx 57{,}3°\right)$.
- Durch die Winkelbeschleunigung $\alpha$ wird entsprechend $a_t = R\,\alpha$ nur die Bahnbeschleunigung $a_t$ repräsentiert. Die Normalbeschleunigung $a_n = v^2 / R$ ist bei der Kreisbewegung **immer** vorhanden und ist zum Kreismittelpunkt gerichtet.

## • Gleichförmige Kreisbewegung

Gleichförmig ist eine Bewegung, wenn die Winkelbeschleunigung $\alpha = 0$ und die Bahnbeschleunigung $a_t = 0$ sowie Winkelgeschwindigkeit $\omega$ und Bahngeschwindigkeit $v$ konstant sind (Bild 02.8; analog zu Bild 01.3, Seite 2).

Der seit Beginn der Zeitzählung $t = 0$ zurückgelegte Winkel $\varphi$ ist

$$\boxed{\varphi = \varphi_0 + \omega t}.$$

$\varphi_0$ ist der Winkel, der zu Beginn der Zeitzählung bereits zurückgelegt war.

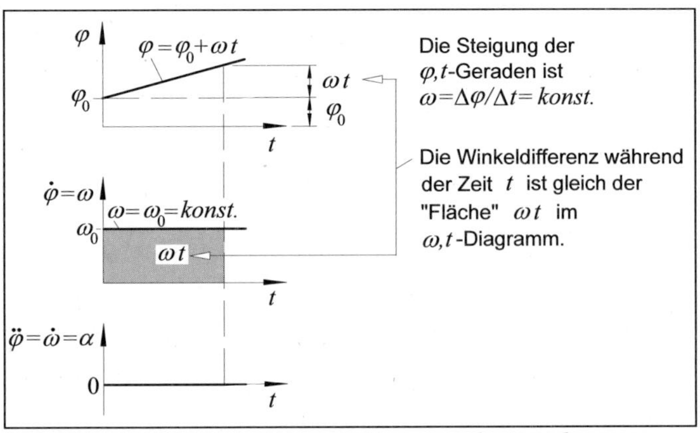


*Bild 02.8: $\varphi,t-$, $\omega,t-$ und $\alpha,t-$Diagramm für Kreisbewegung eines Punktes mit konstanter Winkelgeschwindigkeit $\omega$*

Speziell für die **gleichförmige Kreisbewegung** können wir weitere Größen definieren:

$$T = \frac{2\pi}{\omega} = \frac{2\pi R}{v}$$

$$n = \frac{1}{T} = \frac{\omega}{2\pi} = \frac{v}{2\pi R}$$

$$\omega = 2\pi n = \frac{2\pi}{T}$$

$T$ Umlaufzeit (es gilt: 1 Umdrehung $\Rightarrow 2\pi$)

$n$ Drehzahl (im allgemeinen: Anzahl der Umdrehungen pro Minute)

$\omega$ Winkelgeschwindigkeit

$v$ Bahngeschwindigkeit

$R$ Radius der Kreisbahn

## • Gleichmäßig beschleunigte Kreisbewegung

Gleichmäßig beschleunigte Kreisbewegung heißt eine Kreisbewegung, bei der die Winkelbeschleunigung $\alpha = konstant$ ist (Bild 02.9; analog zu Bild 01.4, Seite 3).

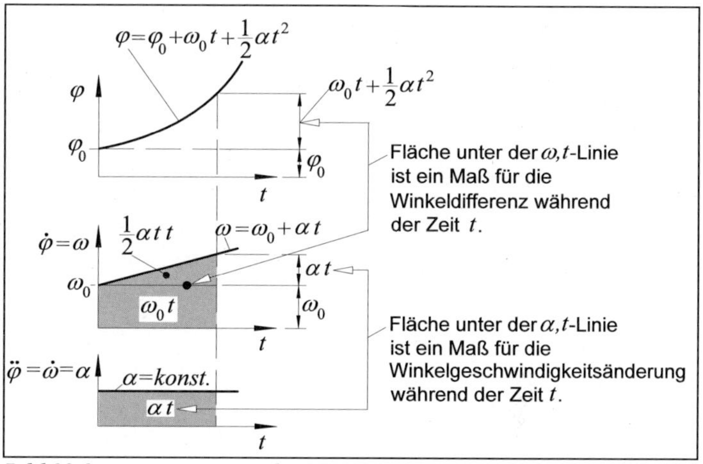


*Bild 02.9: $\varphi,t-$, $\omega,t-$ und $\alpha,t-$Diagramm für Kreisbewegung eines Punktes mit konstanter Winkelbeschleunigung $\alpha$*

Die Winkelgeschwindigkeit zu einem beliebigen Zeitpunkt $t$ ist

$$\omega = \omega_0 + \alpha t.$$

$$\varphi = \varphi_0 + \omega_0 t + \frac{1}{2}\alpha t^2$$

$\varphi$ Winkel (Winkelkoordinate)

$\omega$ Winkelgeschwindigkeit

$\alpha$ Winkelbeschleunigung

$\omega_0$ Winkelgeschwindigkeit zum Zeitpunkt $t = 0$

$\varphi_0$ Winkel, der bei $t = 0$ bereits zurückgelegt war

## 2.1.4 Beschreibung der Bewegung in Polarkoordinaten

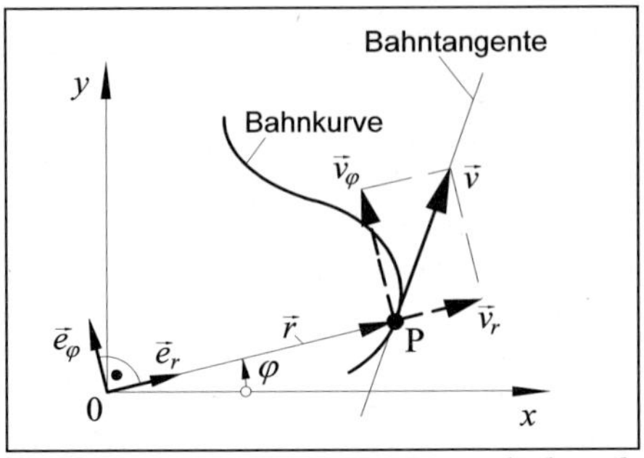


*Bild 02.10: Zur Definition der Polarkoordinaten*

Für viele Probleme ist es vorteilhaft, die Bewegung eines Punktes in der Ebene mittels ***Polarkoordinaten*** zu beschreiben. Zur Beschreibung der Lage des bewegten Punktes P wird sein Abstand $r$ von einem zu wählenden festen Ursprung 0 und der Winkel $\varphi$ bezüglich einer Bezugsgeraden benutzt (Bild 02.10). In Richtung des Ortsvektors $\vec{r}$ (können wir auch mit $\overrightarrow{0P}$ bezeichnen) zeigt stets der Einheitsvektor $\vec{e}_r$, senkrecht dazu steht der Einheitsvektor $\vec{e}_\varphi$. Die Größen $r$ und $\varphi$ werden als Polarkoordinaten bezeichnet.

$$\vec{r} = r\,\vec{e}_r$$

$$\vec{v} = v_r\,\vec{e}_r + v_\varphi\,\vec{e}_\varphi$$

$$v_r = \dot{r} \quad ; \quad v_\varphi = r\,\dot{\varphi}$$

$$v = |\vec{v}| = \sqrt{v_r^2 + v_\varphi^2}$$

$$\vec{a} = a_r\,\vec{e}_r + a_\varphi\,\vec{e}_\varphi$$

$$a_r = \ddot{r} - r\,\dot{\varphi}^2 \quad ; \quad a_\varphi = 2\,\dot{r}\,\dot{\varphi} + r\,\ddot{\varphi}$$

$$a = |\vec{a}| = \sqrt{a_r^2 + a_\varphi^2}$$

- $\vec{r}$ Ortsvektor vom Bezugspunkt 0 zum Bahnpunkt P
- $\overrightarrow{0P}$ Ortsvektor vom Bezugspunkt 0 zum Bahnpunkt P
- $\varphi$ Winkel (Winkelkoordinate)
- $\vec{v}$ Geschwindigkeitsvektor
- $v_r$ Radialgeschwindigkeit
- $v_\varphi$ Umfangs- oder Zirkulargeschwindigkeit
- $\vec{a}$ Beschleunigungsvektor
- $a_r$ Radialbeschleunigung
- $a_\varphi$ Umfangs- oder Zirkularbeschleunigung
- $v$ Betrag des Geschwindigkeitsvektors
- $a$ Betrag des Beschleunigungsvektors

Der Anteil $2\,\dot{r}\,\dot{\varphi}$ in $a_\varphi$ ist die sogenannte CORIOLIS-Beschleunigung.

## 2.1.5 Räumliche Punktbewegung

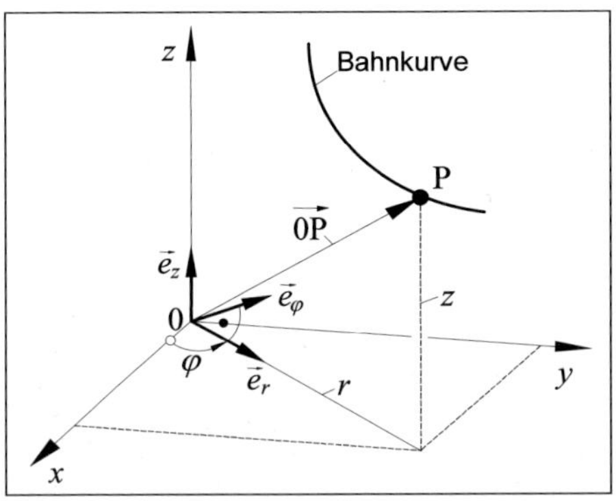


*Bild 02.11: Zur Darstellung der räumlichen Bewegung in Zylinderkoordinaten r, φ, z*

Bei der Beschreibung der dreidimensionalen, räumlichen Bewegung eines Punktes werden die Polarkoordinaten $r$ und $\varphi$ um die Koordinate $z$ (Bild 02.11) erweitert. Es ist dabei zu beachten, dass $r$ in der $x,y$-Ebene liegt (Bild 02.11). Die Größen $r$, $\varphi$ und $z$ werden als ***Zylinderkoordinaten*** bezeichnet.

- $\overrightarrow{0P}$ Ortsvektor vom Bezugspunkt 0 zum Bahnpunkt P (siehe Bild 02.11)
- $r$ radiale Koordinate (siehe Bild 02.11)

$$\overrightarrow{0P} = r\,\vec{e}_r + z\,\vec{e}_z$$

$$\vec{v} = \dot{\overrightarrow{0P}}$$

$$\boxed{\vec{v} = v_r\,\vec{e}_r + v_\varphi\,\vec{e}_\varphi + v_z\,\vec{e}_z}$$

$$\boxed{v_r = \dot{r}}\ ;\ \boxed{v_\varphi = r\,\dot{\varphi}}\ ;\ \boxed{v_z = \dot{z}}$$

$$\boxed{v = |\vec{v}| = \sqrt{v_r^2 + v_\varphi^2 + v_z^2}}$$

$$\boxed{\vec{a} = a_r\,\vec{e}_r + a_\varphi\,\vec{e}_\varphi + a_z\,\vec{e}_z}$$

$$\boxed{a_r = \ddot{r} - r\,\dot{\varphi}^2}\ ;\ \boxed{a_\varphi = 2\,\dot{r}\,\dot{\varphi} + r\,\ddot{\varphi}}\ ;\ \boxed{a_z = \ddot{z}}$$

$$\boxed{a = |\vec{a}| = \sqrt{a_r^2 + a_\varphi^2 + a_z^2}}$$

- $\varphi$ Winkel (Winkelkoordinate)
- $z$ Koordinate in $z$-Richtung
- $\vec{v}$ Geschwindigkeitsvektor
- $v_r$ Radialgeschwindigkeit
- $v_\varphi$ Umfangs- oder Zirkulargeschwindigkeit
- $v_z$ Axialgeschwindigkeit
- $\vec{a}$ Beschleunigungsvektor
- $a_r$ Radialbeschleunigung
- $a_\varphi$ Umfangs- oder Zirkularbeschleunigung
- $a_z$ Axialbeschleunigung
- $v$ Betrag des Geschwindigkeitsvektors
- $a$ Betrag des Beschleunigungsvektors

Bei der Beschreibung der Bahnkurve in ***kartesischen Koordinaten x, y, z*** werden die Beziehungen aus dem ebenen Fall um die $z$-Koordinate erweitert (Bild 02.11).

$$\overrightarrow{0P} = x\cdot\vec{e}_x + y\cdot\vec{e}_y + z\cdot\vec{e}_z$$

$$\boxed{\vec{v} = \dot{x}\cdot\vec{e}_x + \dot{y}\cdot\vec{e}_y + \dot{z}\cdot\vec{e}_z}$$

$$\boxed{\vec{a} = \ddot{x}\cdot\vec{e}_x + \ddot{y}\cdot\vec{e}_y + \ddot{z}\cdot\vec{e}_z}$$

$$\boxed{v = |\vec{v}| = \sqrt{\dot{x}^2 + \dot{y}^2 + \dot{z}^2}}$$

$$\boxed{a = |\vec{a}| = \sqrt{\ddot{x}^2 + \ddot{y}^2 + \ddot{z}^2}}$$

Bei Verwendung von ***natürlichen Koordinaten*** (in Richtung der Tangente und in die dazu senkrecht (normal) stehende Richtung) ergibt sich der Beschleunigungsvektor $\vec{a}$ (Bild 02.12) mit den gleichen Beschleunigungsanteilen (Tangentialbeschleunigung $a_t = \dot{v}$ und Normalbeschleunigung $a_n = v^2 / \rho$) wie im ebenen Fall. Der Geschwindigkeitsvektor ist in jedem Kurvenpunkt tangential zur Bahnkurve gerichtet.

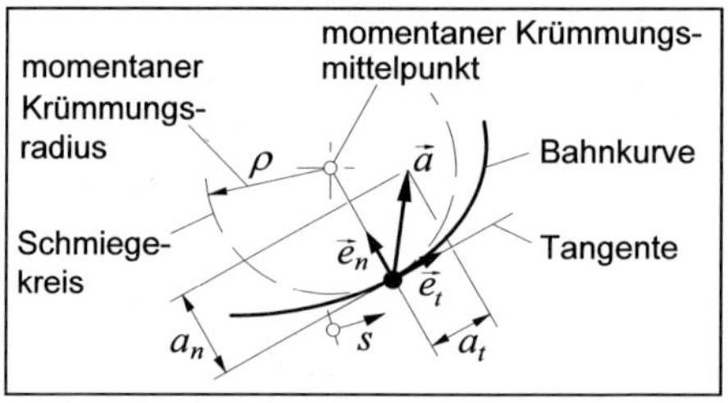


*Bild 02.12: Beschreibung einer räumlichen Bewegung in natürlichen Koordinaten (tangential und normal zur Bahnkurve)*

$$\boxed{\vec{v}(t) = v(t)\cdot\vec{e}_t(t)}\quad \text{mit} \quad \boxed{v(t) = \frac{ds}{dt} = \dot{s}}$$

$$\boxed{\vec{a} = \frac{dv}{dt}\cdot\vec{e}_t + \frac{v^2}{\rho}\cdot\vec{e}_n = a_t\cdot\vec{e}_t + a_n\cdot\vec{e}_n}$$

$$\boxed{a_t = \frac{dv}{dt} = \dot{v} = \ddot{s}}\ ;\ \boxed{a_n = \frac{v^2}{\rho}}$$

$$\boxed{a = |\vec{a}| = \sqrt{a_t^2 + a_n^2}}$$

- $s$ Bogenlänge (Wegkoordinate)
- $\vec{v}$ Geschwindigkeitsvektor (tangential zur Bahnkurve)
- $\vec{a}$ Beschleunigungsvektor
- $a_t$ Tangential- oder Bahnbeschleunigung
- $a_n$ Normalbeschleunigung (ist immer auf den Mittelpunkt des Schmiegekreises hingerichtet)
- $\rho$ Krümmungsradius der Kurve in einem Bahnkurvenpunkt
- $a$ Betrag der Gesamtbeschleunigung

# 2.2 Aufgaben mit Lösungen

## Aufgabe 2.1 Ebene Punktbewegung in Parameterdarstellung

Ein Punkt bewege sich auf einer Bahn, deren Komponenten-Zeit-Zusammenhang im Zeitintervall $0 \le t \le t_E$ gegeben sei durch

$$y = 1\,\text{m}\left[2\frac{t}{t_E} - \left(\frac{t}{t_E}\right)^2\right] \quad \text{und} \quad x = 1\,\text{m}\left(1 + \frac{t}{t_E}\right).$$

$t_E = 1\,\text{s}$.

Für den Zeitpunkt $t = 0{,}6\,\text{s}$ sind zu bestimmen:

1. Beschleunigungen $a_x, a_y$ und $a$,
2. Beschleunigungen $a_t$ und $a_n$ ,
3. Krümmungsradius des gerade durchlaufenen Bahnpunktes.

***Lösung:***

Das Bild 2.1.1 zeigt für das Zeitintervall $0 \le t \le 1\,\text{s}$ unter anderem die Bahnkurve im rechtwinkligen *x,y*-Koordinatensystem.

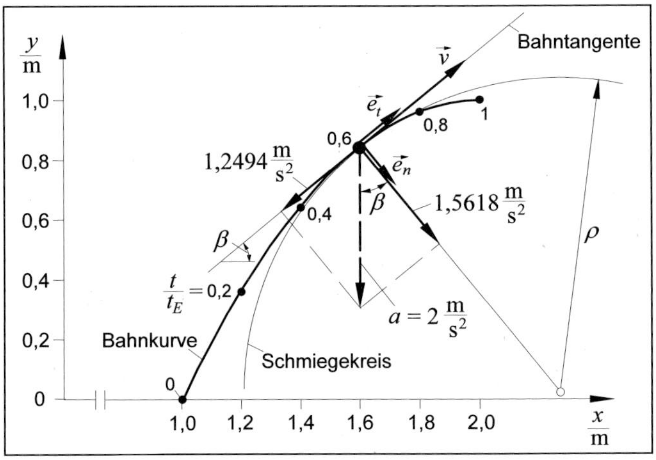


*Bild 2.1.1: Bahnkurve mit Geschwindigkeitsvektor und Beschleunigungen sowie Krümmungsradius bei $t = 0{,}6\,\text{s}$*

Durch die Ableitungen nach der Zeit erhalten wir Geschwindigkeit und Beschleunigung.

Weg: $\quad x = \left(1 + \frac{t}{t_E}\right)\text{m} \qquad y = \left[2\frac{t}{t_E} - \left(\frac{t}{t_E}\right)^2\right]\text{m}$

Geschwindigkeit: $\quad \dot{x} = \frac{1}{t_E}\text{m} \qquad \dot{y} = \frac{2}{t_E}\left(1 - \frac{t}{t_E}\right)\text{m}$

**zu 1.**

Beschleunigung: $\quad a_x = \ddot{x} = 0 \qquad a_y = \ddot{y} = -\frac{2}{t_E^2}\,\text{m}$

$$a_x = \underline{\underline{0}} \qquad a_y = -\frac{2\,\text{m}}{1\,\text{s}^2} = \underline{\underline{-2\frac{\text{m}}{\text{s}^2}}}$$

$$a = \sqrt{\ddot{x}^2 + \ddot{y}^2} = \sqrt{0^2 + \left(-2\frac{\text{m}}{\text{s}^2}\right)^2} = \underline{\underline{2\frac{\text{m}}{\text{s}^2}}} \quad \text{(Bild 2.1.1).}$$

**zu 2.**

Zur Ermittlung der Tangentialbeschleunigung $a_t$ und der Normalbeschleunigung $a_n$ ist es erforderlich, die Tangente im Bahnkurvenpunkt bei $t = 0{,}6\,\text{s}$ zu bestimmen (Bild 2.1.1).

$$y' = \tan\beta = \frac{dy}{dx} = \frac{\frac{dy}{dt}}{\frac{dx}{dt}} = \frac{\dot{y}}{\dot{x}} = \frac{\frac{2}{t_E}\left(1-\frac{t}{t_E}\right)\text{m}}{\frac{1}{t_E}\text{m}} = 2\left(1-\frac{t}{t_E}\right)$$

$$\beta = \arctan 2\left(1-\frac{t}{t_E}\right) = \arctan 2(1-0{,}6) = 38{,}6598°;$$

das heißt: $\sin\beta = 0{,}6247$ und $\cos\beta = 0{,}7809$.

Damit folgen die Koordinaten des Beschleunigungsvektors:

$$a_t = -a\sin\beta = -2\frac{\text{m}}{\text{s}^2}\cdot 0{,}6247 = \underline{\underline{-1{,}2494\frac{\text{m}}{\text{s}^2}}};\qquad a_n = a\cos\beta = 2\frac{\text{m}}{\text{s}^2}\cdot 0{,}7809 = \underline{\underline{1{,}5618\frac{\text{m}}{\text{s}^2}}}.$$

**zu 3.**

Der Krümmungsradius $\rho$ (Bild 2.1.1) errechnet sich aus $a_n = \frac{v^2}{\rho}$.

$$v(t=0{,}6\text{s}) = \sqrt{\dot{x}^2+\dot{y}^2} = \sqrt{\left(\frac{1}{1\text{s}}\text{m}\right)^2 + \left[\frac{2}{1\text{s}}\left(1-\frac{0{,}6\text{s}}{1\text{s}}\right)\text{m}\right]^2} = 1{,}2806\frac{\text{m}}{\text{s}}$$

$$\rho = \frac{v^2}{a_n} = \frac{\left(1{,}2806\frac{\text{m}}{\text{s}}\right)^2}{1{,}5618\frac{\text{m}}{\text{s}^2}} = \underline{\underline{1{,}05\text{m}}}.$$

## Aufgabe 2.2 Bewegung des Schnittpunktes zweier Geraden

Die Gerade a–a (Bild 2.2) bewegt sich in Richtung der $y$-Achse mit der Geschwindigkeit $v_a = k\cdot t$ und die Gerade b–b in Richtung der $x$-Achse mit der Geschwindigkeit $v_b = m\cdot t^3$. Zur Zeit $t = 0$ hat der Schnittpunkt A der Geraden die Koordinaten $A(n;0)$.

Gesucht:

1. die Funktionen $x = f(t)$ für die Gerade b–b und $y = g(t)$ für die Gerade a–a,
2. die Bahngleichung $x = f(y)$ für den Schnittpunkt A der Geraden.

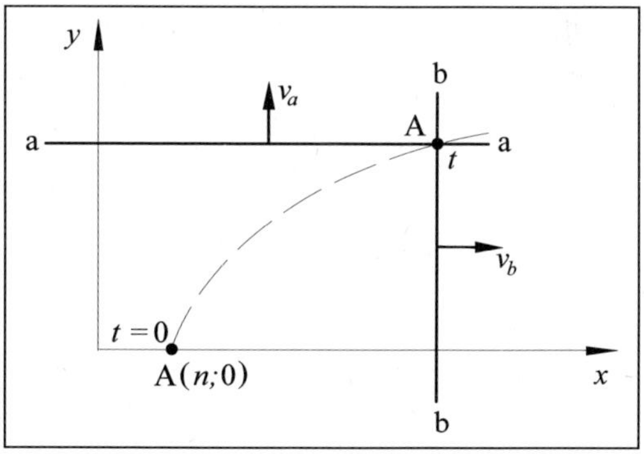


*Bild 2.2: Bewegung zweier Geraden*

***Lösung:***

**zu 1.**

Für Gerade b–b gilt: $v_x = v_b = \frac{dx}{dt} = m\cdot t^3$, $\qquad x = \int m\cdot t^3\cdot dt = \frac{mt^4}{4} + C_1$.

Für $t = 0$ ist $x = n$, also $C_1 = n$ $\Rightarrow$ $x = \frac{m\ t^4}{4} + n\ .$ (1)

Für Gerade a–a gilt: $v_y = v_a = \frac{dy}{dt} = k \cdot t$

$$y = \int k \cdot t \cdot dt = \frac{kt^2}{2} + C_2$$

für $t = 0$ ist $y = 0$, also $C_2 = 0$ $\Rightarrow$ $y = \frac{k\ t^2}{2}\ .$ (2)

**zu 2.**

Die Bahngleichung $x = f(y)$ erhalten wir aus (1) und (2) durch Elimination des Parameters $t$.

Aus (2) folgt: $t^2 = \frac{2\ y}{k}$

in (1): $x = \frac{m\ t^4}{4} + n = \frac{m\ 4\ y^2}{4\ k^2} + n \quad \Rightarrow \quad x = \frac{m}{k^2}\, y^2 + n\ .$

## Aufgabe 2.3 Räumliche Bahnkurve

Ein Punkt bewegt sich auf einer räumlichen Bahnkurve, die durch die drei Funktionsgleichungen in Parameterform gegeben ist:

$$x = -1\frac{\text{m}}{\text{s}} \cdot t + 4\ \text{m}\ ;$$

$$y = 0{,}1\frac{\text{m}}{\text{s}^3} \cdot t^3 + 1\frac{\text{m}}{\text{s}^2} \cdot t^2 + 1\ \text{m}\ ,$$

$$z = 1\frac{\text{m}}{\text{s}^2} \cdot t^2.$$

Gesucht:

1. die Bahnkurve im räumlichen Koordinatensystem für die Zeit $t = 0$ bis $t = 3\,\text{s}$,
2. die mittlere Geschwindigkeit des Punktes im Zeitintervall von $t = 0$ bis $t = 3\,\text{s}$,
3. die momentane Geschwindigkeit des Punktes zur Zeit $t_0 = 0$; $t_1 = 1\,\text{s}$; $t_2 = 2\,\text{s}$ und $t_3 = 3\,\text{s}$.

***Lösung:***

**zu 1.**

Für den Zeitbereich $t = 0$ bis $t = 3\,\text{s}$ können wir die Komponenten $x$, $y$ und $z$ des Ortsvektors $\vec{r}$ ausrechnen (siehe nebenstehende Wertetabelle).

| $t$ in s | 0 | 1 | 2 | 3 |
|---|---|---|---|---|
| $x$ in m | 4 | 3 | 2 | 1 |
| $y$ in m | 1 | 2,1 | 5,8 | 12,7 |
| $z$ in m | 0 | 1 | 4 | 9 |

Die Auftragung der Ergebnisse aus der Wertetabelle liefert die zeitmarkierte Bahnkurve (Bild 2.3.1).

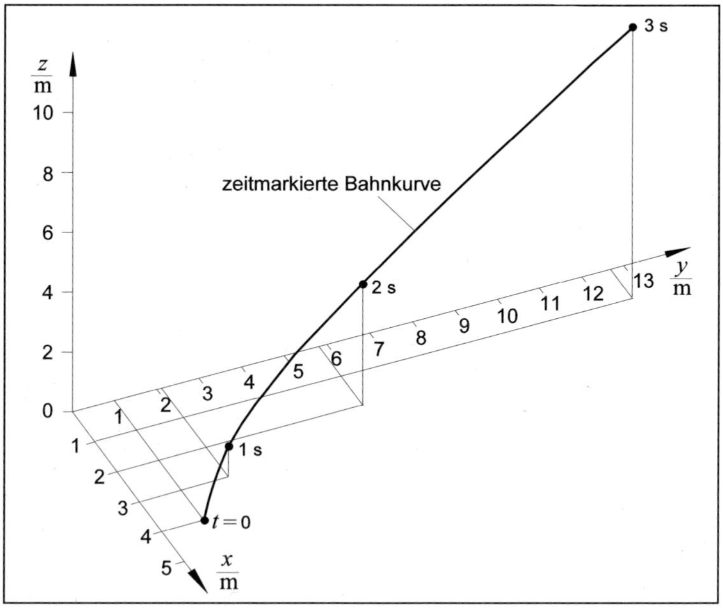


*Bild 2.3.1: Zeitmarkierte Bahnkurve im x,y,z-Koordinatensystem*

**zu 2.**

$$\vec{v}_{m(0-3)} = \frac{\Delta\vec{r}}{\Delta t} = \frac{\vec{r}_3 - \vec{r}_0}{\Delta t} = \frac{\Delta\vec{x}}{\Delta t} + \frac{\Delta\vec{y}}{\Delta t} + \frac{\Delta\vec{z}}{\Delta t}$$

$$\Delta\vec{x} = x_3 - x_0 = (1-4)\text{m} = -3\text{m}$$

$$\Delta\vec{y} = y_3 - y_0 = (12{,}7-1)\text{m} = 11{,}7\text{m} \qquad \Delta t = 3\,\text{s}$$

$$\Delta\vec{z} = z_3 - z_0 = (9-0)\text{m} = 9\text{m}$$

$$\vec{v}_{m(0-3)} = \vec{v}_{x_m} + \vec{v}_{y_m} + \vec{v}_{z_m}$$

$$\vec{v}_{m(0-3)} = \frac{-3\,\text{m}}{3\,\text{s}}\vec{e}_x + \frac{11{,}7\,\text{m}}{3\,\text{s}}\vec{e}_y + \frac{9\,\text{m}}{3\,\text{s}}\vec{e}_z = -1\frac{\text{m}}{\text{s}}\vec{e}_x + 3{,}9\frac{\text{m}}{\text{s}}\vec{e}_y + 3\frac{\text{m}}{\text{s}}\vec{e}_z$$

Absoluter Betrag der mittleren Geschwindigkeit:

$$|\vec{v}_m| = v_m = \sqrt{v_{x\,m}^2 + v_{y_m}^2 + v_{z\,m}^2} = \sqrt{(-1)^2 + 3{,}9^2 + 3^2}\,\frac{\text{m}}{\text{s}} = \underline{\underline{5{,}02\frac{\text{m}}{\text{s}}}}\,.$$

**zu 3.**

$$\vec{v} = \frac{dx}{dt}\vec{e}_x + \frac{dy}{dt}\vec{e}_y + \frac{dz}{dt}\vec{e}_z = v_x\cdot\vec{e}_x + v_y\cdot\vec{e}_y + v_z\cdot\vec{e}_z = \dot{x}\cdot\vec{e}_x + \dot{y}\cdot\vec{e}_y + \dot{z}\cdot\vec{e}_z$$

$$\vec{v} = \left(-1\frac{\text{m}}{\text{s}}\right)\cdot\vec{e}_x + \left(0{,}3\frac{\text{m}}{\text{s}^3}t^2 + 2\frac{\text{m}}{\text{s}^2}t\right)\cdot\vec{e}_y + 2\frac{\text{m}}{\text{s}^2}t\cdot\vec{e}_z$$

Die momentanen Geschwindigkeiten betragen:

$$|\vec{v}| = v = \sqrt{\dot{x}^2 + \dot{y}^2 + \dot{z}^2} = \sqrt{\left(-1\frac{\text{m}}{\text{s}}\right)^2 + \left(0{,}3\frac{\text{m}}{\text{s}^3}t^2 + 2\frac{\text{m}}{\text{s}^2}t\right)^2 + \left(2\frac{\text{m}}{\text{s}^2}t\right)^2}$$

$$v(t=0) = v_0 = \sqrt{(-1)^2 + 0^2 + 0^2}\,\frac{\text{m}}{\text{s}} = \underline{\underline{1\frac{\text{m}}{\text{s}}}}$$

$$v(t=1\text{s})=v_1=\sqrt{(-1)^2+2{,}3^2+2^2}\,\frac{\text{m}}{\text{s}}=\underline{\underline{3{,}21\frac{\text{m}}{\text{s}}}}$$

$$v(t=2\text{s})=v_2=\sqrt{(-1)^2+5{,}2^2+4^2}\,\frac{\text{m}}{\text{s}}=\underline{\underline{6{,}64\frac{\text{m}}{\text{s}}}}$$

$$v(t=3\text{s})=v_3=\sqrt{(-1)^2+8{,}7^2+6^2}\,\frac{\text{m}}{\text{s}}=\underline{\underline{10{,}62\frac{\text{m}}{\text{s}}}}\ .$$

Wir erkennen, dass der Punkt langsam beginnt $(1\text{m/s})$ und immer schneller wird $(10{,}62\text{m/s})$.

## Aufgabe 2.4 Rollendes Rad auf horizontaler Unterlage

Auf einer horizontalen Unterlage rollt - ohne zu gleiten - ein Rad mit dem Radius $r$ ab (Bild 2.4), wobei der Mittelpunkt eine konstante Geschwindigkeit $v_0$ besitzt. Für den fest mit dem Rad verbundenen Umfangspunkt P sind zu bestimmen:

1. die Bahnkurve mit Darstellung in einem rechtwinkligen $x,y$-Koordinatensystem,
2. die Geschwindigkeit,
3. die Beschleunigung und ihre Komponenten in tangentialer und normaler Richtung,
4. zurückgelegter Weg für eine Umdrehung des Rades.

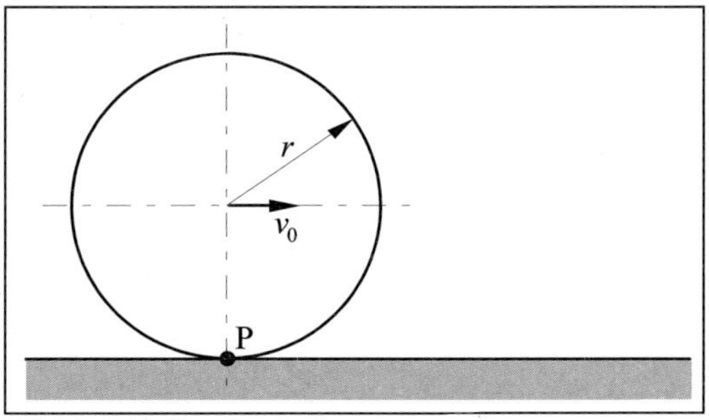

*Bild 2.4: Rollendes Rad*

Außerdem sind der zurückgelegte Weg des Mittelpunktes für eine Umdrehung zu bestimmen und die Diagramme der Größen $x(t)$ und $v(t)$ für eine Umdrehung des Rades zu zeichnen.

***Lösung:***

**zu 1.**

Zur Zeit $t=0$ möge sich der Punkt P auf der horizontalen Unterlage befinden und wir legen den Koordinatenursprung in diesen zum Zeitpunkt $t=0$ befindlichen Punkt P (Bild 2.4.1). Durch das Rollen des Rades ergibt sich, dass nach der Zeit $t$ die zurückgelegte Strecke $v_0 t$ in horizontaler Richtung gleich dem abgerollten Bogenstück (fett gezeichnet) (Bild 2.4.1) ist.

Daraus folgt:

$$v_0 t = r\varphi \quad\Rightarrow\quad \varphi=\frac{v_0}{r}t\ .$$

Bei der Kreisbewegung ist

$\omega=\dfrac{v_0}{r}$, so dass folgt: $\varphi=\omega t$.

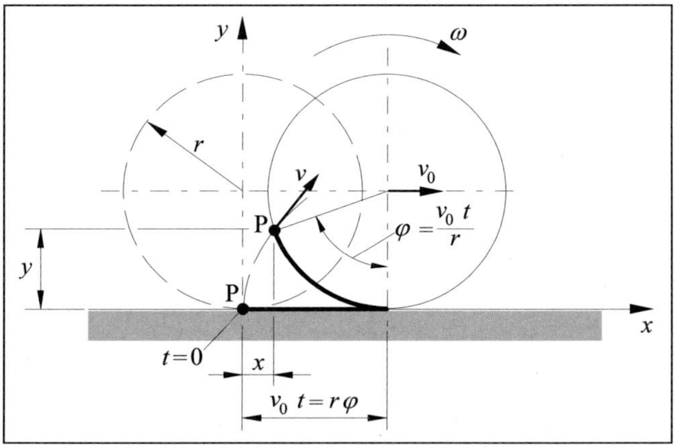

*Bild 2.4.1: Abrollendes Rad im x,y-Koordinatensystem*

Für die Lage des Punktes P nach Drehung um den Winkel $\varphi$ zum Zeitpunkt $t$ lesen wir die Koordinaten aus Bild 2.4.1 ab:

$$\underline{\underline{x=r\varphi-r\sin\varphi=r(\varphi-\sin\varphi)}}\ ;\qquad \underline{\underline{y=r-r\cos\varphi=r(1-\cos\varphi)}}\ . \qquad (1)$$

Die Koordinaten $x$ und $y$ des Punktes P können wir mittels (1) berechnen. Die nebenstehende Tabelle enthält für einige Winkel $\varphi$ innerhalb einer Umdrehung des Rades die berechneten Koordinaten.

| $\varphi$ | $x$ | $y$ |
|---|---|---|
| 0 | 0 | 0 |
| $0{,}5\,\pi$ | $0{,}571\,r$ | $r$ |
| $\pi$ | $\pi\,r$ | $2\,r$ |
| $1{,}5\,\pi$ | $5{,}71\,r$ | $r$ |
| $2\,\pi$ | $2\,\pi\,r$ | 0 |

Durch die Parameterdarstellung (1) wird die Bahnkurve des Punktes P beschrieben und heißt ***Zykloide*** (Bild 2.4.2). In Bild 2.4.2 ist die Bahnkurve für eine Umdrehung des Rades gezeichnet.

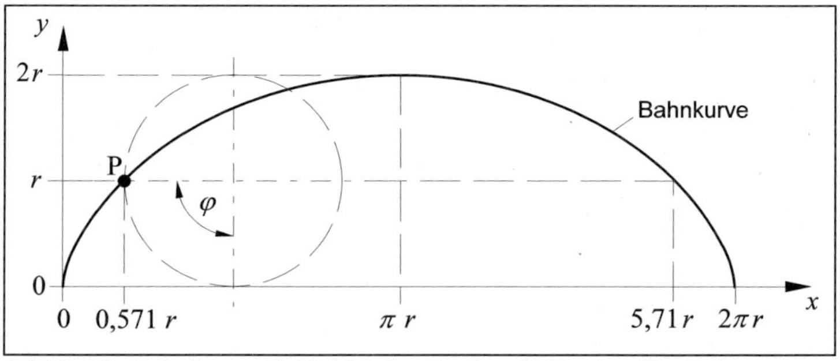


*Bild 2.4.2: Bahnkurve (Zykloide) des Punktes P für eine Umdrehung*

**zu 2.**

$$v = \sqrt{\dot{x}^2 + \dot{y}^2}\ .$$

Mit $\varphi = \omega t$ folgt: $\quad x = r(\omega t - \sin \omega t)\ ; \qquad y = r(1 - \cos \omega t)\ .$

Geschwindigkeitskomponenten:

$$\dot{x} = r(\omega - \omega \cos \omega t); \qquad \dot{y} = r\,\omega \sin \omega t\ .$$

Betrag der Geschwindigkeit:

$$v = \sqrt{\dot{x}^2 + \dot{y}^2}$$

$$v = \sqrt{r^2(\omega - \omega \cos \omega t)^2 + r^2\omega^2 \sin^2 \omega t}$$

$$v = r\,\omega\sqrt{1 - 2\cos \omega t + \cos^2 \omega t + \sin^2 \omega t} = r\,\omega\sqrt{2 - 2\cos \omega t}$$

$$v = 2\,r\,\omega\sqrt{\frac{1-\cos \omega t}{2}}\ ; \qquad \text{mit} \qquad \sqrt{\frac{1-\cos \omega t}{2}} = \sin\frac{\omega t}{2}$$

wird $\underline{\underline{v = 2\,r\,\omega \sin\frac{\omega t}{2}}} = 2\,v_0 \sin\frac{\omega t}{2}$ ($v$ wirkt tangential zur Bahnkurve).

**zu 3.**

Beschleunigungskomponenten in $x$- und $y$-Richtung:

$$\ddot{x} = r\,\omega^2 \sin \omega t\ ;$$

$$\ddot{y} = r\,\omega^2 \cos \omega t$$

Betrag der Beschleunigung:

$$a = \sqrt{\ddot{x}^2 + \ddot{y}^2} = \sqrt{r^2\omega^4(\sin^2 \omega t + \cos^2 \omega t)} = \underline{\underline{r\omega^2}} = konstant\ .$$

Aus Bild 2.4.3 erhalten wir den Richtungswinkel $\beta$ des Beschleunigungsvektors $\vec{a}$:

$$\tan\beta = \frac{a_y}{a_x} = \frac{\ddot{y}}{\ddot{x}} = \frac{r\,\omega^2 \cos\omega t}{r\,\omega^2 \sin\omega t} = \frac{1}{\tan\omega t} = \frac{1}{\tan\varphi}\,.$$

Aus

$$\tan\beta = \frac{1}{\tan\varphi} = \tan\left(\frac{\pi}{2} - \varphi\right)$$

folgt: $\beta = \frac{\pi}{2} - \varphi\,.$

Diese Beziehung sagt aus, dass der Beschleunigungsvektor $\vec{a}$ stets auf den Mittelpunkt des abrollenden Rades gerichtet ist (Bild 2.4.3) (gilt aber nur für konstante Geschwindigkeit des Radmittelpunktes).

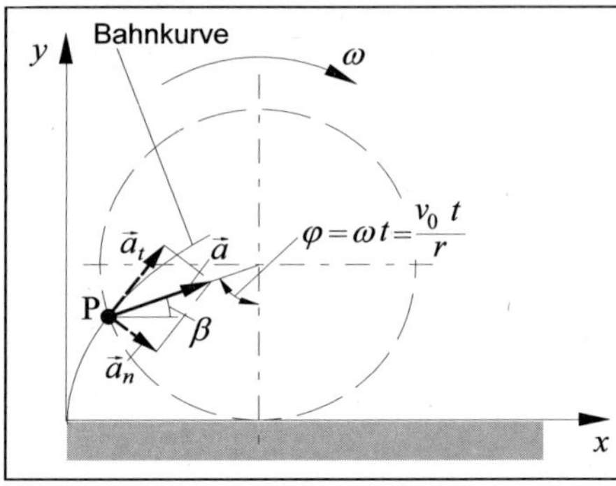


*Bild 2.4.3: Beschleunigung des Punktes P*

Beschleunigungskomponenten in *tangentialer* und *normaler* Richtung (Bild 2.4.3):

$$\underline{\underline{a_t = \dot{v} = r\,\omega^2 \cos\frac{\omega t}{2}}},$$

aus $\quad a = \sqrt{a_t^2 + a_n^2}$ folgt:

$$a_n = \sqrt{a^2 - a_t^2} = \sqrt{r^2\omega^4 - r^2\omega^4\cos^2\frac{\omega t}{2}} = r\omega^2\sqrt{1-\cos^2\frac{\omega t}{2}} = \underline{\underline{r\omega^2 \sin\frac{\omega t}{2}}}\,.$$

**zu 4.**

Den zurückgelegten Weg des Punktes P für eine Umdrehung berechnen wir aus:

$$ds = v \cdot dt$$

$$s = \int_{t_1=0}^{t_2=T=\frac{2\pi}{\omega}} 2r\omega \sin\frac{\omega t}{2}\,dt = 2r\omega\left(-\frac{2}{\omega}\cos\frac{\omega t}{2}\right)\Bigg|_0^{\frac{2\pi}{\omega}} = \underline{\underline{8r}}$$

---

Der zurückgelegte Weg des Radmittelpunktes für eine Umdrehung ergibt sich aus

$$s_M = v_0\, t\,.$$

Mit der Umlaufzeit $t = T = \frac{2\,\pi}{\omega}$ für eine Umdrehung und mit $\omega = \frac{v_0}{r}$ folgt:

$$s_M = v_0\, T = v_0\frac{2\,\pi}{\omega} = v_0\frac{2\,\pi}{v_0}r = 2\,\pi r = \underline{\underline{6{,}28\,r}}\,.$$

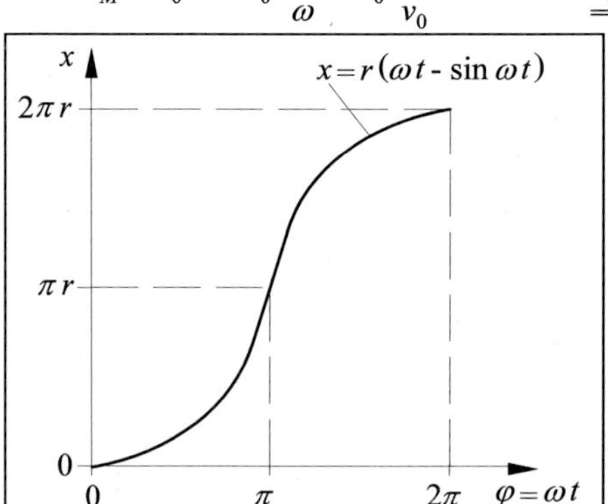


*Bild 2.4.4: x(t)-Diagramm für den Radpunkt P für eine Umdrehung*

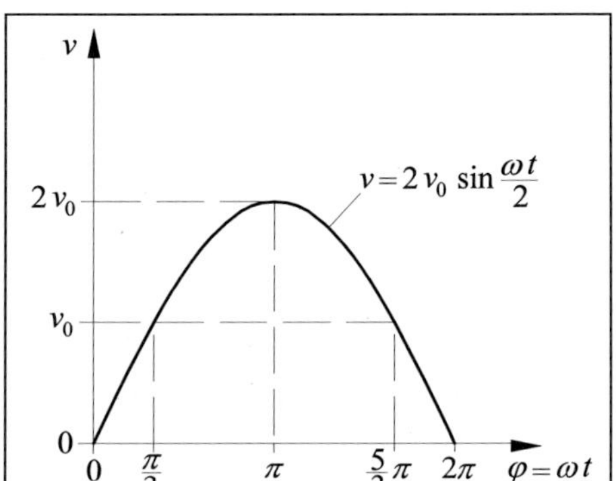


*Bild 2.4.5: v(t)-Diagramm für den Radpunkt P für eine Umdrehung*

Im Bild 2.4.5 ist die Bahngeschwindigkeit des Punktes P dargestellt. Wir erkennen für das Winkelintervall $\frac{\pi}{3} < \varphi < \frac{5}{3}\pi$ oder $60° < \varphi < 300°$ (Bild 2.4.1), dass sie größer ist als $v_0$, anderenfalls ist sie kleiner.

## Aufgabe 2.5 Punktbewegung auf ebener Kurve

Ein Punkt P bewege sich auf der ebenen Kurve $r(\varphi)$ (Bild 2.5). Der Fahrstrahl rotiere mit $\omega = konstant$. Die Geschwindigkeit in Richtung des Fahrstrahls sei $v_0 = konstant$. Zur Zeit $t = 0$ ist $\varphi = 0$ und $r = 0$.

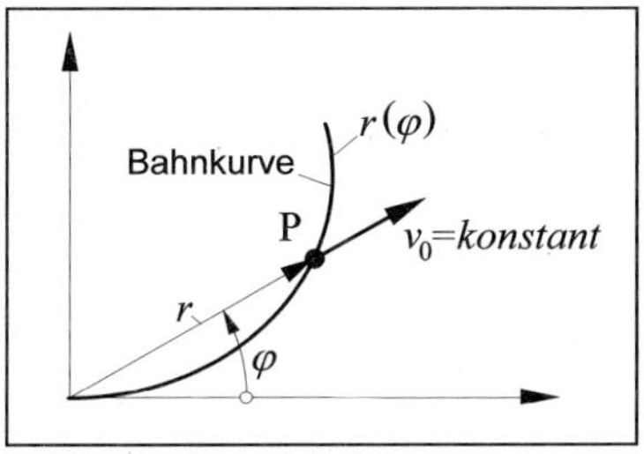

*Bild 2.5: Ebene Punktbewegung*

Zu bestimmen sind:

1. Die Bahngeschwindigkeit von Punkt P,
2. Radial- und Zirkularbeschleunigung von Punkt P,
3. Gleichung der Bahnkurve $r(\varphi)$.

***Lösung:***

**zu 1.**

Für die Bahngeschwindigkeit (Bild 2.5.1) in ***Polarkoordinaten*** folgt:

$$\vec{v} = v_r\, \vec{e}_r + v_\varphi\, \vec{e}_\varphi = \dot{r}\, \vec{e}_r + r\, \dot{\varphi}\, \vec{e}_\varphi \,.$$

Mit

$\dot{\varphi} = \omega$, der Radialgeschwindigkeit $\dot{r} = v_0 = konst.$

und $\frac{dr}{dt} = v_0 \quad \Rightarrow \quad dr = v_0\, dt$

$$\int_{r=0}^{r} dr = v_0 \int_0^t dt \quad \Rightarrow \quad r = v_0 t$$

wird

$$\vec{v} = v_0\, \vec{e}_r + v_0 t\, \omega\, \vec{e}_\varphi$$

$$v = |\vec{v}| = \sqrt{v_r^2 + v_\varphi^2} = \sqrt{v_0^2 + v_0^2 t^2 \omega^2} = \underline{\underline{v_0 \sqrt{1 + (\omega t)^2}}} \,.$$

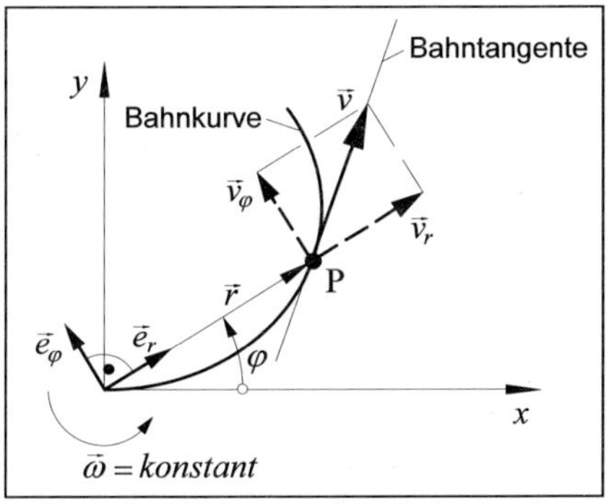

*Bild 2.5.1: Radial- und Zirkulargeschwindigkeit bei ebener Punktbewegung*

**zu 2.**

Die Radialbeschleunigung lautet:

$$a_r = \ddot{r} - r\, \dot{\varphi}^2 = \underline{\underline{-v_0\, t\, \omega^2}} \qquad \text{(Bild 2.5.2).}$$

Für die Zirkular- und Umfangsbeschleunigung ergibt sich:

$$a_\varphi = 2\, \dot{r}\, \dot{\varphi} + r\, \ddot{\varphi} = \underline{\underline{2\, v_0\, \omega}} \qquad \text{(Bild 2.5.2).}$$

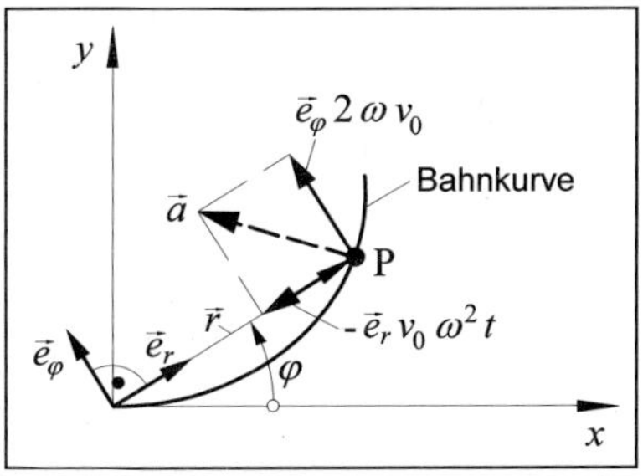

*Bild 2.5.2: Radial- und Zirkularbeschleunigung des Punktes P*

**zu 3.**

$$r = v_0 t \; ; \qquad \varphi = \omega t \;\Rightarrow\; t = \frac{\varphi}{\omega}$$

$\underline{\underline{r = \frac{v_0}{\omega}\,\varphi}}$ . Dies ist die Gleichung einer "*archimedischen* Spirale" (Bild 2.5.3).

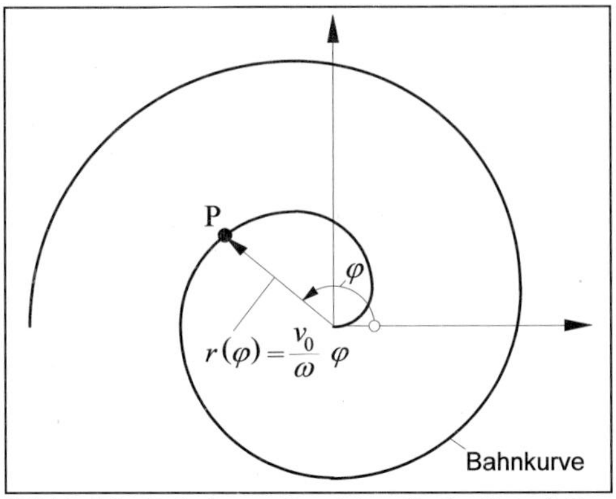


*Bild 2.5.3: Bahnkurve "archimedische Spirale"*

## Aufgabe 2.6 Ziehen eines Bootes über einen Kanal

Ein Boot liege zur Zeit $t = 0$ bei Punkt A und werde von einem bei B stehenden Spillkopf mit konstanter Geschwindigkeit $v_S$ auf B zu gezogen (Bild 2.6). Die Strömungsgeschwindigkeit $v_W$ des $l$ breiten Kanals sei überall gleich und konstant.

Gesucht:

Bahnkurve des Bootes sowie graphische Darstellung der Bahnkurve für $\dfrac{v_S}{v_W} = 2$.

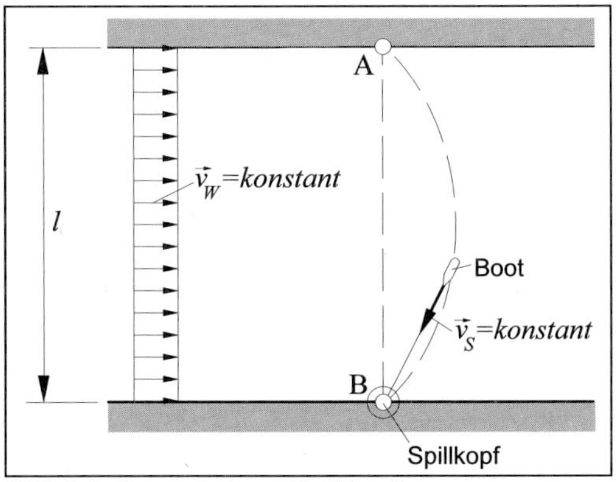


*Bild 2.6: Boot wird von Spillkopf gezogen*

***Lösung:***

Den Koordinatenursprung legen wir in den bei B stehenden Spillkopf und beschreiben die Bewegung des Bootes in ***Polarkoordinaten*** (Bild 2.6.1).

Bahngeschwindigkeit $\vec{v}$ :

$$\vec{v} = v_r\,\vec{e}_r + v_\varphi\,\vec{e}_\varphi$$

$$\vec{v} = \dot{r}\,\vec{e}_r + r\,\dot{\varphi}\,\vec{e}_\varphi$$

$$\vec{v} = \left(-\frac{dr}{dt}\right)\vec{e}_r + \left(-r\,\frac{d\varphi}{dt}\right)\vec{e}_\varphi .$$

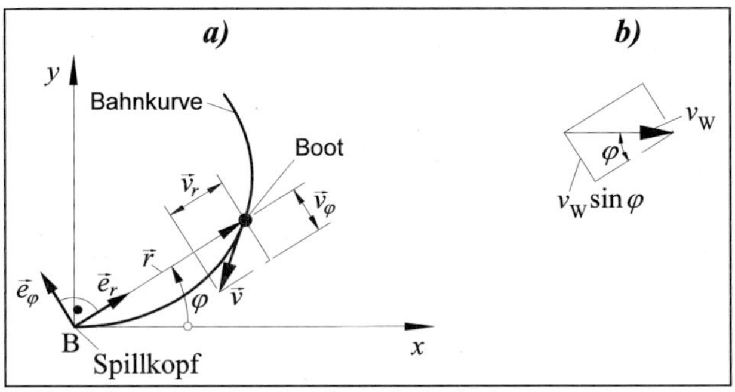


*Bild 2.6.1: a) Bahnbeschreibung in Polarkoordinaten*
*b) Zerlegung der Strömungsgeschwindigkeit*

In radialer Richtung ($\vec{e}_r$-Richtung) bewegt sich das Boot durch die vom Spillkopf vorgegebene Geschwindigkeit $-\dfrac{dr}{dt} = v_S = konstant$ (Bild 2.6.1a).

In zirkularer Richtung ($\vec{e}_\varphi$-Richtung) erfährt das Boot durch die Strömungsgeschwindigkeit des Wassers die Geschwindigkeit $-r\,\dfrac{d\varphi}{dt} = v_W \sin\varphi$ (Bilder 2.6.1a und 2.6.1b).

Aus diesen Geschwindigkeitskomponenten folgt: $dt = -\dfrac{dr}{v_S}$ und $dt = -\dfrac{r\,d\varphi}{v_W \sin\varphi}$.

Durch Gleichsetzen erhalten wir: $\dfrac{dr}{v_S} = \dfrac{r\,d\varphi}{v_W \sin\varphi}$,

$$\int\limits_l^r \frac{dr}{r} = \frac{v_S}{v_W} \int\limits_{\frac{\pi}{2}}^{\varphi} \frac{d\varphi}{\sin\varphi} .$$

Mit Hilfe einer Integraltafel folgt:

$$\ln r\Big|_l^r = \frac{v_S}{v_W} \ln\left(\tan\frac{\varphi}{2}\right)\Bigg|_{\frac{\pi}{2}}^{\varphi} \quad \Rightarrow \quad \ln\frac{r}{l} = \frac{v_S}{v_W}\left[\ln\left(\tan\frac{\varphi}{2}\right) - \ln\left(\tan\frac{\pi}{4}\right)\right].$$

Mit $\tan\dfrac{\pi}{4} = 1$, $\ln 1 = 0$ und $m \cdot \ln p = \ln p^m$ wird

$$\ln\frac{r}{l} = \frac{v_S}{v_W} \ln\left(\tan\frac{\varphi}{2}\right) = \ln\left(\tan\frac{\varphi}{2}\right)^{\frac{v_S}{v_W}} .$$

Somit $\dfrac{r}{l} = \left(\tan\dfrac{\varphi}{2}\right)^{\frac{v_S}{v_W}}$ .

Mit $x = r\cos\varphi$ und $y = r\sin\varphi$ (Bild 2.6.1) erhalten wir

$$\frac{x}{l} = \left(\tan\frac{\varphi}{2}\right)^{\frac{v_S}{v_W}} \cdot \cos\varphi \qquad \frac{y}{l} = \left(\tan\frac{\varphi}{2}\right)^{\frac{v_S}{v_W}} \cdot \sin\varphi .$$

Bild 2.6.2 zeigt die Bahnkurve des Bootes für $\dfrac{v_S}{v_W} = 2$.

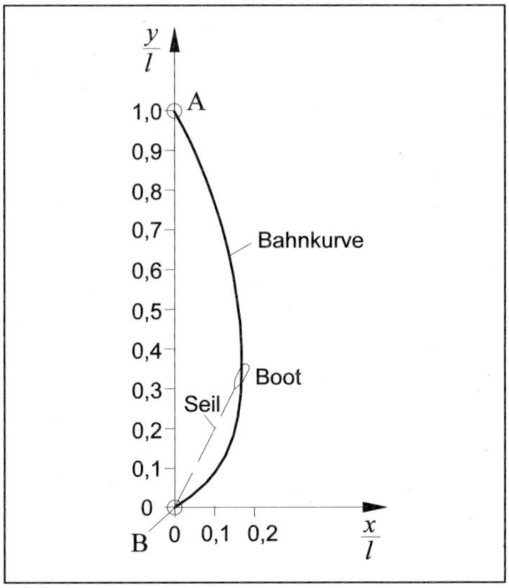


*Bild 2.6.2:*
*Bahnkurve des Bootes für die Überquerung des Kanals bei* $\dfrac{v_S}{v_W} = 2$

## Aufgabe 2.7 Kreisbewegung eines Punktes auf rotierender Scheibe

Ein Punkt P bewegt sich auf einer Kreisbahn mit dem Radius $r$ auf einer Scheibe (Bild 2.7). Der Mittelpunkt A der Kreisbahn liegt im Abstand $r$ vom Mittelpunkt B der Scheibe. Die Scheibe selbst rotiert um den Mittelpunkt B.

$r$, $\dot{\beta}$, $\ddot{\beta}$, $\dot{\varphi}$ und $\ddot{\varphi}$ sind gegeben.

Zu bestimmen sind die Geschwindigkeit und Beschleunigung des Punktes P.

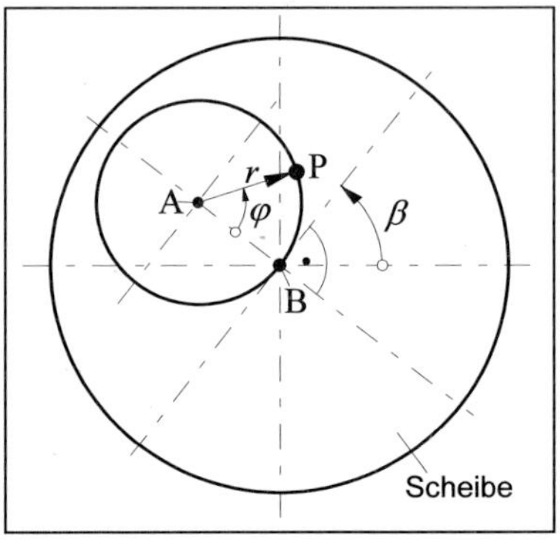


*Bild 2.7: Kreisbewegung von Punkt P auf rotierender Scheibe*

### *Lösung:*

Die geometrischen Zusammenhänge zwischen der Kreisbewegung des Punktes P und der rotierenden Scheibe sind aus Bild 2.7.1 zu ersehen.

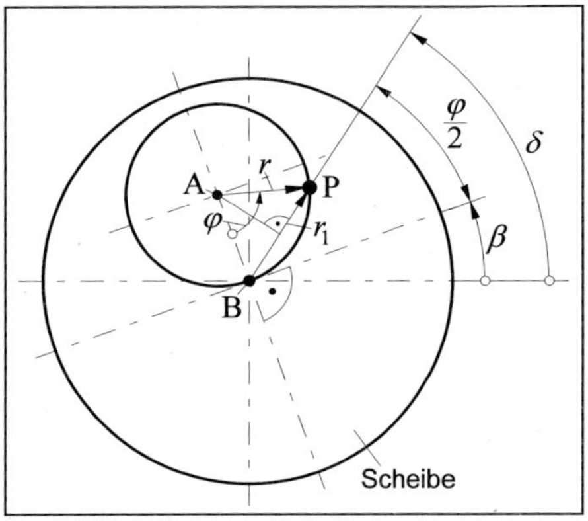


*Bild 2.7.1: Geometrische Zusammenhänge*

$$\sin\frac{\varphi}{2} = \frac{\frac{r_1}{2}}{r} \qquad \Rightarrow \qquad r_1 = 2\,r\,\sin\frac{\varphi}{2}$$

$$\delta = \beta + \frac{\varphi}{2}$$

Die Beschreibung der Geschwindigkeit in ***Polarkoordinaten*** lautet (Bild 2.7.2):

$$\vec{v} = v_{r_1}\,\vec{e}_{r_1} + v_\delta\,\vec{e}_\delta \qquad \text{mit}$$

$$v_{r_1} = \dot{r}_1 \qquad \text{und} \qquad v_\delta = r_1\,\dot{\delta}\,.$$

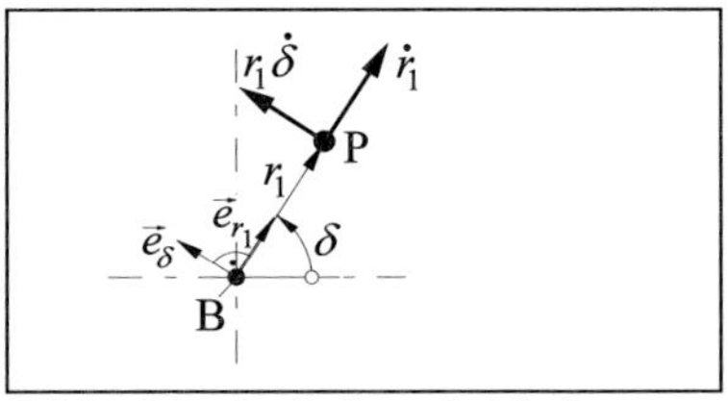


*Bild 2.7.2: Radiale und zirkulare Geschwindigkeit des Punktes P*

Die Ableitungen von $r_1$ und $\delta$ liefern:

$$\dot{r}_1 = 2\,r\,\frac{1}{2}\cos\frac{\varphi}{2}\cdot\dot{\varphi} = r\,\dot{\varphi}\,\cos\frac{\varphi}{2}$$

$$\dot{\delta} = \dot{\beta} + \frac{\dot{\varphi}}{2}\,.$$

Somit:

$$\vec{v} = r\,\dot{\varphi}\cos\frac{\varphi}{2}\cdot\vec{e}_{r_1} + 2\,r\,\sin\frac{\varphi}{2}\cdot\dot{\delta}\cdot\vec{e}_\delta$$

$$v = \sqrt{v_{r_1}^2 + v_\delta^2} = \underline{\underline{2r\sqrt{\left(\frac{1}{2}\dot{\varphi}\cos\frac{\varphi}{2}\right)^2 + \left(\sin\frac{\varphi}{2}\cdot\dot{\delta}\right)^2}}}\,.$$

Für die Beschreibung der Beschleunigung in ***Polarkoordinaten*** gilt (Bild 2.7.3):

$$\vec{a} = a_{r_1}\,\vec{e}_{r_1} + a_\delta\,\vec{e}_\delta \qquad \text{mit}$$

$$a_{r_1} = \ddot{r}_1 - r_1\,\dot{\delta}^2 \qquad \text{und} \qquad a_\delta = 2\,\dot{r}_1\,\dot{\delta} + r_1\,\ddot{\delta}\,.$$

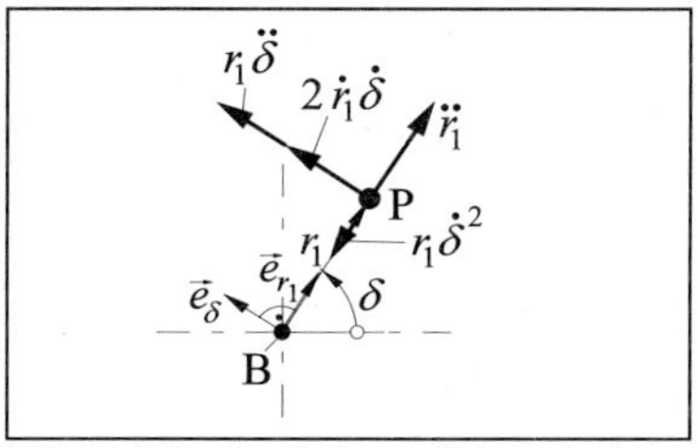


*Bild 2.7.3: Radial- und Zirkularbeschleunigung des Punktes P*

Für $\ddot{r}_1$ und $\ddot{\delta}$ folgt:

$$\ddot{r}_1 = r\left(\ddot{\varphi}\cos\frac{\varphi}{2} - \frac{1}{2}\dot{\varphi}^2\sin\frac{\varphi}{2}\right)$$

$$\ddot{\delta} = \ddot{\beta} + \frac{\ddot{\varphi}}{2}\,.$$

Damit:

$$\vec{a} = a_{r_1}\cdot\vec{e}_{r_1} + a_\delta\cdot\vec{e}_\delta$$

$$\vec{a} = \left[r\left(\ddot{\varphi}\cos\frac{\varphi}{2} - \frac{1}{2}\dot{\varphi}^2\sin\frac{\varphi}{2}\right) - 2r\sin\frac{\varphi}{2}\cdot\dot{\delta}^2\right]\cdot\vec{e}_{r_1} + \left[2r\dot{\varphi}\cos\frac{\varphi}{2}\cdot\dot{\delta} + 2r\sin\frac{\varphi}{2}\cdot\ddot{\delta}\right]\cdot\vec{e}_\delta$$

$$a = \sqrt{a_{r_1}^2 + a_\delta^2} = 2r\sqrt{\left[\frac{\ddot{\varphi}}{2}\cos\frac{\varphi}{2} - \sin\frac{\varphi}{2}\cdot\left(\frac{\dot{\varphi}^2}{4} + \dot{\delta}^2\right)\right]^2 + \left[\dot{\varphi}\cos\frac{\varphi}{2}\cdot\dot{\delta} + \sin\frac{\varphi}{2}\cdot\ddot{\delta}\right]^2}\,.$$

## Aufgabe 2.8 Kreisbewegung eines Punktes

Der Punkt P bewegt sich auf einer Kreisbahn mit $r = 1\,\text{m}$ (Bild 2.8). Der Beschleunigungsvektor bildet mit dem Geschwindigkeitsvektor den konstanten Winkel $\beta = 30°$. Zur Zeit $t = 0$ betrage die Bahngeschwindigkeit $v_0 = 4\,\frac{\text{m}}{\text{s}}$ .

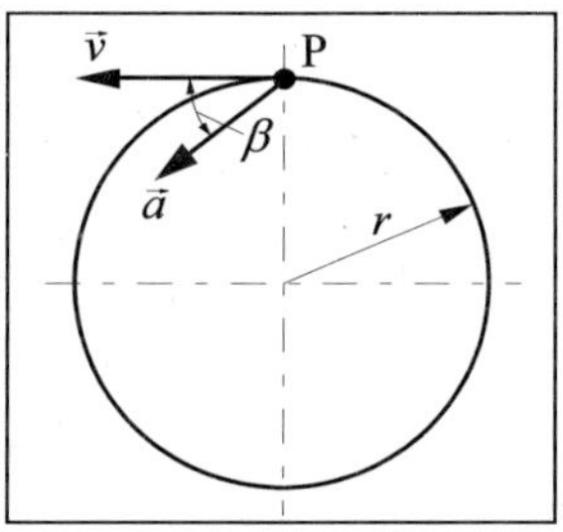


*Bild 2.8: Geschwindigkeit und Beschleunigung eines Kreisbahnpunktes*

Gesucht sind:

1. $v = v(t)$ .
2. Für welche Zeit $t$ muß $v \to \infty$ gehen?

### *Lösung:*

**zu 1.**

Die Beschleunigung teilen wir auf in eine Tangential- und eine Normalbeschleunigung (Bild 2.8.1).

Es ist: $$\tan\beta = \frac{a_n}{a_t} = \frac{\frac{v^2}{r}}{\dot{v}} = \frac{\frac{v^2}{r}}{\frac{dv}{dt}} \quad\Rightarrow\quad \frac{dv}{v^2} = \frac{1}{r\tan\beta}\,dt\,.$$

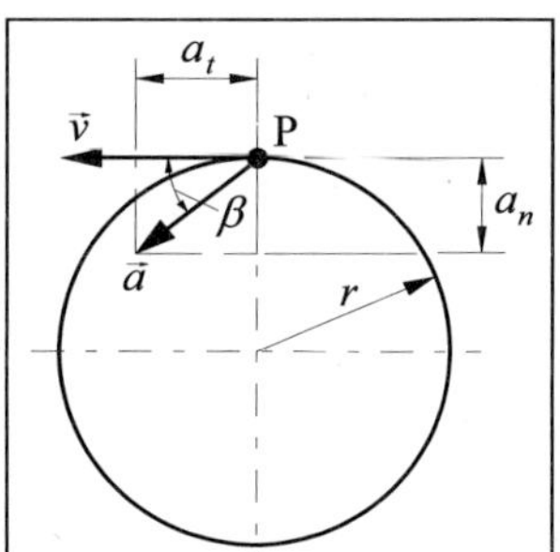


*Bild 2.8.1: Tangential- und Normalbeschleunigung*

Die Integration liefert:

$$-\frac{1}{v} = \frac{1}{r\tan\beta}\,t + C\,.$$

Für $t = 0;\ v = v_0 = 4\,\text{m/s}$ folgt: $C = -\frac{1}{v_0}$ .

Dies ergibt: $$\frac{1}{v} = \frac{1}{v_0} - \frac{1}{r\tan\beta}\,t \quad\Rightarrow\quad v = \frac{1}{\dfrac{1}{v_0} - \dfrac{1}{r\tan\beta}\,t}\,.$$

Mit Zahlenwerten: $$v = \frac{1}{\frac{1}{4\,\text{m/s}} - \frac{1}{0{,}577\,\text{m}} \cdot t} .$$

**zu 2.**

Soll $v \to \infty$ gehen, so muß $\frac{1}{4\,\text{m/s}} - \frac{1}{0{,}577\,\text{m}} \cdot t \to 0$ gehen. Daraus folgt: $t = \frac{0{,}577\,\text{m}}{4\,\text{m/s}}$.

Für $t = \frac{0{,}577}{4}\,\text{s} = \underline{\underline{0{,}144\,\text{s}}}$ muß also $v \to \infty$ gehen.

## Aufgabe 2.9 Kreisförmige Kurvenfahrt eines Zuges

Ein Zug fährt mit der Geschwindigkeit $v_0 = 60\,\text{km/h}$ in eine Kurve von $R = 400\,\text{m}$ und der Länge $s = 600\,\text{m}$ (Bild 2.9). Beim Verlassen der Kurve sank die Zuggeschwindigkeit auf $v_K = 40\,\text{km/h}$. Die Geschwindigkeit nahm konstant ab.

Für die Mitte des Bogens sind die Tangential-, Normal- und Gesamtbeschleunigung des Zuges zu bestimmen.

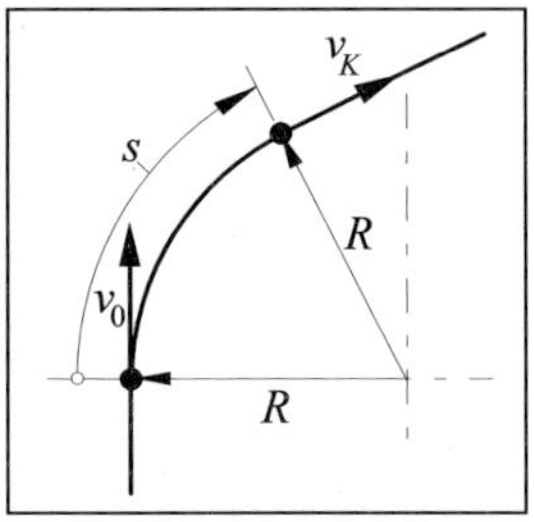


*Bild 2.9: Geschwindigkeiten bei der Kurvenfahrt*

***Lösung:***

Da die Geschwindigkeit konstant abnehmen soll, liegt eine gleichmäßig verzögerte Kreisbewegung vor, bei der die Winkelbeschleunigung $\alpha$ und somit die Tangentialbeschleunigung $a_t = R\,\alpha$ konstant sind. Für den Ort und die Geschwindigkeit des Zuges an einem Kurvenpunkt gilt

$$\varphi = \omega_0\, t + \frac{1}{2}\alpha t^2 ; \qquad \omega = \omega_0 + \alpha t$$

und mit $$\varphi = \frac{s}{R}; \quad \omega_0 = \frac{v_0}{R}; \quad \omega = \frac{v}{R} \quad \text{und} \quad \alpha = \frac{a_t}{R}$$

folgt: $$s = v_0\, t + \frac{1}{2} a_t\, t^2 \qquad (1)$$

$$v = v_0 + a_t\, t . \qquad (2)$$

Die Zeit beim Verlassen der Kurve sei $t_K$ und die Geschwindigkeit $v_K$ (Bild 2.9.1).

$$s = v_0\, t_K + \frac{1}{2} a_t\, t_K^2$$

$$600\,\text{m} = 60 \frac{\text{km}}{\text{h}} \frac{1\,\text{h}}{3600\,\text{s}} \frac{1000\,\text{m}}{1\,\text{km}} t_K + \frac{1}{2} a_t\, t_K^2$$

$$600\,\text{m} = 16{,}67 \frac{\text{m}}{\text{s}} t_K + \frac{1}{2} a_t\, t_K^2 \qquad (3)$$

$$v_K = v_0 + a_t\, t_K$$

$$\frac{40}{3{,}6} \frac{\text{m}}{\text{s}} = \frac{60}{3{,}6} \frac{\text{m}}{\text{s}} + a_t\, t_K$$

$$11{,}11 \frac{\text{m}}{\text{s}} = 16{,}67 \frac{\text{m}}{\text{s}} + a_t\, t_K \qquad (4)$$

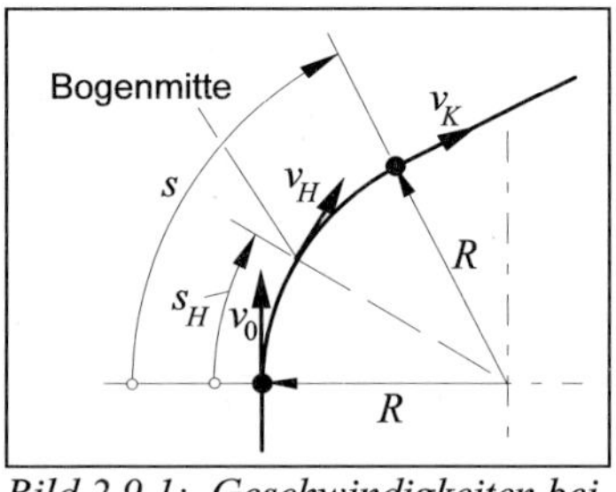


*Bild 2.9.1: Geschwindigkeiten bei der kreisförmigen Kurvenfahrt*

aus (4): $a_t = -\dfrac{5{,}56}{t_K}\dfrac{\text{m}}{\text{s}}$

in (3): $600\text{m} = 16{,}67\dfrac{\text{m}}{\text{s}}t_K + \dfrac{1}{2}\left(-\dfrac{5{,}56}{t_K}\dfrac{\text{m}}{\text{s}}\right)t_K^2$

$t_K = 43{,}2\text{ s}$

in (4): $a_t = -\dfrac{5{,}56}{43{,}2\text{s}}\dfrac{\text{m}}{\text{s}}$

$\underline{\underline{a_t = -\,0{,}1287\dfrac{\text{m}}{\text{s}^2}}} = \textit{konstant}$ (siehe Bild 2.9.2).

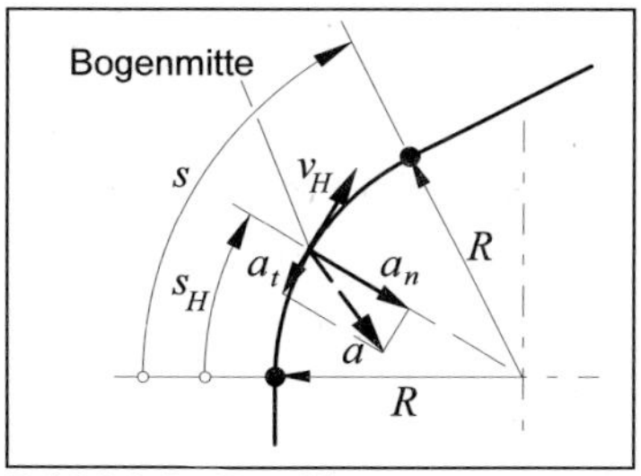


*Bild 2.9.2: Beschleunigungen in Bogenmitte*

Die Zeit $t_H$ für das Erreichen der Bogenmitte berechnen wir aus (1).

$$s_H = v_0\,t_H + \frac{1}{2}a_t\,t_H^2$$

$$300\text{m} = \frac{60}{3{,}6}\frac{\text{m}}{\text{s}}t_H + \frac{1}{2}\left(-0{,}1287\frac{\text{m}}{\text{s}^2}\right)t_H^2$$

$$0{,}06435\frac{\text{m}}{\text{s}^2}t_H^2 - 16{,}67\frac{\text{m}}{\text{s}}t_H + 300\,\text{m} = 0$$

$$t_H^2 - 259\,\text{s}\cdot t_H + 4662\ \text{s}^2 = 0$$

$$t_{H_{1,2}} = \frac{259\text{s}}{2} \pm \sqrt{\left(\frac{259}{2}\right)^2 - 4662}\,\text{s}$$

$$t_{H_1} = 239{,}5\text{s}\,; \qquad t_{H_2} = 19{,}5\text{s}\ .$$

Durch Einsetzen in (2) erkennen wir, dass nur $t_{H_2}$ brauchbar ist. Somit folgt für die Geschwindigkeit $v_H$ in der Bogenmitte (Bild 2.9.1):

$$v_H = v_0 + a_t t_{H_2} = \frac{60}{3{,}6}\frac{\text{m}}{\text{s}} + \left(-0{,}1287\frac{\text{m}}{\text{s}^2}\right)19{,}5\text{s} = 14{,}157\frac{\text{m}}{\text{s}}\ .$$

Die Normalbeschleunigung $a_n$ in der Bogenmitte beträgt dann:

$$a_n = \frac{v_H^2}{R} = \frac{14{,}157^2}{400}\frac{\text{m}}{\text{s}^2} = \underline{\underline{0{,}501\frac{\text{m}}{\text{s}^2}}}\ .$$

Gesamtbeschleunigung in Bogenmitte (Bild 2.9.2):

$$a = \sqrt{a_t^2 + a_n^2} = \sqrt{(-0{,}1287)^2 + 0{,}501^2}\,\frac{\text{m}}{\text{s}^2} = \underline{\underline{0{,}517\frac{\text{m}}{\text{s}^2}}}\ .$$

## Aufgabe 2.10 Entgegengesetzte Punktbewegungen auf einer Kreisbahn

Von A aus bewegen sich zwei Punkte auf einem Kreis ($R = 4\,\text{m}$) mit derselben Anfangsgeschwindigkeit $v_{0_1} = v_{0_2} = v_0 = 4\,\text{m/s}$ in entgegengesetzten Richtungen (Bild 2.10). Der Punkt $P_1$ wird gleichmäßig beschleunigt (Tangentialbeschleunigung $a_{t_1} = a_t$), der andere Punkt $P_2$ gleichmäßig verzögert (Tangentialbeschleunigung $a_{t_2} = -a_t$). Die beiden Punkte treffen sich genau an der Stelle B, an der der Punkt $P_2$ seine Bewegung umkehrt.

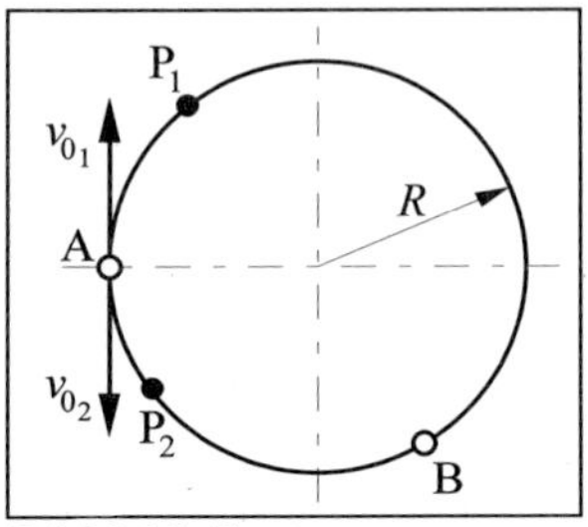


*Bild 2.10: Zwei entgegengesetzte Punktbewegungen auf Kreisbahn*

Gesucht sind:

1. Wie groß sind die Tangentialbeschleunigungen beider Punkte?
2. Wo liegt die Stelle B?
3. Welchen Winkel schließen die Gesamtbeschleunigungen beider Punkte an der Stelle B miteinander ein?

***Lösung:***

**zu 1.**

Da hier eine gleichmäßig beschleunigte bzw. verzögerte Kreisbewegung (konstante Tangentialbeschleunigung) vorliegt, gilt

$$\varphi = \omega_0 t + \frac{1}{2}\alpha t^2 \;; \qquad \omega = \omega_0 + \alpha t$$

und mit $\quad \varphi = \frac{s}{R}; \quad \omega_0 = \frac{v_0}{R}; \quad \omega = \frac{v}{R} \quad$ und $\quad \alpha = \frac{a_t}{R} \quad$ folgt:

Punkt $P_1$: $\quad s_1 = v_0 t + \frac{1}{2} a_t t^2 \;; \qquad v_1 = v_0 + a_t t$

Punkt $P_2$: $\quad s_2 = v_0 t + \frac{1}{2}(-a_t)\, t^2 \;; \qquad v_2 = v_0 + (-a_t)\, t\,.$

In der Stelle B, an der der Punkt $P_2$ seine Bewegung umkehrt, ist seine Geschwindigkeit $v_2 = 0$.

Daraus folgt: $\quad v_0 = a_t t \quad \Rightarrow \quad a_t = \frac{v_0}{t}\,. \qquad (1)$

Am Treffpunkt der beiden Punkte (Stelle B) haben die Punkte zusammen eine Umdrehung ($2R\pi$) zurückgelegt.

Damit gilt: $\quad s_1 + s_2 = 2R\pi$

$$v_0 t + \frac{1}{2} a_t t^2 + v_0 t - \frac{1}{2} a_t t^2 = 2R\pi \quad \Rightarrow \quad 2 v_0 t = 2R\pi$$

$$t = \frac{\pi R}{v_0} = \frac{\pi \cdot 4\,\text{m}}{4\,\text{m/s}} = 3{,}1416\,\text{s} \qquad (2)$$

(2) in (1) einsetzen:

$$a_t = \frac{v_0}{\frac{\pi R}{v_0}} = \frac{v_0^2}{\pi R} = \frac{16}{\pi\, 4}\frac{\text{m}}{\text{s}^2} = 1{,}273\frac{\text{m}}{\text{s}^2}$$

$$\underline{\underline{a_{t_1} = a_t = 1{,}273\frac{\text{m}}{\text{s}^2}}} \;; \qquad \underline{\underline{a_{t_2} = -a_t = -1{,}273\frac{\text{m}}{\text{s}^2}}}\,.$$

**zu 2.**

Den Ort der Stelle B erhalten wir, in dem wir (1) und (2) in die Orts-Zeit-Funktion einsetzen:

$$s_1 = v_0 \frac{\pi R}{v_0} + \frac{1}{2} \cdot \frac{v_0}{\frac{\pi R}{v_0}} \left( \frac{\pi R}{v_0} \right)^2$$

$$s_1 = \pi R + \frac{1}{2} \pi R = \underline{\underline{\frac{3}{2} \pi R}} \qquad \text{(Bild 2.10.1)}$$

$$s_1 = \frac{3}{2} \pi 4\,\text{m} = 6\,\pi\text{m} = \underline{\underline{18{,}85\,\text{m}}} \; .$$

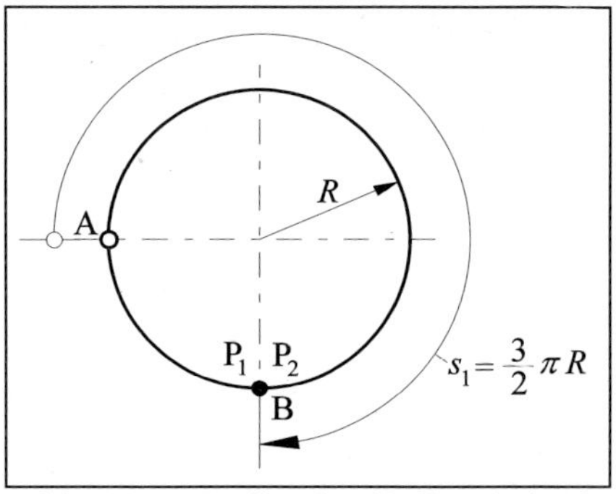


*Bild 2.10.1: Treffpunkt (Stelle B) beider Punkte*

**zu 3.**

Beschleunigungen des Punktes $P_1$ an der Stelle B (Bild 2.10.2):

$$a_{n_1} = \frac{v_1^2}{R} = \frac{\left( 4 \frac{\text{m}}{\text{s}} + 1{,}273 \frac{\text{m}}{\text{s}^2} \cdot 3{,}1416\,\text{s} \right)^2}{4\,\text{m}} = 16 \frac{\text{m}}{\text{s}^2}$$

$$a_{t_1} = 1{,}273 \frac{\text{m}}{\text{s}^2} \quad \text{(siehe unter 1.)}$$

Beschleunigungen des Punktes $P_2$ an der Stelle B (Umkehrpunkt) (Bild 2.10.2):

$$v_2 = 0 \, ; \qquad a_{n_2} = \frac{v_2^2}{R} = 0$$

$$a_{t_2} = -1{,}273 \frac{\text{m}}{\text{s}^2} \qquad \text{(siehe unter 1.)}$$

$$a_2 = \sqrt{{a_{t_2}}^2 + {a_{n_2}}^2} = 1{,}273 \frac{\text{m}}{\text{s}^2} \; .$$

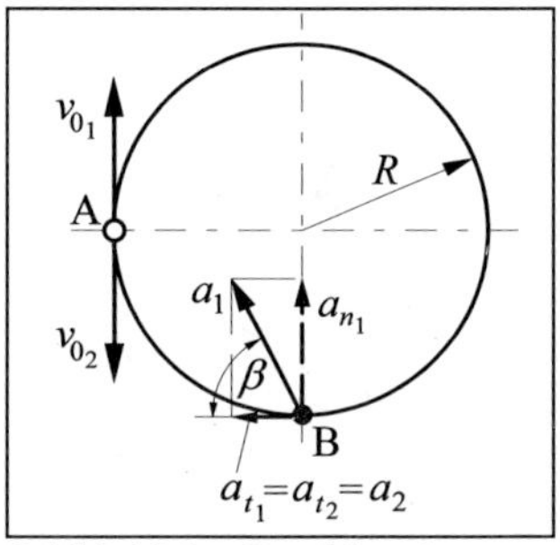


*Bild 2.10.2: Beschleunigungen beider Punkte im Treffpunkt B*

Für den Winkel $\beta$ zwischen den Gesamtbeschleunigungen beider Punkte folgt nach Bild 2.10.2:

$$\tan\beta = \frac{a_{n_1}}{a_2} = \frac{16\,\text{m/s}^2}{1{,}273\,\text{m/s}^2} = 12{,}57 \qquad \Rightarrow \qquad \beta = \underline{\underline{85{,}45°}} \; .$$

## Aufgabe 2.11 Bremsscheibe

Eine Bremsscheibe mit dem Durchmesser $d = 320\,\text{mm}$ soll in $\Delta t = 1{,}5\,\text{s}$ zum Stillstand gebracht werden und sich während des Bremsvorganges mit Rücksicht auf den Verschleiß nicht öfter als $z = 7$ mal herumdrehen (gleichmäßige Verzögerung).

Gesucht:

1. Mit welcher Anfangsdrehzahl $n_0$ dürfte die Scheibe höchstens laufen?
2. Wie groß müßte dann die Winkelbeschleunigung $\alpha$ und die Verzögerung $a_t$ am Scheibenumfang sein?
3. Wie lautet die $\omega(t)$-Funktion für die Abnahme der Winkelgeschwindigkeit?

***Lösung:***

**zu 1.**

Die hier vorliegende gleichmäßig verzögerte Kreisbewegung, bei der die Winkelgeschwindigkeit von einem Anfangswert $\omega_0$ kontinuierlich innerhalb von 1,5 s auf Null abfällt, zeigt Bild 2.11.1. Die Fläche unter der $\omega,t$-Linie ist ein Maß für die Winkeldifferenz während der Zeit $\Delta t = t_E = 1{,}5\,\text{s}$ (Bild 2.11.1). Wir lesen ab:

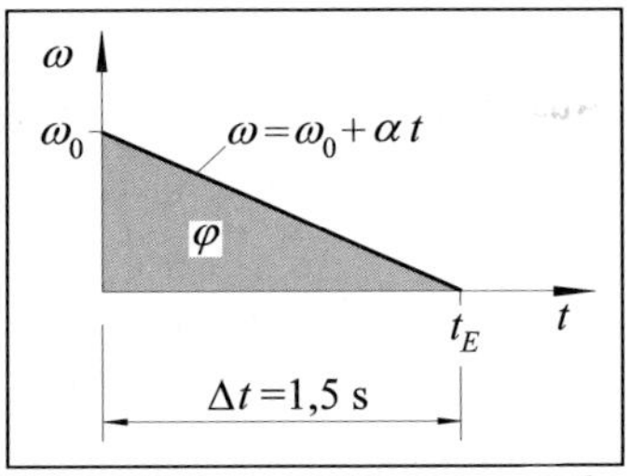


*Bild 2.11.1: $\omega,t$-Diagramm der verzögerten Bremsscheibenbewegung*

$$\varphi = \frac{\omega_0\, t_E}{2}\,.$$

Der zurückgelegte Winkel beträgt bei $z = 7$ Umdrehungen:

$$\varphi = z \cdot 2\pi\,.$$

Aus $\quad z \cdot 2\pi = \dfrac{\omega_0\, t_E}{2}\quad$ folgt: $\quad \omega_0 = \dfrac{4\pi z}{t_E} = \dfrac{4\pi \cdot 7}{1{,}5\,\text{s}} = 58{,}643\,\text{s}^{-1}\,.$

$$\omega_0 = 2\pi n_0 \quad\Rightarrow\quad n_0 = \frac{\omega_0}{2\pi} = \frac{1}{2\pi}\, 58{,}643\,\text{s}^{-1}\,\frac{60\,\text{s}}{\text{min}} = 560\,\frac{1}{\text{min}}\,.$$

Die Anfangsdrehzahl darf nicht größer als $n_0 = 560\,\dfrac{1}{\text{min}}$ sein.

**zu 2.**

**Winkelbeschleunigung $\alpha$:**

Aus $\quad \varphi = \omega_0\, t_E + \dfrac{1}{2}\alpha t_E^2 \qquad$ folgt: $\quad \dfrac{1}{2}\alpha t_E^2 = \varphi - \omega_0\, t_E$

$$\alpha = 2\left(\frac{\varphi}{t_E^2} - \frac{\omega_0}{t_E}\right) \qquad \text{mit} \qquad \varphi = z \cdot 2\pi = 7 \cdot 2\pi = 14\,\pi$$

$$\alpha = 2\left(\frac{14\,\pi}{1{,}5^2\,\text{s}^2} - \frac{58{,}643\,\text{s}^{-1}}{1{,}5\,\text{s}}\right) = -39{,}1\,\text{s}^{-2} = \textit{konstant}\,.$$

Die **Tangentialbeschleunigung** $a_t$ (Verzögerung) am Scheibenumfang beträgt:

$$a_t = R\,\alpha = \frac{d}{2}\alpha = \frac{0{,}32\,\text{m}}{2}\left(-39{,}1\,\text{s}^{-2}\right) = -6{,}26\,\frac{\text{m}}{\text{s}^2}\,.$$

**zu 3.**

Für die Abnahme der Winkelgeschwindigkeit lautet die $\omega(t)$-Funktion:

$$\omega = \omega_0 + \alpha t = 58{,}643\,\text{s}^{-1} - 39{,}1\,\text{s}^{-2} \cdot t\,.$$

## Aufgabe 2.12 Schwungscheibe

Die Drehzahl $n_0 = 200\ \text{min}^{-1}$ einer Schwungscheibe wird bei gleichmäßig beschleunigter Drehbewegung während $t = 8\,\text{s}$ auf $n = 400\ \text{min}^{-1}$ erhöht.

Gesucht:

1. Wie groß ist die Winkelbeschleunigung $\alpha$ ?
2. Wie viel Umdrehungen führt die Schwungscheibe während des Beschleunigungsvorganges aus?

***Lösung:***

**zu 1.**

Der Beschleunigungsvorgang wird durch das Winkelgeschwindigkeits-Zeit-Diagramm ausgedrückt (Bild 2.12.1).

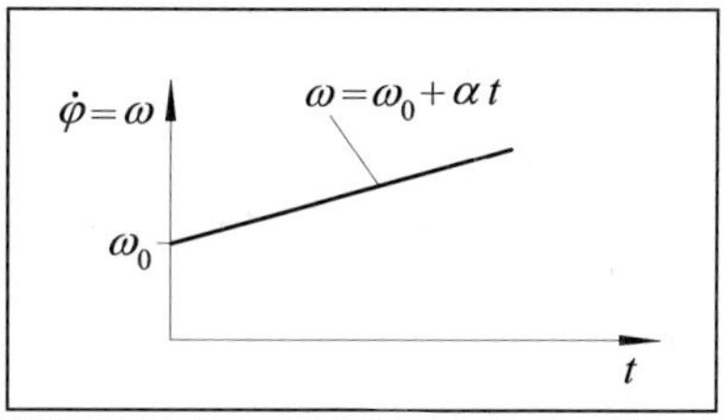


*Bild 2.12.1: ω,t -Diagramm für Kreisbewegung mit konstanter Winkelbeschleunigung*

Aus $\omega = \omega_0 + \alpha t$ folgt mit $\omega = 2\pi n$

$$\alpha = \frac{\omega - \omega_0}{t} = \frac{2\pi n - 2\pi n_0}{t} = 2\pi \frac{n - n_0}{t}$$

$$\alpha = 2\pi \frac{400-200}{8\,\text{s}} \cdot \frac{1}{\text{min}} \cdot \frac{1\,\text{min}}{60\,\text{s}} = \underline{\underline{2{,}62 \frac{1}{\text{s}^2}}}\ .$$

**zu 2.**

$$\omega = \dot\varphi = \frac{d\varphi}{dt} = \omega_0 + \alpha t$$

$$d\varphi = (\omega_0 + \alpha\, t)\,dt\ ; \quad \int_0^{\varphi} d\varphi = \int_0^{t} (\omega_0 + \alpha\, t)\,dt\ .$$

Daraus folgt der während des Beschleunigungsvorganges zurückgelegte Winkel:

$$\varphi = \omega_0 t + \frac{1}{2}\alpha\, t^2 = 2\pi\, n_0\, t + \frac{1}{2}\alpha\, t^2 = \frac{2\pi \cdot 200}{60\text{s}} 8\,\text{s} + \frac{1}{2} \cdot 2{,}62\,\text{s}^{-2} (8\,\text{s})^2 = 251{,}4$$

Zahl der Umdrehungen: $z = \dfrac{\varphi}{2\pi} = \dfrac{251{,}4}{2\pi} = \underline{\underline{40}}\ .$

Das können wir auch so rechnen:

Die Drehzahl wird innerhalb von 8 s von $200 \dfrac{1}{\text{min}}$ auf $400 \dfrac{1}{\text{min}}$ erhöht.

Die mittlere Drehzahl $n_m$ beträgt dann $n_m = \dfrac{200+400}{2} \cdot \dfrac{1}{60\,\text{s}} = 5 \dfrac{1}{\text{s}}\ .$

Aus $n_m = \dfrac{z}{t}$

folgt $z = n_m \cdot t = 5 \dfrac{1}{\text{s}} \cdot 8\,\text{s} = \underline{\underline{40}}\ .$

## Aufgabe 2.13 Rotierende Schleifenschwinge

In einer rotierenden Schleifenschwinge (Bild 2.13) bewegt sich gleichmäßig beschleunigt mit $\ddot{r} = 0{,}5\,\mathrm{m\,s^{-2}}$ ein Gleitstein. Seine nach außen gerichtete augenblickliche Relativgeschwindigkeit sei $\dot{r} = 0{,}5\,\mathrm{m/s}$.

Welche Größe und Richtung hat die Beschleunigung des Gleitsteins bezüglich des ruhend gedachten Bezugsystems im Punkt A, wenn der augenblickliche Radius $r = 100\,\mathrm{mm}$ bei $\varphi = 60°$ beträgt, die Schleife die augenblickliche Winkelgeschwindigkeit $\omega = \dot{\varphi} = 5\,\mathrm{s^{-1}}$ hat und die Winkelbeschleunigung $\ddot{\varphi} = 2{,}5\,\mathrm{s^{-2}}$ beträgt?

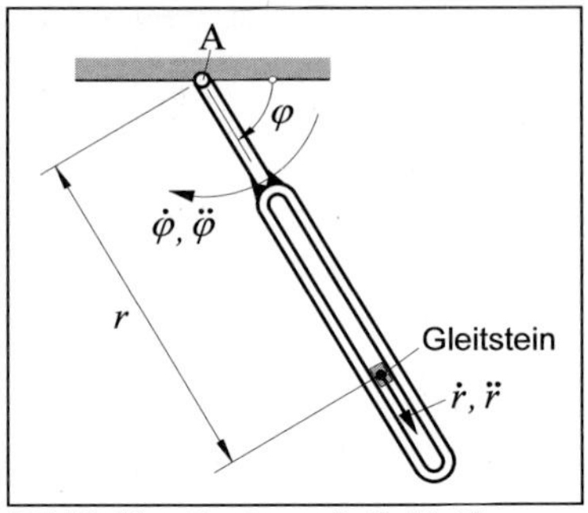


*Bild 2.13: Rotierende Schleifenschwinge*

### *Lösung:*

Die Beschleunigung des Gleitsteins können wir bezüglich des festen Ursprungs A (Bild 2.13.1) in den ***Polarkoordinaten*** $r$ und $\varphi$ ausdrücken:

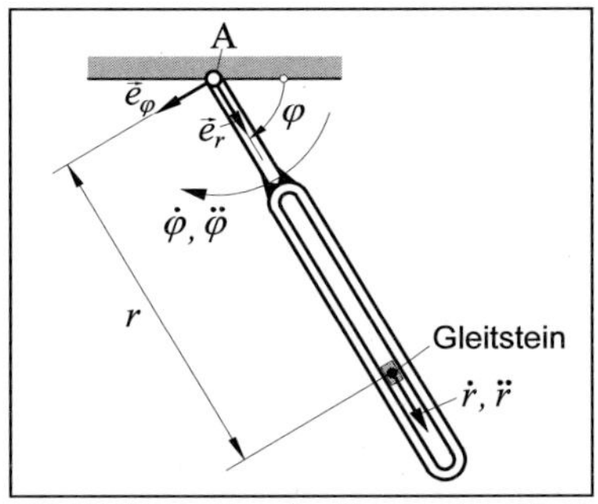


*Bild 2.13.1: Beschreibung der Gleitsteinbewegung in Polarkoordinaten r und φ*

$$\vec{a} = a_r\,\vec{e}_r + a_\varphi\,\vec{e}_\varphi$$

Radialbeschleunigung $a_r$:

$$a_r = \ddot{r} - r\,\dot{\varphi}^2$$

$$a_r = 0{,}5\,\mathrm{m\,s^{-2}} - 0{,}1\,\mathrm{m}\left(5\,\mathrm{s^{-1}}\right)^2 = -2\mathrm{m\,s^{-2}}$$

Zirkularbeschleunigung $a_\varphi$:

$$a_\varphi = 2\,\dot{r}\,\dot{\varphi} + r\,\ddot{\varphi}$$

$$a_\varphi = 2\cdot 0{,}5\,\mathrm{m\,s^{-1}}\cdot 5\,\mathrm{s^{-1}} + 0{,}1\,\mathrm{m}\cdot 2{,}5\,\mathrm{s^{-2}} = 5{,}25\,\mathrm{m\,s^{-2}}$$

Beschleunigungsvektors:

$$\underline{\underline{\vec{a} = -2\,\mathrm{m\,s^{-2}}\cdot\vec{e}_r + 5{,}25\,\mathrm{m\,s^{-2}}\cdot\vec{e}_\varphi}}$$

Betrag des Beschleunigungsvektors:

$$a = |\vec{a}| = \sqrt{a_r^2 + a_\varphi^2} = \sqrt{(-2)^2 + 5{,}25^2}\,\mathrm{m\,s^{-2}} = \underline{\underline{5{,}62\frac{\mathrm{m}}{\mathrm{s}^2}}}\,.$$

Die Richtung der Beschleunigung des Gleitsteins können wir aus Bild 2.13.2 ablesen.

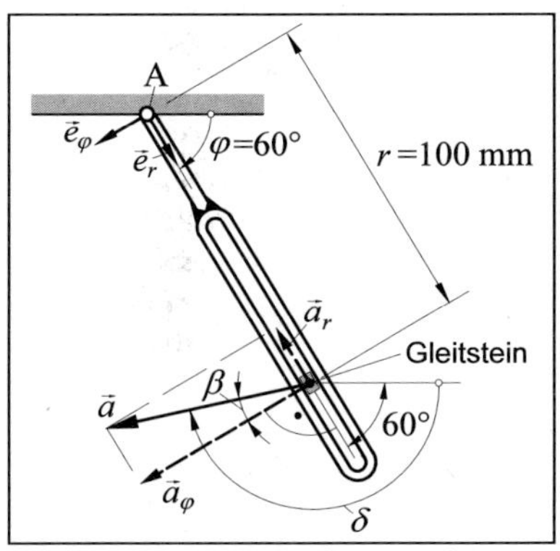


*Bild 2.13.2: Zur Richtung der Beschleunigung des Gleitsteins*

$$\tan\beta = \left|\frac{a_r}{a_\varphi}\right| = \frac{2}{5{,}25} = 0{,}381$$

$$\beta = 20{,}85°$$

$$\delta = 60° + 90° + \beta$$

$$\delta = 60° + 90° + 20{,}85° = \underline{\underline{170{,}85°}}\,.$$

## Aufgabe 2.14 Roboter

Ein Beschickungsroboter (Bild 2.14) wird in den Achsen $z$ und $r$ gleichförmig translatorisch und um die $z$-Achse gleichförmig rotatorisch angetrieben. Der Roboter wird in $z$-Richtung mit der konstanten Geschwindigkeit $v_z = 1{,}5\,\text{m/s}$ ausgefahren und mit der konstanten Winkelgeschwindigkeit $\omega = 2\,\text{s}^{-1}$ um die $z$-Achse gedreht. Gleichzeitig wird der Punkt A des Roboterarms mit der konstanten Geschwindigkeit $v_r = 0{,}5\,\text{m/s}$ radial nach außen gefahren. Zur Zeit $t = 0$ lauten die Koordinaten des Punktes A: $r = r_0 = 0{,}5\,\text{m}$; $z = z_0 = 1\,\text{m}$ und $\varphi = \varphi_0 = 0$.

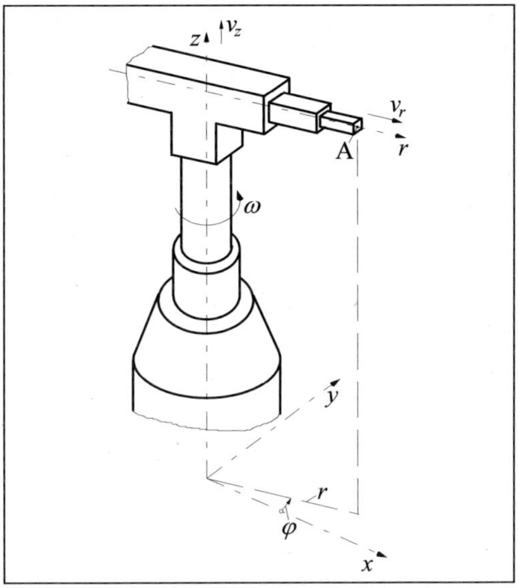

*Bild 2.14: Beschickungsroboter*

Für $t = 2\,\text{s}$ sind für Punkt A zu bestimmen:

1. die Koordinaten $r$, $\varphi$ und $z$,
2. die Komponenten $v_r, v_\varphi$ und $v_z$ des Geschwindigkeitsvektors und
3. die Komponenten $a_r, a_\varphi$ und $a_z$ des Beschleunigungsvektors.

***Lösung:***

Zur Beschreibung der räumlichen Bewegung des Punktes A des Roboterarms benutzen wir die ***Zylinderkoordinaten*** $r$, $\varphi$ und $z$ (Bild 2.14).

**zu 1.**

$r = r_0 + v_r\, t$ ; $\quad r = 0{,}5\,\text{m} + 0{,}5\,\frac{\text{m}}{\text{s}}\,2\,\text{s} = \underline{\underline{1{,}5\,\text{m}}}$

$\varphi = \varphi_0 + \omega\, t$ ; $\quad \varphi = 0 + 2\,\frac{1}{\text{s}}\,2\,\text{s} = 4$ ; $\quad \varphi = \underline{\underline{229{,}2°}}$

$z = z_0 + v_z\, t$ ; $\quad z = 1\,\text{m} + 1{,}5\,\frac{\text{m}}{\text{s}}\,2\,\text{s} = \underline{\underline{4\,\text{m}}}$ .

**zu 2.**

$v_r = \dot{r} = v_r$ ; $\quad \underline{\underline{v_r = 0{,}5\,\frac{\text{m}}{\text{s}}}}$ (Radialgeschwindigkeit)

$v_\varphi = r\,\dot{\varphi} = (r_0 + v_r t)\,\omega$ ; $\quad v_\varphi = 1{,}5\,\text{m}\cdot 2\,\text{s}^{-1} = \underline{\underline{3\,\frac{\text{m}}{\text{s}}}}$ (Zirkulargeschwindigkeit)

$v_z = \dot{z} = v_z$ ; $\quad \underline{\underline{v_z = 1{,}5\,\frac{\text{m}}{\text{s}}}}$ (Axialgeschwindigkeit).

**zu 3.**

$a_r = \ddot{r} - r\,\dot{\varphi}^2 = -(r_0 + v_r t)\,\omega^2$ ; $\quad a_r = -1{,}5\,\text{m}\left(2\,\text{s}^{-1}\right)^2 = \underline{\underline{-6\,\frac{\text{m}}{\text{s}^2}}}$ (Radialbeschleunigung)

$a_\varphi = 2\,\dot{r}\,\dot{\varphi} + r\,\ddot{\varphi} = 2\,v_r\,\omega$ ; $\quad a_\varphi = 2\cdot 0{,}5\,\text{m}\,\text{s}^{-1}\cdot 2\,\text{s}^{-1} = \underline{\underline{2\,\frac{\text{m}}{\text{s}^2}}}$ (Zirkularbeschleunigung)

$a_z = \ddot{z} = \underline{\underline{0}}$ (Axialbeschleunigung).

# 2.3 Fragen und Antworten

## ☹ Fragen

1. Wie berechnen wir den Geschwindigkeitsvektor eines bewegten Punktes, wenn der Ortsvektor als Funktion der Zeit gegeben ist?

2. Wie beschreiben wir die Bahn eines Punktes (Skizze) und was verstehen wir unter dem zurückgelegten Weg eines bewegten Punktes?

3. Wie ist die Richtung des Geschwindigkeitsvektors in einem Bahnpunkt?

4. Erklären Sie die Begriffe Tangential- und Normalbeschleunigung bei der Bewegung eines Punktes längs einer Bahn!

5. Was liegt bei einer krummlinigen Bewegung vor, wenn

   a) die Tangentialbeschleunigung den Wert Null hat und die Normalbeschleunigung konstant ist,

   b) die Normalbeschleunigung den Wert Null hat?

6. Erläutern Sie die Begriffe Winkelgeschwindigkeit $\omega$ und Winkelbeschleunigung $\alpha$!

7. Wie werden die Geschwindigkeit, Tangential- und Normalbeschleunigung bei der kreisförmigen Bewegung eines Punktes berechnet, wenn die Winkelgeschwindigkeit, die Winkelbeschleunigung und der Radius gegeben sind?

8. Erklären Sie die Begriffe Radial- und Umfangsgeschwindigkeit bei Beschreibung der Bewegung in Polarkoordinaten und geben Sie an, wie wir dieselben aus $r(t)$ und $\varphi(t)$ bestimmen!

9. Geben Sie Koordinatensysteme zur Beschreibung der räumlichen Punktbewegung an!

10. Was sagt Ihnen der Begriff Schmiegekreis?

## ☺ Antworten

1. Der Geschwindigkeitsvektor $\vec{v}$ ergibt sich durch Ableitung des Ortsvektors $\vec{r}$ nach der Zeit:

$$\boxed{\vec{v} = \frac{d\vec{r}}{dt}}\,.$$

2. Der Ort eines Punktes wird durch den Ortsvektor $\vec{r}$ von einem Bezugspunkt 0 zum betrachteten Punkt P beschrieben (Bild 2.3.1A). Verändert der Punkt seine Lage im Laufe der Zeit, dann bildet die Folge der Aufenthaltsorte zu verschiedenen Zeiten $t_0, t_1, \ldots, t_n$ die **Bahnkurve** des Punktes P. Der zurückgelegte Weg $s$ des Punktes P ist die Länge der Bahnkurve zwischen zwei Zeitpunkten $t_n$ und $t_{n+1}$ (Bild 2.3.1A).

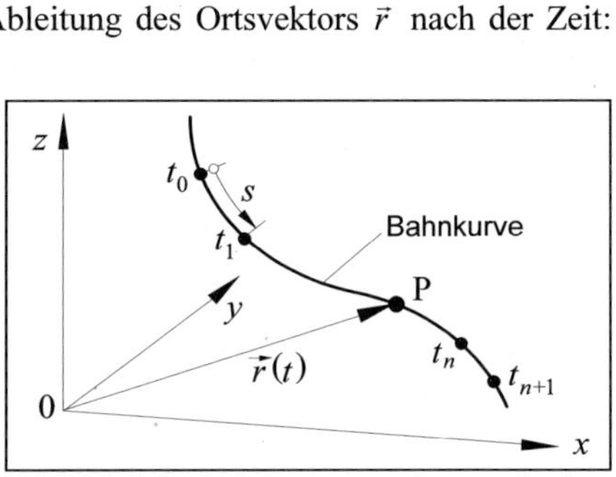


*Bild 2.3.1A: Bahnkurve und zurückgelegter Weg s*

3. $\vec{v}$ ist ein **tangential** zur Bahnkurve gerichteter Vektor.

4. Der Beschleunigungsvektor setzt sich aus zwei senkrecht aufeinander stehenden Komponenten zusammen: Die Tangentialbeschleunigung $a_t = \dot{v}$ ist tangential zur Bahnkurve gerichtet und die Normalbeschleunigung $a_n = v^2 / \rho$ ist senkrecht dazu zum Krümmungsmittelpunkt gerichtet (Bild 2.3.2A).

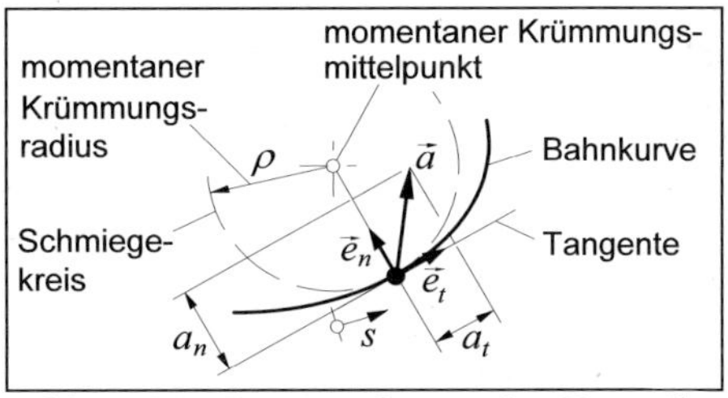


*Bild 2.3.2A: Tangential- und Normalbeschleunigung einer krummlinigen Bewegung*

5. a) Die Bewegung erfolgt mit konstanter Bahngeschwindigkeit.

   b) Wendepunkt einer Bahnkurve ($R = \infty$) oder Umkehrpunkt der Bewegung (d. h. momentan $v = 0$).

6. Bei einer Rotation ist die Winkelgeschwindigkeit $\omega$ ein Maß für die zeitliche Änderung des Winkels in 1/s, d. h. die erste Ableitung des Winkels nach der Zeit ($\omega = \dot{\varphi}$).

   Die Winkelbeschleunigung ist ein Maß für die zeitliche Änderung der Winkelgeschwindigkeit in $1/s^2$, d. h. die zweite Ableitung des Winkels nach der Zeit ($\alpha = \ddot{\varphi} = \dot{\omega}$).

7. $\boxed{v = R\,\omega}$ ; $\boxed{a_t = R\,\dot{\omega} = R\,\alpha}$ ; $\boxed{a_n = R\,\omega^2}$ .

8. Den Geschwindigkeitsvektor können wir in zwei Geschwindigkeitskomponenten zerlegen, und zwar in Richtung des Ortsvektors $\vec{r}$ (radiale Richtung, Radialgeschwindigkeit) und in eine dazu senkrechte Richtung (Umfangsrichtung oder zirkulare Richtung, Umfangs- oder Zirkulargeschwindigkeit). Die Lage des bewegten Punktes wird durch die Polarkoordinaten $r$ (Abstand $r$ des Punktes von einem festen Ursprung) und $\varphi$ (Winkel bezüglich einer Bezugsgeraden) beschrieben.

   Radialgeschwindigkeit in radialer Richtung: $\boxed{v_r = \dot{r}}$

   Umfangsgeschwindigkeit in senkrecht zur radialen Richtung stehenden Richtung: $\boxed{v_\varphi = r\,\dot{\varphi}}$ .

9. Zylinderkoordinaten $r, \varphi, z$;

   kartesische Koordinaten $x, y, z$;

   natürliche Koordinaten $t$, $n$ (tangential, normal).

10. Der Schmiegekreis mit dem Krümmungsradius $\rho$ der Kurve ist der Kreis, der sich im jeweiligen Punkt der Bahnkurve anschmiegt. Er liegt in der durch die Einheitsvektoren $\vec{e}_t$ und $\vec{e}_n$ aufgespannten Ebene (siehe Bild 02.5, Seite 23).

***Notizen***

# 3 Kinematik des starren Körpers

## 3.1 Grundbegriffe und Formeln

### 3.1.1 Translation und Rotation sowie Winkelgeschwindigkeit des starren Körpers

Ein ***starrer*** Körper ist ein Körper, dessen Formänderungen gegenüber seinen Verschiebungen vernachlässigbar klein sind. Die Punkte des Körpers verändern ihre Lage zueinander nicht.

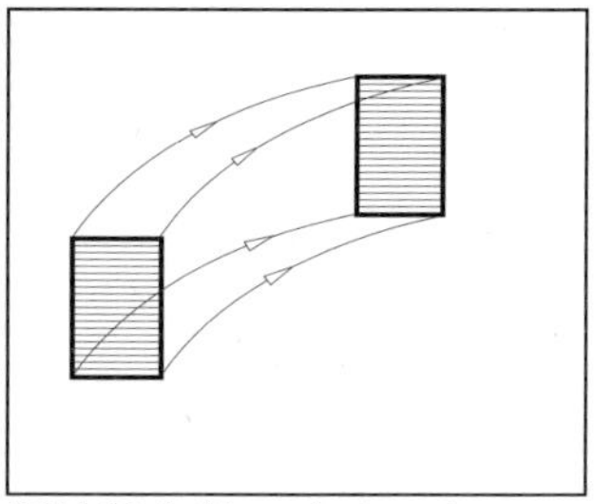

*Bild 03.1: Translation einer Scheibe*

Wenn eine beliebige körperfeste Gerade während der Bewegung ihre Richtung beibehält (siehe Schraffur, Bild 03.1), so führt der Körper eine reine ***Translation*** aus. Hierbei bewegen sich alle Körperpunkte auf kongruenten Bahnen, so dass die Beschreibung der Bewegung eines Punktes genügt (Kinematik des Punktes, siehe Kapitel 1 und 2).

Sobald ein Punkt des starren Körpers festgehalten wird, kann der Körper nur noch eine reine ***Rotation*** um diesen Punkt ausführen.

Wir können die allgemeine Bewegung des starren Körpers immer als *Überlagerung einer Translation mit einer Rotation* beschreiben und darstellen (Bild 03.2).

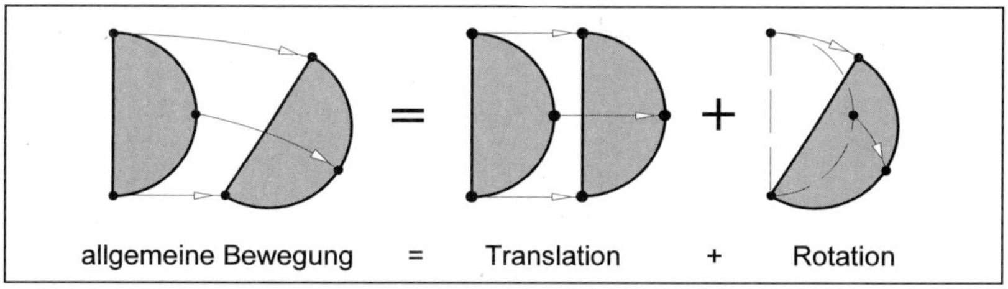


*Bild 03.2: Aus Translation und Rotation resultierende Bewegung*

Bei der Rotation des starren Körpers liegt die ***Winkelgeschwindigkeit*** $\vec{\omega}$ vor (Bild 03.3 und 03.4).

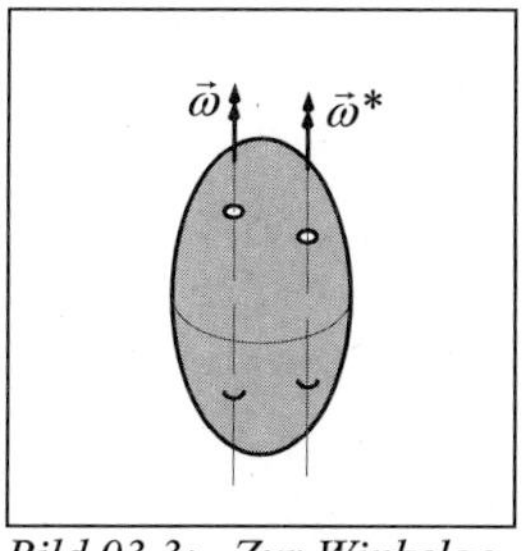


*Bild 03.3: Zur Winkelgeschwindigkeit*

Der Winkelgeschwindigkeitsvektor $\vec{\omega}$ ist unabhängig von einem speziell gewählten körperfesten Bezugspunkt (Bild 03.3), so dass wir von der *Winkelgeschwindigkeit des Körpers* sprechen (also $\vec{\omega} = \vec{\omega}^*$). Anders ausgedrückt, der Vektor $\vec{\omega}$ ist parallel verschieblich.

Bei der abrollenden Walze (Bild 03.4) zum Beispiel ist die Winkelgeschwindigkeit $\omega$ um den Mittelpunkt S genauso groß wie die Winkelgeschwindigkeit $\omega^*$ um Punkt A (also $\omega = \omega^*$).

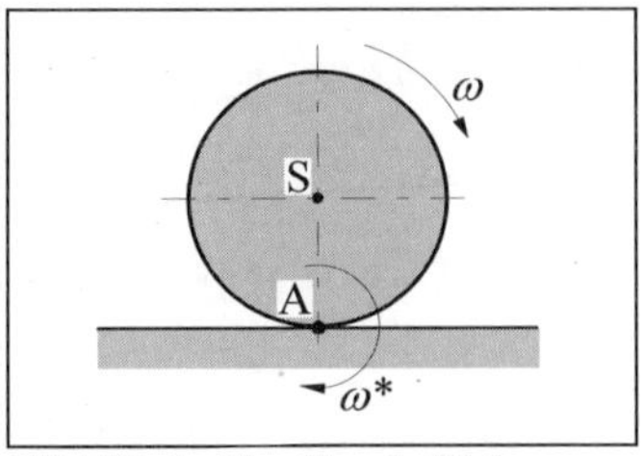


*Bild 03.4: Abrollende Walze*

## 3.1.2 Ebene Bewegung des starren Körpers (mit Hinweisen auf die Bewegung im Raum), Momentanpol, Geschwindigkeit und Beschleunigung

### ● Momentanpol

Eine allgemeine Bewegung eines starren Körpers in der Ebene kann als reine momentane Rotation um einen zum Zeitpunkt $t$ in Ruhe befindlichen festen Punkt, den sogenannten ***Momentanpol*** M, aufgefaßt werden (Bild 03.5).

- Der Momentanpol befindet sich im betrachteten Augenblick in Ruhe, während alle übrigen Punkte des Körpers Rotationen um ihn ausführen.
- Der Momentanpol liegt in der Bewegungsebene und ändert im Allgemeinen ständig seine Lage. Er ist im betrachteten Moment ***geschwindigkeitsfrei***, in der Regel aber ***nicht beschleunigungsfrei***.

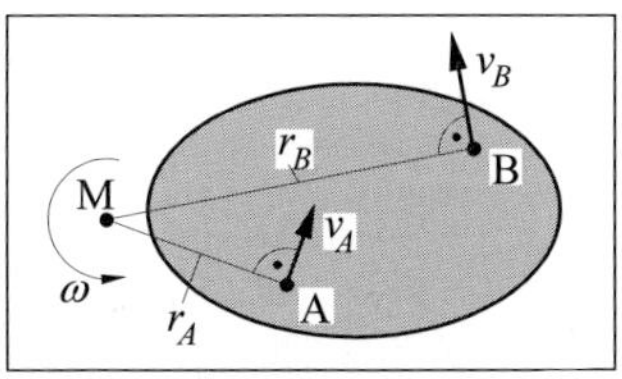


*Bild 03.5: Rotation um den Momentanpol M*

Für die Winkelgeschwindigkeit $\omega$ gilt bei Rotation um den Momentanpol M (Bild 03.5):

$$\omega = \frac{v_A}{r_A} = \frac{v_B}{r_B}$$

Die Geschwindigkeiten der Punkte A und B eines starren Körpers verhalten sich wie ihre Abstände vom Momentanpol M (Bild 03.5): $\frac{v_A}{v_B} = \frac{r_A}{r_B}$ .

Die Geschwindigkeitsrichtung eines Punktes des starren Körpers ist senkrecht zu der Verbindungslinie des Punktes mit dem Momentanpol M (Bild 03.5).

Die Lage des Momentanpols bei der Bewegung eines starren Körpers können wir mit folgenden Aussagen finden (Bild 03.6):

| 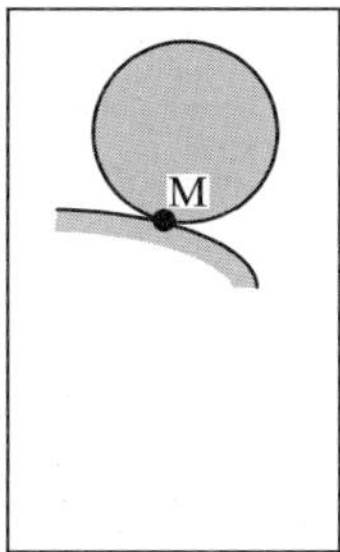 | 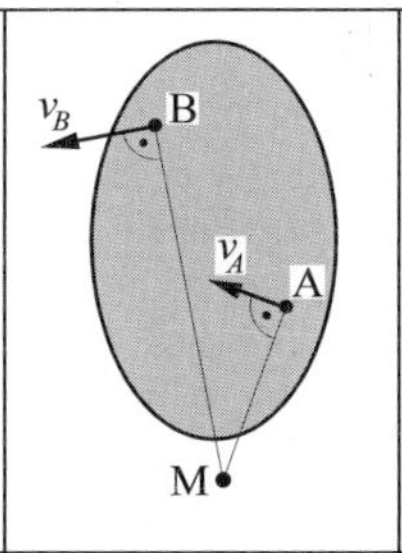 | 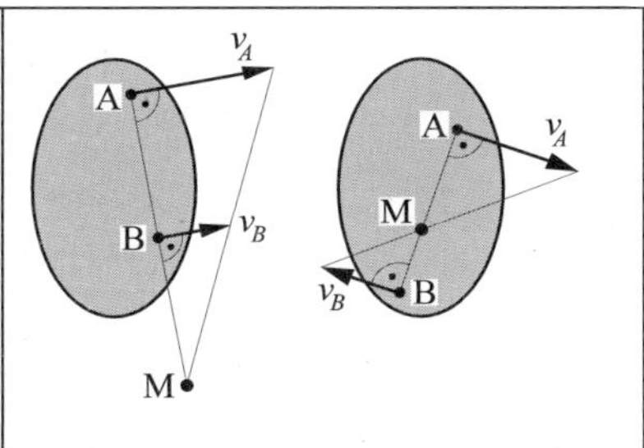 | 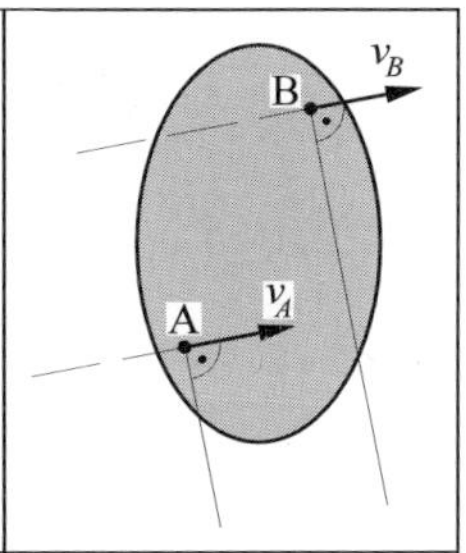 |
|---|---|---|---|
| Beim reinen Rollen (ohne Schlupf) auf ruhender Unterlage ist der Berührungspunkt zwischen Körper und Unterlage der Momentanpol M. | Bei nicht parallelen Geschwindigkeitsrichtungen zweier Punkte A und B liegt der Momentanpol M im Schnittpunkt der Senkrechten zu diesen Richtungen. | Sind die Geschwindigkeiten der Punkte A und B von Größe und Richtungssinn bei parallelen Geschwindigkeitsrichtungen bekannt, dann **müssen** die Körperpunkte A und B sowie der Momentanpol M auf einem **gemeinsamen** Lot liegen. Einen zweiten geometrischen Ort erhalten wir, wenn wir die Vektorspitzen von $\vec{v}_A$ und $\vec{v}_B$ miteinander verbinden. | Bei parallelen Geschwindigkeiten mit **gleichem Richtungssinn und gleicher Größe** liegt der Momentanpol "im Unendlichen" (reine Translation). |

*Bild 03.6: Zur Lage des Momentanpols M*

Beim rollenden Rad (ohne Schlupf) ist der Kontaktpunkt zwischen Rad und waagerechter Unterlage der **Momentanpol** M (Bild 03.7). Dies bedeutet, dass der Kontaktpunkt momentan in Ruhe ist (das heißt die Geschwindigkeit in diesem Punkt ist Null).

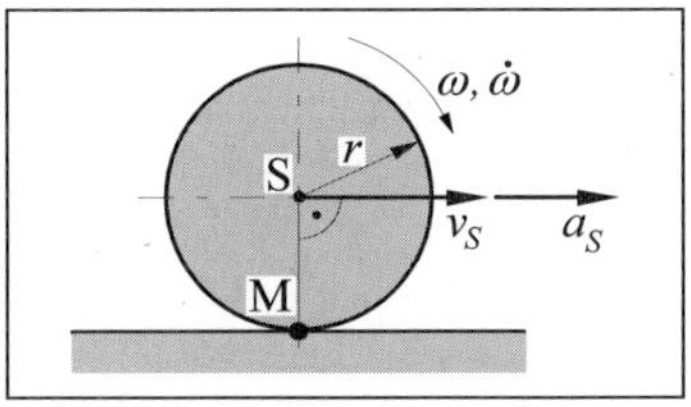

*Bild 03.7: Rollendes Rad mit Geschwindigkeit $v_S$ und Beschleunigung $a_S$*

Es gilt für die Winkelgeschwindigkeit $\omega = \frac{v_S}{r}$

und für die Winkelbeschleunigung $\dot{\omega} = \frac{a_S}{r}$ .

# • Geschwindigkeit und Beschleunigung

## Ebene Bewegung:

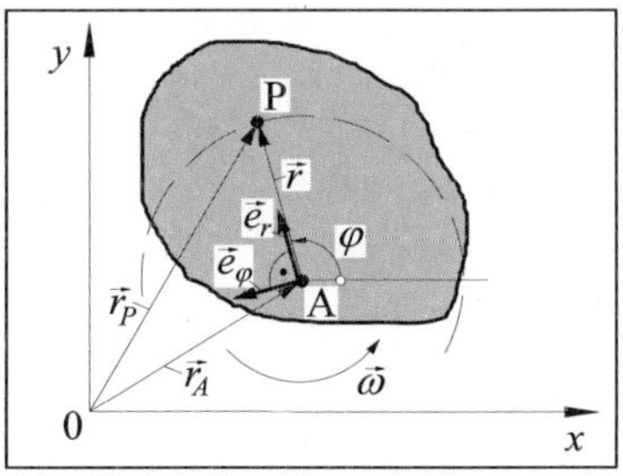

*Bild 03.8: Zur ebenen Bewegung des starren Körpers*

Entsprechend der Idee, die Bewegung eines starren Körpers als Überlagerung einer Translation mit einer Rotation zu beschreiben, dreht sich der Körper um den Punkt A mit der Winkelgeschwindigkeit $\vec{\omega}$ und zusätzlich führt der gesamte Körper, also auch Punkt A, eine Translation mit der Geschwindigkeit $\vec{v}_A$ aus (Bilder 03.8 und 03.9) (es gelten die Regeln der "Kinematik des Punktes").

Nach Bild 03.8 gilt:

$$\vec{r}_P = \vec{r}_A + \vec{r} = \vec{r}_A + r \cdot \vec{e}_r \ .$$

$\vec{r}_P$ Ortsvektor des Punktes P

$\vec{r}_A$ Ortsvektor des Punktes A

$\vec{r}$ Vektor, der die Lage von P relativ zu A beschreibt

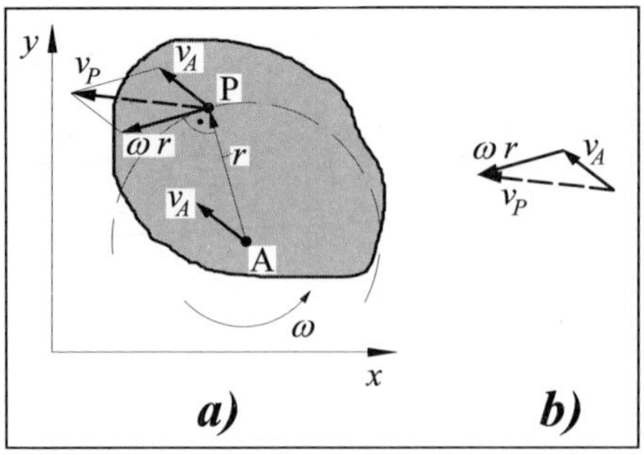


*Bild 03.9: a) Geschwindigkeit der Punkte A und P bei ebener Bewegung eines starren Körpers*
*b) Geschwindigkeitsplan des Punktes P*

$$\boxed{\vec{v}_P = \vec{v}_A + \vec{\omega} \times \vec{r}} \quad \text{(Bild 03.9)}$$

$$\boxed{\vec{v}_P = \vec{v}_A + \omega\, r\, \vec{e}_\varphi}$$

$$\boxed{\vec{v}_P = \vec{v}_{trans} + \vec{v}_{rot}}$$

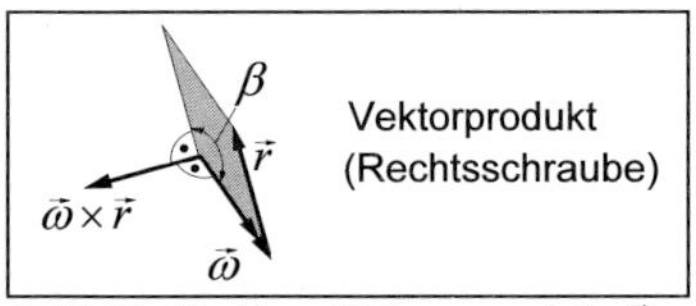


*Bild 03.10: Zum Vektorprodukt $\vec{\omega} \times \vec{r}$*

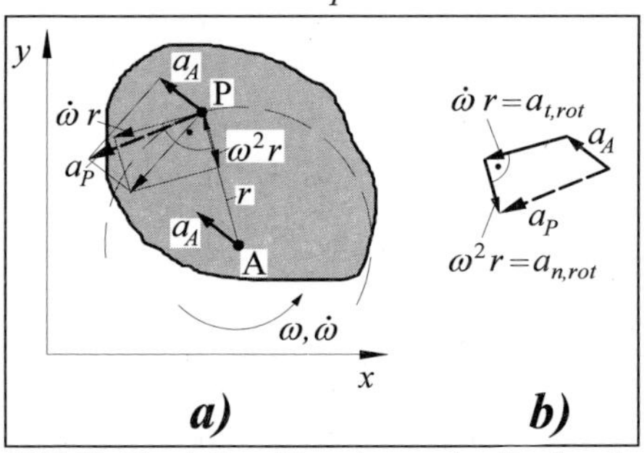


*Bild 03.11: a) Beschleunigung der Punkte A und P bei ebener Bewegung eines starren Körpers*
*b) Beschleunigungsplan des Punktes P*

$$\boxed{\vec{a}_P = \vec{a}_A + \dot{\vec{\omega}} \times \vec{r} + \vec{\omega} \times (\vec{\omega} \times \vec{r})}$$

oder

$$\boxed{\vec{a}_P = \vec{a}_A + \dot{\omega}\, r\, \vec{e}_\varphi - \omega^2\, r\, \vec{e}_r}$$

$$\boxed{\vec{a}_P = \vec{a}_{trans} + \vec{a}_{t,rot} + \vec{a}_{n,rot}}$$

$r$ Abstand der Punkte A und P (bleibt hinsichtlich der Zeit konstant)

$\vec{\omega}$ Winkelgeschwindigkeitsvektor (steht normal zur *x,y*-Ebene)

$v_P$ Geschwindigkeit des Punktes P

$v_A$ Bahngeschwindigkeit des Bezugspunktes A (translatorischer Anteil) (Bild 03.9)

$v_{trans}$ Bahngeschwindigkeit des Bezugspunktes A (translatorischer Anteil) (Bild 03.9)

$v_{rot}$ Bahngeschwindigkeit der Kreisbewegung von P auf einem Kreis mit dem Radius $r$ um den Bezugspunkt A (rotatorischer Anteil) (Bild 03.9)

$\vec{e}_r$ Einheitsvektor

$\vec{e}_\varphi$ Einheitsvektor

Zeichnerisch läßt sich die Geschwindigkeit des Punktes P mit dem Geschwindigkeitsplan gemäß Bild 03.9b) bestimmen.

Das Vektorprodukt (Kreuzprodukt) $\vec{\omega} \times \vec{r}$ ist die Geschwindigkeitskomponente aufgrund der Rotation (Bild 03.9), steht normal zur Ebene, die von $\vec{\omega}$ und $\vec{r}$ aufgespannt wird und hat den Betrag (Bild 03.10)

$$|\vec{\omega}| \cdot |\vec{r}| \cdot \sin\beta = \omega \cdot r \cdot \sin 90° = \omega\, r\,.$$

Die Beschleunigung des Punktes P setzt sich aus einem translatorischen Anteil $a_{trans}$ und dem rotatorischen Anteil $a_{rot}$ zusammen (Bild 03.11). $a_{rot}$ wiederum setzt sich aus der Tangentialbeschleunigung $a_{t,rot} = \dot{\omega}\, r$ und der Normalbeschleunigung $a_{n,rot} = \omega^2\, r$ der Kreisbewegung des Punktes P bezüglich A zusammen.

Zeichnerisch läßt sich die Beschleunigung des Punktes P mit dem Beschleunigungsplan gemäß Bild 03.11b) bestimmen.

$a_P$ Beschleunigung des Punktes P

$a_A$ Beschleunigung des Bezugspunktes A

# Räumliche Bewegung:

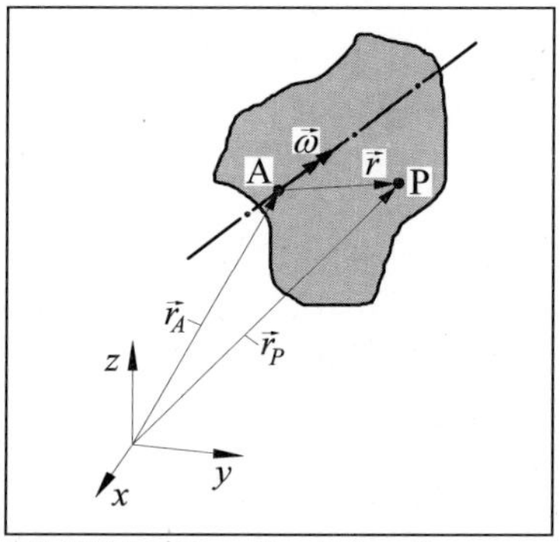


*Bild 03.12: Zur räumlichen Bewegung des starren Körpers*

$\vec{\omega}$ Winkelgeschwindigkeitsvektor zeigt in Richtung der momentanen Drehachse

$$\boxed{\vec{r}_P = \vec{r}_A + \vec{r}}$$

$$\boxed{\vec{v}_P = \vec{v}_A + \vec{\omega} \times \vec{r}}$$

$$\boxed{\vec{a}_P = \vec{a}_A + \dot{\vec{\omega}} \times \vec{r} + \vec{\omega} \times \left(\vec{\omega} \times \vec{r}\right)}$$

# 3.2 Aufgaben mit Lösungen

## Aufgabe 3.1 Rechtwinkliger Kreuzschieber

Zwei Gleitsteine A und B sind durch eine starre Stange gekoppelt (rechtwinkliger Kreuzschieber) (Bild 3.1). In der skizzierten Stellung bewegt sich Gleitstein A mit der Geschwindigkeit $v_A$ und der Beschleunigung $a_A$.

Gesucht sind für die skizzierte Stellung:

1. Wie groß ist die Winkelgeschwindigkeit $\omega$ der Stange und die Geschwindigkeit $v_B$ des Punktes B?
2. Wie groß ist die Winkelbeschleunigung $\dot{\omega}$ der Stange und die Beschleunigung $a_B$ des Punktes B?
3. Richtung und Betrag der Geschwindigkeit $v_C$ des Mittelpunktes C der starren Stange.

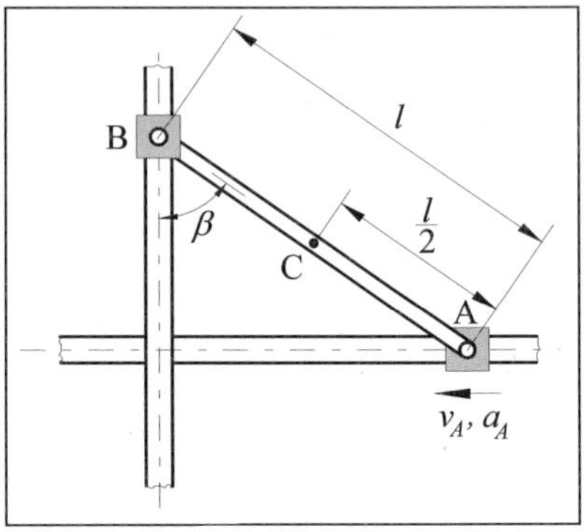


*Bild 3.1: Rechtwinkliger Kreuzschieber*

***Lösung:***

**zu 1.**

Mit Hilfe des ***Momentanpols M*** können wir die Winkelgeschwindigkeit $\omega$ und die Geschwindigkeit $v_B$ bestimmen (Bild 3.1.1). Er liegt im Schnittpunkt der beiden Senkrechten zu den Geschwindigkeiten in den Punkten A und B.

Es gilt: $\underline{\underline{\omega = \dfrac{v_A}{l\,\cos\beta}}}$

$$v_B = \omega\, l \sin\beta = \frac{v_A}{l\,\cos\beta}\, l \sin\beta = \underline{\underline{v_A \tan\beta}}\,.$$

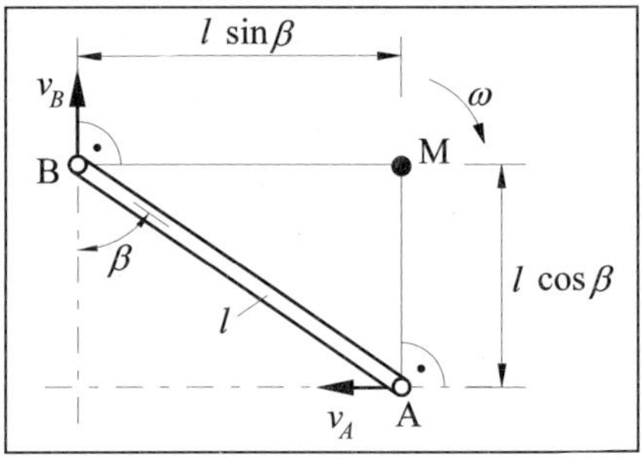


*Bild 3.1.1: Momentanpol der starren Stange*

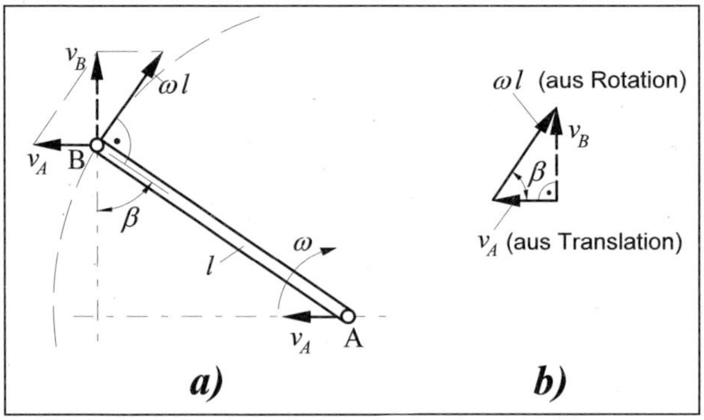


*Bild 3.1.2: a) Geschwindigkeit der Punkte A und B*
*b) Geschwindigkeitsplan des Punktes B*

Wir können $\omega$ und $v_B$ auch aus dem Geschwindigkeitsplan für Punkt B ermitteln (Bild 3.1.2) ($v_B$ hat vertikale Richtung).

$$\frac{v_A}{\omega l} = \cos\beta \quad\Rightarrow\quad \underline{\underline{\omega = \frac{v_A}{l\,\cos\beta}}}$$

$$\frac{v_B}{\omega l} = \sin\beta \quad\Rightarrow\quad v_B = \omega\, l \sin\beta$$

$$v_B = \underline{\underline{v_A \tan\beta}}\,.$$

**zu 2.**

Wir zeichnen den Beschleunigungsplan für Punkt B (Bild 3.1.3) und lesen daraus ab:

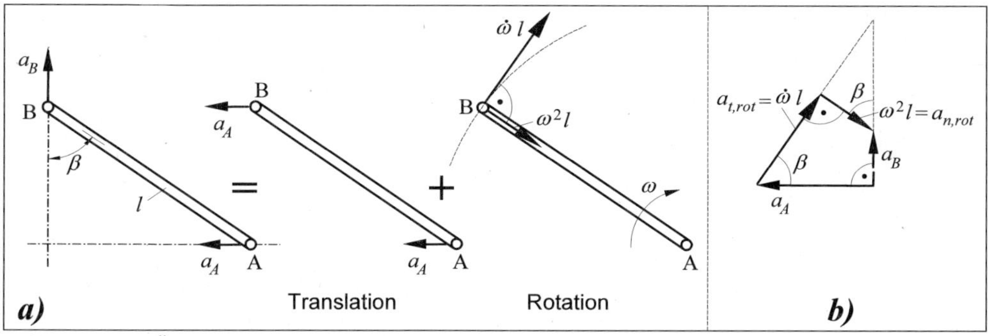


*Bild 3.1.3: a) Überlagerung aus Translation und zusätzlicher Rotation um A*
*b) Beschleunigungsplan des Punktes B*

$$\dot{\omega}\, l = \frac{a_A}{\cos\beta} - \omega^2\, l\, \tan\beta \quad \Rightarrow \quad \dot{\omega} = \underline{\underline{\frac{a_A}{l\,\cos\beta} - \frac{v_A^2\,\sin\beta}{l^2\,\cos^3\beta}}}$$

$$a_B = a_A \tan\beta - \frac{\omega^2\, l}{\cos\beta} = \underline{\underline{a_A \tan\beta - \frac{v_A^2}{l\,\cos^3\beta}}}\,.$$

**zu 3.**

Die Geschwindigkeit $v_C$ im Punkt C können wir über den Momentanpol M bestimmen (Bild 3.1.4).

Es gilt :

$$\frac{v_A}{v_C} = \frac{l\,\cos\beta}{\frac{l}{2}} \quad \Rightarrow \quad v_C = \underline{\underline{\frac{v_A}{2\,\cos\beta}}}$$

oder

$$v_C = \omega\,\frac{l}{2} = \frac{v_A}{l\,\cos\beta}\cdot\frac{l}{2} = \underline{\underline{\frac{v_A}{2\,\cos\beta}}}\,.$$

Für die Richtung der Geschwindigkeit $v_C$ folgt aus den geometrischen Verhältnissen (Bild 3.1.4): $\underline{\underline{\gamma = \beta}}$.

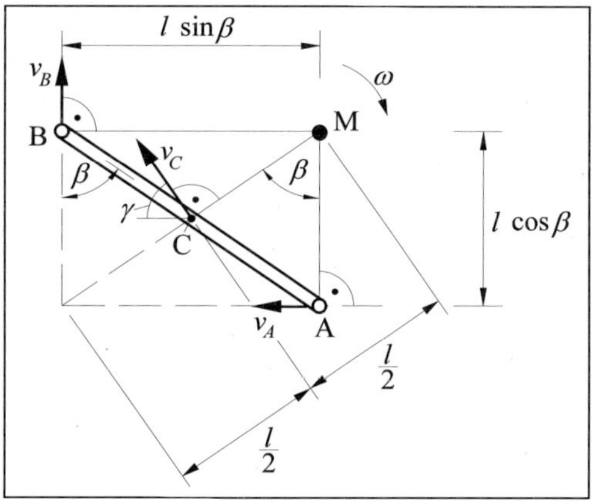

*Bild 3.1.4: Zur Geschwindigkeit im Punkt C der starren Stange*

---

**Hinweis:** Aus den Ergebnissen erkennen wir, dass $\dot{\omega}$ und $a_B$ auch dann von Null verschieden sind, wenn sich Punkt A mit *konstanter Geschwindigkeit* ($a_A = 0$) bewegt.

## Aufgabe 3.2 Dreieckscheibe

Eine gleichschenklige rechtwinklige Dreieckscheibe mit der Schenkellänge $a$ (Bild 3.2) bewegt sich mit der Winkelgeschwindigkeit $\omega$ und den Schwerpunktsgeschwindigkeitskomponenten $\dot{x}_S$, $\dot{y}_S$.

1. Es sind die Geschwindigkeitskomponenten $\dot{x}_P$, $\dot{y}_P$ des Punktes P zu bestimmen.
2. Geben Sie die Lage des Momentanpols an.

Gegebene Größen:

$$a = 1{,}2\,\text{m}; \quad \omega = 0{,}4\frac{1}{\text{s}}; \quad \dot{x}_S = 0{,}5\frac{\text{m}}{\text{s}}; \quad \dot{y}_S = 0{,}3\frac{\text{m}}{\text{s}}.$$

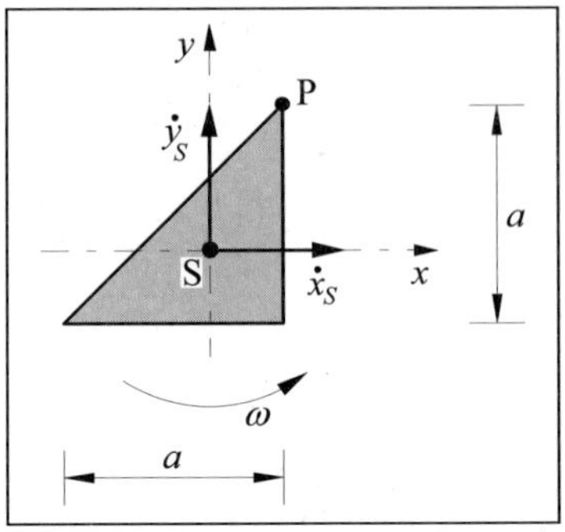

*Bild 3.2: Bewegung einer Dreieckscheibe*

### *Lösung:*

**zu 1.**

Allgemein gilt (Bild 3.2.1):

$$\vec{v}_P = \vec{v}_{trans} + \vec{v}_{rot}$$

$$\vec{v}_P = \vec{v}_S + \vec{\omega} \times \vec{r}$$

$$\vec{v}_P = \vec{v}_S + \omega\, r\, \vec{e}_\varphi\,.$$

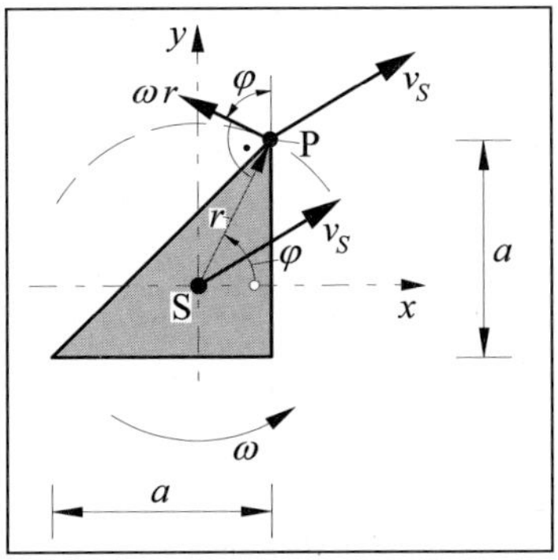

*Bild 3.2.1: Geschwindigkeit der Punkte S und P*

Durch vektorielle Addition der Geschwindigkeiten $\vec{v}_S$ und $\omega\, r\, \vec{e}_\varphi$ erhalten wir den Geschwindigkeitsplan des Punktes P (Bild 3.2.2). Aus diesem Plan lesen wir aus der vektoriellen Addition für die Geschwindigkeitskomponenten ab:

$$\dot{x}_P = \dot{x}_S - \omega\, r \sin\varphi\,,$$

mit $r \sin\varphi = \frac{2}{3} a = 0{,}8\,\text{m}$ (Bild 3.2.1) folgt

$$\dot{x}_P = 0{,}5\frac{\text{m}}{\text{s}} - 0{,}4\frac{1}{\text{s}}\cdot 0{,}8\,\text{m} = \underline{\underline{0{,}18\frac{\text{m}}{\text{s}}}}\,.$$

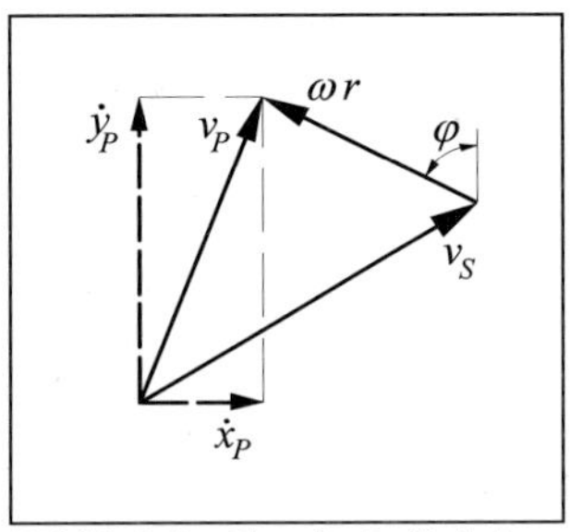

*Bild 3.2.2: Geschwindigkeitsplan des Punktes P*

$$\dot{y}_P = \dot{y}_S + \omega\, r \cos\varphi\,,$$

mit $r \cos\varphi = \frac{1}{3} a = 0{,}4\,\text{m}$ (Bild 3.2.1) folgt

$$\dot{y}_P = 0{,}3\frac{\text{m}}{\text{s}} + 0{,}4\frac{1}{\text{s}}\cdot 0{,}4\,\text{m} = \underline{\underline{0{,}46\frac{\text{m}}{\text{s}}}}\,.$$

**zu 2.**

Der Momentanpol M liegt im Schnittpunkt der beiden Senkrechten zu den Geschwindigkeiten in den Punkten S und P (Bild 3.2.3).
Da um den Momentanpol M reine Rotation herrscht, gilt (Bild 3.2.3):

$$\dot{y}_S = \omega \cdot x_M \quad \Rightarrow \quad x_M = \frac{\dot{y}_S}{\omega}$$

$$x_M = \frac{0{,}3\frac{\text{m}}{\text{s}}}{0{,}4\frac{1}{\text{s}}} = \underline{\underline{0{,}75\,\text{m}}} \ .$$

$$\dot{x}_S = \omega \cdot y_M \quad \Rightarrow \quad y_M = \frac{\dot{x}_S}{\omega}$$

$$y_M = \frac{0{,}5\frac{\text{m}}{\text{s}}}{0{,}4\frac{1}{\text{s}}} = \underline{\underline{1{,}25\,\text{m}}} \ .$$

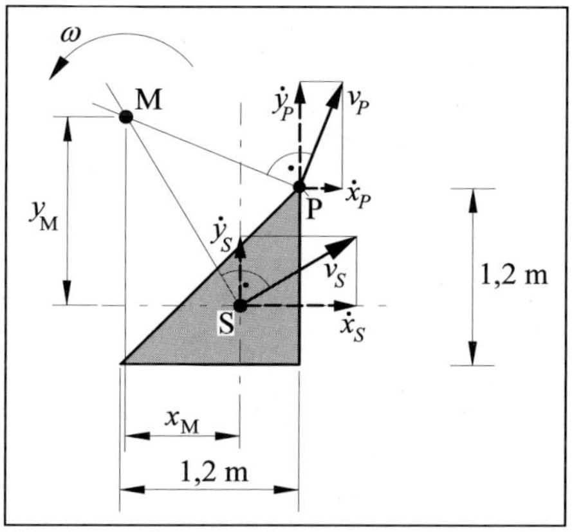

*Bild 3.2.3: Lage des Momentanpols M*

## Aufgabe 3.3 Beschleunigte rollende Kreisscheibe

Der Schwerpunkt der schlupffrei rollenden Kreisscheibe wird mit $a_S$ aus der Ruhelage heraus beschleunigt (Bild 3.3).

1. Ermitteln Sie in Abhängigkeit von $\varphi$ die Beschleunigung $a_P$ des Punktes P am Umfang, der zu Beginn der Bewegung die Unterlage berührte.
2. Für eine Umdrehung der Kreisscheibe ist der Beschleunigungsverlauf $a_P / a_S$ des Punktes P aufzuzeichnen.

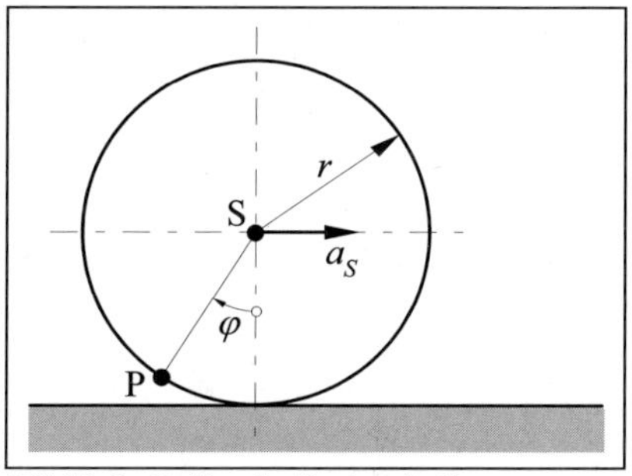

*Bild 3.3: Rollende Kreisscheibe*

***Lösung:***

**zu 1.**

Die Bewegung der Kreisscheibe können wir als Überlagerung einer Translation mit einer Rotation beschreiben.
Dann gilt für die Beschleunigung des Punktes P (Bild 3.3.1):

$$\vec{a}_P = \vec{a}_{trans} + \vec{a}_{t,rot} + \vec{a}_{n,rot}$$

$$\vec{a}_P = \vec{a}_S + \dot{\vec{\omega}} \times \vec{r} + \vec{\omega} \times (\vec{\omega} \times \vec{r})$$

$$\vec{a}_P = \vec{a}_S + \dot{\omega}\, r\, \vec{e}_\varphi - \omega^2 r\, \vec{e}_r \ .$$

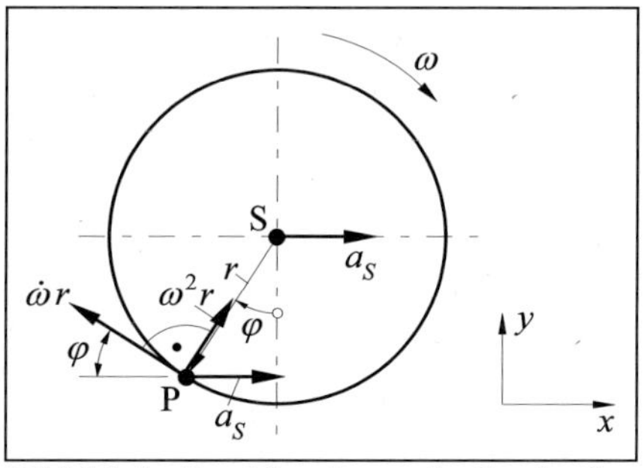

*Bild 3.3.1: Beschleunigung der Punkte S und P*

Während des Abrollens legt der Schwerpunkt S die horizontale Strecke $s = r\,\varphi$ zurück (Bild 3.3.2). Daraus folgt

$$v_S = r\,\dot{\varphi} = r\,\omega$$

$$a_S = r\,\ddot{\varphi} = r\,\dot{\omega} \;\Rightarrow\; \boxed{\ddot{\varphi} = \frac{a_S}{r} = \dot{\omega}} \quad (1)$$

$$\dot{\varphi} = \frac{a_S}{r} t + C_1 \quad (2)$$

$$\varphi = \frac{a_S}{r} \cdot \frac{t^2}{2} + C_1\, t + C_2\,. \quad (3)$$

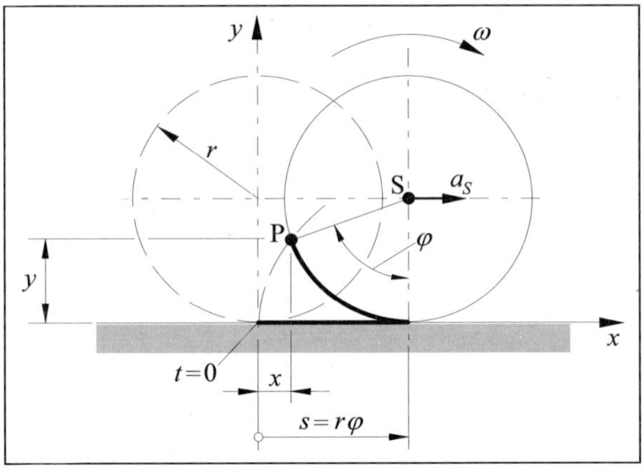

*Bild 3.3.2: Geometrie der abrollenden Kreisscheibe*

Aus den Anfangsbedingungen ergibt sich:

$t = 0$: $v_S = 0$; $\dot{\varphi} = 0 \;\Rightarrow\; C_1 = 0$

$s = 0$; $\varphi = 0 \;\Rightarrow\; C_2 = 0\,.$

Somit aus (2): $\dot{\varphi} = \frac{a_S}{r} t \quad\Rightarrow\quad t = \frac{r\,\dot{\varphi}}{a_S}; \qquad t^2 = \frac{r^2}{a_S^2}\dot{\varphi}^2\,.$

In (3): $\varphi = \frac{a_S}{r} \cdot \frac{t^2}{2} = \frac{r}{2\,a_S}\dot{\varphi}^2 \quad\Rightarrow\quad \boxed{\dot{\varphi}^2 = \frac{2\,a_S}{r}\varphi = \omega^2}\,.$ (4)

Aus Bild 3.3.1 erhalten wir für Punkt P durch vektorielle Addition der Beschleunigungskomponenten:

$$\ddot{x} = a_S - \dot{\omega}\, r \cos\varphi + \omega^2 r \sin\varphi$$

$$\ddot{y} = 0 + \dot{\omega}\, r \sin\varphi + \omega^2 r \cos\varphi\,.$$

Mit (1) und (4) folgt:

$$\ddot{x} = a_S - \frac{a_S}{r} r \cos\varphi + \frac{2\,a_S}{r}\varphi\, r \sin\varphi = a_S\left(1 - \cos\varphi + 2\,\varphi \sin\varphi\right)$$

$$\ddot{y} = \frac{a_S}{r} r \sin\varphi + \frac{2\,a_S}{r}\varphi\, r \cos\varphi = a_S\left(\sin\varphi + 2\,\varphi\cos\varphi\right)\,.$$

Aus $\quad a_P = \sqrt{\ddot{x}^2 + \ddot{y}^2} \quad$ ergibt sich dann:

$$a_P = a_S\sqrt{\left(1 - \cos\varphi + 2\,\varphi\sin\varphi\right)^2 + \left(\sin\varphi + 2\,\varphi\cos\varphi\right)^2}$$

$$a_P = \underline{\underline{a_S\sqrt{2\left(1-\cos\varphi\right) + 4\,\varphi\sin\varphi + 4\,\varphi^2}}}\,.$$

**zu 2.**

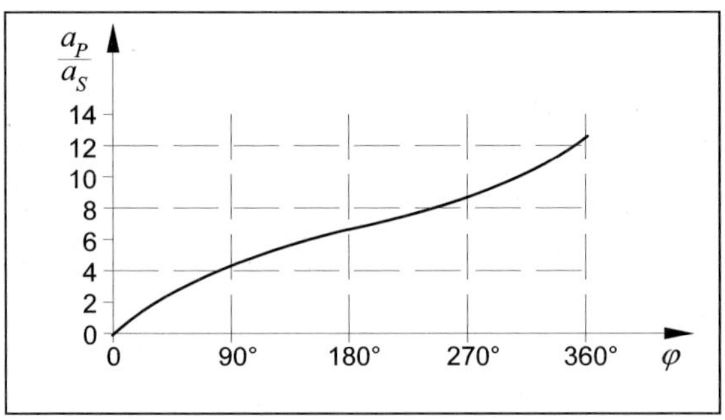

*Bild 3.3.3: Beschleunigungsverlauf des Punktes P für eine Umdrehung*

## Aufgabe 3.4 Kette einer Planierraupe

Eine Planierraupe fährt mit der Geschwindigkeit $v$ und der Beschleunigung $a$ (Bild 3.4).

Es sind die Geschwindigkeiten und die Beschleunigungen der Kettenpunkte 1, 2, 3 und 4 zu ermitteln.

Zahlenwerte: $v = 1\,\text{m/s}$

$a = 0{,}15\,\text{m/s}^2$

$r = 0{,}3\,\text{m}$ .

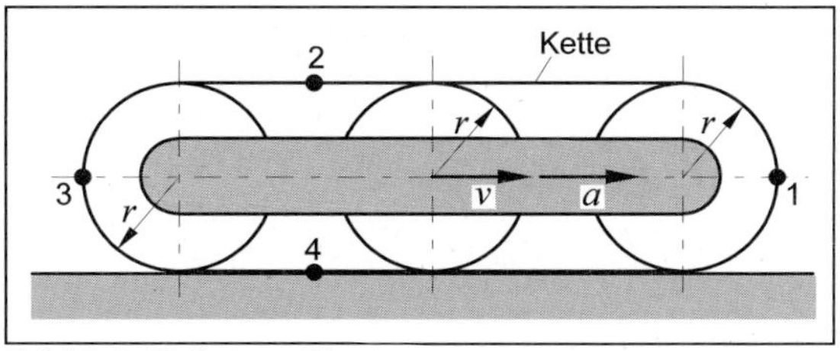


*Bild 3.4: Teil einer Planierraupe*

### *Lösung:*

**Geschwindigkeiten der Kettenpunkte:**

Da die Kettenräder mit der Kette im Eingriff sind, "rollen" sie auf dem unteren horizontalen Teil der Kette ab. Dies bedeutet, dass die unteren Kontaktpunkte (zwischen Kette und Rädern) und damit auch Kettenpunkt 4 die Geschwindigkeit Null haben.

Also $v_4 = \underline{\underline{0}}$.

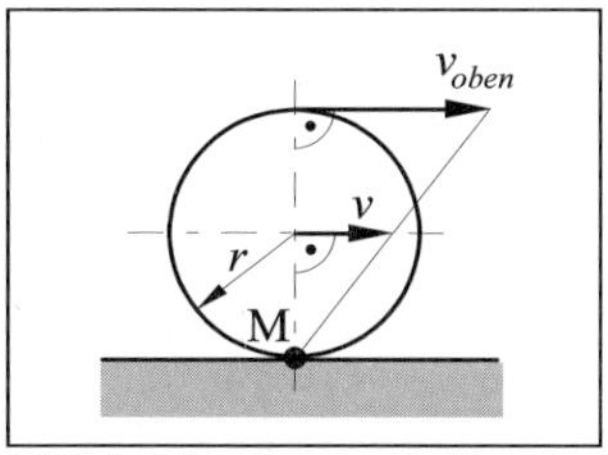


*Bild 3.4.1: Geschwindigkeiten und Momentanpol*

Bei der Drehung um den Momentanpol M (Bild 3.4.1) gilt:

$$\frac{v_{oben}}{v} = \frac{2\,r}{r} \quad \Rightarrow \quad v_{oben} = 2\,v\ .$$

Alle Kettenpunkte im oberen horizontalen Teil der Kette vollziehen eine geradlinige Bewegung. Deswegen ist die Geschwindigkeit von Kettenpunkt 2:

$$v_2 = v_{oben} = \underline{\underline{2\,v}}\ .$$

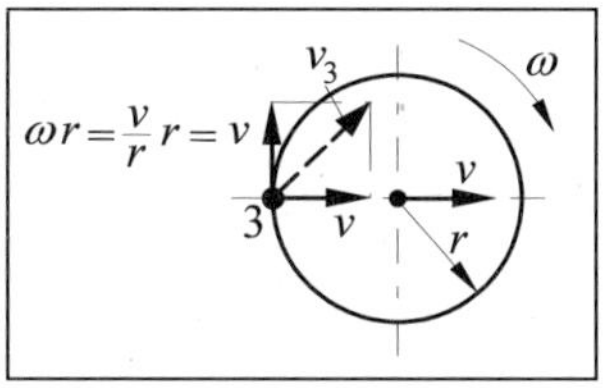


*Bild 3.4.2: Geschwindigkeit des Punktes 3*

Allgemein gilt (Bild 3.4.2):

$$\vec{v}_3 = \vec{v}_{trans} + \vec{v}_{rot}$$

$$\vec{v}_3 = \vec{v} + \vec{\omega} \times \vec{r}$$

$$\vec{v}_3 = \vec{v} + \omega\, r\, \vec{e}_\varphi\ .$$

Durch vektorielle Addition der Geschwindigkeiten $\vec{v}$ und $\omega\, r\, \vec{e}_\varphi$ erhalten wir für Punkt 3:

$$v_3 = \sqrt{v^2 + v^2} = \underline{\underline{\sqrt{2}\ v}}\ .$$

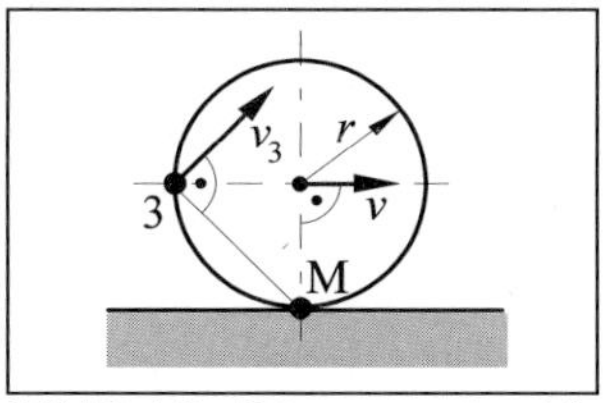


*Bild 3.4.3: Lösung mit Momentanpol*

Das gleiche Ergebnis erhalten wir mit Hilfe des Momentanpols (Bild 3.4.3).

$$\frac{v}{r} = \frac{v_3}{\sqrt{2}\,r} \quad \Rightarrow \quad v_3 = \underline{\underline{\sqrt{2}\ v}}\ .$$

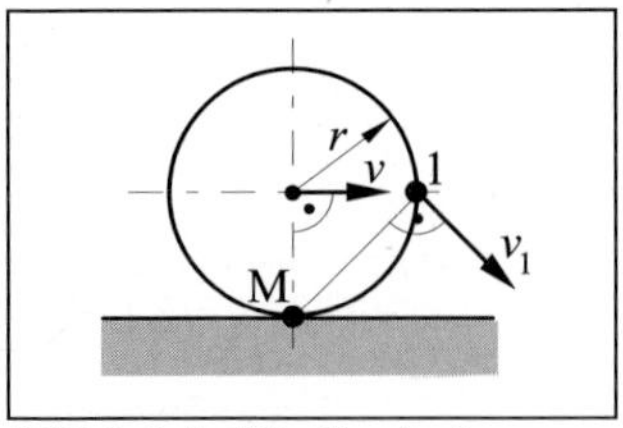


*Bild 3.4.4: Für Punkt 1*

Analog gilt für Punkt 1 (Bild 3.4.4):

$$\frac{v}{r} = \frac{v_1}{\sqrt{2}\,r} \quad \Rightarrow \quad \underline{\underline{v_1 = \sqrt{2}\,v}}$$

**Beschleunigungen der Kettenpunkte:**

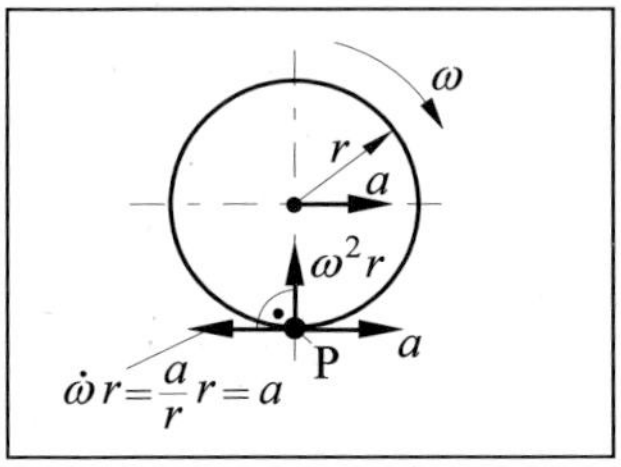


*Bild 3.4.5: Zur Beschleunigung von Kettenpunkt 4*

Allgemein gilt:

$$\vec{a}_P = \vec{a}_{trans} + \vec{a}_{t,rot} + \vec{a}_{n,rot}$$

$$\vec{a}_P = \vec{a} + \dot\omega\, r\, \vec{e}_\varphi - \omega^2 r\, \vec{e}_r \; .$$

Da sich der Kettenpunkt 4 geradlinig horizontal bewegt, wirken an ihm nur die horizontalen Beschleunigungen.
Somit nach Bild 3.4.5:

$$a_4 = a - a = \underline{\underline{0}} \; .$$

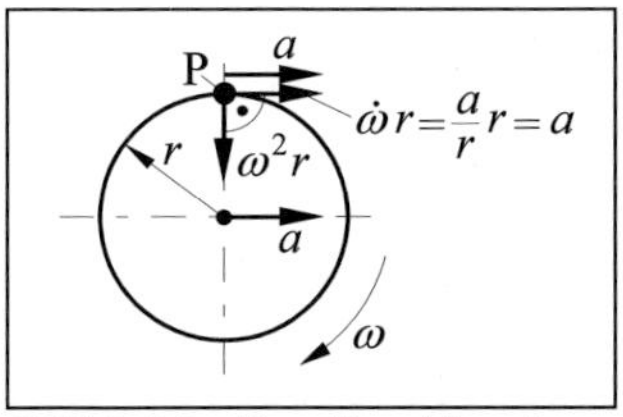


*Bild 3.4.6: Zur Beschleunigung von Kettenpunkt 2*

Analog gilt laut Bild 3.4.6 für Kettenpunkt 2:

$$a_2 = a + a = \underline{\underline{2\,a}} \; .$$

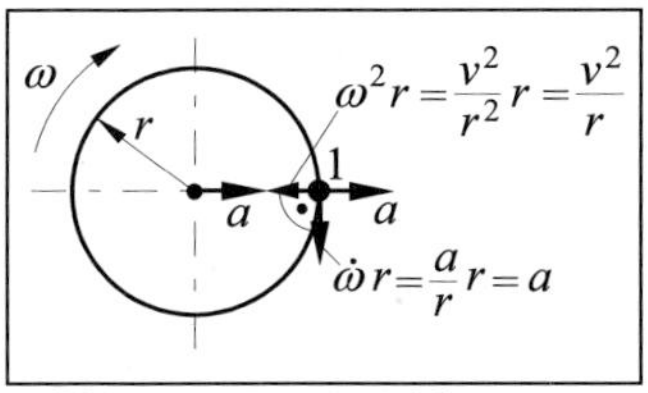


*Bild 3.4.7: Zur Beschleunigung von Kettenpunkt 1*

Durch vektorielle Addition der Beschleunigungen am Punkt 1 (Bild 3.4.7) folgt:

$$a_1 = \underline{\underline{\sqrt{\left(a - \frac{v^2}{r}\right)^2 + a^2}}} \; .$$

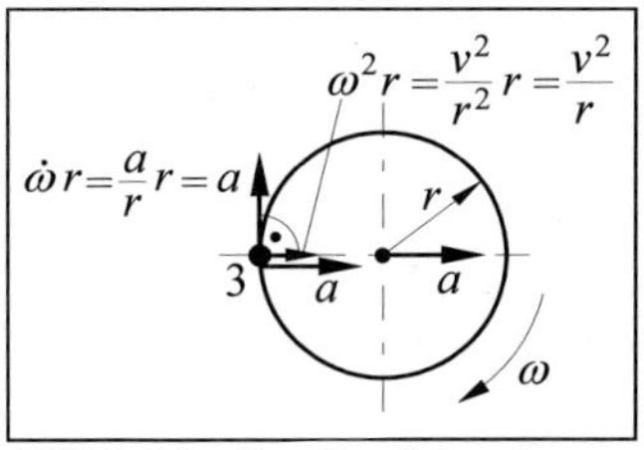


*Bild 3.4.8: Zur Beschleunigung von Kettenpunkt 3*

Analog gilt nach Bild 3.4.8 für Kettenpunkt 3:

$$a_3 = \underline{\underline{\sqrt{\left(a + \frac{v^2}{r}\right)^2 + a^2}}} \; .$$

Mit **Zahlenwerten:**

$$v_1 = \sqrt{2}\,v = \sqrt{2}\cdot 1\,\text{m/s} = \underline{\underline{1{,}414\,\text{m/s}}}$$

$$v_2 = 2\,v = 2\cdot 1\,\text{m/s} = \underline{\underline{2\,\text{m/s}}}$$

$$v_3 = \sqrt{2}\,v = \sqrt{2}\cdot 1\,\text{m/s} = \underline{\underline{1{,}414\,\text{m/s}}}$$

$$v_4 = \underline{\underline{0}}$$

$$a_1 = \sqrt{\left(a - \frac{v^2}{r}\right)^2 + a^2} = \sqrt{\left(0{,}15 - \frac{1^2}{0{,}3}\right)^2 + 0{,}15^2}\,\frac{\text{m}}{\text{s}^2} = \underline{\underline{3{,}187\,\frac{\text{m}}{\text{s}^2}}}$$

$$a_2 = 2\,a = 2\cdot 0{,}15\,\frac{\text{m}}{\text{s}^2} = \underline{\underline{0{,}3\,\frac{\text{m}}{\text{s}^2}}}$$

$$a_3 = \sqrt{\left(a + \frac{v^2}{r}\right)^2 + a^2} = \sqrt{\left(0{,}15 + \frac{1^2}{0{,}3}\right)^2 + 0{,}15^2}\,\frac{\text{m}}{\text{s}^2} = \underline{\underline{3{,}487\,\frac{\text{m}}{\text{s}^2}}}$$

$$a_4 = \underline{\underline{0}}\,.$$

# 3.3 Fragen und Antworten

## 😐 Fragen

1. Welche Bewegungsformen des starren Körpers gibt es? Erläutern Sie diese!

2. Welche Aussage können Sie bezüglich der Winkelgeschwindigkeit $\vec{\omega}$ für einen starren Körper machen?

3. Was ist bei der ebenen Bewegung eines starren Körpers der Momentanpol, und wie groß ist die Geschwindigkeit eines Punktes im Abstand $r$ vom Momentanpol M (Skizze)?

4. Wie ermitteln wir die Geschwindigkeit eines beliebigen Punktes eines starren Körpers bei ebener Bewegung, wenn die Geschwindigkeit eines Punktes und die Winkelgeschwindigkeit des starren Körpers bekannt sind (Skizze)?

5. Wie groß ist der resultierende Beschleunigungsvektor eines Körperpunktes bei der ebenen Bewegung des starren Körpers, und wie nennen wir die einzelnen Komponenten (Skizze)?

## ☺ Antworten

1. Die Bewegungsformen des starren Körpers sind die Translation und die Rotation.

   **Translation:**
   Die Körperachsen bleiben parallel und jeder Punkt des Körpers bewegt sich auf einer kongruenten Bahn.

   **Rotation:**
   Bei der Rotation eines starren Körpers bewegen sich alle Punkte des Körpers auf konzentrischen Kreisen um einen Drehpunkt.

2. Bei der Bewegung eines starren Körpers ist die Winkelgeschwindigkeit $\vec{\omega}$ unabhängig von einem speziell gewählten Bezugspunkt, und wir sprechen von der *Winkelgeschwindigkeit des starren Körpers.*

3. Der Momentanpol bei der ebenen Bewegung eines starren Körpers ist derjenige Punkt, der momentan in Ruhe ist ($v = 0$). Um diesen Punkt findet dann eine reine momentane Drehung statt (Bild 3.3.1A).

$$\boxed{v_P = \omega\, r}$$

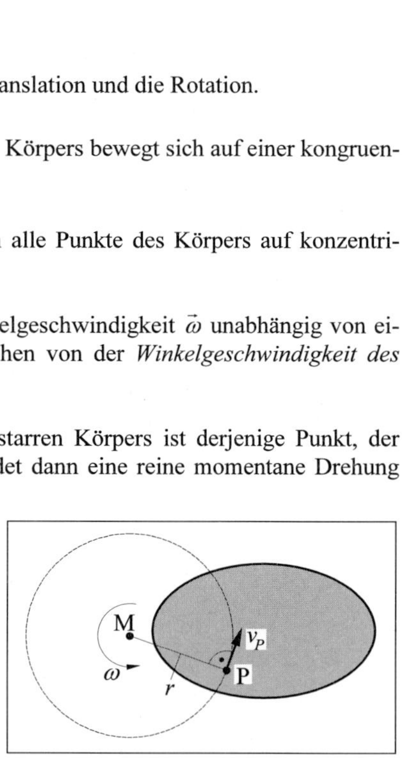


*Bild 3.3.1A: Geschwindigkeit eines Punktes außerhalb des Momentanpols*

4. $$\boxed{\vec{v}_P = \vec{v}_A + \vec{\omega} \times \vec{r}}$$ (siehe Bild 3.3.2A).

$$\boxed{\vec{v}_P = \vec{v}_A + \omega\, r\, \vec{e}_\varphi}$$

$$\boxed{\vec{v}_P = \vec{v}_{trans} + \vec{v}_{rot}}$$

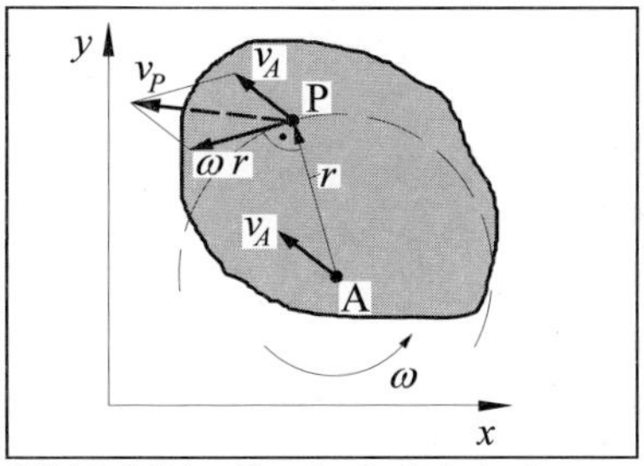


*Bild 3.3.2A: Geschwindigkeit der Punkte A und P eines starren Körpers bei ebener Bewegung*

5. $$\boxed{\vec{a}_P = \vec{a}_A + \dot{\omega}\, r\, \vec{e}_\varphi - \omega^2\, r\, \vec{e}_r}$$

$$\boxed{\vec{a}_P = \vec{a}_{trans} + \vec{a}_{t,rot} + \vec{a}_{n,rot}}$$

Die Beschleunigungskomponenten sind (Bild 3.3.3A):

| | |
|---|---|
| $a_A = a_{trans}$ | translatorischer Anteil |
| $\dot{\omega}\, r$ | Tangentialbeschleunigung aus Rotation |
| $\omega^2 r$ | Normalbeschleunigung aus Rotation (ist zum Kreismittelpunkt gerichtet). |

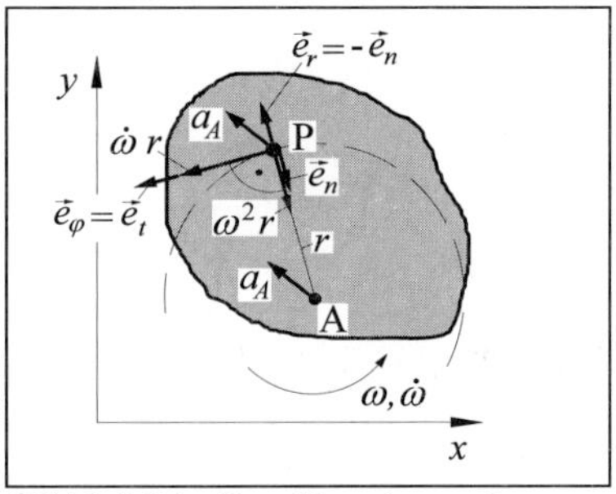


*Bild 3.3.3A: Beschleunigung der Punkte A und P bei ebener Bewegung*

***Notizen***

# 4 Kinetik des Massenpunktes und der Massenpunktsysteme

## 4.1 Grundbegriffe und Formeln

### 4.1.1 Dynamisches Grundgesetz (Massenpunkt)

Während die Kinematik die Bewegungsabläufe ohne Frage nach ihren verursachenden Kräften untersucht, wird in der **Kinetik** der Zusammenhang zwischen den kinematischen Größen (Weg, Geschwindigkeit, Beschleunigung, ...) und den Kräften behandelt.

Wenn wir uns hier auf den **Massenpunkt** beschränken, hat das nichts mit der Größe der Abmessungen des Körpers zu tun, sofern die Abmessungen keinen Einfluß auf die Bewegung haben. Dies bedeutet, dass die Bewegung eines einzelnen Punktes beschrieben wird, der zu einem Körper mit endlichen Abmessungen gehören darf. Bei einer Reihe von Aufgaben können wir uns die gesamte Masse und alle Kräfte im Schwerpunkt des Körpers vereinigt denken.
Der wesentliche Unterschied des Massenpunktes zum Körper kann darin gesehen werden, dass ein Massenpunkt keine Drehbewegung (um seine eigene Achse) ausführen kann.

Das **Grundgesetz der Dynamik (NEWTONsche Grundgesetz)** für die Bewegung eines Massenpunktes unter Wirkung von Kräften lautet:

**Die auf einen Massenpunkt wirkende Kraft ist gleich der zeitlichen Änderung der Bewegungsgröße des Massenpunktes. Die zeitliche Änderung der Bewegungsgröße geschieht in Richtung der am Massenpunkt wirkenden Kraft (Bild 04.1).**

**NEWTONsches Grundgesetz:**

$$\vec{F} = \frac{d(m\vec{v})}{dt}$$

mit $\vec{F} = \Sigma\,\vec{F}_i$ und dem

**Impuls** $\vec{p} = m\vec{v}$ .

Da die Masse zeitlich unveränderlich ist, vereinfacht sich das Bewegungsgesetz (NEWTONsche Grundgesetz) zu

$$\vec{F} = m\frac{d\vec{v}}{dt}$$

$$\vec{F} = m\vec{a} \qquad \text{(Bild 04.1)}$$

("*Kraft = Masse · Beschleunigung*").

$m$ Masse
$\vec{F}$ Kraftvektor
$\vec{a}$ Beschleunigungsvektor
$\vec{v}$ Geschwindigkeitsvektor
$\vec{p}$ Impuls (Bewegungsgröße)

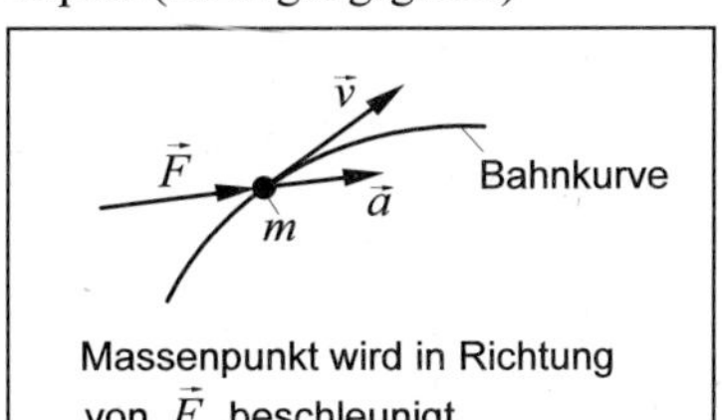


*Bild 04.1: Zum NEWTONschen Grundgesetz*

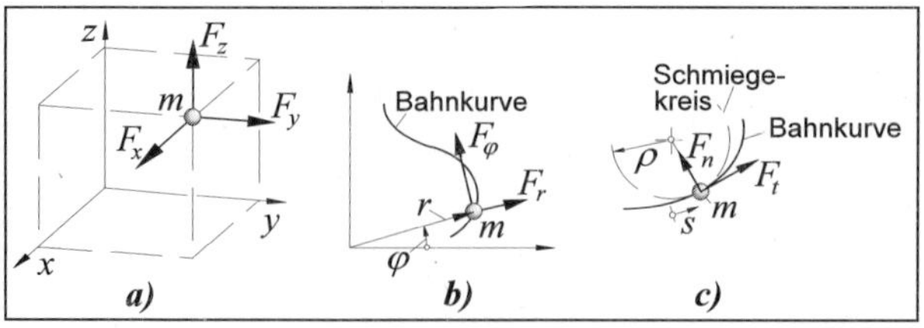


*Bild 04.2:*
*Zum NEWTONschen Grundgesetz: Äußere Kräfte am Massenpunkt*
*a) in kartesischen Koordinaten*
*b) in Polarkoordinaten (ebene Bewegung)*
*c) in natürlichen Koordinaten*

Zerlegen wir Kräfte und Beschleunigungen in die Komponenten bezüglich eines ***kartesischen*** Bezugssystems (Bild 04.2a), so folgt $\boxed{m\,\ddot{x} = F_x \;;\quad m\,\ddot{y} = F_y \;;\quad m\,\ddot{z} = F_z}$. In dieser Form gilt das Bewegungsgesetz nur für ein Inertialsystem (absolut ruhendes Koordinatensystem).

In ***Polarkoordinaten*** (Bild 04.2b) lauten die Bewegungsgleichungen:

$$\boxed{m\,a_r = m\left(\ddot{r} - r\,\dot{\varphi}^2\right) = F_r \;;\qquad m\,a_\varphi = m\left(2\,\dot{r}\,\dot{\varphi} + r\,\ddot{\varphi}\right) = F_\varphi}.$$

Oft ist es auch zweckmäßig, die Beschleunigungen und Kräfte in ***natürlichen Koordinaten*** (Bild 04.2c) darzustellen:

$$\boxed{m\,a_t = m\,\ddot{s} = m\,\dot{v} = F_t \;;\qquad m\,a_n = m\frac{\dot{s}^2}{\rho} = m\frac{v^2}{\rho} = F_n}.$$

## 4.1.2 Prinzip von D'ALEMBERT (Massenpunkt)

Werden an einem beschleunigten Massenpunkt die äußeren Kräfte durch die **D'ALEMBERTsche Trägheitskraft** $-m\,\vec{a}$ ergänzt, dürfen wir den Massenpunkt wie im statischen Gleichgewicht betrachten (formale Rückführung der Kinetik auf die Statik). Das Minuszeichen vor der D'ALEMBERTschen Trägheitskraft bedeutet, dass diese in der Systemskizze **entgegen der positiven Beschleunigungs- bzw. Koordinatenrichtung** eingezeichnet werden muss (Bild 04.3; D'ALEMBERTsche Trägheitskraft ist durch gestrichelten Pfeil mit Konturspitze gekennzeichnet).

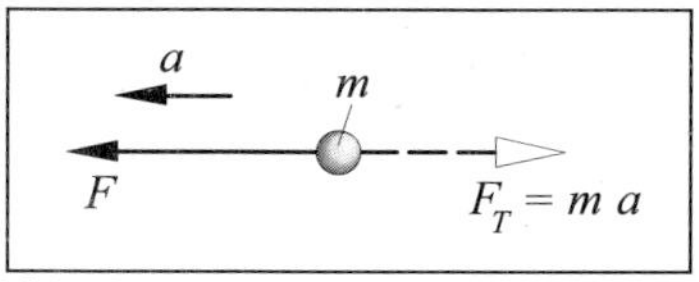

*Bild 04.3: Zur D'ALEMBERTschen Trägheitskraft am Massenpunkt*

$\vec{F}_T$ D'ALEMBERTsche Trägheitskraft

$\vec{F}$ Resultierende aller am Massenpunkt angreifenden äußeren Kräfte

$\vec{a}$ Beschleunigung

$m$ Masse

$\boxed{\vec{F} - m\vec{a} = 0}$, mit $\vec{F}_T = -m\vec{a}$ folgt $\boxed{\vec{F} + \vec{F}_T = 0}$, wobei $\vec{F} = \Sigma\,\vec{F}_i$ ist.

Auch bei Bewegung eines Massenpunktes auf einer Kreisbahn wird eine D'ALEMBERTsche Trägheitskraft **entgegengesetzt zur Bahnbeschleunigung** $a_t$ **und zur Normalbeschleunigung** $a_n$ angetragen. Das heißt, dass eine D'ALEMBERTsche Trägheitskraft $\boxed{m\,a_n = m\,R\,\omega^2}$ (Fliehkraft) bei der Kreisbewegung vom Kreismittelpunkt nach außen gerichtet ist, weil die Normalbeschleunigung immer zum Kreismittelpunkt gerichtet ist, und eine andere D'ALEMBERTsche Trägheitskraft ($m\,R\,\ddot{\varphi}$) infolge der Bahnbeschleunigung $\ddot{\varphi} = \dot{\omega}$ entgegen der positiv gewählten Koordinatenrichtung $\varphi$ gerichtet ist. ($\omega$ Winkelgeschwindigkeit; $R$ Radius der Bahn)

Beim Lösen von Aufgaben sind die Verfahren nach dem NEWTONschen Grundgesetz und nach dem D'ALEMBERTschen Prinzip grundsätzlich gleichwertig. Das Prinzip von D'ALEMBERT hat Vorteile, wenn Augenblickswerte gesucht werden oder Beschleunigungen konstant sind.
Um grobe Fehler zu vermeiden, dürfen beim Lösen von Aufgaben die beiden Verfahren nach D'ALEMBERT und NEWTON nicht gleichzeitig verwendet werden.

## 4.1.3 Impulssatz (Massenpunkt)

Aus dem NEWTONschen Grundgesetz $\boxed{\vec{F} = \dfrac{d(m\vec{v})}{dt}}$ ergibt sich durch bestimmte Integration von

$$\vec{F}\,dt = d(m\vec{v})$$

über die Zeit der ***Impulssatz***

$$\int_{t_0}^{t_1} \vec{F}\,dt = \int_{v_0}^{v_1} d(m\vec{v})$$

bzw. nach Integration

$$\boxed{\int_{t_0}^{t_1} \vec{F}\,dt = (m\vec{v})_1 - (m\vec{v})_0 = \vec{p}_1 - \vec{p}_0}$$

mit dem Kraftstoß oder Antrieb

$$\boxed{\int_{t_0}^{t_1} \vec{F}\,dt}$$ (Bild 04.4).

$m$ Masse

$\vec{v}$ Geschwindigkeit der Masse $m$

$\vec{p}_0$ Impuls (Bewegungsgröße) vor der Krafteinwirkung

$\vec{p}_1$ Impuls (Bewegungsgröße) am Ende der Krafteinwirkung

| ***Impulssatz:*** Der Kraftstoß (Antrieb) ist gleich der Änderung der Bewegungsgröße (des Impulses). |
|---|

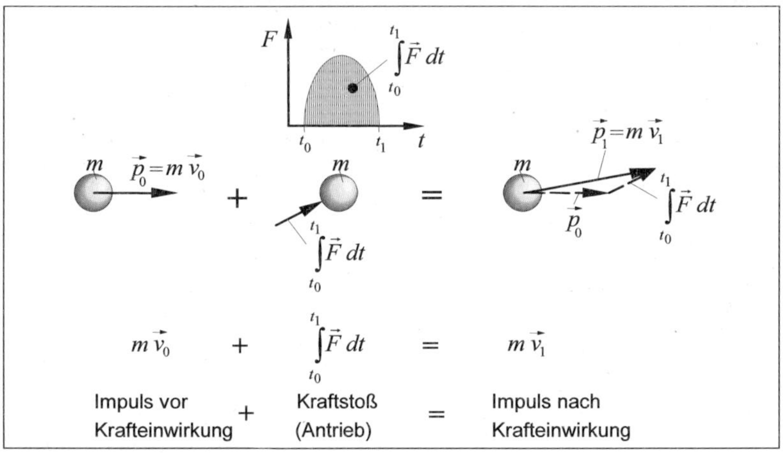


*Bild 04.4: Zur Deutung des Impulssatzes*

Für $\vec{F} = 0$ führt der Impulssatz zum

| ***Impulserhaltungssatz:*** $\vec{p}_0 = \vec{p}_1 = konstant$ . |
|---|

Der Impulssatz eignet sich besonders gut für die Lösung von Aufgaben, in denen *m*, *v*, *F* und *t* miteinander verknüpft sind.

Wesentlich mehr Bedeutung als beim einzelnen Massenpunkt hat der Impulssatz beim Massenpunktsystem.

## 4.1.4 Arbeit, Energie, Leistung (Massenpunkt)

### • Mechanische Arbeit einer Kraft

$$W = \int_{\vec{r}_1}^{\vec{r}_2} \vec{F} \cdot d\vec{r}$$

oder

$$W = \int_{s_1}^{s_2} F \cdot \cos\beta \cdot ds = \int_{s_1}^{s_2} F_t \cdot ds$$

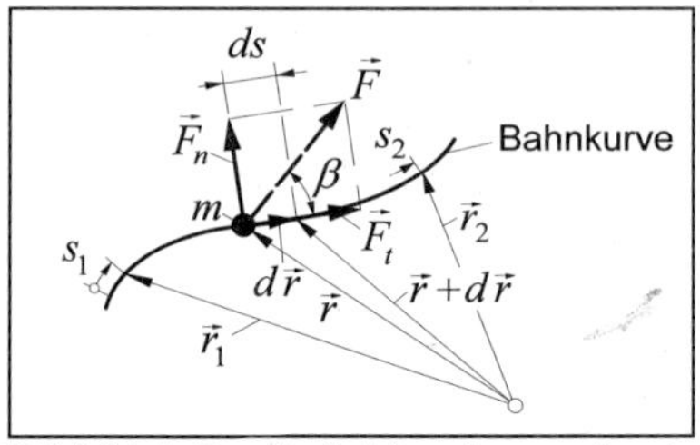


*Bild 04.5: Zur Definition der mechanischen Arbeit*

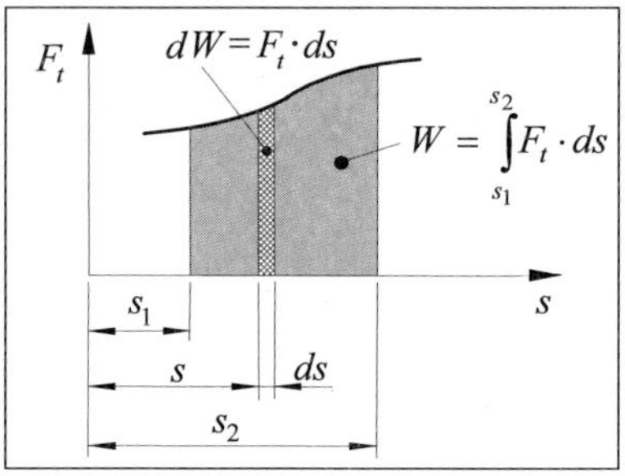


*Bild 04.6: Kraft-Weg-Diagramm; Arbeit als Fläche unter der Kraft-Weg-Kurve*

$W$ Arbeit

$F_t$ tangentiale Kraftkomponente an der Bahnkurve

$\vec{r}$ Ortsvektor

$s$ Wegkoordinate

Die mechanische **Arbeit** einer Kraft ist das Wegintegral über der tangential zur Bahnkurve wirkenden Kraftkomponente; sie ist ein Skalar und entspricht der Fläche unter der $F_t,s$-Kurve (Bilder 04.5 und 04.6).

### • Potentielle und kinetische Energie

Wenn ein Massenpunkt Arbeit verrichten kann, hat er mechanische Energie. Energie zu besitzen, erfolgt erst dadurch, dass am Massenpunkt selbst Arbeit verrichtet wird oder wurde (z.B. er wird oder wurde beschleunigt, gehoben, elastisch verformt).

Energie ist ein Zustand, Arbeit ein Vorgang. Energie ist Arbeitsvermögen.

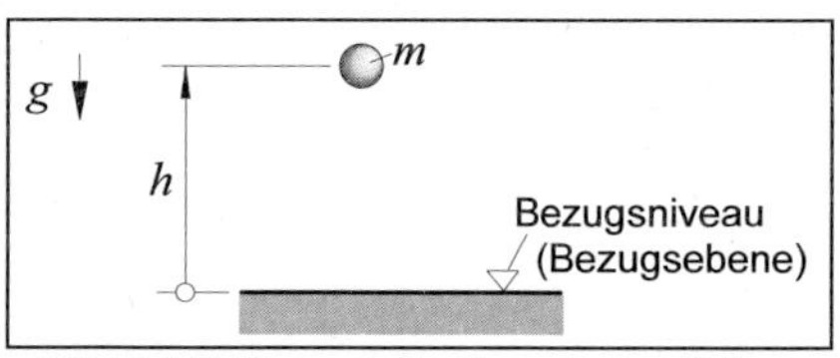


*Bild 04.7: Potentielle Energie im Schwerefeld der Erde*

Potentielle Energie der Lage $E_{pot} = m\,g\,h$

Ein Massenpunkt hat aufgrund seiner Lage, bezogen auf ein Bezugsniveau (Bezugsebene), eine **potentielle Energie der Lage** (Bild 04.7). Die Energie der Lage kann positiv oder negativ sein, weil das Bezugsniveau beliebig gewählt werden kann.

$E_{pot}$ potentielle Energie

$m$ Masse

$g$ Fallbeschleunigung

$h$ Höhe

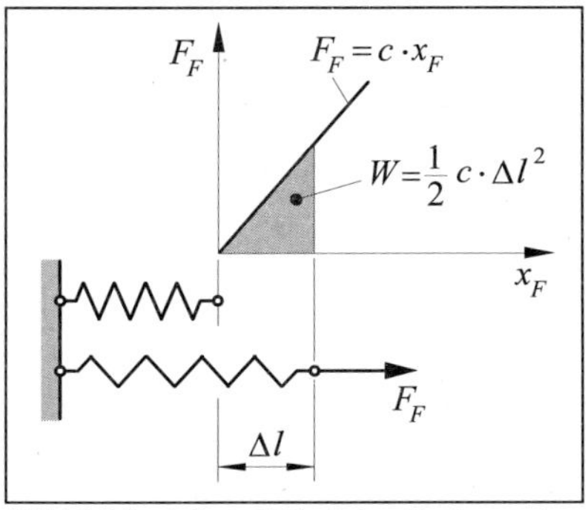

*Bild 04.8: Arbeit W bei der Deformation einer Feder*

Für die Deformation einer Feder ist eine Arbeit

$$W = \int_0^{\Delta l} F_F \cdot ds = \int_0^{\Delta l} c \cdot x_F \cdot dx_F = \frac{1}{2} c \cdot \Delta l^2$$

notwendig (Bild 04.8). Diese Arbeit ist als **potentielle Energie der Feder** in der Feder gespeichert.

Potentielle Energie der Feder $E_{pot} = \frac{1}{2} c \cdot \Delta l^2$ .

| | |
|---|---|
| $c$ | Federkonstante (Federsteifigkeit, Federrate) |
| $\Delta l$ | "Federweg" (Verlängerung oder Verkürzung bezüglich der Länge der entspannten Feder) |

Die **kinetische Energie** $E_{kin}$ ist das Arbeitsvermögen des Massenpunktes mit der Masse $m$ infolge seiner Bewegung mit der Geschwindigkeit $v$.

Kinetische Energie $E_{kin} = \frac{m}{2} v^2$ .

| | |
|---|---|
| $E_{kin}$ | kinetische Energie |
| $m$ | Masse |
| $v$ | Geschwindigkeit |

# • Leistung

**Merksatz:** **Leistung = Arbeit pro Zeit ;** $P = \frac{dW}{dt}$ .

Die Leistung $P$ bei der translatorischen Bewegung ist gleich dem Produkt aus der **in Wegrichtung wirkenden konstanten Kraft *F*** und der Geschwindigkeit $v$ ihres Angriffspunkts:

$$P = F \frac{ds}{dt} = F\, v \ .$$

Leistung bei **Drehbewegung mit konstantem Moment** (Bild 04.9):

$$P = F\, r\, \omega = M\, \omega \ .$$

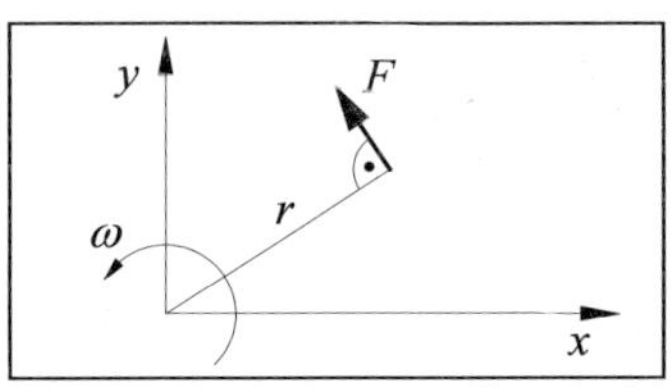

*Bild 04.9: Zur Leistung bei Drehbewegung*

Die Leistung ist eine skalare Größe mit der Dimension "*Arbeit / Zeit*",

z.B.: $1 \frac{\mathrm{N\,m}}{\mathrm{s}} = 1\,\mathrm{W}$ ("Watt").

| | |
|---|---|
| $P$ | Leistung |
| $M$ | Moment, welches die Rotation hervorruft |
| $\omega$ | Winkelgeschwindigkeit |

## 4.1.5 Energiesatz und Arbeitssatz (Massenpunkt)

Der ***Energiesatz*** für die Bewegung eines Massenpunktes lautet:

$$\boxed{E_{pot\,1} + E_{kin\,1} = E_{pot\,2} + E_{kin\,2} = \text{konstant}}\,.$$

Die Summe aus potentieller und kinetischer Energie ist zu jedem Zeitpunkt konstant, wenn ausschließlich *konservative* Kräfte auf den Massenpunkt einwirken.

Kräfte, für welche die von ihnen geleistete Arbeit nur vom Anfangs- und Endpunkt der Bewegung abhängt (also unabhängig vom Weg, der dabei zurückgelegt wird), nennen wir ***konservative Kräfte***. *Konservative* Kräfte sind z.B. Gewichtskräfte, Federkräfte; *nichtkonservativ* dagegen sind Reibungskräfte.

***Erweiterter Energiesatz*** für die Bewegung eines Massenpunktes:

$$\boxed{E_{pot\,1} + E_{kin\,1} \pm \Delta W = E_{pot\,2} + E_{kin\,2}}\,.$$

Die Summe der Energien im Endzustand ist gleich der Summe der Energien im Anfangszustand, vermehrt um die von außen zugeführte bzw. vermindert um die nach außen abgeführte Energie.

$\Delta W$ ist die während des Vorganges von 1 nach 2 durch *nichtkonservative Kräfte* verrichtete Arbeit.

$+\Delta W$, wenn Energie von außen zugeführt wird (Antrieb) (z.B. über einen Motor).

$-\Delta W$, wenn Energie nach außen abgeführt wird (Abtrieb) (z.B. Reibungsarbeit auf dem Weg von 1 nach 2).

***Arbeitssatz:*** $\boxed{E_{kin\,1} - E_{kin\,0} = W}\,.$

Die bei einer Verschiebung eines Massenpunkts zwischen zwei Bahnpunkten von den eingeprägten Kräften, einschließlich vorhandener Reibungskräfte, geleistete Arbeit $W$ ist gleich der Änderung der kinetischen Energie (siehe folgendes Beispiel).

**Beispiel:**

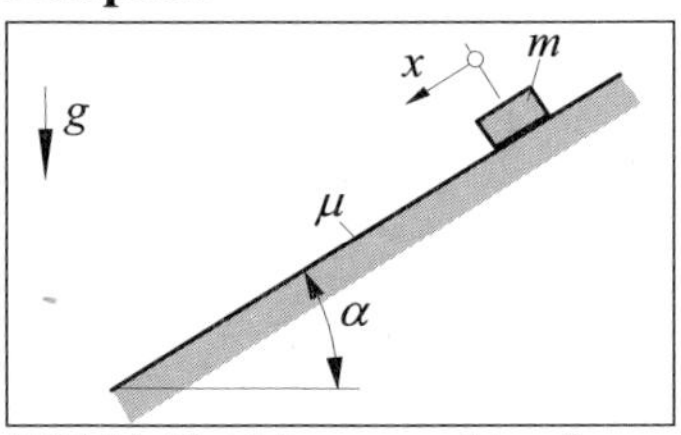


*Bild 04.10: Massenpunkt auf schiefer Ebene*

Ein Massenpunkt wird an der Stelle $x = 0$ ohne Anfangsgeschwindigkeit losgelassen und rutscht einer rauen schiefen Ebene hinunter (Bild 04.10).

Wie groß ist die Geschwindigkeit an einer beliebigen Stelle $x$?

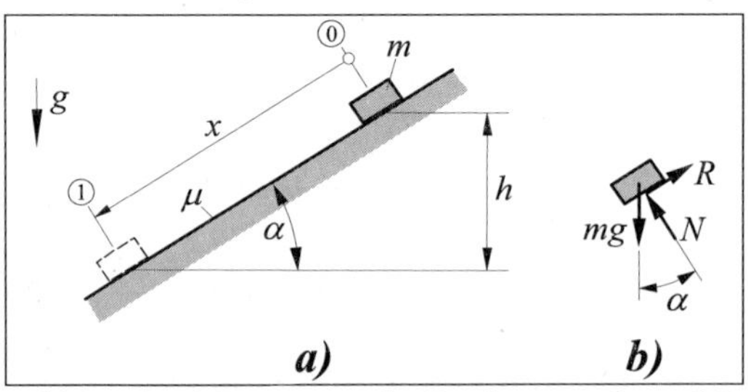


*Bild 04.11: a) Bewegung des Punktes von ⓪ nach ①*
*b) Freikörperbild*

***Lösung:***

Wir benutzen den **Arbeitssatz** (Bild 04.11):

$$W = E_{kin\,1} - E_{kin\,0}\,.$$

Bei der Bewegung von ⓪ nach ① (Bild 04.11a) beträgt die Änderung der kinetischen Energie:

$$E_{kin\,1} - E_{kin\,0} = \frac{m}{2}v_1^2 - \underbrace{\frac{m}{2}v_0^2}_{0} = \frac{m}{2}v_1^2\,.$$

Auf dem Weg von ⓪ nach ① leisten die Kraftkomponente $mg\sin\alpha$ in Wegrichtung und die Reibungskraft $R = \mu N$ (Bild 04.11b) die Arbeit

$$W = mg\sin\alpha\ x - \mu mg\cos\alpha\ x\,.$$

Das Minuszeichen beim Arbeitsanteil aus der Reibungskraft rührt daher, dass die Reibungskraft entgegen der positiven $x$-Richtung zeigt (Bild 04.11).

Die Reaktionskraft $N$ leistet keine Arbeit.

Aus dem Arbeitssatz folgt nun:

$$mg\sin\alpha\ x - \mu mg\cos\alpha\ x = \frac{m}{2}v_1^2 \quad\Rightarrow\quad v_1 = \sqrt{2g(\sin\alpha - \mu\cos\alpha)x}\,.$$

Führen wir die Höhe $h = x\sin\alpha$ ein (Bild 04.11a), so ergibt sich:

$$v_1 = \sqrt{2gh\left(1 - \frac{\mu}{\tan\alpha}\right)}\,.$$

Das Ergebnis zeigt, dass nur für $\mu < \tan\alpha$ eine Abwärtsbewegung möglich ist.

## 4.1.6 Schwerpunktsatz, Impulssatz, Drallsatz beim Massenpunktsystem

Ein System von $n$ Massenpunkten (Bild 04.12a) nennen wir **Massenpunktsystem**, bei dem zwischen den Massenpunkten starre oder nicht starre Bindungen bestehen. Ein ***starrer Körper*** ist ein Sonderfall des Massenpunktsystems mit unendlich vielen unendlich kleinen Massenpunkten, die alle starr miteinander verbunden sind.

Nach dem Wechselwirkungsgesetz gilt (Bild 04.12b):

$$\vec{F}_{ij} = -\vec{F}_{ji}\,.$$

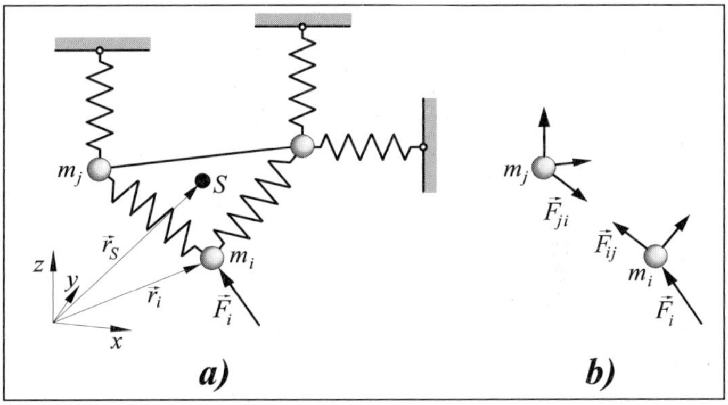


*Bild 04.12: Massenpunktsystem*
*a) Systemskizze*
*b) freigemachte Massenpunkte $m_i$ und $m_j$*

Unter Anwendung des NEWTONschen Grundgesetzes für alle Massenpunkte folgt der **Schwerpunktsatz**:

$$\boxed{\vec{F}_R = \sum_{i=1}^{n}\vec{F}_i = m\ddot{\vec{r}}_S = m\frac{d\vec{v}_S}{dt} = m\,\vec{a}_S}\,.$$

| | |
|---|---|
| $\vec{F}_i$ | auf $m_i$ wirkende äußere Kraft |
| $\vec{F}_R$ | Resultierende der äußeren Kräfte |
| $m$ | Gesamtmasse |
| $\vec{r}_S$ | Ortsvektor des Schwerpunkts (Massenmittelpunkts) |
| $\vec{a}_S$ | Beschleunigung des Massenmittelpunkts |

**Schwerpunktsatz:** Der Schwerpunkt eines Massenpunktsystems bewegt sich so, als ob in ihm die Gesamtmasse konzentriert wäre und die Resultierende der **äußeren** Kräfte an ihm angreifen würde.

**Schwerpunktsatz bei ebener Bewegung:** $m\,\ddot{x}_S = F_x \;; \qquad m\,\ddot{y}_S = F_y\,.$

**Impulssatz:**

$$\vec{F}_R = \frac{d\vec{p}_{ges}}{dt} \quad \text{mit} \quad \vec{p}_{ges} = \sum_{i=1}^{n} m_i\,\vec{v}_i = m\,\vec{v}_S\,.$$

Den Gesamtimpuls eines Massenpunktsystems $\vec{p}_{ges}$ können wir als Summe der Impulse aller Einzelmassen oder als Produkt aus Gesamtmasse $m$ und Geschwindigkeit $\vec{v}_S$ des Schwerpunkts des Massenpunktsystems bilden. Die Ableitung des Gesamtimpulses nach der Zeit ist gleich der Resultierenden aller **äußeren** Kräfte.

**Impulserhaltungssatz:**

Ist die Resultierende der äußeren Kräfte gleich Null, so ist der Gesamtimpuls eines Massenpunktsystems konstant. Dies bedeutet, dass sich der Schwerpunkt des Systems mit konstanter Geschwindigkeit bewegt.

$$\vec{p}_{ges} = \sum_{i=1}^{n} m_i\,\vec{v}_i = m\,\vec{v}_S = \text{konstant}$$

**Drallsatz (Drehimpulssatz oder Momentensatz):**

$$\vec{M}_0 = \frac{d\vec{L}_0}{dt}$$

mit $\vec{M}_0 = \sum_{i=1}^{n} \vec{r}_i \times \vec{F}_i$

und $\vec{L}_0 = \sum_{i=1}^{n} \vec{r}_i \times m_i \vec{v}_i$

$\vec{L}_0$ Gesamtdrall bezüglich eines festen Punktes 0

$\vec{M}_0$ Moment aller äußeren Kräfte bezüglich eines festen Punktes 0

$\vec{r}_i$ Ortsvektor der Masse $m_i$

$\vec{F}_i$ auf $m_i$ wirkende äußere Kraft

$m_i\,\vec{v}_i$ Impuls des Massenpunkts $m_i$

Das Moment $\vec{M}_0$ aller äußeren Kräfte bezüglich eines festen Punktes 0 ist gleich der zeitlichen Änderung des Gesamtdralls in Bezug auf 0.

Der Drallsatz für ein Massenpunktsystem gilt für einen **festen** Bezugspunkt.

Ist das Moment $\vec{M}_0$ aller äußeren Kräfte gleich Null, dann bleibt der Gesamtdrall $\vec{L}_0$ eines Massenpunktsystems konstant (**Drallerhaltungssatz**).

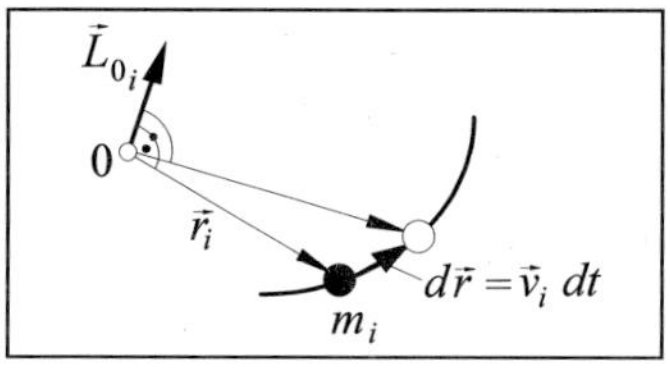


*Bild 04.13:*
*Zum Drall $\vec{L}_{0_i}$ eines bewegten Massenpunktes $m_i$*

**Sonderfall des Drallsatzes:**

Für die Drehung eines *starren* Massenpunktsystems um eine feste Achse $z$ folgt (Bild 04.14):

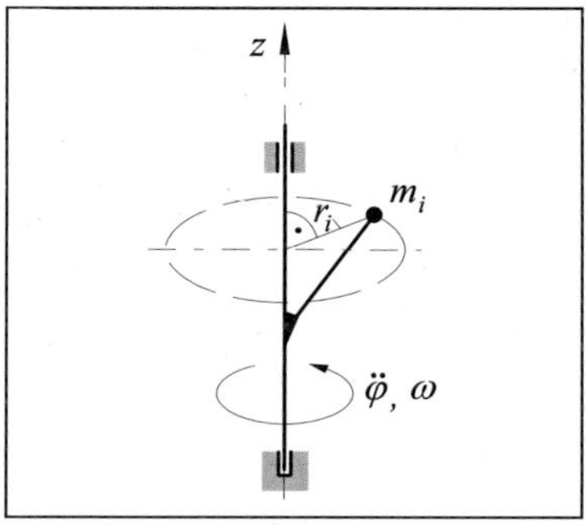


*Bild 04.14: Zur Drehung eines starren Massenpunktsystems*

$$\boxed{M_z = J_z\,\ddot{\varphi}}$$

$$\boxed{L_z = J_z\,\omega = J_z\,\dot{\varphi}}$$

mit $J_z = \sum_{i=1}^{n} m_i \cdot r_i^2$ .

$M_z$ Gesamtdrehmoment in Bezug auf die $z$-Achse

$L_z$ Gesamtdrall bezüglich der $z$-Achse

$\ddot{\varphi}$ Winkelbeschleunigung für alle Massen $m_i$

$\omega$ Winkelgeschwindigkeit für alle Massen $m_i$

$J_z$ Massenträgheitsmoment bezüglich der $z$-Achse

$r_i$ senkrechter Abstand von der $z$-Achse (Bild 04.14)

---

Mit dem Energiesatz, Impulserhaltungssatz und dem Drallerhaltungssatz können Aussagen zu Bewegungszuständen gefunden werden, ohne die Übergangsphase zwischen den Zuständen analysieren zu müssen.

# 4.2 Aufgaben mit Lösungen

## Aufgabe 4.1 Anschieben eines Autos

Beim Anschieben eines Autos (Gewichtskraft $G = 12\,\text{kN}$) wird eine horizontale Kraft von $F = 400\,\text{N}$ aufgebracht (Bild 4.1).

Welche Beschleunigung erfährt das Auto ohne Berücksichtigung der Bewegungswiderstände (z. B. Reibung)? Fallbeschleunigung $g = 9{,}81\,\text{m/s}^2$.

*Bild 4.1: Anschieben eines Autos*

### *Lösung:*

Wir zeichnen ein Freikörperbild (Bild 4.1.1a) und ersetzen dann das Auto durch einen Massenpunkt (Bild 4.1.1b). Es fällt sofort auf, dass die Kräfte in Richtung der Fallbeschleunigung $g$ keine Beschleunigungen hervorrufen können, da das Auto an die Straße gebunden ist.

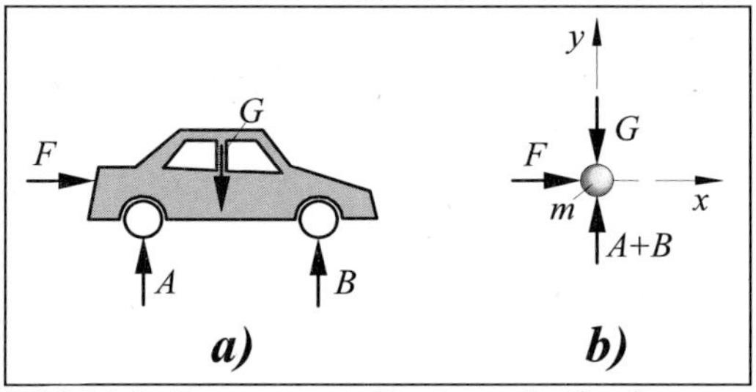

*Bild 4.1.1: Bewegung auf horizontaler Straße*
*a) Freikörperbild*
*b) Ersatz durch Massenpunkt*

Zur Beschreibung der Bewegung wird ein $x,y$-Koordinatensystem eingeführt.

Das **dynamische Grundgesetz** (NEWTON) liefert

$$\rightarrow \qquad m\ddot{x} = F\,,$$

$$\uparrow \qquad 0 = A + B - G\,.$$

Aus der ersten Gleichung folgt mit $m = \dfrac{G}{g}$ :

$$\frac{G}{g}\ddot{x} = F \qquad \Rightarrow \qquad \ddot{x} = \frac{g}{G}F = \frac{9{,}81\dfrac{\text{m}}{\text{s}^2}}{12000\text{N}}\,400\text{N} = \underline{\underline{0{,}327\frac{\text{m}}{\text{s}^2}}}\,.$$

## Aufgabe 4.2 Antriebskraft einer Straßenbahn

Ein Straßenbahnwagen (Bild 4.2) mit der Gewichtskraft $G = 70\,\text{kN}$ soll beim Anfahren innerhalb von $14\,\text{s}$ gleichmäßig beschleunigt eine Fahrgeschwindigkeit von $28\,\text{km/h}$ erreichen. Der Fahrwiderstand betrage $120\,\text{N}$ je $10\,\text{kN}$ Wagengewicht. Fallbeschleunigung $g = 9{,}81\,\text{m/s}^2$.

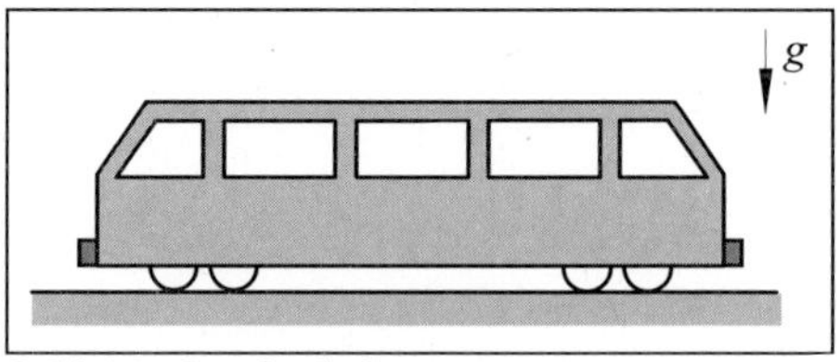

*Bild 4.2: Straßenbahnwagen*

Zu bestimmen sind:

1. die erforderliche Antriebskraft,
2. der benötigte Anfahrweg.

***Lösung:***

**zu 1.**

Für die im Wesentlichen translatorische Bewegung kann der Straßenbahnwagen als Massenpunkt aufgefaßt werden (Bild 4.2.1). In $y$-Richtung ist keine Beschleunigung möglich, da der Wagen an die Schienen gebunden ist.
Mit dem **dynamischen Grundgesetz** folgt:

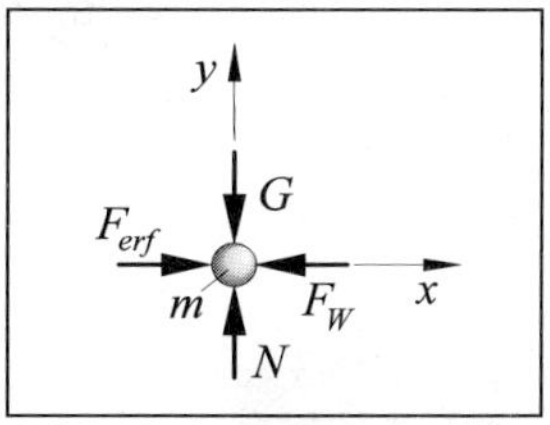


*Bild 4.2.1: Ersatz des Straßenbahnwagens durch Massenpunkt*

$$\uparrow \quad 0 = N - G \ ,$$

$$\rightarrow \quad m\,\ddot{x} = F_{erf} - F_W \ .$$

Hieraus ergibt sich mit $m = \dfrac{G}{g}$ :

$$\ddot{x} = \frac{g}{G}\left(F_{erf} - F_W\right) ,$$

$$\dot{x} = \frac{g}{G}\left(F_{erf} - F_W\right)t + C_1 \ , \qquad (1)$$

$$x = \frac{g}{2G}\left(F_{erf} - F_W\right)t^2 + C_1\,t + C_2 \ . \qquad (2)$$

Für die Integrationskonstanten folgt mit den Anfangsbedingungen:

$$x(t=0) = 0 \quad \Rightarrow \quad C_2 = 0 \ ,$$

$$\dot{x}(t=0) = 0 \quad \Rightarrow \quad C_1 = 0 \ .$$

Aus (1) folgt:

$$F_{erf} = F_W + \frac{G}{g}\cdot\frac{\dot{x}_E}{t_E} = \frac{120\,\mathrm{N}}{10\,\mathrm{kN}}\cdot 70\,\mathrm{kN} + \frac{70000\,\mathrm{N\cdot s^2}}{9{,}81\,\mathrm{m}}\cdot\frac{28\,\mathrm{km\cdot 1\,h\cdot 1000\,m}}{14\,\mathrm{s\cdot h\cdot 3600\,s\cdot 1\,km}}$$

$$F_{erf} = 840\,\mathrm{N} + 3964{,}2\,\mathrm{N} = \underline{\underline{4804{,}2\,\mathrm{N}}} \ .$$

**zu 2.**

Der benötigte Anfahrweg $x_E$ folgt aus (2):

$$x_E = \frac{g}{2G}\left(F_{erf} - F_W\right)t_E^2 = \frac{9{,}81\,\mathrm{m}}{2\cdot 70000\,\mathrm{N\cdot s^2}}\left(4804{,}2\,\mathrm{N} - 840\,\mathrm{N}\right)\cdot\left(14\,\mathrm{s}\right)^2 = \underline{\underline{54{,}44\,\mathrm{m}}} \ .$$

## Aufgabe 4.3 Ebene Massenpunktbewegung in Parameterdarstellung

Ein Massenpunkt bewege sich auf einer Bahn, deren Komponenten-Zeit-Zusammenhang im Zeitintervall $0 \le t \le t_E$ gegeben sei durch

$$y = 1\,\mathrm{m}\left[2\frac{t}{t_E} - \left(\frac{t}{t_E}\right)^2\right] \quad \text{und} \quad x = 1\,\mathrm{m}\left(1 + \frac{t}{t_E}\right) .$$

$t_E = 1\,\mathrm{s}$. Der Massenpunkt hat die Masse $m = 5\,\mathrm{kg}$.

Die diese Bewegung des Massenpunktes verursachenden Kräfte sind für den Zeitpunkt $t = 0{,}6\,\mathrm{s}$ zu bestimmen:

1. die Kräfte $F_x$, $F_y$ und $F_{res}$ ,
2. die Kräfte $F_t$ und $F_n$ .

***Lösung:***

Das Bild 4.3.1 zeigt für das Zeitintervall $0 \le t \le 1\,\text{s}$ die Bahnkurve im rechtwinkligen $x,y$-Koordinatensystem sowie für $t = 0{,}6\,\text{s}$ den Massenpunkt und die die Bewegung zu diesem Zeitpunkt verursachenden Kräfte.

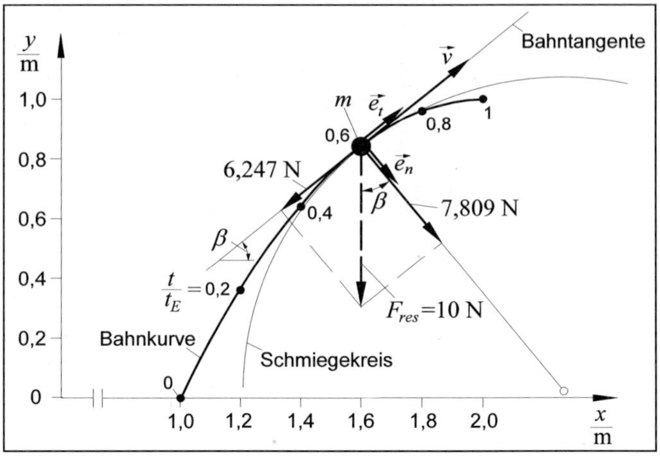


*Bild 4.3.1:*
*Bahnkurve des Massenpunktes und die die Bewegung verursachenden Kräfte bei $t = 0{,}6\,\text{s}$*

Durch die Ableitungen nach der Zeit erhalten wir Geschwindigkeit und Beschleunigung.

Weg: $\quad x = \left(1 + \dfrac{t}{t_E}\right)\text{m} \qquad y = \left[2\dfrac{t}{t_E} - \left(\dfrac{t}{t_E}\right)^2\right]\text{m}$

Geschwindigkeit: $\quad \dot{x} = \dfrac{1}{t_E}\,\text{m} \qquad \dot{y} = \dfrac{2}{t_E}\left(1 - \dfrac{t}{t_E}\right)\text{m}$

Beschleunigung: $\quad \ddot{x} = 0 \qquad \ddot{y} = -\dfrac{2}{t_E^2}\,\text{m}$

$$\ddot{y} = -\frac{2\,\text{m}}{1\,\text{s}^2} = -2\frac{\text{m}}{\text{s}^2}\,.$$

**zu 1.**

Mit dem **dynamischen Grundgesetz** (NEWTON) folgt (Bild 4.3.1):

$$\vec{F} = m\,\vec{a} = m\,\ddot{x}\,\vec{e}_x + m\,\ddot{y}\,\vec{e}_y = F_x\,\vec{e}_x + F_y\,\vec{e}_y$$

$$\rightarrow \quad m\ddot{x} = F_x \quad \Rightarrow \quad m\cdot 0 = F_x \quad \Rightarrow \quad F_x = \underline{\underline{0}}$$

$$\uparrow \quad m\ddot{y} = F_y \quad \Rightarrow \quad 5\,\text{kg}\cdot\left(-2\frac{\text{m}}{\text{s}^2}\right) = F_y \quad \Rightarrow \quad F_y = \underline{\underline{-10\text{N}}}$$

$$F_{res} = \sqrt{F_x^2 + F_y^2} = \underline{\underline{10\,\text{N}}}\,.$$

**zu 2.**

Um die Kräfte $F_t$ und $F_n$ zu ermitteln, benutzen wir die natürlichen Koordinaten $t$ und $n$ ($\vec{e}_t$ und $\vec{e}_n$, siehe Bild 4.3.1).
Zunächst ermitteln wir die Tangentensteigung im Bahnkurvenpunkt bei $t = 0{,}6\,\text{s}$ (Bild 4.3.1).

$$y' = \tan\beta = \frac{dy}{dx} = \frac{\frac{dy}{dt}}{\frac{dx}{dt}} = \frac{\dot{y}}{\dot{x}} = \frac{\frac{2}{t_E}\left(1 - \frac{t}{t_E}\right)\text{m}}{\frac{1}{t_E}\,\text{m}} = 2\left(1 - \frac{t}{t_E}\right)$$

$$\beta = \arctan 2\left(1 - \frac{t}{t_E}\right) = \arctan 2\,(1 - 0{,}6) = 38{,}6598°\,;$$

das heißt: $\quad \sin\beta = 0{,}6247$ und $\cos\beta = 0{,}7809$.

Mit dem **dynamischen Grundgesetz** (NEWTON) folgt (Bild 4.3.1):

$$\vec{F} = m\,\vec{a} = m\,a_t\,\vec{e}_t + m\,a_n\,\vec{e}_n = F_t\,\vec{e}_t + F_n\,\vec{e}_n\,,$$

$t$: $$m\,a_t = F_t\,, \qquad (1)$$

$n$: $$m\,a_n = F_n\,. \qquad (2)$$

Mit $m = 5\,\text{kg}$,

$$a_t = -|\ddot{y}|\sin\beta = -2\,\frac{\text{m}}{\text{s}^2}\cdot 0{,}6247 = -1{,}2494\,\frac{\text{m}}{\text{s}^2} \qquad \text{und}$$

$$a_n = |\ddot{y}|\cos\beta = 2\,\frac{\text{m}}{\text{s}^2}\cdot 0{,}7809 = 1{,}5618\,\frac{\text{m}}{\text{s}^2} \qquad \text{folgt}$$

aus (1): $$F_t = 5\,\text{kg}\cdot\left(-1{,}2494\,\frac{\text{m}}{\text{s}^2}\right) = \underline{\underline{-6{,}247\,\text{N}}}\,,$$

aus (2): $$F_n = 5\,\text{kg}\cdot 1{,}5618\,\frac{\text{m}}{\text{s}^2} = \underline{\underline{7{,}809\,\text{N}}}\,.$$

**Alternative Lösung** (Bild 4.3.1):

$$|F_t| = F_{res}\cdot\sin\beta = 10\,\text{N}\cdot 0{,}6247 = \underline{\underline{6{,}247\,\text{N}}}\,,$$

$$F_n = F_{res}\cdot\cos\beta = 10\,\text{N}\cdot 0{,}7809 = \underline{\underline{7{,}809\,\text{N}}}\,.$$

## Aufgabe 4.4 Beschleunigte Bewegung und schiefe Ebene

Eine Masse $m_1$ werde über ein masseloses, dehnstarres Seil und eine masse- und reibungslose Rolle eine glatte schiefe Ebene hochgezogen, indem die Masse $m_2$ sich nach unten bewegt (Bild 4.4). Fallbeschleunigung $g$.

1. Welche Beschleunigung erhält das System?
2. Wie groß ist die Seilkraft $S$?

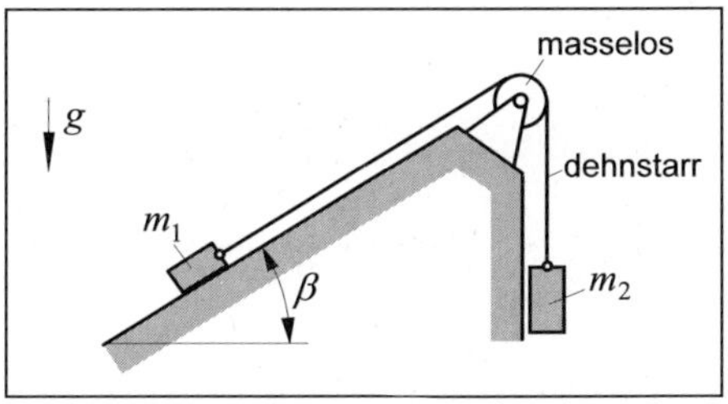


*Bild 4.4: Zwei Massen, verbunden durch umgelenktes Seil*

### *Lösung:*

**zu 1.**

Die Massen $m_1$ und $m_2$ können wir als Massenpunkte auffassen. Wir wenden die Schnittmethode an und führen zur Beschreibung der Bewegung Koordinaten ein (Bild 4.4.1).

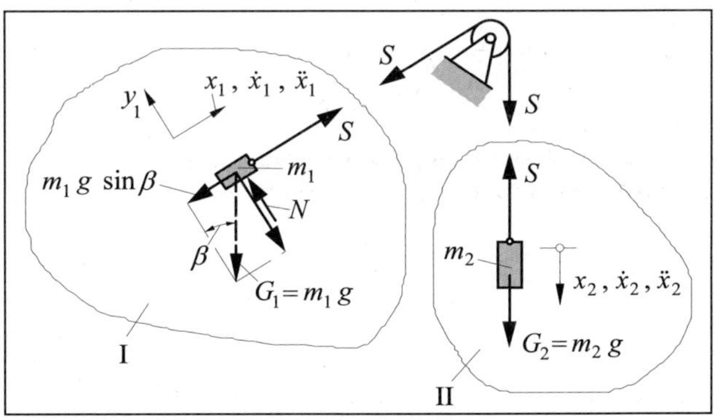


*Bild 4.4.1: Freikörperbilder mit Koordinaten*

Das **dynamische Grundgesetz** (NEWTON) liefert

für Systemteil I (Bild 4.4.1):

$$\nearrow \quad m_1\,\ddot{x}_1 = S - m_1\,g\sin\beta\,. \tag{1}$$

Die Beschleunigung $\ddot{y}_1$ ist Null, da die Masse $m_1$ an die schiefe Ebene gebunden ist.

Systemteil II (Bild 4.4.1):

$$\downarrow \quad m_2\,\ddot{x}_2 = m_2\,g - S \quad \Rightarrow \quad S = m_2\,g - m_2\,\ddot{x}_2\,. \tag{2}$$

Da das Seil dehnstarr ist, bewegen sich die Massen mit gleicher Geschwindigkeit und Beschleunigung. Folglich ist $\ddot{x}_1 = \ddot{x}_2 = \ddot{x}$.

Durch Einsetzen von (2) in (1) folgt:

$$m_1\,\ddot{x} = m_2\,g - m_2\,\ddot{x} - m_1\,g\sin\beta \quad \Rightarrow \quad \underline{\underline{\ddot{x} = g\,\frac{m_2 - m_1\sin\beta}{m_1 + m_2}}}\,.$$

**zu 2.**

Die Seilkraft $S$ ergibt sich mit $\ddot{x}$ aus (2):

$$S = m_2 g\left(1 - \frac{m_2 - m_1\sin\beta}{m_1 + m_2}\right) = \underline{\underline{m_2 g\,\frac{m_1}{m_1 + m_2}\left(1 + \sin\beta\right)}}\,.$$

## Aufgabe 4.5 Drei miteinander verbundene Massen

Drei gleiche Massen von je 2000 N Gewichtskraft sind über eine masselose und reibungslose Rolle mit einem masselosen, dehnstarren Seil untereinander verbunden (Bild 4.5). Die Unterlage der Massen ist glatt. Fallbeschleunigung $g = 9{,}81\,\mathrm{m/s^2}$.

1. Welche Beschleunigung erhält das System, wenn es aus der Ruhelage sich selbst überlassen wird?
2. Wie groß ist die Seilkraft im vertikal laufenden Teil des Seiles und zwischen den beiden horizontal bewegten Massen?

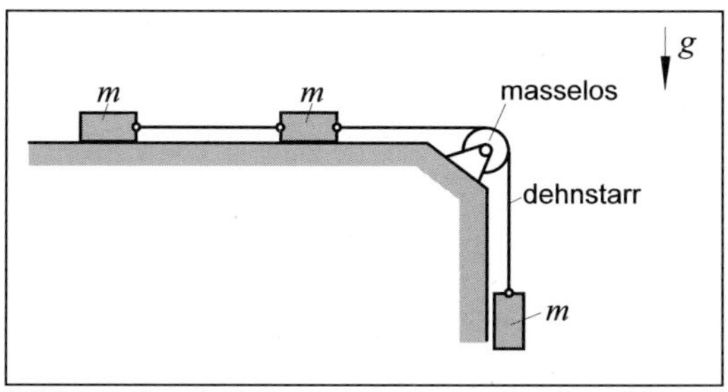


*Bild 4.5: Durch Seil miteinander verbundene Massen*

***Lösung:***

**zu 1.**

Wir wenden das **D'ALEMBERTsche Prinzip** an. Das heißt, außer allen äußeren Kräften wird noch entgegengesetzt zur positiven Koordinaten- bzw. Beschleunigungsrichtung die **D'ALEMBERT**sche Trägheitskraft $F_T$ (gestrichelter Pfeil mit Konturspitze) eingezeichnet (Bilder 4.5.1 bis 4.5.4).

## 1. Lösungsweg:

Alle drei Massen erfahren die gleiche Verschiebung, Geschwindigkeit und Beschleunigung. An der Rolle erfolgt nur eine Richtungsänderung. Wir können die drei Massen als eine einzige Gesamtmasse ($3m$) auffassen, die in einer Richtung beschleunigt wird (deswegen gestreckt gezeichnet) (Bild 4.5.1).

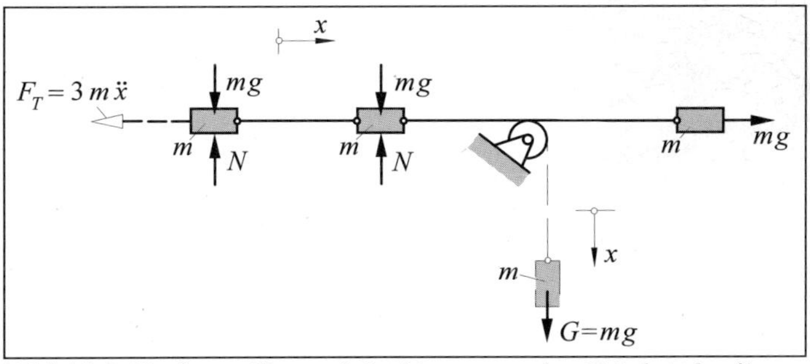


*Bild 4.5.1: Kräfte am System (mit D'ALEMBERTscher Trägheitskraft)*

Aus Bild 4.5.1 folgt (**D'ALEMBERTsches Prinzip**):

$$\sum \rightarrow = 0: \qquad mg - 3m\ddot{x} = 0 \qquad \Rightarrow \qquad \ddot{x} = \frac{g}{3} = \frac{9{,}81\,\text{m}}{3\,\text{s}^2} = \underline{\underline{3{,}27\frac{\text{m}}{\text{s}^2}}}\ .$$

Diese Lösung gilt natürlich nur, wenn sich zwei Massen auf der horizontalen Unterlage befinden.

## 2. Lösungsweg:

Wir schneiden das System über der Rolle auf und wenden das **D'ALEMBERTsche Prinzip** für jedes Teil an:

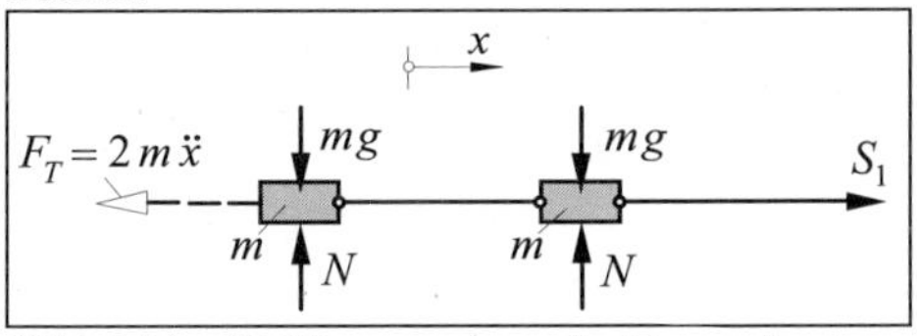


*Bild 4.5.2: Kräfte am abgeschnittenen horizontalen Teil*

$$\sum \rightarrow = 0: \qquad 2m\ddot{x} - S_1 = 0$$

$$S_1 = 2m\ddot{x} \qquad (1)$$

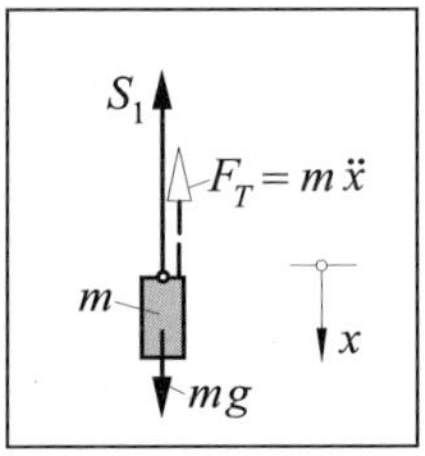


*Bild 4.5.3: Kräfte am abgeschnittenen vertikalen Teil*

$$\sum \uparrow = 0: \qquad m\ddot{x} + S_1 - mg = 0 \qquad (2)$$

Wenn wir (1) in (2) einsetzen, erhalten wir:

$$m\ddot{x} + 2m\ddot{x} - mg = 0 \qquad \Rightarrow \qquad \ddot{x} = \frac{g}{3} = \frac{9{,}81\,\text{m}}{3\,\text{s}^2} = \underline{\underline{3{,}27\frac{\text{m}}{\text{s}^2}}}\ .$$

**zu 2.**

Für die Seilkraft im vertikal verlaufenden Teil des Seiles (Bild 4.5.3) gilt nach (2):

$$S_1 = mg - m\ddot{x} = m\left(g - \frac{g}{3}\right) = \frac{2}{3}\cdot\frac{G}{g}\cdot g = \frac{2}{3}\cdot 2000\,\text{N} = \underline{\underline{1333{,}3\,\text{N}}}\ .$$

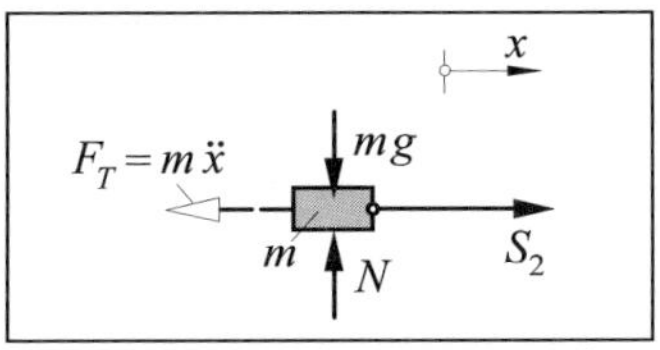


*Bild 4.5.4: Kräfte an abgeschnittener linken Masse*

Die Seilkraft zwischen den beiden horizontal bewegten Massen erhalten wir durch einen Schnitt durch das Seil zwischen den Massen (Bild 4.5.4).

$$\sum \rightarrow = 0: \qquad m\ddot{x} - S_2 = 0$$

$$S_2 = \frac{G}{g}\cdot\frac{g}{3} = \frac{G}{3} = \frac{2000\,\text{N}}{3} = \underline{\underline{666{,}7\,\text{N}}}\ .$$

## Aufgabe 4.6 Bremsung eines Krans

Ein Kran (Bild 4.6) wird aus einer Geschwindigkeit $v_0$ in der Zeit $t$ mit konstanter Verzögerung abgebremst, so dass er zum Stillstand kommt. Am Lastseil hängt eine Last mit der Masse $m$, die beim Bremsen aus der senkrechten Gleichgewichtslage ausgelenkt wird.

Es sind der Ausschlagwinkel und die Seilkraft während der Bremsung zu berechnen.

$v_0 = 10\,\mathrm{m/s}$; $t = 4\,\mathrm{s}$; $m = 50\,\mathrm{kg}$; $g = 9{,}81\,\mathrm{m/s^2}$.

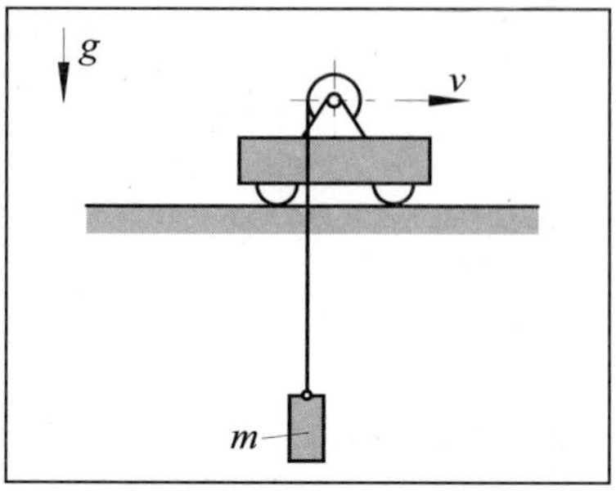


*Bild 4.6: Kran mit angehängter Last*

### *Lösung:*

Der Kran wird mit

$$a = \frac{\Delta v}{t} = \frac{v_0}{t} = \frac{10\,\frac{\mathrm{m}}{\mathrm{s}}}{4\,\mathrm{s}} = 2{,}5\,\frac{\mathrm{m}}{\mathrm{s}^2}$$

verzögert. Die positiv gerechnete Verzögerung wirkt nach links und wird entsprechend in die Systemskizzen (Bilder 4.6.1 und 4.6.2) eingezeichnet. Durch das Abbremsen des Krans wird die Last am Seil aufgrund des Trägheitsgesetzes nach rechts getrieben (Kran bleibt sozusagen hinter der Bewegung der Last (Masse $m$) zurück.

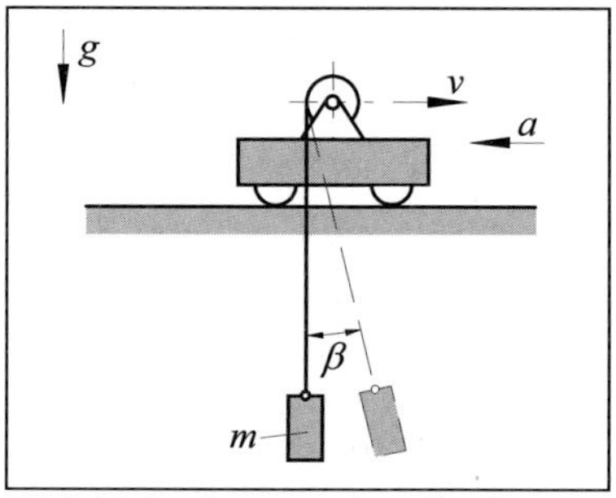


*Bild 4.6.1: Kran mit Verzögerung (Bremsung)*

Nach dem **D'ALEMBERTschen Prinzip** wird die D'ALEMBERTsche Trägheitskraft entgegen der Beschleunigungsrichtung eingezeichnet und Seilkraft, Gewichtskraft und D'ALEMBERTsche Trägheitskraft müssen im statischen Gleichgewicht sein (Bild 4.6.2).

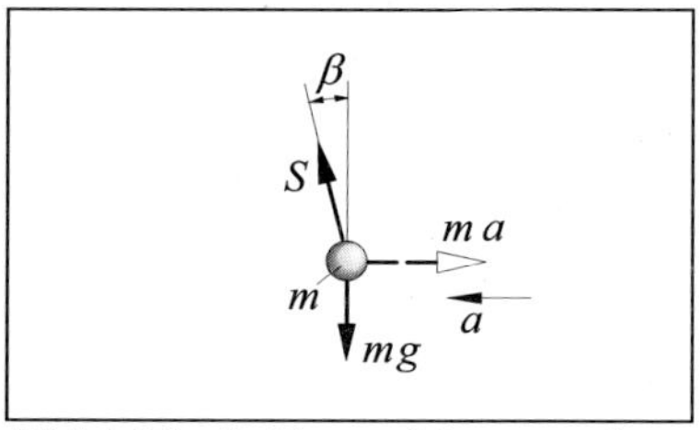


*Bild 4.6.2: Kräfte am Massenpunkt*

$$\sum \rightarrow = 0: \qquad m a - S \sin\beta = 0 \qquad (1)$$

$$\sum \uparrow = 0: \qquad mg - S\cos\beta = 0 \quad \Rightarrow \quad S = \frac{mg}{\cos\beta} \qquad (2)$$

(2) in (1): $$m a = \frac{mg}{\cos\beta}\sin\beta \quad \Rightarrow \quad \tan\beta = \frac{a}{g} = \frac{2{,}5}{9{,}81} = 0{,}2548$$

Ausschlagwinkel $\beta = \underline{\underline{14{,}3°}}$. **Hinweis:** Der Ausschlagwinkel $\beta$ ist unabhängig von der Masse $m$.

Die Seilkraft folgt aus (2):

$$S = \frac{mg}{\cos\beta} = \frac{50\,\mathrm{kg} \cdot 9{,}81\,\frac{\mathrm{m}}{\mathrm{s}^2}}{\cos 14{,}3°} = \underline{\underline{506{,}2\,\mathrm{N}}}\,.$$

Die Seilkraft wird bei dieser Bremsung um etwa 3% größer.

## Aufgabe 4.7 Fall eines Transportguts

Ein Messinstrument mit der Gewichtskraft $G = 300\,\text{N}$ ist in einer gepolsterten Spezialverpackung gegen Stoß gesichert. Die Federkonstante der Polsterung betrage $c = 50\,\text{N/cm}$. Die Gewichtskraft der Verpackung sei vernachlässigbar. Fallbeschleunigung $g = 9{,}81\,\text{m/s}^2$.

Gesucht:
Die Höhe $h$ (Bild 4.7), aus der das Paket auf eine starre Unterlage herabfallen kann, ohne dass die Beschleunigung des Messinstruments den Betrag der vierfachen Fallbeschleunigung überschreitet.

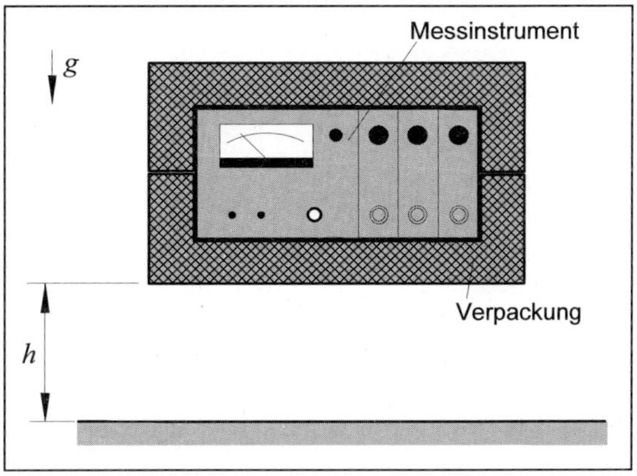


*Bild 4.7: Fall eines verpackten Messinstruments*

### *Lösung:*

Nach Auftreffen des Pakets auf die starre Unterlage wird die Spezialverpackung (Federkonstante $c$) zusammengedrückt (Bild 4.7.1a), wobei das Messinstrument seine Geschwindigkeit verringert, bis es bei der maximalen Zusammendrückung $x_{max}$ den Wert null erreicht.

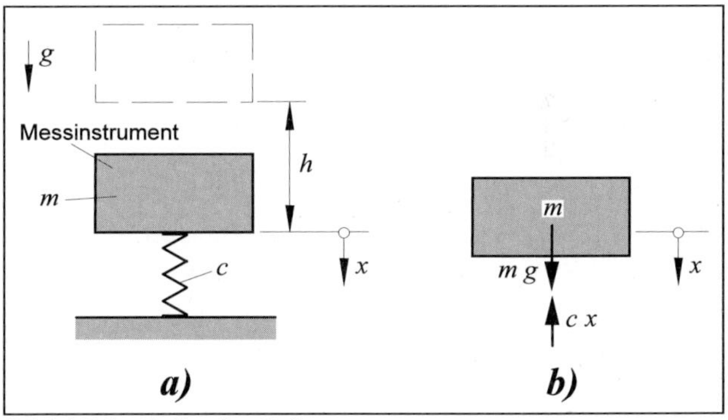


*Bild 4.7.1: Fallendes Paket*
*a) Prinzipskizze*
*b) Freikörperbild mit Koordinate*

Mit dem **dynamischen Grundgesetz** folgt (Bild 4.7.1b):

$$m\ddot{x} = mg - cx$$

$$\boxed{\ddot{x} = g - \frac{c}{m}x} \qquad (1)$$

$$\ddot{x} = \frac{dv}{dx}\cdot\frac{dx}{dt} = \frac{dv}{dx}\cdot v = g - \frac{c}{m}x$$

$$\int_{v_A}^{0} v\cdot dv = \int_{0}^{x_{max}}\left(g - \frac{c}{m}x\right)dx \qquad \Rightarrow \qquad \left.\frac{v^2}{2}\right|_{v_A}^{0} = \left.\left(gx - \frac{c}{m}\cdot\frac{x^2}{2}\right)\right|_{0}^{x_{max}}$$

$$-\frac{v_A^2}{2} = g\,x_{max} - \frac{c}{m}\cdot\frac{x_{max}^2}{2} \qquad \Rightarrow \qquad \frac{c}{m}\cdot\frac{x_{max}^2}{2} - g\,x_{max} - \frac{v_A^2}{2} = 0\,.$$

Beim Auftreffen des Pakets auf dem Boden (Beginn der Zusammendrückung) hat es eine Geschwindigkeit (freier Fall) $v_A = \sqrt{2gh}$.

Somit folgt:

$$\frac{c}{2m}x_{max}^2 - g\,x_{max} - \frac{2gh}{2} = 0$$

$$x_{max}^2 - \frac{2mg}{c}x_{max} - \frac{2mgh}{c} = 0 \qquad \Rightarrow \qquad x_{max_{1,2}} = \frac{mg}{c} \pm \sqrt{\left(\frac{mg}{c}\right)^2 + \frac{2mgh}{c}}$$

$$x_{max_{1,2}} = \frac{mg}{c}\left(1 \pm \sqrt{1+\frac{2ch}{mg}}\right)$$

(Da die Verpackung zusammengedrückt wird, gelten nur positive Werte für $x_{max}$.)

$$\boxed{x_{max} = \frac{mg}{c} + \frac{mg}{c}\sqrt{1+\frac{2\,c\,h}{mg}}} \; . \qquad (2)$$

Mit (2) und $x = x_{max}$ sowie $\ddot{x} = \ddot{x}_{max}$ folgt dann aus (1):

$$\ddot{x}_{max} = g - \frac{c}{m}\cdot\frac{mg}{c} - \frac{c}{m}\cdot\frac{mg}{c}\sqrt{1+\frac{2\,c\,h}{mg}} = -g\sqrt{1+\frac{2\,c\,h}{mg}} \; ,$$

$$\left(\frac{\ddot{x}_{max}}{g}\right)^2 = 1 + \frac{2ch}{mg} \quad \Rightarrow \quad h = \frac{G}{2c}\left[\left(\frac{\ddot{x}_{max}}{g}\right)^2 - 1\right] \; .$$

Die Beschleunigung des Messinstruments ist beim Zusammendrücken der Verpackung eine Verzögerung (nach oben gerichtet), so dass für $\ddot{x}_{max} = -4\,g$ (Bild 4.7.1b) eingesetzt werden muss.

Mit **Zahlenwerten**:

$$h = \frac{300\,\text{N}}{2\cdot 50\,\frac{\text{N}}{\text{cm}}}\left[\left(\frac{-4g}{g}\right)^2 - 1\right] = \underline{\underline{45\,\text{cm}}} \; .$$

Zur gleichen Lösung kommen wir auch mit einer Energiebetrachtung, denn mit dem **Energiesatz** folgt (Bild 4.7.2):

$$E_{pot\,1} + E_{kin\,1} = E_{pot\,2} + E_{kin\,2}$$

$$mg\left(h + x_{max}\right) + 0 = \frac{1}{2}c\,x_{max}^2 + 0 \qquad (3)$$

| potentielle Energie der Lage (Zustand 1) | = | gespeicherte potentielle Energie der Feder (im Zustand 2 erfährt die Verpackung die größte Zusammendrückung $x_{max}$, das heißt $v = 0$ für das Messinstrument). |
|---|---|---|

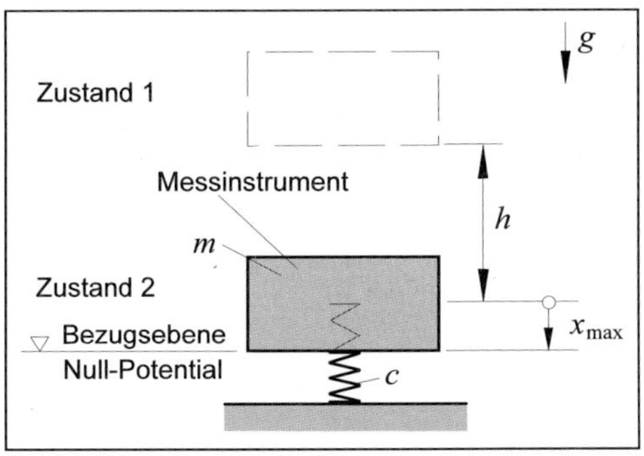


*Bild 4.7.2: Lösung mit Energiesatz*

Aus (3) ergibt sich:

$$m\,g\,h + m\,g\,x_{max} = \frac{1}{2}c\,x_{max}^2 \quad \Rightarrow \quad h = \frac{c}{2G}x_{max}^2 - x_{max} \; . \qquad (4)$$

Die maximale Zusammendrückung $x_{max}$ erfolgt aus (1) mit $\ddot{x}_{max} = -4\,g$:

$$-4\,g = g - \frac{c}{m}x_{max} \quad \Rightarrow \quad x_{max} = 5\,g\frac{m}{c} = 5\frac{G}{c} = 5\frac{300\,\text{N}}{50\,\frac{\text{N}}{\text{cm}}} = 30\,\text{cm} \; .$$

Einsetzen in (4) liefert:

$$h = \frac{50\,\frac{\text{N}}{\text{cm}}}{2\cdot 300\,\text{N}}\cdot(30\,\text{cm})^2 - 30\,\text{cm} = \underline{\underline{45\,\text{cm}}} \; .$$

## Aufgabe 4.8 Massenpunkt an kreisförmiger Wand

Ein Massenpunkt der Masse $m$ beginnt seine reibungsfreie Bewegung in der Höhe $h$ (Bild 4.8) ohne Anfangsgeschwindigkeit.

Wie groß muß die Höhe $h$ sein, damit die Masse $m$ nach Ablösen von der kreisförmigen Wand durch den Mittelpunkt des Kreises (Radius $r$) fällt?

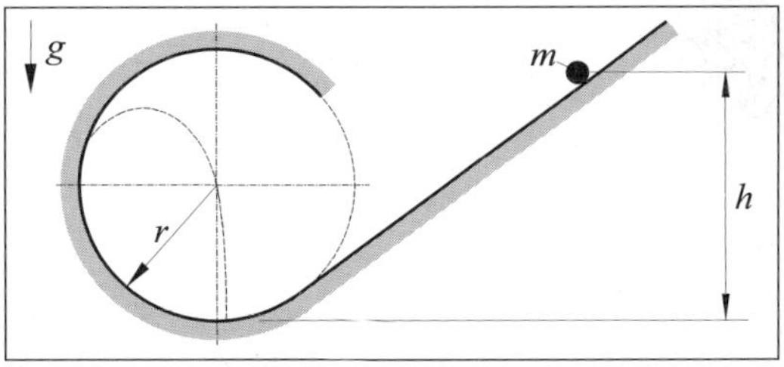


*Bild 4.8: Bewegung der Masse m in eine kreisförmige Rinne hinein*

***Lösung:***

Die Aufgabe können wir in drei Teilaufgaben zerlegen.

**1. Teilaufgabe:** Beschreiben der Bewegung des Massenpunktes auf einer Kreisbahn.

**2. Teilaufgabe:** Beschreiben der Bewegung des Massenpunktes nach Ablösen von der kreisförmigen Wand.

**3. Teilaufgabe:** Höhenermittlung mit dem Energiesatz.

### zu 1. Teilaufgabe

Nach dem Prinzip von D'ALEMBERT (Bild 4.8.1) folgt:

$$\sum \nwarrow = 0: \quad m r \dot{\varphi}^2 - N - m g \sin\varphi = 0$$

$$N = m r \dot{\varphi}^2 - m g \sin\varphi \, .$$

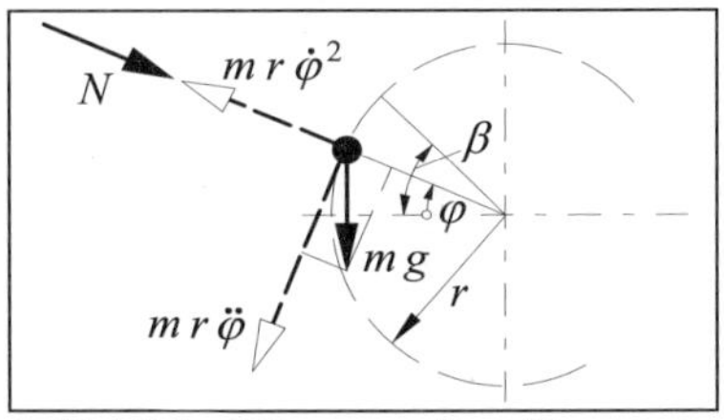


*Bild 4.8.1: Lösung mit D'ALEMBERT (kreisförmige Wand)*

Die Bedingung für die **Ablösung der Masse** an der Stelle $\varphi = \beta$ von der kreisförmigen Wand lautet:

$$N = 0 \quad \text{bei} \quad \varphi = \beta \quad \text{mit} \quad \dot{\varphi} = \omega \, .$$

Somit folgt: $0 = m r \omega^2 - m g \sin\beta \quad \Rightarrow \quad r^2 \omega^2 = r g \sin\beta \, .$

Bei der Bewegung auf einer Kreisbahn ist: $v_0 = r\,\omega \quad \Rightarrow \quad v_0^2 = r^2 \omega^2 \, .$

Mit der Bahngeschwindigkeit $v_0$ der Masse $m$ an der Stelle der Ablösung ($\varphi = \beta$) ergibt sich dann

$$\boxed{v_0^2 = r g \sin\beta} \, . \qquad (1)$$

**Alternative Lösung** mit dem NEWTONschen Grundgesetz in **Polarkoordinaten** $r$ und $\varphi$ (Bild 4.8.2): (Bei Kreisbewegung ist $\dot{r}$ und $\ddot{r}$ gleich null.)

$$\nwarrow \quad m a_r = m\left(-r\dot{\varphi}^2\right) = -N - m g \sin\varphi \qquad (2)$$

$$\nearrow \quad m a_\varphi = m r \ddot{\varphi} = -m g \cos\varphi \, .$$

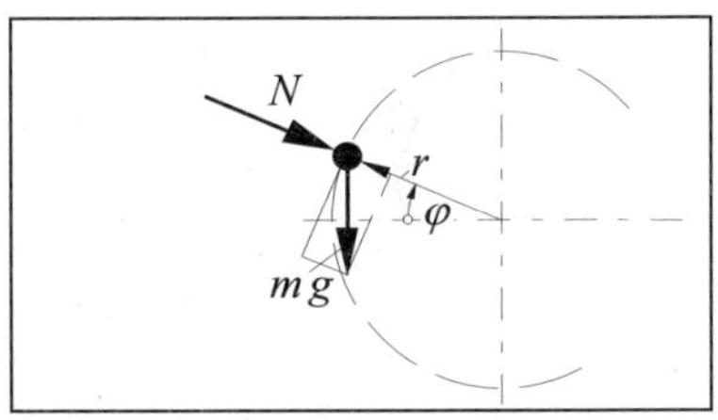


*Bild 4.8.2: Lösung mit dem dynamischen Grundgesetz*

Aus Gleichung (2) folgt:

$$N = m r \dot{\varphi}^2 - m g \sin\varphi .$$

Nun weiter wie bei D'ALEMBERT (siehe oben).

### zu 2. Teilaufgabe

Nach Ablösung des Massenpunktes von der kreisförmigen Wand beginnt ein *schiefer Wurf* mit der Anfangsgeschwindigkeit $v_0$ (Bild 4.8.3).

Mit dem **dynamischen Grundgesetz** (NEWTON) folgt:

$$\rightarrow \quad m \ddot{x} = 0 \, ,$$

$$\uparrow \quad m \ddot{y} = -m g \, .$$

Die Integration liefert: $\dot{x} = C_1 ; \quad x = C_1 t + C_2 ;$

$$\dot{y} = -g t + C_3 ; \qquad y = -g \frac{t^2}{2} + C_3 t + C_4 \, .$$

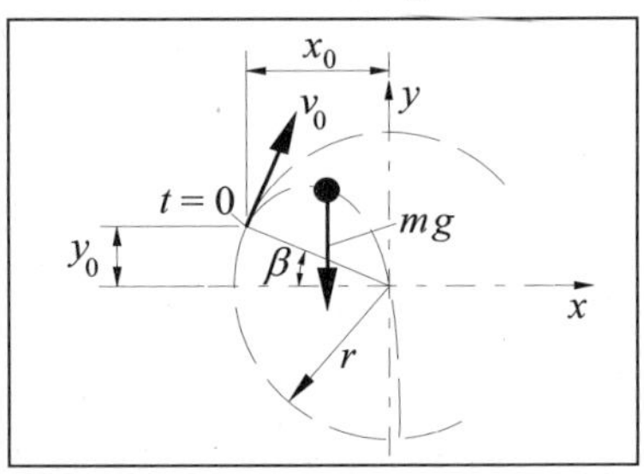


*Bild 4.8.3: Schiefer Wurf nach Ablösung von Wand*

Mit den Anfangsbedingungen

$$t=0: \quad x=-x_0; \quad \dot{x}=v_0\sin\beta$$
$$y=y_0; \quad \dot{y}=v_0\cos\beta$$

folgt: $x_0=-C_2;\quad y_0=C_4;\quad C_1=v_0\sin\beta;\quad C_3=v_0\cos\beta$.

Somit ist: $x=-x_0+v_0\sin\beta\cdot t \quad\Rightarrow\quad t=\dfrac{x_0+x}{v_0\sin\beta}$

$$y=y_0+v_0\cos\beta\cdot t-\frac{g}{2}t^2 .$$

Mit $x_0=r\cos\beta$ und $y_0=r\sin\beta$ folgt:

$$y=r\sin\beta+\frac{\cos\beta}{\sin\beta}(r\cos\beta+x)-\frac{g}{2}\cdot\frac{(r\cos\beta+x)^2}{v_0^2\sin^2\beta} .$$

Setzen wir Gleichung (1) ein, so ergibt sich:

$$\boxed{y=r\sin\beta+\frac{\cos\beta}{\sin\beta}(r\cos\beta+x)-\frac{(r\cos\beta+x)^2}{2r\sin^3\beta}} . \tag{3}$$

Gleichung (3) gibt die Wurfbahn $y(x)$ an, wenn die Ablösung des Massenpunktes unter dem Winkel $\beta$ (Bild 4.8.3) erfolgt.

Der Massenpunkt soll nun durch den Mittelpunkt des Kreises fallen:

$$x=0;\quad y=0 \quad\Rightarrow\quad 0=\sin\beta+\frac{\cos^2\beta}{\sin\beta}-\frac{\cos^2\beta}{2\sin^3\beta} \quad\Rightarrow\quad 0=3\sin^2\beta-1$$

$$\boxed{\sin\beta=\sqrt{\frac{1}{3}}} \quad\Rightarrow\quad \beta=35{,}26° .$$

In Gleichung (1) einsetzen: $v_0^2=r\,g\sin\beta=r\,g\sqrt{\dfrac{1}{3}}$ .

## zu 3. Teilaufgabe

Die gesuchte Höhe $h$ ermitteln wir mit dem **Energiesatz**.

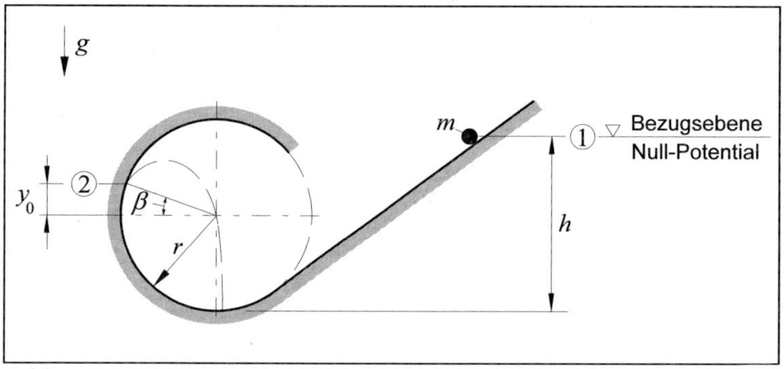


*Bild 4.8.4: Höhenermittlung mit Energiesatz*

Die Startposition wird (Bild 4.8.4) als Bewegungszustand 1 und die Ablösungsstelle als Zustand 2 definiert. Die Bezugsebene (Null-Potential) soll mit Zustand 1 zusammenfallen (im Zustand 1 keine Anfangsgeschwindigkeit; im Zustand 2 wird die potentielle Energie negativ).

$$E_{pot1}+E_{kin1}=E_{pot2}+E_{kin2} \quad\Rightarrow\quad 0+0=-mg\,(h-r-y_0)+\frac{m}{2}v_0^2$$

$$h=\frac{v_0^2}{2g}+r+y_0=\frac{r\,g\sin\beta}{2g}+r+r\sin\beta=\left(1+\frac{3}{2}\sin\beta\right)r=\left(1+\frac{\sqrt{3}}{2}\right)r=\underline{\underline{1{,}866\,r}} .$$

## Aufgabe 4.9 Massenpunkt auf rauer Unterlage

An einem auf einer rauen Unterlage liegenden Massenpunkt mit der Gewichtskraft $G = 600\,\text{N}$ greife eine horizontale Kraft $F$ an, die sich zeitlich entsprechend nebenstehendem Diagramm ändert (Bild 4.9).

$\mu = 0{,}5; \quad g = 9{,}81\,\text{m/s}^2$

Ermitteln Sie die Geschwindigkeit des Massenpunktes nach 6 s.

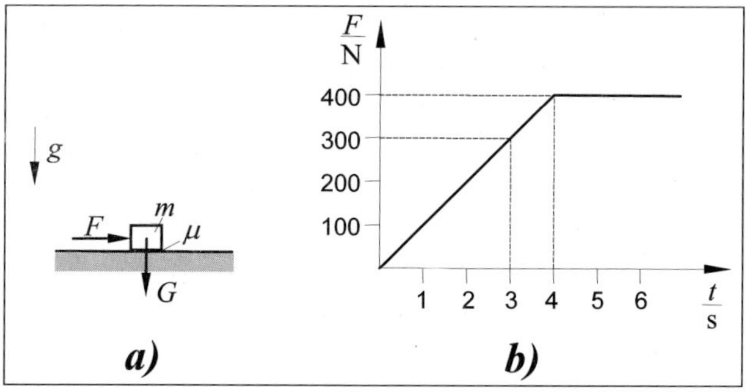


*Bild 4.9: Massenpunkt auf horizontaler Unterlage*
*a) Systemskizze*
*b) Kraft-Zeit-Verlauf*

### *Lösung:*

Maximale Reibungskraft:

$$R_{\max} = \mu \cdot N$$

$$\Sigma\uparrow = 0: \qquad N - G = 0$$

$$N = G$$

$$R_{\max} = \mu \cdot N = 0{,}5 \cdot 600\,\text{N} = 300\,\text{N}.$$

Bis zum Erreichen dieser Kraft $R_{\max}$ zur Zeit $t = 3\,\text{s}$ (Bild 4.9.1b) bewegt sich die Masse nicht, da die mögliche Reibkraft größer als die zur Aufrechterhaltung des statischen Gleichgewichts nötige Reibungskraft $R$ ist (Bild 4.9.1a). Ab $t = 3\,\text{s}$ findet eine Beschleunigung statt.

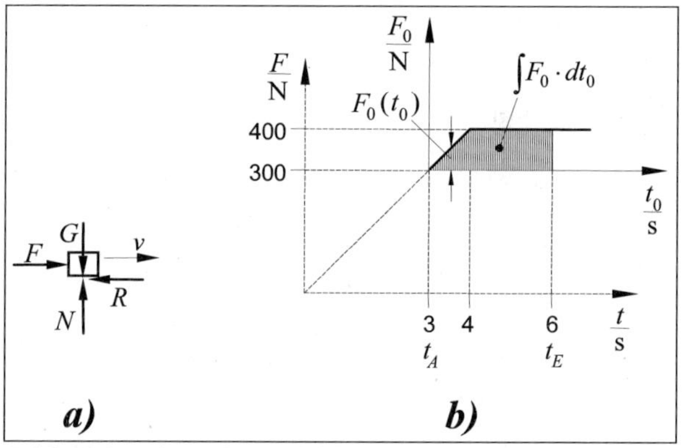


*Bild 4.9.1: a) Freikörperbild*
*b) Kraft-Zeit-Verlauf*

Bewegungsgröße (**Impuls**) am Anfang: $\vec{p}_A = m \cdot \vec{v}_A = 0$

Bewegungsgröße (**Impuls**) am Ende: $\vec{p}_E = m \cdot \vec{v}_E \neq 0$

Kraftstoß (**Antrieb**): $\int \vec{F}_0 \cdot dt_0 = \dfrac{100\text{N} \cdot 1\,\text{s}}{2} + 100\,\text{N} \cdot 2\,\text{s}$ (siehe Bild 4.9.1b), schraffierte Fläche)

$$\int \vec{F}_0 \cdot dt_0 = 250\,\text{N s}.$$

Somit folgt mit dem **Impulssatz**:

$$m\vec{v}_A + \int \vec{F}_0 dt_0 = m\vec{v}_E .$$

Mit $m\vec{v}_A = 0$ folgt: $v_E = \dfrac{1}{m}\int F_0 dt_0 = \dfrac{g}{G}\int F_0 dt_0$,

$$v_E = \frac{9{,}81\dfrac{\text{m}}{\text{s}^2}}{600\,\text{N}}\, 250\,\text{N s} = \underline{\underline{4{,}088\,\frac{\text{m}}{\text{s}}}} .$$

## Aufgabe 4.10 Sprung aus einem fahrenden Boot

Aus einem mit $v_0 = 0{,}08\,\mathrm{m/s}$ auf ein Ufer zutreibendes Boot (Bild 4.10) von 6 kN Gewichtskraft springt eine Person von 700 N Körpergewicht mit einer Geschwindigkeit von $v_M = 1{,}5\,\mathrm{m/s}$ in Fahrtrichtung an Land. $g = 9{,}81\,\mathrm{m/s^2}$.

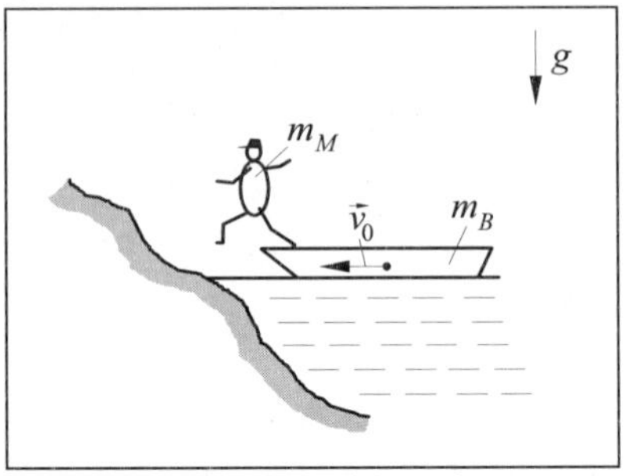

*Bild 4.10: Auf Ufer zufahrendes Boot*

Gesucht sind:

1. Geschwindigkeit des Bootes nach dem Absprung.
2. Mit welcher Geschwindigkeit hätte die Person abspringen müssen, wenn das Boot gerade hätte stehen bleiben sollen?

### *Lösung:*

Bewegungsgröße (**Impuls**) am Anfang (vor dem Sprung):

$$\vec{p}_A = (m_M + m_B)\cdot\vec{v}_0 \ .$$

Bewegungsgröße (**Impuls**) am Ende (kurz nach dem Sprung):

$$\vec{p}_E = m_M\cdot\vec{v}_M + m_B\cdot\vec{v}_B \ .$$

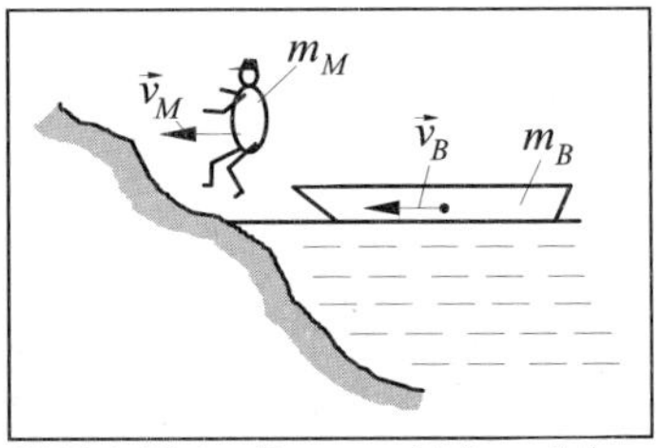

*Bild 4.10.1: Boot und Mensch kurz nach dem Absprung*

Da keine äußeren Kräfte einwirken (nur innere Kräfte zwischen Mensch und Boot während des Absprungvorgangs, sofern das "System" Boot und Mensch umfasst) (Bild 4.10.1), das heißt das System abgeschlossen ist, bleibt der Gesamtimpuls erhalten (konstant). Das ist der **Impulserhaltungssatz**.

Somit: $\vec{p}_A = \vec{p}_E = \text{konstant}$

$$(m_M + m_B)\cdot\vec{v}_0 = m_M\cdot\vec{v}_M + m_B\cdot\vec{v}_B$$

$$\vec{v}_B = \frac{1}{m_B}\left(m_M\vec{v}_0 + m_B\vec{v}_0 - m_M\vec{v}_M\right) .$$

Da alle Richtungen gleich sind, kann mit Beträgen gerechnet werden.

**zu 1.**

$$v_B = v_0 + \frac{G_M}{G_B}\cdot\frac{g}{g}(v_0 - v_M) = v_0 + \frac{G_M}{G_B}(v_0 - v_M)$$

$$v_B = 0{,}08\frac{\mathrm{m}}{\mathrm{s}} + \frac{700\,\mathrm{N}}{6000\,\mathrm{N}}\left(0{,}08\frac{\mathrm{m}}{\mathrm{s}} - 1{,}5\frac{\mathrm{m}}{\mathrm{s}}\right) = \underline{\underline{-0{,}086\frac{\mathrm{m}}{\mathrm{s}}}} \ .$$

Das negative Vorzeichen bedeutet, dass das Boot sich nach dem Absprung vom Ufer fortbewegt.

**zu 2.**

Soll das Boot an der Absprungstelle gerade stehen bleiben, so muß die Bedingung $v_B = 0$ erfüllt werden.

$$0 = v_0 + \frac{G_M}{G_B}(v_0 - v_M)$$

$$v_M = \left(1 + \frac{G_B}{G_M}\right)v_0 = \left(1 + \frac{6000\mathrm{N}}{700\mathrm{N}}\right)\cdot 0{,}08\frac{\mathrm{m}}{\mathrm{s}} = \underline{\underline{0{,}7657\frac{\mathrm{m}}{\mathrm{s}}}} \ .$$

## Aufgabe 4.11 Arbeit eines Gepäckträgers

Ein Gepäckträger trägt ein Gepäckstück von der Gewichtskraft $G$ auf einer horizontalen Linie (Bild 4.11).

Wie groß ist die mechanische Arbeit der Gewichtskraft des Gepäckstücks?

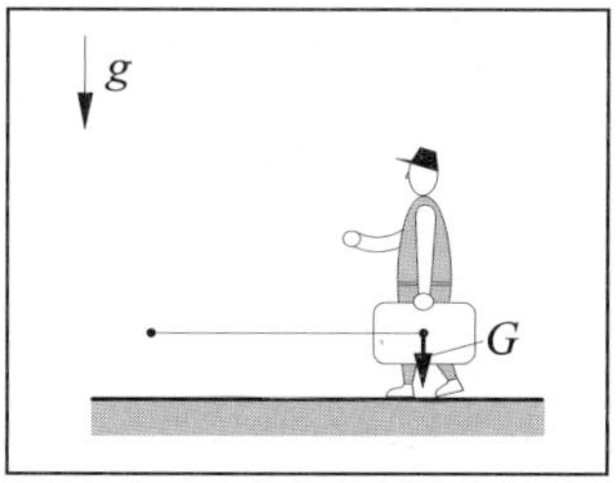


*Bild 4.11: Transport eines Gepäckstücks auf horizontaler Linie*

***Lösung:***

Die Definition der **mechanischen Arbeit** einer Kraft lautet:

$$W = \int_{s_1}^{s_2} F \cos\beta \cdot ds \ .$$

Mit $F = G$ und $\beta = 90°$ (Bild 4.11.1) ergibt sich:

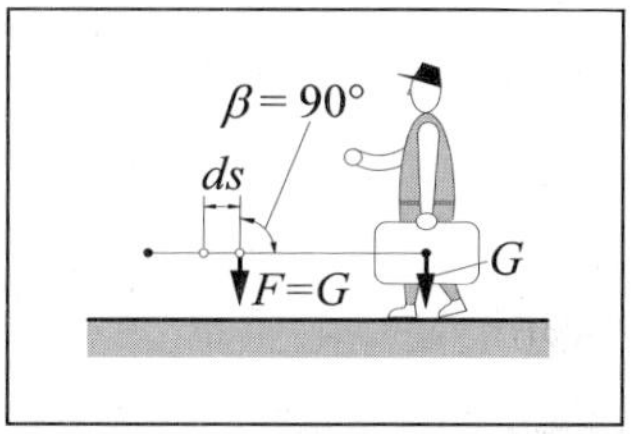


*Bild 4.11.1: Mechanische Arbeit der Kraft F*

$$W = \underline{\underline{0}} \ .$$ (Die Gewichtskraft verrichtet keine Arbeit!)

Zum Zwecke des Gelderwerbs führt der Gepäckträger aber sehr wohl Arbeit aus.

## Aufgabe 4.12 Aufprall eines beladenen Wagens

Ein Wagen 1 mit der Gewichtskraft $G_1$ prallt gegen einen Prellbock mit der Federkonstanten $c$ (Bild 4.12). Dabei kommt eine auf ihm ruhende Transportkiste 2 mit der Gewichtskraft $G_2$ ins Rutschen. Zwischen Wagen und Transportkiste ist der Haftreibungskoeffizient $\mu_0$. Fallbeschleunigung $g$.

Gesucht ist die Geschwindigkeit, die der Wagen mindestens gehabt haben muß, um die Transportkiste 2 ins Rutschen zu bringen.

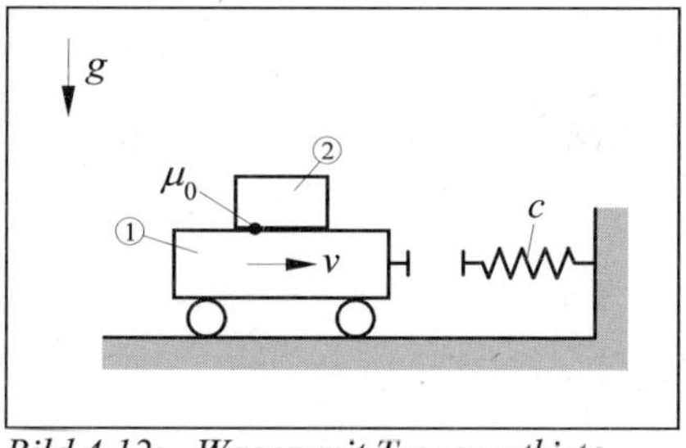


*Bild 4.12: Wagen mit Transportkiste*

***Lösung:***

1. Mit dem **Schwerpunktsatz** für Massenpunktsysteme erhalten wir (Bild 4.12.1)

$$(m_1 + m_2)\ddot{x} = -c\,x \ . \qquad (1)$$

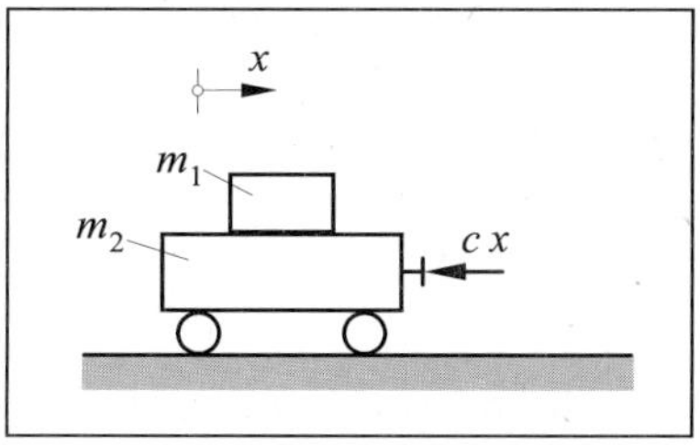


*Bild 4.12.1: Wagen mit Transportgut*

2. Da nach dem **Energiesatz** die kinetische Energie des beladenen Wagens bei der größten Federzusammendrückung in potentielle Federenergie umgesetzt wird, folgt:

$$E_{kin} = E_{pot\,Fed.}$$

$$\frac{m_1 + m_2}{2} v^2 = \frac{c}{2} x_{max}^2$$

$$v = x_{max} \sqrt{\frac{c}{m_1 + m_2}} \quad . \qquad (2)$$

3. Bei der größten Federzusammendrückung ist die Federkraft am größten, folglich tritt dann die maximale Haftungskraft $\mu_0 m_1 g$ (Bild 4.12.2) auf und es wird der Übergang von Haften zu Rutschen der Transportkiste erreicht.

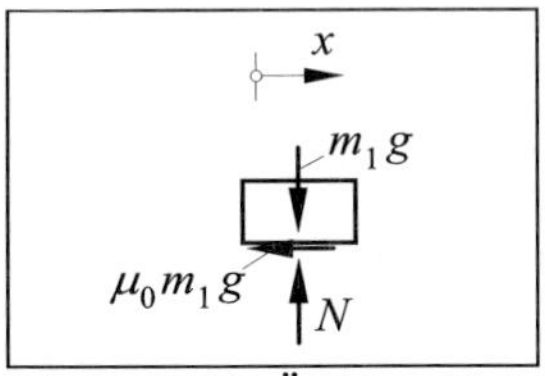

*Bild 4.12.2: Äußere Kräfte auf Transportkiste*

Nach dem **dynamischen Grundgesetz** gilt (Bild 4.12.2):

$$m_1 \ddot{x}_{max} = -\mu_0 m_1 g \quad \Rightarrow \quad \ddot{x}_{max} = -\mu_0 g \; . \qquad (3)$$

Setzen wir $\ddot{x} = \ddot{x}_{max}$ und $x = x_{max}$ in (1) ein, so folgt

$$(m_1 + m_2)\ddot{x}_{max} = -c\, x_{max} \; .$$

Mit (3) ergibt sich:

$$x_{max} = \frac{m_1 + m_2}{c} \mu_0 g \; .$$

Einsetzen in (2):

$$v = \frac{m_1 + m_2}{c} \mu_0 g \sqrt{\frac{c}{m_1 + m_2}} = \mu_0 \sqrt{\frac{m_1 + m_2}{c} g^2} = \mu_0 \sqrt{\frac{G_1 + G_2}{c} g} \; .$$

Geschwindigkeit $v$ des Wagens, die die Transportkiste ins Rutschen bringt:

$$\boxed{v \geq \mu_0 \sqrt{\frac{G_1 + G_2}{c} g}} \; .$$

## Aufgabe 4.13 Reibscheibenkupplung

Zwei rotationsfähige Massensysteme A und B mit den Massenträgheitsmomenten $J_A$ und $J_B$ (Bild 4.13) werden über eine Reibscheibenkupplung miteinander verbunden.
Zunächst ist das Massensystem A in Ruhe und Massensystem B rotiert mit einer Winkelgeschwindigkeit $\omega_B$. Durch Kuppeln wird erreicht, dass beide Systeme die gleiche Winkelgeschwindigkeit haben. Der Kupplungsvorgang geschieht im Leerlauf, so dass keine äußeren Momente auf die beiden Massensysteme wirken.

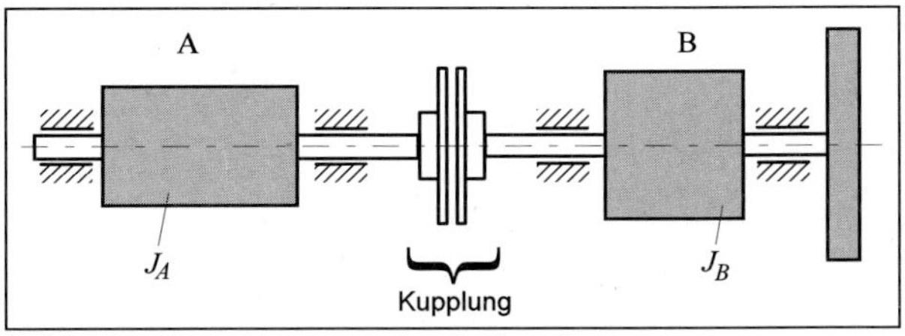

*Bild 4.13: Rotationssysteme mit Kupplung*

1. Wie groß ist die gemeinsame Winkelgeschwindigkeit $\omega$ der Massensysteme nach dem Kupplungsvorgang?
2. Wie groß ist der prozentuale Energieverlust am Ende des Kupplungsvorgangs, bezogen auf die Anfangsenergie?

***Lösung:***

**zu 1.**

Es gilt hier der **Drallerhaltungssatz**, da keine äußeren Momente während des Kuppelns wirken.

**Drall** vor dem Kuppeln: $L_v = J_B\,\omega_B$ (nur System B).

**Drall** nach dem Kuppeln: $L_n = (J_B + J_A)\omega$ (Gesamtsystem).

**Drallerhaltungssatz**: $L_v = L_n$

$$J_B\,\omega_B = (J_B + J_A)\omega$$

$$\omega = \frac{J_B}{J_A + J_B}\,\omega_B \ .$$

**zu 2.**

Den Energieverlust, bezogen auf die Anfangsenergie in Prozent, berechnen wir nach

$$\frac{\Delta E_{kin}}{E_{kin_v}} \cdot 100\% \ .$$

Kinetische Rotationsenergie vor dem Kuppeln: $E_{kin_v} = \frac{1}{2} J_B\,\omega_B^2$ .

Kinetische Rotationsenergie nach dem Kuppeln: $E_{kin_n} = \frac{1}{2}(J_A + J_B)\omega^2$ .

$$\Delta E_{kin} = E_{kin_v} - E_{kin_n} = \frac{1}{2} J_B\,\omega_B^2 - \frac{1}{2}(J_A + J_B)\frac{J_B^2}{(J_A + J_B)^2}\,\omega_B^2$$

$$\frac{\Delta E_{kin}}{E_{kin_v}} \cdot 100\% = \frac{\frac{1}{2} J_B\,\omega_B^2\left(1 - \frac{J_B}{J_A + J_B}\right)}{\frac{1}{2} J_B\,\omega_B^2} \cdot 100\% = \frac{J_A}{J_A + J_B} \cdot 100\% \ .$$

## Aufgabe 4.14 Abbremsung auf rauer Unterlage

Ein in Ruhe befindlicher Massenpunkt wird im Punkt A der skizzierten Bahn (Bild 4.14) losgelassen und gleitet längs der glatten gekrümmten Bahn bis Punkt B. Auf der bei B beginnenden horizontalen rauen Bremsstrecke kommt er nach $x_0$ im Punkt C zur Ruhe.

Wie groß ist der Reibungskoeffizient $\mu$ auf der Bremsstrecke?

Gegeben: $h$, $x_0$, $m$, $g$.

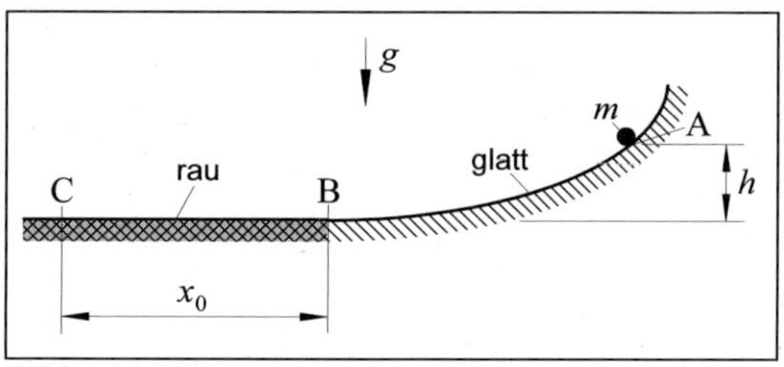


*Bild 4.14: Bewegung des Massenpunktes m auf glatter und rauer Unterlage*

***Lösung:***

Da eine glatte und eine raue Unterlage vorliegt, müssen wir die Bewegung in den Abschnitten von A nach B und von B nach C getrennt betrachten.

Auf der gatten Unterlage von A nach B wenden wir den **Energiesatz** an.

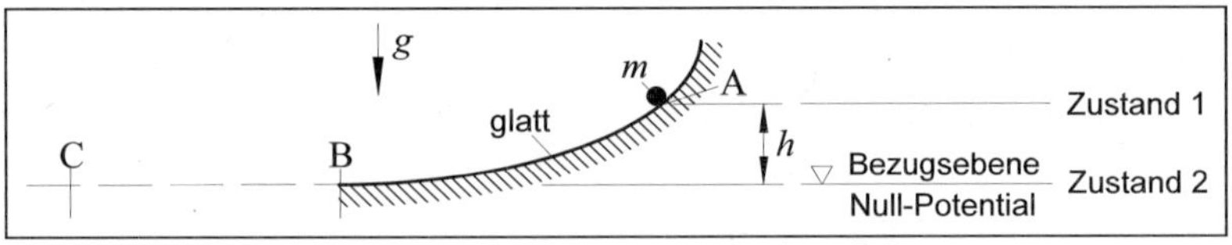


*Bild 4.14.1: Zur Beschreibung der Bewegung von A nach B*

Nach Bild 4.14.1 gilt: $E_{pot\,1} + E_{kin\,1} = E_{pot\,2} + E_{kin\,2}$

$$m\,g\,h + 0 = 0 + \frac{m}{2} v_B^2 \quad \Rightarrow \quad v_B = \sqrt{2\,g\,h}\,.$$

Für die horizontale raue Bremsstrecke von B nach C folgt mit dem **erweiterten Energiesatz**:

$$E_{pot\,B} + E_{kin\,B} \pm \Delta W = E_{pot\,C} + E_{kin\,C}\,.$$

Die potentielle Energie brauchen wir nicht zu berücksichtigen, weil die Masse $m$ sich immer auf der gleichen Höhe bewegt. Im Ruhepunkt C ist die kinetische Energie null. Da bei der Bremsung von B nach C Reibungsarbeit geleistet wird, das heißt, Energie wird abgeführt, gilt in obiger Gleichung $-\Delta W$. Mit der Reibungsarbeit $\Delta W = \mu\, m\, g\, x_0$ und $v_B = \sqrt{2\,g\,h}$ folgt:

$$\frac{m}{2} v_B^2 - \mu\, m\, g\, x_0 = 0 \quad \Rightarrow \quad \mu = \frac{v_B^2}{2\,g\,x_0} = \frac{2\,g\,h}{2\,g\,x_0} = \underline{\underline{\frac{h}{x_0}}}\,.$$

## Aufgabe 4.15 Bewegung auf rauer schiefer Ebene

Die Masse $m$ wird von einer Winde mit dem konstanten Moment $M_0$ einer rauen schiefen Ebene hinauf gezogen (Bild 4.15). Die Bewegung beginnt aus der Ruhe heraus und die Masse der Winde ist zu vernachlässigen.

Wie groß ist die Geschwindigkeit $v$ der Masse $m$ nach einem zurückgelegten Weg $x$?

Gegeben: $m$, $M_0$, $\beta$, $x$, $r$, $\mu$, $g$.

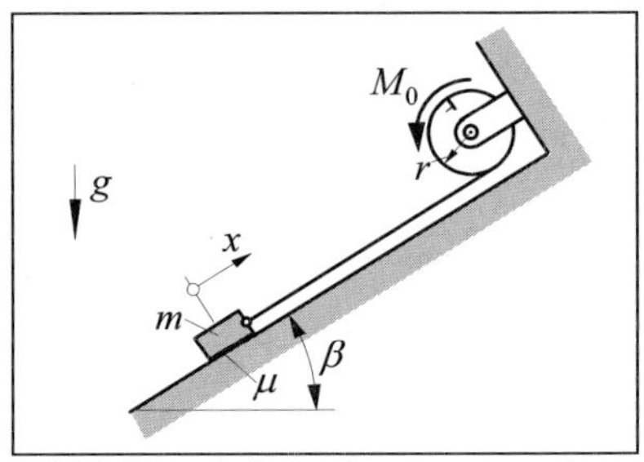


*Bild 4.15: Aufwärtsbewegung auf rauer schiefer Ebene*

### *Lösung:*

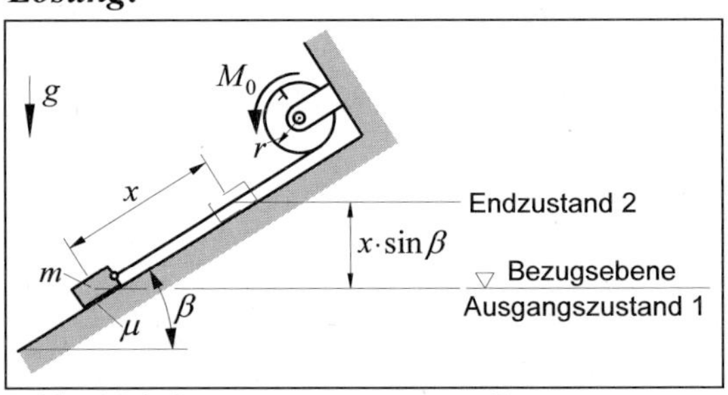


*Bild 4.15.1: Lösung mit erweitertem Energiesatz*

Da bei dem Hinaufziehen der Masse $m$ Energie abgeführt wird (Reibung) und Energie zugeführt wird (Antrieb durch Winde), müssen wir den **erweiterten Energiesatz** anwenden.

Nach Bild 4.15.1 gilt:

$$E_{pot\,1} + E_{kin\,1} \pm \Delta W = E_{pot\,2} + E_{kin\,2}\,. \qquad (1)$$

Die durch die Reibungskräfte geleistete Arbeit bei der Bewegung von 1 nach 2 (Abtrieb) geht mit $-\Delta W = -\mu\, m\, g \cos\beta \cdot x$ ein. $+\Delta W = \frac{M_0}{r} \cdot x$ repräsentiert die durch die Winde von außen zugeführte Energie (Antrieb). Allgemein gilt ja für die mechanische Arbeit: Produkt aus der tangential zur Bahnrichtung wirkenden Kraft und dem Weg. Damit folgt aus (1):

$$0 + 0 + \frac{M_0}{r} \cdot x - \mu\, mg \cos\beta \cdot x = mg\, x \sin\beta + \frac{m}{2} v^2 \quad \Rightarrow \quad \underline{\underline{v = \sqrt{2x\left(\frac{M_0}{mr} - \mu g \cos\beta - g \sin\beta\right)}}}\,.$$

## Aufgabe 4.16 Reibungsfreie horizontale Bewegung eines Massenpunktes

Eine Masse $m$ an einer Feder mit der Federkonstanten $c$ bewegt sich reibungsfrei horizontal (Bild 4.16). Die Auslenkungen $x_0$ und $x_1$ werden jeweils von der entspannten Lage der Feder aus gemessen.

Gegeben: $m$, $c$, $x_0$, $x_1$ und $v_0$.

Gesucht: Geschwindigkeit $v_1$.

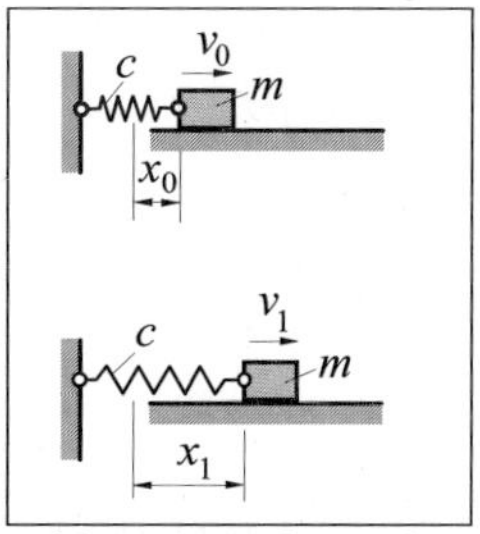


*Bild 4.16: Reibungsfreie horizontale Bewegung*

### *Lösung:*

Allgemein gilt bei einer Federverlängerung der Zusammenhang $F_F = c\,x$. Die Federkraft $F_F$ ist ***gegen*** den Weg $x$ gerichtet (Bild 4.16.1) und leistet daher bei der Auslenkung eine Arbeit

$$W_F = -\int_0^x F_F\, d\bar{x} = -\int_0^x c\bar{x}\, d\bar{x} = -\frac{1}{2}c\,x^2 .$$

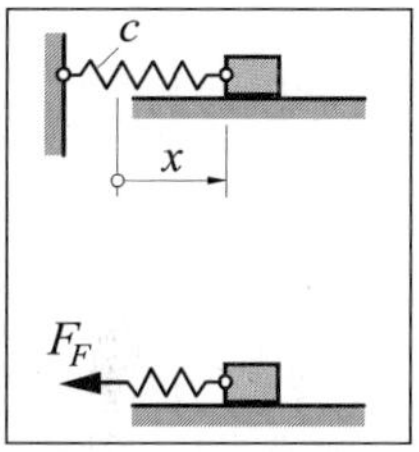


*Bild 4.16.1: Zur Arbeit einer Feder*

Wir wenden nun den ***Arbeitssatz*** an.

$$W = E_{kin\,1} - E_{kin\,0}$$

$$W = \frac{m}{2}v_1^2 - \frac{m}{2}v_0^2$$

Die Federkraft leistet die Arbeit

$$W = -c\int_{x_0}^{x_1} \bar{x}\, d\bar{x} = -\left(\frac{1}{2}c\,x_1^2 - \frac{1}{2}c\,x_0^2\right).$$

Aus dem Arbeitssatz folgt dann:

$$-\frac{1}{2}c\,x_1^2 + \frac{1}{2}c\,x_0^2 = \frac{m}{2}v_1^2 - \frac{m}{2}v_0^2 ,$$

$$\underline{\underline{v_1 = \sqrt{v_0^2 - \frac{c}{m}x_1^2 + \frac{c}{m}x_0^2}}} .$$

# 4.3 Fragen und Antworten

## 😐 Fragen

1. Drücken Sie das Grundgesetz der Dynamik (NEWTONsche Grundgesetz) mit einfachen Worten aus und geben Sie die Bedingungen an, unter denen es gilt.

2. Wie ist der Richtungssinn der D'ALEMBERTschen Trägheitskraft definiert?

3. Wie heißt bei der Kreisbewegung die Trägheitskraft in radialer Richtung, wie ist sie gerichtet und wie lautet die Formel?

4. Geben Sie die Definition des Begriffes Impuls an.

5. Erläutern Sie den Impulssatz und den Impulserhaltungssatz!

6. Unter welchen Bedingungen gilt die Formel für die mechanische Arbeit "Arbeit gleich Kraft mal Weg"?

7. Wie lautet die Formel für die potentielle Energie der Lage?

8. Wie groß ist die potentielle Energie einer linearen Feder mit der Federkonstanten $c$, die um den Federweg $x_F$ aus der ungespannten Länge zusammengedrückt wird (als Formel und in Worten ausgedrückt)?

9. Geben Sie die Beziehung für die Leistung bei translatorischer Bewegung und Drehbewegung in Worten an.

10. Formulieren Sie den Energiesatz bei verlustloser Bewegung!

11. Was sagt der Schwerpunktsatz für ein Massenpunktsystem aus?

12. Formulieren Sie den Impulssatz für ein Massenpunktsystem, und welche Aussage können Sie über die Bewegung des Schwerpunkts des Systems machen, wenn auf die einzelnen Massenpunkte keine äußeren Kräfte wirken?

13. Wie groß ist der Drall bei Rotation eines starren Massenpunktsystems um eine feste Achse?

## ☺ Antworten

1. "Kraft gleich Masse mal Beschleunigung".

   Die Bedingungen, unter denen es gilt, sind:
   - die Gesamtmasse $m$ muß konstant sein,
   - $\vec{F}$ ist die Resultierende aller äußeren Kräfte,
   - $\vec{a}$ ist die gegenüber einem Fixpunkt gemessene Absolutbeschleunigung (muss für alle Körperpunkte gleich groß sein, das heißt Massenpunkt oder translatorisch bewegter starrer Körper).

2. Der Richtungssinn der D'ALEMBERTschen Trägheitskräfte ist entgegen der positiven Beschleunigungsrichtung.

3. Fliehkraft oder Zentrifugalkraft; sie ist nach außen gerichtet (entgegen der zum Kreismittelpunkt gerichteten Normalbeschleunigung);
$$\boxed{m\, a_n = m\, R\, \omega^2}\,.$$

4. Der Impuls $\vec{p}$ eines mechanischen Systems mit konstanter Masse ist gleich dem Produkt aus der Gesamtmasse $m$ und der Geschwindigkeit des Massenmittelpunktes;
$$\boxed{\vec{p} = m\,\vec{v}}\,.$$

5. **Impulssatz:** Die Änderung des Impulses ist gleich der Größe des Kraftstoßes, der notwendig ist, um diese Impulsänderung herbeizuführen.

   **Impulserhaltungssatz:** Sind keine äußeren Kräfte vorhanden, so bleibt der Impuls eines abgeschlossenen Systems konstant.

6. Die Kraft muß längs des Weges konstant sein und in Wegrichtung wirken.

7. $\boxed{E_{pot} = m\,g\,h}$

8. $\boxed{E_{pot} = \frac{1}{2}\,c\,x_F^2}$ ; Federweg zum Quadrat mal Federkonstante, geteilt durch 2.

9. Leistung gleich Kraft mal Geschwindigkeit ihres Kraftangriffspunkts bzw. Moment mal Winkelgeschwindigkeit.

10. Die Summe aus potentieller und kinetischer Energie ist zu jedem Zeitpunkt konstant.

11. Der Schwerpunkt eines Massenpunktsystems bewegt sich so, als ob in ihm die Gesamtmasse konzentriert wäre und die Resultierende der äußeren Kräfte an ihm angreifen würde.

12. Die zeitliche Ableitung des Gesamtimpulses ist gleich der Resultierenden aller äußeren Kräfte. Ist die Resultierende der äußeren Kräfte gleich Null, so bewegt sich der Schwerpunkt des Systems mit konstanter Geschwindigkeit.

13. Drall gleich Massenträgheitsmoment um die Drehachse mal Winkelgeschwindigkeit;
$$\boxed{L = J \cdot \omega}\,.$$

### *Notizen*

# 5 Kinetik starrer Körper

## 5.1 Grundbegriffe und Formeln

### 5.1.1 Translation

Die allgemeine Bewegung eines starren Körpers ist eine Überlagerung von **Translation** und **Rotation** (siehe Kapitel 3).

Führt der starre Körper eine rein translatorische Bewegung aus, gelten für die kinetischen Untersuchungen die Regeln der "Kinetik des Massenpunktes" (siehe Kapitel 4).

### 5.1.2 Rotation um eine feste Achse

Wird ein starrer Körper durch ein resultierendes äußeres Moment $M_A$ in eine beschleunigte Drehbewegung um die **ortsfeste Drehachse** A (verläuft senkrecht zur Zeichenebene) versetzt (in Bild 05.1 ist eine Ebene des Körpers dargestellt), so muß nach dem D'ALEMBERTschen Prinzip das äußere Moment $M_A$ mit der Summe der Momentwirkungen aller Massenpunkte ( $\int_m r^2 \ddot{\varphi}\, dm$ ) im Gleichgewicht sein. Alle Punkte des Körpers führen Kreisbewegungen um diese feste Achse aus.

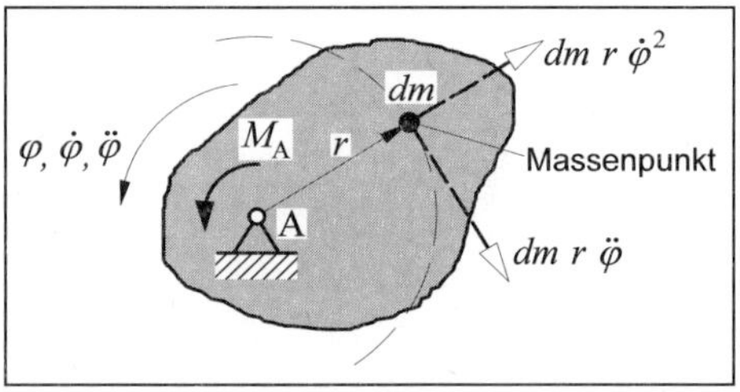


*Bild 05.1: Zur Drehung des starren Körpers um die ortsfeste Drehachse A*

Daraus folgt:

$$\boxed{M_A = \ddot{\varphi} \int_m r^2 dm = J_A \ddot{\varphi} = J_A \dot{\omega}} \; .$$

Der Integralausdruck ist das **Massenträgheitsmoment** des starren Körpers bezüglich der Drehachse A:

$$\boxed{J_A = \int_m r^2 dm} \; .$$

**Drall:** $\boxed{L_A = J_A\, \omega = J_A\, \dot{\varphi}}$ .

**Drallsatz** (Momentensatz) *für die ebene Bewegung von Scheiben*:

$$\boxed{\frac{dL_A}{dt} = M_A = J_A\, \dot{\omega} = J_A\, \ddot{\varphi}} \; .$$

Kinetische Energie eines starren Körpers, der sich um eine feste Achse dreht;
**kinetische Rotationsenergie:**

$$\boxed{E_{kin} = \frac{1}{2} J_A\, \omega^2} \; .$$

| | |
|---|---|
| $M_A$ | resultierendes äußeres Moment bezüglich der festen Achse A |
| $r$ | senkrechter Abstand des Massenpunktes von der Drehachse A |
| $J_A$ | Massenträgheitsmoment bezüglich der Drehachse A |
| $L_A$ | Drall bezüglich der Drehachse A |
| $\dot{\varphi}, \omega$ | Winkelgeschwindigkeit |
| $\ddot{\varphi}, \dot{\omega}$ | Winkelbeschleunigung |
| $E_{kin}$ | kinetische Rotationsenergie |

In den Berechnungsformeln bezüglich Translation und Rotation treten gewisse Analogien auf. Wenn wir in den "Translationsformeln"
den

| | | | | | |
|---|---|---|---|---|---|
| **Translationsgrößen** | Ortskoordinate (Wegkoordinate) | Geschwindigkeit | Beschleunigung | Masse | Kraft |
| | $s, x$ | $v$ | $a$ | $m$ | $F$ |
| die | | | | | |
| **Rotationsgrößen** | Winkelkoordinate | Winkelgeschwindigkeit | Winkelbeschleunigung | Massenträgheitsmoment | Drehmoment |
| | $\varphi$ | $\omega$ | $\alpha$ | $J$ | $M$ |

zuordnen, erhalten wir die "Rotationsformeln", z.B.:

| Berechnungsgröße aus Translation | Berechnungsgröße aus Rotation | Translation | Rotation |
|---|---|---|---|
| Geschwindigkeit | Winkelgeschwindigkeit | $v = \dot{s}$ | $\omega = \dot{\varphi}$ |
| Beschleunigung | Winkelbeschleunigung | $a = \dot{v}$ | $\alpha = \dot{\omega}$ |
| Arbeit | Arbeit | $\int F_t \, ds$ | $\int M \, d\varphi$ |
| Leistung | Leistung | $F \, v$ | $M \, \omega$ |
| Schwerpunktsatz | Drallsatz | $m \, \ddot{x}$ | $J \, \ddot{\varphi}$ |
| D'ALEMBERTsche Trägheitskraft | D'ALEMBERTsches Moment | $m \, \ddot{x}$ | $J \, \ddot{\varphi}$ |
| kinetische Energie | kinetische Energie | $\frac{1}{2} m v^2$ | $\frac{1}{2} J \omega^2$ |
| Impuls | Drall | $m \, v$ | $J \, \omega$ |

Rotiert ein Körper mit einem körperfesten (macht die Drehbewegung mit) kartesischen $\bar{x}, \bar{y}, \bar{z}$-Koordinatensystem (Bild 05.2) um die feste $\bar{z}$-Achse, so fassen wir sämtliche äußeren Kräfte (einschließlich der Lagerreaktionen) zu einer resultierenden Kraft und einem resultierenden Moment zusammen (Bild 05.2). Die jeweiligen drei Kraft- und Momentenkomponenten (Bild 05.2) müssen mit den Massenkräften (D'ALEMBERTsche Kräfte und Momente) des Rotors ein Gleichgewichtsystem bilden.

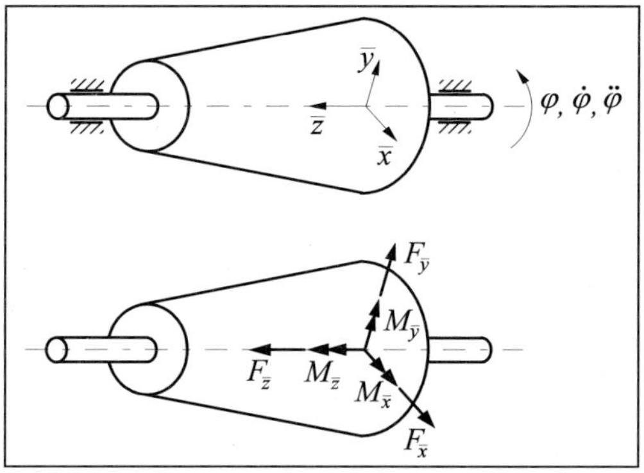


*Bild 05.2: Rotor um feste Achse; mit Koordinaten und äußerer Belastung*

Daraus folgt der

**Drallsatz (Momentensatz) für die Rotation einer Masse um eine feste Achse $\bar{z}$:**

$M_{\bar{x}} = -J_{\bar{y}\bar{z}} \, \omega^2 + J_{\bar{x}\bar{z}} \, \ddot{\varphi}$ ; $\qquad M_{\bar{y}} = J_{\bar{x}\bar{z}} \, \omega^2 + J_{\bar{y}\bar{z}} \, \ddot{\varphi}$ ; $\qquad M_{\bar{z}} = J_{\bar{z}} \, \ddot{\varphi}$

$J_{\bar{y}\bar{z}}$ und $J_{\bar{x}\bar{z}}$ sind Deviationsmomente bezüglich des mitrotierenden körperfesten Koordinatensystems (siehe Bild 05.2).

**Es treten keine resultierenden Massenkräfte bei der Rotation einer Masse um eine feste Achse auf, wenn ihr Schwerpunkt auf der Rotationsachse liegt.**

## 5.1.3 Massenträgheitsmomente

Das Massenträgheitsmoment einer Masse $m$ wird berechnet nach der Formel (Bild 05.3)

$$J_{\bar{x}} = \int_m r^2 dm \quad .$$

Es bezieht sich immer auf eine bestimmte Drehachse, die dann auch stets mit anzugeben ist.

Für Körper **aus mehreren Teilmassen** gilt:

Massenträgheitsmomente, die sich auf gleiche Drehachsen beziehen, dürfen addiert bzw. subtrahiert werden.

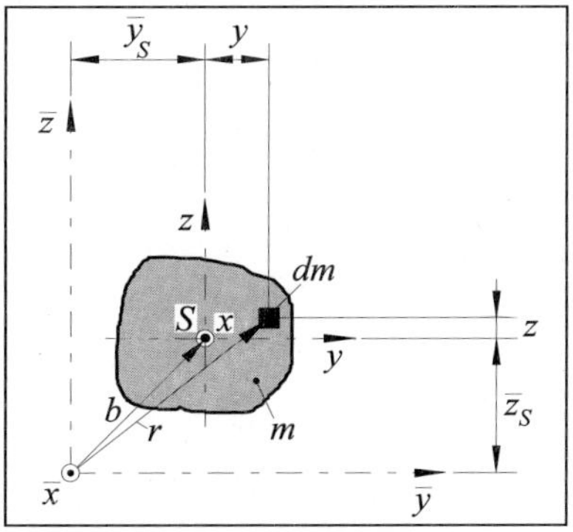


*Bild 05.3: Zur Definition der Massenträgheitsmomente*

**Axiale Massenträgheitsmomente** (Bild 05.3):

$$J_x = \int_m \left(y^2 + z^2\right) dm$$

$$J_y = \int_m \left(z^2 + x^2\right) dm$$

$$J_z = \int_m \left(x^2 + y^2\right) dm \, .$$

**Deviationsmomente** (Bild 05.3):

$$J_{xy} = -\int_m x\, y\, dm$$

$$J_{yz} = -\int_m y\, z\, dm$$

$$J_{zx} = -\int_m z\, x\, dm \, .$$

**Steinerscher Satz** (Bild 05.3):
(Transformation der Massenträgheitsmomente bezüglich der Achsen durch den Schwerpunkt auf parallel verschobene Achsen)

$$J_{\bar{x}} = J_x + m\, b^2 \quad .$$

$$J_{\bar{x}} = J_x + m\left(\bar{y}_S^2 + \bar{z}_S^2\right)$$

$$J_{\bar{y}} = J_y + m\left(\bar{z}_S^2 + \bar{x}_S^2\right)$$

$$J_{\bar{z}} = J_z + m\left(\bar{x}_S^2 + \bar{y}_S^2\right)$$

$$J_{\bar{x}\bar{y}} = J_{xy} - m\, \bar{x}_S\, \bar{y}_S$$

$$J_{\bar{y}\bar{z}} = J_{yz} - m\, \bar{y}_S\, \bar{z}_S$$

$$J_{\bar{z}\bar{x}} = J_{zx} - m\, \bar{z}_S\, \bar{x}_S$$

$J_{\bar{x}}$ Massenträgheitsmoment bezüglich der $\bar{x}$-Achse

$r$ senkrechter Abstand zwischen Bezugsachse und Massenteilchen $dm$

$dm$ Masse des Massenteilchens

$m$ Gesamtmasse

$J_x$ Massenträgheitsmoment bezüglich der $x$-Achse im Schwerpunkt

$J_y$ Massenträgheitsmoment bezüglich der $y$-Achse im Schwerpunkt

$J_z$ Massenträgheitsmoment bezüglich der $z$-Achse im Schwerpunkt

$J_{xy}$; $J_{yz}$; $J_{zx}$ Deviationsmomente bezüglich der Achsen im Schwerpunkt

$x$; $y$; $z$ Koordinaten (Bild 05.3)

$b$ Abstand zwischen $\bar{x}$-Achse und dazu paralleler $x$-Achse

$\bar{x}_S$; $\bar{y}_S$; $\bar{z}_S$ Abstände zwischen den Schwerpunktachsen und den parallel verlaufenden Bezugsachsen

$J_{\bar{x}}$; $J_{\bar{y}}$; $J_{\bar{z}}$ Massenträgheitsmomente bezüglich eines beliebigen kartesischen Koordinatensystems

$J_{\bar{x}\bar{y}}$; $J_{\bar{y}\bar{z}}$; $J_{\bar{z}\bar{x}}$ Deviationsmomente bezüglich eines beliebigen kartesischen Koordinatensystems

# • Hauptachsen und Hauptträgheitsmomente

- Für jeden Körperpunkt gibt es ein Achsensystem mit drei aufeinander senkrecht stehenden Achsen, für die die Deviationsmomente Null werden. Diese Achsen nennen wir **Hauptträgheitsachsen (Hauptachsen)** 1, 2 und 3.

- Die zu den Hauptträgheitsachsen gehörigen axialen Massenträgheitsmomente nehmen Extremwerte an und werden als **Hauptträgheitsmomente** $J_1$, $J_2$ und $J_3$ bezeichnet. Um eine Hauptachse ist das Massenträgheitsmoment ein Maximum, um eine zweite Hauptachse ein Minimum und um die dritte Hauptachse liegt das Massenträgheitsmoment zwischen diesen beiden Werten.

- Hauptachsen im Schwerpunkt des Körpers nennen wir **Hauptzentralachsen**.
  Haben das größte und das kleinste Massenträgheitsmoment bezüglich der Hauptzentralachsen den gleichen Wert (Würfel, Kugel, ...), dann sind sämtliche Achsen durch den Schwerpunkt Hauptzentralachsen und für alle diese Achsen sind die Massenträgheitsmomente gleich.
  Die *Schnittlinien zweier Symmetrieebenen* eines Körpers (und das beinhaltet auch jede Rotationssymmetrielinie) sind Hauptzentralachsen.

- Eine *senkrechte Achse* zu einer *Symmetrieebene* ist eine Hauptachse.

Die Scheibenmittelfläche bei **scheibenförmigen Körpern** (Körper mit konstanter Dicke $t$) ist die Symmetrieebene und die senkrecht zu ihr stehende $z$-Achse eine Hauptträgheitsachse (Bild 05.4).

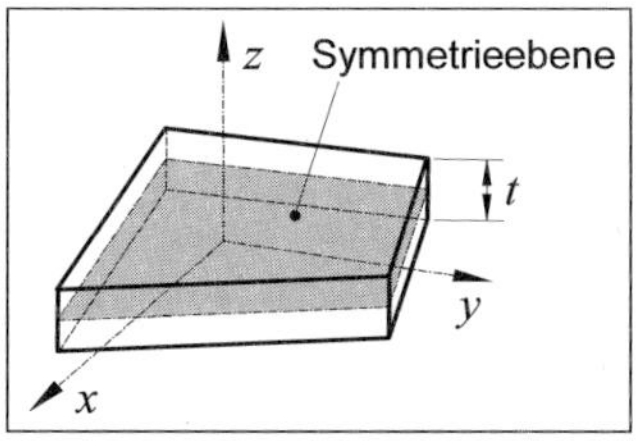


*Bild 05.4: Scheibenförmiger Körper*

Bei **Rotationskörpern** ist die Schnittlinie zweier Symmetrieebenen (Rotationsachse $z$) eine Hauptzentralachse (Bild 05.5). Jede beliebige Achse senkrecht auf einer Symmetrieebene ist eine Hauptachse. Die Hauptachsen $x$, $y$ und $z$ stehen senkrecht aufeinander. Bezüglich der $x$- und $y$-Achse sind die Hauptträgheitsmomente gleich.

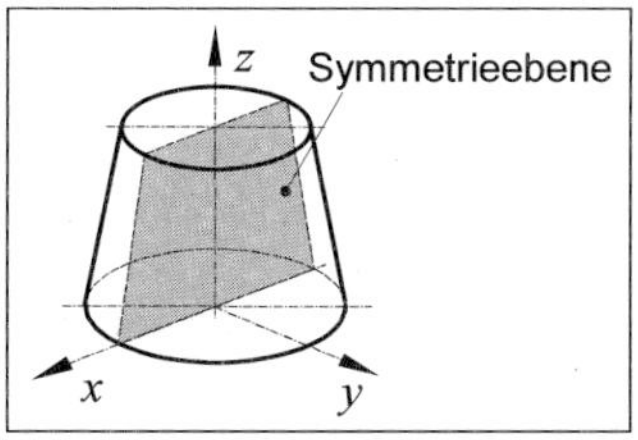


*Bild 05.5: Rotationskörper*

In Bild 05.6 ist ein Rechtskoordinatensystem $x$, $y$, $z$ in der Symmetrieebene eines scheibenförmigen Körpers eingezeichnet. Die $z$-Achse steht senkrecht auf der Symmetrieebene und ist damit eine Hauptachse. Die beiden anderen Hauptachsen liegen in der $x$-$y$-Ebene.
Zur Ermittlung der **Lage der Hauptachsen** werden in der Symmetrieebene zwei zueinander um $\alpha$ gedrehte Koordinatensysteme eingeführt (Bild 05.6).
In Analogie zu den Flächenträgheitsmomenten können wir auch hier Winkelstellungen finden (Hauptachsen), unter denen die Massenträgheitsmomente ihre Extremwerte annehmen.

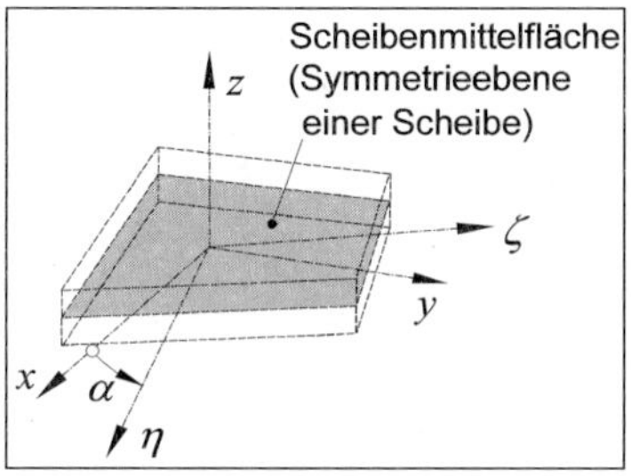


*Bild 05.6: Zur Lage der Hauptachsen in einem scheibenförmigen Körper*

Daraus folgt für den Winkel der Hauptträgheitsachsen

$$\tan 2\,\alpha_H = \frac{2\,J_{xy}}{J_x - J_y}$$

sowie für die beiden Hauptträgheitsmomente

$$J_{\substack{\max\\\min}} = \frac{J_x + J_y}{2} \pm \sqrt{\left(\frac{J_x - J_y}{2}\right)^2 + J_{xy}^2}\,.$$

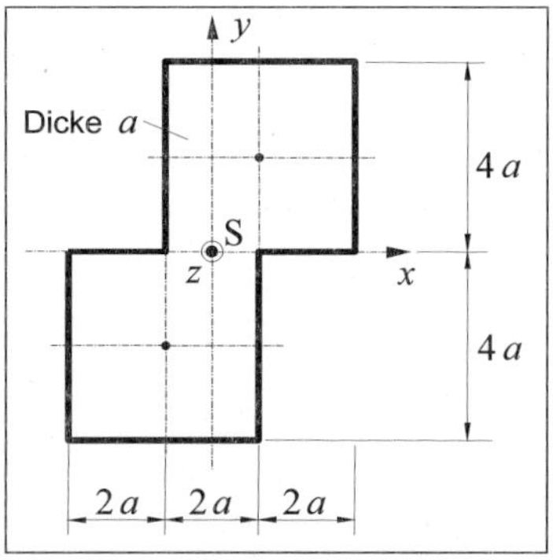


*Bild 05.7: Scheibenförmiger Körper*

## Beispiel:

Es sind die Hauptträgheitsachsen und die Hauptträgheitsmomente für den scheibenförmigen Körper mit der Dicke $a$ (Bild 05.7) zu berechnen.

Gegeben: Dichte $\rho_0$, $a$.

## *Lösung:*

Die auf der Scheibenmittelfläche (Symmetrieebene) senkrecht stehende $z$-Achse (Bild 05.7 und Bild 05.8) ist eine der drei Hauptträgheitsachsen (Hauptachse 1). Das dazugehörige Hauptträgheitsmoment ist $J_1 = J_z$.

Für die Berechnung der Massenträgheitsmomente wird der Körper in zwei Teilkörper (Quader) zerlegt.

$$J_z = \rho_0 16\,a^3\left[\frac{1}{12}\left(16\,a^2 + 16\,a^2\right) + \left(a^2 + 4\,a^2\right)\right] + \rho_0 16\,a^3\left[\frac{1}{12}\left(16\,a^2 + 16\,a^2\right) + \left((-a)^2 + (-2a)^2\right)\right]$$

$$J_z = \frac{736}{3}\rho_0\,a^5 = 245,\overline{3}\rho_0\,a^5 = J_1$$

$$J_x = \rho_0 16\,a^3\left[\frac{1}{12}\left(a^2 + 16\,a^2\right) + \left(4\,a^2 + 0^2\right)\right] + \rho_0 16\,a^3\left[\frac{1}{12}\left(a^2 + 16\,a^2\right) + \left((-2a)^2 + 0^2\right)\right]$$

$$J_x = \frac{520}{3}\rho_0\,a^5 = 173,\overline{3}\rho_0\,a^5$$

$$J_y = \rho_0 16\,a^3\left[\frac{1}{12}\left(16\,a^2 + a^2\right) + \left(0^2 + a^2\right)\right] + \rho_0 16\,a^3\left[\frac{1}{12}\left(16\,a^2 + a^2\right) + \left(0^2 + (-a)^2\right)\right]$$

$$J_y = \frac{232}{3}\rho_0\,a^5 = 77,\overline{3}\rho_0\,a^5$$

$$J_{xy} = 0 - \rho_0 16a^3[a \cdot 2a] + 0 - \rho_0 16a^3[(-a)\cdot(-2a)]$$

$$J_{xy} = -64\rho_0\,a^5$$

Winkel für Hauptträgheitsachse:

$$\alpha_H = \frac{1}{2}\arctan\frac{2\,J_{xy}}{J_x - J_y} = \frac{1}{2}\arctan\frac{2\left(-64\rho_0\,a^5\right)}{\left(\frac{520}{3} - \frac{232}{3}\right)\rho_0\,a^5},$$

$$\alpha_H = \frac{1}{2}\arctan\left(-1,\overline{3}\right) \Rightarrow \alpha_{H_2} = \underline{\underline{-26,565°}} \text{ (Bild 05.8)},$$

$$\alpha_{H_3} = -26,565° + 90° = \underline{\underline{63,435°}}.$$

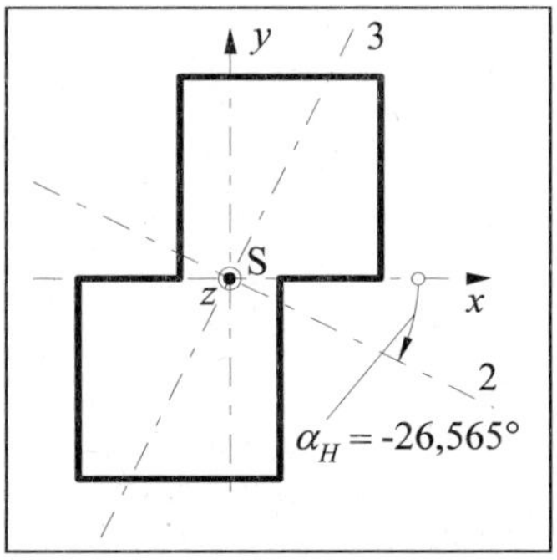


*Bild 05.8: Lage der Hauptachsen*

Hauptträgheitsmomente:

$$J_{\substack{max\\min}} = \frac{J_x + J_y}{2} \pm \sqrt{\left(\frac{J_x - J_y}{2}\right)^2 + J_{xy}^2}\,,$$

$$J_{\substack{max\\min}} = \left(\frac{\frac{520}{3}+\frac{232}{3}}{2} \pm \sqrt{\left(\frac{\frac{520}{3}-\frac{232}{3}}{2}\right)^2 + (-64)^2}\right)\rho_0\, a^5\,,$$

$$J_{max} = 205,\overline{3}\,\rho_0\, a^5\,, \quad J_{min} = 45,\overline{3}\,\rho_0\, a^5\,,$$

$$J_1 = \underline{\underline{245,\overline{3}\,\rho_0\, a^5}}\,, \quad J_2 = \underline{\underline{205,\overline{3}\,\rho_0\, a^5}}\,, \quad J_3 = \underline{\underline{45,\overline{3}\,\rho_0\, a^5}} \text{ (Bild 05.8).}$$

## • Ersatz eines rotierenden Körpers durch einen Massenpunkt

Manchmal ergibt sich eine Vereinfachung der Berechnung dadurch, dass wir die Masse des Körpers auf einen Punkt reduzieren, wobei die mechanische Wirkung jedoch gleich bleiben muss.

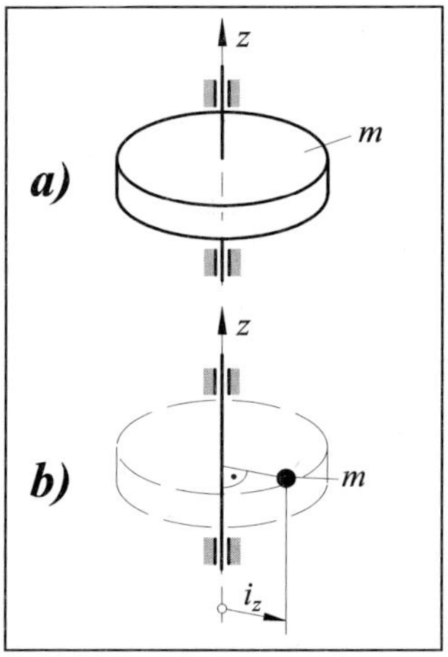


*Bild 05.9: a) Rotierender Körper b) Zum Trägheitsradius*

### Trägheitsradius (Bild 05.9)

Denken wir uns die Masse $m$ eines rotierenden Körpers (Bild 05.9a) in einem senkrechten Abstand $i_z$ (Bild 05.9b) von der Drehachse $z$ in einem Punkt vereinigt, so dass das ursprüngliche Massenträgheitsmoment erhalten bleibt, so gilt

$$J_z = m \cdot i_z^2\,.$$

Daraus folgt der **Trägheitsradius** $i_z$:

$$\boxed{i_z = \sqrt{\frac{J_z}{m}}}\,.$$

### Reduzierte Masse (Bild 05.10)

Manchmal ist es vorteilhaft, die Masse des Körpers nicht auf den Abstand $i_z$ (Bild 05.9b) zu legen, sondern auf einen frei gewählten Abstand $r_0$ (Bild 05.10). Folglich kann die Masse im Interesse der Aufrechterhaltung des Massenträgheitsmomentes nicht mehr mit der des wirklichen Körpers übereinstimmen, so dass gelten muss

$$J_z = m_{red} \cdot r_0^2\,,$$

woraus **die reduzierte Masse** $m_{red}$ folgt:

$$\boxed{m_{red} = \frac{J_z}{r_0^2}}\,.$$

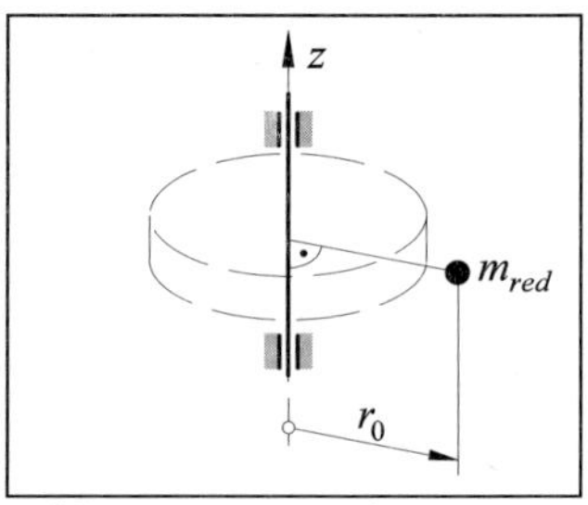


*Bild 05.10: Zur "reduzierten Masse"*

## Massenträgheitsmomente und Masse einiger homogener Körper
(Massendichte $\rho$)

| Körper | Masse | axiale Massenträgheitsmomente | Deviationsmomente |
|---|---|---|---|
| **Zylinder** 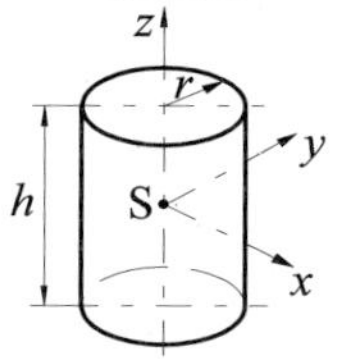  | $m = \rho \pi r^2 h$ | $J_x = J_y = \frac{m}{12}\left(3r^2 + h^2\right)$<br>$J_z = \frac{m}{2} r^2$ | $J_{xy} = J_{yz} = J_{zx} = 0$<br>(Hauptachsen) |
| **Hohlzylinder und dünnwandiger Hohlzylinder** 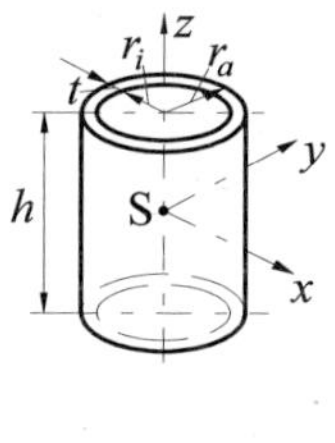  | **Hohlzylinder:**<br>$m = \rho \pi \left(r_a^2 - r_i^2\right) h$<br>**dünnwandiger Hohlzylinder:**<br>$m = 2\pi \rho r h t$<br>mit $t = r_a - r_i$<br>und $r = \frac{1}{2}(r_a + r_i)$ | **Hohlzylinder:**<br>$J_x = J_y = \frac{m}{4}\left(r_a^2 + r_i^2 + \frac{1}{3}h^2\right)$<br>$J_z = \frac{m}{2}\left(r_a^2 + r_i^2\right)$<br>**dünnwandiger Hohlzylinder:**<br>$J_z = m r^2$<br>$J_x = J_y = \frac{m}{2}\left(r^2 + \frac{1}{6}h^2\right)$<br>mit $r = \frac{1}{2}(r_a + r_i)$ | $J_{xy} = J_{yz} = J_{zx} = 0$<br>(Hauptachsen) |
| **dünner Stab** 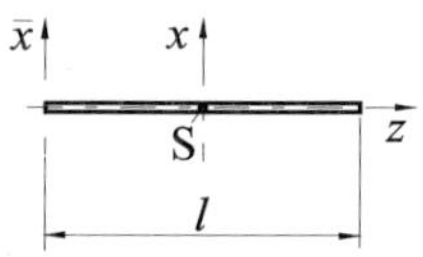  | $m = \rho A l$<br>($A$ Fläche des Querschnitts) | $J_z = 0$<br>$J_x = J_y = \frac{m}{12} l^2$<br>$J_{\bar{x}} = J_{\bar{y}} = \frac{m}{3} l^2$ | $J_{xy} = J_{yz} = J_{zx} = 0$<br>(Hauptachsen) |
| **Quader** 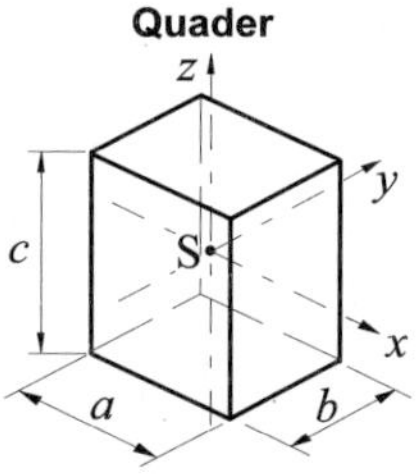  | $m = \rho a b c$ | $J_x = \frac{m}{12}\left(b^2 + c^2\right)$<br>$J_y = \frac{m}{12}\left(a^2 + c^2\right)$<br>$J_z = \frac{m}{12}\left(a^2 + b^2\right)$ | $J_{xy} = J_{yz} = J_{zx} = 0$<br>(Hauptachsen) |
| **dünne Rechteckscheibe** 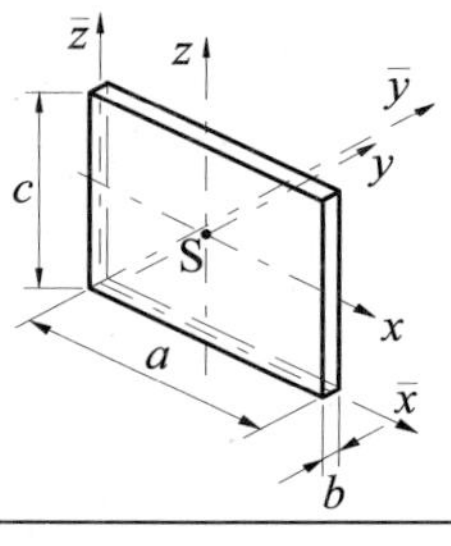  | $m = \rho a b c$<br>$m = \mu_A a c$<br>$\mu_A$ (Massenbelegung = Masse / Fläche) | $J_x = \frac{m}{12} c^2$<br>$J_y = \frac{m}{12}\left(a^2 + c^2\right)$<br>$J_z = \frac{m}{12} a^2$<br>$J_{\bar{z}} = \frac{m}{3}\left(a^2 + c^2\right)$ | $J_{xy} = J_{yz} = J_{zx} = 0$<br>(Hauptachsen)<br>$J_{\bar{z}\bar{x}} = -\frac{m}{4} a c$<br>$J_{\bar{y}\bar{z}} = J_{\bar{x}\bar{y}} = 0$ |

Fortsetzung der Tabelle:

| **Massenträgheitsmomente und Masse einiger homogener Körper** (Massendichte $\rho$) | | | |
|---|---|---|---|
| Körper | Masse | axiale Massenträgheitsmomente | Deviationsmomente |
| **Kugel**<br>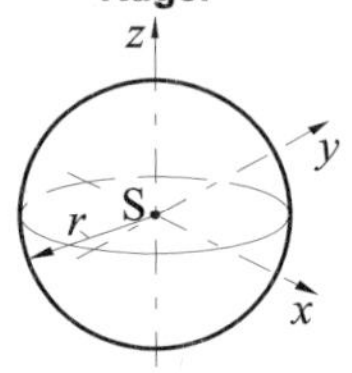 | $m=\frac{4}{3}\rho\pi r^3$ | $J_x=J_y=J_z=\frac{2}{5}m\,r^2$ | $J_{xy}=0$<br>$J_{yz}=0$<br>$J_{zx}=0$<br>(Hauptachsen) |
| **Kugelabschnitt**<br>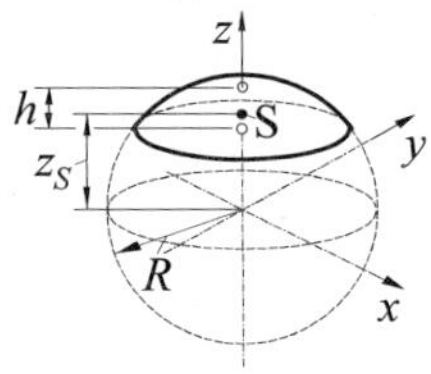<br>$z_S=\frac{3}{4}\frac{(2R-h)^2}{3R-h}$ | $m=\frac{\pi\rho h^2}{3}(3R-h)$<br><br>**Halbkugel:** $h=R$<br>$m=\frac{2}{3}\pi\rho R^3$ | $J_z=\rho\frac{\pi h^3}{30}(20R^2-15Rh+3h^2)$<br>$J_z=\frac{mh}{10}\cdot\frac{20R^2-15Rh+3h^2}{3R-h}$<br><br>**Halbkugel:** $h=R$<br>$J_z=\frac{8}{30}\pi\rho R^5=\frac{2}{5}mR^2$ | $J_{xy}=0$<br>$J_{yz}=0$<br>$J_{zx}=0$<br>(Hauptachsen) |
| **gerader Kreiskegel**<br>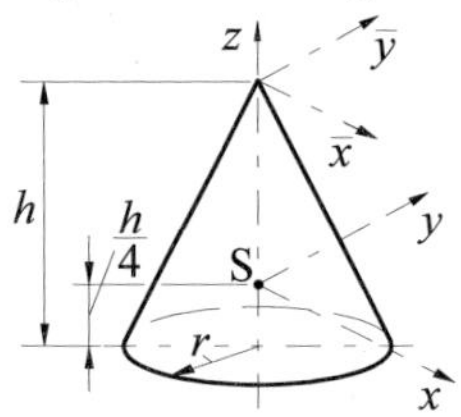 | $m=\frac{1}{3}\rho\pi r^2 h$ | $J_z=\frac{3}{10}m\,r^2$<br>$J_x=J_y=\frac{3}{20}m\left(r^2+\frac{1}{4}h^2\right)$<br>$J_{\bar{x}}=J_{\bar{y}}=\frac{3}{5}m\left(\frac{1}{4}r^2+h^2\right)$ | $J_{xy}=0$<br>$J_{yz}=0$<br>$J_{zx}=0$<br>(Hauptachsen) |
| **Kreisscheibenausschnitt**<br>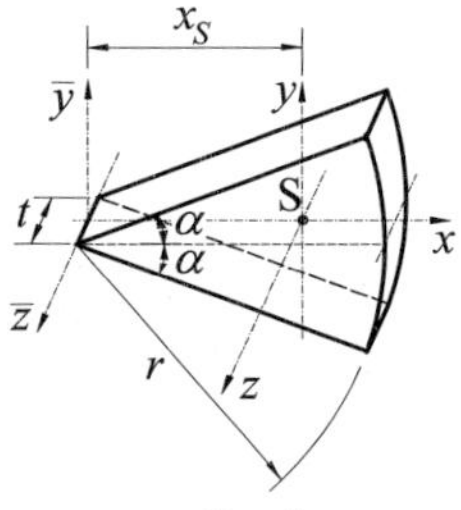<br>$x_S=\frac{2}{3}r\frac{\sin\alpha}{\alpha}$ | $m=\rho\,t\,r^2\alpha$ | $J_z=\frac{m\,r^2}{2}\left(1-\frac{8\sin^2\alpha}{9\alpha^2}\right)$<br>$J_x=\frac{m\,r^2}{4}\left(1-\frac{\sin 2\alpha}{2\alpha}\right)$<br>$J_{\bar{y}}=\frac{m\,r^2}{4}\left(1+\frac{\sin 2\alpha}{2\alpha}\right)$<br>$J_{\bar{z}}=\frac{m\,r^2}{2}$ | $J_{xy}=0$<br>$J_{yz}=0$<br>$J_{zx}=0$<br>(Hauptachsen) |

Fortsetzung der Tabelle:

| **Massenträgheitsmomente und Masse einiger homogener Körper** (Massendichte $\rho$) | | | |
|---|---|---|---|
| Körper | Masse | axiale Massenträgheitsmomente | Deviationsmomente |
| **Dreieckscheibe** 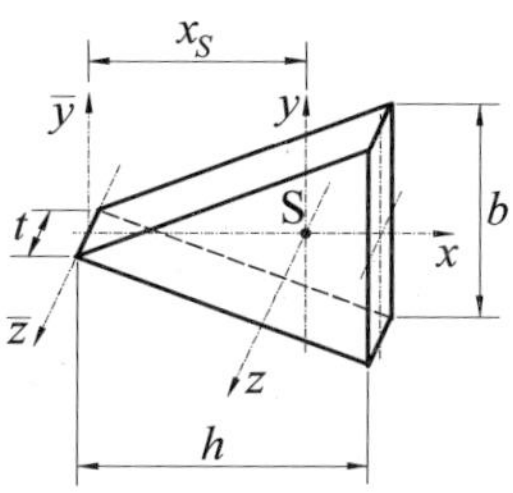  $x_S = \frac{2}{3}h$ | $m = \frac{1}{2}\rho b h t$ | $J_z = \frac{1}{2}m\left(\frac{1}{9}h^2 + \frac{1}{12}b^2\right)$ <br> $J_{\bar{z}} = \frac{1}{2}m\left(h^2 + \frac{1}{12}b^2\right)$ | $J_{xy} = 0$ <br> $J_{yz} = 0$ <br> $J_{zx} = 0$ <br> (Hauptachsen) |
| **gerader Kreiskegelstumpf** 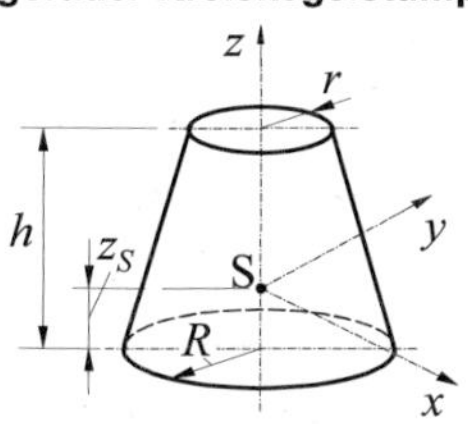  $z_S = \frac{h}{4} \cdot \frac{R^2 + 2Rr + 3r^2}{R^2 + Rr + r^2}$ | $m = \frac{\pi \rho h}{3}\left(R^2 + Rr + r^2\right)$ | $J_z = \frac{3}{10} m \frac{R^5 - r^5}{R^3 - r^3}$ | $J_{xy} = 0$ <br> $J_{yz} = 0$ <br> $J_{zx} = 0$ <br> (Hauptachsen) |
| **gerade Pyramide** 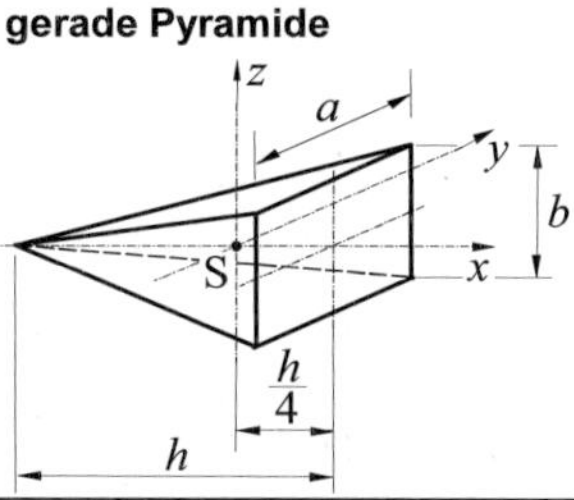  | $m = \frac{1}{3}\rho a b h$ | $J_x = \frac{m\left(a^2 + b^2\right)}{20}$ <br> $J_y = \frac{m\left(4b^2 + 3h^2\right)}{80}$ <br> $J_z = \frac{m\left(4a^2 + 3h^2\right)}{80}$ | $J_{xy} = 0$ <br> $J_{yz} = 0$ <br> $J_{zx} = 0$ <br> (Hauptachsen) |
| **Kreisringkörper (Kreistorus)** 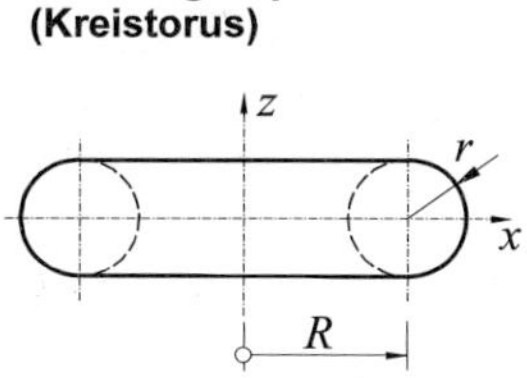  $R \geq r$ <br> $R$: Abstand des Mittelpunktes des erzeugenden Kreises von der Rotationsachse | $m = 2\pi^2 \rho R r^2$ | $J_z = \frac{1}{4}m\left(4R^2 + 3r^2\right)$ <br> $J_x = J_y = \frac{1}{8}m\left(4R^2 + 5r^2\right)$ <br> Im Grenzfall $r = R$ ist <br> $J_z = \frac{7}{4}mR^2$, <br> $J_x = J_y = \frac{9}{8}mR^2$. | $J_{xy} = 0$ <br> $J_{yz} = 0$ <br> $J_{zx} = 0$ <br> (Hauptachsen) |

# 5.1.4 Auswuchten von Rotoren

In der Technik kommen häufig um eine feste Achse rotierende Systeme (Rotoren) vor (Bild 05.11).

Treten bei der Rotation in den Lagern (Bild 05.11) als Folge von nichtausgeglichenen *Fliehkräften* Schwingkräfte oder Schwingbewegungen auf, so ist der Rotor ***nicht ausgewuchtet***.

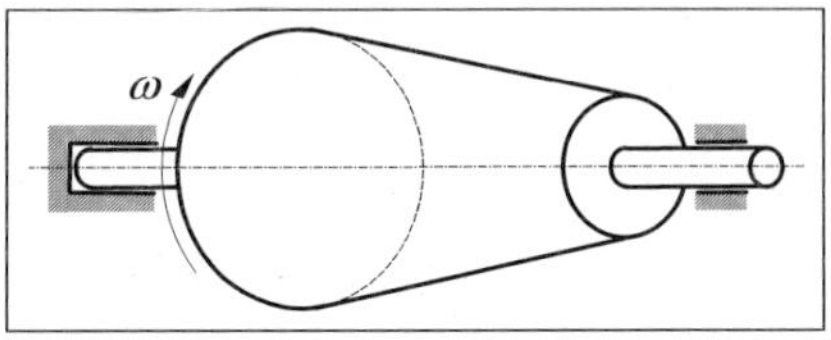


*Bild 05.11: Rotierendes System (Rotor)*

***Statisch ausgewuchtet* ist ein starrer Rotor, wenn der Schwerpunkt auf der Drehachse liegt.**

***Dynamisch ausgewuchtet* ist ein starrer Rotor, wenn die Drehachse mit einer Hauptträgheitsachse (Deviationsmomente Null) zusammenfällt und der Schwerpunkt auf der Drehachse liegt. "*Statisch ausgewuchtet*" ist ein Sonderfall von "*dynamisch ausgewuchtet*".**

Es gilt:

***Auswuchten* ist ein Arbeitsverfahren mit dem Bestreben, die Massenverteilung eines rotierenden Körpers derart zu verbessern, dass der Körper in seiner Lagerung ohne die Wirkung von freien Fliehkräften umläuft.**

**Definition der Unwucht** (Bild 05.12):

$$\boxed{\vec{U} = u\,\vec{r}}\ .$$

$\vec{U}$ Unwuchtvektor

$u$ Unwuchtmasse ("Übermasse")

$r$ Abstand der Unwuchtmasse von der Drehachse (Bild 05.12)

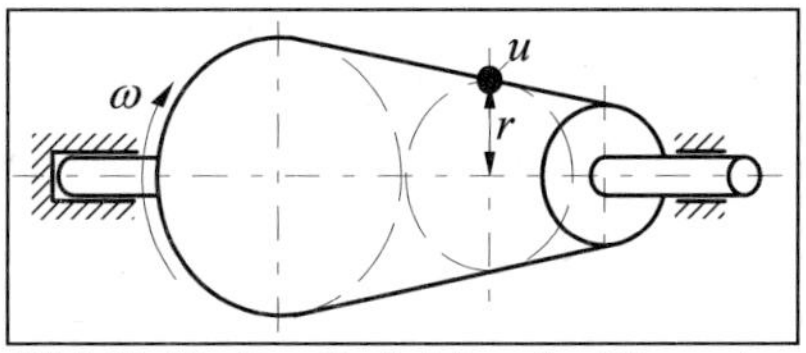


*Bild 05.12: Zur Definition der Unwucht*

Häufig wird der dynamische Unwuchtzustand eines Rotors dargestellt durch zwei Unwuchtvektoren in zwei verschiedenen Ausgleichsebenen (Bild 05.13). Durch Zugabe oder Wegnahme von Massen in den Ausgleichsebenen wird versucht, den Unwuchtzustand zu verbessern.

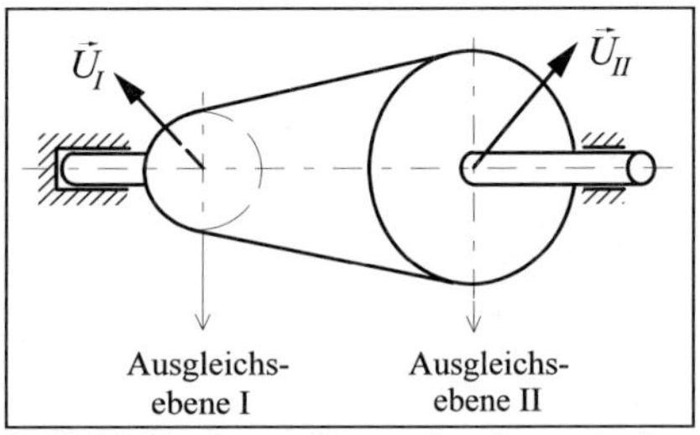


*Bild 05.13: Darstellung der dynamischen Unwucht in zwei Ausgleichsebenen*

## 5.1.5 Ebene Bewegung des starren Körpers

Die nun folgenden Aussagen für die ebene Bewegung des starren Körpers beziehen sich auf die im Kapitel 3 behandelte Kinematik.
Die benötigten Grundlagen der Kinetik sind bereits im Kapitel 4 dargelegt.

### 5.1.5.1 Schwerpunktsatz, Drallsatz

An dem bewegten starren Körper (Bild 05.14) greifen die äußeren Kräfte $F_1 \dots F_n$ an.

Der **Schwerpunktsatz** lautet:

$$m\,\ddot{x}_S = F_x\,, \quad m\,\ddot{y}_S = F_y\,.$$

Der Schwerpunkt eines starren Körpers bewegt sich so, als würde die Gesamtmasse in ihm konzentriert sein und als würden alle äußeren Kräfte an ihm angreifen (Bild 05.14).

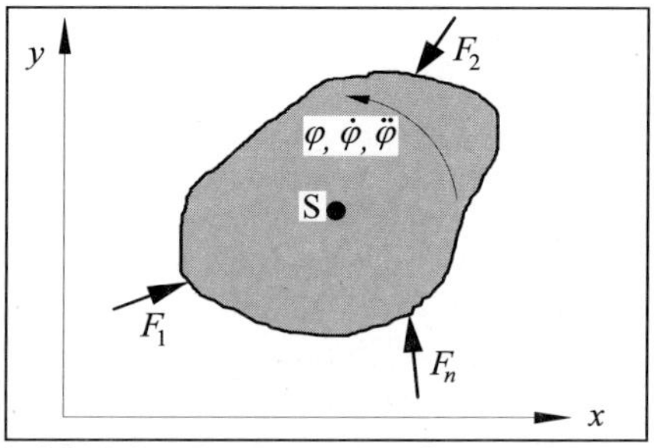

*Bild 05.14: Zur Bewegung des starren Körpers in der Ebene*

- $m$ Gesamtmasse des Körpers
- $\ddot{x}_S$ Beschleunigung des Schwerpunktes in $x$-Richtung
- $\ddot{y}_S$ Beschleunigung des Schwerpunktes in $y$-Richtung
- $F_x$ Summe aller äußeren Kräfte in $x$-Richtung
- $F_y$ Summe aller äußeren Kräfte in $y$-Richtung

**Drallsatz (Momentensatz),** Bild 05.14:

$$J_A\,\ddot{\varphi} = J_A\,\dot{\omega} = M_A = \frac{d\,L_A}{dt}\,.$$

Die zeitliche Änderung des Dralls ist die Summe aller angreifenden äußeren Momente. Als Bezugspunkt A darf nur der Schwerpunkt S oder ein beschleunigungsfreier Punkt des Körpers (fester Punkt) verwendet werden.

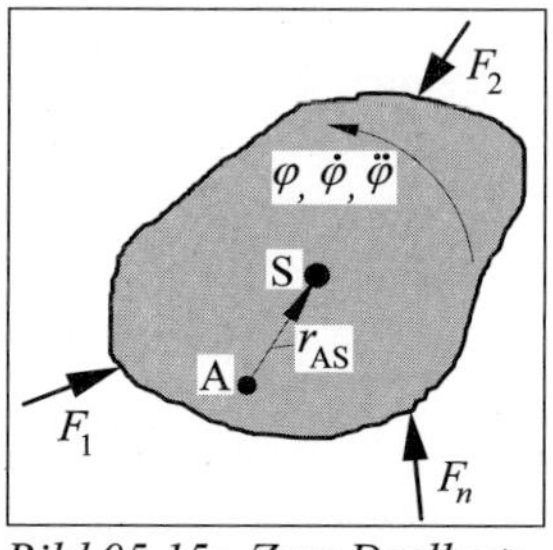

*Bild 05.15: Zum Drallsatz für die ebene Bewegung des starren Körpers*

- $J_A$ Massenträgheitsmoment bezüglich des Punktes A (beschleunigungsfreier Punkt oder Schwerpunkt S)
- $\ddot{\varphi}, \dot{\omega}$ Winkelbeschleunigung des Körpers (Bild 05.14)
- $M_A$ Summe aller äußeren Momente bezüglich des Punktes A (beschleunigungsfreier Punkt oder Schwerpunkt S)
- $L_A$ Gesamtdrall bezüglich des Punktes A (beschleunigungsfreier Punkt oder Schwerpunkt S)
- $\vec{r}_{AS}$ Ortsvektor vom Bezugspunkt A zum Körperschwerpunkt S
- $\vec{a}_A$ Beschleunigung des Bezugspunkts A in einem Inertialsystem

**Wichtig:**

Der Bezugspunkt A muss also bei der Anwendung des Drallsatzes eine der folgenden drei Bedingungen erfüllen (Bild 05.15):

1. Für Bezugspunkt A wird der Schwerpunkt S gewählt ( $\vec{r}_{AS} = 0$ ).
2. Bezugspunkt A ist unbeschleunigt. A ist in Ruhe oder bewegt sich mit konstanter Geschwindigkeit in einem Inertialsystem.
3. Die Beschleunigung $\vec{a}_A$ des Bezugspunkts A fällt in Richtung von $\vec{r}_{AS}$ (Bild 05.15 und Bild 05.16). $\vec{r}_{AS} \parallel \vec{a}_A$ .

Die dritte Bedingung trifft z.B. für den Momentanpol M eines Kreiszylinders zu, der auf einer Ebene (Bild 05.16a) oder einem anderen Kreiszylinder (Bild 05.16b) abrollt, da hierbei nur eine Radialbeschleunigung des Momentanpols M auftritt ( $\vec{r}_{AS} \parallel \vec{a}_A$ ).

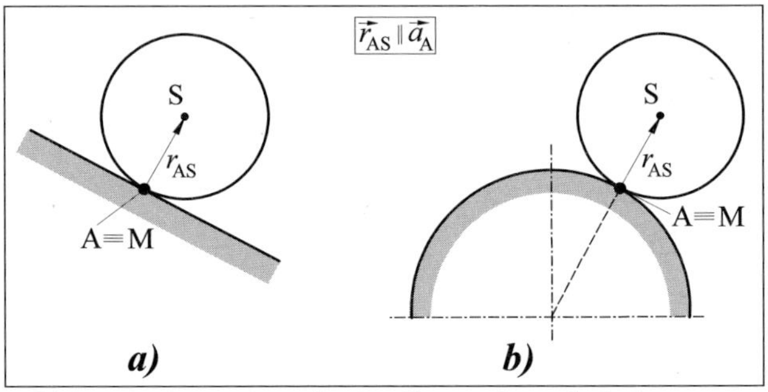


*Bild 05.16: Anwendung des Drallsatzes bezüglich des Momentanpols M ist hier erlaubt*
*a) Kreiszylinder rollt auf Ebene*
*b) Kreiszylinder rollt auf anderem Kreiszylinder*

Dagegen trifft die dritte Bedingung nicht auf das Beispiel nach Bild 05.17 (Träger schwingt ohne zu gleiten auf halbkreisförmiger Unterlage) zu. Deswegen dürfen wir hierbei den Drallsatz **nicht** auf den Momentanpol M anwenden; erlaubt ist hier nur der Schwerpunkt S.

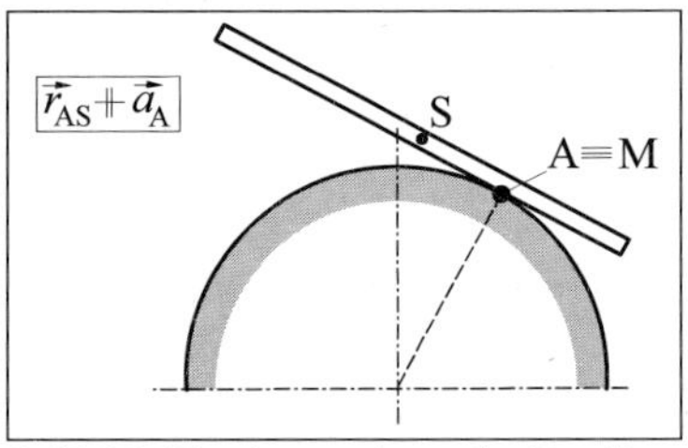


*Bild 05.17: Anwendung des Drallsatzes bezüglich des Momentanpols M ist hier* ***nicht*** *erlaubt*

## 5.1.5.2 Prinzip von D'ALEMBERT

Nach dem Schwerpunktsatz für den starren Körper dürfen wir uns die Gesamtmasse im Schwerpunkt S (Bild 05.18) konzentriert vorstellen, und damit ist für den translatorischen Anteil die Situation exakt wie beim Massenpunkt. Die Trägheitswirkung der Masse gegenüber der Drehbewegung um den Schwerpunkt S wird durch das Massenträgheitsmoment $J_S$ bezüglich des Schwerpunkts repräsentiert. Wenden wir nun das **D'ALEMBERTsche Prinzip auf die Drehung** an, so bedeutet dies:

**Das D'ALEMBERTsche Moment $J_S\,\ddot{\varphi}$, das der positiven Drehrichtung der für die Rotationsbewegung eingeführten Koordinate $\varphi$ entgegengerichtet ist, wird in die Systemskizze eingezeichnet (Bild 05.18).**

Das kinetische Problem bei der Rotation kann nun durch Aufschreiben der Momentengleichgewichtsbedingung (Rückführung auf die Statik) gelöst werden. Die translatorische Bewegung des Schwerpunktes wird durch das Antragen der D'ALEMBERTschen Kräfte analysiert (siehe Kapitel 4).

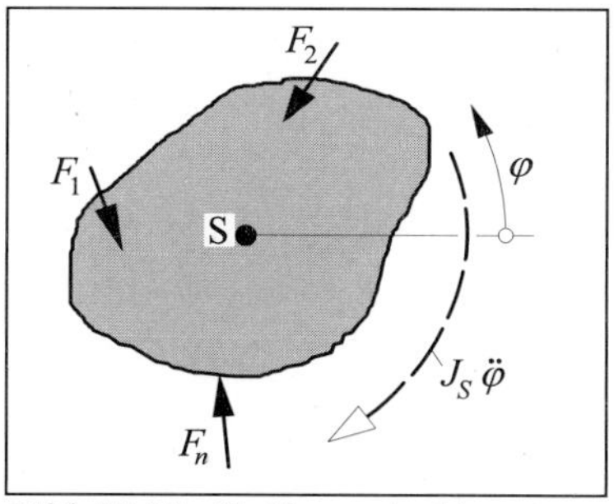


*Bild 05.18: Kräfte und D'ALEMBERTsches Moment an einem um die Schwerpunktachse rotierenden starren Körper*

**Wichtig:** Das **D'ALEMBERTsche Moment** ist auf die Schwerpunktachse zu beziehen, auch wenn die Drehung um eine parallele Achse erfolgt!

## 5.1.5.3 Energiesatz und Arbeitssatz

Der **Energiesatz** für die Bewegung des starren Körpers lautet (nur konservative Kräfte, siehe Kapitel 4.1.5):

$$\boxed{E_{pot\,1} + E_{kin\,1} = E_{pot\,2} + E_{kin\,2} = \text{konstant}}\ .$$

**Kinetische Energie** bei der ebenen Bewegung des starren Körpers:

$$\boxed{E_{kin} = E_{kin\ trans} + E_{kin\ rot}}\ ,$$

$$\boxed{E_{kin} = \frac{1}{2} m\, v_S^2 + \frac{1}{2} J_S\, \dot{\varphi}^2}\ .$$

$E_{pot}$ potentielle Energie

$E_{kin}$ kinetische Energie

$E_{kin\ trans}$ translatorischer Anteil der kinetischen Energie

$E_{kin\ rot}$ rotatorischer Anteil der kinetischen Energie

$m$ Masse

$J_S$ Massenträgheitsmoment bezüglich des Schwerpunktes

$v_S$ Geschwindigkeit des Schwerpunktes

$\dot{\varphi}$ Winkelgeschwindigkeit des Körpers

Der **Arbeitssatz** für die ebene Bewegung eines starren Körpers lautet:

$$\boxed{E_{kin\,1} - E_{kin\,0} = W}\ .$$

Darin ist $W$ die Arbeit der äußeren Kräfte (Momente) bei der Bewegung des Körpers aus einer Lage ⓪ in eine beliebige Lage ①.

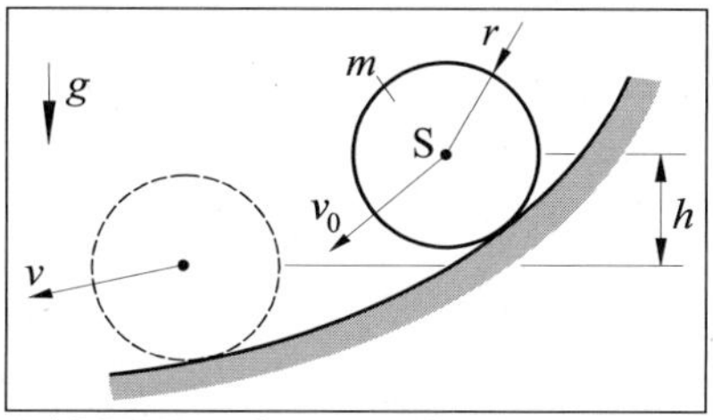


*Bild 05.19: Abwärts rollende Walze*

### Beispiel:

Eine Walze rollt eine geneigte Bahn hinunter (Bild 05.19). In der Ausgangslage hat der Schwerpunkt S der Walze die Geschwindigkeit $v_0$.

Gesucht ist die Geschwindigkeit $v$, wenn der Walzenschwerpunkt die Höhendifferenz $h$ zurückgelegt hat.

***Lösung:***

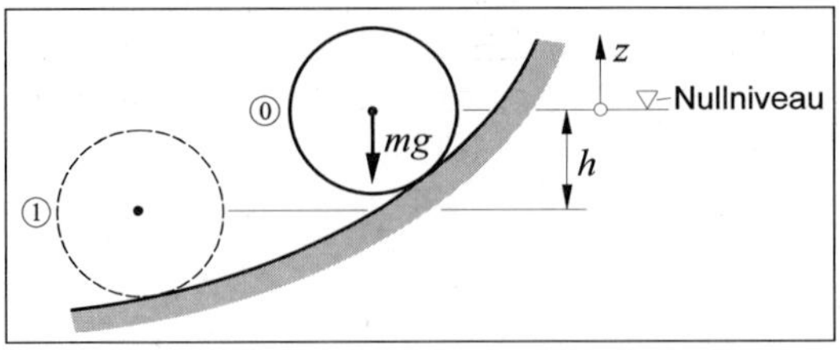


*Bild 05.20: Bewegung von Lage ⓪ nach Lage ①*

Wir wenden den **Arbeitssatz** an (Bild 05.20): $W = E_{kin\,1} - E_{kin\,0}$.

Bei der Bewegung aus der Lage ⓪ in die Lage ① leistet die Gewichtskraft $mg$ die Arbeit

$W = -mg(z_1 - z_0) = -mg(-h - 0) = m\,g\,h$.

Das Minuszeichen vor dem $mg$ ist darin begründet, dass Kraft- und Wegrichtung entgegengerichtet sind (Bild 05.20).

Die kinetische Energie im Ausgangszustand ⓪ beträgt mit $v_0 = r\,\omega_0$ (Walze rollt) und $J_S = \frac{1}{2} m\,r^2$:

$$E_{kin\,0} = \frac{1}{2} m\,v_0^2 + \frac{1}{2} J_S\,\omega_0^2 = \frac{1}{2} m\,v_0^2 + \frac{1}{2}\frac{1}{2} m\,r^2\,\frac{v_0^2}{r^2} = \frac{3}{4} m\,v_0^2 .$$

Analog gilt für die kinetische Energie in der Lage ①:

$$E_{kin\,1} = \frac{3}{4} m\,v^2 .$$

Aus dem Arbeitssatz folgt dann: $m\,g\,h = \frac{3}{4} m\,v^2 - \frac{3}{4} m\,v_0^2$,

$$\underline{\underline{v = \sqrt{\frac{4}{3} g\,h + v_0^2}}} .$$

# 5.1.6 Räumliche Bewegung starrer Körper

Die räumliche Bewegung eines starren Körpers können wir durch den Schwerpunktsatz sowie durch den Drallsatz beschreiben.

## 5.1.6.1 Schwerpunktsatz, Drallsatz

**Schwerpunktsatz:**
**Auch bei der räumlichen Bewegung bewegt sich der Schwerpunkt des starren Körpers so, als würden alle äußeren Kräfte an ihm angreifen und die gesamte Masse des Körpers in ihm konzentriert sein.**

$$\boxed{m\,\vec{a}_S = \vec{F}}$$

$m$ Gesamtmasse des Körpers

$\vec{a}_S$ Beschleunigung des Schwerpunktes

$\vec{F}$ Summe der äußeren Kräfte

**Drallsatz (Momentensatz)** (Bild 05.21):

$$\vec{M}_A = \frac{d\vec{L}_A}{dt}$$

mit dem Drall

$$\vec{L}_A = \int \vec{r}_P \times \vec{v}\, dm \ .$$

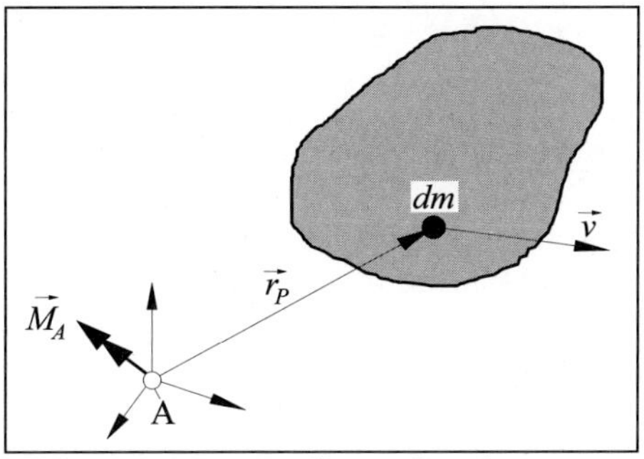


*Bild 05.21: Zum Drallsatz für den starren Körper*

Ist der Bezugspunkt A ein raumfester Punkt oder der Schwerpunkt S, so ist

$$\vec{L}_A = J_A\, \vec{\omega}$$

oder in Matrizenschreibweise

$$\vec{L}_A = \begin{bmatrix} L_x \\ L_y \\ L_z \end{bmatrix}_A = \begin{bmatrix} J_x & J_{xy} & J_{zx} \\ J_{xy} & J_y & J_{yz} \\ J_{zx} & J_{yz} & J_z \end{bmatrix} \begin{bmatrix} \omega_x \\ \omega_y \\ \omega_z \end{bmatrix} .$$

$\vec{M}_A$ Summe der äußeren Momente bezüglich A

$\vec{L}_A$ Drall bezüglich A

$\vec{\omega}$ Winkelgeschwindigkeit

$J_A$ Trägheitstensor

# 5.2 Aufgaben mit Lösungen

## Aufgabe 5.1 Rotierender Ꞁ-förmig gebogener Körper

Ein Ꞁ-förmig gebogener Draht (Bild 5.1) von der Gesamtlänge $4l$ und der Masse $m_{ges}$ sei in nebenstehender Weise gelagert und rotiere mit $\omega = konstant$ um die $\bar{z}$-Achse. Der Drahtdurchmesser ist gegenüber den sonstigen Abmessungen vernachlässigbar klein.

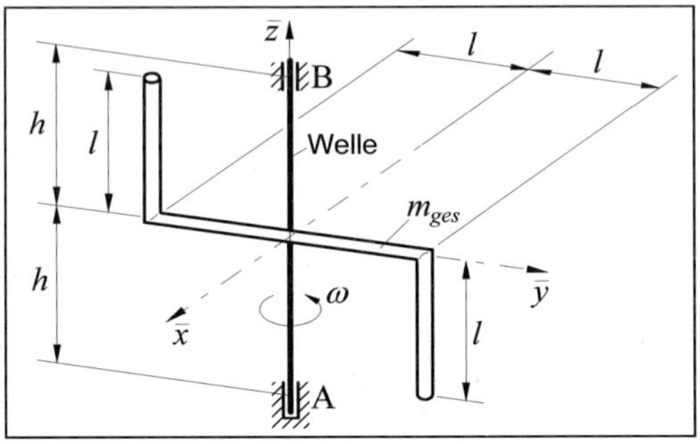

*Bild 5.1: Rotation um feste $\bar{z}$-Achse*

Gesucht:

1. alle Massenträgheitsmomente des Ꞁ-förmig gebogenen Drahtes,
2. quer zur $\bar{z}$-Achse auftretende Lagerkräfte in A und B.

***Lösung:***

**zu 1.**

**Bestimmung der Massenträgheitsmomente**

Allgemein gilt für den dünnen Stab:

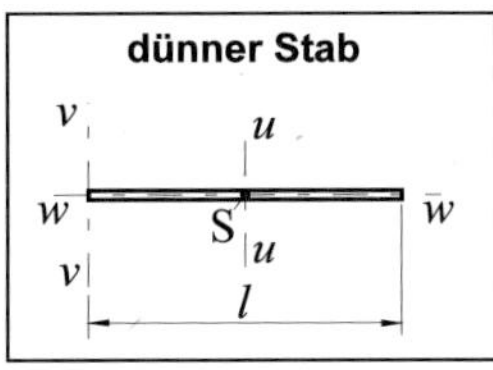


$$J_w = 0$$
$$J_u = \frac{m}{12} l^2$$
$$J_v = \frac{m}{3} l^2$$

Es ist $m_{ges} = 4\,m$.

Damit folgt:
$$J_{\bar{x}} = 2\left[\frac{m}{12} l^2 + \left(l^2 + \left(\frac{l}{2}\right)^2\right) m + \frac{m}{3} l^2\right] \quad \text{(STEINERscher Satz),}$$

$$J_{\bar{x}} = 2\,m\,l^2\left(\frac{1}{12} + \frac{12}{12} + \frac{3}{12} + \frac{4}{12}\right) = \frac{40}{12} m\,l^2 = \frac{40}{12}\cdot\frac{1}{4} m_{ges} l^2 = \underline{\underline{\frac{5}{6} m_{ges} l^2}},$$

$$J_{\bar{z}} = 2\left(\frac{m}{3} l^2 + m\,l^2\right) = \frac{8}{3} m\,l^2 = \frac{8}{3}\cdot\frac{1}{4} m_{ges} l^2 = \underline{\underline{\frac{2}{3} m_{ges} l^2}},$$

$$J_{\bar{y}} = 2\left(\frac{m}{3} l^2\right) = \frac{2}{3}\cdot\frac{1}{4} m_{ges} l^2 = \underline{\underline{\frac{1}{6} m_{ges} l^2}},$$

$$J_{\bar{x}\bar{y}} = J_{\bar{y}\bar{x}} = \underline{\underline{0}},$$

$$J_{\bar{x}\bar{z}} = \underline{\underline{0}},$$

$$J_{\bar{y}\bar{z}} = -\left[m(-l)\left(\frac{l}{2}\right) + m(l)\left(-\frac{l}{2}\right)\right] = m\,l^2 = \underline{\underline{\frac{1}{4} m_{ges} l^2}}.$$

**zu 2.**

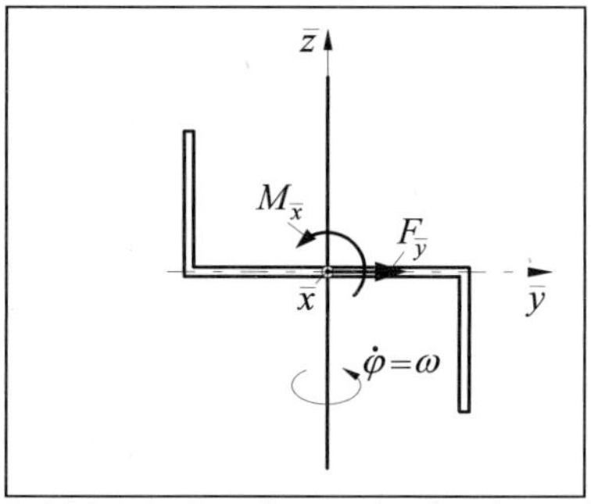


*Bild 5.1.1: Resultierende Kraft und resultierendes Moment*

Für Rotation um die feste $\bar{z}$-Achse gilt mit $\ddot{\varphi}=0$ (Bild 5.1.1):

$$M_{\bar{x}} = -J_{\bar{y}\bar{z}}\,\omega^2 = -\frac{1}{4}m_{ges}\,l^2\,\omega^2,$$

$$M_{\bar{y}} = M_{\bar{z}} = 0\,.$$

Da die Drehachse durch den Schwerpunkt der Masse verläuft, gibt es infolge der Bewegung keine resultierenden Kräfte ($F_{\bar{y}} = 0$; Bild 5.1.1).

Daraus folgt: $A_H = B$.

Das resultierende Moment $M_{\bar{x}}$ (Bild 5.1.1) (steht mit dem Moment aus den Massenkräften infolge Rotation im Gleichgewicht) wird aufgebracht durch die Lagerkräfte $A_H$ und $B$ (Bild 5.1.2), so dass folgt:

$$A_H \cdot 2h = \frac{1}{4}m_{ges}\,l^2\,\omega^2\,,$$

$$\underline{\underline{A_H = B = \frac{1}{8}m_{ges}\frac{l^2}{h}\,\omega^2}}\,.$$

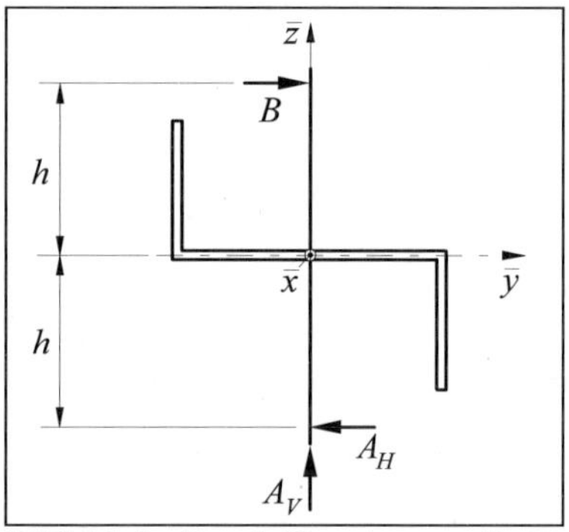


*Bild 5.1.2: Durch Rotation um die $\bar{z}$-Achse entstehende Lagerkräfte $A_H$ und $B$*

## Aufgabe 5.2 Massenträgheitsmoment von Kreisringsegment mit konstanter Dicke

Für ein homogenes Kreisringsegment mit der Dichte $\rho$ und konstanter Dicke (Bild 5.2) ist das Massenträgheitsmoment bezüglich der $\bar{z}$-Achse zu ermitteln.

Geben Sie auch die entsprechende Formel für einen Vollring und eine Vollscheibe an.

Gegeben:

$\rho,\ b,\ r_i,\ r_a,\ \alpha$

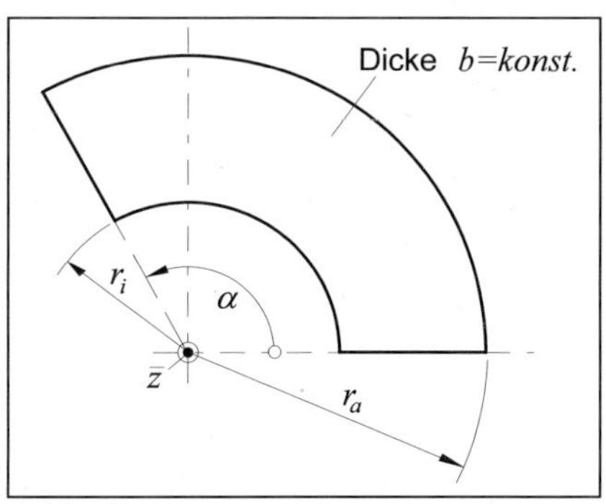


*Bild 5.2: Kreisringsegment mit konstanter Dicke*

***Lösung:***

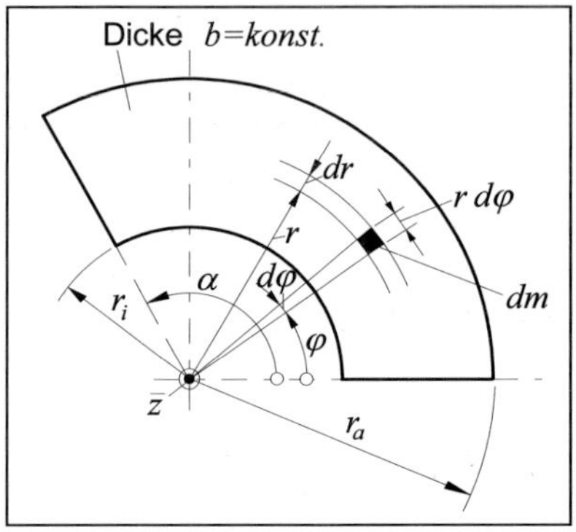


*Bild 5.2.1: Kreisringsegment mit Massenelement dm*

Das Massenträgheitsmoment bezüglich einer Drehachse $\bar{z}$ ist definiert durch

$$J_{\bar{z}} = \int\limits_m r^2 dm \;.$$

Mit dem differentiell kleinen Massenelement

$$dm = \rho \cdot dV = \rho b\, r\, d\varphi\, dr$$

nach Bild 5.2.1 folgt:

$$J_{\bar{z}} = \rho b \int\limits_{r_i}^{r_a} \left( \int\limits_0^{\alpha} d\varphi \right) r^3 dr \;,$$

$$J_{\bar{z}} = \rho b \left[ \frac{r^4}{4} \right]_{r_i}^{r_a} \left[ \varphi \right]_0^{\alpha} = \frac{\rho}{4} b \left( r_a^4 - r_i^4 \right) \alpha \;,$$

$$J_{\bar{z}} = \frac{\rho}{4} b \left( r_a^2 - r_i^2 \right)\left( r_a^2 + r_i^2 \right) \alpha = \rho b \left( r_a^2 - r_i^2 \right) \pi \cdot \frac{\alpha}{2\pi} \cdot \frac{1}{2} \left( r_a^2 + r_i^2 \right) .$$

Der Ausdruck $\rho b \left( r_a^2 - r_i^2 \right) \pi$ ist die Masse des Vollringes, so dass wir schreiben können:

| | |
|---|---|
| $J_{\bar{z}} = m_{Vollring} \cdot \frac{\alpha}{2\pi} \cdot \frac{1}{2} \left( r_a^2 + r_i^2 \right)$<br>mit $m_{Vollring} = \rho b \pi \left( r_a^2 - r_i^2 \right)$ . | für Kreisringsegment |

Für den Vollring erhalten wir mit $\alpha = 2\pi$:

| | |
|---|---|
| $J_{\bar{z}} = \frac{1}{2} m_{Vollring} \left( r_a^2 + r_i^2 \right)$<br>mit $m_{Vollring} = \rho b \pi \left( r_a^2 - r_i^2 \right)$ . | 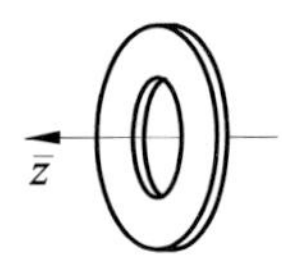<br> |

Bei der Vollscheibe mit $r_i = 0$ ergibt sich:

| | |
|---|---|
| $J_{\bar{z}} = \frac{1}{2} m_{Vollscheibe} \cdot r_a^2$<br>mit $m_{Vollscheibe} = \rho b \, \pi r_a^2$ . | 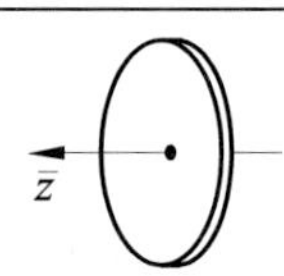<br> |

## Aufgabe 5.3 Massenträgheitsmoment einer homogenen Kugel

Ermitteln Sie das Massenträgheitsmoment einer homogenen Kugel mit der Dichte $\rho$ und dem Radius $R$ (Bild 5.3) bezüglich einer Achse durch den Schwerpunkt.

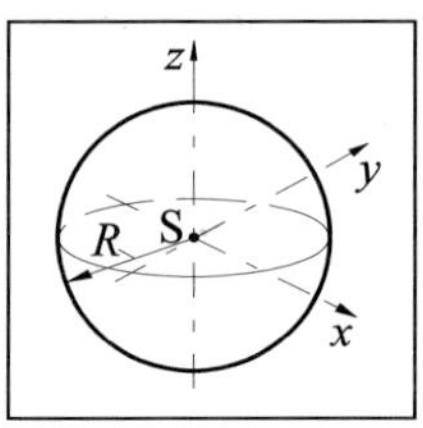


*Bild 5.3: Homogene Kugel*

### *Lösung:*

Zur Lösung der Aufgabe denken wir uns die Kugel als aus sehr vielen dünnen Kreisscheiben (Massenelement *dm*) zusammengesetzt (Bild 5.3.1). Für das Massenträgheitsmoment $dJ_y$ des Massenelements (Kreisscheibe) mit der Masse *dm* gilt

$$dJ_y = \frac{dm}{2} z^2 .$$

Mit $dm = \rho z^2 \pi \, dy$ und dem Radius der Kreisscheibe $z = \sqrt{R^2 - y^2}$ folgt:

$$dJ_y = \frac{1}{2}\pi\rho\left(R^2 - y^2\right)^2 dy ,$$

$$dJ_y = \frac{1}{2}\pi\rho\left(R^4 - 2R^2y^2 + y^4\right) dy .$$

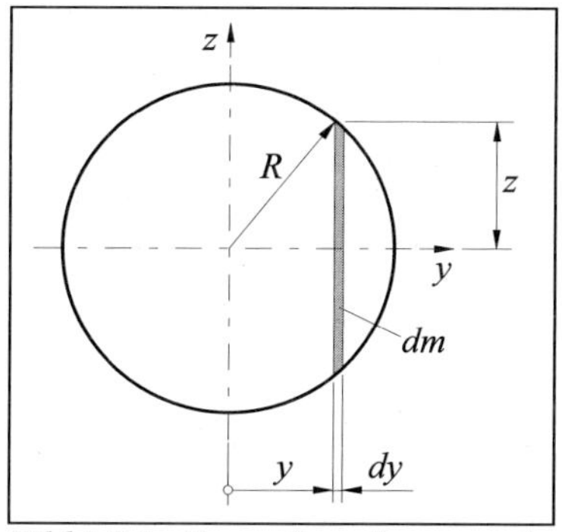


*Bild 5.3.1: Zur Berechnung des Massenträgheitsmoments einer Kugel*

Durch Integration (zwei Halbkugeln) erhalten wir:

$$J_y = 2\int_{y=0}^{R} \frac{1}{2}\pi\rho\left(R^4 - 2R^2y^2 + y^4\right) dy = \rho\pi\left[R^4 y - \frac{2}{3}R^2 y^3 + \frac{1}{5}y^5\right]_0^R ,$$

$$J_y = \rho\pi\left(R^5 - \frac{2}{3}R^5 + \frac{1}{5}R^5\right) = \frac{8}{15}\rho\pi R^5 .$$

Mit der Masse $m = \frac{4}{3}\rho\pi R^3$ der Kugel erhalten wir schließlich

$$\underline{\underline{J_y = \frac{2}{5} m R^2}} .$$ (Gilt für jede Achse durch den Schwerpunkt der Kugel.)

## Aufgabe 5.4 Auswuchten eines starren Rotors

Der starre Rotor mit der Dichte $\rho$ dreht gemäß Bild 5.4 um die feste Achse $x$. Der Unwuchtzustand des Rotors soll durch Ausgleichsmassen in den Ausgleichsebenen I und II ausgeglichen werden.

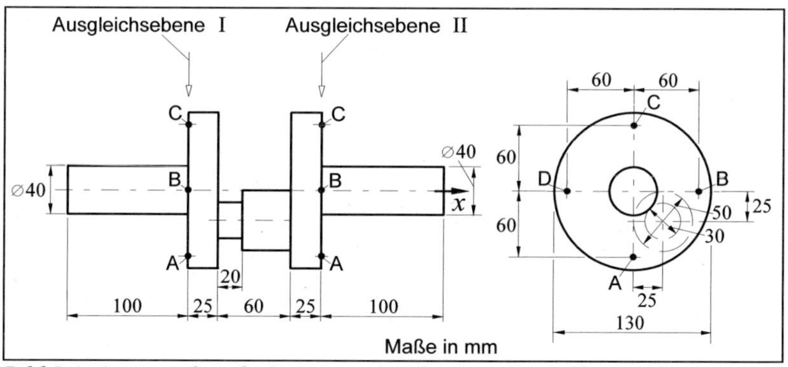


*Bild 5.4: Auszuwuchtender Rotor mit Ausgleichsstellen in den Ausgleichsebenen*

Ermitteln Sie die notwendigen Ausgleichsmassen an den vorgegebenen acht möglichen Ausgleichsstellen A, B, C und D in den Ausgleichsebenen I und II.

Dichte $\rho = 2{,}71\,\mathrm{g/cm^3}$.

## *Lösung:*

Für die analytische Lösung des Auswuchtproblems der hier konstruktiv bedingten Unwucht wählen wir den Weg über die Ausgleichsbedingungen. Für das *dynamische Auswuchten* lauten die **Ausgleichsbedingungen**:

1. der Schwerpunkt muß auf der Drehachse liegen,
2. Drehachse muß mit einer Hauptträgheitsachse zusammenfallen. Dies bedeutet: Alle Deviationsmomente müssen Null sein.

Mit den Ausgleichsmassen $m_I$ und $m_{II}$ in den Ausgleichsebenen I und II (Bild 5.4.1) gilt:

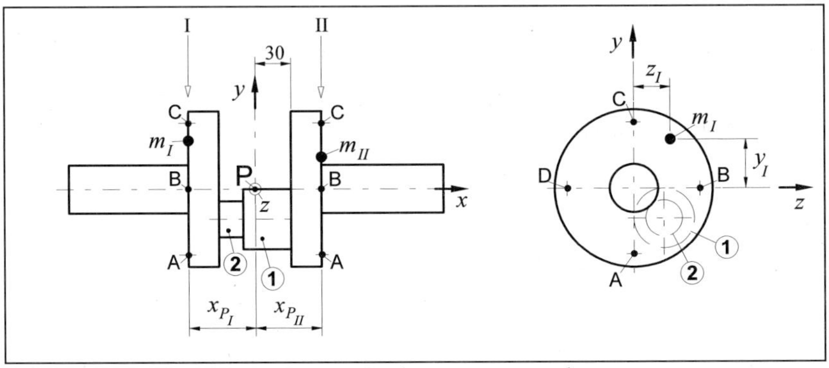


*Bild 5.4.1: Zur Berechnung der Ausgleichsmassen $m_I$ und $m_{II}$*

zu 1. **Lagebedingung für Schwerpunkt** auf der Drehachse

$$\sum_i m_i\, y_i + m_I\, y_I + m_{II}\, y_{II} = 0 \tag{1}$$

$$\sum_i m_i\, z_i + m_I\, z_I + m_{II}\, z_{II} = 0 \tag{2}$$

zu 2. **Hauptachsenbedingung** (Deviationsmomente Null)
(P ist Bezugspunkt auf der Drehachse, Bild 5.4.1)

$$\sum_i J_{xy\,P_i} - m_I\, y_I\, x_{P_I} - m_{II}\, y_{II}\, x_{P_{II}} = 0 \tag{3}$$

$$\sum_i J_{xz\,P_i} - m_I\, z_I\, x_{P_I} - m_{II}\, z_{II}\, x_{P_{II}} = 0 \tag{4}$$

$m_I\, y_I\, x_{P_I}$; $m_{II}\, y_{II}\, x_{P_{II}}$; $m_I\, z_I\, x_{P_I}$ und $m_{II}\, z_{II}\, x_{P_{II}}$ sind die "STEINER-Anteile" der Massen $m_I$ und $m_{II}$
(Da Schwerpunkt auf der Drehachse liegen muß ($y = 0;\ z = 0$), ist sowieso $J_{yz} = 0$).

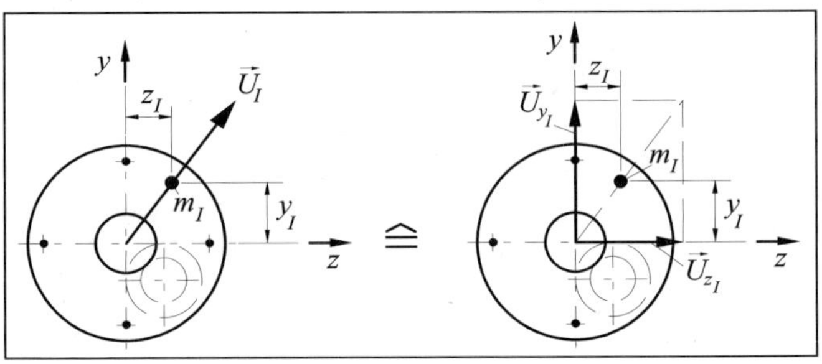


*Bild 5.4.2: Zerlegung des Unwuchtvektors der Ausgleichsmasse in der Ausgleichsebene I*

Nach Bild 5.4.2 können wir die Unwuchtvektoren der Ausgleichsmassen in Komponenten zerlegen und für die *Beträge der Komponenten* schreiben:

$$U_{y_I} = m_I\, y_I\,; \qquad U_{y_{II}} = m_{II}\, y_{II}\,;$$

$$U_{z_I} = m_I\, z_I\,; \qquad U_{z_{II}} = m_{II}\, z_{II}\,.$$

Damit folgt aus (1) bis (4):

$$\sum_i m_i\, y_i + U_{y_I} + U_{y_{II}} = 0 \qquad (5)$$

$$\sum_i m_i\, z_i + U_{z_I} + U_{z_{II}} = 0 \qquad (6)$$

$$\sum_i J_{xy\,P_i} - U_{y_I}\, x_{P_I} - U_{y_{II}}\, x_{P_{II}} = 0 \qquad (7)$$

$$\sum_i J_{xz\,P_i} - U_{z_I}\, x_{P_I} - U_{z_{II}}\, x_{P_{II}} = 0\,. \qquad (8)$$

Nun können wir aus den vier Gleichungen (5) bis (8) die vier *Komponenten der Unwuchtvektoren* $U_{y_I}$, $U_{y_{II}}$, $U_{z_I}$ *und* $U_{z_{II}}$ *der Ausgleichsmassen* berechnen.

Aus Bild 5.4.1 erkennen wir, dass nur die Rotorteile ① und ② die Unwucht verursachen. Die übrigen Rotorteile haben eine rotationssymmetrische Massenverteilung, so dass sie keine Unwucht erzeugen können.

Für die Berechnung folgt dann:

**Massen**: $$m_1 = \rho \cdot V_1 = 2{,}71 \frac{\text{g}}{\text{cm}^3} \cdot \frac{5^2\,\pi}{4} 4\,\text{cm}^3 = 212{,}843\,\text{g}$$

$$m_2 = \rho \cdot V_2 = 2{,}71 \frac{\text{g}}{\text{cm}^3} \cdot \frac{3^2\,\pi}{4} 2\,\text{cm}^3 = 38{,}312\,\text{g}$$

**Deviationsmomente** (P ist Bezugspunkt auf der Drehachse; Bild 5.4.1):

$$J_{xy\,P} = \sum_i J_{xy\,P_i} = -m_1\, x_1\, y_1 - m_2\, x_2\, y_2$$

$$J_{xyP} = \sum_i J_{xyP_i} = -212{,}843\,\text{g} \cdot 1\,\text{cm}(-2{,}5\,\text{cm}) - 38{,}312\,\text{g} \cdot (-2\,\text{cm})(-2{,}5\,\text{cm})$$

$$J_{xy\,P} = \sum_i J_{xy\,P_i} = 340{,}55\,\text{g}\,\text{cm}^2$$

$$J_{xz\,P} = \sum_i J_{xz\,P_i} = -m_1\, x_1\, z_1 - m_2\, x_2\, z_2$$

$$J_{xzP} = \sum_i J_{xzP_i} = -212{,}843\,\text{g} \cdot 1\,\text{cm} \cdot 2{,}5\,\text{cm} - 38{,}312\,\text{g} \cdot (-2\,\text{cm}) \cdot 2{,}5\,\text{cm}$$

$$J_{xz\,P} = \sum_i J_{xz\,P_i} = -340{,}55\,\text{g}\,\text{cm}^2$$

$\sum_i m_i\, y_i$ und $\sum_i m_i\, z_i$ für Gleichungen (5) und (6):

$$\sum_i m_i y_i = 212{,}843\,\text{g} \cdot (-2{,}5\,\text{cm}) + 38{,}312\,\text{g} \cdot (-2{,}5\,\text{cm}) = -627{,}89\,\text{gcm}$$

$$\sum_i m_i\, z_i = 212{,}843\,\text{g} \cdot 2{,}5\,\text{cm} + 38{,}312\,\text{g} \cdot 2{,}5\,\text{cm} = 627{,}89\,\text{g}\,\text{cm}\,.$$

Somit folgt aus (5) und (6):

$$-627{,}89\,\text{g cm} + U_{y_I} + U_{y_{II}} = 0 \tag{9}$$

$$627{,}89\,\text{g cm} + U_{z_I} + U_{z_{II}} = 0\,. \tag{10}$$

Mit $x_{P_I} = -5{,}5\,\text{cm}$ und $x_{P_{II}} = 5{,}5\,\text{cm}$ (Lage der Ausgleichsebenen) folgt

aus (7): $$340{,}55\,\text{gcm}^2 - U_{y_I}(-5{,}5\,\text{cm}) - U_{y_{II}} \cdot 5{,}5\,\text{cm} = 0 \tag{11}$$

aus (8): $$-340{,}55\,\text{gcm}^2 - U_{z_I}(-5{,}5\,\text{cm}) - U_{z_{II}} \cdot 5{,}5\,\text{cm} = 0 \tag{12}$$

aus (9) in (11): $$340{,}55\,\text{gcm}^2 - U_{y_I}(-5{,}5\,\text{cm}) - (627{,}89\,\text{gcm} - U_{y_I}) \cdot 5{,}5\,\text{cm} = 0$$

$$\boxed{U_{y_I} = 282{,}99\,\text{g cm}}$$

aus (9): $$U_{y_{II}} = 627{,}89\,\text{g cm} - U_{y_I} = 627{,}89\,\text{g cm} - 282{,}99\,\text{g cm}$$

$$\boxed{U_{y_{II}} = 344{,}9\,\text{g cm}}$$

aus (10) in (12): $$-340{,}55\,\text{gcm}^2 + U_{z_I} \cdot 5{,}5\,\text{cm} - (-U_{z_I} - 627{,}89\,\text{gcm}) \cdot 5{,}5\,\text{cm} = 0$$

$$\boxed{U_{z_I} = -282{,}99\,\text{g cm}}$$

aus (10): $$U_{z_{II}} = -627{,}89\,\text{gcm} - U_{z_I} = -627{,}89\,\text{gcm} - (-282{,}99\,\text{gcm})$$

$$\boxed{U_{z_{II}} = -344{,}9\,\text{g cm}}\,.$$

Aus diesen vier Komponenten der Unwuchtvektoren der notwendigen Ausgleichsmassen können wir nun die Ausgleichsmassen an den vorgegebenen Stellen A, B, C und D der beiden Ausgleichsebenen berechnen.

$U_{y_I}$ können wir verwirklichen mit der Masse $m_{I_C}$ an der Stelle C der Ebene I im Abstand $y_{I_C} = 6\,\text{cm}$ (Bild 5.4.3).

$$m_{I_C} = \frac{U_{y_I}}{y_{I_C}} = \frac{282{,}99\,\text{g cm}}{6\,\text{cm}} = \underline{\underline{47{,}2\,\text{g}}}$$

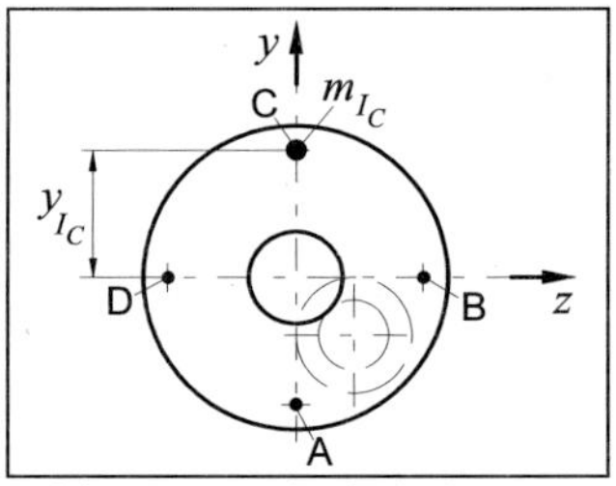


*Bild 5.4.3: Erforderliche Ausgleichsmasse an der Stelle C in Ebene I*

Analog folgt für die Stelle D in Ebene I (Bild 5.4.4):

$$m_{I_D} = \frac{U_{z_I}}{z_{I_D}} = \frac{-282{,}99\,\text{g cm}}{-6\,\text{cm}} = \underline{\underline{47{,}2\,\text{g}}}\,.$$

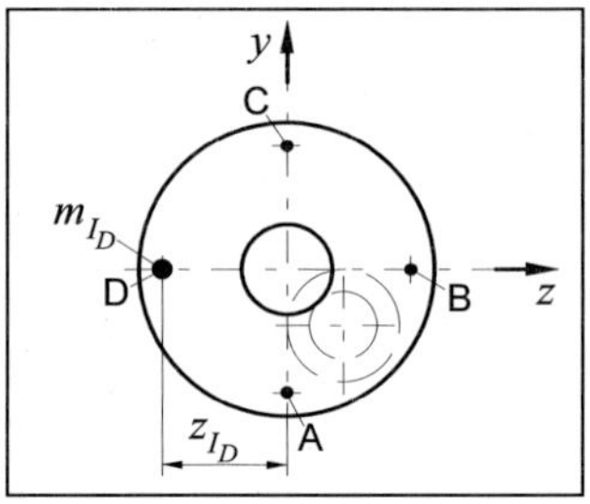


*Bild 5.4.4: Erforderliche Ausgleichsmasse an der Stelle D in Ebene I*

Für die Stelle C in Ebene II (Bild 5.4.5) ergibt sich:

$$m_{II_C} = \frac{U_{y_{II}}}{y_{II_C}} = \frac{344{,}9\,\text{g cm}}{6\,\text{cm}} = \underline{\underline{57{,}5\,\text{g}}}.$$

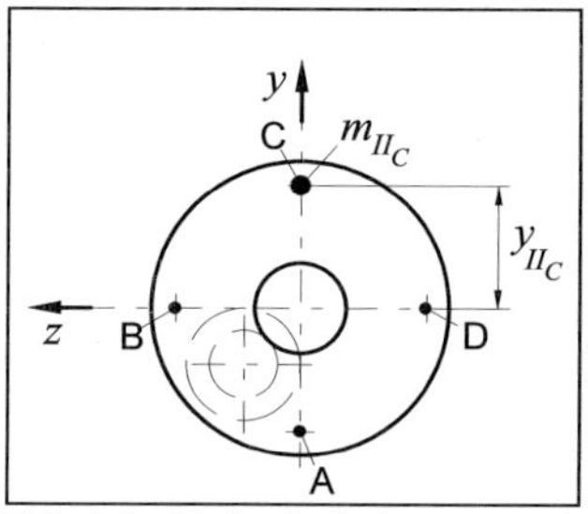


*Bild 5.4.5: Erforderliche Ausgleichsmasse an der Stelle C in Ebene II*

Für die Stelle D in Ebene II (Bild 5.4.6) erhalten wir:

$$m_{II_D} = \frac{U_{z_{II}}}{z_{II_D}} = \frac{-344{,}9\,\text{g cm}}{-6\,\text{cm}} = \underline{\underline{57{,}5\,\text{g}}}.$$

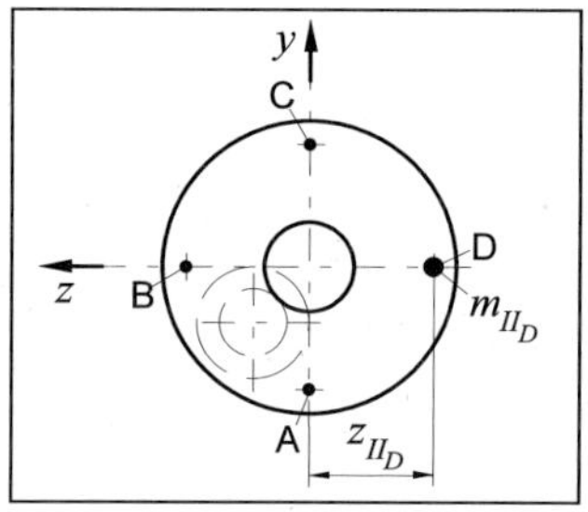


*Bild 5.4.6: Erforderliche Ausgleichsmasse an der Stelle D in Ebene II*

## Aufgabe 5.5 Gekoppelte Körper auf schiefer Ebene

Ein homogener Zylinder mit der Masse $m_1$ ist durch eine starre masselose Stange mit einem Quader mit der Masse $m_2$ (Bild 5.5) verbunden. $S_1$ und $S_2$ sind die jeweiligen Massenschwerpunkte und die Stange ist parallel zur schiefen Ebene. Der Verbindungspunkt zwischen Stange und Zylinder ist drehbar ausgeführt und bei der Abwärtsbewegung des Systems soll der Zylinder eine reine Rollbewegung ausführen. Der Haftreibungskoeffizient zwischen Zylinder und Unterlage ist $\mu_0$, zwischen Quader und Unterlage beträgt der Gleitreibungskoeffizient $\mu$.

Wie groß ist die Beschleunigung des Systems und die Kraft in der Stange?

Gegeben: $m_1$, $m_2$, $r$, $\beta$, $\mu$, $\mu_0$, Fallbeschleunigung $g$

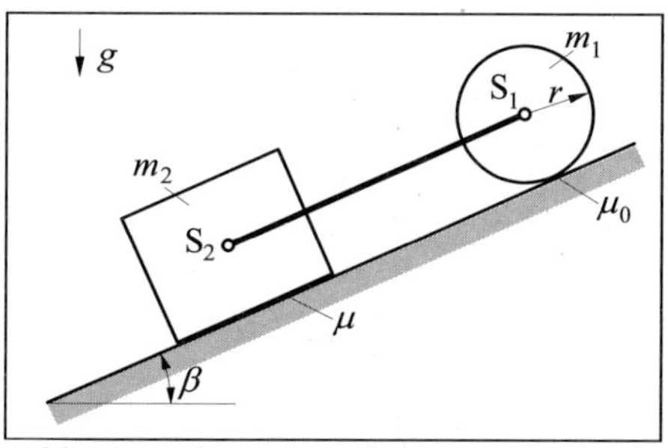


*Bild 5.5: gekoppeltes System auf schiefer Ebene*

### *Lösung:*

Zunächst schneiden wir Zylinder und Quader frei und führen zur Beschreibung der Bewegung geeignete Koordinaten ein (Bild 5.5.1).

Mit den Anwendungen des **Schwerpunktsatzes** auf Quader und Zylinder sowie des **Drallsatzes** auf den Zylinder ergibt sich (Bild 5.5.1):

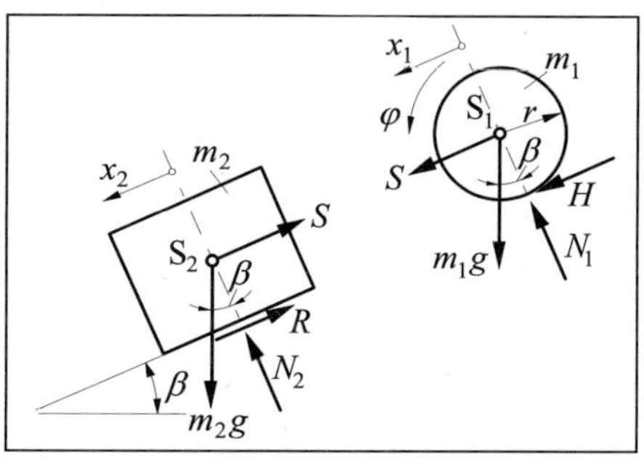


*Bild 5.5.1: Freigeschnittener Zylinder und Quader mit Koordinaten*

**Zylinder**

↙ $$m_1\,\ddot{x}_1 = S + H + m_1\,g\sin\beta \qquad (1)$$

↖ $$0 = N_1 - m_1\,g\cos\beta \qquad (2)$$

$(S_1)$ $$J_{S_1}\,\ddot{\varphi} = -H\,r \qquad \text{(Drallsatz)} \qquad (3)$$

**Quader**

$$\swarrow \quad m_2\,\ddot{x}_2 = -S - R + m_2\,g\sin\beta \tag{4}$$

$$\nwarrow \quad 0 = N_2 - m_2\,g\cos\beta\,. \tag{5}$$

Für die reine Rollbewegung gilt die **kinematische Beziehung** (Drehung um den Berührungspunkt mit der Unterlage (Momentanpol)):

$$\dot{x}_1 = \dot{\varphi}\,r \quad\Rightarrow\quad \ddot{x}_1 = \ddot{\varphi}\,r\,. \tag{6}$$

Durch die starre Stange zwischen Quader und Zylinder bewegen sich die Schwerpunkte der Körper mit der gleichen Geschwindigkeit, so dass eine weitere **kinematische Beziehung** lautet:

$$\dot{x}_1 = \dot{x}_2 \quad\Rightarrow\quad \ddot{x}_1 = \ddot{x}_2\,. \tag{7}$$

Weiterhin gilt für den rutschenden Quader das Gleitreibungsgesetz

$$R = \mu\,N_2\,. \tag{8}$$

Für die 8 Unbekannten $\ddot{x}_1$, $\ddot{x}_2$, $\ddot{\varphi}$, $N_1$, $N_2$, $S$, $H$ und $R$ stehen nun die obigen 8 Gleichungen zur Verfügung.

Mit (7) in (4), (6) in (3) sowie (8) in (4) mit (5) folgt:

$$\frac{J_{S_1}}{r}\,\ddot{x}_1 = -H\,r \tag{9}$$

$$m_2\,\ddot{x}_1 = -S - \mu\,m_2\,g\cos\beta + m_2\,g\sin\beta\,. \tag{10}$$

Aus (9) folgt $H = -\dfrac{J_{S_1}}{r^2}\,\ddot{x}_1$ (11)

und aus (10) ergibt sich $S = -m_2\,\ddot{x}_1 - \mu\,m_2\,g\cos\beta + m_2\,g\sin\beta\,.$ (12)

Durch Einsetzen von (11) und (12) in (1) erhalten wir die Beschleunigung $\ddot{x} = \ddot{x}_1 = \ddot{x}_2$ des Systems:

$$m_1\,\ddot{x}_1 = -m_2\,\ddot{x}_1 - \mu\,m_2\,g\cos\beta + m_2\,g\sin\beta - \frac{J_{S_1}}{r^2}\,\ddot{x}_1 + m_1\,g\sin\beta$$

$$\ddot{x} = \ddot{x}_1 = \frac{m_1\,g\sin\beta - \mu\,m_2\,g\cos\beta + m_2\,g\sin\beta}{m_1 + m_2 + \dfrac{J_{S_1}}{r^2}}\,.$$

Mit $J_{S_1} = \dfrac{m_1}{2}r^2$ erhalten wir schließlich $\quad \underline{\underline{\ddot{x} = \ddot{x}_1 = \ddot{x}_2 = \dfrac{g\sin\beta\,(m_1 + m_2) - \mu\,m_2 g\cos\beta}{\dfrac{3}{2}m_1 + m_2}}}\,.$

Setzen wir die gefundene Beschleunigung $\ddot{x}_1$ in Gleichung (12) ein, so erhalten wir für die Kraft $S$ in der Stange:

$$S = -m_2\frac{g\sin\beta\,(m_1 + m_2) - \mu m_2 g\cos\beta}{\dfrac{3}{2}m_1 + m_2} - \mu\,m_2 g\cos\beta + m_2 g\sin\beta$$

$$S = \frac{-2\,m_2\big(g\sin\beta\,(m_1 + m_2) - \mu m_2 g\cos\beta\big) + \big(-\mu m_2 g\cos\beta + m_2 g\sin\beta\big)(3m_1 + 2m_2)}{3\,m_1 + 2\,m_2}$$

$$S = \frac{g}{3\,m_1 + 2\,m_2}\Big(-2\,m_1 m_2\sin\beta - 2\,m_2^2\sin\beta + 2\,\mu\,m_2^2\cos\beta - 3\mu\,m_1 m_2\cos\beta$$
$$-2\mu m_2^2\cos\beta + 3m_1 m_2\sin\beta + 2m_2^2\sin\beta\Big)$$

$$\underline{\underline{S = \frac{g\,m_1\,m_2}{3\,m_1 + 2\,m_2}\left(\sin\beta - 3\mu\cos\beta\right)}}\,.$$

## Aufgabe 5.6 Rollende Walze

Eine homogene abgestufte Walze mit der Masse $m_1$ (Bild 5.6) rollt ohne Schlupf auf einer horizontalen rauen Unterlage. Auf dem Walzenteil mit dem Radius $R$ ist ein dehnstarres Seil aufgewickelt. Das Seil wird über eine reibungsfrei gelagerte masselose Umlenkrolle geführt, an dessen Ende eine Masse $m_2$ befestigt ist.

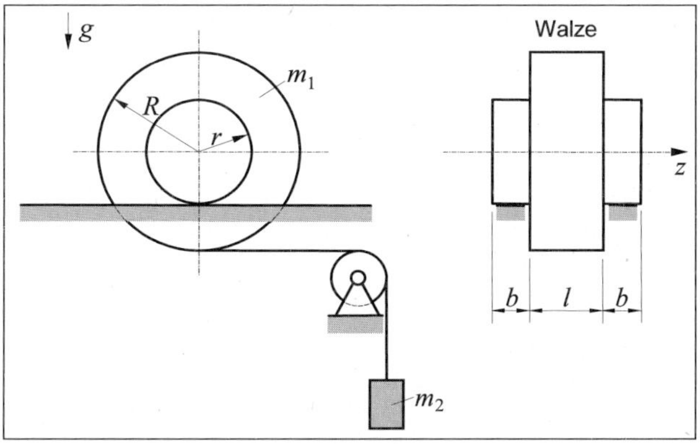

*Bild 5.6: System mit rollender Walze*

Wie groß sind:

1. das Massenträgheitsmoment der Walze bezüglich der $z$-Achse,
2. die Beschleunigung der Masse $m_2$?

Gegeben: $m_1$, $m_2$, $r$, $R$, $b$, $l$, Fallbeschleunigung $g$

### *Lösung:*

**zu 1.**

**Massenträgheitsmoment** $J_z$ der Walze (Bild 5.6.1):

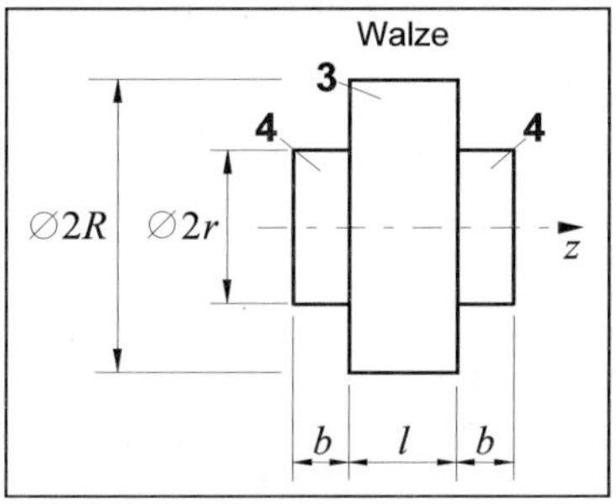

*Bild 5.6.1: Aufteilen der Masse $m_1$ (Walze) in Teilmassen*

$$J_z = 2\,J_{z4} + J_{z3}$$

$$J_{z4} = \frac{m_4}{2} r^2\,; \qquad J_{z3} = \frac{m_3}{2} R^2$$

$$m_4 = \rho r^2 \pi b\ ; \qquad m_3 = \rho R^2 \pi l$$

also $$J_z = m_4 r^2 + \frac{m_3}{2} R^2 = \rho \pi r^4 b + \frac{1}{2} \rho \pi R^4 l$$

$$J_z = \frac{\rho \pi}{2}\left(2b r^4 + l R^4\right).$$

Die Dichte $\rho$ erhalten wir aus $\rho = \dfrac{m_1}{V} = \dfrac{m_1}{\pi\left(2r^2 b + R^2 l\right)}$.

Somit $$J_z = \frac{m_1}{2} \cdot \frac{2 b r^4 + l R^4}{2 b r^2 + l R^2}.$$

**zu 2.**

### 1. Lösungsweg

**Lösung mit Schwerpunktsatz und Drallsatz**

**Schwerpunktsatz** (Bild 5.6.2):

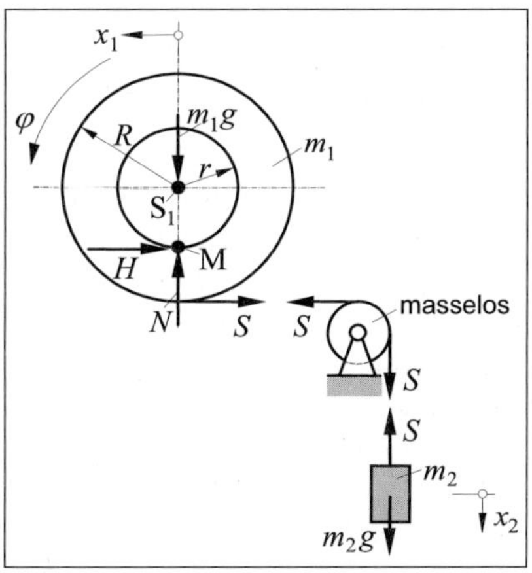

*Bild 5.6.2: Freigeschnittene Teile mit Koordinaten*

↓ $m_2 \ddot{x}_2 = m_2 g - S$ (Masse $m_2$) (1)

← $m_1 \ddot{x}_1 = -S - H$ (Walze) (2)

**Drallsatz** (Bezugspunkt ist der Schwerpunkt $S_1$):

$S_1$: $J_{S_1} \ddot{\varphi} = S\,R + H\,r$ (Walze) (3)

Es sind 5 Unbekannte vorhanden: $\ddot{x}_1$, $\ddot{x}_2$, $\ddot{\varphi}$, $S$ und $H$.

Aus den folgenden **kinematischen Beziehungen** erhalten wir zwei weitere Gleichungen.

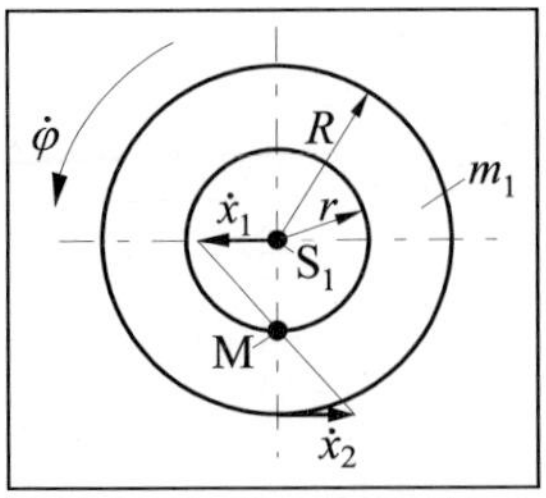


*Bild 5.6.3: Geschwindigkeiten bei Drehung um Momentanpol M*

Bei Drehung um den Momentanpol M folgt mit der Winkelgeschwindigkeit $\dot{\varphi}$ der Walze (Geschwindigkeit $\dot{x}_2$ der Masse $m_2$ wird an die Walze weitergegeben) (Bild 5.6.3):

$$\dot{x}_1 = \dot{\varphi}\, r \quad \Rightarrow \quad \ddot{x}_1 = \ddot{\varphi}\, r \tag{4}$$

$$\dot{x}_2 = \dot{\varphi}\left(R - r\right) \quad \Rightarrow \quad \ddot{x}_2 = \ddot{\varphi}\left(R - r\right) . \tag{5}$$

Somit 5 Gleichungen für 5 Unbekannte.

aus (1): $$S = m_2\, g - m_2\, \ddot{x}_2 \tag{6}$$

aus (2): $$H = -\,S - m_1\, \ddot{x}_1 \tag{7}$$

(6) in (7): $$H = -\,m_2\, g + m_2\, \ddot{x}_2 - m_1\, \ddot{x}_1 \tag{8}$$

(6) und (8) in (3): $$J_{S_1}\, \ddot{\varphi} = m_2\, g\, R - m_2\, \ddot{x}_2\, R - m_2\, g\, r + m_2\, \ddot{x}_2\, r - m_1\, \ddot{x}_1\, r \; . \tag{9}$$

Die kinematischen Beziehungen (4) und (5) können wir in Abhängigkeit von $\ddot{x}_2$ ausdrücken:

$$\ddot{\varphi} = \frac{\ddot{x}_2}{R - r} \; ; \qquad \ddot{x}_1 = \frac{\ddot{x}_2}{R - r}\, r \; .$$

Setzen wir dies in (9) ein, so folgt:

$$J_{S_1} \frac{\ddot{x}_2}{R - r} + m_2\, \ddot{x}_2\, R - m_2\, \ddot{x}_2\, r + m_1 \frac{\ddot{x}_2}{R - r}\, r^2 = m_2\, g\, R - m_2\, g\, r$$

$$\ddot{x}_2 \left( \frac{J_{S_1}}{R - r} + m_2 R - m_2 r + m_1 \frac{r^2}{R - r} \right) = m_2 g \left(R - r\right)$$

$$\ddot{x}_2 = \frac{m_2 g \left(R - r\right)}{\dfrac{J_{S_1}}{R - r} + m_2\left(R - r\right) + m_1 \dfrac{r^2}{R - r}} = \frac{m_2}{m_2 + m_1 \dfrac{r^2}{\left(R - r\right)^2} + \dfrac{J_{S_1}}{\left(R - r\right)^2}}\, g \; ,$$

wobei $J_{S_1} = J_z$ ist (siehe unter 1.).

Bei Verwendung des Drallsatzes ist es auch zugelassen, als Bezugspunkt einen beschleunigungsfreien Punkt des Körpers zu wählen. Da der Momentanpol M (Bild 5.6.2) beschleunigungsfrei ist, soll hier eine **alternative Lösung** gezeigt werden:

**Drallsatz** (Bezugspunkt ist der Momentanpol M):

$\circlearrowleft$ M $$\left(J_{S_1} + m_1 r^2\right) \ddot{\varphi} = S\left(R - r\right) \tag{10}$$

(6) in (10): $$\left(J_{S_1} + m_1 r^2\right) \ddot{\varphi} = \left(m_2 g - m_2 \ddot{x}_2\right)\left(R - r\right)$$

mit (5): $$\left(J_{S_1} + m_1 r^2\right) \frac{\ddot{x}_2}{\left(R - r\right)^2} = m_2 g - m_2 \ddot{x}_2$$

$$\left( \frac{J_{S_1}}{\left(R - r\right)^2} + m_1 \frac{r^2}{\left(R - r\right)^2} + m_2 \right) \ddot{x}_2 = m_2 g$$

$$\ddot{x}_2 = \frac{m_2}{m_2 + m_1 \dfrac{r^2}{\left(R - r\right)^2} + \dfrac{J_{S_1}}{\left(R - r\right)^2}}\, g \; .$$

## 2. Lösungsweg

**Lösung nach dem Prinzip von D'ALEMBERT**

Wir schneiden das System über der Umlenkrolle auf und wenden das D'ALEMBERTsche Prinzip für jedes Teil an (Bild 5.6.4).

Wir betrachten die Bewegung der Walze als **Translation des Walzenschwerpunktes und Rotation der Walze** (Bild 5.6.4).

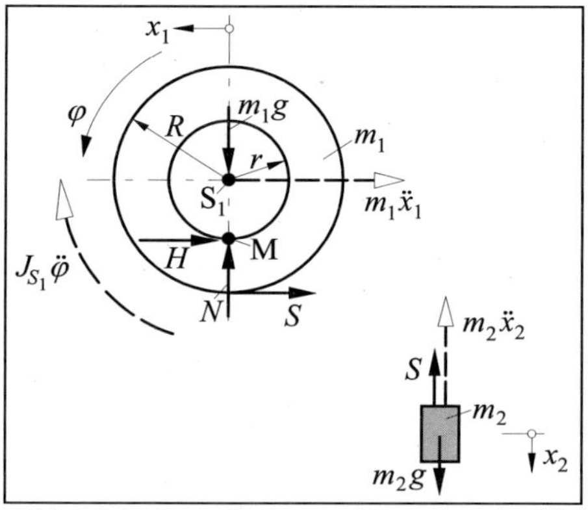


*Bild 5.6.4: Translation* ***und*** *Rotation der Walze; Kräfte an freigeschnittener Walze und freigeschnittener Masse* $m_2$

Als **Bewegungskoordinaten** werden $x_1$ und $x_2$ zur Verfolgung der Massenschwerpunkte und $\varphi$ für die Drehbewegung der Walze gewählt (Bild 5.6.4). Die D'ALEMBERTschen Kräfte und das D'ALEMBERTsche Moment werden jeweils entgegen der zugehörigen Koordinatenrichtung eingezeichnet.

Da die Kräfte $N$ und $H$ nicht gefragt sind, wird für die Walze nur die Momenten-**Gleichgewichtsbedingung** bezüglich des Momentanpols M benutzt.

**Walze:**

$$(\Sigma M)_{\mathrm{M}} = 0: \quad m_1\ddot{x}_1 r + J_{S_1}\ddot{\varphi} - S(R-r) = 0 \qquad (1)$$

**Masse** $m_2$:

$$\Sigma\uparrow = 0: \quad S + m_2\ddot{x}_2 - m_2 g = 0\,. \qquad (2)$$

Es sind 4 Unbekannte vorhanden: $\ddot{x}_1$, $\ddot{x}_2$, $\ddot{\varphi}$ und $S$.

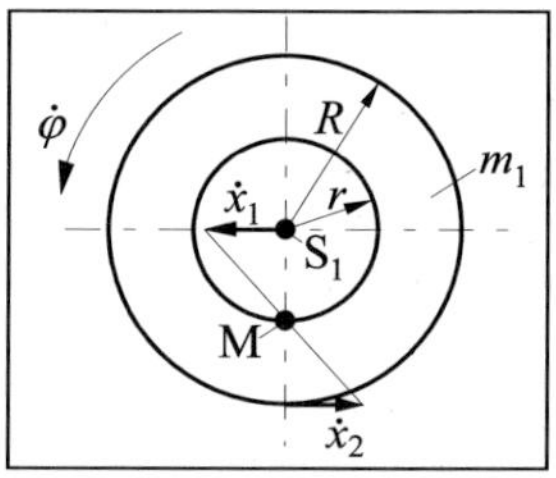


*Bild 5.6.5: Geschwindigkeiten bei Drehung um Momentanpol M*

Die **kinematischen Beziehungen** liefern die folgenden zwei weiteren Gleichungen (3) und (4).

Mit der Winkelgeschwindigkeit $\dot{\varphi}$ der Walze folgt (Bild 5.6.5):

$$\dot{x}_1 = \dot{\varphi} r \quad \Rightarrow \quad \ddot{x}_1 = \ddot{\varphi} r \qquad (3)$$

$$\dot{x}_2 = \dot{\varphi}(R-r) \quad \Rightarrow \quad \ddot{x}_2 = \ddot{\varphi}(R-r)\,. \qquad (4)$$

Somit 4 Gleichungen für 4 Unbekannte.

Aus (1): $\quad S = \dfrac{1}{R-r}\left(m_1\ddot{x}_1 r + J_{S_1}\ddot{\varphi}\right)$,

in (2): $$\frac{1}{R-r}\left(m_1\ddot{x}_1 r + J_{S_1}\ddot{\varphi}\right) + m_2\ddot{x}_2 = m_2 g\,. \qquad (5)$$

Kinematische Beziehungen (3) und (4) in Abhängigkeit von $\ddot{x}_2$ ausdrücken:

$$\ddot{\varphi} = \frac{1}{R-r}\ddot{x}_2; \qquad \ddot{x}_1 = \frac{1}{R-r}\ddot{x}_2 r.$$

Dies in (5) einsetzen:

$$\frac{1}{R-r}\left(m_1\frac{r^2}{R-r}\ddot{x}_2 + J_{S_1}\frac{1}{R-r}\ddot{x}_2\right) + m_2\ddot{x}_2 = m_2 g$$

$$\ddot{x}_2 = \frac{m_2}{m_2 + m_1\dfrac{r^2}{(R-r)^2} + \dfrac{J_{S_1}}{(R-r)^2}}\,g\,,$$

wobei $J_{S_1} = J_z$ ist (siehe unter 1.).

# Aufgabe 5.7 Fördersystem aus Rollen und Seil

Ein Fördersystem (Bild 5.7), bestehend aus einem masselosen, dehnstarren Seil, einer festen und losen Rolle, setzt sich aus dem Stillstand in Bewegung. Am freien Ende des Seiles ist die Masse $m_1$, an der losen Rolle die Masse $m_0$ angebracht. Die Rollen sind reibungsfrei gelagert, und das Seil soll auf den Rollen haften.

Mit welcher Beschleunigung bewegen sich die Massen $m_0$ und $m_1$, und wie groß sind die Seilkräfte?

Gegeben:
$m_0$, $m_1$, $m_2$, $J_2$, $J_3$, $r_2$, $r_3$, Fallbeschleunigung $g$

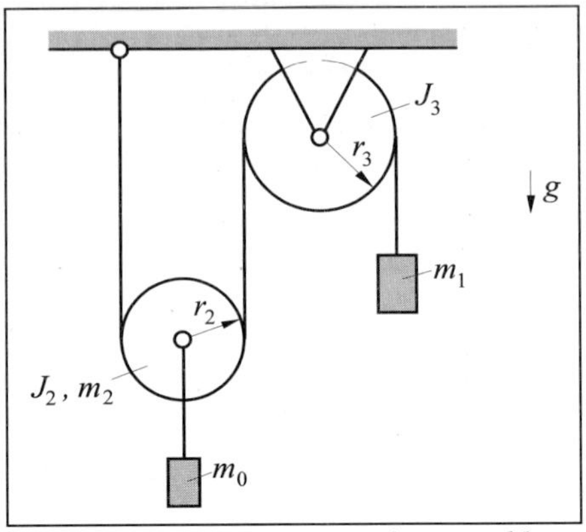


*Bild 5.7: Fördersystem aus fester und loser Rolle und Seil*

## *Lösung:*

## 1. Lösungsweg

### Lösung mit Schwerpunktsatz und Drallsatz

Zunächst schneiden wir je nach Erfordernis die Massen und Rollen frei und führen zur Beschreibung der Bewegung geeignete Koordinaten ein (Bild 5.7.1).

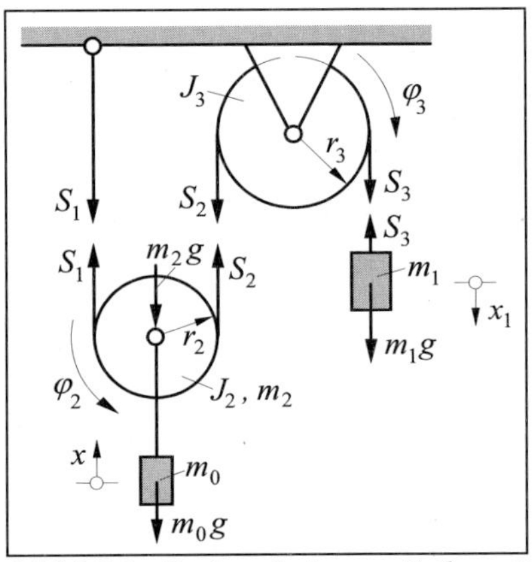


*Bild 5.7.1: Freigeschnittene Teile mit Koordinaten*

Bewegungsgleichungen:

$$m_1 \ddot{x}_1 = m_1 g - S_3 \qquad (1)$$

$$(m_0 + m_2)\ddot{x} = -(m_0 + m_2)g + S_1 + S_2 \qquad (2)$$

$$J_2 \ddot{\varphi}_2 = S_2 r_2 - S_1 r_2 \qquad (3)$$

$$J_3 \ddot{\varphi}_3 = S_3 r_3 - S_2 r_3 \qquad (4)$$

7 Unbekannte vorhanden: $\ddot{x}_1$, $\ddot{x}$, $\ddot{\varphi}_2$, $\ddot{\varphi}_3$, $S_1$, $S_2$, $S_3$.

Aus den folgenden **kinematischen Beziehungen** erhalten wir drei weitere Gleichungen.

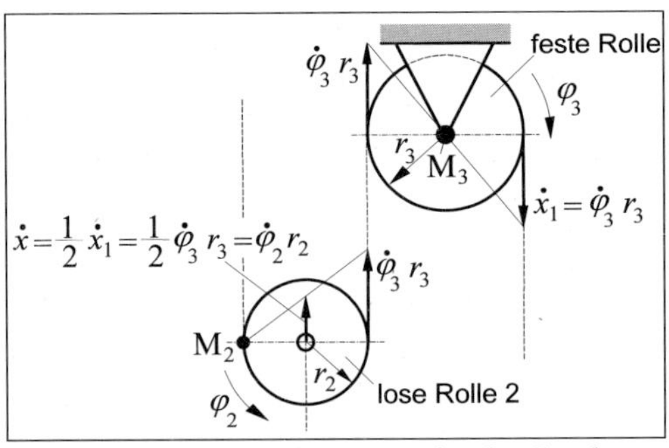


*Bild 5.7.2: Zwangsbedingungen für die Geschwindigkeiten (kinematische Beziehungen)*

Die Zwangsbedingungen für die Geschwindigkeiten sind in Bild 5.7.2 dargestellt. Die Umfangsgeschwindigkeit der festen Rolle $\dot{\varphi}_3 r_3$ wird über das Seil an die lose Rolle 2 und die Masse $m_1$ weitergegeben. Der linke Seilstrang der losen Rolle 2 (Bild 5.7.2) ist in Ruhe (festes Seilende); das bedeutet: Rolle 2 kann nur "auf dem linken Seilstrang rollen" (Momentanpol $M_2$ dieser Rollbewegung ist eingezeichnet).
Allgemein gilt also bei einer losen Rolle: Der Momentanpol liegt immer dort, wo das feste Seilende die Rolle verlässt.

Es folgt (siehe Bild 5.7.2):

$$\dot{x}_1 = \dot{\varphi}_3 \, r_3 \quad \Rightarrow \quad \ddot{x}_1 = \ddot{\varphi}_3 \, r_3 \tag{5}$$

$$\dot{x} = \dot{\varphi}_2 \, r_2 \quad \Rightarrow \quad \ddot{x} = \ddot{\varphi}_2 \, r_2 \tag{6}$$

$$\dot{\varphi}_2 \, r_2 = \frac{1}{2} \dot{\varphi}_3 \, r_3 \quad \Rightarrow \quad \dot{\varphi}_2 = \frac{1}{2} \cdot \frac{r_3}{r_2} \dot{\varphi}_3 \quad \Rightarrow \quad \ddot{\varphi}_2 = \frac{1}{2} \cdot \frac{r_3}{r_2} \ddot{\varphi}_3 \, . \tag{7}$$

Somit 7 Gleichungen für 7 Unbekannte.

Berechnung von $\ddot{x}$:

aus (1) $\quad 2\,m_1\,\ddot{x}_1 - 2\,m_1\,g = -2\,S_3$

aus (2) $\quad (m_0 + m_2)\,\ddot{x} + (m_0 + m_2)\,g = +S_1 + S_2$

aus (3) $\quad \dfrac{J_2}{r_2}\ddot{\varphi}_2 = -S_1 + S_2$

aus (4) $\quad 2\dfrac{J_3}{r_3}\ddot{\varphi}_3 = +2\,S_3 - 2\,S_2$

Aus der Addition der obigen 4 Gleichungen ergibt sich:

$$2\,m_1\ddot{x}_1 - 2\,m_1 g + (m_0 + m_2)\,\ddot{x} + (m_0 + m_2)\,g + \frac{J_2}{r_2}\ddot{\varphi}_2 + 2\frac{J_3}{r_3}\ddot{\varphi}_3 = 0 \, ,$$

$$2\,m_1\ddot{x}_1 + (m_0 + m_2)\,\ddot{x} + \frac{J_2}{r_2}\ddot{\varphi}_2 + 2\frac{J_3}{r_3}\ddot{\varphi}_3 = 2\,m_1 g - (m_0 + m_2)\,g \, . \tag{8}$$

Die kinematischen Beziehungen können wir in Abhängigkeit von $\ddot{x}$ ausdrücken:

$$\ddot{\varphi}_2 = \frac{\ddot{x}}{r_2} \quad ; \quad \ddot{\varphi}_3 = 2\frac{\ddot{x}}{r_3} \quad ; \quad \ddot{x}_1 = \ddot{\varphi}_3\, r_3 \quad \Rightarrow \quad \ddot{x}_1 = 2\ddot{x} \, .$$

Setzen wir dies in (8) ein, so folgt:

$$\left(4\,m_1 + m_0 + m_2 + \frac{J_2}{r_2^2} + 4\frac{J_3}{r_3^2}\right)\ddot{x} = (2\,m_1 - m_0 - m_2)\,g$$

$$\underline{\underline{\ddot{x} = \frac{2\,m_1 - m_0 - m_2}{m_0 + m_2 + 4\,m_1 + \dfrac{J_2}{r_2^2} + 4\dfrac{J_3}{r_3^2}}\, g}} \, , \qquad \ddot{x}_1 = 2\,\ddot{x} = \underline{\underline{2\,\frac{2\,m_1 - m_0 - m_2}{m_0 + m_2 + 4\,m_1 + \dfrac{J_2}{r_2^2} + 4\dfrac{J_3}{r_3^2}}\, g}} \, .$$

aus (1): $\quad S_3 = \underline{\underline{m_1(g - \ddot{x}_1)}}$ .

aus (4): $\quad S_2 = S_3 - \dfrac{J_3\,\ddot{\varphi}_3}{r_3} = m_1\,g - m_1\,\ddot{x}_1 - \dfrac{J_3\,\ddot{x}_1}{r_3^2}$

$$\underline{\underline{S_2 = m_1 g - \ddot{x}_1\left(m_1 + \frac{J_3}{r_3^2}\right)}} \, .$$

aus (3): $\quad S_1 = S_2 - \dfrac{J_2\ddot{\varphi}_2}{r_2} = m_1 g - \ddot{x}_1\left(m_1 + \dfrac{J_3}{r_3^2}\right) - \dfrac{J_2\ddot{x}_1}{2\,r_2^2}$

$$\underline{\underline{S_1 = m_1 g - \ddot{x}_1\left(m_1 + \frac{J_3}{r_3^2} + \frac{J_2}{2\,r_2^2}\right)}} \, .$$

## 2. Lösungsweg

**Lösung mit dem Energiesatz**

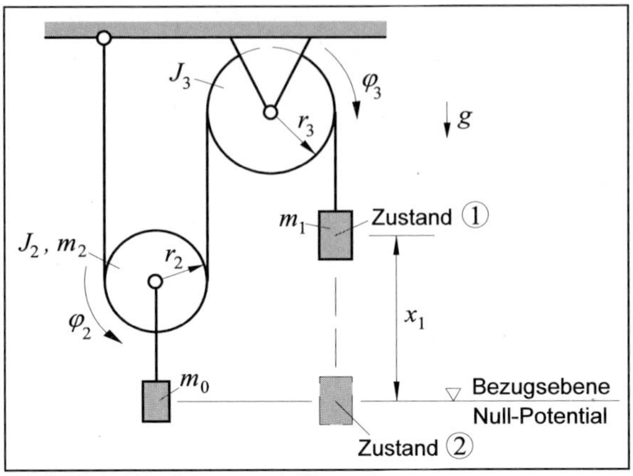


*Bild 5.7.3: Zur Lösung mit Energiesatz*

Die Bezugsebene (Null-Potential) legen wir in Höhe des Massenschwerpunkts der Masse $m_0$ (Bild 5.7.3). Am Anfang der Energiebetrachtung (Zustand 1, Stillstand) besitzt das System nur die potentielle Energie der Masse $m_1$, und die lautet

$$E_{pot\,1} = m_1\, g\, x_1 \,.$$

Im Zustand 2 (Ende der Energiebetrachtung) hat sich die potentielle Energie der Massen und die kinetischen Energien aus der translatorischen und rotatorischen Bewegung der Massen geändert. Die Masse $m_1$ hat sich um $x_1$ gesenkt, Masse $m_0$ wurde um $x_1/2$ angehoben. Das ergibt sich aus den kinematischen Beziehungen (Bild 5.7.2), die aussagen, dass die Geschwindigkeit der Masse $m_0$ halb so groß ist wie jene der Masse $m_1$.

**Energiesatz:** $E_{pot\,1} + E_{kin\,1} = E_{pot\,2} + E_{kin\,2}$

$$m_1 g x_1 + 0 = (m_0 + m_2) g \frac{x_1}{2} + \frac{m_1}{2}\dot{x}_1^2 + \frac{m_0 + m_2}{2}\left(\frac{\dot{x}_1}{2}\right)^2 + \frac{J_3}{2}\dot{\varphi}_3^2 + \frac{J_2}{2}\dot{\varphi}_2^2 \,.$$

Mit den kinematischen Beziehungen ((5) und (7))

$$\dot{\varphi}_3 = \frac{\dot{x}_1}{r_3} \quad \text{und} \quad \dot{\varphi}_2 = \frac{1}{2\,r_2}\dot{x}_1 \quad \text{folgt:}$$

$$(2\,m_1 - m_0 - m_2)\,g x_1 = \dot{x}_1^2\left(m_1 + \frac{m_0}{4} + \frac{m_2}{4} + \frac{J_3}{r_3^2} + \frac{J_2}{4\,r_2^2}\right) .$$

Die Masse $m_1$ hat nach Zurücklegung der Fallstrecke $x_1$ eine Geschwindigkeit (freier Fall) von $\dot{x}_1 = \sqrt{2\,\ddot{x}_1\,x_1}$ .

Dies eingesetzt ergibt:

$$(2\,m_1 - m_0 - m_2)\,g x_1 = 2\,\ddot{x}_1 x_1\left(m_1 + \frac{m_0}{4} + \frac{m_2}{4} + \frac{J_2}{4\,r_2^2} + \frac{J_3}{r_3^2}\right)$$

$$\ddot{x}_1 = 2\,\frac{2\,m_1 - m_0 - m_2}{m_0 + m_2 + 4\,m_1 + \dfrac{J_2}{r_2^2} + 4\,\dfrac{J_3}{r_3^2}}\,g \,.$$

Mit dieser ermittelten Beschleunigung $\ddot{x}_1$ können wir nun die weiteren gesuchten Größen (Seilkräfte und $\ddot{x}$) wie unter erstem Lösungsweg berechnen.

## Aufgabe 5.8 Schweres Seil auf Windentrommel

Ein schweres Seil (Masse $m$, Länge $l$) ist auf eine in S reibungsfrei drehbar gelagerte Windentrommel (Massenträgheitsmoment der Trommel ohne Seil $J_S$, Radius $r$) aufgewickelt (Bild 5.8). Das Seil haftet an der Rolle.

Wie groß ist die Drehzahl der Trommel, wenn das gesamte Seil im freien Fall von der Trommel rollt?

Gegeben: $r,\ l,\ m,\ J_S,\ g$

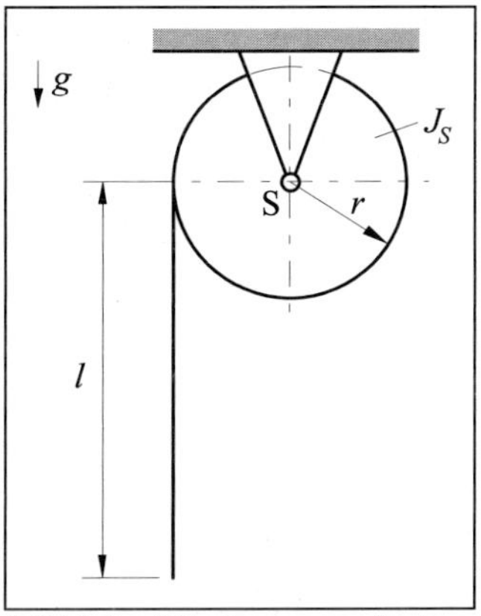


*Bild 5.8: Windentrommel mit abgewickeltem Seil*

### *Lösung:*

Zur Lösung verwenden wir den **Energiesatz**. Die Bezugsebene (Null-Potential) legen wir in Höhe des Trommelmittelpunktes (Bild 5.8.1). Am Anfang der Energiebetrachtung ist das Seil ganz auf der Trommel aufgewickelt (Zustand 1); am Ende ist es ganz von der Trommel abgewickelt (Zustand 2) (Bild 5.8.1).

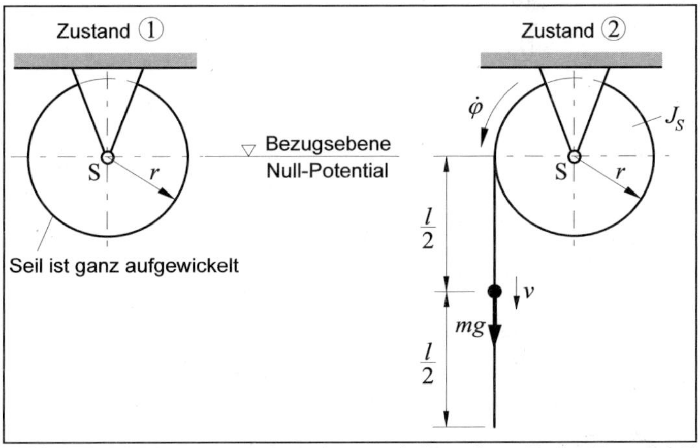


*Bild 5.8.1: System am Anfang (Zustand 1) und am Ende (Zustand 2) der Energiebetrachtung*

**Energiesatz:**

$$E_{pot\,1} + E_{kin\,1} = E_{pot\,2} + E_{kin\,2}$$

$$0 + 0 = -m\,g\,\frac{l}{2} + \frac{m}{2}v^2 + \frac{J_S}{2}\dot{\varphi}^2 \ .$$

Da alle Punkte des Seils die betragsmäßig gleiche Geschwindigkeit $v = \dot{\varphi}\,r$ besitzen, folgt:

$$\dot{\varphi}^2\left(mr^2 + J_S\right) = mgl \ ,$$

$$\dot{\varphi} = \sqrt{\frac{m\,g\,l}{J_S + mr^2}} \ ,$$

$$n = \frac{\omega}{2\,\pi} = \frac{\dot{\varphi}}{2\,\pi} = \underline{\underline{\frac{1}{2\,\pi}\sqrt{\frac{m\,g\,l}{J_S + mr^2}}}} \ .$$

## Aufgabe 5.9 System aus zwei Körpern und einer Rolle

Zwei Körper mit den Gewichten $m_2 g > m_1 g$ sind durch ein Seil verbunden, welches über eine Rolle (Trägheitsmoment $J_A$) geführt wird (Bild 5.9). Die schiefe Ebene sei rau und an der Rolle tritt kein Schlupf auf. Das System wird aus der Ruhe losgelassen.

Gegeben:
$m_1, m_2, J_A, r, \mu, \alpha$, Fallbeschleunigung $g$.

Gesucht ist die Geschwindigkeit $v$ der Körper in Abhängigkeit vom Ort.

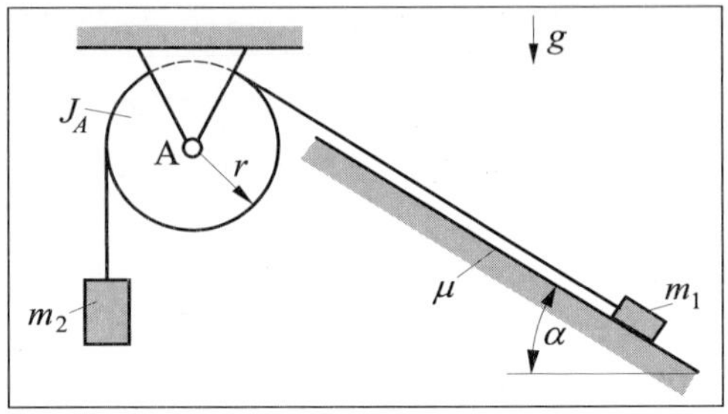


*Bild 5.9: Rolle mit zwei Körpern*

### *Lösung:*

Wir wenden den **Arbeitssatz** $\boxed{W = E_{kin\,1} - E_{kin\,0}}$ an.

Zunächst führen wir für die drei bewegten Körper die Koordinaten $x_1$, $x_2$ und $\varphi$ ein (Bild 5.9.1).

Für das dehnstarre Seil gilt die kinematische Beziehung:

$$\dot{x}_1 = \dot{x}_2 = r\dot{\varphi} = \dot{x} = v\,.$$

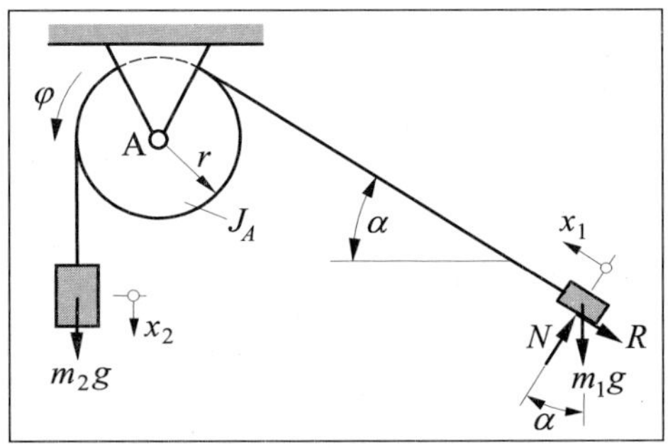


*Bild 5.9.1: System mit Koordinaten*

Da das System aus der Ruhe (Ausgangszustand ⓪) losgelassen wird, ist die kinetische Energie hier $E_{kin\,0} = 0$.

Kinetische Energie an der beliebigen Stelle ①:

$$E_{kin\,1} = \frac{m_1}{2}\dot{x}_1^2 + \frac{m_2}{2}\dot{x}_2^2 + \frac{1}{2}J_A\dot{\varphi}^2 = \frac{1}{2}m_2 v^2\left(1 + \frac{m_1}{m_2} + \frac{J_A}{m_2 r^2}\right).$$

Auf dem Weg von ⓪ nach ① wird die Arbeit $W$ von den drei äußeren Kräften $m_2 g$, $m_1 g\sin\alpha$ und $R = \mu N = \mu m_1 g\cos\alpha$ geleistet.

Da die Richtung der Kräfte $R$ und $m_1 g\sin\alpha$ gegen die positive Wegrichtung zeigt, geht die Arbeit dieser beiden Kräfte mit Minus ein und es folgt mit $x_1 = x_2 = x$:

$$W = m_2 g\,x_2 - R\,x_1 - m_1 g\sin\alpha\;x_1 = m_2 g\,x\left(1 - \mu\frac{m_1}{m_2}\cos\alpha - \frac{m_1}{m_2}\sin\alpha\right).$$

Aus dem Arbeitssatz folgt nun

$$\frac{1}{2}m_2 v^2\left(1 + \frac{m_1}{m_2} + \frac{J_A}{m_2 r^2}\right) = m_2 g\,x\left(1 - \mu\frac{m_1}{m_2}\cos\alpha - \frac{m_1}{m_2}\sin\alpha\right),$$

$$\underline{\underline{v = \sqrt{2g\,x\,\frac{1 - \mu\dfrac{m_1}{m_2}\cos\alpha - \dfrac{m_1}{m_2}\sin\alpha}{1 + \dfrac{m_1}{m_2} + \dfrac{J_A}{m_2 r^2}}}}}\,.$$

## Aufgabe 5.10 Drehbarer Stab

Ein homogener dünner Stab der Masse $m$, der in A drehbar gelagert ist, wird aus der horizontalen Lage ohne Anfangsgeschwindigkeit losgelassen (Bild 5.10).

Es sind die Winkelbeschleunigung, die Winkelgeschwindigkeit und die Lagerreaktionen in Abhängigkeit von der Lage des Stabes zu bestimmen.

Wie groß sind die Lagerreaktionen in A bei horizontaler Lage (kurz nach dem Loslassen des Stabes) und in vertikaler Lage?

Gegeben: $m$, $l$, Erdbeschleunigung $g$.

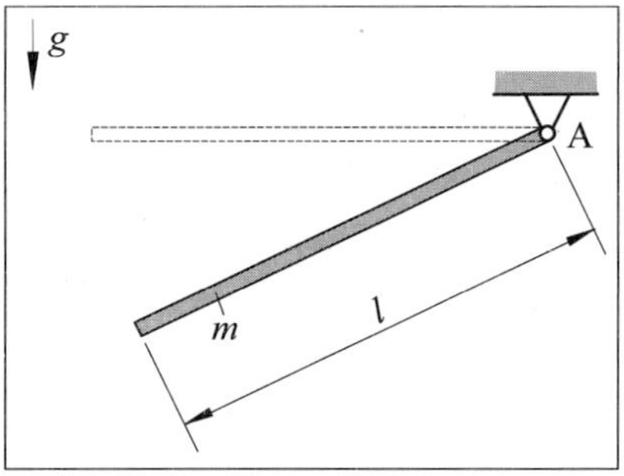

*Bild 5.10: Drehbarer Stab*

### *Lösung:*

Mit dem Drallsatz bezüglich des festen Drehpunktes A erhalten wir (Bild 5.10.1):

$$\text{Ⓐ} \quad J_A \ddot{\varphi} = mg\frac{l}{2}\cos\varphi .$$

Hieraus folgt mit $J_A = \dfrac{m\,l^2}{3}$ die Winkelbeschleunigung $\ddot{\varphi} = \dfrac{3g}{2l}\cos\varphi$.

Aus $\ddot{\varphi} = \dfrac{d\dot{\varphi}}{d\varphi}\dfrac{d\varphi}{dt} = \dfrac{d\dot{\varphi}}{d\varphi}\dot{\varphi}$ erhalten wir

$\dot{\varphi}\, d\dot{\varphi} = \ddot{\varphi}\, d\varphi$.

Durch Integration folgt hieraus

$$\frac{1}{2}\dot{\varphi}^2 = \int \ddot{\varphi}\, d\varphi = \int \frac{3g}{2l}\cos\varphi \cdot d\varphi = \frac{3g}{2l}\sin\varphi + C .$$

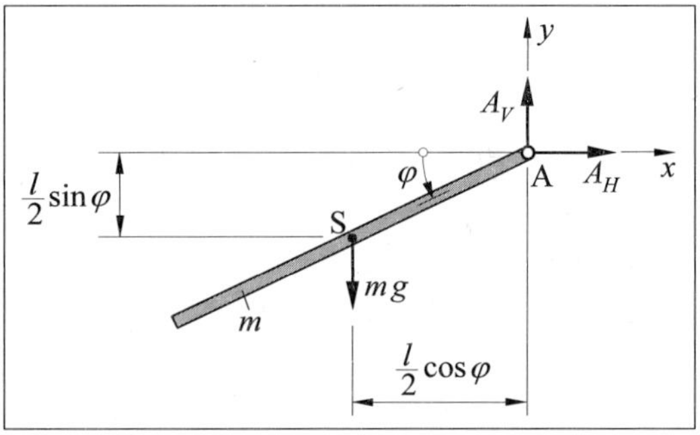

*Bild 5.10.1: Freikörperbild mit Koordinaten*

Aus der Anfangsbedingung $\dot{\varphi}(\varphi = 0) = 0$ folgt: $C = 0$.

Für die Winkelgeschwindigkeit ergibt sich dann: $\dot{\varphi} = \sqrt{3\dfrac{g}{l}\sin\varphi}$.

Die Lagerreaktionen bestimmen wir mit dem Schwerpunktsatz (Bild 5.10.1).

$$\rightarrow \quad m\ddot{x}_S = A_H \qquad (1)$$

$$\uparrow \quad m\ddot{y}_S = A_V - mg \qquad (2)$$

Aus den Koordinaten des Schwerpunktes (Bild 5.10.1) erhalten wir durch Differenzieren die Schwerpunktsbeschleunigungen:

$$x_S = -\frac{l}{2}\cos\varphi , \qquad y_S = -\frac{l}{2}\sin\varphi ,$$

$$\dot{x}_S = \frac{l}{2}\dot{\varphi}\sin\varphi , \qquad \dot{y}_S = -\frac{l}{2}\dot{\varphi}\cos\varphi ,$$

$$\ddot{x}_S = \frac{l}{2}\ddot{\varphi}\sin\varphi + \frac{l}{2}\dot{\varphi}^2\cos\varphi , \qquad \ddot{y}_S = -\frac{l}{2}\ddot{\varphi}\cos\varphi + \frac{l}{2}\dot{\varphi}^2\sin\varphi ,$$

$$\ddot{x}_S = \frac{l}{2}\frac{3g}{2l}\cos\varphi\sin\varphi + \frac{l}{2}3\frac{g}{l}\sin\varphi\cos\varphi\,, \qquad \ddot{y}_S = -\frac{l}{2}\frac{3g}{2l}\cos^2\varphi + \frac{l}{2}3\frac{g}{l}\sin^2\varphi\,,$$

$$\ddot{x}_S = \frac{9}{8}g\sin 2\varphi\,, \qquad \ddot{y}_S = \frac{3}{8}g\left(1-3\cos 2\varphi\right).$$

Aus (1) und (2) folgt dann:

$$A_H = m\,\ddot{x}_S = \underline{\underline{\frac{9}{8}m\,g\sin 2\varphi}}\,,$$

$$A_V = m\,g + m\,\ddot{y}_S = m\,g + \frac{3}{8}m\,g - \frac{9}{8}m\,g\cos 2\varphi\,,$$

$$A_V = \underline{\underline{\left(\frac{11}{8} - \frac{9}{8}\cos 2\varphi\right)m\,g}}\,.$$

Die Lagerkräfte in horizontaler Lage ($\varphi = 0$ ; kurz nach dem Loslassen des Stabes) betragen dann:

$$A_H = \underline{\underline{0}} \text{ und } A_V = \underline{\underline{\frac{1}{4}m\,g}}\,.$$

In vertikaler Lage ($\varphi = \frac{\pi}{2}$) ergeben sich:

$$A_H = \underline{\underline{0}} \text{ und } A_V = \underline{\underline{\frac{5}{2}m\,g}}\,.$$

# 5.3 Fragen und Antworten

## ☹ Fragen

1. Wie ist der Drall bei Rotation eines starren Körpers um eine feste Achse definiert?

2. Wie ist das Massenträgheitsmoment eines starren Körpers bezüglich einer Achse definiert?

3. Nennen Sie eine mögliche Form eines Rotors, damit sein Massenträgheitsmoment möglichst groß ist!

4. Wie berechnen Sie das Massenträgheitsmoment, bezogen auf eine Achse, die der Schwerpunktachse parallel ist, wenn Sie dazu das Massenträgheitsmoment bezüglich der Schwerpunktachse verwenden?

5. Wie nennen wir die Achsen, um die ein Körper sein maximales und minimales Massenträgheitsmoment hat?

6. Wodurch sind die Hauptträgheitsachsen definiert?

7. Welche Aussage können wir über eine senkrechte Achse zu einer Symmetrieebene eines starren Körpers machen?

8. Erläutern Sie den Begriff Trägheitsradius!

9. Wann ist ein starrer Rotor *dynamisch ausgewuchtet*?

10. Nennen Sie den Schwerpunktsatz für die ebene Bewegung des starren Körpers!

11. Geben Sie den Drallsatz für die ebene Bewegung des starren Körpers an!

12. Wie lautet die Formel für den rotatorischen Anteil der kinetischen Energie?

## ☺ Antworten

1. Drall gleich Massenträgheitsmoment um die feste Achse mal Winkelgeschwindigkeit.

2. Massenträgheitsmoment bezüglich Drehachse A gleich Integral über die Gesamtmasse "senkrechter Abstand eines Massenteilchens zur Drehachse A zum Quadrat mal Masse des Massenteilchens";

$$\boxed{J_A = \int_m r^2 dm}\ .$$

3. Zum Beispiel: Ring mit großem Radius, bei dem die Masse möglichst weit weg ist von der Drehachse.

4. $\boxed{J_{\bar{x}} = J_x + m\, b^2}$, siehe Bild 5.3.1A; das ist der **STEINERsche Satz.**

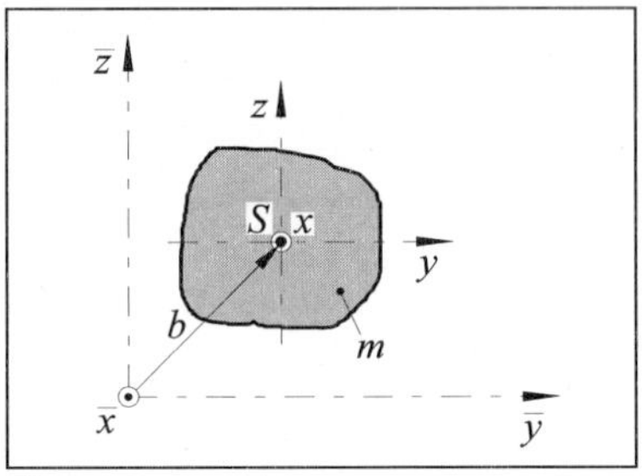


*Bild 5.3.1A: Zum STEINERschen Satz*

5. Hauptträgheitsachsen oder Hauptachsen.

6. Bezüglich der Hauptträgheitsachsen sind die Deviationsmomente Null.

7. Diese senkrechte Achse zu einer Symmetrieebene ist eine Hauptachse.

8. Der senkrechte Abstand von der Drehachse, in dem die Gesamtmasse des Körpers rotierend gedacht wird, bezeichnen wir als Trägheitsradius $i_x$ (Bild 5.3.2A).

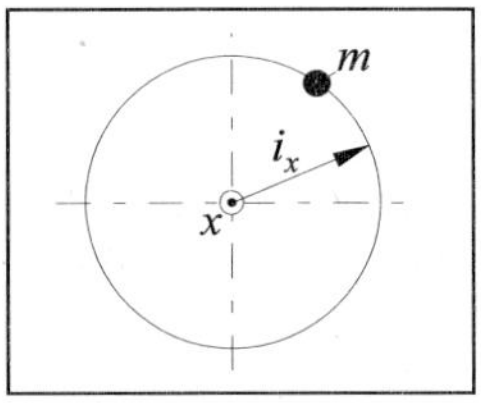


*Bild 5.3.2A: Zum Trägheitsradius*

9. *Dynamisch ausgewuchtet* ist ein starrer Rotor, wenn die Drehachse mit einer Hauptträgheitsachse (Deviationsmomente Null) zusammenfällt und der Schwerpunkt auf der Drehachse liegt.

10. Der Schwerpunkt eines starren Körpers bewegt sich so, als würde die Gesamtmasse in ihm konzentriert sein und als würden alle äußeren Kräfte an ihm angreifen.

11. $\boxed{\frac{d L_A}{dt} = M_A = J_A\, \ddot{\varphi} = J_A\, \dot{\omega}}$

Die zeitliche Änderung des Dralls ist die Summe aller angreifenden äußeren Momente. Als Bezugspunkt A darf nur der Schwerpunkt S oder ein beschleunigungsfreier Punkt des Körpers (fester Punkt) verwendet werden.

12. $\boxed{E_{kin\ rot} = \frac{J}{2}\, \dot{\varphi}^2}$

# 6 Schwingungen

Schwingungen treten überall in der Natur und in fast allen Bereichen des Ingenieurwesens in vielfältiger Weise auf. Als Schwingungen bezeichnen wir mehr oder weniger regelmäßig erfolgende zeitliche Schwankungen von Zustandsgrößen. Mögliche Zustandsgrößen sind zum Beispiel Geschwindigkeit, Druck, Temperatur, elektrische Spannung. Als Beispiel sei hier die Kolbenmaschine mit ihren hin- und hergehenden Bauteilen genannt.

Unter Schwingung verstehen wir also ganz allgemein einen Vorgang, bei dem sich die interessierende Größe $x$ so mit der Zeit $t$ ändert, dass sich bestimmte Merkmale wiederholen (Bild 06.1).

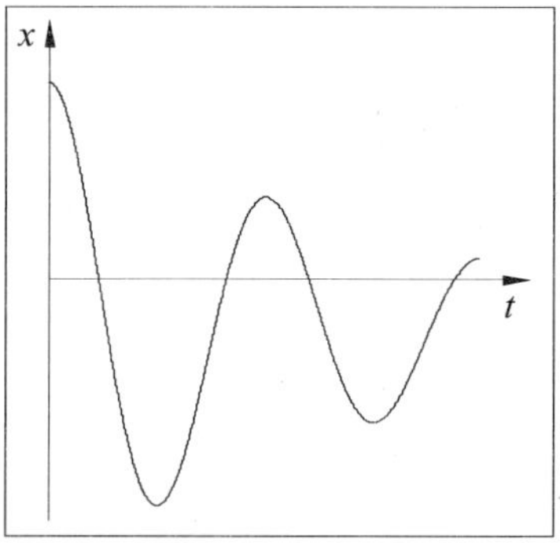


*Bild 06.1: Schwingung*

## 6.1 Grundbegriffe und Formeln

Die zeitlichen Schwankungen der Zustandsgröße (wir beschreiben sie allgemein durch eine Funktion $x(t)$) können wir entsprechend ihrer typischen Eigenschaften näher klassifizieren. Zwei spezifische Schwingungen werden nachfolgend angegeben.

### • Periodische Schwingung:

Bei einer ***periodischen Schwingung*** wiederholt sich der Vorgang vollständig nach einer bestimmten Zeit $T$ (Bild 06.2).

Es gilt: $\boxed{x(t) = x(t+T)}$.

$T$ ist die Schwingungsdauer. Der durch die Schwingungsdauer $T$ bestimmte Teilvorgang heißt „Periode“.
$T$ ist die Zeit für eine Periode der Schwingung. Den Kehrwert

$$\boxed{f = \frac{1}{T} = \frac{\omega}{2\pi}}$$

nennen wir ***Frequenz*** (Schwingungszahl) der Schwingung.

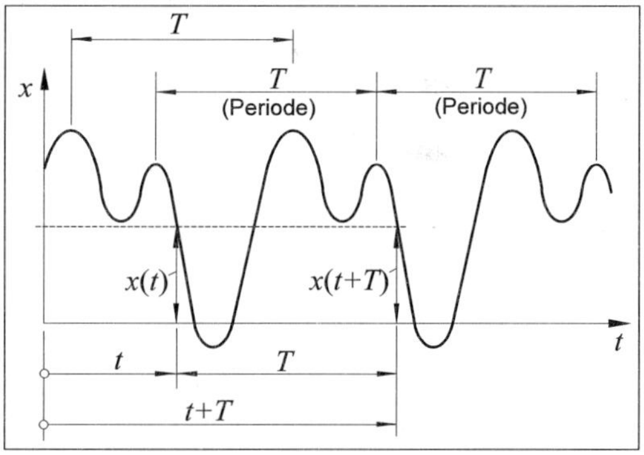


*Bild 06.2: Periodische Schwingung*

Die Einheit der Frequenz $f$ ist $s^{-1}$ oder Hz (HERTZ):

$$1\,\text{Hz} = 1\,\text{s}^{-1}\,.$$

Die Frequenz $f$ gibt die Anzahl der Perioden in einer Sekunde an.

| | |
|---|---|
| $f$ | Frequenz (Schwingungszahl) |
| $T$ | Schwingungsdauer (Schwingungszeit) |
| $\omega$ | Kreisfrequenz |

Für die Kreisfrequenz $\omega$ gilt $\boxed{\omega = 2\pi f = \frac{2\pi}{T}}$.

Die Kreisfrequenz $\omega$ gibt die Anzahl der Perioden in $2\pi$ Sekunden an.

## • Harmonische Schwingung:

Eine ***harmonische Schwingung*** ist ein Spezialfall einer periodischen Schwingung, deren Zustandsgröße $x(t)$ sich im zeitlichen Verlauf nach einer sin- und/oder cos-Funktion ändert (Bild 06.3).

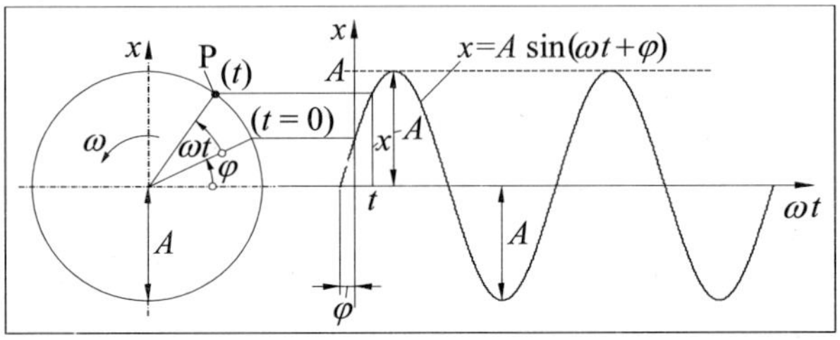


*Bild 06.3: Gleichförmige Kreisbewegung des Punktes P und Zeitverlauf der harmonischen Bewegung des Punktes P (harmonische Schwingung)*

| | |
|---|---|
| $A$ | Amplitude der Schwingung |
| $\omega$ | Kreisfrequenz |
| $\varphi$ | Nullphasenwinkel (Phasenverschiebung) |

Durch die Bewegung eines Punktes auf einer Kreisbahn (Bild 06.3) lässt sich eine harmonische Schwingung erzeugen. Wenn ein Punkt P auf einem Kreis mit konstanter Winkelgeschwindigkeit $\omega$ umläuft, dann führt seine Projektion auf die Vertikale eine harmonische Schwingung aus. Ihr Zeitverlauf ist in Bild 06.3 dargestellt.

*Anmerkung:* Der Winkelgeschwindigkeit $\omega$ bei der Kreisbewegung entspricht die Kreisfrequenz $\omega$ bei der Schwingungsbewegung.

Allgemein lassen sich für alle ungedämpften Systeme mit einem Freiheitsgrad Bewegungsdifferenzialgleichungen aufstellen, die in der Darstellung

$$\ddot{x}(t) + \omega^2 x(t) = 0$$

die Kreisfrequenz $\omega$ enthalten. Die Lösung dieser Differenzialgleichung, die diese Gleichung identisch erfüllt, ist z.B. die Sinus- oder Kosinus-Funktion (Bild 06.4)

$$x(t) = C_1 \cos \omega t \qquad \text{bzw.} \qquad x(t) = C_2 \sin \omega t\,. \tag{1}$$

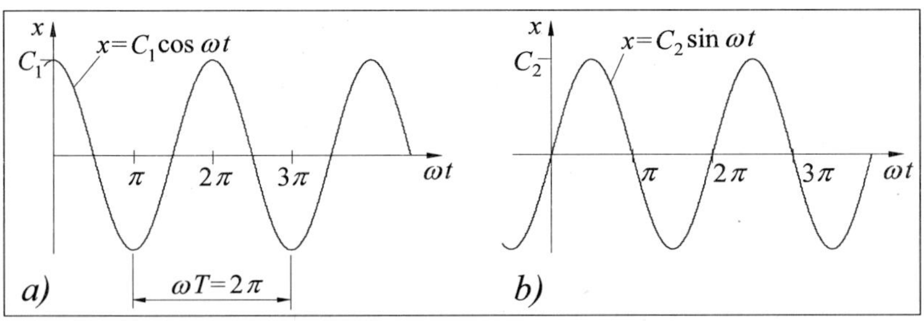


*Bild 06.4: Harmonische Schwingungen, a) kosinusförmig, b) sinusförmig*

Dabei sind $C_1$ bzw. $C_2$ die Amplituden der Schwingung. Sie lassen sich für die Schwingungen nach Bild 06.4 aus den Anfangsbedingungen berechnen. Für die Kosinus-Schwingung gilt für $t = 0$: $x(0) = C_1$ und $\dot{x}(0) = 0$. Entsprechend gilt für die Sinusschwingung $x(0) = 0$ und $\dot{x}(0) = C_2\,\omega$.

Harmonische Schwingungen mit *beliebigen* Anfangsbedingungen (Bild 06.3) können wir immer durch

$$x(t) = A\sin(\omega t + \varphi) \qquad (2)$$

darstellen. $A$ ist die *Amplitude* und $\varphi$ der *Nullphasenwinkel* (Phasenverschiebung) (Bild 06.3).

Wir können die harmonische Schwingung (2) auch durch eine Überlagerung der beiden Schwingungen (1) erhalten. Mit dem Additionstheorem $\sin(\alpha + \beta) = \sin\alpha\,\cos\beta + \cos\alpha\,\sin\beta$ folgt aus (2)

$$x(t) = A\sin(\omega t + \varphi) = \underbrace{A\cos\varphi}_{C_2}\,\sin\omega t + \underbrace{A\sin\varphi}_{C_1}\,\cos\omega t\,. \qquad (3)$$

Mit den Abkürzungen

$$C_1 = A\sin\varphi \text{ und } C_2 = A\cos\varphi \qquad (4)$$

folgt

$$x(t) = C_1\,\cos\omega t + C_2\,\sin\omega t\,. \qquad (5)$$

Das ist die Summe der beiden Schwingungen aus (1). Ausgehend von (3) erkennen wir, dass die beiden Darstellungen (2) und (5) *gleichwertig* sind.

$$x(t) = C_1\,\cos\omega t + C_2\,\sin\omega t \qquad \Leftarrow \textit{ gleichwertig } \Rightarrow \qquad x(t) = A\sin(\omega t + \varphi)$$

So erhalten wir $C_1$ und $C_2$ aus $A$ und $\varphi$ nach (4). Andererseits liefert das Auflösen der Gleichungen (4) nach $A$ und $\varphi$

$$A = \sqrt{C_1^2 + C_2^2}\;, \qquad \varphi = \arctan\frac{C_1}{C_2}\,.$$

## • Weitere Einteilungen von Schwingungen nach:

- der Art der Schwingung (ungedämpft, gedämpft oder angefacht)
- der Zahl der Freiheitsgrade eines schwingenden Systems
- dem Typ des Schwingungssystems (linear oder nichtlinear)
- der Art der Entstehung der Schwingung (freie oder erzwungene (fremderregte)).

Es folgen einige Beispiele.

## Freie ungedämpfte-, freie gedämpfte-, angefachte Schwingung

- Freie ungedämpfte Schwingung (Bild 06.5)
  Amplitude bleibt für alle Zeit konstant. Energie bleibt konstant.

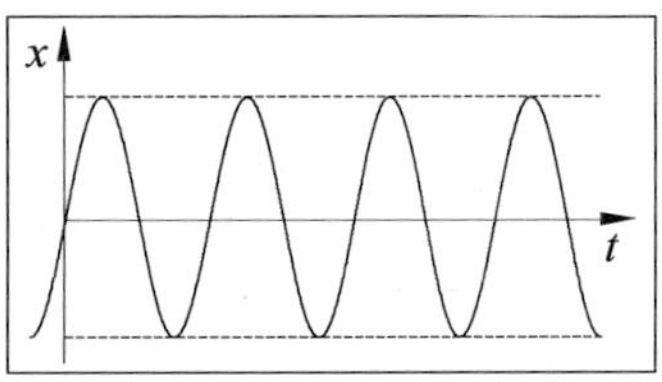


*Bild 06.5: Freie ungedämpfte Schwingung*

- Freie gedämpfte Schwingung (Bild 06.6)
  Amplitude nimmt in jeder beliebigen Zeitspanne ab. Energie nimmt stets ab.

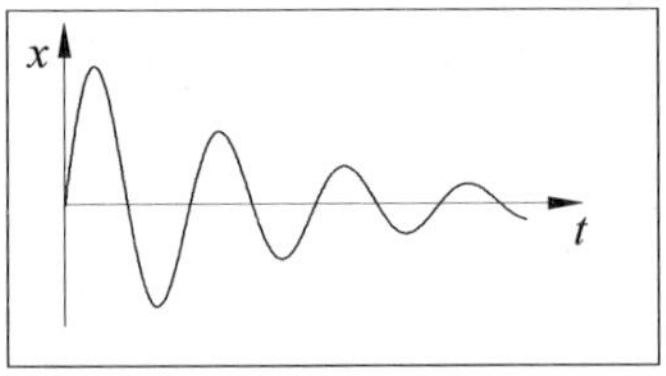

*Bild 06.6: Freie gedämpfte Schwingung*

- Angefachte Schwingung (Bild 06.7)
  Amplitude vergrößert sich. Energie nimmt zu.

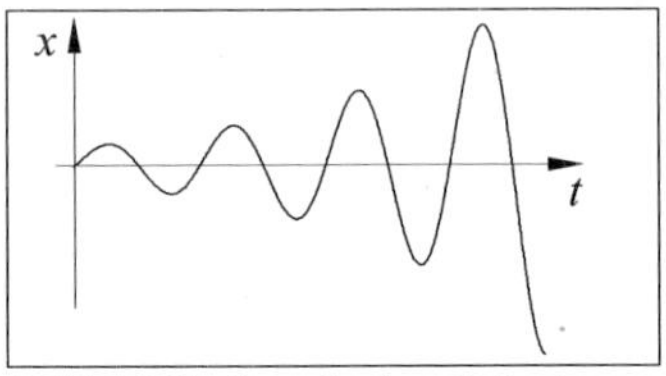

*Bild 06.7: Angefachte Schwingung*

## Zahl der Freiheitsgrade der Schwinger

- Schwinger mit einem Freiheitsgrad (Bild 06.8)

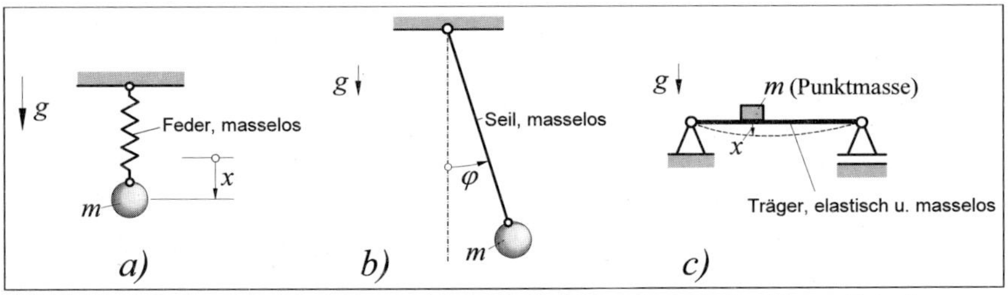

*Bild 06.8: Schwingungssysteme mit einem Freiheitsgrad, a) Feder-Masse-Schwinger, b) Mathematisches Pendel, c) Träger mit Punktmasse*

- Schwinger mit zwei Freiheitsgraden (Bild 06.9)

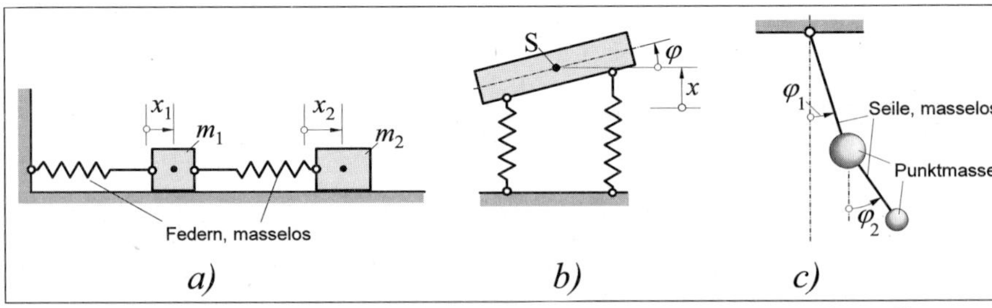

*Bild 06.9: Schwingungssysteme mit zwei Freiheitsgraden, a) Schwingungskette, b) starre Scheibe in der Ebene, c) Doppelpendel*

## Lineare und nichtlineare Schwinger

Bei *linearen* Schwingern treten in den Differenzialgleichungen nur lineare Glieder auf, z.B. eine Feder mit linearer Kennlinie.

- *Linearer Schwinger* für kleine Winkel $\varphi$ (Bild 06.10)
  ($\Rightarrow \quad \sin\varphi \approx \varphi$)
  Differenzialgleichung wird linear!
  $$\Rightarrow \quad \ddot{\varphi} + \frac{g}{l}\varphi = 0$$
- *Nichtlinearer Schwinger* für große Winkel $\varphi$ (Bild 06.10)
  Differenzialgleichung ist nichtlinear!
  $$\Rightarrow \quad \ddot{\varphi} + \frac{g}{l}\sin\varphi = 0$$

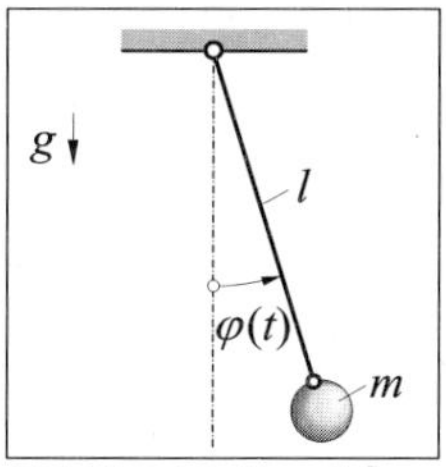

*Bild 06.10: Pendel*

## Art der Entstehung der Schwingung

- *Freie Schwingung*

  Während der Schwingungsbewegung steht der Schwinger nicht mehr unter der Wirkung der Entstehungsursache (Bild 06.11).

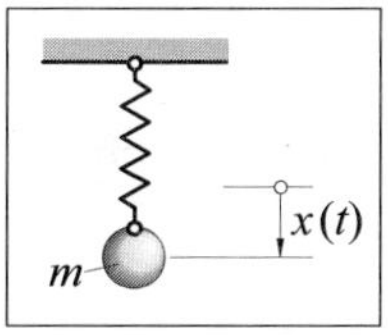

*Bild 06.11: Freie Schwingung*

- *Erzwungene (fremderregte) Schwingung*

  Das Schwingungssystem steht unter der Wirkung von ständigen oder zeitabhängigen äußeren Einflüssen (z.B. Kräfte oder Momente) (Bild 06.12).

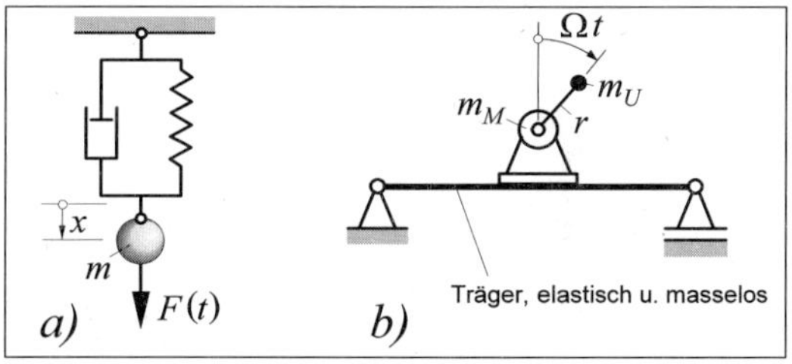

*Bild 6.12: Erzwungene Schwingungen, a) Schwinger mit Erregerkraft, b) Unwuchterregter Schwinger*

# 6.1.1 Freie ungedämpfte Schwingungen

Ein schwingungsfähiges System, das nach einmaligem Anstoßen keinen äußeren "Erregerkräften" ausgesetzt ist, das heißt, es fließt während der Bewegung keine Energie ab, führt eine **freie ungedämpfte Schwingung** (ungedämpfte Eigenschwingung) aus.

Die Kreisfrequenz der Eigenschwingung wird **Eigenkreisfrequenz** $\omega_0$ genannt, weil sie ausschließlich durch die Systemparameter wie zum Beispiel Steifigkeit $c$ und Masse $m$ bestimmt ist.

Eine freie ungedämpfte Schwingung tritt bei einem Feder-Masse-System nach Bild 06.13 auf, wobei die Masse der Feder zu vernachlässigen ist. Die Masse ist in der statischen Gleichgewichtslage in Ruhe, und es gilt

$$m\,g = c\,x_{stat}\;. \tag{1}$$

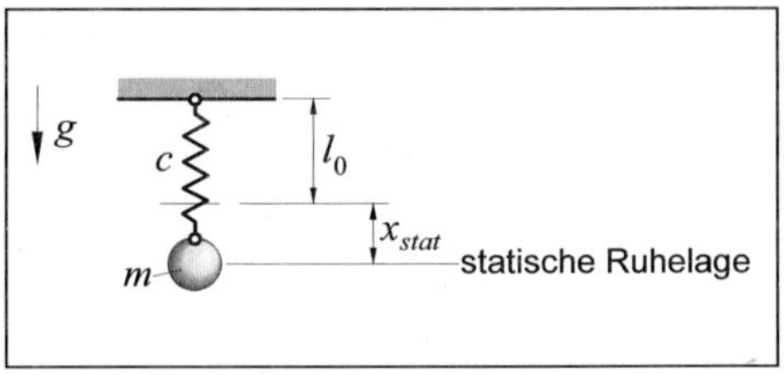


*Bild 06.13: Feder-Masse-Schwinger*

Lenken wir die Masse aus der statischen Ruhelage aus und zählen die Bewegungskoordinate $x$ von der statischen Ruhelage aus, so folgt nach dem D'ALEMBERTschen Prinzip (Bild 06.14a):

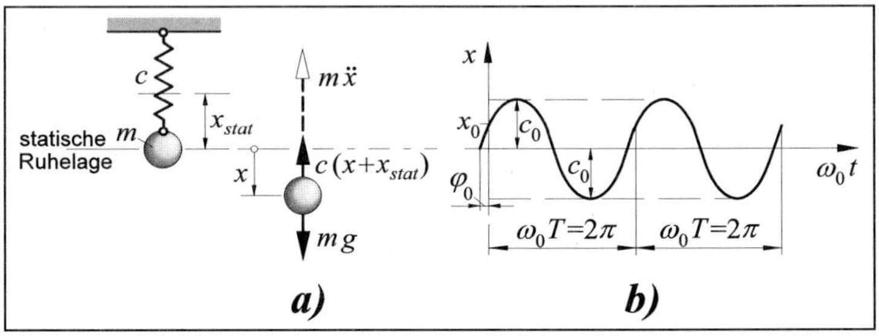


*Bild 06.14: a) Freigeschnittene Masse mit Koordinate*
*b) Schwingung um die statische Gleichgewichtslage (harmonische Schwingung)*

$\sum\uparrow = 0$: $\quad m\ddot{x} + c\left(x + x_{stat}\right) - mg = 0\;.$

Mit (1) erhalten wir $\quad m\,\ddot{x} + c\,x + m\,g - m\,g = 0\;,$

$$\boxed{m\,\ddot{x} + c\,x = 0}\;. \tag{2}$$

Dies ist die Differenzialgleichung der freien ungedämpften Schwingung.

● **Hinweis:** Beim Aufstellen der Bewegungs-Differenzialgleichung kann die statische Vorspannkraft der Feder $c\,x_{stat}$ unberücksichtigt bleiben, wenn gleichzeitig die diese Vorspannung hervorrufende Kraft $m\,g$ (Gewichtskraft der Masse $m$) nicht berücksichtigt wird (die Gewichtskraft $m\,g$ steht mit der statischen Federkraft $c\,x_{stat}$ im Gleichgewicht) und die **Bewegungskoordinate von der statischen Ruhelage aus eingeführt wird** (Bild 06.14a).

*Beachte:*

- Obiger Hinweis *gilt nur*, wenn in der statischen Ruhelage alle elastischen Glieder des Schwingers bereits durch die Gewichtskräfte vorgespannt sind (Gegenbeispiel: System nach Bild 06.15, hierbei muss Gewichtskraft berücksichtigt werden).
- Obiger Hinweis *gilt nur*, wenn das System ein linearer Schwinger ist.
- Obiger Hinweis *gilt nicht*, wenn die Gewichtskraft die alleinige Rückstellkraft ist (z.B. Schwinger nach Bild 06.15 ohne Feder).
- Obiger Hinweis *gilt nicht*, wenn durch die Gewichtskraft in der Bewegungsdifferenzialgleichung nichtkonstante Anteile entstehen (z.B. bei einer schrägen Lage des Pendels im Bild 06.15).

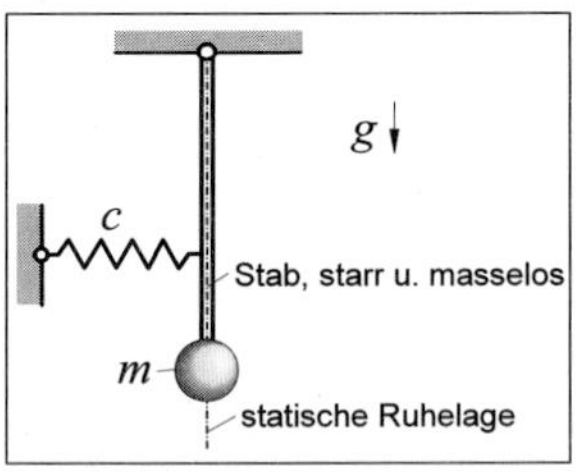


*Bild 06.15: Pendel mit Feder*

Dividieren wir Gleichung (2) durch $m$, so folgt:

$$\boxed{\ddot{x} + \omega_0^2\, x = 0 \qquad \text{mit} \qquad \omega_0^2 = \frac{c}{m}}$$

mit der allgemeinen Lösung

$x(t) = c_0 \sin(\omega_0 t + \varphi_0)$; siehe Bild 06.14b.

Mit der Eigenkreisfrequenz $\omega_0$ lassen sich Schwingungsdauer $T_0$ und Eigenfrequenz $f_0$ bestimmen:

$$\boxed{T_0 = \frac{2\pi}{\omega_0}, \quad f_0 = \frac{1}{T_0} = \frac{\omega_0}{2\pi} \quad \text{mit} \quad \omega_0 = \sqrt{\frac{c}{m}}}.$$

Aus den Anfangsbedingungen

$t = 0: \quad x = x_0, \quad \dot{x} = v_0$

erhalten wir für die Eigenschwingung die Amplitude $c_0$ und die Phasenverschiebung $\varphi_0$:

$$c_0 = \sqrt{x_0^2 + \left(\frac{v_0}{\omega_0}\right)^2},$$

$$\tan\varphi_0 = \frac{\omega_0\, x_0}{v_0}.$$

$\omega_0$ Eigenkreisfrequenz

$c$ Federkonstante (Federsteifigkeit)

$m$ Masse

$T_0$ Schwingungsdauer

$f_0$ Eigenfrequenz

$c_0$ Amplitude der Eigenschwingung

$\varphi_0$ Phasenverschiebung der Eigenschwingung

Die vorstehenden Betrachtungen des freien ungedämpften Schwingers mit einem Freiheitsgrad können wir auf viele technische Problemstellungen (z.B. Biegeschwingung, Dehnschwingung, Torsionsschwingung) anwenden.
Als weitere Beispiele wollen wir noch das *mathematische Pendel (Punktpendel)* und das *Körperpendel (physikalisches Pendel)* betrachten.

## ◆ Mathematisches Pendel (Punktpendel)

Für das mathematische Pendel (punktförmige Masse an masselosem Faden) (Bild 06.16a) erhalten wir mit dem D'ALEMBERTschen Prinzip (Trägheitskräfte $ml\ddot{\varphi}$ in tangentialer und $ml\dot{\varphi}^2$ in radialer Richtung, Bild 06.16b):

$\Sigma \swarrow = 0$:

$$\boxed{ml\ddot{\varphi} + mg\sin\varphi = 0}.$$

Mit $\sin\varphi \approx \varphi$ für kleine Ausschläge folgt dann die lineare Differenzialgleichung der Pendelschwingung

$$\boxed{\ddot{\varphi} + \frac{g}{l}\varphi = 0}$$

mit der Eigenkreisfrequenz $\boxed{\omega_{0_M} = \sqrt{\frac{g}{l}}}$.

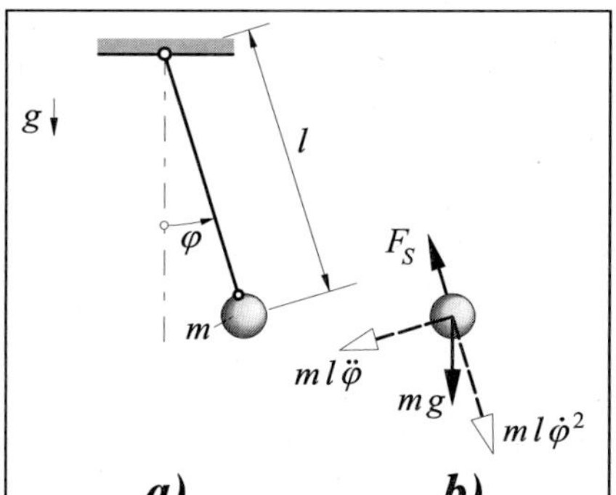


*Bild 06.16: a) Mathematisches Pendel*
*b) Freigeschnittene Punktmasse*

## ◆ Körperpendel (physikalisches Pendel)

Durch analoge Betrachtungen am Körperpendel (Bild 06.17) erhalten wir mit dem D'ALEMBERTschen Prinzip (Momentengleichgewicht um Punkt A, Bild 06.17b):

$(\Sigma M)_A = 0:$

$$J_S\,\ddot{\varphi} + m l_S^2\,\ddot{\varphi} + mg\,l_S \sin\varphi = 0$$

$$\boxed{\left(J_S + m l_S^2\right)\ddot{\varphi} + mgl_S \sin\varphi = 0}\;.$$

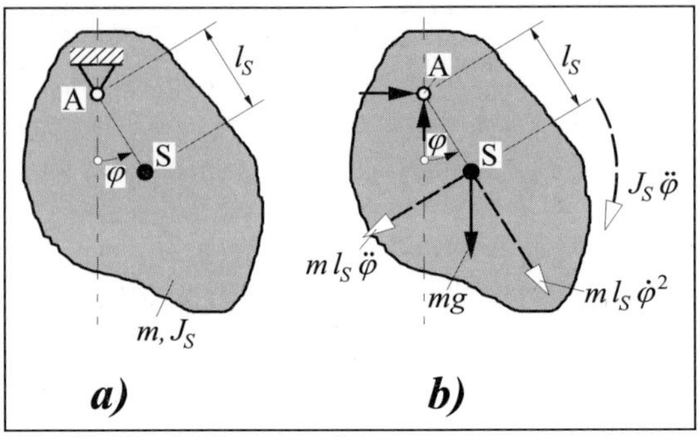


*Bild 06.17: a) Körperpendel*
*b) Freigeschnittenes Körperpendel*

Für kleine Ausschläge ($\sin\varphi \approx \varphi$) folgt die Differenzialgleichung der Pendelschwingung

$$\boxed{\ddot{\varphi} + \frac{mg\,l_S}{J_S + m l_S^2}\,\varphi = 0}$$

mit der Eigenkreisfrequenz

$$\boxed{\omega_{0_K} = \sqrt{\frac{mg\,l_S}{J_S + m l_S^2}} = \sqrt{\frac{g}{l_S}\cdot\frac{1}{\dfrac{J_S}{m l_S^2}+1}}}\;.$$

# 6.1.2 Federn und Federnschaltungen

In der Technik kann jeder elastische Körper die Funktion einer Feder ausüben. Zum Beispiel übernimmt ein einseitig eingespannter Balken nach Bild 06.18 (am freien Ende eine Punktmasse; Balkenmasse wird vernachlässigt) die Funktion einer Feder. Für kleine Durchbiegungen ist die Rückstellkraft $F$ am freien Ende des Balkens proportional zu $x$: $F = c\,x$. Nach den Formeln der Festigkeitslehre ist die Durchbiegung

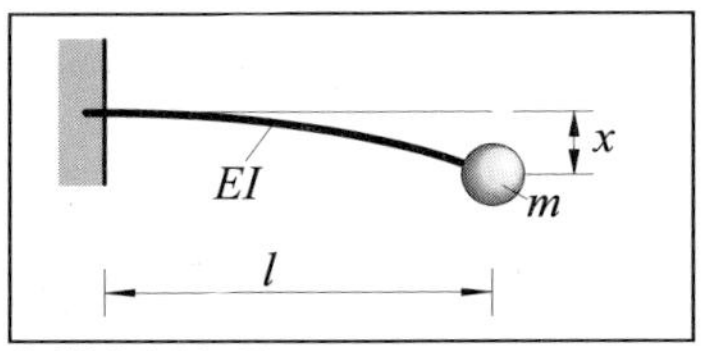


*Bild 06.18: Einseitig eingespannter Balken*

$$x = \frac{F\,l^3}{3\,EI}\;.$$

Damit ist die Federkonstante $c$ für das schwingungsfähige System nach Bild 06.18

$$c = \frac{F}{x} = \frac{F}{\dfrac{F\,l^3}{3\,EI}} = \frac{3\,EI}{l^3}\;.$$

Die folgende Tabelle gibt für weitere Belastungsfälle elastischer Körper die Federkonstanten an.

| Belastungsfall elastischer Körper | 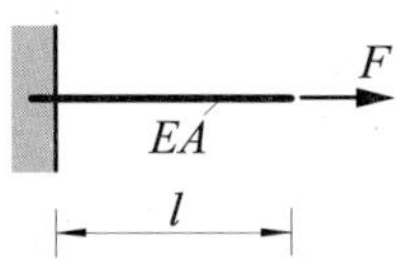  | 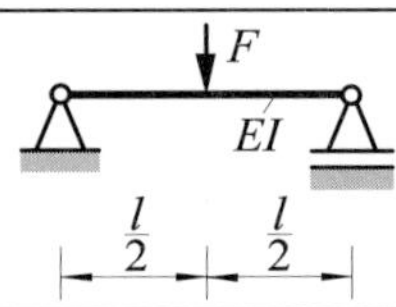  | 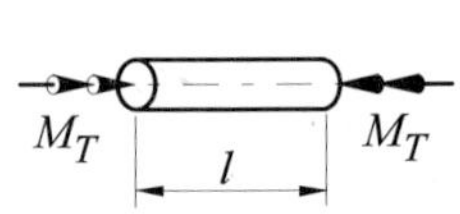  |
|---|---|---|---|
| Federkonstante $c$ für den Belastungsfall elastischer Körper | $c = \frac{EA}{l}$ | $c = \frac{48\,EI}{l^3}$ | $c = \frac{GI_T}{l}$ |

Treten in einem schwingungsfähigen System mehrere Federn (*Federverband*) auf, so können wir deren Wirkung durch eine einzige Ersatzfeder mit der Federkonstanten $c^*$ ersetzen.
Solche Anordnungen von Federn können wir als "Federschaltungen" behandeln, und wir unterscheiden dabei folgende **Federschaltungen**:

**Parallelschaltung**

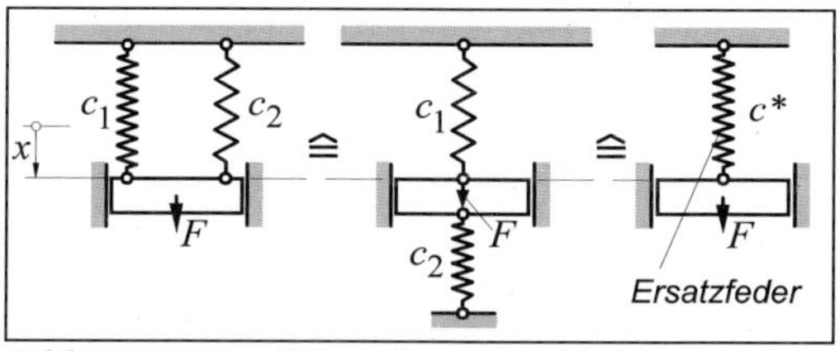


*Bild 06.19: Parallelschaltung von Federn*

**Parallelschaltung** (Federwege sind gleich groß)

$$F = c_1 x + c_2 x = c^* x \quad \Rightarrow \quad c^* = c_1 + c_2$$

$$c^* = \sum_{i=1}^{n} c_i$$

$c^*$: Federkonstante der Ersatzfeder
$c_i$: Federkonstante der Feder $i$
$n$: Anzahl der Federn

**Reihenschaltung**

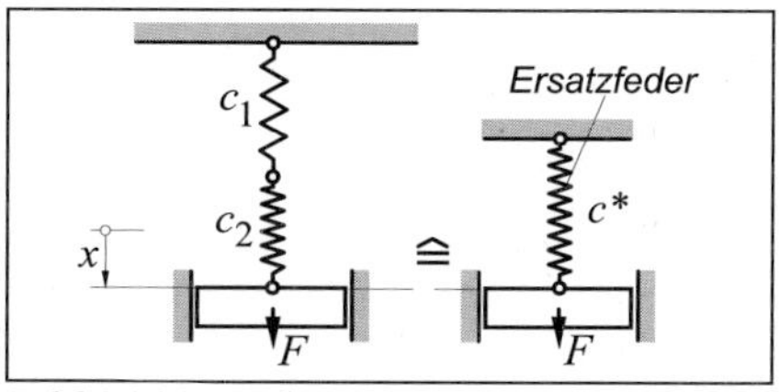


*Bild 06.20: Reihenschaltung von Federn*

**Reihenschaltung** (Federkräfte sind gleich)

$$x = x_1 + x_2 = \frac{F}{c_1} + \frac{F}{c_2} = \frac{F}{c^*} \quad \Rightarrow \quad \frac{1}{c^*} = \frac{1}{c_1} + \frac{1}{c_2}$$

$$\frac{1}{c^*} = \sum_{i=1}^{n} \frac{1}{c_i} \; ; \quad \frac{1}{c^*} = \frac{c_1 + c_2}{c_1 \cdot c_2} \quad \Rightarrow \quad c^* = \frac{c_1 \cdot c_2}{c_1 + c_2}$$

$F$: Federkraft
$x$: Federweg

# 6.1.3 Freie gedämpfte Schwingungen

Klingen freie Schwingungen eines mechanischen Systems mit der Zeit ab, weil auf das System **Bewegungswiderstände** einwirken, so sprechen wir von freien gedämpften Schwingungen.

Das Schwingungsmodell enthält Masse, Feder sowie ein Dämpfungselement, welches den Einfluß der geschwindigkeitsproportionalen Dämpfung berücksichtigt (Bild 06.21a). Die Federkraft $c(x + x_{stat})$ ist der Koordinate für die Federverlängerung, die Dämpfungskraft $b\dot{x}$ der Geschwindigkeit $\dot{x}$ und die D'ALEMBERTsche Kraft $m\ddot{x}$ der Beschleunigung $\ddot{x}$ entgegengesetzt gerichtet (Bild 06.21b). Aus dem Kräftegleichgewicht folgt

$$m\ddot{x} + b\dot{x} + c(x + x_{stat}) - mg = 0 \ .$$

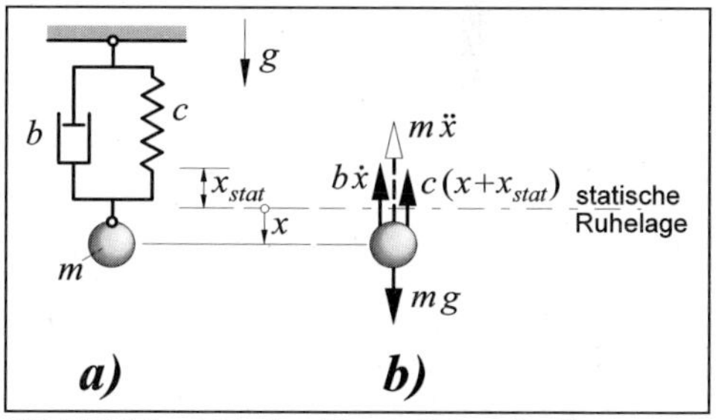


*Bild 06.21: a) Feder-Masse-Dämpfer-System*
*b) Freigeschnittene Masse*

Mit $c\,x_{stat} = mg$ und nach Division durch $m$ erhalten wir

$$\ddot{x} + \frac{b}{m}\dot{x} + \frac{c}{m}x = 0 \ .$$

$b$ Dämpfungskonstante
$c$ Federkonstante
$x$ Auslenkung aus der statischen Ruhelage
$x_{stat}$ Koordinate für die statische Ruhelage
$m$ Masse

Mit $\boxed{\frac{b}{m} = 2\,\delta}$ und $\boxed{\frac{c}{m} = \omega_0^2}$ folgt die homogene lineare Differenzialgleichung

$$\boxed{\ddot{x} + 2\,\delta\dot{x} + \omega_0^2\,x = 0}\,.$$

Mit Einführung des Dämpfungsgrades

$D = \frac{\delta}{\omega_0}$ lautet die Differenzialgleichung

$$\boxed{\ddot{x} + 2\,D\,\omega_0\,\dot{x} + \omega_0^2\,x = 0}\,.$$

$\delta$ Abklingkonstante

$\omega_0$ Eigenkreisfrequenz der ***ungedämpften*** Schwingung

$D$ Dämpfungsgrad (LEHRsches Dämpfungsmaß)

Mit dem Exponentialansatz $x = C\,e^{\lambda t}$ liefert vorstehende Differenzialgleichung die charakteristische Gleichung $\lambda^2 + 2D\omega_0\lambda + \omega_0^2 = 0$

mit den beiden möglichen $\lambda$-Werten $\lambda_{1,2} = \omega_0\left(-D \pm \sqrt{D^2 - 1}\right)$.

Mit $D = \frac{\delta}{\omega_0}$ erhalten wir $\lambda_{1,2} = -\delta \pm \omega_0\sqrt{D^2 - 1}$ .

Da der Ausdruck unter der Wurzel kleiner, gleich oder größer Null werden kann, unterscheiden wir 3 Fälle:

$D < 1$ schwache Dämpfung

D = 1 aperiodischer Grenzfall (kritische Dämpfung)

$D > 1$ starke Dämpfung (aperiodische Bewegung), keine Schwingung.

Wir betrachten hier nur als technisch wichtigen Fall die **schwache Dämpfung ($D < 1$)**.

Es ist $\lambda_{1,2} = -\delta \pm \omega_0\sqrt{D^2 - 1} = -\delta \pm i\,\omega_0\sqrt{1 - D^2} = -\delta \pm i\,\omega_d$ .

Darin sind $i = \sqrt{-1}$ *imaginäre Einheit*

$\delta = D\,\omega_0$ *Abklingkonstante*

$\boxed{\omega_d = \omega_0\sqrt{1 - D^2}}$ *Eigenkreisfrequenz der **gedämpften** Schwingung.*

Die gedämpfte Schwingung ist also langsamer als die ungedämpfte: $\omega_d < \omega_0$.

Die Lösung der Schwingungsgleichung des geschwindigkeitsproportional gedämpften Systems lautet mit den Anfangsbedingungen

$$t = 0: \quad x(t = 0) = x_0\,, \quad \dot{x}(t = 0) = v_0 \quad \Rightarrow \quad \boxed{x(t) = e^{-\delta t}\left(x_0 \cos\omega_d t + \frac{v_0 + \delta x_0}{\omega_d}\sin\omega_d t\right)}\,,$$

bzw. $\boxed{x(t) = e^{-\delta t} K \cos(\omega_d t - \varphi)}$.

(Hinweis: Bei dieser Lösung gelten analog die Umformungen wie für die harmonische Schwingung auf Seite 134 und 135.)

Im Bild 06.22 ist eine Ausschwingkurve einer freien gedämpften Schwingung gezeigt.

Die Schwingungsdauer $T$ beträgt

$$T = \frac{2\pi}{\omega_d} = \frac{2\pi}{\omega_0} \cdot \frac{1}{\sqrt{1 - D^2}}.$$

$T > T_0$

$T_0$ Schwingungsdauer der ungedämpften Schwingung

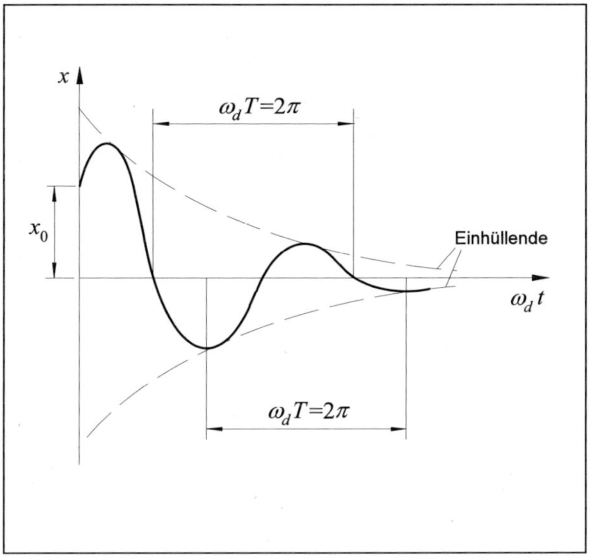


*Bild 06.22: Schwingungsdiagramm (Ausschwingkurve) eines gedämpften Systems*

# 6.1.3.1 Das logarithmische Dekrement (Dämpfungsdekrement)

Für eine amplitudenveränderliche Schwingung (Bild 06.22 und 06.23) lässt sich aus dem Verhältnis zweier im zeitlichen Abstand $nT$ $(n = 1, 2, \ldots)$ auftretender Ausschläge, die von der Mittellage aus gesehen auf derselben Seite liegen, das logarithmische Dekrement $\Lambda$ berechnen (zweckmäßigerweise werden die Ausschlagmaxima genutzt).

$$\Lambda = \frac{1}{n} \ln \frac{x(t_0)}{x(t_0 + nT)}$$

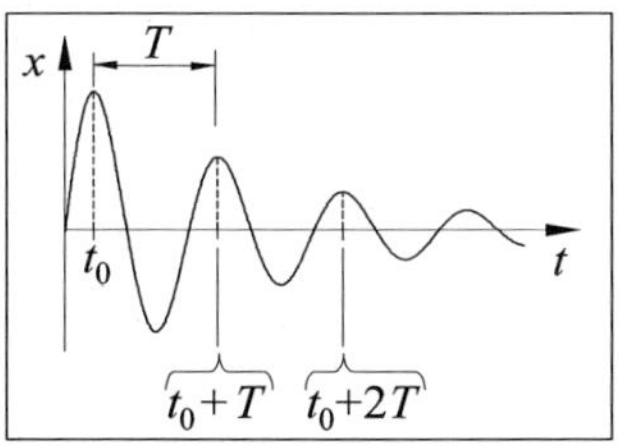


*Bild 06.23: Schwach gedämpfte Schwingung*

$\Lambda$ logarithmisches Dekrement

$n$ Anzahl der um $n$-Perioden auseinanderliegenden Maxima

$t_0$ zu irgendeinem Maxima gehörige Zeit

$T = 2\pi / \omega$ Schwingungsdauer

$\delta$ Abklingkonstante

$D$ Dämpfungsgrad

Das logarithmische Dekrement $\Lambda$ wird genutzt, um aus einer experimentell ermittelten Ausschwingkurve den Dämpfungsgrad (LEHRsches Dämpfungsmaß) $D$ zu bestimmen.

Für zwei aufeinanderfolgende Maxima ($n = 1$) folgt

$$\Lambda = \ln \frac{x(t_0)}{x(t_0 + T)}.$$

Zur Ermittlung des Dämpfungsgrades $D$ rechnen wir mit $\delta = \omega_0 D$ und $\omega = \omega_0\sqrt{1-D^2}$ um:

Es gilt $\Lambda = \delta\, T = \delta\dfrac{2\pi}{\omega} = \delta\dfrac{2\pi}{\omega_0\sqrt{1-D^2}}$,

$$\boxed{\Lambda = 2\pi\frac{D}{\sqrt{1-D^2}}}; \quad \text{umgestellt nach } D \text{ ergibt sich} \quad \boxed{D = \frac{\Lambda}{\sqrt{4\pi^2+\Lambda^2}}}.$$

## 6.1.4 Erzwungene Schwingungen

Bei erzwungenen Schwingungen wird dem schwingungsfähigen System *von außen* stets Energie zugeführt. Meistens wirkt eine periodisch veränderliche Erregung auf das System ein, so dass eine stetige Abnahme der Amplituden verhindert wird.

### 6.1.4.1 Krafterregung oder Erregung über eine Feder (Federkrafterregung)

Wir betrachten ein Schwingungssystem mit einer harmonisch veränderlichen Erregerkraft der Form $F(t) = F_0\cos\Omega t$, wobei $\Omega$ die **Erregerkreisfrequenz** ist (Bild 06.24).

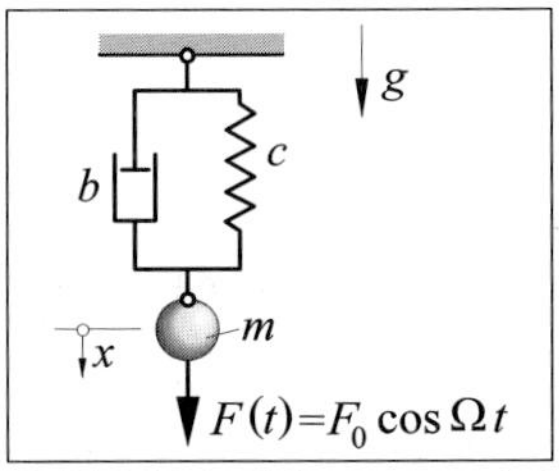


*Bild 06.24: Schwinger mit Erregerkraft an der Masse*

Für das gedämpfte System mit Krafterregung nach Bild 06.24 gilt die Bewegungs-Differenzialgleichung

$$m\ddot{x} + b\dot{x} + c\,x = F_0\cos\Omega t\,.$$

Mit $\omega_0 = \sqrt{\dfrac{c}{m}}$, $D = \dfrac{\delta}{\omega_0}$ und $\dfrac{b}{m} = 2\,\delta$ folgt:

$$\boxed{\ddot{x} + 2D\omega_0\dot{x} + \omega_0^2 x = F_0\frac{\omega_0^2}{c}\cos\Omega t} \quad (1)$$

mit $\dfrac{F_0}{c} = x_0$.

| | |
|---|---|
| $\Omega$ | Erregerkreisfrequenz |
| $\omega_0$ | Eigenkreisfrequenz der ***ungedämpften*** Schwingung |
| $b$ | Dämpfungskonstante |
| $c$ | Federkonstante |
| $D$ | Dämpfungsgrad |
| $\delta$ | Abklingkonstante |

Bei dem Schwinger mit Federkrafterregung nach Bild 06.25 wird der untere Endpunkt der Feder harmonisch bewegt mit $x_F = x_0\cos\Omega t$.

Mit der Verlängerung der Feder $x_F - x$ lautet die Bewegungsgleichung

$$m\ddot{x} = c(x_F - x) - b\dot{x},$$

$$m\ddot{x} + b\dot{x} - c\,x = c\,x_0\cos\Omega t\,.$$

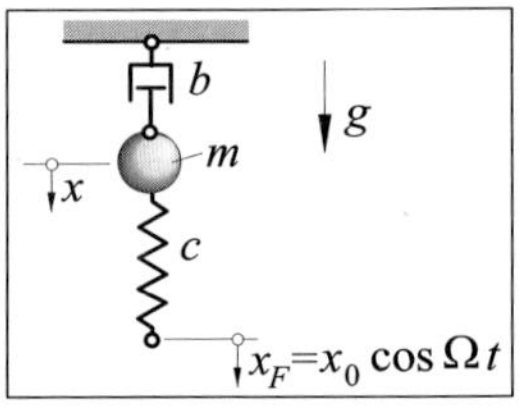


*Bild 06.25: Schwinger mit Federkrafterregung*

Mit $\omega_0^2 = \frac{c}{m}$, $D = \frac{\delta}{\omega_0}$ und $\frac{b}{m} = 2\,\delta$ folgt daraus wieder die vorherige Differenzialgleichung (1)

(Krafterregung) $\boxed{\ddot{x} + 2D\omega_0\dot{x} + \omega_0^2 x = x_0\,\omega_0^2 \cos\Omega t}$.

Demnach wird die Bewegung der Masse bei Kraft- oder Federerregung durch die gleiche Differenzialgleichung beschrieben.

Die allgemeine Lösung dieser inhomogenen Differenzialgleichung ist eine Überlagerung aus der Lösung $x_h$ der zugehörigen homogenen Differenzialgleichung und einer *Partikulärlösung* $x_p$:

$$x = x_h + x_p \tag{2}$$

Die Lösung der homogenen Differenzialgleichung ist nichts anderes als die Lösung der freien gedämpften Schwingung (siehe Seite 142):

$$x_h = e^{-\delta t}\left( x_0 \cos\omega_d t + \frac{v_0 + \delta x_0}{\omega_d} \sin\omega_d t \right)$$

bzw. $\quad x_h = e^{-\delta t} K \cos(\omega_d t - \varphi)$. (3)

Dieser Teil der Bewegung ist im allgemeinen nach relativ kurzer Zeit (Einschwingzeit) infolge der Dämpfung abgeklungen.

Die Partikulärlösung beschreibt die nach der Einschwingzeit erreichte *unveränderte* ***(stationäre)*** *Schwingung* (Dauerschwingung) des durch die harmonisch veränderliche Kraft $F(t) = F_0 \cos\Omega t$ erregten gedämpften Schwingers.

Für die partikuläre Lösung wird der Lösungsansatz der Form

$$x_p = A\cos(\Omega t - \psi) \tag{4}$$

in Gleichung (1) eingesetzt.

Mit $\quad \dot{x}_p = -A\,\Omega \sin(\Omega t - \psi) \quad$ und $\quad \ddot{x}_p = -A\Omega^2 \cos(\Omega t - \psi)$

folgt: $\quad \left(-A\Omega^2 + A\omega_0^2\right)\cos(\Omega t - \psi) - 2\delta\, A\Omega\sin(\Omega t - \psi) = F_0 \frac{\omega_0^2}{c}\cos\Omega t$.

Aus dem Additionstheorem und $\delta = \omega_0 D$ erhalten wir

$$\left( -F_0 \frac{\omega_0^2}{c} - A\Omega^2\cos\psi + 2A D\omega_0\,\Omega\sin\psi + A\omega_0^2\cos\psi \right)\cos\Omega t$$
$$+ \left(-A\Omega^2 \sin\psi - 2A D\omega_0\,\Omega\cos\psi + A\omega_0^2 \sin\psi\right)\sin\Omega t = 0\,.$$

Diese Gleichung ist für jede beliebige Zeit $t$ genau dann null, wenn jeder Klammerausdruck auf der linken Seite für sich null wird.

Nullsetzen der zweiten Klammer liefert: $\quad \tan\psi = \frac{2D\,\omega_0\,\Omega}{\omega_0^2 - \Omega^2} = \frac{2D\frac{\Omega}{\omega_0}}{1 - \left(\frac{\Omega}{\omega_0}\right)^2}$.

Mit dem **Abstimmungsverhältnis** (Frequenzverhältnis) $\boxed{\eta = \frac{\Omega}{\omega_0} = \frac{\Omega}{\sqrt{\frac{c}{m}}}}$ folgt die Phasenverschiebung $\psi$ (Nacheilwinkel) aus $\quad \boxed{\tan\psi = \frac{2D\eta}{1-\eta^2}}$. (5)

$\psi$: Winkel, um den die erregte Schwingung (Ausschlag $x$) der Erregung nacheilt.

Das Nullsetzen der ersten Klammer liefert mit $\tan\psi$ aus Gleichung (5) nach einigen Umformungen (sin- und cos-Funktion werden in tan-Funktion umgewandelt) die Konstante $A$:

$$\boxed{A = \frac{F_0}{c} \cdot \frac{1}{\sqrt{\left(1-\eta^2\right)^2 + 4D^2\eta^2}}}. \qquad (6)$$

Damit ist die Lösung nach Gleichung (2) komplett. Die beiden Lösungsanteile (homogen und partikulär) enthalten die cos-Funktion, so dass wir uns die Bewegung als Überlagerung zweier Schwingungen vorstellen können. Der typische Verlauf einer erregten Schwingung ist in Bild 06.26 dargestellt.

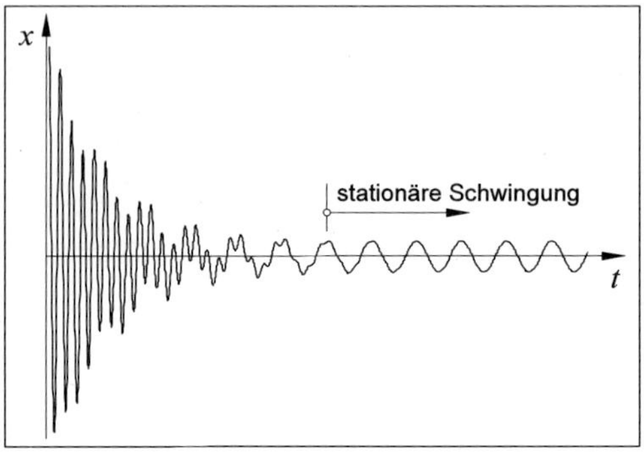

*Bild 06.26: Erregte Schwingung*

Der Anteil $x_h = e^{-\delta t} K \cos(\omega_d t - \varphi)$ nach (3) wird mit der Zeit immer kleiner.
Die Partikulärlösung (4) ist die Dauerschwingung (unveränderte (stationäre) Schwingung) mit der konstanten Amplitude $A$ nach (6):

$$\boxed{x_{stationär} = x_p = A\cos(\Omega t - \psi) = \frac{F_0}{c} \cdot \underbrace{\frac{1}{\sqrt{\left(1-\eta^2\right)^2 + 4D^2\eta^2}}}_{V(\eta)} \cdot \cos(\Omega t - \psi)}. \qquad (7)$$

**Die Schwingung im stationären Zustand (Dauerschwingung) erfolgt mit der Erregerkreisfrequenz $\Omega$.**

- Die Amplitude $A$ der stationären Schwingung ist durch den Ausdruck vor der cos-Funktion in Gleichung (7) gegeben. Der Ausdruck $\frac{F_0}{c} = x_{stat}$ ist die Auslenkung der Feder unter einer konstanten statischen Last $F_0$.
- Die Änderung der Amplitude $A$ im Verhältnis zur statischen Auslenkung $\frac{F_0}{c} = x_{stat}$ können wir für ein beliebiges Abstimmungsverhältnis $\eta$ durch die **Vergrößerungsfunktion**

$$\boxed{V(\eta) = \frac{1}{\sqrt{\left(1-\eta^2\right)^2 + 4D^2\eta^2}}}$$

beschreiben (Bild 06.27).

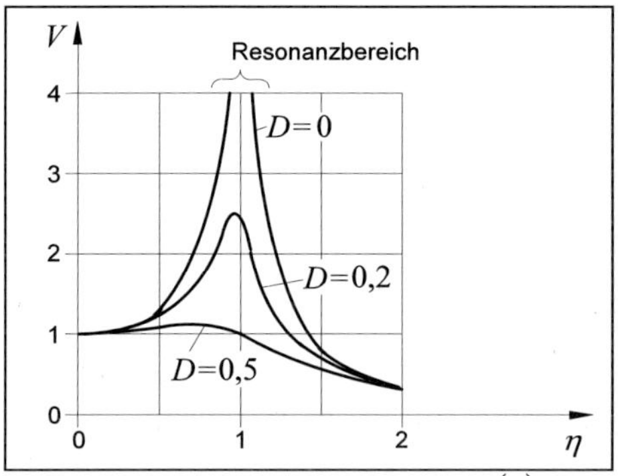

*Bild 06.27: Vergrößerungsfunktion $V(\eta)$*

- Aus Bild 06.27 können wir folgende Erkenntnisse ablesen:

1. Die Vergrößerungsfunktion $V(\eta)$ nimmt bei sehr kleiner Dämpfung in der Nähe von $\eta = 1$ sehr große Werte an. Das bedeutet: **Eine Erregung mit einer Kreisfrequenz $\Omega$, die der Eigenkreisfrequenz $\omega_0$ des ungedämpften Schwingers entspricht, <u>führt bei kleiner Dämpfung</u> zu sehr großen Amplituden (*Resonanz*).**
2. Bei **überkritischer** Erregung mit $\Omega > \omega_0$ ($\eta > 1$) sind die Amplituden deutlich geringer als im **unterkritischen** Bereich bei $\Omega < \omega_0$ ($\eta < 1$).

- Bild 06.28 zeigt die Phasenverschiebung $\psi$ nach Gleichung (5) in Abhängigkeit von $\eta$ für verschiedene Dämpfungsgrade. Die Phasenverschiebung $\psi$ können wir folgendermaßen interpretieren: Minimum, Maximum und Nullstellen fallen mit den entsprechenden Punkten des Bewegungsgesetzes des Schwingers nach Gleichung (7) zeitlich nicht zusammen.

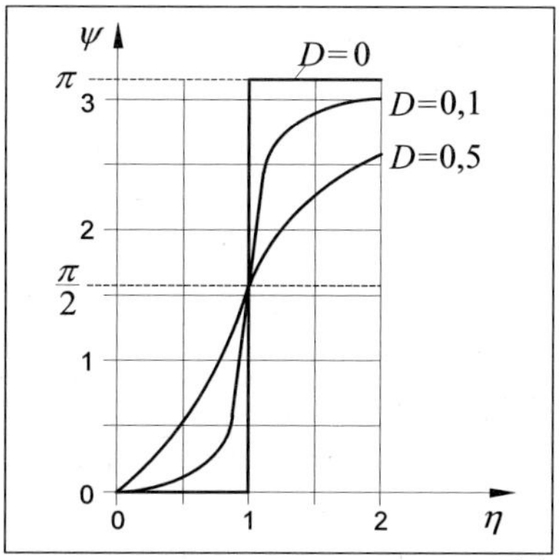

*Bild 06.28: Phasenverschiebung $\psi(\eta)$*

  - Im **unterkritischen** Bereich ($\eta < 1$) ist bei sehr kleiner Dämpfung der Phasenwinkel $\psi$ annähernd Null, so dass die Bewegung ***phasengleich*** (*in Phase*; im Gleichtakt) mit der Erregung erfolgt.
  - Im **überkritischen** Bereich ($\eta > 1$) ist bei kleiner Dämpfung $\psi \approx \pi$, und die Bewegungsrichtung des Schwingers ist stets der Richtung der Erregerkraft entgegengerichtet (*in Gegenphase*; im Gegentakt).
  - Für $\eta = 1$ gilt immer: $\psi = \frac{\pi}{2}$. Beim Dämpfungsgrad $D = 0$ und $\eta = 1$ ändert sich die Phase sprunghaft um $\pi$.

## 6.1.4.2 Unwuchterregung

In der Praxis tritt häufig eine Erregung infolge einer periodisch umlaufenden Unwucht $m_U r$ auf.

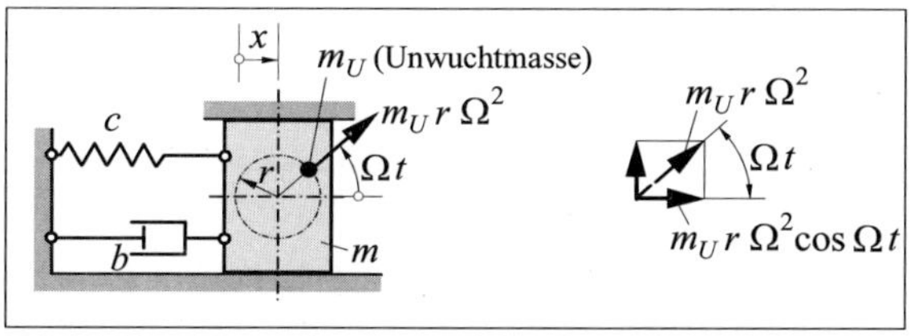

*Bild 06.29: Unwuchterregung durch Fliehkraftkomponente $m_U r\,\Omega^2 \cos\Omega t$ der Fliehkraft $m_U r\,\Omega^2$*

Die mit der Erregerkreisfrequenz (Winkelgeschwindigkeit) $\Omega$ umlaufende Unwucht $m_U r$ erregt das System in horizontaler Richtung mit der Fliehkraftkomponente $F(t) = m_U r\,\Omega^2 \cos\Omega t$ (Bild 06.29).

Die im Allgemeinen wesentlich kleinere Unwuchtmasse $m_U$ soll in der Masse $m$ enthalten sein.

Entsprechend Bild 06.24 ist hier (siehe Bild 06.29) $F_0 = m_U r\,\Omega^2$ (Fliehkraft). Mit $\Omega^2 = \eta^2\omega_0^2$ und $c = m\omega_0^2$ erhalten wir $\quad F_0 = \frac{m_U r}{m} m\,\Omega^2 = \frac{m_U r}{m} c\eta^2$.

Die stationäre Lösung der Differenzialgleichung entsprechend Gleichung (7) auf Seite 146 lautet dann:

$$x_{stationär} = x_p = \frac{m_U r}{m} c\eta^2 \frac{1}{c} \cdot \underbrace{\frac{1}{\sqrt{\left(1-\eta^2\right)^2 + 4D^2\eta^2}}}_{V(\eta)} \cdot \cos\left(\Omega t - \psi\right),$$

$$x_{stationär} = x_p = \frac{m_U r}{m} \underbrace{\eta^2 V(\eta)}_{V_U(\eta)} \cos(\Omega t - \psi) = \frac{m_U r}{m} V_U(\eta) \cos(\Omega t - \psi) = A \cos(\Omega t - \psi)$$

mit der Amplitude der stationären Schwingung $A = \frac{m_U r}{m} V_U(\eta)$ und

mit der **Vergrößerungsfunktion für die Unwuchterregung**

$$V_U(\eta) = \eta^2 V(\eta) = \eta^2 \frac{1}{\sqrt{(1-\eta^2)^2 + 4D^2\eta^2}},$$

wobei $\psi$ und $V(\eta)$ nach den Gleichungen auf den Seiten 145 und 146 berechnet werden können.

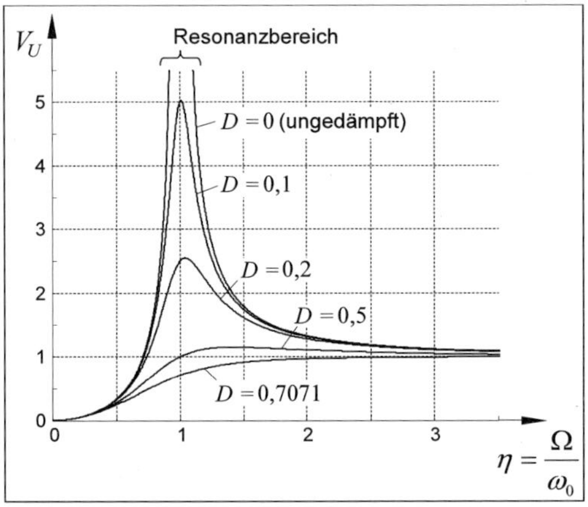


*Bild 06.30: Vergrößerungsfunktion für Unwuchterregung*

Die Vergrößerungsfunktion $V_U(\eta)$ gestattet das typische Verhalten der Schwingungsamplitude zu diskutieren (Bild 06.30).

In der näheren Umgebung des Abstimmungsverhältnisses $\eta = \frac{\Omega}{\omega_0} = 1$ ist zu beachten, dass dort bei geringen Dämpfungen recht große Amplituden auftreten können. Diesen Zustand $\eta = 1$ $(\Omega = \omega_0)$ bezeichnen wir als **Resonanz** (Bild 06.30).

Bei der Unwuchterregung gelten folgende Besonderheiten:

- Für immer größer werdende Abstimmungsverhältnisse ($\eta > 1$, **überkritischer Bereich**) nähern sich die Werte aller Vergrößerungsfunktionen $V_U$ dem Wert 1. Das bedeutet für hohe Erregerfrequenzen $\Omega$ sind die Amplituden der unwuchterregten Schwingung von der Erregerfrequenz und der Dämpfung nahezu unabhängig.
- Für Dämpfungsgrade $D < 1/\sqrt{2} = 0{,}7071$ haben die Kurven ein Maximum, das rechts von der Stelle $\eta = 1$ bei $\eta_m = \frac{1}{\sqrt{1-2D^2}}$ liegt.

**Hinweis:** Außer der hier behandelten Kraft- und Unwuchterregung treten außerdem ***Stützenerregungen*** (Erregung über Feder, über Dämpfer oder über Feder und Dämpfer) auf (Bild 06.31).
Die Ermittlung der Vergrößerungsfunktion und der Phasenverschiebung erfolgen analog.

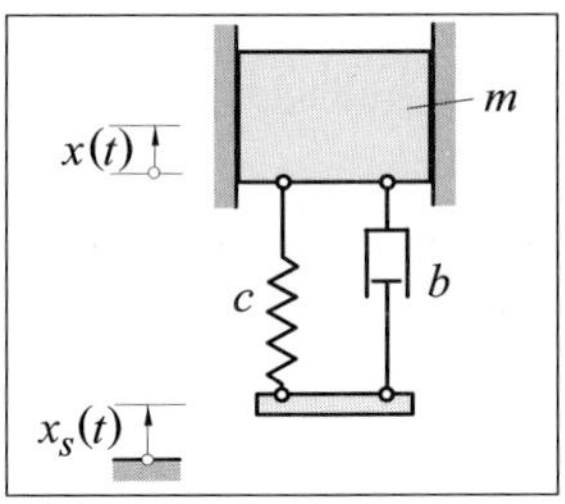


*Bild 06.31: Stützenerregung (über Feder u. Dämpfer)*

# 6.2 Aufgaben mit Lösungen

## Aufgabe 6.1 Taktmesser (Metronom)

Ein Taktmesser (Metronom) besteht aus der Masse $m_1$ und der verschiebbaren **Punktmasse** $m_2$ (Bild 6.1). Von der Masse $m_1$ ist der Schwerpunktsabstand $e_1$ vom Aufhängepunkt A und das Massenträgheitsmoment $J_{1_A}$ bezüglich des Aufhängepunktes A gegeben.

Wie groß ist die Schwingungsdauer für kleine Ausschläge?

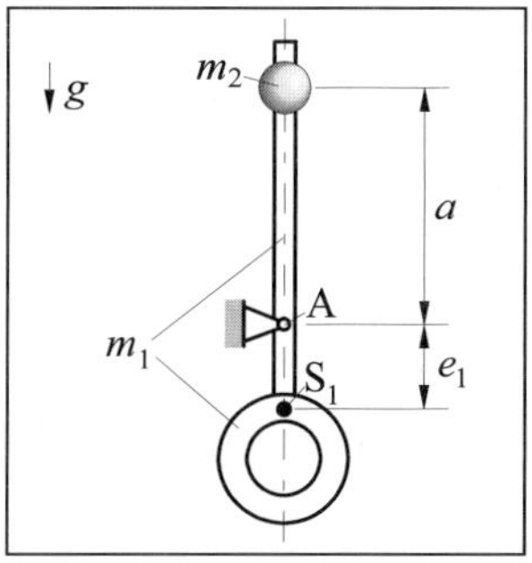


*Bild 6.1: Taktmesser (Metronom)*

### *Lösung:*

Mit dem **Drallsatz** bezüglich des festen Drehpunktes A erhalten wir (Bild 6.1.1):

$$\left(J_{1_A} + m_2 a^2\right)\ddot{\varphi} = -m_1 g\, e_1 \sin\varphi + m_2 g\, a \sin\varphi \ .$$

Mit $\sin\varphi \approx \varphi$ für kleine Ausschläge folgt:

$$\left(J_{1_A} + m_2 a^2\right)\ddot{\varphi} + g\left(m_1 e_1 - m_2 a\right)\varphi = 0 \ ,$$

$$\ddot{\varphi} + \frac{g\left(m_1 e_1 - m_2 a\right)}{J_{1_A} + m_2 a^2}\varphi = 0 \ , \qquad \ddot{\varphi} + \omega_0^2\,\varphi = 0$$

mit der Eigenkreisfrequenz

$$\omega_0 = \sqrt{\frac{g\left(m_1 e_1 - m_2 a\right)}{J_{1_A} + m_2 a^2}} \ .$$

Somit ist $$T = \frac{2\pi}{\omega_0} = 2\pi\sqrt{\frac{J_{1_A} + m_2 a^2}{g\left(m_1 e_1 - m_2 a\right)}} \ .$$

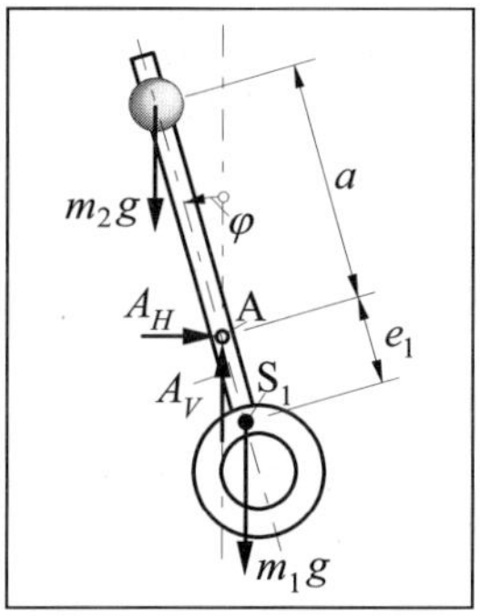


*Bild 6.1.1: Freigeschnittenes System im ausgelenkten Zustand*

Das Metronom ist nur so lange schwingungsfähig, wie $m_1 e_1 > m_2 a$ ist.

## Aufgabe 6.2 Rollschwinger

Für den kreiszylindrischen Rollschwinger nach Bild 6.2 sind die Eigenkreisfrequenz und die Schwingungsdauer für kleine Ausschläge zu bestimmen. Der Schwinger rollt schlupffrei! Skizziert ist die statische Ruhelage.

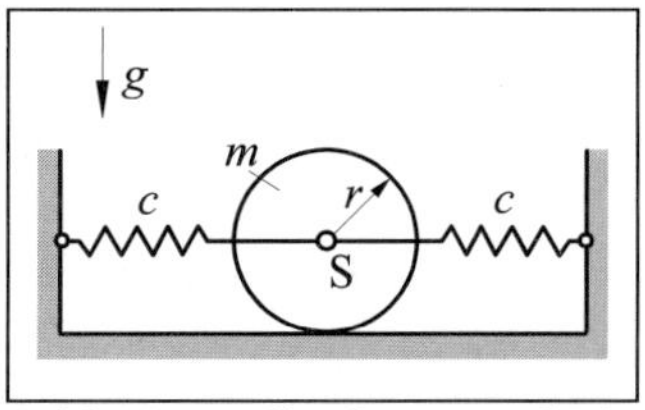


*Bild 6.2: Rollende Kreisscheibe mit zwei Federn*

### *Lösung:*

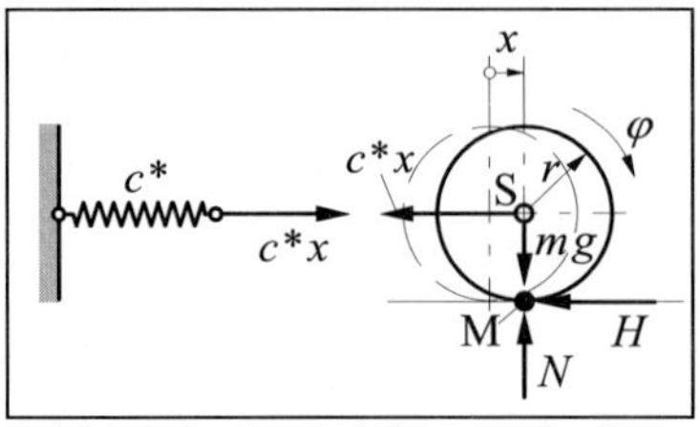


*Bild 6.2.1: Ersatzfeder und freigeschnittene Kreisscheibe*

Die Wirkung der beiden Federn können wir durch eine Ersatzfeder mit der Federkonstanten $c^*$ ersetzen (Bild 6.2.1), so dass nach der Parallelschaltung (Federwege sind gleich groß) gilt:

$$c^* = c + c = 2c \ .$$

**Drallsatz** für Kreisscheibe (bezüglich Momentanpol M):

$$\text{M}\circlearrowleft \qquad \left(J_S + mr^2\right)\ddot{\varphi} = -c^* x\, r \ .$$

Durch den kinematischen Zwangslauf beim Abrollen gilt:

$$\dot{x} = r\,\dot{\varphi}\,, \qquad x = r\,\varphi\ .$$

Somit folgt

$$\left(J_S + m r^2\right)\ddot{\varphi} + 2 c r^2 \varphi = 0 \ ,$$

$$\ddot{\varphi} + \frac{2 c r^2}{J_S + m r^2}\,\varphi = 0 \ ,$$

$$\ddot{\varphi} + \omega_0^2\,\varphi = 0 \qquad \text{mit} \qquad \omega_0 = \sqrt{\frac{2 c r^2}{J_S + m r^2}} \ .$$

Setzen wir für $J_S = \dfrac{m}{2} r^2$ ein, so erhalten wir für die Eigenkreisfrequenz

$$\omega_0 = \sqrt{\frac{2 c r^2}{\frac{m}{2} r^2 + m r^2}} = \underline{\underline{2\sqrt{\frac{1}{3}\cdot\frac{c}{m}}}} \ .$$

Die Schwingungsdauer beträgt dann $T = \dfrac{2\pi}{\omega_0} = \underline{\underline{\pi\sqrt{\dfrac{3m}{c}}}}$ .

## Aufgabe 6.3 Schwingsystem aus Kreisscheibe und Feder

Über eine in A drehbar gelagerte homogene Kreisscheibe gleicher Dicke mit der Masse $m_2 = 10\,\text{kg}$ läuft ein masseloses, biegsames, dehnstarres Seil ohne Schlupf, dessen Enden mit einer Feder und einer Masse $m_1 = 8\,\text{kg}$ verbunden sind (Bild 6.3). Die Federkonstante sei $c = \dfrac{20\,\text{N}}{\text{cm}}$.

Wie groß sind die Eigenkreisfrequenz und die Schwingungsdauer des Systems?

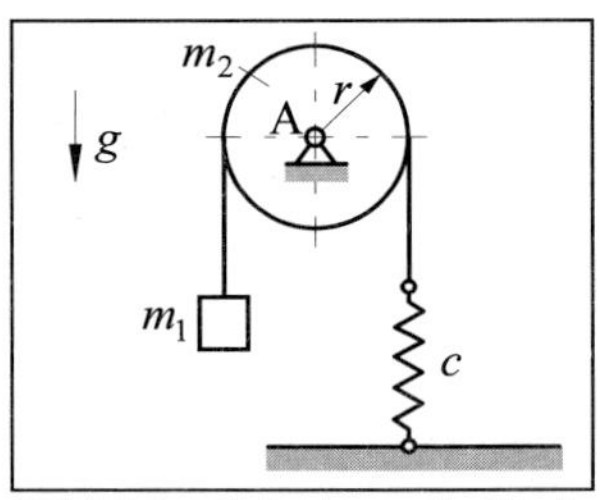


*Bild 6.3: Schwingende Kreisscheibe*

### *Lösung:*

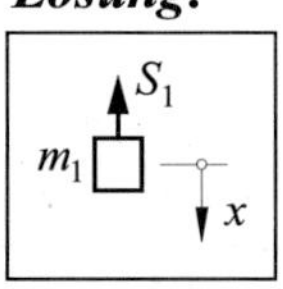


*Bild 6.3.1: Abgeschnittene Masse $m_1$*

Zunächst trennen wir das System (Bilder 6.3.1 und 6.3.2). Legen wir nun den Koordinatenursprung von $x$ in die statische Ruhelage, so können wir die statische Vorspannkraft sowie die diese Vorspannung hervorrufende Gewichtskraft $m_1 g$ unberücksichtigt lassen (Bild 6.3.1).

**Schwerpunktsatz** (Bild 6.3.1): $\downarrow \qquad m_1\ddot{x} = -S_1 \qquad (1)$

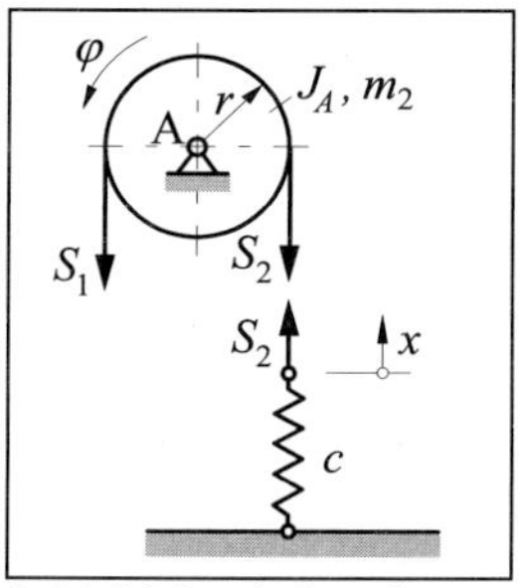


*Bild 6.3.2: Aufgeschnittenes System*

**Drallsatz** (Bild 6.3.2):

$$\text{Ⓐ} \quad J_A\,\ddot{\varphi} = S_1\,r - S_2\,r \qquad (2)$$

**Federgesetz** (Bild 6.3.2):

$$S_2 = c \cdot x \qquad (3)$$

**Kinematische Beziehungen**:

$$x = r\,\varphi, \quad \dot{x} = r\,\dot{\varphi}, \quad \ddot{x} = r\,\ddot{\varphi} \qquad (4)$$

Mit (2) und (3) folgt aus (1): $m_1\,\ddot{x} = -J_A\,\dfrac{\ddot{\varphi}}{r} - c \cdot x$ .

Benutzen wir $J_A = \dfrac{m_2}{2}\,r^2$ für die Kreisscheibe und (4), so erhalten wir:

$$m_1\,\ddot{x} + \frac{m_2}{2}\,\ddot{x} + c \cdot x = 0 \quad \Rightarrow \quad \frac{2\,m_1 + m_2}{2}\,\ddot{x} + c\,x = 0\ .$$

Daraus folgt die Differentialgleichung des Systems

$$\boxed{\ddot{x} + \frac{2\,c}{2\,m_1 + m_2}\,x = 0} \quad \Rightarrow \quad \ddot{x} + \omega_0^2 x = 0\ .$$

**Eigenkreisfrequenz:** $\omega_0 = \sqrt{\dfrac{2\,c}{2\,m_1 + m_2}} = \sqrt{\dfrac{2 \cdot 20\,\dfrac{\text{kg} \cdot 100\,\text{cm}}{\text{cm} \cdot \text{s}^2}}{2 \cdot 8\,\text{kg} + 10\,\text{kg}}} = \underline{\underline{12{,}403\,\dfrac{1}{\text{s}}}}\ .$

**Schwingungsdauer:** $T = \dfrac{2\,\pi}{\omega_0} = \dfrac{2\,\pi}{12{,}403\ \text{s}^{-1}} = \underline{\underline{0{,}507\ \text{s}}}\ .$

## Aufgabe 6.4 Scheibe mit Feder

Das schwingungsfähige System besteht aus einer quadratischen Scheibe konstanter Dicke mit der Masse $m$ und einer Feder mit der Federkonstanten $c$ (Bild 6.4). Skizziert ist die statische Ruhelage.

Wie groß ist die Schwingungsdauer für kleine Ausschläge?

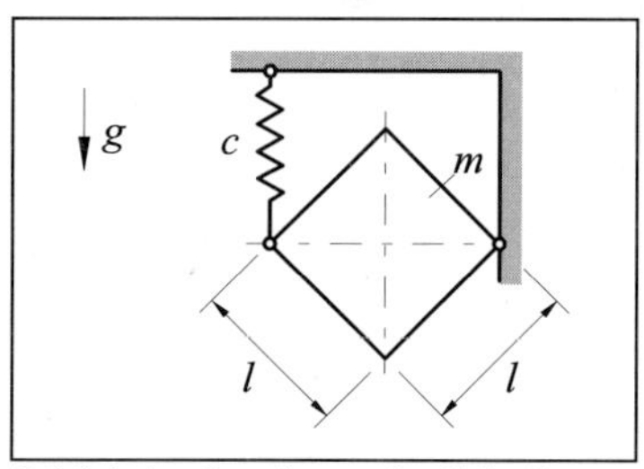


*Bild 6.4: Quadratische Scheibe mit Feder*

### *Lösung:*

Wir trennen das System und führen zur Beschreibung der Drehbewegung um A die Koordinate $\varphi$ ein (Bild 6.4.1). Bei Voraussetzung kleiner Ausschläge wird die Federkraft so angetragen, als ob sich die Federachse gegenüber der statischen Ruhelage nicht verändern würde (geringe Schräglage der verformten Feder kann vernachlässigt werden). Die Verlängerung der Feder aus der statischen Ruhelage beträgt näherungsweise $x = l\,\sqrt{2}\,\varphi$. In der statischen Ruhelage (Bild 6.4.1) ist die Feder durch die Gewichtskraft der Scheibe gedehnt (statisches Gleichgewicht).

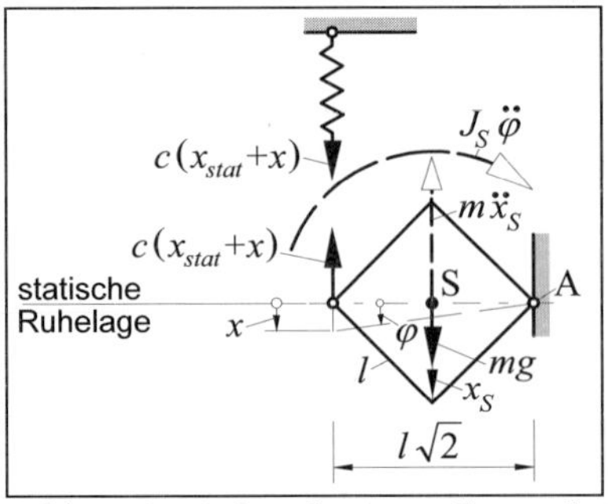


*Bild 6.4.1: Aufgeschnittenes System bei Auslenkung aus der statischen Ruhelage*

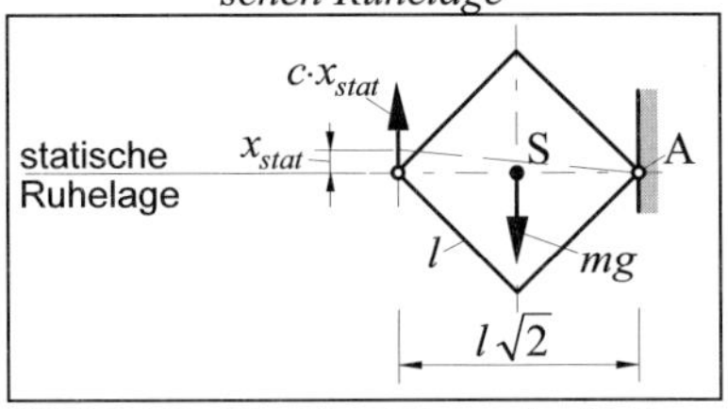


*Bild 6.4.2: Zur Ermittlung der Federvorspannkraft*

Die dann vorliegende Federvorspannkraft $c \cdot x_{stat}$ ermitteln wir aus dem statischen Momentengleichgewicht um A aus Bild 6.4.2:

$$c \cdot x_{stat}\, l\sqrt{2} - mg\frac{1}{2} l\sqrt{2} = 0 \quad \Rightarrow \quad c \cdot x_{stat} = \frac{1}{2} mg .$$

Bei Auslenkung um $\varphi$ aus der statischen Ruhelage folgt nach dem D'ALEMBERTschen Prinzip (Bild 6.4.1) mit

$$x = l\sqrt{2}\,\varphi, \quad c \cdot x_{stat} = \frac{1}{2} mg, \quad J_A = J_S + m\left(\frac{l\sqrt{2}}{2}\right)^2$$ und den

kinematischen Beziehungen $\dot{x}_S = \frac{l\sqrt{2}}{2}\dot{\varphi},\ \ddot{x}_S = \frac{l\sqrt{2}}{2}\ddot{\varphi}$:

$(\sum M)_A = 0$:

$$J_S\ddot{\varphi} + m\ddot{x}_S\frac{l\sqrt{2}}{2} - mg\frac{l\sqrt{2}}{2} + c\left(x_{stat} + x\right) l\sqrt{2} = 0$$

$$\left(J_S + m\left(\frac{l\sqrt{2}}{2}\right)^2\right)\ddot{\varphi} = \frac{mgl\sqrt{2}}{2} - \frac{mgl\sqrt{2}}{2} - c\,l\sqrt{2}\,l\sqrt{2}\varphi$$

$$J_A\,\ddot{\varphi} = -2cl^2\varphi \quad \Rightarrow \quad \ddot{\varphi} + \frac{2cl^2}{J_A}\varphi = 0 .$$

Wir erkennen aus dieser Herleitung, dass die Gewichtskraft $mg$ bei diesem Beispiel ohne Einfluss auf das schwingungsfähige Feder-Masse-System ist. Es kann hier also die Berücksichtigung der Gewichtskraft entfallen, wenn wir die Schwingungsausschläge von der statischen Ruhelage aus betrachten, was im Folgenden noch gezeigt wird.

● **Hinweis:** Ob Gewichtskräfte mit in die Schwingungsgleichung einzubeziehen sind oder nicht, **ist in jedem Fall zu prüfen**, da wie z.B. bei einem Pendel die Gewichtskräfte erst bei einer Auslenkung zur Geltung kommen und dann in die Bewegungsgleichung ohne Kompensation durch Federvorspannkräfte erscheinen.

Da in diesem Beispiel die Gewichtskraft bereits im Stillstand eine **gleich große** Federvorspannkraft erzeugt, soll im Folgenden gezeigt werden, dass wir bei Aufstellung der Schwingungsgleichung die Gewichtskraft $mg$ nicht berücksichtigen müssen, wenn wir die Schwingungsausschläge von der statischen Ruhelage aus betrachten (Bild 6.4.3).

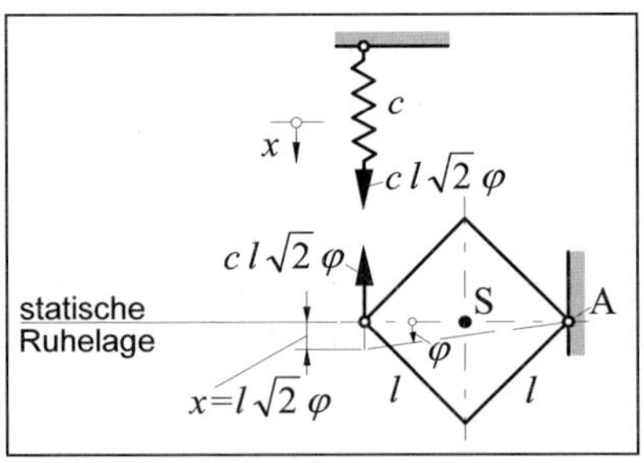


*Bild 6.4.3: Aufgeschnittenes System (statische Ruhelage)*

Mit dem **Drallsatz** folgt (Bild 6.4.3):

$$\text{(A)} \quad J_A\,\ddot{\varphi} = -c\,l\sqrt{2}\,\varphi \cdot l\sqrt{2}$$

$$\ddot{\varphi} + \frac{2cl^2}{J_A}\varphi = 0 \quad \text{(wie oben).}$$

Das Massenträgheitsmoment für die quadratische Scheibe bezüglich des Punktes A beträgt nach dem STEINERschen

Satz $$J_A = J_S + m\left(\frac{l\sqrt{2}}{2}\right)^2 = \frac{m}{12}\left(l^2 + l^2\right) + \frac{m}{2} l^2 = \frac{2}{3} m l^2 .$$

Damit folgt $$\boxed{\ddot{\varphi} + \frac{3c}{m}\varphi = 0} \quad , \quad \ddot{\varphi} + \omega_0^2\,\varphi = 0 .$$

**Eigenkreisfrequenz** $\omega_0 = \sqrt{\frac{3c}{m}}$ ; **Schwingungsdauer** $T = \frac{2\pi}{\omega_0} = \underline{\underline{2\pi\sqrt{\frac{m}{3c}}}}$ .

## Aufgabe 6.5 Dünner Stab mit Feder

Ein dünner Stab (Länge $l$, Masse $m$) ist in A drehbar gelagert und durch eine Feder mit der Federkonstanten $c$ in der skizzierten Ruhelage gehalten (Bild 6.5).

1. Es ist das Massenträgheitsmoment $J_A$ zu berechnen.
2. Es ist die Eigenkreisfrequenz $\omega_0$ für kleine Schwingungen des Stabes um den Punkt A zu bestimmen.
3. Berechnen Sie die Eigenkreisfrequenz für $b=0$, $b=\frac{l}{4}$, $b=\frac{l}{2}$ und $b=l$.

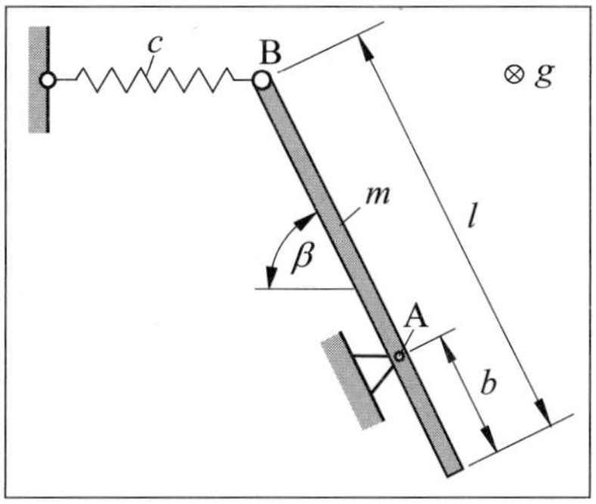


*Bild 6.5: Schwingungssystem aus Stab und Feder*

Gegeben: $l$, $b$, $\beta$, $m$, $c$.

**Hinweis:** Gewichtskraft wirkt senkrecht zur Ebene in der Feder und Stab schwingen (Gewichtskraft hat so keinen Einfluß auf die Bewegung).

### *Lösung:*

**zu 1.**

Mit dem STEINERschen Satz erhalten wir (Bild 6.5.1):

$$J_A = J_S + m a^2$$

$$J_A = \frac{m}{12} l^2 + m\left(\frac{l}{2} - b\right)^2$$

$$J_A = \frac{m}{12} l^2 + m\left(\frac{l^2}{4} - 2\frac{l}{2} b + b^2\right)$$

$$J_A = \left(\frac{1}{3} l^2 - l b + b^2\right) m .$$

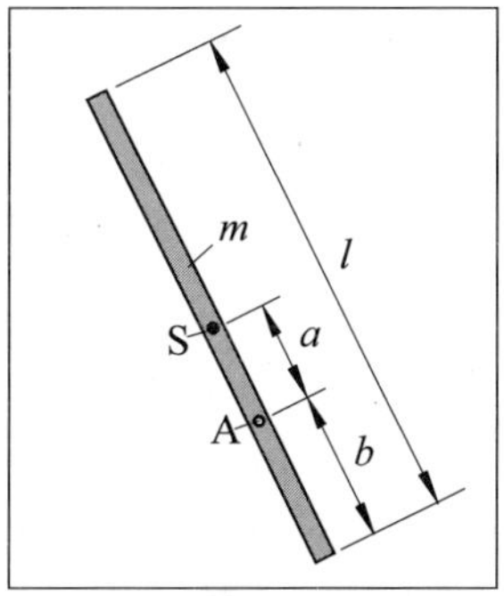


*Bild 6.5.1: Zur Berechnung des Massenträgheitsmomentes*

**zu 2.**

Bei kleinen Ausschlägen vernachlässigen wir die Schrägstellung der Feder und die Verlängerung der Feder beträgt nach Bild 6.5.2

$$x_F = (l-b)\, \varphi \, \sin\beta .$$

Mit $\sin\beta = \dfrac{f}{l-b}$ folgt:

$$x_F = (l-b)\, \varphi \frac{f}{l-b} = f \varphi$$

$$F_F = c\, x_F = c\, f\, \varphi .$$

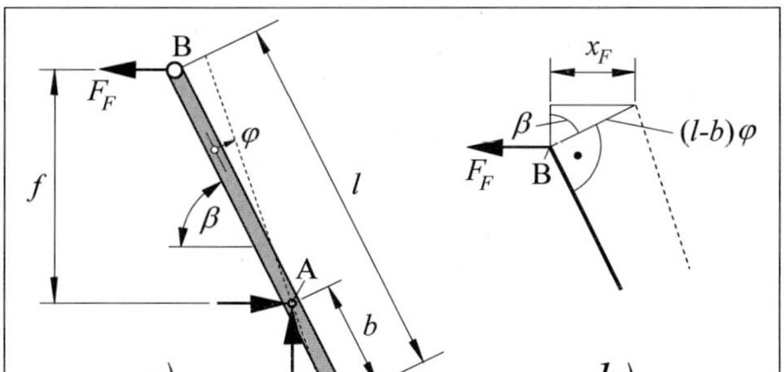


*Bild 6.5.2: a) Freigeschnittener Stab*
*b) Verschiebungen des Punktes B (für kleine Schwingungen)*

Mit dem **Drallsatz** folgt (Bild 6.5.2):

$$\curvearrowleft A: \quad J_A\,\ddot{\varphi} = -F_F\, f\;; \qquad J_A\,\ddot{\varphi} = -c\, f\,\varphi\, f = -c\, f^2 \varphi$$

$$\ddot{\varphi} + \frac{c\,f^2}{J_A}\,\varphi = 0$$

$$\ddot{\varphi} + \frac{c\,(l-b)^2 \sin^2\beta}{\left(\frac{1}{3}l^2 - l\,b + b^2\right)m}\,\varphi = 0\,, \qquad \ddot{\varphi} + \omega_0^2\,\varphi = 0$$

$$\omega_0^2 = \frac{c}{m}\cdot\frac{l^2 - 2\,l\,b + b^2}{\frac{1}{3}l^2 - l\,b + b^2}\sin^2\beta\,, \qquad \textbf{Eigenkreisfrequenz}\;\; \underline{\underline{\omega_0 = \sin\beta\sqrt{\frac{c}{m}\cdot\frac{l^2 - 2\,l\,b + b^2}{\frac{1}{3}l^2 - l\,b + b^2}}}}\,.$$

**zu 3.**

für $b = 0 \quad\Rightarrow\quad \underline{\underline{\omega_0 = \sin\beta\sqrt{3\frac{c}{m}}}}$

für $b = \frac{l}{4} \quad\Rightarrow\quad \underline{\underline{\omega_0 = \sin\beta\sqrt{\frac{27}{7}\cdot\frac{c}{m}}}}$

für $b = \frac{l}{2} \quad\Rightarrow\quad \underline{\underline{\omega_0 = \sin\beta\sqrt{3\frac{c}{m}}}}$

für $b = l \quad\Rightarrow\quad \omega_0 = \underline{\underline{0}}\,.$

## Aufgabe 6.6 Schwingende Kreisscheibe

Die in A drehbar gelagerte Kreisscheibe ist außerdem noch durch eine Feder und einen Stab (Dehnsteifigkeit *EA*) gestützt (Bild 6.6).

Für kleine Schwingungen ist die Eigenkreisfrequenz zu bestimmen. Die Masse des Stabes sei vernachlässigbar. In der skizzierten Lage (statische Ruhelage) soll der Stab lastfrei sein.

Gegeben:
*m, g, c, l, EA, r*.

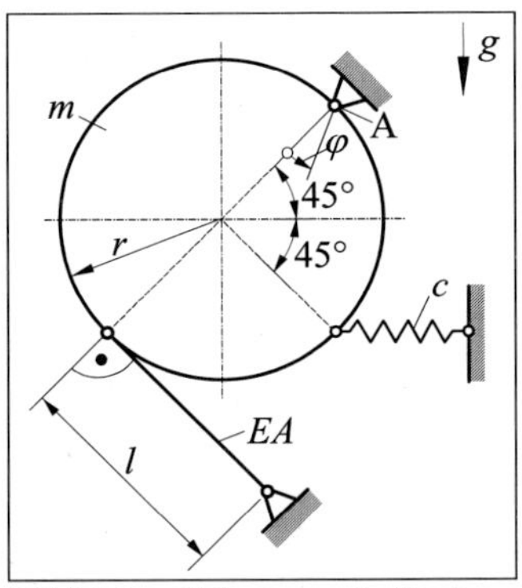


*Bild 6.6: Schwingende Kreisscheibe*

***Lösung:***

Für den Fall der Lastfreiheit für den Stab ist zunächst die Federvorspannkraft $F_{F_0}$ (Bild 6.6.1) zu berechnen.

$(\Sigma M)_A = 0$ : (Bild 6.6.1)

$$F_{F_0}\, 2\frac{\sqrt{2}}{2} r - mg\frac{\sqrt{2}}{2} r = 0$$

$$F_{F_0} = \frac{1}{2} mg\,.$$

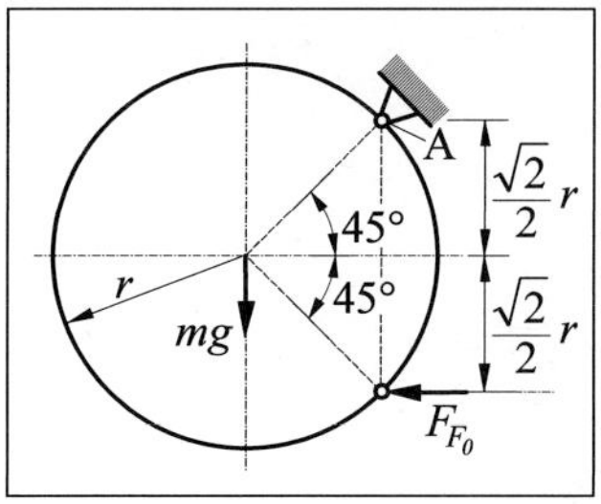


*Bild 6.6.1: Zur Berechnung der Federvorspannkraft* $F_{F_0}$

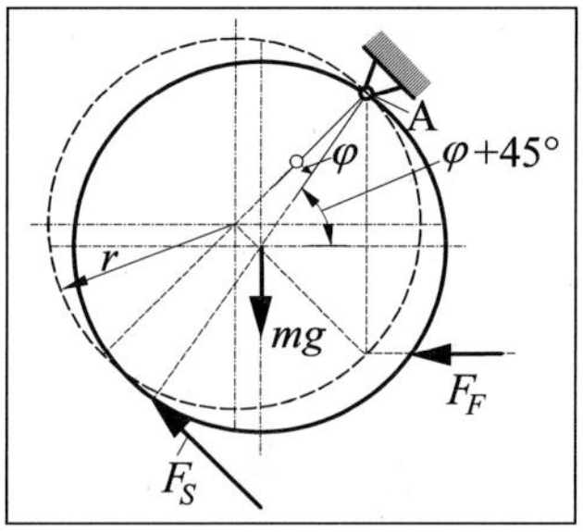


*Bild 6.6.2: Kreisscheibe im ausgelenkten Zustand*

Bei kleinen Ausschlägen können wir die geringe Schrägstellung der Feder und des Stabes vernachlässigen.
Aus dem Drallsatz bezüglich der festen Achse durch Punkt A erhalten wir dann für den ausgelenkten Zustand (kleine Auslenkungen) (Bild 6.6.2):

$$J_A\ddot{\varphi} = -F_S\, 2r - F_F\, 2\frac{\sqrt{2}}{2} r + mg\, r\cos(\varphi + 45°)\,. \qquad (1)$$

Federweg der Feder: $\quad 2\frac{\sqrt{2}}{2} r\varphi = \sqrt{2}\; r\varphi\,.$

Längenänderung des Stabes: $2r\varphi$.

Federkraft $\quad F_F = F_{F_0} + \sqrt{2}\; r\varphi\, c = \frac{1}{2} mg + \sqrt{2}\; r c\varphi$

Stabkraft $\quad F_S = \frac{EA}{l} 2r\varphi$

$$J_A = \frac{1}{2} m r^2 + m r^2 = \frac{3}{2} m r^2$$

Additionstheorem: $\quad \cos(\varphi + 45°) = \cos\varphi\,\cos 45° - \sin\varphi\,\sin 45°\,.$

Durch Einsetzen in (1) erhalten wir dann:

$$\ddot{\varphi}\frac{3}{2} m r^2 = -\frac{EA}{l} 4r^2\varphi - \left(\frac{1}{2} mg + \sqrt{2}\; r c\varphi\right)\sqrt{2}\; r + mg\, r\left(\cos\varphi\frac{\sqrt{2}}{2} - \sin\varphi\frac{\sqrt{2}}{2}\right).$$

Mit $\cos\varphi \approx 1$ und $\sin\varphi \approx \varphi$ für kleine Winkel $\varphi$ folgt:

$$\ddot{\varphi}\frac{3}{2} m r^2 = -\frac{EA}{l} 4r^2\varphi - \frac{\sqrt{2}}{2} mg\, r - 2\, r^2 c\varphi + \frac{\sqrt{2}}{2} mg\, r - \frac{\sqrt{2}}{2} mg\, r\varphi\,,$$

$$\ddot{\varphi}\frac{3}{2} m r^2 + \left(\frac{4 r^2 EA}{l} + 2\, r^2 c + \frac{\sqrt{2}}{2} mg\, r\right)\varphi = 0\,,$$

$$\ddot{\varphi} + \underbrace{\frac{4\frac{EA}{l} r^2 + 2 c r^2 + \frac{\sqrt{2}}{2} mg\, r}{\frac{3}{2} m r^2}}_{\omega_0^2}\varphi = 0 \qquad \Rightarrow \qquad \omega_0 = \sqrt{\frac{4\frac{EA}{l} r^2 + 2 c r^2 + \frac{\sqrt{2}}{2} mg\, r}{\frac{3}{2} m r^2}}\,.$$

## Aufgabe 6.7 Masse mit Balken und Stäben

Für das schwingungsfähige System (Bild 6.7) ist für kleine Schwingungen um die statische Ruhelage die Eigenkreisfrequenz zu bestimmen. Die Massen von Balken und Stäben sind vernachlässigbar. Skizziert ist die statische Ruhelage.

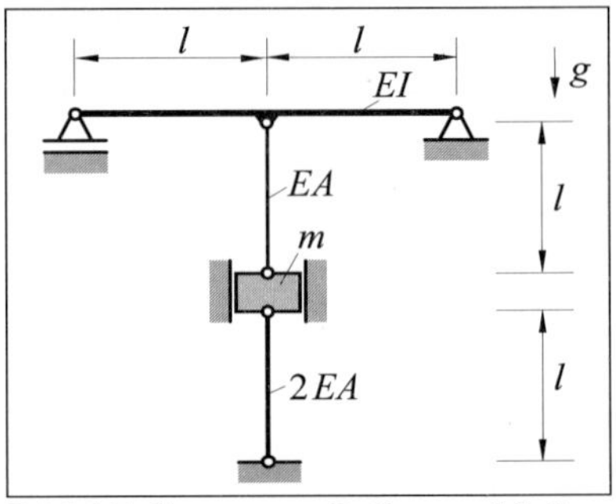

*Bild 6.7: System aus Balken und Stäben*

### *Lösung:*

### 1. Lösungsweg

Zunächst trennen wir das System (Bild 6.7.1).

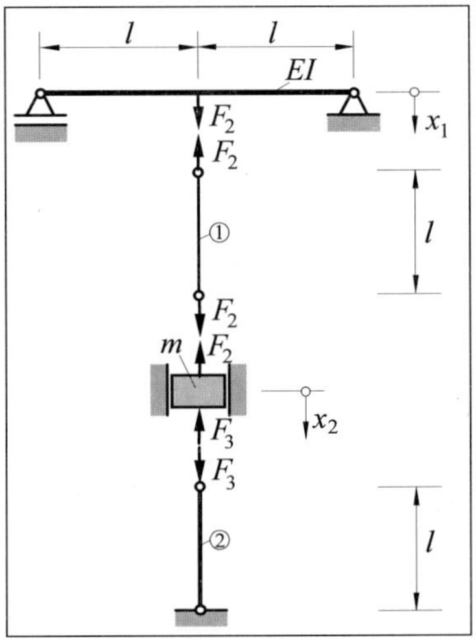

*Bild 6.7.1: Aufgeschnittenes System*

Verlängerung des Stabes ①: $x_2 - x_1$.

Verkürzung des Stabes ②: $x_2$
($x_2$ und $F_3$ zeigen bezüglich Stab ② in gleiche Richtung).

Das dynamische Grundgesetz für die Masse $m$ liefert:

$$m\ddot{x}_2 = -F_2 - F_3 . \qquad (1)$$

Hinweis: Die Gewichtskraft $mg$ brauchen wir nicht zu berücksichtigen, wenn die daraus resultierende Vorspannkraft auch nicht berücksichtigt wird und der Ursprung der Auslenkung $x_2$ von $m$ mit der statischen Ruhelage zusammenfällt (Bild 6.7.1).

Die Verformungen der Stäbe und des Balkens lauten:

Stab ① $$x_2 - x_1 = \frac{F_2\, l}{EA}, \qquad (2)$$

Stab ② $$x_2 = \frac{F_3\, l}{2EA}, \qquad (3)$$

Balken $$x_1 = \frac{F_2\,(2l)^3}{48EI}. \qquad (4)$$

(4) in (2) ergibt

$$x_2 - \frac{F_2\, l^3}{6EI} = \frac{F_2\, l}{EA} \quad \Rightarrow \quad F_2 = \frac{x_2}{\dfrac{l^3}{6EI} + \dfrac{l}{EA}}. \qquad (5)$$

Aus (3): $$F_3 = x_2 \frac{2\,EA}{l}. \qquad (6)$$

(5) und (6) in (1):

$$m\ddot{x}_2 = -x_2\left(\frac{1}{\frac{l^3}{6EI}+\frac{l}{EA}}+\frac{2EA}{l}\right).$$

Die normierte Gleichung für die freie Schwingung lautet dann:

$$\ddot{x}_2 + \underbrace{\frac{1}{m}\left(\frac{2EA}{l}+\frac{6EI\,EA}{EA\,l^3+6EI\,l}\right)}_{\omega_0^2}x_2 = 0\,,$$

$$\omega_0 = \sqrt{\frac{1}{m}\left(\frac{2EA}{l}+\frac{6EI\,EA}{EA\,l^3+6EI\,l}\right)}\,.$$

## 2. Lösungsweg

Zunächst fassen wir den Balken und die Stäbe als Federn mit entsprechenden Federkonstanten ($c_B$, $c_1$ und $c_2$) auf (Bild 6.7.2). Wir ersetzen die Steifigkeiten von Balken und Federn durch eine Ersatzsteifigkeit $c^*$ (Bild 6.7.3).

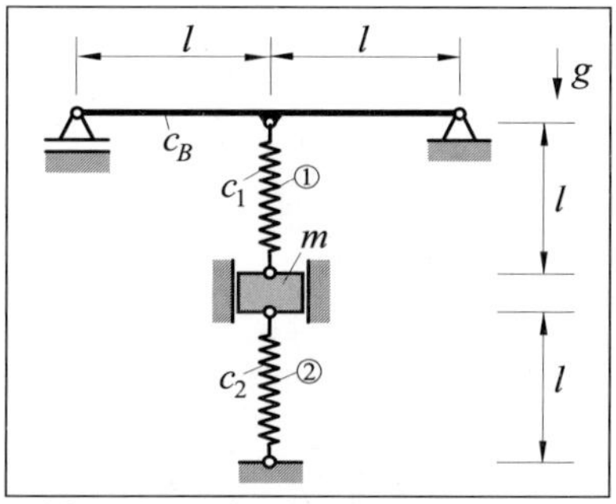


*Bild 6.7.2: Stäbe durch Federn ersetzt*

Die Steifigkeit $c^*$ der Ersatzfeder folgt aus der Reihenschaltung der Federsteifigkeiten von Balken und Stab ① (Kräfte gleich; Wege verschieden) und anschließender Parallelschaltung mit der Federsteifigkeit von Stab ② (Wege gleich) (Bild 6.7.3).

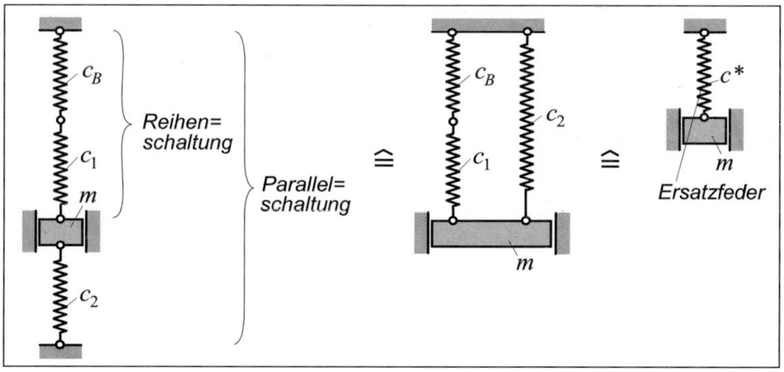


*Bild 6.7.3: Federschaltung*

$$c^* = \underbrace{\underbrace{\frac{c_B\,c_1}{c_B+c_1}}_{\text{Reihenschaltung}}+c_2}_{\text{Parallelschaltung}} \qquad \text{mit} \qquad c_B = \frac{48\,EI}{(2l)^3},\quad c_1 = \frac{EA}{l} \text{ und } c_2 = \frac{2\,EA}{l}$$

$$c^* = \frac{\frac{48EI}{(2l)^3} \cdot \frac{EA}{l}}{\frac{48EI}{(2l)^3} + \frac{EA}{l}} + \frac{2EA}{l}$$

$$c^* = \frac{\frac{6EI}{l^3} \cdot \frac{EA}{l}}{\frac{6EI}{l^3} + \frac{EA}{l}} + \frac{2EA}{l} = \frac{6EI\,EA}{6l\,EI + EA\,l^3} + \frac{2EA}{l}$$

Die normierte Gleichung für die freie Schwingung lautet:

$$\ddot{x} + \omega_0^2 x = 0 \quad \text{mit} \quad \omega_0^2 = \frac{c^*}{m}.$$

$$\omega_0 = \sqrt{\frac{c^*}{m}} = \underline{\underline{\sqrt{\frac{1}{m}\left(\frac{6EI\,EA}{6EI\,l + EA\,l^3} + \frac{2EA}{l}\right)}}}$$

## Aufgabe 6.8 Feder-Masse-Dämpfer-System

Für das dargestellte Feder-Masse-Dämpfer-System (Bild 6.8) sind für kleine Ausschläge des Rotationskörpers um S die Eigenkreisfrequenz und die Schwingungsdauer zu bestimmen.
Die Masse des eingespannten Balkens und der *starren* Stäbe sind zu vernachlässigen. S ist der Schwerpunkt des Rotationskörpers.

Gegeben: $J_S$, $e$, $l$, $EI$, $b$

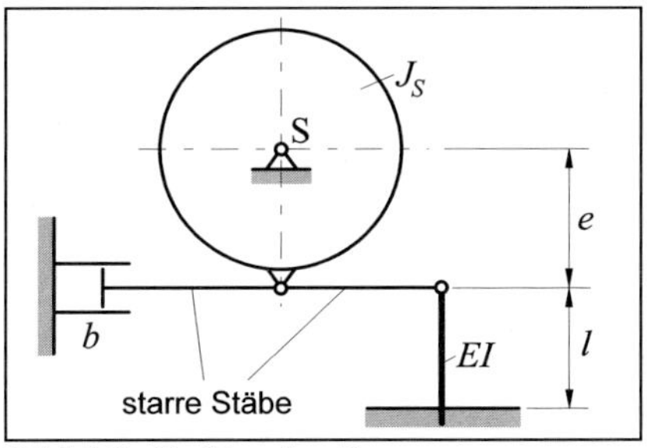


*Bild 6.8: Gedämpftes System*

### *Lösung:*

Zunächst schneiden wir das System auf und wenden das D'ALEMBERTsche Prinzip für den herausgeschnittenen Rotationskörper an (Bild 6.8.1).

$(\Sigma M)_S = 0$:

$$J_S\,\ddot{\varphi} + b\dot{x}\,e + S_1\,e = 0\,. \qquad (1)$$

Die Kraft $S_1$ können wir aus der Durchbiegung des Balkens (Verschiebung des Punktes A, Bild 6.8.1) ermitteln:

$$x = \frac{S_1 l^3}{3EI} \quad \Rightarrow \quad S_1 = \frac{3EI}{l^3}x\,. \qquad (2)$$

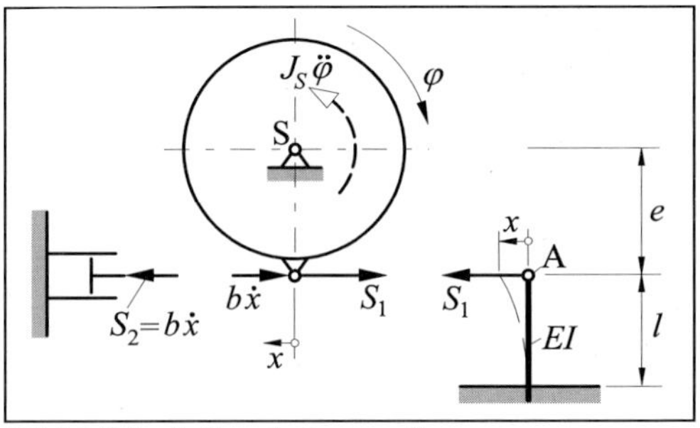


*Bild 6.8.1: Aufgeschnittenes System*

Mit (2) und der kinematischen Zwangsbedingung

$$\dot{x} = e\,\dot{\varphi}, \qquad x = e\,\varphi$$

folgt nun aus (1):

$$J_S\,\ddot{\varphi} + b\,e^2\dot{\varphi} + \frac{3\,EI\,e^2}{l^3}\,\varphi = 0 \qquad \Rightarrow \qquad \ddot{\varphi} + \frac{b\,e^2}{J_S}\,\dot{\varphi} + \frac{3\,EI\,e^2}{J_S\,l^3}\,\varphi = 0\ .$$

Allgemein gilt $\ddot{q} + 2\,\delta\dot{q} + \omega_0^2\,q = 0$ .

Für schwache Dämpfung liefert die Lösung vorstehender Differentialgleichung

$$\omega_d = \omega_0\sqrt{1-D^2}\ .$$

Mit der Eigenkreisfrequenz der ungedämpften Schwingung $\omega_0 = \sqrt{\dfrac{3\,EI\,e^2}{J_S\,l^3}}$ , der Abklingkonstanten $\delta = \dfrac{b\,e^2}{2\,J_S}$ und dem Dämpfungsgrad $D = \dfrac{\delta}{\omega_0}$ erhalten wir die Eigenkreisfrequenz der **gedämpften** Schwingung

$$\omega_d = \omega_0\sqrt{1-\frac{\delta^2}{\omega_0^2}} = \sqrt{\omega_0^2-\delta^2} = \sqrt{\frac{3\,EI\,e^2}{J_S\,l^3}-\frac{b^2\,e^4}{4\,J_S^2}} = \underline{\underline{\frac{e}{2\,J_S}\sqrt{\frac{12\cdot EI\cdot J_S}{l^3}-b^2\,e^2}}}$$

und die Schwingungsdauer

$$T = \frac{2\,\pi}{\omega_d} = \underline{\underline{\frac{4\,\pi\,J_S}{e\sqrt{\dfrac{12\cdot EI\cdot J_S}{l^3}-b^2\,e^2}}}}\ .$$

## Aufgabe 6.9 Ausschwingversuch

Zur Bestimmung der Eigenschaften eines gedämpften Feder-Masse-Systems (Bild 6.9) wird ein Ausschwingversuch durchgeführt, der nach Ablauf von 2 Schwingperioden einen Abfall des Größtausschlages auf 25% ergibt. Für die Schwingungsdauer $T$ wurde 1,6 s gemessen.
$m = 20\,\text{kg}$ .

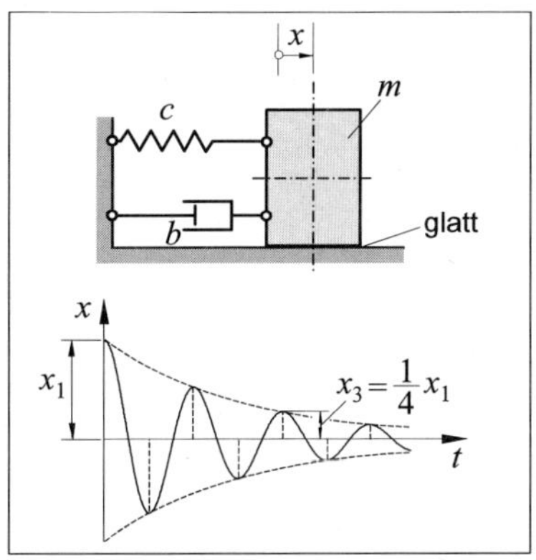


*Bild 6.9: Gedämpftes Feder-Masse-System mit Ausschlag-Zeit-Diagramm*

Gesucht:

Logarithmisches Dekrement $\Lambda$, Dämpfungsgrad $D$, Eigenkreisfrequenz $\omega_0$ der ungedämpften Schwingung, Federkonstante $c$ und Dämpfungskonstante $b$.

### *Lösung:*

- Logarithmisches Dekrement $\Lambda$

$$\Lambda = \frac{1}{n}\ln\frac{x(t_0)}{x(t_0+nT)}; \qquad n = 2 \text{ (Perioden)}$$

$$\Lambda = \frac{1}{2}\ln\frac{x_1}{x_3} = \frac{1}{2}\ln\frac{x_1}{\frac{1}{4}x_1} = \frac{1}{2}\ln 4 = \underline{\underline{0{,}69315}}$$

- Dämpfungsgrad $D$

$$\Lambda = \delta\, T = \delta \frac{2\pi}{\omega} = \delta \frac{2\pi}{\omega_0 \sqrt{1-D^2}} = 2\pi \frac{D}{\sqrt{1-D^2}} \qquad \text{mit} \qquad \delta = \omega_0 D\,,$$

daraus $D = \dfrac{\Lambda}{\sqrt{4\pi^2 + \Lambda^2}} = \dfrac{0{,}69315}{\sqrt{4\pi^2 + 0{,}69315^2}} = \underline{\underline{0{,}10965}}$

- Eigenkreisfrequenz $\omega_0$ der ungedämpften Schwingung

$$m\ddot{x} = -c\,x - b\,\dot{x} \qquad \text{(Bild 6.9.1)}$$

$$\ddot{x} + \underbrace{\frac{b}{m}}_{2D\omega_0} \dot{x} + \underbrace{\frac{c}{m}}_{\omega_0^2} x = 0$$

$$\omega_d = \frac{2\pi}{T} = \frac{2\pi}{1{,}6\,\text{s}} = 3{,}927 \frac{1}{\text{s}}$$

$$\omega_d = \omega_0 \sqrt{1-D^2}$$

$$\omega_0 = \frac{\omega_d}{\sqrt{1-D^2}} = \frac{3{,}927\,\text{s}^{-1}}{\sqrt{1-0{,}10965^2}} = \underline{\underline{3{,}9508\,\text{s}^{-1}}}$$

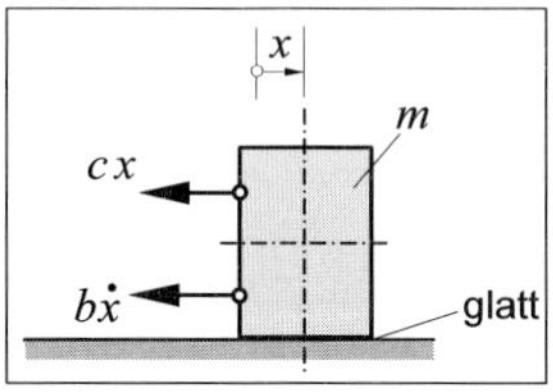


*Bild 6.9.1: Zur Aufstellung der Bewegungsgleichung*

- Federkonstante $c$

$$\omega_0^2 = \frac{c}{m} \qquad \Rightarrow \qquad c = \omega_0^2\, m = \left(3{,}9508 \frac{1}{\text{s}}\right)^2 20\,\text{kg} = 312{,}18 \frac{\text{kg}}{\text{s}^2} = \underline{\underline{312{,}18 \frac{\text{N}}{\text{m}}}}$$

- Dämpfungskonstante $b$

$$\frac{b}{m} = 2D\omega_0 \qquad \Rightarrow \qquad b = 2D\omega_0\, m = 2 \cdot 0{,}10965 \cdot 3{,}9508\,\text{s}^{-1} \cdot 20\,\text{kg} = \underline{\underline{17{,}33 \frac{\text{Ns}}{\text{m}}}}$$

## Aufgabe 6.10 Federkrafterregtes System

Der in A drehbar gelagerte masselose starre Träger trägt an seinem Ende die Punktmasse $m$ (Bild 6.10). Die dargestellte Stellung des Trägers sei die statische Ruhelage. Er wird über eine Feder zu Schwingungen angeregt.
Gesucht für kleine Ausschläge:
Eigenkreisfrequenz $\omega_0$ sowie Bewegung und Amplitude der stationären (unveränderten) erzwungenen Schwingungen.

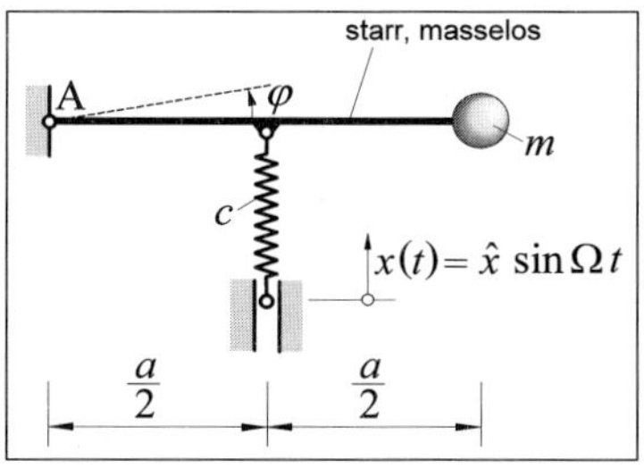


*Bild 6.10: Federkrafterregter Träger*

***Lösung:***

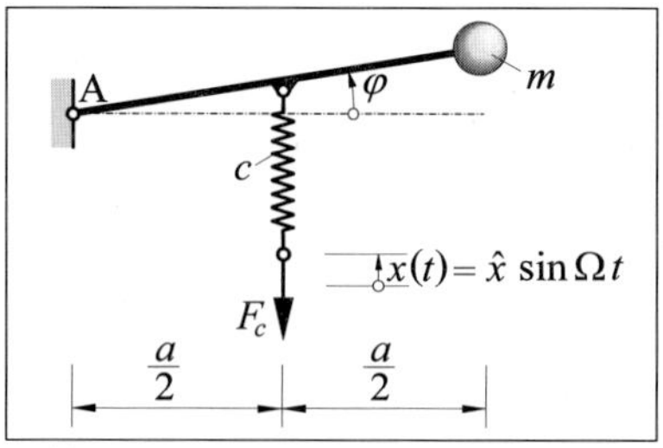


*Bild 6.10.1: Zur Aufstellung der Bewegungsgleichung (für kleine Ausschläge)*

Die Feder wird bei der Auslenkung um $\frac{a}{2}\varphi - x(t)$ gedehnt.

$$F_c = c\left(\frac{a}{2}\varphi - x(t)\right);$$

$$J_A \ddot{\varphi} = -c\left(\frac{a}{2}\varphi - x(t)\right)\frac{a}{2},$$

$$J_A \ddot{\varphi} + c\frac{a^2}{4}\varphi = \frac{c\,a}{2}\hat{x}\sin\Omega t\ ,$$

$$\ddot{\varphi} + \underbrace{\frac{c\,a^2}{4J_A}}_{\omega_0^2}\varphi = \frac{c\,a}{2\,J_A}\hat{x}\sin\Omega t\ , \qquad J_A = m\,a^2,$$

$$\omega_0^2 = \frac{c\,a^2}{4m\,a^2} \quad \Rightarrow \quad \omega_0 = \underline{\underline{\frac{1}{2}\sqrt{\frac{c}{m}}}}\,.$$

Für die partikuläre Lösung wird der Ansatz der Form

$$\varphi_p = A\,\sin\Omega t$$

in die Bewegungsdifferenzialgleichung eingesetzt.

Mit $\ddot{\varphi}_p = -A\,\Omega^2\sin\Omega t$ folgt:

$$-A\,\Omega^2\sin\Omega t + \omega_0^2 A\,\sin\Omega t = \frac{c\,a}{2\,J_A}\hat{x}\sin\Omega t\ ,$$

$$A\left(\omega_0^2 - \Omega^2\right) = \frac{c\,a\,\hat{x}}{2\,J_A} \quad \Rightarrow \quad A = \frac{c\,a\,\hat{x}}{2\,J_A\left(\omega_0^2 - \Omega^2\right)}\,.$$

Mit $\eta = \dfrac{\Omega}{\omega_0}$:

$$A = \frac{c\,a\,\hat{x}}{\omega_0^2\,2\,m\,a^2\,\dfrac{\omega_0^2 - \Omega^2}{\omega_0^2}} = \frac{c\,a\,\hat{x}}{\dfrac{1}{4}\dfrac{c}{m}2\,m\,a^2\left(1-\eta^2\right)} = \frac{2\hat{x}}{a\left(1-\eta^2\right)}\,.$$

Amplitude: $\hat{\varphi} = \underline{\underline{\dfrac{2\hat{x}}{a\left(1-\eta^2\right)}}}$; Bewegung: $\varphi(t) = \underline{\underline{\dfrac{2\hat{x}}{a\left(1-\eta^2\right)}\sin\Omega t}}\,.$

## Aufgabe 6.11 Harmonisch erregtes Federende

An einem in A drehbar gelagerten masselosen Winkelhebel ist die Punktmasse $m$ angebracht (Bild 6.11). Eine Feder und ein Dämpfer ist im Punkt B befestigt. Durch eine harmonische Bewegung des oberen Federendes wird das System angeregt.

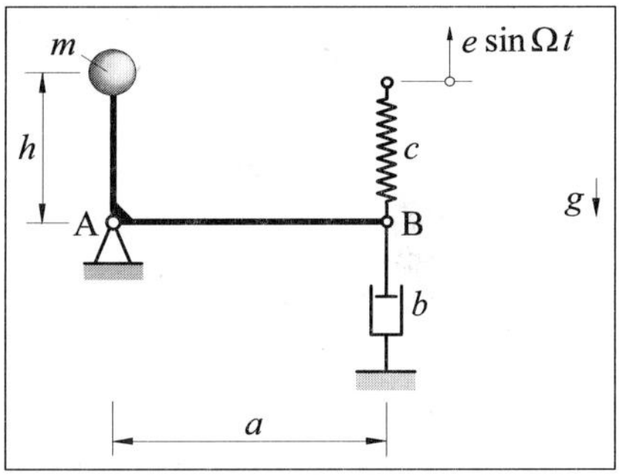


*Bild 6.11: Schwingender Winkelhebel*

Gegeben: $a$, $h$, $m$, $e$, $\Omega$, $c$, $b$, $g$.

Gesucht für kleine Ausschläge:

1. Schwingungsdifferenzialgleichung,
2. Phasenverschiebung und Vergrößerungsfunktion der stationären Schwingung.

### *Lösung:*

**zu 1.**

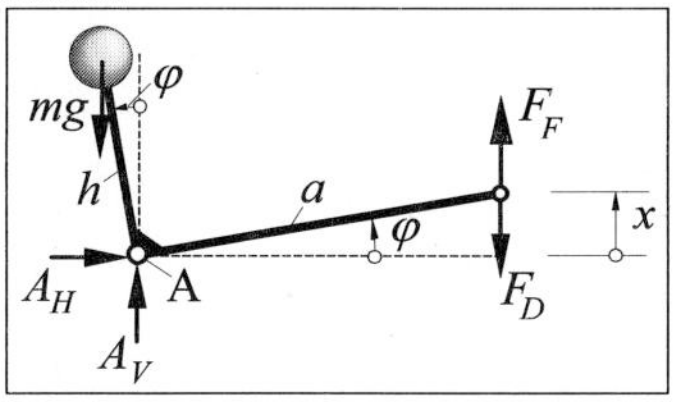


*Bild 6.11.1: Freigeschnittener Winkelhebel*

Die Verlängerung der Feder in ausgelenkter Lage beträgt $e\sin\Omega t - x$.

$$J_A\,\ddot{\varphi} = -F_D\,a + F_F\,a - m\,g\,h\,\sin\varphi$$

Mit $J_A = m\,h^2$, $\quad F_D = b\,\dot{x}$,

$F_F = c\left(e\,\sin\Omega t - x\right)$, $\quad x = a\varphi$ und $\dot{x} = a\dot{\varphi}$

erhalten wir

$$m\,h^2\ddot{\varphi} = -b\,a^2\dot{\varphi} + c\left(e\,\sin\Omega t - a\varphi\right)a + m\,g\,h\sin\varphi\,,$$

$$\ddot{\varphi} + \frac{b\,a^2}{m\,h^2}\dot{\varphi} + \frac{c\,a^2}{m\,h^2}\varphi - \frac{m\,g\,h\sin\varphi}{m\,h^2} = \frac{c\,a\,e}{m\,h^2}\sin\Omega t\,.$$

Mit $\sin\varphi \approx \varphi$ für kleine Ausschläge erhalten wir die Differenzialgleichung

$$\ddot{\varphi} + \underbrace{\frac{b\,a^2}{m\,h^2}}_{2D\omega_0}\dot{\varphi} + \underbrace{\left(\frac{c\,a^2}{m\,h^2} - \frac{g}{h}\right)}_{\omega_0^2}\varphi = \underbrace{\frac{c\,a\,e}{m\,h^2}}_{x_0\,\omega_0^2}\sin\Omega t \tag{1}$$

mit der Abkürzung $x_0\,\omega_0^2 = \dfrac{c\,a\,e}{m\,h^2}$ .

**zu 2.**

Die Partikulärlösung beschreibt die nach der Einschwingzeit erreichte unveränderte (stationäre) Schwingung.

Wir wählen den Lösungsansatz:

$$\varphi_p = x_0\ V\ \sin(\Omega t - \psi).$$

$$\dot{\varphi}_p = x_0\ V\ \Omega\ \cos(\Omega t - \psi)$$

$$\ddot{\varphi}_p = -x_0\ V\ \Omega^2 \sin(\Omega t - \psi)$$

Einsetzen in (1) liefert:

$$-x_0\ V\ \Omega^2 \sin(\Omega t - \psi) + \frac{b\,a^2}{m\,h^2}x_0\ V\ \Omega\ \cos(\Omega t - \psi) + \left(\frac{c\,a^2}{m\,h^2} - \frac{g}{h}\right)x_0\ V\ \sin(\Omega t - \psi) = \frac{c\,a\,e}{m\,h^2}\sin\Omega t\,.$$

Mit dem Additionstheorem

$$\sin(\alpha + \beta) = \sin\left(\underbrace{\Omega t - \psi}_{\alpha} + \underbrace{\psi}_{\beta}\right) = \sin\Omega t = \sin(\Omega t - \psi)\cos\psi + \sin\psi\cos(\Omega t - \psi),$$

eingesetzt in die rechte Seite, folgt:

$$\sin(\Omega t - \psi)\left[-x_0\ V\ \Omega^2 + \left(\frac{c\,a^2}{m\,h^2} - \frac{g}{h}\right)x_0\ V - \frac{c\,a\,e}{m\,h^2}\cos\psi\right]$$

$$+\cos(\Omega t - \psi)\left[\frac{b\,a^2}{m\,h^2}x_0\ V\ \Omega - \frac{c\,a\,e}{m\,h^2}\sin\psi\right] = 0\,.$$

Diese Gleichung ist für jede beliebige Zeit $t$ genau dann null, wenn jeder eckige Klammerausdruck auf der linken Seite für sich null wird!

Nullsetzen der ersten eckigen Klammer liefert:

$$-x_0\ V\ \Omega^2 + \left(\frac{c\,a^2}{m\,h^2} - \frac{g}{h}\right)x_0\ V = \frac{c\,a\,e}{m\,h^2}\cos\psi \tag{2}$$

Nullsetzen der zweiten eckigen Klammer liefert:

$$\frac{b\,a^2}{m\,h^2}x_0\ V\ \Omega = \frac{c\,a\,e}{m\,h^2}\sin\psi\,. \tag{3}$$

Aus (2) und (3) folgt mit $\eta = \dfrac{\Omega}{\omega_0}$ (Abstimmungsverhältnis) die Phasenverschiebung $\psi$

$$\tan\psi = \underline{\underline{\frac{\frac{b\,a^2}{m\,h^2}\Omega}{\left(\frac{c\,a^2}{m\,h^2} - \frac{g}{h}\right) - \Omega^2}}} \equiv \frac{2D\eta}{1-\eta^2}\,.$$

Die Phasenverschiebung $\psi$ gibt an, um wie viel die angeregte Schwingung (Ausschlag) der Erregung nacheilt!

Quadrieren wir jeweils (2) und (3) und addieren sie, so erhalten wir die Vergrößerungsfunktion $V$. Sie gibt die Änderung der Amplitude im Verhältnis zur statischen Auslenkung an.

$$\left(\frac{c\,a\,e}{m\,h^2}\right)^2 \underbrace{\left(\sin^2\psi+\cos^2\psi\right)}_{1} = x_0^2\,V^2\left[\left(\frac{c\,a^2}{m\,h^2}-\frac{g}{h}-\Omega^2\right)+\left(\frac{b\,a^2}{m\,h^2}\Omega\right)^2\right],$$

$$V=\frac{\overbrace{\dfrac{c\,a\,e}{m\,h^2}}^{x_0\,\omega_0^2}}{x_0\sqrt{\left(\underbrace{\dfrac{c\,a^2}{m\,h^2}-\dfrac{g}{h}}_{\omega_0^2}-\Omega^2\right)^2+\left(\underbrace{\dfrac{b\,a^2}{m\,h^2}}_{2D\omega_0}\right)^2\Omega^2}},$$

$$V=\frac{\omega_0^2}{\sqrt{\left(\omega_0^2-\Omega^2\right)^2+4D^2\omega_0^2\Omega^2}}\equiv\frac{1}{\sqrt{\left(1-\eta^2\right)^2+4D^2\eta^2}}.$$

## Aufgabe 6.12 Schwinger mit Erregerkraft

Bei dem Schwingungssystem (Bild 6.12) mit geschwindigkeitsproportionaler Dämpfung greift an der Masse eine harmonisch veränderliche Erregerkraft $F(t)=F_0\cos\Omega t$ an.

Wie groß ist für die stationäre erzwungene Schwingung diejenige Erregerkreisfrequenz $\Omega_1$, für die die Amplitude ein Maximum wird, und wie groß muß dann die Federkonstante $c$ sein, damit die Maximalamplitude $\overline{x}_{max}$ beträgt?

Gegeben: $m=10\,\text{kg}$, $F_0=100\,\text{N}$,

$b=25\,\dfrac{\text{N s}}{\text{m}}$, $\overline{x}_{max}=5\,\text{cm}$.

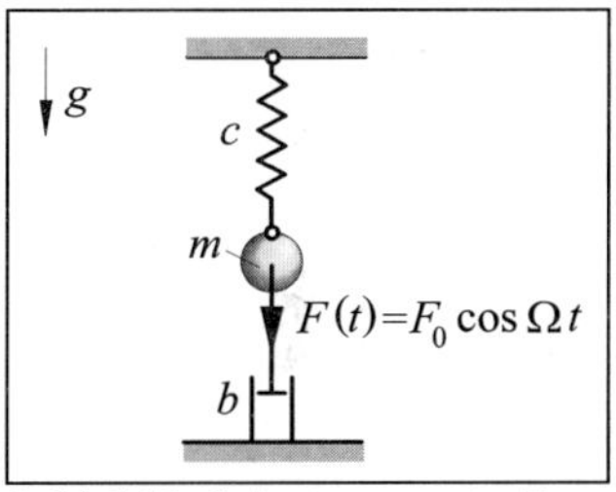


*Bild 6.12: Schwinger mit Erregerkraft an der Masse*

***Lösung:***

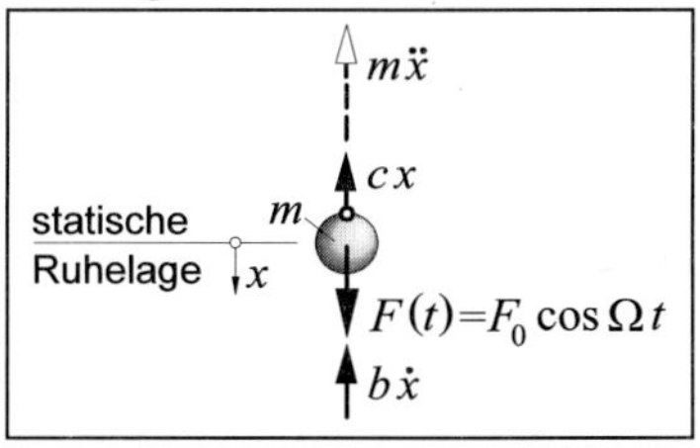


*Bild 6.12.1: Kräfte an der Masse m in der statischen Ruhelage*

Nach dem D'ALEMBERTschen Prinzip gilt (Bild 6.12.1):

$\sum\uparrow = 0$:

$$m\ddot{x}+b\dot{x}+c\,x-F_0\cos\Omega t=0$$

$$m\ddot{x}+b\dot{x}+c\,x=F_0\cos\Omega t\,.$$

Es folgt

$$\ddot{x}+2D\,\omega_0\,\dot{x}+\omega_0^2\,x=F_0\frac{\omega_0^2}{c}\cos\Omega t$$

mit

$$\omega_0=\sqrt{\frac{c}{m}}\,,\quad D=\frac{\delta}{\omega_0}\ \text{und}\ \frac{b}{m}=2\,\delta\,.$$

Die Partikulärlösung ist die stationäre Schwingung

$$x_{stationär} = \frac{F_0}{c} \cdot \frac{1}{\sqrt{\left(1-\eta^2\right)^2 + 4D^2\eta^2}} \cdot \cos\left(\Omega t - \psi\right) .$$

Der Ausdruck vor der cos-Funktion ist die Amplitude

$$\bar{x} = \bar{x}(\eta) = \frac{F_0}{c} \cdot \frac{1}{\sqrt{\left(1-\eta^2\right)^2 + 4D^2\eta^2}} . \qquad (1)$$

Das Maximum der Amplitude erhalten wir aus

$$\frac{d\bar{x}}{d\eta} = 0 \qquad \Rightarrow \qquad \eta_1 = \sqrt{1-2\,D^2} . \qquad (2)$$

Setzen wir (2) in (1) ein, so ergibt sich

$$\bar{x}_{\max} = \frac{F_0}{c} \cdot \frac{1}{\sqrt{\left[1-\left(1-2D^2\right)\right]^2 + 4D^2\left(1-2D^2\right)}} = \frac{F_0}{c} \cdot \frac{1}{2D\sqrt{1-2D^2}} . \qquad (3)$$

Aus $D = \dfrac{\delta}{\omega_0}$ erhalten wir mit $\delta = \dfrac{b}{2m}$ und $\omega_0 = \sqrt{\dfrac{c}{m}}$ : $\quad D = \dfrac{b}{2m\sqrt{\dfrac{c}{m}}}$ .

Setzen wir dies in (3) ein, so folgt

$$\bar{x}_{\max} = \frac{F_0}{c} \cdot \frac{m\sqrt{\dfrac{c}{m}}}{b\sqrt{1-\dfrac{b^2}{4mc}}} . \qquad (4)$$

Die **Federkonstante** $c$ ergibt sich dann aus (4): $\quad c = \dfrac{F_0^2\, m}{b^2\, \bar{x}_{\max}^2} + \dfrac{b^2}{4m}$ .

Aus dem Abstimmungsverhältnis $\eta = \dfrac{\Omega}{\omega_0}$ und (2) ergibt sich die **Erregerkreisfrequenz**

$$\Omega_1 = \omega_0\, \eta_1 = \omega_0 \sqrt{1-2\,D^2} \text{ mit } \omega_0 = \sqrt{\frac{c}{m}} \text{ und } D = \frac{b}{2m\,\omega_0} .$$

**Zahlenwerte:**

$$c = \frac{(100\,\mathrm{N})^2 \cdot 10\,\dfrac{\mathrm{Ns}^2}{\mathrm{m}}}{\left(25\,\dfrac{\mathrm{Ns}}{\mathrm{m}}\right)^2 (5\,\mathrm{cm})^2\, \dfrac{1\,\mathrm{m}}{100\,\mathrm{cm}}} + \frac{\left(25\,\dfrac{\mathrm{Ns}}{\mathrm{m}}\right)^2}{4 \cdot 10\,\dfrac{\mathrm{Ns}^2}{\mathrm{m}} \cdot \dfrac{100\,\mathrm{cm}}{1\,\mathrm{m}}} = 640{,}156\,\frac{\mathrm{N}}{\mathrm{cm}} ,$$

$$\omega_0 = \sqrt{\frac{640{,}156\,\dfrac{\mathrm{kg} \cdot 100\,\mathrm{cm}}{\mathrm{cm} \cdot \mathrm{s}^2}}{10\,\mathrm{kg}}} = 80{,}01\,\frac{1}{\mathrm{s}} , \qquad D = \frac{25\,\dfrac{\mathrm{kg} \cdot \mathrm{m} \cdot \mathrm{s}}{\mathrm{s}^2 \cdot \mathrm{m}}}{2 \cdot 10\,\mathrm{kg} \cdot 80{,}01\,\dfrac{1}{\mathrm{s}}} = 0{,}0156 ,$$

$$\Omega_1 = 80{,}01\,\frac{1}{\mathrm{s}} \sqrt{1 - 2 \cdot 0{,}0156^2} = 79{,}99\,\frac{1}{\mathrm{s}} .$$

## Aufgabe 6.13 Unwuchterregte Maschine

Eine reibungsfrei horizontal geführte Maschine läuft mit konstanter Drehzahl $n$ und wird durch die Unwuchtkraft $F_0$ (Fliehkraft) zu Schwingungen erregt (Bild 6.13).

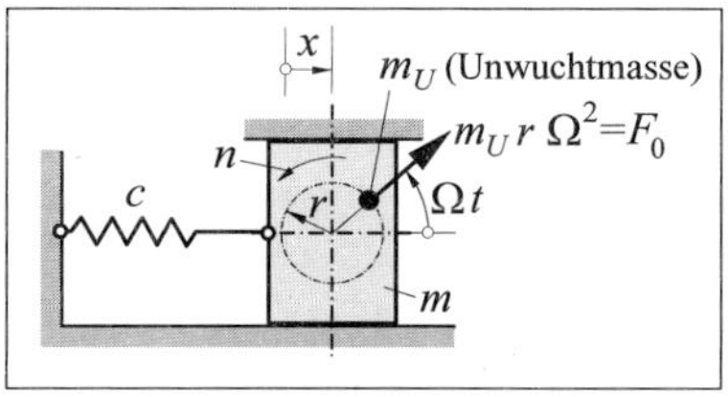


*Bild 6.13: Unwuchterregtes System*

Gegeben: $m = 10\,\text{kg}$,

$n = 1500\,\text{min}^{-1}$,

$F_0 = 100\,\text{N}$ (Fliehkraft).

Gesucht: Für den stationären Zustand (Dauerschwingung, stationäre Schwingung) sind zu ermitteln:

1. Amplitude $A$, wenn die Federkonstante $c = 4 \cdot 10^3\,\text{N/cm}$ beträgt. Wie groß ist dann die sich daraus ergebende Federkraft?
2. Federkonstante $c$, wenn nur $1/8$ der Unwuchtkraft über die Feder in die starre Wand übertragen werden darf.

### *Lösung:*

**zu 1.**

Für diesen unwuchterregten Schwinger (Bild 6.13.1) mit der Auslenkung $x$ aus der statischen Ruhelage gilt die Bewegungsgleichung in horizontaler Richtung

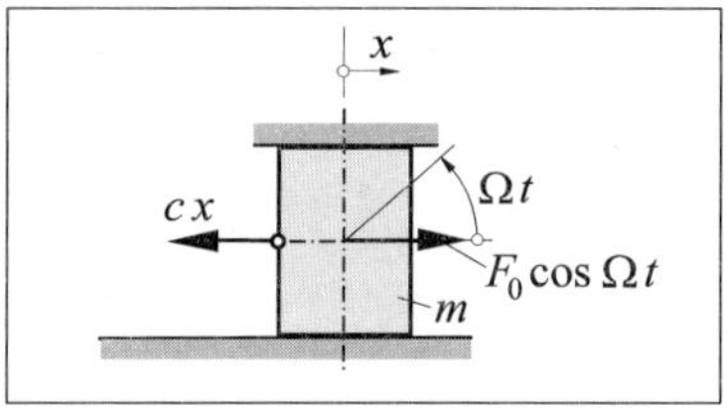


*Bild 6.13.1: Erregung durch horizontale Fliehkraftkomponente*

$$m\ddot{x} = -c\,x + F_0 \cos \Omega t\,,$$

$$\ddot{x} + \frac{c}{m}x = \frac{F_0}{m}\cos \Omega t\,.$$

Mit $c = m\,\omega_0^2$ folgt

$$\ddot{x} + \frac{m\,\omega_0^2}{m}x = \frac{F_0}{\frac{c}{\omega_0^2}}\cos \Omega t \qquad \Rightarrow \qquad \ddot{x} + \omega_0^2 x = F_0 \frac{\omega_0^2}{c}\cos \Omega t\,.$$

Die partikuläre Lösung dieser Differentialgleichung (eingeschwungener Zustand; stationäre Schwingung) lautet für den unwuchterregten Schwinger

$$x_{stationär} = x_p = A\cos(\Omega t - \psi) = \frac{m_U r}{m} V_U \cos(\Omega t - \psi)$$

mit der Vergrößerungsfunktion $V_U = \eta^2 \dfrac{1}{1-\eta^2}$ und dem Abstimmungsverhältnis $\eta = \dfrac{\Omega}{\omega_0}$.

$A$ : konstante Amplitude der unveränderten (stationären) Schwingung

Die Amplitude $A$ beträgt mit $c = m\,\omega_0^2$:

$$A = \frac{m_U r}{m} V_U = \frac{m_U r}{m}\eta^2 \frac{1}{1-\eta^2} = \frac{m_U r}{m}\frac{\Omega^2}{\omega_0^2}\frac{1}{1-\eta^2}\,,$$

$$A = \underbrace{m_U r\,\Omega^2}_{F_0} \frac{1}{m\,\omega_0^2}\frac{1}{1-\eta^2} = \underline{\underline{\frac{F_0}{c}\frac{1}{1-\eta^2}}}\,.$$

Federkraft: $F_{Wand} = c\,A\,.$

Mit Zahlenwerten erhalten wir:

Quadrat der Eigenkreisfrequenz der ungedämpften Schwingung $\omega_0^2 = \frac{c}{m} = \frac{4 \cdot 10^3\,\text{N/cm}}{10\,\text{kg}} = 4 \cdot 10^4 \frac{1}{\text{s}^2}$,

Erregerkreisfrequenz $\Omega = 2\,\pi\,n = 2\,\pi\,1500 \frac{1}{60\,\text{s}} = 157{,}08 \frac{1}{\text{s}}$,

$$\eta^2 = \frac{\Omega^2}{\omega_0^2} = \frac{\left(157{,}08 \frac{1}{\text{s}}\right)^2}{4 \cdot 10^4 \frac{1}{\text{s}^2}} = 0{,}6169\,,$$

$$A = \frac{F_0}{c} \cdot \frac{1}{1-\eta^2} = \frac{100\,\text{N}}{4 \cdot 10^3 \frac{\text{N}}{\text{cm}}} \cdot \frac{1}{1-0{,}6169} = \underline{\underline{0{,}0653\,\text{cm}}}\,,$$

$$F_{Wand} = c\,A = 4 \cdot 10^3 \frac{\text{N}}{\text{cm}} 0{,}0653\,\text{cm} = \underline{\underline{261\,\text{N}}}\,.$$

**zu 2.**

Kraft, die auf die Wand übertragen werden darf: $F_{Wand} = \frac{1}{8} F_0 = \frac{1}{8} 100\,\text{N} = 12{,}5\,\text{N}$.

Weiterhin gilt

$$F_{Wand} = c\,A = F_0 \frac{1}{1-\eta^2} \quad \Rightarrow \quad \frac{F_0}{F_{Wand}} = 1-\eta^2\,.$$

Für $\eta > 1$ (überkritische Erregung ($\Omega > \omega_0$)) können wir schreiben:

$$\left|1-\eta^2\right| = \eta^2 - 1 = \left|\frac{F_0}{F_{Wand}}\right|.$$

Mit $\eta = \frac{\Omega}{\omega_0}$ und $\omega_0^2 = \frac{c}{m}$ folgt

$$\frac{\Omega^2}{\omega_0^2} - 1 = \left|\frac{F_0}{F_{Wand}}\right| \quad \Rightarrow \quad \frac{m\,\Omega^2}{c} - 1 = \left|\frac{F_0}{F_{Wand}}\right|,$$

$$\underline{\underline{c = \frac{m\,\Omega^2}{\left|\frac{F_0}{F_{Wand}}\right| + 1}}}\,.$$

$$c = \frac{10\,\text{kg}\left(157{,}08 \frac{1}{\text{s}}\right)^2}{\left|\frac{100\,\text{N}}{12{,}5\,\text{N}}\right| + 1} \cdot \frac{1\,\text{m}}{100\,\text{cm}} = \underline{\underline{274 \frac{\text{N}}{\text{cm}}}}\,.$$

# 6.3 Fragen und Antworten

## ☹ Fragen

1. Was verstehen Sie allgemein unter einer Schwingung?

2. Wie berechnen Sie die Eigenkreisfrequenz und die Schwingungsdauer eines Feder-Masse-Systems?

3. Geben Sie die Differentialgleichung der Bewegung eines freien ungedämpften Feder-Masse-Schwingers an!

4. Welches sind die Unterscheidungsmerkmale bei Parallel- und Reihenschaltung von Federn?

5. Wie groß ist der Dämpfungsgrad bei schwacher Dämpfung und beim aperiodischen Grenzfall?

6. Wie berechnen Sie die Abklingkonstante und die Eigenkreisfrequenz bei einer freien gedämpften Schwingung?

7. Wann liegt eine erzwungene Schwingung vor?

8. Was ist der Unterschied zwischen Eigenkreisfrequenz und Erregerkreisfrequenz?

9. Was verstehen Sie unter dem Begriff **Abstimmungsverhältnis**?

10. Erläutern Sie den Begriff **Vergrößerungsfunktion** bei einem Schwinger mit Erregerkraft an der Masse!

11. Wann sprechen wir von **Resonanz**?

12. Was bedeutet der Begriff **Phasenverschiebung**?

13. Welche **Phasenverschiebung** besteht bei kleiner Dämpfung zwischen der Erregung und der Bewegung der Schwingung im **unterkritischen** und im **überkritischen** Bereich?

## ☺ Antworten

1. Als Schwingungen bezeichnen wir mehr oder weniger regelmäßig erfolgende zeitliche Schwankungen von Zustandsgrößen wie z.B. Druck, Geschwindigkeit, Temperatur.

2. Eigenkreisfrequenz: $\boxed{\omega_0 = \sqrt{\dfrac{c}{m}}}$ ; Schwingungsdauer: $\boxed{T_0 = \dfrac{2\,\pi}{\omega_0}}$ .

3. $\boxed{\ddot{x} + \omega_0^2\, x = 0 \qquad \text{mit} \qquad \omega_0^2 = \dfrac{c}{m}}$

4. Bei der Parallelschaltung von Federn sind die Federwege gleich groß.

   Bei der Reihenschaltung von Federn sind die Federkräfte gleich.

5. Dämpfungsgrad bei schwacher Dämpfung: $D < 1$

   Dämpfungsgrad beim aperiodischen Grenzfall: $D = 1$

6. Abklingkonstante $\boxed{\delta = D \cdot \omega_0}$

   Eigenkreisfrequenz der gedämpften Schwingung: $\boxed{\omega_d = \omega_0 \sqrt{1 - D^2}}$

7. Eine erzwungene Schwingung liegt vor, wenn ein Schwingungssystem erregt wird.

8. Eigenkreisfrequenz ist die Frequenz des ungedämpften Systems (freie ungedämpfte Schwingung), während die Erregerkreisfrequenz die Frequenz der Erregung ist.

9. Verhältnis von Erregerkreisfrequenz $\Omega$ zu Eigenkreisfrequenz $\omega_0$ der ungedämpften Schwingung: Abstimmungsverhältnis $\boxed{\eta = \dfrac{\Omega}{\omega_0}}$.

10. Die Vergrößerungsfunktion $V(\eta)$ gibt die "Vergrößerung" der Schwingungsamplitude zur statischen Auslenkung an.

11. Wenn die Erregung mit der Erregerkreisfrequenz $\Omega$ mit der Eigenkreisfrequenz $\omega_0$ des ungedämpften Schwingers übereinstimmt, führt das **bei kleiner Dämpfung** zu sehr großen Amplituden, und wir sprechen von ***Resonanz***.

12. Die Phasenverschiebung gibt an, um wie viel die angeregte Schwingung der Erregung nacheilt.

13. $\psi \approx 0$ im unterkritischen Bereich (phasengleich).

    $\psi \approx \pi$ im überkritischen Bereich (in Gegenphase).

# 7 Stoßvorgänge

## 7.1 Grundbegriffe und Formeln

Als **Stoß** bezeichnen wir das Aufeinandertreffen zweier Körper, wobei sich eine Bewegungsänderung ergibt.

*Annahmen:*

- Stoßdauer so klein, dass die Lageänderung der Körper während des Stoßvorganges nicht berücksichtigt werden muss.
- Stoßkräfte sind so groß, dass die während des Stoßvorganges sonst noch wirkenden Kräfte vernachlässigt werden dürfen.

Wir unterscheiden nach Bild 07.1 zwischen

– ***gerader zentrischer Stoß***

– ***schiefer zentrischer Stoß***

– ***exzentrischer Stoß.***

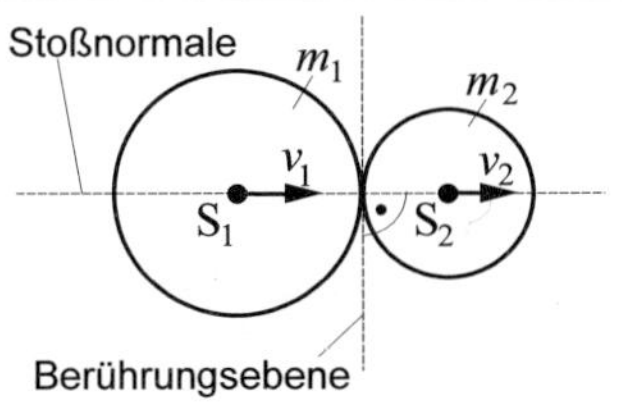


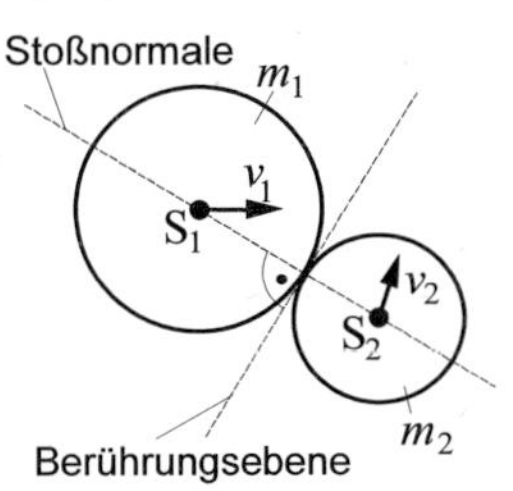


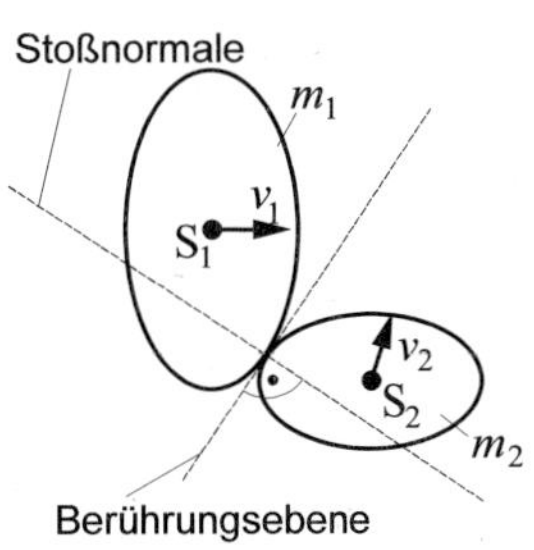


| | | |
|---|---|---|
| beide Körper bewegen sich in Richtung der Stoßnormalen und die Schwerpunkte der beiden Massen liegen auf der Stoßnormalen | die Richtung der Geschwindigkeiten stimmt nicht mit der Stoßnormalen überein und die Schwerpunkte der beiden Massen liegen auf der Stoßnormalen | Schwerpunkte der beiden Massen liegen nicht auf der Stoßnormalen |
| **gerader zentrischer Stoß** | **schiefer zentrischer Stoß** | **exzentrischer Stoß** |

*Bild 07.1: Verschiedene Stoßvorgänge*

## ◆ Gerader zentrischer Stoß

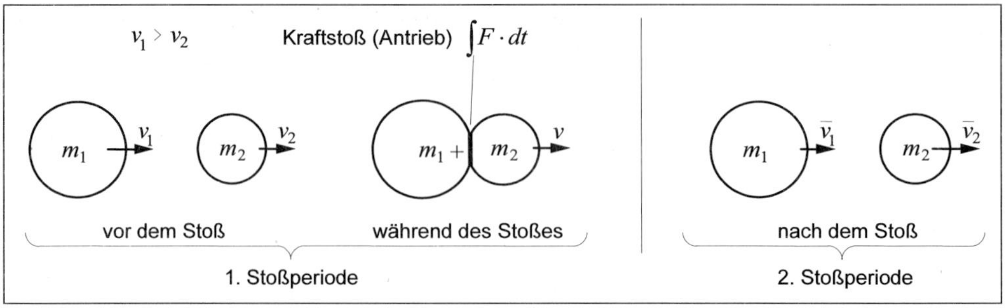


*Bild 07.2: Stoßablauf*

Aus dem **Impulssatz**

$$m_1 v_1 + m_2 v_2 = (m_1 + m_2) v$$

folgt die gemeinsame Geschwindigkeit am Ende der ersten Stoßperiode

$$v = \frac{m_1 v_1 + m_2 v_2}{m_1 + m_2}.$$

$v_1, v_2$ Geschwindigkeiten vor dem Stoß

$v$ gemeinsame Geschwindigkeit am Ende der ersten Stoßperiode

$$e = \frac{\text{Geschwindigkeitsdifferenz nach dem Stoß}}{\text{Geschwindigkeitsdifferenz vor dem Stoß}}$$

$$e = \frac{\bar{v}_2 - \bar{v}_1}{v_1 - v_2}$$

$e$ Stoßzahl (hängt vorwiegend von der Materialbeschaffenheit der Körper ab, aber auch von deren Form und Geschwindigkeit)

$\bar{v}_1, \bar{v}_2$ Geschwindigkeiten nach dem Stoß

Es gilt

$e = 0$ ***vollkommen plastischer Stoß*** (fehlende Formrückbildung; Körper trennen sich nicht)

$0 < e < 1$ ***teilelastischer Stoß*** (teilweise Formrückbildung)

$e = 1$ ***vollkommen elastischer Stoß*** (totale Formrückbildung; kein Energieverlust).

**Geschwindigkeiten nach dem Stoß (2. Stoßperiode):**

$$\bar{v}_1 = \frac{m_1 v_1 + m_2 v_2 + e\, m_2 (v_2 - v_1)}{m_1 + m_2}$$

$$\bar{v}_2 = \frac{m_1 v_1 + m_2 v_2 + e\, m_1 (v_1 - v_2)}{m_1 + m_2}$$

$v_1, v_2$ Geschwindigkeiten vor dem Stoß

$\bar{v}_1, \bar{v}_2$ Geschwindigkeiten nach dem Stoß

$e$ Stoßzahl

**Energieverlust nach vollzogenem Stoß:**

$$\Delta E_{kin} = \frac{1}{2}(1 - e^2) \frac{m_1 m_2}{m_1 + m_2} (v_1 - v_2)^2$$

$\Delta E_{kin}$ Verlust an kinetischer Energie nach vollzogenem Stoß

**Geschwindigkeiten der Massen beim geraden zentrischen Stoß bei folgenden Sonderfällen:**

**Vollplastischer Stoß,** $e = 0$:

$$v = \bar{v}_1 = \bar{v}_2 = \frac{m_1 v_1 + m_2 v_2}{m_1 + m_2}$$

**Vollelastischer Stoß,** $e = 1$:

$$\bar{v}_1 = \frac{(m_1 - m_2)v_1 + 2m_2 v_2}{m_1 + m_2}$$

$$\bar{v}_2 = \frac{(m_2 - m_1)v_2 + 2m_1 v_1}{m_1 + m_2}$$

Der gerade zentrische Stoß findet beim Schmieden Anwendung (Bild 07.3). Dabei ist eine große Umformung des Schmiedestückes (fehlende Formrückbildung) gewünscht, also $e = 0$.

Mit $v_2 = v_{Amboss} = 0$ ergibt sich:

$$\Delta E_{kin} = \frac{m_1}{2} v_1^2 \frac{1}{1 + \frac{m_1}{m_2}} = E_{kin\ Hammer} \cdot \frac{1}{1 + \frac{m_1}{m_2}}$$

$$\frac{\Delta E_{kin}}{E_{kin\ Hammer}} = \frac{1}{1 + \frac{m_1}{m_2}}$$

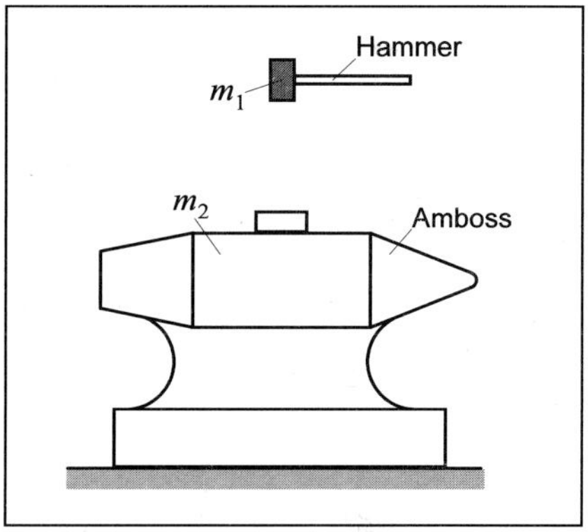


*Bild 07.3: Schmieden*

Aus Bild 07.4 lesen wir ab:

Je kleiner das Massenverhältnis $\frac{m_1}{m_2}$ ist, um so mehr kinetische Energie des Hammers wird in plastische Verformung ("Energieverlust") umgesetzt.

Beim Schmieden ist daher die Ambossmasse groß und die Hammermasse klein!

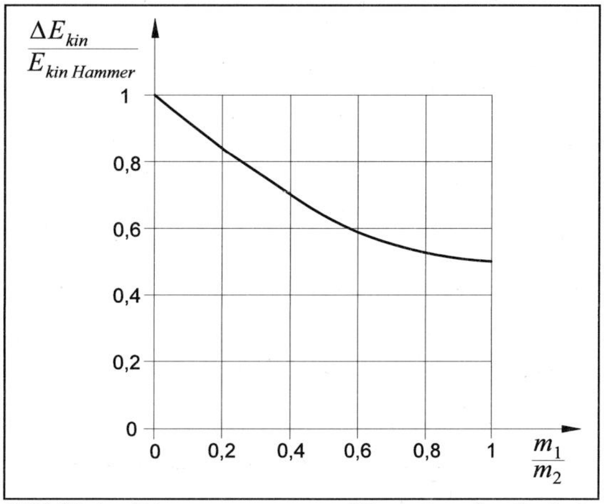


*Bild 07.4: Diagramm zum "Energieverlust" beim Schmieden*

## ◆ Schiefer zentrischer Stoß

Beim schiefen zentrischen Stoß (Bilder 07.1 und 07.5) setzen wir *glatte* Oberflächen am Stoßpunkt voraus, so dass also keine Kräfte in Richtung der Berührungsebene ($y$-Richtung) übertragen werden. Der Impuls einer Masse ändert sich dann nach der $y$-Richtung nicht, und die Geschwindigkeitskomponenten in dieser $y$-Richtung sind konstant:

$$\boxed{\bar{v}_{1y} = v_{1y}\ ; \qquad \bar{v}_{2y} = v_{2y}}\ .$$

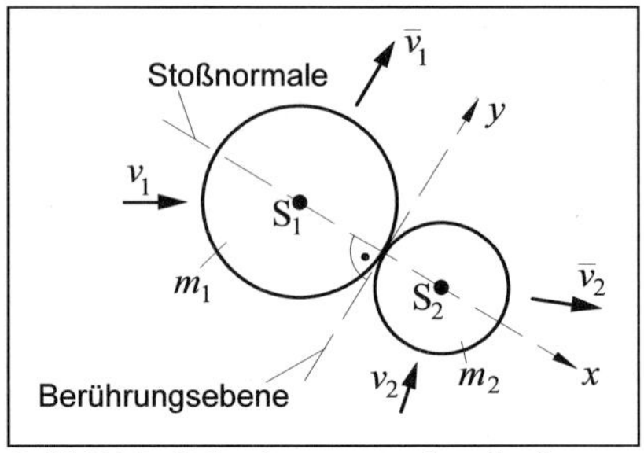


*Bild 07.5: Schiefer zentrischer Stoß*

$$\boxed{e = \frac{\bar{v}_{2x} - \bar{v}_{1x}}{v_{1x} - v_{2x}}}$$

$$\boxed{\bar{v}_{1x} = \frac{m_1 v_{1x} + m_2 v_{2x} + e\ m_2 \left(v_{2x} - v_{1x}\right)}{m_1 + m_2}}$$

$$\boxed{\bar{v}_{2x} = \frac{m_1 v_{1x} + m_2 v_{2x} + e\ m_1 \left(v_{1x} - v_{2x}\right)}{m_1 + m_2}}$$

| | |
|---|---|
| $e$ | Stoßzahl |
| $v_{1x}, v_{2x}$ | Geschwindigkeitskomponenten in Richtung der Stoßnormalen vor dem Stoß |
| $\bar{v}_{1x}, \bar{v}_{2x}$ | Geschwindigkeitskomponenten in Richtung der Stoßnormalen nach dem Stoß |

## ◆ Exzentrischer Stoß

Beim exzentrischen Stoß (Schwerpunkte der beiden Massen liegen nicht auf der Stoßnormalen, Bild 07.1) wird zusätzlich zur Translation noch Rotation hervorgerufen.

Die Massen bewegen sich im allgemeinen Fall vor dem Stoß mit den Schwerpunktsgeschwindigkeiten $v_1$ und $v_2$ und den Winkelgeschwindigkeiten $\omega_1$ und $\omega_2$. Nach dem Stoß werden die Bewegungen der beiden Körper durch die Geschwindigkeiten $\bar{v}_1$ und $\bar{v}_2$ und die Winkelgeschwindigkeiten $\bar{\omega}_1$ und $\bar{\omega}_2$ beschrieben.

Für *glatte* Oberflächen gilt die Stoßzahl

$$\boxed{e = \frac{\bar{v}_{2x} - \bar{v}_{1x}}{v_{1x} - v_{2x}}} \quad (x \text{ ist die Richtung der Stoßnormalen}),$$

und die Bestimmungsgleichungen für die zusätzlichen Unbekannten liefert der **Drallsatz**.

Im allgemeinen Fall müssen Drallsatz und Impulssatz auf jeden Körper einzeln angewendet werden.

# 7.2 Aufgaben mit Lösungen

## Aufgabe 7.1 Stoß auf horizontaler Unterlage

Die an einem sehr langen masselosen Faden aufgehängte Masse $m_1$ (Bild 7.1) stößt mit $v_1 = 20\frac{\text{m}}{\text{s}}$ gegen die 5 mal größere Masse $m_2$, die anfänglich in Ruhe ist. Fallbeschleunigung $g = 9{,}81\frac{\text{m}}{\text{s}^2}$.

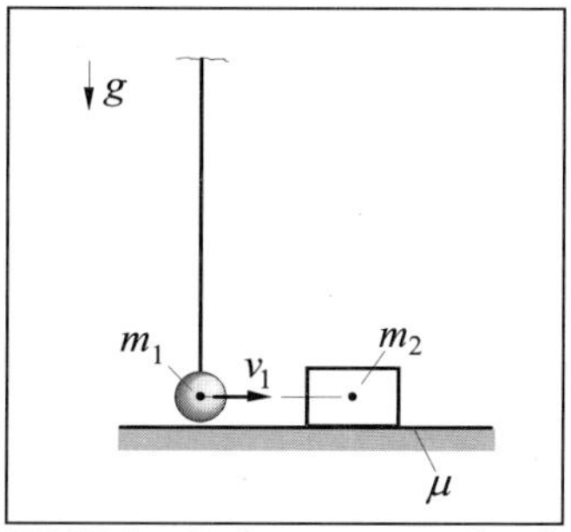


*Bild 7.1: Stoß gegen ruhende Masse*

Gesucht: 1. Rückprallgeschwindigkeit der Masse $m_1$ bei einer Stoßzahl $e = 0{,}5$.
2. Weg der rutschenden Masse $m_2$ bis zum Stillstand für $\mu = 0{,}2$.

***Lösung:***

**zu 1.**

Es liegt ein gerader zentrischer Stoß vor, welcher teilelastisch ($e = 0{,}5$) ist. Mit $v_2 = 0$ ergibt sich die Rückprallgeschwindigkeit $\bar{v}_1$ der Masse $m_1$ nach dem Stoß:

$$\bar{v}_1 = \frac{m_1\, v_1 - e\, m_2 v_1}{m_1 + m_2} = v_1 \frac{1 - e\frac{m_2}{m_1}}{1 + \frac{m_2}{m_1}} = 20\frac{\text{m}}{\text{s}} \cdot \frac{1 - 0{,}5 \cdot 5}{1 + 5} = \underline{\underline{-5\frac{\text{m}}{\text{s}}}} \,.$$

**zu 2.**

Durch Aufstellen der **Energiebilanz** erhalten wir den Rutschweg $x_{\max}$ (Bild 7.1.1) der Masse $m_2$. Im Zustand 1 (direkt nach dem Stoß) (Bild 7.1.1) hat die Masse $m_2$ kinetische Energie. Während der Bewegung von Zustand 1 nach Zustand 2 wird Energie durch Reibung (Reibungsarbeit) abgeführt, und im Zustand 2 ist die Masse $m_2$ wieder in Ruhe. Daraus folgt:

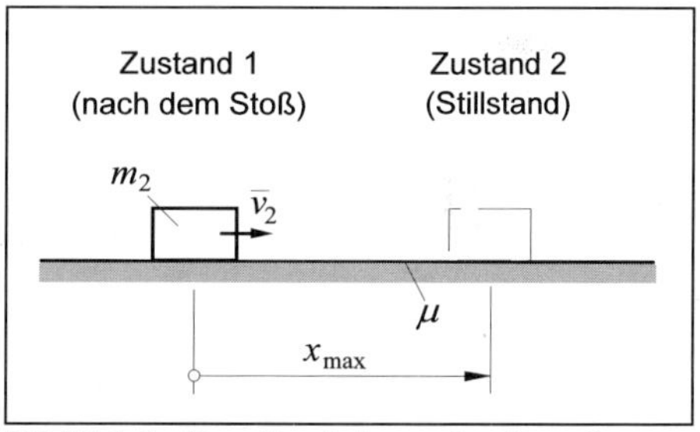


*Bild 7.1.1: Zur Ermittlung des Rutschweges der Masse $m_2$*

$$\frac{m_2}{2}\bar{v}_2^2 - \mu\, m_2\, g\, x_{\max} = 0$$

$$x_{\max} = \frac{\bar{v}_2^2}{2\mu g} \,. \qquad (1)$$

Die Geschwindigkeit $\bar{v}_2$ der Masse $m_2$ nach dem Stoß ist mit $v_2 = 0$:

$$\bar{v}_2 = \frac{m_1\, v_1 + e\, m_1 v_1}{m_1 + m_2} = v_1 \frac{1 + e}{1 + \frac{m_2}{m_1}} = 20\frac{\text{m}}{\text{s}} \cdot \frac{1 + 0{,}5}{1 + 5} = 5\frac{\text{m}}{\text{s}} \,.$$

Setzen wir dies in (1) ein, so erhalten wir

$$x_{\max} = \left(5\frac{\text{m}}{\text{s}}\right)^2 \frac{1}{2 \cdot 0{,}2 \cdot 9{,}81\frac{\text{m}}{\text{s}^2}} = \underline{\underline{6{,}371\,\text{m}}} \,.$$

## Aufgabe 7.2 Stoß auf schiefer Ebene

Auf einer schiefen Ebene (Bild 7.2) mit dem Neigungswinkel $\beta$ liegt ein Körper der Masse $m_2$ in Ruhe ($\mu = \mu_0$).
In der Höhe $h$ über dem Körper beginnt ein Wagen der Masse $m_1$ reibungsfrei zu rollen und stößt dann gegen den Körper ($e \cdot m_2 > m_1$), ($e$ = Stoßzahl).

Wie groß ist die Zeit, nach der Wagen und Körper, vom ersten Zusammenprall an gerechnet, wieder aufeinander stoßen?

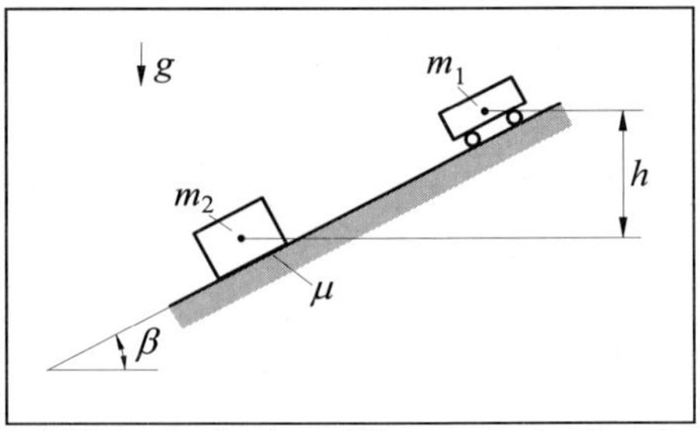


*Bild 7.2: Stoß eines Wagens auf ruhenden Körper*

### *Lösung:*

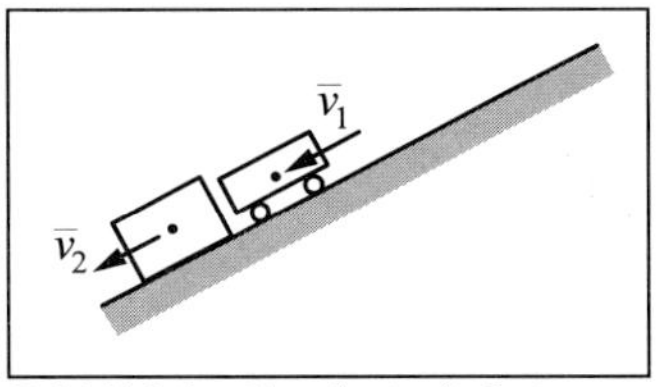


*Bild 7.2.1: Geschwindigkeiten von Wagen und Körper nach dem Stoß*

**1. Stoßvorgang**

Geschwindigkeiten nach dem Stoß mit $v_2 = 0$ und $v_1 = \sqrt{2gh}$

$$\bar{v}_1 = v_1 \frac{m_1 - e\,m_2}{m_1 + m_2}$$

(wegen $e \cdot m_2 > m_1$ ist $\bar{v}_1$ negativ, so dass die Geschwindigkeit des Wagens nach dem Stoß aufwärts entlang der schiefen Ebene gerichtet ist (Bild 7.2.1))

$$\bar{v}_2 = v_1 \frac{m_1 + e\,m_1}{m_1 + m_2} .$$

**2. Bewegungsabläufe nach dem Stoß:**

- **Masse** $m_2$

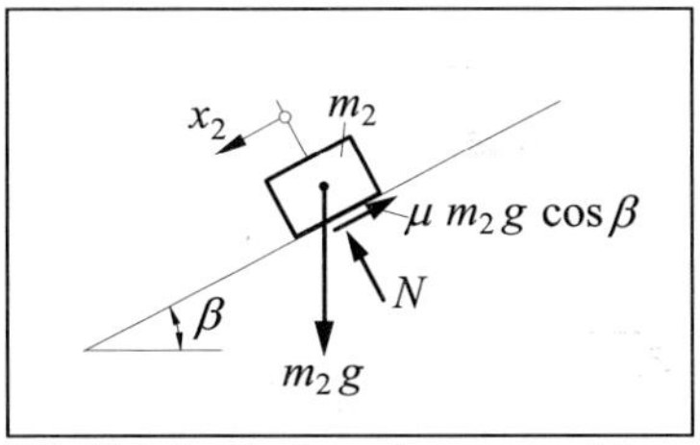


*Bild 7.2.2: Freigeschnittene Masse $m_2$*

Dynamisches Grundgesetz:

$$m_2\,\ddot{x}_2 = m_2\,g\sin\beta - \mu m_2\,g\cos\beta$$

$$\ddot{x}_2 = g\left(\sin\beta - \mu\cos\beta\right)$$

$$\int_{\bar{v}_2}^{v} dv = g\int_0^t \left(\sin\beta - \mu\cos\beta\right)dt$$

$$v - \bar{v}_2 = g\,t\left(\sin\beta - \mu\cos\beta\right)$$

$$v = \bar{v}_2 + gt\left(\sin\beta - \mu\cos\beta\right)$$

$$\int_0^{x_2} dx_2 = \int_0^t \left[\bar{v}_2 + gt\left(\sin\beta - \mu\cos\beta\right)\right]dt$$

$$\boxed{x_2 = \bar{v}_2\,t + \frac{g}{2}t^2\left(\sin\beta - \mu\cos\beta\right)}$$

- **Wagen** ($m_1$)

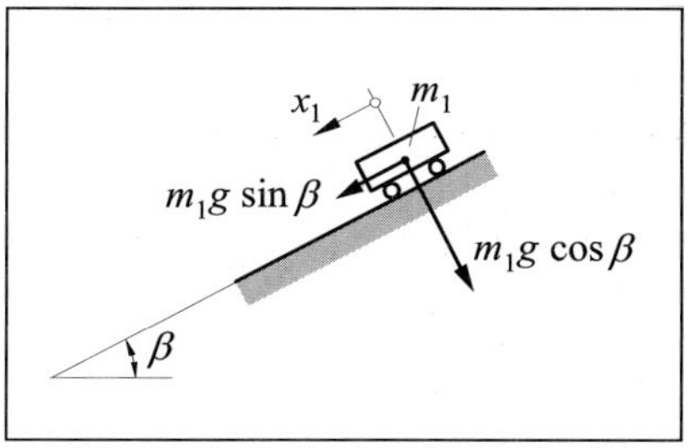


*Bild 7.2.3: Zur Beschreibung der Bewegung des Wagens*

Durch eine analoge Berechnung erhalten wir für die Bewegung des Wagens (Masse $m_1$) mit $\mu = 0$

$$\boxed{x_1 = \overline{v}_1\, t + \frac{g}{2} t^2 \sin\beta} \;.$$

Für den erneuten Zusammenstoß muss nun gelten (Bewegungsablauf der Masse $m_1$ enthält einen Umkehrpunkt):

$$\boxed{x_1 = x_2} \;.$$

$$\overline{v}_2 t + \frac{g}{2} t^2 (\sin\beta - \mu\cos\beta) = \overline{v}_1 t + \frac{g}{2} t^2 \sin\beta$$

$$(\overline{v}_2 - \overline{v}_1) t = \mu \frac{g}{2} \cos\beta \cdot t^2 \qquad \Rightarrow \qquad t = \frac{2}{\mu g \cos\beta} (\overline{v}_2 - \overline{v}_1) \;.$$

Setzen wir die Geschwindigkeiten nach dem Stoß ein, so folgt:

$$t = \frac{2}{\mu g \cos\beta} \cdot \frac{v_1}{m_1 + m_2} (m_1 + e\, m_1 - m_1 + e\, m_2)$$

$$t = \frac{2\, e}{\mu\, g \cos\beta} \cdot \sqrt{2\, g\, h} \cdot \frac{m_1 + m_2}{m_1 + m_2}$$

$$\underline{\underline{t = \frac{2\, e}{\mu \cos\beta} \cdot \sqrt{\frac{2\, h}{g}}}} \;.$$

## Aufgabe 7.3 Stoß gegen drehbar gelagerten Körper

Ein scheibenförmiger homogener Körper ② (Rechteckscheibe) ist in A reibungsfrei gelenkig gelagert und ruht auf einer glatten Ebene (Bild 7.3). Die Punktmasse ① stößt (Stoßzahl $e$) mit der Geschwindigkeit $v_1$ exzentrisch gegen Körper ②.

Gegeben:

$l,\, b,\, m_1,\, v_1,\, m_2,\, J_S,\, e = 1.$

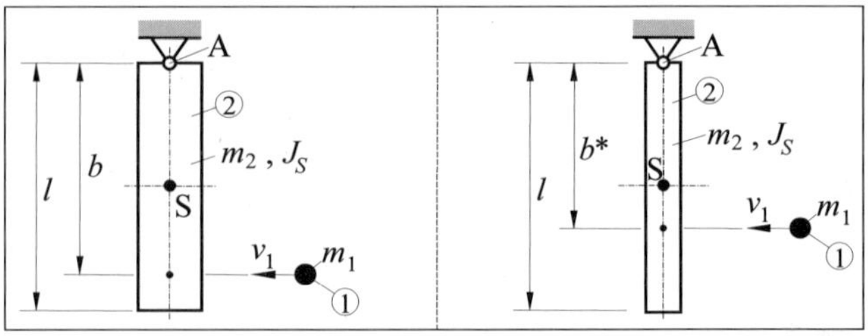


*Bild 7.3: Stoß gegen drehbar gelagerten Körper*

Zu bestimmen sind:

1. Geschwindigkeiten der Punktmasse und des Körpers nach dem Stoß sowie der Kraftstoß im Lager A,
2. Abstand $b^*$ für den Fall, dass das Lager in A stoßfrei ist und der Körper ② ein dünner Stab ist.

### *Lösung:*

Da die Schwerpunkte der beiden Massen nicht auf der Stoßnormalen liegen, handelt es sich hier um einen **exzentrischen** Stoß. Es wird zusätzlich zur Translation noch Rotation hervorgerufen.

**zu 1.**

Aus der Anwendung des Impulssatzes und des Drallsatzes (Drehimpulssatz) für die Punktmasse ① und den Körper ② folgt (Bild 7.3.1):

(Schriftbuchstaben mit darübergesetztem Strich geben die Geschwindigkeiten **nach** dem Stoß an)

Punktmasse ①

$$m_1\bar{v}_1 - m_1 v_1 = -\hat{B} \qquad (1)$$

($\hat{B}$ : Kraftstoß)

Körper ②

$$m_2\bar{v}_{2_S} - m_2 \underbrace{v_{2_S}}_{0} = \hat{B} - \hat{A} \qquad (2)$$

Drallsatz bezüglich A:

$$J_{2_A}\bar{\omega}_2 - J_{2_A}\underbrace{\omega_2}_{0} = \hat{B}\, b\,. \qquad (3)$$

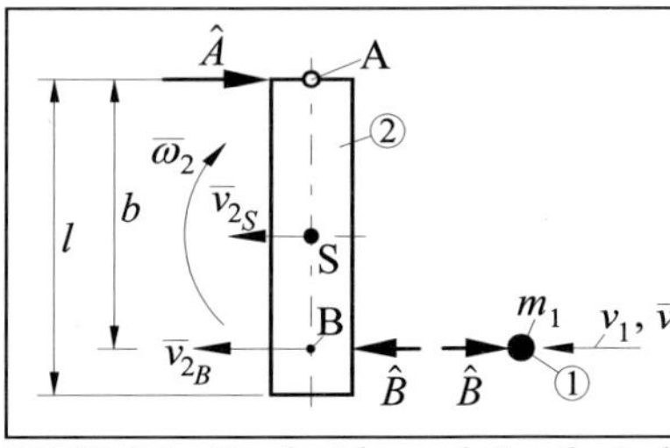


*Bild 7.3.1: Kraftstöße und Geschwindigkeiten an Masse ① und Körper ② beim Stoßvorgang*

Für die Stoßzahl $e$ können wir schreiben:

$$e = 1 = \frac{\bar{v}_{2_B} - \bar{v}_1}{v_1 - \underbrace{v_{2_B}}_{0}}. \qquad (4)$$

Die kinematischen Beziehungen liefern:

$$\bar{v}_{2_S} = \bar{\omega}_2 \frac{l}{2}\,, \qquad (5)$$

$$\bar{v}_{2_B} = \bar{\omega}_2\, b\,. \qquad (6)$$

Für die 6 Unbekannten $\bar{v}_1, \bar{v}_{2_S}, \bar{v}_{2_B}, \bar{\omega}_2, \hat{B}$ und $\hat{A}$ stehen damit 6 Gleichungen zur Verfügung.

Wir erhalten

aus (4) mit (6): $\qquad \bar{v}_1 = \bar{\omega}_2\, b - e\, v_1\,. \qquad (7)$

(1) mit (7) in (3): $\qquad J_{2_A}\bar{\omega}_2 = m_1 b\left(-\bar{\omega}_2 b + e\, v_1 + v_1\right)$

$$J_{2_A}\overline{\omega}_2 = -m_1 b^2 \overline{\omega}_2 + m_1 b v_1 (1+e) \quad \Rightarrow \quad \overline{\omega}_2 \left(J_{2_A} + m_1 b^2\right) = m_1 b v_1 (1+e)$$

$$\overline{\omega}_2 = \frac{m_1\, b\, v_1 (1+e)}{m_1 b^2 + J_{2_A}} = \underline{\underline{\frac{\frac{v_1}{b}(1+e)}{1+\frac{J_{2A}}{m_1 b^2}}}} \qquad \text{mit} \qquad J_{2_A} = J_S + m_2 \left(\frac{l}{2}\right)^2 .$$

Damit erhalten wir für die Geschwindigkeiten nach dem Stoß

aus (7) $\underline{\underline{\overline{v}_1 = \overline{\omega}_2\, b - e\, v_1}}$, aus (5) $\overline{v}_{2_S} = \underline{\underline{\overline{\omega}_2 \frac{l}{2}}}$, aus (6) $\overline{v}_{2_B} = \underline{\underline{\overline{\omega}_2\, b}}$.

Aus (1): $\hat{B} = m_1 v_1 - m_1 \overline{v}_1$ .

Kraftstoß $\hat{A}$ im Lager A:

Aus (2) $\hat{A} = m_1 v_1 - m_1 \overline{v}_1 - m_2 \overline{v}_{2_S} = m_1 v_1 - m_1\, \overline{\omega}_2\, b + m_1\, e\, v_1 - m_2 \frac{l}{2} \overline{\omega}_2$

$$\hat{A} = m_1 v_1 (1+e) - \overline{\omega}_2 \left( m_1 b + m_2 \frac{l}{2} \right) = m_1 v_1 (1+e) - \frac{m_1 b\, v_1 (1+e)}{m_1 b^2 + J_{2_A}} \left( m_1 b + m_2 \frac{l}{2} \right)$$

$$\underline{\underline{\hat{A} = (1+e) \frac{v_1}{b^2} \cdot \frac{J_{2_A} - m_2 b \frac{l}{2}}{1 + \frac{J_{2A}}{m_1 b^2}}}} \qquad \text{mit} \qquad J_{2_A} = J_S + m_2 \left(\frac{l}{2}\right)^2 .$$

**zu 2.**

Die für viele technische Probleme interessante Frage ist, in welchem Punkt muss der Stoß erfolgen, damit das Gelenklager A stoßfrei ist. Dieser Punkt liegt im Abstand $b^*$ vom Lager A (Bild 7.3) auf der Linie, die durch A und S geht. Er wird ***Stoßpunkt*** genannt. Der Punkt, auf den keine Kraft infolge des Stoßes übertragen wird (hier Lager A), wird ***Stoßmittelpunkt*** genannt. Stoßpunkt und Stoßmittelpunkt sind vertauschbar, das heißt, wird der Körper im Stoßpunkt (Bild 7.3) gelagert und im Punkt A gestoßen, so ist das Lager ebenfalls stoßfrei.

Wir erhalten den Abstand $b^*$ aus der Bedingung, dass der Kraftstoß $\hat{A}$ im Lager A Null wird. Das heißt, die Differenz im Zähler der obigen Gleichung für $\hat{A}$ muss Null werden:

$$\hat{A} = 0 : \qquad J_{2_A} - m_2\, b^* \frac{l}{2} = 0 \qquad \Rightarrow \qquad \underline{\underline{b^* = \frac{J_{2A}}{m_2 \frac{l}{2}}}} .$$

Für einen dünnen Stab mit $J_S = \frac{m_2}{12} l^2$ gilt:

$$J_{2_A} = \frac{m_2}{3} l^2 ; \qquad b^* = \frac{\frac{m_2}{3} l^2}{m_2 \frac{l}{2}} = \underline{\underline{\frac{2}{3} l}} .$$

## Aufgabe 7.4 Stoß zwischen Pendel und drehbarem Stab

Ein Pendel ① wird aus der horizontalen Lage ohne Anfangsgeschwindigkeit gestartet und schlägt in der vertikalen Lage gegen einen senkrecht stehenden Stab ②. Der Stab ② ist im Punkt B gelenkig gelagert.

Gegeben: $a$, $m_1$, $m_2$, $M$, Stoßzahl $e$, Erdbeschleunigung $g$.

Gesucht: Winkelgeschwindigkeit des Stabes ② beim Durchgang durch die horizontale Lage ($\varphi_2 = 90°$).

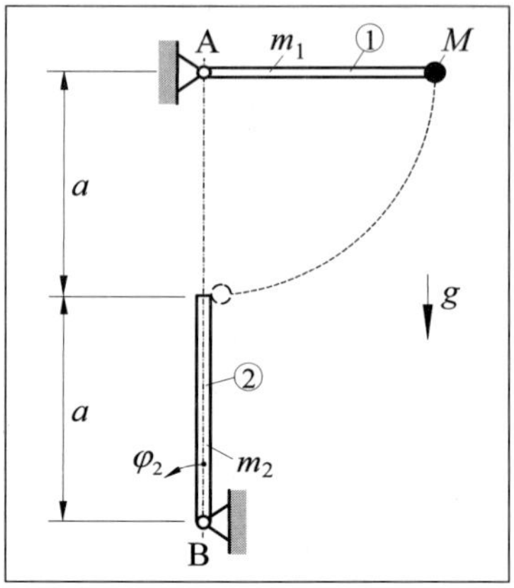


*Bild 7.4: Stoß gegen drehbar gelagerten Stab*

***Lösung:***

Da Rotationen um A und B stattfinden, brauchen wir die Massenträgheitsmomente:

$$J_A = \frac{m_1}{3} a^2 + M\, a^2 = \left( \frac{m_1}{3} + M \right) a^2 , \tag{1}$$

$$J_B = \frac{m_2}{3} a^2 . \tag{2}$$

Mit dem Energiesatz ermitteln wir die Winkelgeschwindigkeit $\omega_{II_1}$ des Pendels ① unmittelbar vor dem Stoß (Bild 7.4.1).

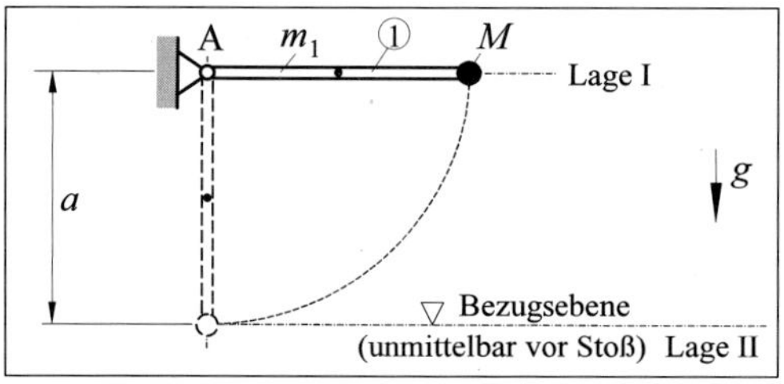


*Bild 7.4.1: Pendel ①*

$$E_{pot\,I} + E_{kin\,I} = E_{pot\,II} + E_{kin\,II}$$

$$E_{pot\,I} = m_1\, g\, a + M\, g\, a$$

$$E_{kin\,I} = 0$$

$$E_{pot\,II} = m_1\, g \frac{a}{2}$$

$$E_{kin\,II} = \frac{J_A}{2} \omega_{II_1}^2$$

$$m_1\, g\, a + M\, g\, a = m_1\, g \frac{a}{2} + \frac{J_A}{2} \omega_{II_1}^2$$

$$m_1\, g \frac{a}{2} + M\, g\, a = \frac{1}{2} \left( \frac{m_1}{3} + M \right) a^2 \omega_{II_1}^2$$

$$\boxed{\omega_{II_1} = \sqrt{\frac{2g \left( \frac{m_1}{2} + M \right)}{\left( \frac{m_1}{3} + M \right) a}}} \tag{3}$$

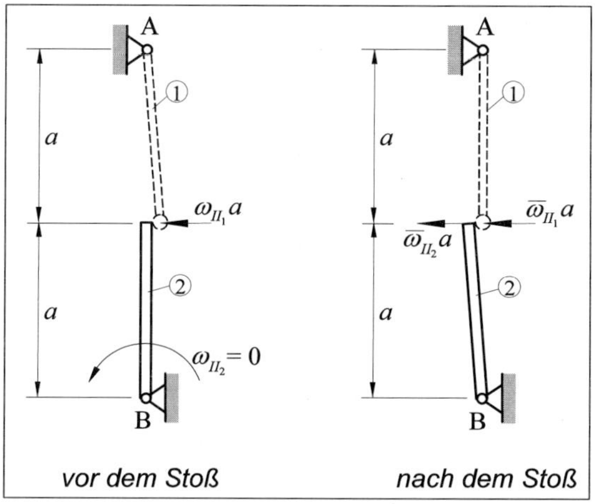


*Bild 7.4.2: Geschwindigkeiten vor und nach dem Stoß*

Nun betrachten wir den Stoßvorgang (Bild 7.4.2):

Nach dem Drallerhaltungssatz ist der Drall vor und nach dem Stoß gleich.

Deshalb gilt:

$$\underbrace{J_A\,\omega_{II_1}}_{vor\ dem\ Stoß} = \underbrace{J_A\,\overline{\omega}_{II_1} + J_B\,\overline{\omega}_{II_2}}_{nach\ dem\ Stoß}. \qquad (4)$$

Für die Stoßzahl $e$ können wir schreiben:

$$e = \frac{\overline{\omega}_{II_2}\,a - \overline{\omega}_{II_1}\,a}{\omega_{II_1}\,a - \underbrace{\omega_{II_2}\,a}_{0}}. \qquad (5)$$

Aus (5) folgt:

$$\overline{\omega}_{II_1} = \overline{\omega}_{II_2} - e\,\omega_{II_1}. \qquad (6)$$

Nun ermitteln wir die Winkelgeschwindigkeit $\overline{\omega}_{II_2}$ des Stabes ② unmittelbar nach dem Stoß.

(6) in (4): $\quad J_A\,\omega_{II_1} = J_A\left(\overline{\omega}_{II_2} - e\,\omega_{II_1}\right) + J_B\,\overline{\omega}_{II_2} \quad \Rightarrow \quad \overline{\omega}_{II_2} = \frac{1}{1+\frac{J_B}{J_A}}(1+e)\,\omega_{II_1}.$

(1), (2) und (3) eingesetzt liefert

$$\overline{\omega}_{II_2} = \frac{1+e}{1+\frac{m_2}{m_1+3M}}\sqrt{\frac{2g\left(\frac{m_1}{2}+M\right)}{\left(\frac{m_1}{3}+M\right)a}}. \qquad (7)$$

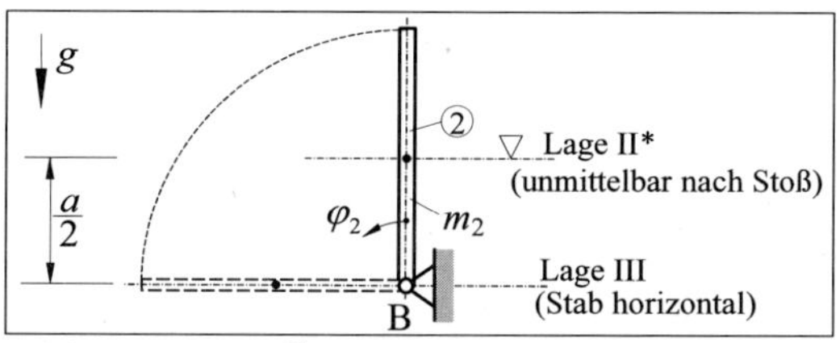


*Bild 7.4.3: Stab ② nach dem Stoß (vertikale und horizontale Lage)*

Aus dem Energiesatz erhalten wir die Winkelgeschwindigkeit $\omega_{III}$ des Stabes ② beim Durchgang durch die horizontale Lage ($\varphi_2 = 90°$) (Bild 7.4.3).

$$E_{pot\,II^*} + E_{kin\,II^*} = E_{pot\,III} + E_{kin\,III}$$

$$0 + \frac{J_B}{2}\overline{\omega}_{II_2}^2 = -m_2\,g\,\frac{a}{2} + \frac{J_B}{2}\omega_{III}^2$$

$$\omega_{III}^2 = \overline{\omega}_{II_2}^2 + \frac{1}{J_B}m_2\,g\,a$$

Mit (2) und (7) folgt:

$$\omega_{III}^2 = \frac{(1+e)^2}{\left(1+\frac{m_2}{m_1+3M}\right)^2}\cdot\frac{2g\left(\frac{m_1}{2}+M\right)}{\left(\frac{m_1}{3}+M\right)a} + \frac{3}{m_2\,a^2}m_2\,g\,a,$$

$$\underline{\underline{\omega_{III} = \sqrt{\frac{(1+e)^2\cdot 2g\left(\frac{m_1}{2}+M\right)}{\left(1+\frac{m_2}{m_1+3M}\right)^2\cdot\left(\frac{m_1}{3}+M\right)a} + \frac{3g}{a}}}}.$$

# 7.3 Fragen und Antworten

## ☹ Fragen

1. Welche Bedingung gilt für die Stoßnormale?

2. Welche Bedingungen gelten für den **geraden zentrischen Stoß**?

3. Geben Sie die Kriterien an für den
   - vollkommen plastischen Stoß
   - vollkommen elastischen Stoß
   - teilelastischen Stoß!

4. Nennen Sie eine praktische Anwendung in der Technik für den plastischen Stoß!

5. Was ist, wenn die Oberflächen der Körper beim Stoßvorgang *glatt* sind?

## ☺ Antworten

1. Die Stoßnormale steht senkrecht auf der Berührungsebene (Tangentialebene beider Körper).

2. Beide Körper bewegen sich in Richtung der Stoßnormalen, und die Schwerpunkte liegen auf der Stoßnormalen.

3. vollkommen plastischer Stoß: fehlende Formrückbildung (Körper trennen sich nicht)

   vollkommen elastischer Stoß: totale Formrückbildung (kein Energieverlust)

   teilelastischer Stoß: teilweise Formrückbildung

4. Schmieden

5. Es treten keine Kräfte in Richtung der Berührungsebene auf. Stoßkraft liegt in der Stoßnormalen.

# 8 Relativbewegung

## 8.1 Grundbegriffe und Formeln

Bei der Anwendung der technischen Mechanik auf der Erde werden die Gesetze der Kinetik im Allgemeinen am einfachsten formuliert, wenn ein raumfestes, nichtdrehendes (ruhendes) Bezugssystem definiert wird, obwohl wir wissen, dass sich die Erde auch bewegt.

Es ist manchmal zweckmäßig zur Beschreibung der Bewegung eines Körpers (Massenpunkts) von einem Bezugssystem (Koordinatensystem) zu einem dazu bewegten Bezugssystem überzugehen.

Zum Beispiel interessiert den Techniker nur die Bewegung des Kolbens relativ (bezüglich) zum Zylinder, so dass er den Zylinderblock als ruhendes Bezugssystem betrachtet.

Entsprechend stellt sich dann in den gegeneinander bewegten verschiedenen Bezugssystemen die Bewegung unterschiedlich dar.

Betrachten wir z.B. den freien Fall in einem gleichförmig bewegten Fahrzeug (Bild 08.1): Für den *mitfahrenden Beobachter* im Fahrzeug beschreibt der fallende Gegenstand eine lotrechte Bahn (Bild 08.1b). Der *nicht mitfahrende (ruhende)* Beobachter außerhalb des Fahrzeugs nimmt eine gekrümmte Bahnkurve des fallenden Gegenstands wahr (Bild 08.1c).

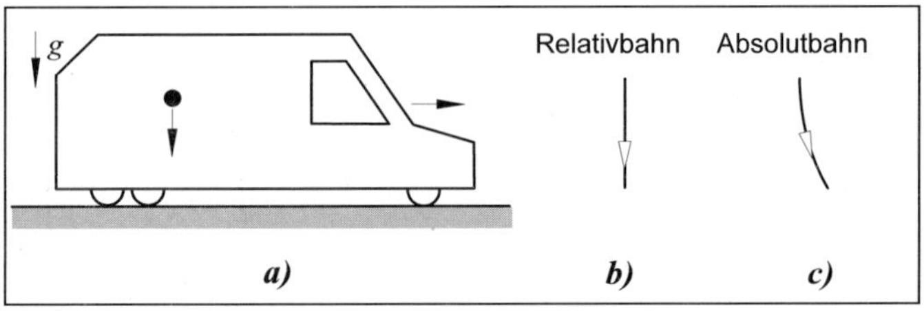


*Bild 08.1: a) Bewegter Gegenstand im fahrenden Auto*
*b) Bahnkurve des Gegenstandes für mitfahrenden Beobachter*
*c) Bahnkurve des Gegenstandes für nicht mitfahrenden (ruhenden) Beobachter*

Als weiteres Beispiel sei hier das rollende Rad (Bild 08.2) gezeigt. Aus der Sicht des *mitfahrenden Beobachters* führt der Punkt auf dem Umfang eine Kreisbewegung aus, für einen *ruhenden Beobachter* führt der Punkt eine Zykloiden-Bewegung aus.

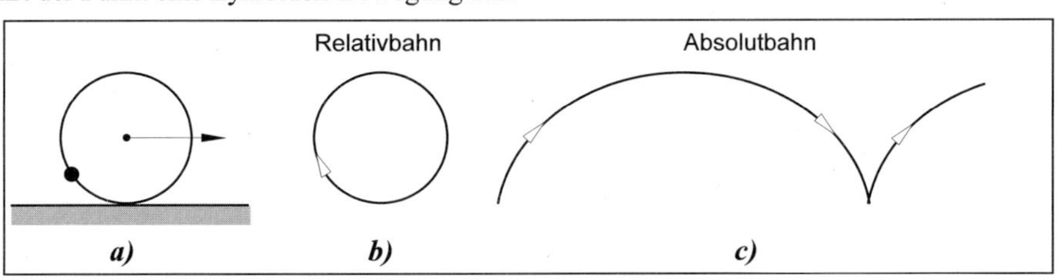


*Bild 08.2: a) Punkt auf dem Umfang eines rollenden Rades*
*b) Kreisbahn des Punktes für mitfahrenden Beobachter*
*c) Zykloide des Punktes für nicht mitfahrenden (ruhenden) Beobachter*

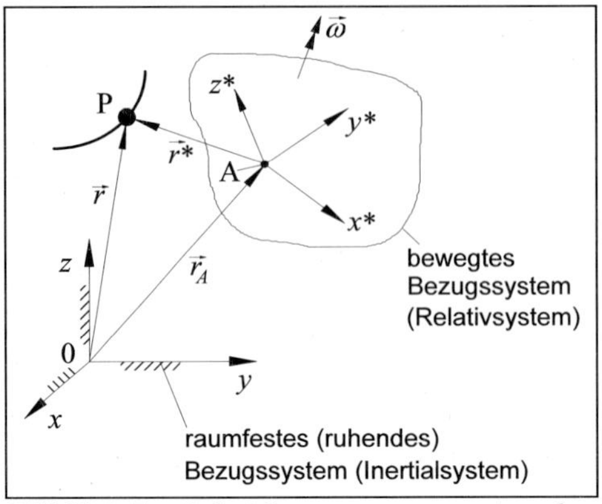


*Bild 08.3: Zur Relativbewegung; gegeneinander bewegte Bezugssysteme*

Wollen wir die Bewegung beschreiben, so müssen wir die Zusammenhänge zwischen den kinematischen Größen in gegeneinander bewegten Bezugssystemen aufstellen.

Vielfach wird die Bewegung bezüglich eines Bezugssystems $x^*, y^*, z^*$ (*Relativsystem*) (liegt fest in einem bewegten starren Körper) beschrieben, das sich selbst relativ zu einem raumfesten (ruhenden) Bezugssystem $x, y, z$ (*Inertialsystem*) bewegt (Bild 08.3). Wir bezeichnen das Relativsystem auch als *Führungssystem*.

Die Bewegung des bewegten Systems (Relativsystem) gegenüber dem raumfesten Bezugssystem heißt **Führungsbewegung**, die Bewegung des Punktes P im bewegten System (Relativsystem) **Relativbewegung**, die vom Inertialsystem (ruhend) aus beobachtete Bewegung des Punktes P ist die **Absolutbewegung**.

**Ortsvektor** der Bewegung des Punktes P bezogen auf das Inertialsystem (Bild 08.3):

$$\boxed{\vec{r} = \vec{r}_A + \vec{r}^*}.$$

Nach Bild 08.3 betrachten wir ein Relativsystem (Führungssystem), das gegenüber dem Inertialsystem eine **Translations- und Rotationsbewegung** ausführt, die durch die Geschwindigkeit $\vec{v}_A = \dot{\vec{r}}_A$ von A und die Winkelgeschwindigkeit $\vec{\omega}$ gegeben sind.

**Absolutgeschwindigkeit** des Punktes P (Bild 08.4):

$$\boxed{\vec{v}_P = \vec{v}_f + \vec{v}_{rel}}$$

mit $\vec{v}_f = \vec{v}_A + \vec{\omega} \times \vec{r}^*$

oder $\vec{v}_f = \dfrac{d\vec{r}_A}{dt} + \vec{\omega} \times \vec{r}^*$

und $\vec{v}_{rel} = \left[\dfrac{d\vec{r}^*}{dt}\right]_{rel}$ (Zeitableitung im bewegten System).

$\vec{v}_P$ Absolutgeschwindigkeit des Punktes P; im ruhenden System gemessene Geschwindigkeit

$\vec{v}_f$ Führungsgeschwindigkeit

$\vec{v}_{rel}$ Relativgeschwindigkeit

$\vec{v}_A$ Geschwindigkeit von A

$\vec{\omega}$ Winkelgeschwindigkeit des bewegten Relativsystems

In $\vec{v}_f$ kommt die Translation und Rotation des Führungssystems zum Ausdruck. Die Führungsgeschwindigkeit entspricht der Absolutgeschwindigkeit eines bewegten Punkts, der im Führungssystem ruht.

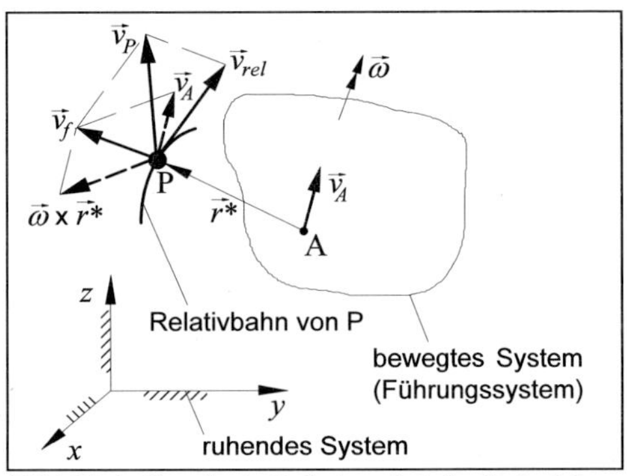


*Bild 08.4: Geschwindigkeiten bei der Relativbewegung des Punktes P*

**Absolutbeschleunigung** des Punktes P:

$$\vec{a}_P = \vec{a}_f + \vec{a}_{rel} + \vec{a}_C$$

mit der **Führungsbeschleunigung**

$$\vec{a}_f = \vec{a}_A + \dot{\vec{\omega}} \times \vec{r}^* + \vec{\omega} \times (\vec{\omega} \times \vec{r}^*),$$

der **Relativbeschleunigung**

$$\vec{a}_{rel} = \left[\frac{d\vec{v}_{rel}}{dt}\right]_{rel}$$ (Zeitableitung im bewegten System)

und der **CORIOLISbeschleunigung**

$$\vec{a}_C = 2\,\vec{\omega} \times \vec{v}_{rel}.$$

$\vec{a}_C$ steht senkrecht auf $\vec{\omega}$ und $\vec{v}_{rel}$ (auf Ebene, die durch $\vec{\omega}$ und $\vec{v}_{rel}$ aufgespannt wird) und verschwindet, wenn $\vec{\omega} = 0$ oder $\vec{v}_{rel} = 0$ oder $\vec{v}_{rel}$ parallel zu $\vec{\omega}$ ist.
Die Vektoren $\vec{\omega}$, $\vec{v}_{rel}$ und $\vec{a}_C$ bilden ein Rechtssystem.
Bei der ebenen Bewegung steht $\vec{\omega}$ immer senkrecht auf der Ebene, in der sich die Bewegung vollzieht (Winkel zwischen $\vec{\omega}$ und $\vec{v}_{rel}$ ist 90°), so dass dann der Betrag der CORIOLISbeschleunigung

$$|\vec{a}_C| = 2\,\omega\, v_{rel} \sin 90° = 2\,\omega\, v_{rel}$$

ist.

| | |
|---|---|
| $\vec{a}_P$ | Absolutbeschleunigung; im ruhenden System (Inertialsystem) gemessene Beschleunigung |
| $\vec{\omega}$ | Winkelgeschwindigkeit des bewegten Relativsystems (Führungssystems) |
| $\vec{a}_A$ | Beschleunigung des Punktes A (Bild 08.4) |
| $\vec{a}_f$ | Beschleunigung, die der Punkt P hätte, wenn er mit dem bewegten System fest verbunden wäre |
| $\vec{a}_{rel}$ | Beschleunigung relativ zum bewegten System, welche von einem mitbewegten Beobachter gemessen wird |
| $\vec{a}_C$ | CORIOLISbeschleunigung |

Bewegungsgleichung:
Das NEWTONsche Grundgesetz in einem ruhenden Bezugssystem lautet

$$m\,\vec{a}_P = \vec{F} \quad \Rightarrow \quad m\left(\vec{a}_f + \vec{a}_{rel} + \vec{a}_C\right) = \vec{F}.$$

Stellen wir die Bewegungsgleichung um, so folgt für die Relativbewegung in Bezug auf ein bewegtes Koordinatensystem:

$$m\vec{a}_{rel} = \vec{F} - m\vec{a}_f - m\vec{a}_C.$$

Der zweite und dritte Ausdruck auf der rechten Seite sind Trägheitskräfte, und zwar

| | |
|---|---|
| $-m\vec{a}_f$ | ist die Führungskraft infolge der Führungsbeschleunigung, |
| $-m\vec{a}_C$ | ist die CORIOLISkraft infolge der CORIOLISbeschleunigung. |

Nach dem **D'ALEMBERTschen Prinzip** folgt aus obiger Gleichung

$$\vec{F} + (-m\vec{a}_{rel}) + (-m\vec{a}_f) + (-m\vec{a}_C) = 0.$$

| | |
|---|---|
| $\vec{F}$ | Resultierende aller angreifenden äußeren Kräfte |
| $\vec{a}_C$ | CORIOLISbeschleunigung |
| $m$ | Masse |

Die negativen Vorzeichen in vorstehender Gleichung bedeuten, dass diese Trägheitskräfte in der Systemskizze **entgegen der positiven Beschleunigungs- bzw. Koordinatenrichtung** eingezeichnet werden müssen (D'ALEMBERTsche Trägheitskräfte kennzeichnen wir in der Systemskizze durch einen gestrichelten Pfeil mit Konturspitze).

**Hinweis** zum Lösen von Relativaufgaben:

Lösen wir Aufgaben mit Hilfe eines relativen Systems, so wählen wir zuerst eine Scheibe als Relativsystem (Führungssystem) und setzen auf sie einen Beobachter.
Um den relativen (mitbewegten) Beobachter zweckmäßig zu wählen, ist darauf zu achten, dass für diesen Beobachter die relative Bahn eines Punktes leicht zu beschreiben ist (am Besten geradlinig oder kreisförmig).

# 8.2 Aufgaben mit Lösungen

## Aufgabe 8.1 Mit dem Boot über einen Fluss

Ein Boot bewegt sich auf einem Fluss relativ zum Wasser mit der Geschwindigkeit $v_{rel} = 2{,}5\frac{\text{m}}{\text{s}}$ (Bild 8.1). Die Strömungsgeschwindigkeit des Flusses sei überall gleich und betrage $v_W = 1\frac{\text{m}}{\text{s}}$.

Die Breite des Flusses beträgt $l = 150\,\text{m}$ und das Maß $e = 18\,\text{m}$.

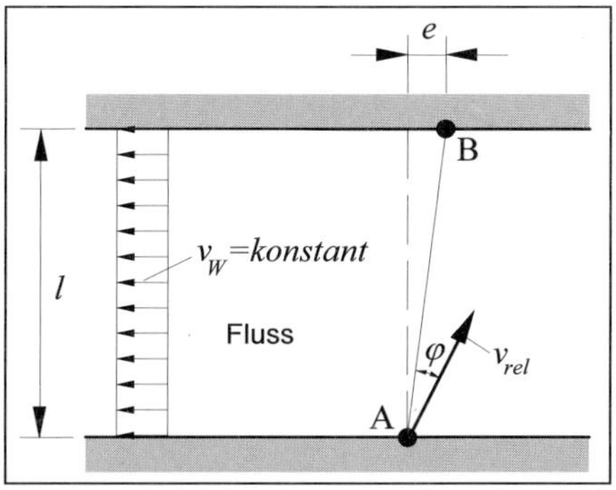


*Bild 8.1: Mit dem Boot von A nach B*

Gesucht:
1. Welchen Vorhaltewinkel $\varphi$ muss der Seuermann des Bootes einhalten, wenn er von A aus B erreichen will?
2. Wie groß ist die Absolutgeschwindigkeit $v_{abs}$ des Bootes?
3. Wie groß ist die Fahrzeit von A nach B?

***Lösung:***

Wählen wir den Fluss als Relativsystem (Führungssystem), dann ist für einen flussfesten Beobachter die Bewegung des Bootes in einem flussfesten Koordinatensystem geradlinig.

**zu 1.**

Die Absolutgeschwindigkeit des Bootes beträgt $\vec{v}_{abs} = \vec{v}_f + \vec{v}_{rel}$ (Bild 8.1.1).

Aus Bild 8.1.1 folgt dann:

$$\tan\beta = \frac{l}{e} = \frac{150\,\text{m}}{18\,\text{m}} = 8{,}3\overline{3} \quad \Rightarrow \quad \beta = 83{,}157°.$$

Mit dem Sinussatz erhalten wir aus dem Geschwindigkeitsplan (Dreieck) nach Bild 8.1.1:

$$\frac{\sin\varphi}{v_w} = \frac{\sin(180° - \beta)}{v_{rel}},$$

$$\sin\varphi = \frac{v_w}{v_{rel}}\sin(180° - \beta),$$

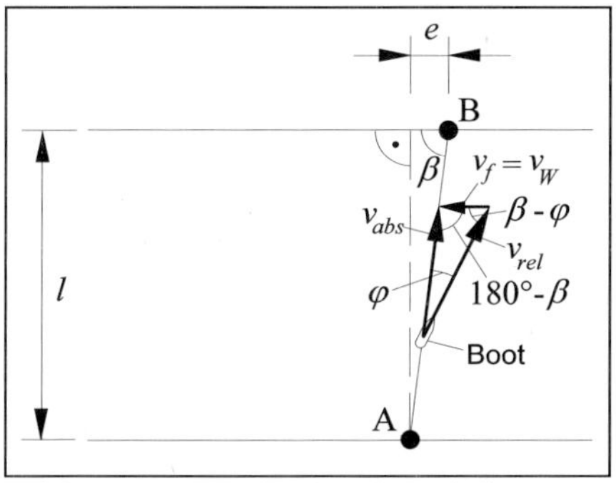


*Bild 8.1.1: Lage der Geschwindigkeiten*

$$\varphi = \arcsin\left(\frac{v_w}{v_{rel}}\sin(180° - \beta)\right) = \arcsin\left(\frac{1}{2{,}5}\sin(180° - 83{,}157°)\right) = \underline{\underline{23{,}4°}}.$$

**zu 2.**

Damit folgt aus Bild 8.1.1 mit dem Sinussatz:

$$\frac{\sin(\beta - \varphi)}{v_{abs}} = \frac{\sin\varphi}{v_w} \quad \Rightarrow \quad v_{abs} = \frac{\sin(\beta - \varphi)}{\sin\varphi}v_w = \frac{\sin(83{,}157° - 23{,}4°)}{\sin 23{,}4°}\cdot 1\frac{\text{m}}{\text{s}} = \underline{\underline{2{,}175\frac{\text{m}}{\text{s}}}}.$$

**zu 3.**

Fahrzeit $$t = \frac{\overline{AB}}{v_{abs}} = \frac{\sqrt{l^2 + e^2}}{v_{abs}} = \frac{\sqrt{150^2 + 18^2}\,\text{m}}{2{,}175\frac{\text{m}}{\text{s}}} = \underline{\underline{69{,}46\,\text{s}}}$$

## Aufgabe 8.2 Gleitstein in radialer Führung einer rotierenden Scheibe

Eine Kreisscheibe rotiert gleichförmig mit der Winkelgeschwindigkeit $\vec{\omega}$.
In einer glatten Führung bewegt sich ein Gleitstein relativ zur Scheibe mit der Geschwindigkeit $\vec{v}_{rel}$ radial nach außen (Bild 8.2).

Wie groß sind im augenblicklichen Abstand $r$ von der Drehachse die absolute Geschwindigkeit $\vec{v}$ und die Beschleunigung $\vec{a}$ des Gleitsteins?

Gegeben: $r = 1\,\text{m}, \quad \varphi = 30°,$

$$\omega = 3\,\pi\,\text{s}^{-1}, \quad v_{rel} = 10\,\frac{\text{m}}{\text{s}}.$$

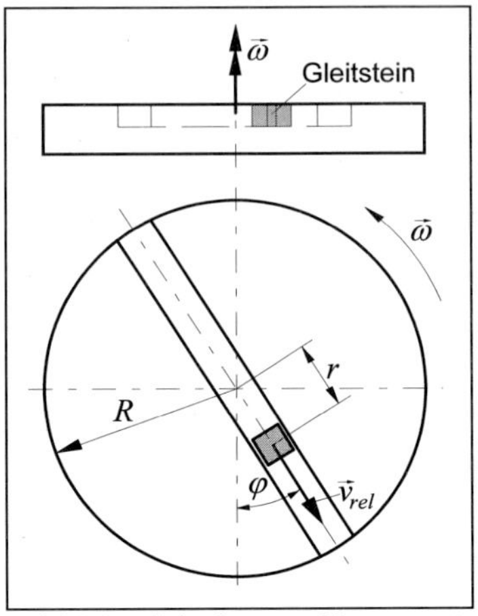

*Bild 8.2: Scheibe mit Gleitstein in radialer Führung*

### *Lösung:*

Wenn wir die Scheibe als Relativsystem (Führungssystem) wählen, so ist für einen scheibenfesten Beobachter die Bewegung des Gleitsteins geradlinig. Der Punkt der Führung, der momentan mit dem Gleitstein zusammenfällt beschreibt eine Kreisbahn um die Drehachse.

Tangential gerichtete Bahngeschwindigkeit $v_f$:

$$v_f = r\,\omega = 1\,\text{m} \cdot 3\,\pi\,\text{s}^{-1} = 9{,}42\,\frac{\text{m}}{\text{s}}.$$

**Geschwindigkeit $\vec{v}$ des Gleitsteins** (Bild 8.2.1):

$$\vec{v} = \vec{v}_f + \vec{v}_{rel}.$$

$$v = \sqrt{v_f^2 + v_{rel}^2}$$

$$v = \sqrt{9{,}42^2 + 10^2}\,\frac{\text{m}}{\text{s}} = \underline{\underline{13{,}74\,\frac{\text{m}}{\text{s}}}}$$

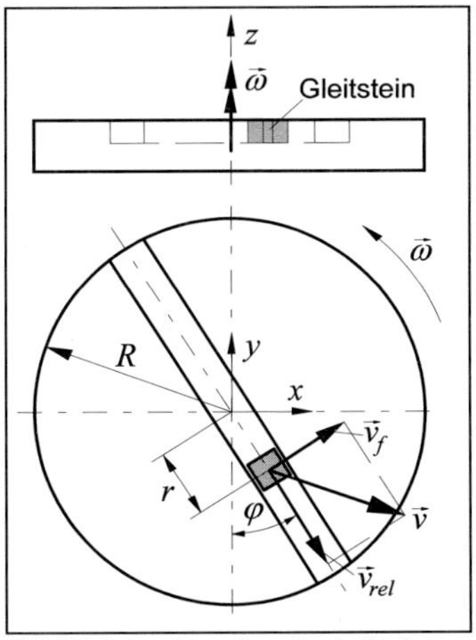

*Bild 8.2.1: Zur Geschwindigkeit des Gleitsteins*

**Beschleunigungt $\vec{a}$ des Gleitsteins** (Bild 8.2.2):

$$\vec{a} = \vec{a}_f + \vec{a}_{rel} + \vec{a}_C.$$

Die Beschleunigung $\vec{a}_{rel}$ ist Null, weil die geradlinige Relativbewegung des Gleitsteins gleichförmig ist.

$\vec{a}_f$ ist die Normalbeschleunigung, welche bei der vorliegenden Kreisbewegung auf den Kreismittelpunkt gerichtet ist.

Für den Betrag der Normalbeschleunigung folgt:

$$a_f = r \cdot \omega^2 = 1\,\mathrm{m}\left(\frac{3\pi}{\mathrm{s}}\right)^2 = \underline{88{,}8\,\frac{\mathrm{m}}{\mathrm{s}^2}}\,.$$

Die auftretende CORIOLIS-Beschleunigung $\vec{a}_C$ berechnen wir aus

$$\vec{a}_C = 2\,\vec{\omega} \times \vec{v}_{rel}\,.$$

Bei der vorliegenden **ebenen** Bewegung steht $\vec{\omega}$ senkrecht auf $\vec{v}_{rel}$, so dass für den Betrag der CORIOLIS-Beschleunigung folgt:

$$a_C = 2\;\omega\;v_{rel}\,\sin 90° = 2\;\omega\;v_{rel}\,,$$

$$a_C = 2\;\frac{3\pi}{\mathrm{s}}\,10\frac{\mathrm{m}}{\mathrm{s}} = \underline{188{,}5\frac{\mathrm{m}}{\mathrm{s}^2}}\,.$$

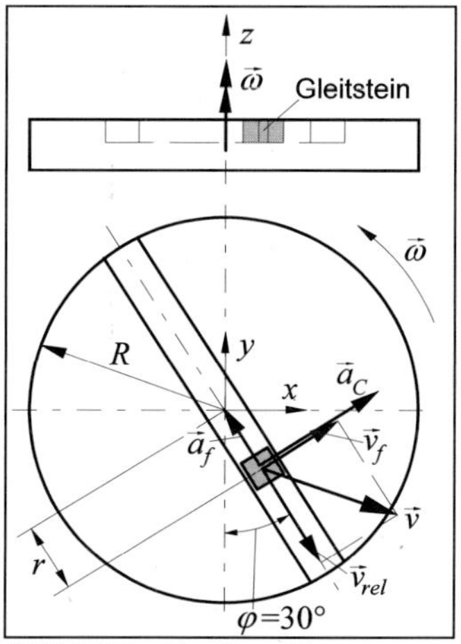


*Bild 8.2.2: Zur Beschleunigung des Gleitsteins*

Berechnung von $a_C$ **auf eine andere Weise** über das Vektorprodukt $\vec{a}_C = 2\,\vec{\omega} \times \vec{v}_{rel}$ (Bild 8.2.2) in Form einer Determinante:

$$\vec{a}_C = 2\begin{vmatrix} \vec{e}_x & \vec{e}_y & \vec{e}_z \\ 0 & 0 & \omega \\ v_{rel}\sin 30° & -v_{rel}\cos 30° & 0 \end{vmatrix}.$$

In Komponetenform erhalten wir:

$$\vec{a}_C = 2\big(\vec{e}_x\big(0-\omega\big(-v_{rel}\cos 30°\big)\big)-\vec{e}_y\big(0-\omega\cdot v_{rel}\sin 30°\big)+\vec{e}_z\cdot 0\big).$$

$$\vec{a}_C = 2\,\omega\,v_{rel}\big(\cos 30°\,\vec{e}_x + \sin 30°\,\vec{e}_y\big) = 2\frac{3\pi}{\mathrm{s}}10\frac{\mathrm{m}}{\mathrm{s}}\big(0{,}866\,\vec{e}_x + 0{,}5\,\vec{e}_y\big)$$

$$a_C = 60\,\pi\frac{\mathrm{m}}{\mathrm{s}^2}\sqrt{0{,}866^2 + 0{,}5^2} = \underline{188{,}5\frac{\mathrm{m}}{\mathrm{s}^2}}$$

Die Richtung von $\vec{a}_C$ erhalten wir durch das Rechtssystem von $\vec{\omega}$, $\vec{v}_{rel}$ und $\vec{a}_C$ (Bild 8.2.3).

Mit $\vec{a}_{rel} = 0$ folgt:

$$\vec{a} = \vec{a}_f + \vec{a}_C \text{ (Bild 8.2.3).}$$

$$a = \sqrt{a_f^2 + a_C^2} = \sqrt{88{,}8^2 + 188{,}5^2}\;\frac{\mathrm{m}}{\mathrm{s}^2}$$

$$\underline{\underline{a = 208{,}4\frac{\mathrm{m}}{\mathrm{s}^2}}}$$

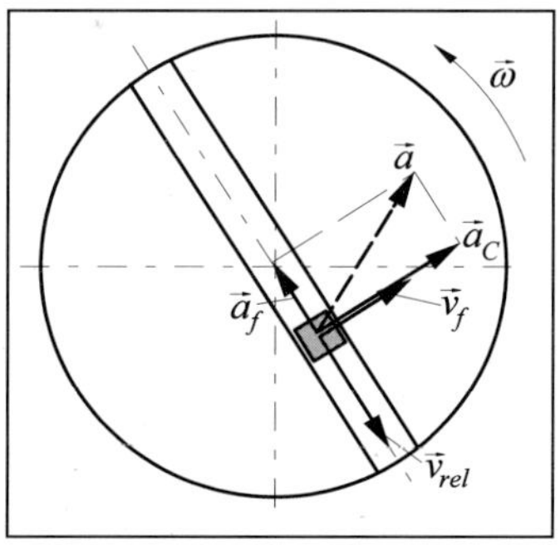


*Bild 8.2.3: Lage der CORIOLIS-Beschleunigung $\vec{a}_C$*

Die CORIOLIS-Beschleunigung können wir hier als eine "Beschleunigung" interpretieren, die der Gleitstein erfährt, weil er sich aus Bereichen niedriger Führungsgeschwindigkeit auf das Niveau höherer Führungsgeschwindigkeit (größerer Radius bei gleicher Winkelgeschwindigkeit $\vec{\omega}$) begibt (sitzen wir z.B. in einem Karussell weit innen, fahren wir langsam, bewegen wir uns nach außen, werden wir schneller). Dementsprechend ist dieser Beschleunigungsanteil $\vec{a}_C$ in diesem Fall der Führungsgeschwindigkeit $\vec{v}_f$ gleichgerichtet (Bild 8.2.2 und Bild 8.2.3).

## Aufgabe 8.3 Kreisbewegung eines Punktes auf rotierender Scheibe

Auf einer Scheibe bewegt sich ein Punkt P mit der relativen Winkelgeschwindigkeit $\dot{\varphi}$ und der relativen Winkelgeschwindigkeit $\ddot{\varphi}$ auf einer Kreisbahn mit dem Radius $r$ (Bild 8.3). Der Mittelpunkt A der Kreisbahn liegt im Abstand $r$ vom Mittelpunkt B der Scheibe. Die Scheibe selbst rotiert um den Mittelpunkt B mit der Winkelgeschwindigkeit $\dot{\beta}$ und der Winkelbeschleunigung $\ddot{\beta}$. (Siehe auch Aufg. 2.7, Seite 38).

Zu bestimmen sind die Geschwindigkeit und Beschleunigung des Punktes P.

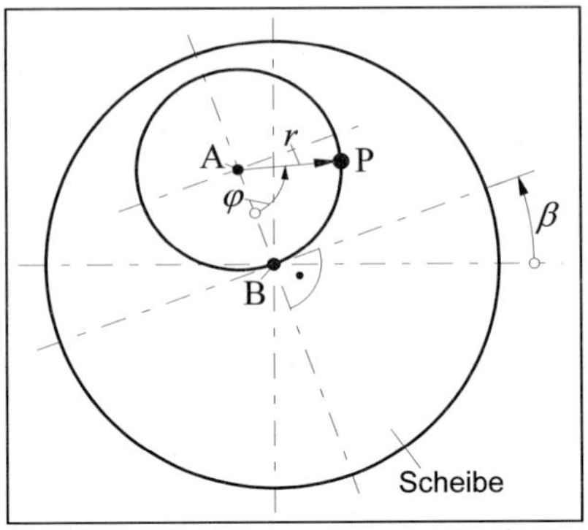


*Bild 8.3: Kreisbewegung von Punkt P auf rotierender Scheibe*

### *Lösung:*

Die Lösung der Aufgabe wird hier über die **Relativbewegung** herbeigeführt.

Zwischen der Kreisbewegung des Punktes P und der rotierenden Scheibe bestehen folgende Zusammenhänge (Bild 8.3.1):

$$\sin\frac{\varphi}{2} = \frac{\frac{r_1}{2}}{r} \quad \Rightarrow \quad r_1 = 2\,r\,\sin\frac{\varphi}{2},$$

$$\delta = \beta + \frac{\varphi}{2} \quad \Rightarrow \quad \beta = \delta - \frac{\varphi}{2}.$$

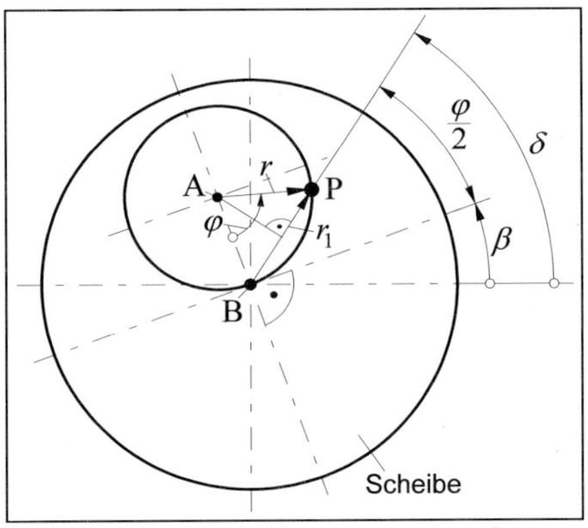


*Bild 8.3.1: Geometrische Zusammenhänge*

Die Geschwindigkeit des Punktes P berechnen wir aus

$$\vec{v} = \vec{v}_f + \vec{v}_{rel} \quad \text{mit} \quad \vec{v}_f = \vec{v}_B + \vec{\omega} \times \vec{r}_1.$$

Da die Geschwindigkeit $\vec{v}_B$ des Punktes B gleich Null ist, folgt:

$$\vec{v} = \vec{\omega} \times \vec{r}_1 + \vec{v}_{rel}.$$

Die Scheibe mit der Winkelgeschwindigkeit $\vec{\omega} = \dot{\vec{\beta}}$ wählen wir als Relativsystem (Führungssystem).

Es gilt: $v_{rel} = r\,\dot{\varphi}$ (Kreisbewegung) und

$$|\vec{\omega} \times \vec{r}_1| = \dot{\beta} r_1 \sin 90° = \dot{\beta} r_1.$$

Die einzelnen Geschwindigkeitsanteile des Punktes P sind in Bild 8.3.2 eingetragen.

Zur Ermittlung des Betrages der Geschwindigkeit benötigen wir die Geschwindigkeitskomponente in $u$- und $v$-Richtung (Bild 8.3.2).

Komponente in $u$-Richtung: $\dot{\beta} r_1 + r\,\dot{\varphi} \sin\frac{\varphi}{2}$.

Komponente in $v$-Richtung: $r\,\dot{\varphi} \cos\frac{\varphi}{2}$.

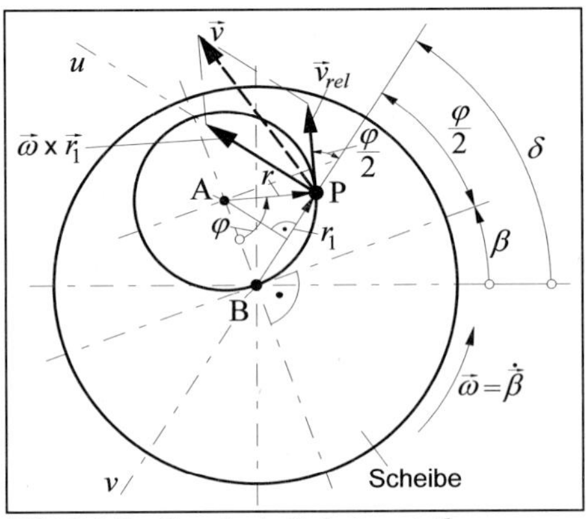


*Bild 8.3.2: Geschwindigkeitsanteile von Punkt P*

Für den Betrag der Geschwindigkeit folgt: $v=\sqrt{\left(\dot\beta r_1+r\dot\varphi\sin\frac{\varphi}{2}\right)^2+\left(r\dot\varphi\cos\frac{\varphi}{2}\right)^2}$.

Mit $r_1=2r\sin\frac{\varphi}{2}$ und $\dot\beta=\dot\delta-\frac{\dot\varphi}{2}$ erhalten wir $v=2r\sqrt{\left(\dot\delta\sin\frac{\varphi}{2}\right)^2+\left(\frac{\dot\varphi}{2}\cos\frac{\varphi}{2}\right)^2}$.

Die Beschleunigung des Punktes P erhalten wir aus

$$\vec a=\vec a_f+\vec a_{rel}+\vec a_C.$$

Mit $\vec a_f=\vec a_B+\dot{\vec\omega}\times\vec r_1+\vec\omega\times(\vec\omega\times\vec r_1)$ und der CORIOLIS-Beschleunigung $\vec a_C=2\,\vec\omega\times\vec v_{rel}$ folgt:

$$\vec a=\vec a_B+\dot{\vec\omega}\times\vec r_1+\vec\omega\times(\vec\omega\times\vec r_1)+\vec a_{rel}+2\vec\omega\times\vec v_{rel}.$$

$\vec\omega=\dot{\vec\beta}$ Winkelgeschwindigkeit der Scheibe

$\dot{\vec\omega}=\ddot{\vec\beta}$ Winkelbeschleunigung der Scheibe

Für die einzelnen Beschleunigungsanteile können wir schreiben (Bild 8.3.3):

$$a_B=0,$$

$$\left|\dot{\vec\omega}\times\vec r_1\right|=\ddot\beta r_1,$$

$$\left|\vec\omega\times(\vec\omega\times\vec r_1)\right|=\dot\beta^2 r_1,$$

$$\left|2\,\vec\omega\times\vec v_{rel}\right|=2\dot\beta r\,\dot\varphi,$$

$\vec a_{rel}=r\,\ddot{\vec\varphi}+r\,\dot{\vec\varphi}^2$ (Kreisbewegung) mit $\vec a_t=r\,\ddot{\vec\varphi}$ und $\vec a_n=r\,\dot{\vec\varphi}^2$.

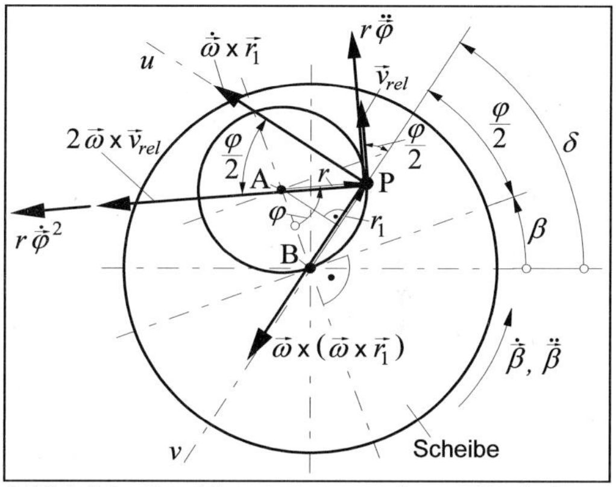


*Bild 8.3.3: Beschleunigungsanteile von Punkt P*

Addieren wir die Beschleunigungsanteile nach Bild 8.3.3 in *u*- und *v*-Richtung, so erhalten wir zwei Beschleunigungskomponenten.

Komponente in *u*-Richtung: $\ddot\beta r_1+r\,\ddot\varphi\sin\frac{\varphi}{2}+\left(r\,\dot\varphi^2+2\dot\beta\,r\,\dot\varphi\right)\cos\frac{\varphi}{2}$.

Komponente in *v*-Richtung: $\dot\beta^2 r_1+\left(r\dot\varphi^2+2\dot\beta r\dot\varphi\right)\sin\frac{\varphi}{2}-r\ddot\varphi\cos\frac{\varphi}{2}$.

Den Betrag der Beschleunigung erhalten wir mit

$$a=\sqrt{\left[\dot\beta^2 r_1+\left(r\dot\varphi^2+2r\dot\beta\dot\varphi\right)\sin\frac{\varphi}{2}-r\ddot\varphi\cos\frac{\varphi}{2}\right]^2+\left[\ddot\beta r_1+r\,\ddot\varphi\sin\frac{\varphi}{2}+\left(r\dot\varphi^2+2r\dot\beta\dot\varphi\right)\cos\frac{\varphi}{2}\right]^2}.$$

Durch Einsetzen von $r_1=2\,r\,\sin\frac{\varphi}{2}$, $\dot\beta=\dot\delta-\frac{\dot\varphi}{2}$ und $\ddot\beta=\ddot\delta-\frac{\ddot\varphi}{2}$ folgt:

$$a=2r\sqrt{\left[\left(\frac{\dot\varphi^2}{4}+\dot\delta^2\right)\sin\frac{\varphi}{2}-\frac{\ddot\varphi}{2}\cos\frac{\varphi}{2}\right]^2+\left[\dot\varphi\,\dot\delta\,\cos\frac{\varphi}{2}+\ddot\delta\sin\frac{\varphi}{2}\right]^2}.$$

## Aufgabe 8.4 Radiale Punktbewegung auf einem drehbaren Stab

Ein in A drehbar gelagerter Stab (Bild 8.4) bewegt sich um den Punkt A gemäß $\varphi(t) = \hat{\varphi} \sin \Omega t$. Auf dem Stab gleitet reibungsfrei ein Punkt P mit der konstanten Relativgeschwindigkeit $v_{rel}$ nach außen.

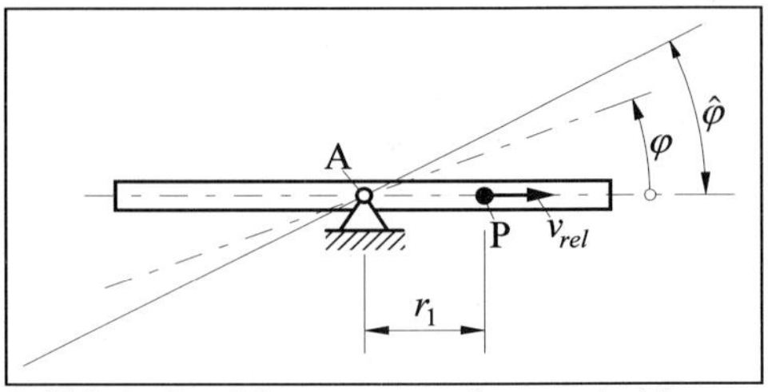

*Bild 8.4: Punktbewegung auf einem drehbaren Stab*

Wie groß sind im augenblicklichen Abstand $r_1$ von Punkt A die absolute Geschwindigkeit und die Beschleunigung des Punktes P?

Gegeben: $v_{rel}$, $\Omega$, $\hat{\varphi}$, $\varphi = \hat{\varphi} \sin \Omega t$.

### *Lösung:*

Betrachten wir den Stab als Relativsystem (Führungssystem), so ist für einen stabfesten Beobachter die Bewegung des Punktes P geradlinig.

Für die Geschwindigkeit des Punktes P gilt:

$$\vec{v} = \vec{v}_f + \vec{v}_{rel} \quad \text{mit} \quad \vec{v}_f = \vec{v}_A + \vec{\omega} \times \vec{r}_1 .$$

Geschwindigkeit von Punkt A: $\vec{v}_A = 0$.

Für die weiteren Geschwindigkeitsanteile (Bild 8.4.1) gilt:

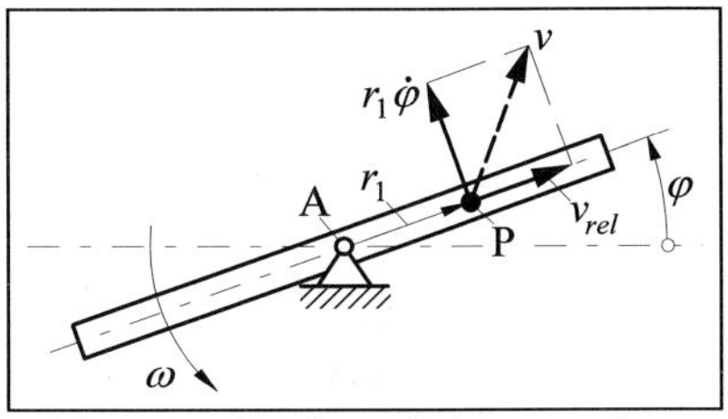

*Bild 8.4.1: Geschwindigkeitsanteile von Punkt P*

$|\vec{\omega} \times \vec{r}_1| = \omega r_1 = \dot{\varphi} r_1$ (Bahngeschwindigkeit der Kreisbewegung) und radial nach außen gerichtete konstante Geschwindigkeit $v_{rel}$.

Mit $\omega = \dot{\varphi} = \hat{\varphi} \Omega \cos \Omega t$ folgt (Bild 8.4.1): $\underline{\underline{v = \sqrt{v_{rel}^2 + (r_1 \hat{\varphi} \Omega \cos \Omega t)^2}}}$ .

Die Beschleunigung des Punktes P erhalten wir aus

$$\vec{a} = \vec{a}_f + \vec{a}_{rel} + \vec{a}_C .$$

Mit $\vec{a}_f = \vec{a}_A + \dot{\vec{\omega}} \times \vec{r}_1 + \vec{\omega} \times (\vec{\omega} \times \vec{r}_1)$ und der CORIOLIS-Beschleunigung $\vec{a}_C = 2\, \vec{\omega} \times \vec{v}_{rel}$ folgt:

$$\vec{a} = \vec{a}_A + \dot{\vec{\omega}} \times \vec{r}_1 + \vec{\omega} \times (\vec{\omega} \times \vec{r}_1) + \vec{a}_{rel} + 2\vec{\omega} \times \vec{v}_{rel} .$$

$\omega = \dot{\varphi}$ ist die Winkelgeschwindigkeit des Stabes.
$\dot{\omega} = \ddot{\varphi}$ ist die Winkelbeschleunigung des Stabes.

Für die einzelnen Beschleunigungsanteile können wir schreiben (Bild 8.4.2):

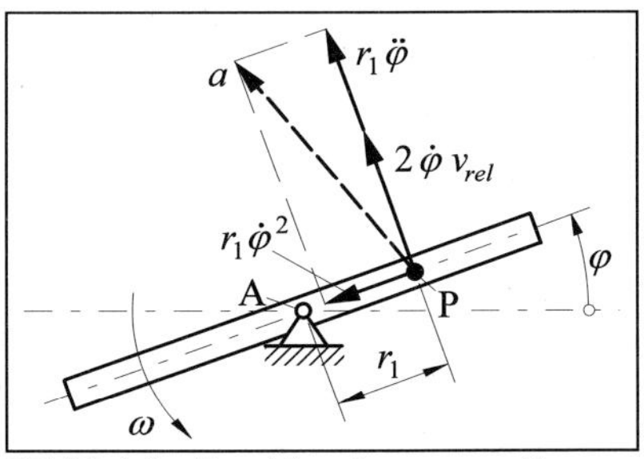

*Bild 8.4.2: Beschleunigungsanteile von Punkt P*

$$a_A = 0,$$

$$|\dot{\vec{\omega}} \times \vec{r}_1| = \ddot{\varphi}\, r_1 = \left(-\hat{\varphi} \Omega^2 \sin \Omega t\right) r_1 ,$$

$$|\vec{\omega} \times (\vec{\omega} \times \vec{r}_1)| = \dot{\varphi}^2 r_1 ,$$

$$|2\, \vec{\omega} \times \vec{v}_{rel}| = 2\, \dot{\varphi} v_{rel},$$

$\vec{a}_{rel} = 0$ (konstante Relativgeschwindigkeit des Punktes P).

Für den Betrag der Beschleunigung gilt (Bild 8.4.2): $a = \sqrt{\left(r_1\, \dot{\varphi}^2\right)^2 + \left(2\dot{\varphi}\, v_{rel} + r_1 \ddot{\varphi}\right)^2}$ ,

$$\underline{\underline{a = \sqrt{\left(r_1\, \hat{\varphi}^2 \Omega^2 \cos^2 \Omega t\right)^2 + \left(2 v_{rel} \hat{\varphi}\, \Omega \cos \Omega t - r_1\, \hat{\varphi}\, \Omega^2 \sin \Omega t\right)^2}}} .$$

## Aufgabe 8.5 Fliehkraftpendel

An einer mit konstanter Winkelgeschwindigkeit $\omega$ rotierenden Scheibe ist ein dünner Stab (Körperpendel) befestigt (Bild 8.5). Wird der Stab aus seiner relativen Ruhelage ausgelenkt, so führt er relativ zum Rotor Pendelschwingungen um den Punkt B aus.

Bei Vernachlässigung des Gewichtes und der Reibung sind für kleine Ausschläge zu bestimmen:

1. die Eigenkreisfrequenz des Pendels,
2. die Länge $l_K$ des Körperpendels in Abhängigkeit vom Abstand $r$ von der Drehachse, wenn die Schwingungsdauer $T_K$ für die Schwingungen des Pendels gleich der Umlaufzeit $T_R$ der Scheibe (1 Umdrehung) sein soll.

Gegeben: $m,\ J_S,\ r,\ l,\ \omega.$

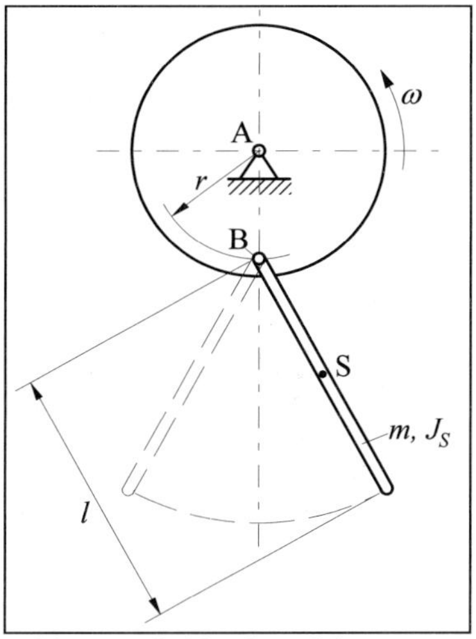


*Bild 8.5: Fliehkraftpendel*

### *Lösung:*

**zu 1.**

Um die Eigenkreisfrequenz des Pendels berechnen zu können, müssen wir uns zunächst über die Beschleunigungen und die dadurch hervorgerufenen Kräfte in Kenntnis setzen.

Für die Pendelausschläge wird die relative Winkelkoordinate $\varphi$ eingeführt (Bild 8.5.1). Da die Winkelbeschleunigung $\dot{\omega}$ der sich gleichförmig drehenden Scheibe Null ist, ist $\ddot{\varphi}$ die absolute Winkelbeschleunigung des Pendels.

**Beschleunigungen** (Bild 8.5.1):

$$\vec{a} = \vec{a}_f + \vec{a}_{rel} + \vec{a}_C,$$

$$\vec{a}_f = \vec{a}_A + \dot{\vec{\omega}} \times \vec{r}_1 + \vec{\omega} \times (\vec{\omega} \times \vec{r}_1),$$

CORIOLIS-Beschleunigung $\vec{a}_C = 2\,\vec{\omega} \times \vec{v}_{rel}$.

$$v_{rel} = l_S\,\dot{\varphi}$$

Wählen wir die Scheibe als Führungssystem, so ist $\vec{a}_f$ die Führungsbeschleunigung.

$$\vec{a}_A = 0, \quad \dot{\vec{\omega}} = 0$$

$$|\vec{\omega} \times (\vec{\omega} \times \vec{r}_1)| = r_1 \omega^2 \quad \text{(Führungsbeschleunigung)}$$

$$|2\,\vec{\omega} \times \vec{v}_{rel}| = 2\,\omega l_S\,\dot{\varphi} \quad \text{(CORIOLIS-Beschleunigung)}$$

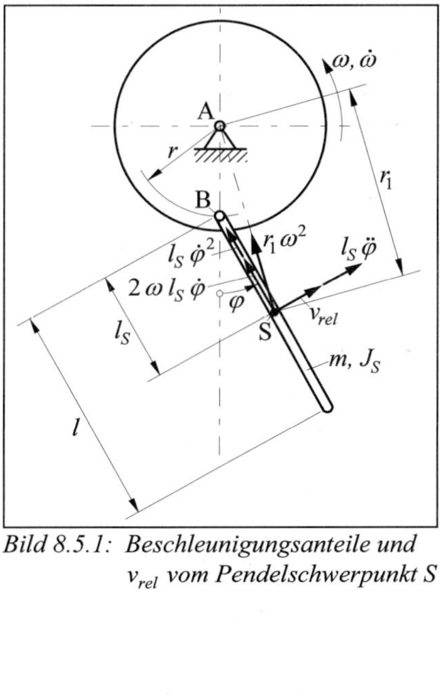


*Bild 8.5.1: Beschleunigungsanteile und $v_{rel}$ vom Pendelschwerpunkt S*

Die Relativbeschleunigung des Pendelschwerpunktes (Kreisbewegung) hat eine tangentiale und eine radiale Komponente (Bild 8.5.1):

$$\vec{a}_{rel} = l_S\,\ddot{\vec{\varphi}} + l_S\,\dot{\vec{\varphi}}^2$$

mit $\vec{a}_t = l_S\,\ddot{\vec{\varphi}}$ und $\vec{a}_n = l_S\,\dot{\vec{\varphi}}^2$.

Nach dem **D'ALEMBERTschen Prinzip** werden die D'ALEMBERTschen Trägheitskräfte und das D'ALEMBERTsche Moment im Schwerpunkt S entgegen der positiven Beschleunigungsrichtungen eingezeichnet (Bild 8.5.2).

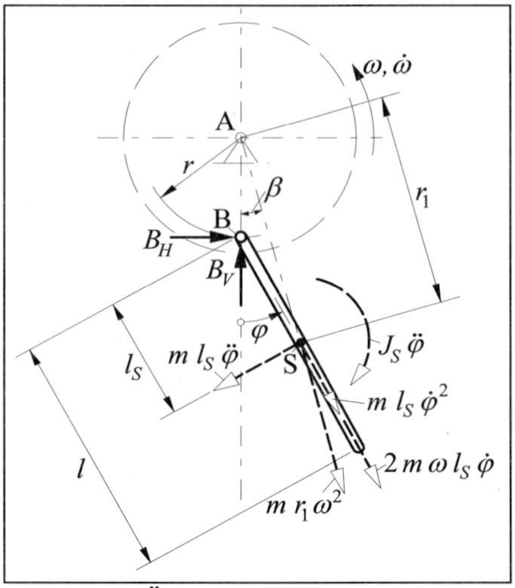


*Bild 8.5.2: Äußere Kräfte sowie Kräfte und Moment nach D'ALEMBERT am Körperpendel*

Aus der Momentengleichgewichtsbedingung bezüglich des Punktes B folgt:

$(\Sigma M)_B = 0$:

$$J_S\, \ddot{\varphi} + m\, l_S\, \ddot{\varphi}\, l_S + m\, r_1\, \omega^2\, r\, \sin\beta = 0.$$

Mit Hilfe des Sinussatzes in Bezug auf das Dreieck ABS können wir für $\sin\beta$ schreiben:

$$\frac{l_S}{\sin\beta} = \frac{r_1}{\sin(180° - \varphi)} \quad \Rightarrow \quad \sin\beta = \frac{l_S}{r_1}\sin\varphi.$$

Damit erhalten wir

$$\left(J_S + m l_S^2\right)\ddot{\varphi} + m r l_S \omega^2 \sin\varphi = 0.$$

Mit $\sin\varphi \approx \varphi$ für kleine Schwingungen gilt:

$$\ddot{\varphi} + \frac{m\, r\, l_S\, \omega^2}{J_S + m\, l_S^2}\,\varphi = 0 \quad \text{und}$$

$$\ddot{\varphi} + \omega_0^2\,\varphi = 0 \qquad \text{mit der Eigenkreisfrequenz } \omega_0 = \sqrt{\frac{m\, r\, l_S}{J_S + m\, l_S^2}\,\omega^2}.$$

Es folgt mit $l_S = \dfrac{l}{2}$: $\quad \underline{\underline{\omega_0 = \omega\sqrt{\dfrac{m\, r\, l}{2\, J_S + m\dfrac{l^2}{2}}}}}.$

**zu 2.**

Aus der Forderung, dass die Schwingungsdauer $T_K = \dfrac{2\,\pi}{\omega_0}$ des Pendels gleich der Umlaufzeit $T_R = \dfrac{2\,\pi}{\omega}$ der Scheibe (Rotor) sein soll, folgt:

$$T_K = T_R \quad \Rightarrow \quad \frac{2\,\pi}{\omega_0} = \frac{2\,\pi}{\omega} \quad \Rightarrow \quad \omega_0 = \omega.$$

Mit $l = l_K$, $J_S = \dfrac{m}{12} l^2$ für den dünnen Stab und $\omega_0 = \omega$ erhalten wir aus obiger Gleichung

$$\omega = \omega\sqrt{\frac{m\, r\, l_K}{2\dfrac{m}{12} l_K^2 + m\dfrac{l_K^2}{2}}} \quad \Rightarrow \quad 1 = \frac{r}{\dfrac{2}{3} l_K} \quad \Rightarrow \quad \underline{\underline{l_K = \frac{3}{2} r}}.$$

# 8.3 Fragen und Antworten

## ☹ Fragen

1. Wie heißt die Bewegung eines bewegten Systems (Relativsystem) gegenüber einem raumfesten (ruhenden) Bezugssystem?

2. Erläutern Sie den Begriff Relativgeschwindigkeit.

3. Was verstehen Sie unter Führungsgeschwindigkeit?

4. Aus welchen Anteilen setzt sich die Absolutbeschleunigung eines Punktes bezüglich des ruhenden Systems (Inertialsystem) zusammen?

5. Aus welchen Anteilen besteht maximal die Führungsbeschleunigung?

6. Geben Sie ein Beispiel an, bei dem eine CORIOLISbeschleunigung auftritt!

7. Nennen Sie einen Fall, bei dem eine CORIOLIS-Kraft auftritt!

8. Welche Kraft tritt nur als Führungskraft in Erscheinung, wenn das Führungssystem mit konstanter Winkelgeschwindigkeit rotiert?

## ☺ Antworten

1. Führungsbewegung.

2. $\vec{v}_{rel}$ ist die Geschwindigkeit, die von einem mitbewegten Beobachter im geführten (bewegten) Bezugssystem (Relativsystem) gemessen wird.

3. Die Führungsgeschwindigkeit entspricht der Absolutgeschwindigkeit eines bewegten Punktes, der im Führungssystem ruht. Sie setzt sich zusammen aus der Geschwindigkeit des geführten Bezugssystems und der Geschwindigkeit, die sich aus der Rotation des geführten Bezugssystems ergibt.

4. Aus der Führungs-, Relativ- und CORIOLISbeschleunigung.

5. Aus der Beschleunigung des Bezugspunktes (Bahn- und Normalbeschleunigung) sowie der tangentialen und normalen Führungsbeschleunigung infolge Rotation des Bezugssystems.

6. Zum Beispiel, wenn sich ein Körper auf einem rotierenden System radial bewegt.

7. Bewegt sich ein Körper relativ zum rotierenden Führungssystem, so tritt eine CORIOLIS-Kraft auf.

8. Die Fliehkraft (wird auch als Zentrifugalkraft bezeichnet).

# Leitlinien zum Lösen von Aufgaben aus Kinematik und Kinetik

- *Systematisch* vorgehen:
  - Verstehen der Aufgabe
  - Lösungsplan
  - Lösung
  - Lösung kontrollieren.

- Aufgabenstellung genau durchlesen und studieren. Denn was nützt die Ermittlung einer nicht benötigten Größe!

- Zielbewußte Aktivität entfalten. ***Ohne Nachdenken kein Einfall!***

- Einordnen der Aufgabe in das entsprechende Teilgebiet. Häufig helfen auch die Anfertigung von Prinzipskizzen, das Aufteilen der Gesamtaufgabe in Teilaufgaben, das Vergleichen mit ähnlichen bereits gelösten Aufgaben und die vorübergehende Vereinfachung der Aufgabe (Behandlung von Sonderfällen) zum Finden der Lösungsansätze.

- Übersichtlich und sauber arbeiten. Der Lösungsgang muß sich jederzeit leicht überprüfen lassen.

- Zur Lösung erforderliche Skizzen nicht zu klein und möglichst maßstäblich zeichnen. Erforderliche Koordinaten einführen; geometrische und kinematische Beziehungen anschreiben.

- Bei den Freikörperbildern auf Vollständigkeit achten (alle Kräfte und Momente eintragen und benennen). Wenn mit dem D'ALEMBERTschen Prinzip gearbeitet wird, müssen die D'ALEMBERTschen Kräfte und Momente eingezeichnet werden.

- Bei Anwendung des **dynamischen Grundgesetzes (NEWTON)**: Gleichungen für die Translations- und Rotationsbeschleunigungen aufschreiben.
  Beim Arbeiten mit dem **D'ALEMBERTschen** Prinzip: Gleichgewichtsbedingungen für Systemteile ansetzen.

- Unbekannte und Gleichungen abzählen. *Bewegungsgleichungen* unter Einbeziehung der *kinematischen Beziehungen* lösen.

- Erst mit der Berechnung beginnen, wenn über den Lösungsplan mit den dabei anzuwendenden Gesetzen und Formeln Klarheit besteht.

- Bei anzuwendenden Standard-Formeln prüfen, ob sie auf den vorliegenden Fall wirklich zutreffen und unbedingt auf den Sinn der Größen in den Formeln achten.

- Beim Einsetzen von Zahlenwerten in die Formeln ist darauf zu achten, dass die Einheiten zusammenpassen oder gegebenenfalls auf die erforderlichen Einheiten umgerechnet werden müssen.

- Ist das Ergebnis einer Lösung eine Gleichung, dann überprüft man diese Beziehung durch Anwendung auf einen leicht überblickbaren Sonderfall.

- Jedes Ergebnis ist stets kritisch und mit dem "gesunden Menschenverstand" zu überprüfen und zu deuten, zum Beispiel, ob es überhaupt technisch realisierbar ist.

- Durch Fehler nicht entmutigen lassen, sondern sich bemühen, aus ihnen zu lernen und sie beim nächsten Mal zu vermeiden.

# Anhang: Zusammenstellung der Formeln (Formelsammlung)

## A1 Kinematik der geradlinigen Bewegung eines Punktes

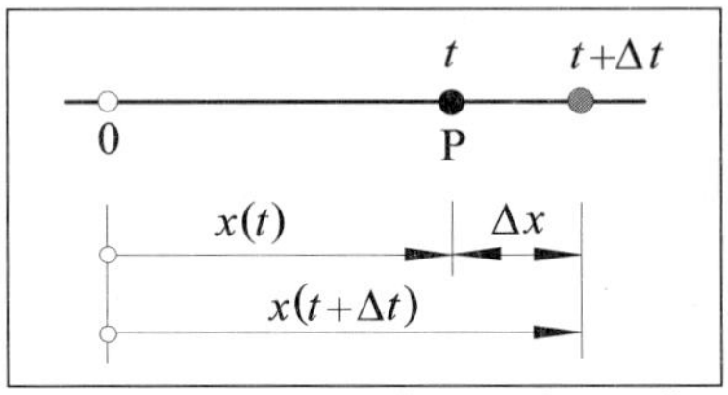


*Bewegung eines Punktes auf geradliniger Bahn*

$$\boxed{x = x(t)}$$

$$v_m = \frac{\Delta x}{\Delta t} = \frac{x(t+\Delta t) - x(t)}{\Delta t}$$

$$a_m = \frac{\Delta v}{\Delta t} = \frac{v(t+\Delta t) - v(t)}{\Delta t}$$

$$\boxed{v = \lim_{\Delta t \to 0} \frac{\Delta x}{\Delta t} = \frac{dx}{dt} = \dot{x}}$$

$$\boxed{a = \lim_{\Delta t \to 0} \frac{\Delta v}{\Delta t} = \frac{dv}{dt} = \dot{v} = \ddot{x}}$$

$x$ Ortskoordinate (Wegkoordinate)

$t$ Zeit, Zeitpunkt

$v_m$ mittlere Geschwindigkeit im Zeitintervall $\Delta t$

$a_m$ mittlere Beschleunigung im Zeitintervall $\Delta t$

$v$ momentane Geschwindigkeit zur Zeit $t$

$a$ momentane Beschleunigung zur Zeit $t$

$\dot{x}$ Geschwindigkeit (1. Ableitung des Ortes (Weges) nach der Zeit)

$\ddot{x}$ Beschleunigung (2. Ableitung des Ortes (Weges) nach der Zeit)

$\dot{v}$ Beschleunigung (1. Ableitung der Geschwindigkeit nach der Zeit)

In der nachstehenden Tabelle sind für die Fälle 1 bis 6 die gegebenen und die daraus berechneten kinematischen Funktionen (Lösungswege bzw. Ansätze) zusammengestellt.
Alle in der Tabelle vorkommenden Integrale sind bestimmte Integrale, wobei $\bar{t}$, $\bar{v}$, $\bar{x}$ und $\hat{x}$ als sogenannte Integrationsvariable eingeführt werden.

***Kinematische Grundaufgaben*** bei geradliniger Bewegung.
Beginn der Bewegung zur Zeit $t = t_0$: $x = x_0$ und $v = v_0$

| Fall | Gegebene Funktion | Berechnete Funktionen | |
|---|---|---|---|
| 1 | $a(t)$ | $v(t) = v_0 + \int_{\bar{t}=t_0}^{t} a(\bar{t})\,d\bar{t}$; | $x(t) = x_0 + \int_{\bar{t}=t_0}^{t} v(\bar{t})\,d\bar{t}$; <br> $x(t) = x_0 + v_0(t-t_0) + \int_{\bar{t}=t_0}^{t} a(\bar{t})(t-\bar{t})\,d\bar{t}$ |
| 2 | $v(t)$ | $a(t) = \frac{dv(t)}{dt}$; | $x(t) = x_0 + \int_{\bar{t}=t_0}^{t} v(\bar{t})\,d\bar{t}$ |

| Fall | Gegebene Funktion | Berechnete Funktionen | |
|---|---|---|---|
| 3 | $x(t)$ | $a(t)=\dfrac{d^2x(t)}{dt^2}$; | $v(t)=\dfrac{dx(t)}{dt}$ |
| 4 | $v(x)$ | $a(x)=v(x)\dfrac{dv(x)}{dx}$; | $t(x)=t_0+\int\limits_{\bar{x}=x_0}^{x}\dfrac{d\bar{x}}{v(\bar{x})}$ |
| 5 | $a(x)$ | $v(x)=\sqrt{{v_0}^2+2\int\limits_{\bar{x}=x_0}^{x}a(\bar{x})d\bar{x}}$; | $t(x)=t_0+\int\limits_{\bar{x}=x_0}^{x}\dfrac{d\bar{x}}{v(\bar{x})}$; $t(x)=t_0+\int\limits_{\bar{x}=x_0}^{x}\dfrac{d\bar{x}}{\sqrt{{v_0}^2+2\int\limits_{\hat{x}=x_0}^{x}a(\hat{x})d\hat{x}}}$ |
| 6 | $a(v)$ | $x(v)=x_0+\int\limits_{\bar{v}=v_0}^{v}\dfrac{\bar{v}d\bar{v}}{a(\bar{v})}$; | $t(v)=t_0+\int\limits_{\bar{v}=v_0}^{v}\dfrac{d\bar{v}}{a(\bar{v})}$ |

# A2 Kinematik der krummlinigen Bewegung eines Punktes

## Ebene Bewegung in einem rechtwinkligen Koordinatensystem

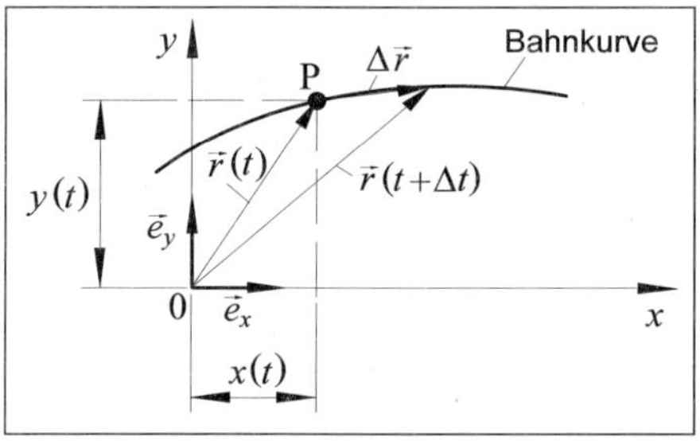


*Bahnkurve einer ebenen Bewegung eines Punktes im rechtwinkligen Koordinatensystem*

$\vec{r}(t)$ Ortsvektor vom Bezugspunkt 0 zum Bahnpunkt P

$t$ Zeit

$x(t)$ Koordinate des Ortsvektors

$y(t)$ Koordinate des Ortsvektors

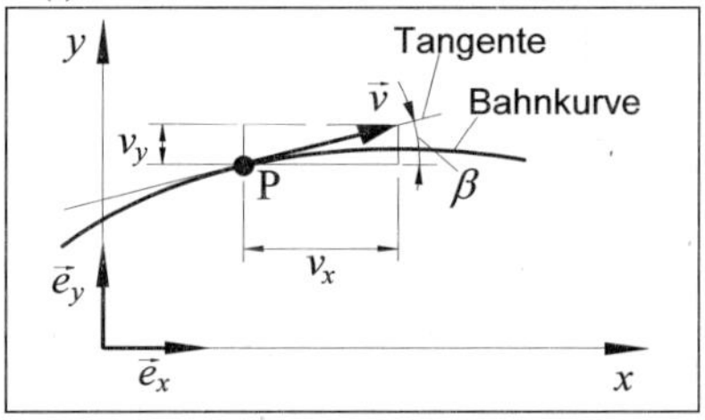


*Geschwindigkeit des Punktes P an einer Stelle der Bahnkurve*

$\vec{v}$ Geschwindigkeitsvektor (tangential zur Bahnkurve gerichteter Vektor)

$v_x$; $v_y$ Koordinaten des Geschwindigkeitsvektors

$v$ absoluter Betrag des Geschwindigkeitsvektors (Bahngeschwindigkeit)

$\beta$ Richtungswinkel des Geschwindigkeitsvektors

$\vec{e}_t(t)$ Tangenteneinheitsvektor (mit der Zeit $t$ veränderlich)

$$\vec{r}=\vec{r}(t)=x(t)\cdot\vec{e}_x+y(t)\cdot\vec{e}_y$$

$$\boxed{\vec{v}=\frac{d\vec{r}}{dt}=\dot{\vec{r}}=\dot{x}\cdot\vec{e}_x+\dot{y}\cdot\vec{e}_y}$$

$$v_x=\dot{x}(t)\;;\qquad v_y=\dot{y}(t)$$

$$\boxed{v=|\vec{v}|=\left|\frac{d\vec{r}}{dt}\right|=\sqrt{v_x^2+v_y^2}=\sqrt{\dot{x}^2+\dot{y}^2}}$$

$$\tan\beta=\frac{\dot{y}}{\dot{x}}=\frac{v_y}{v_x}\;;\qquad \vec{v}(t)=v(t)\cdot\vec{e}_t(t)$$

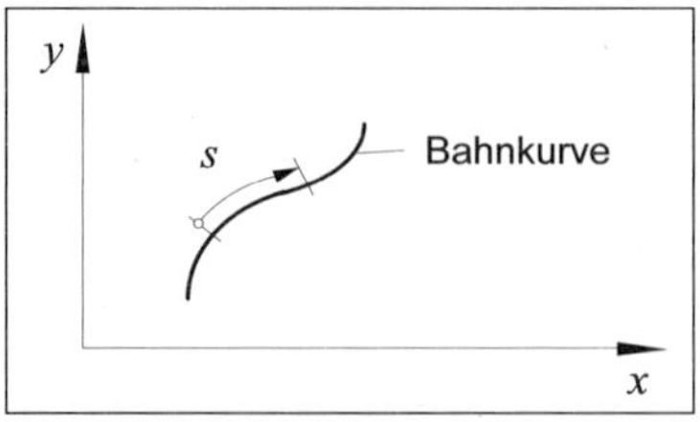


*Weg s auf der Bahnkurve*

$$s_{1,2} = \int_{t_1}^{t_2} \sqrt{\dot{x}^2 + \dot{y}^2}\, dt$$

$s_{1,2}$ zurückgelegter Weg (Länge $s_{1,2}$ eines Stückes der Bahnkurve) zwischen zwei Zeitpunkten $t_1$ und $t_2$

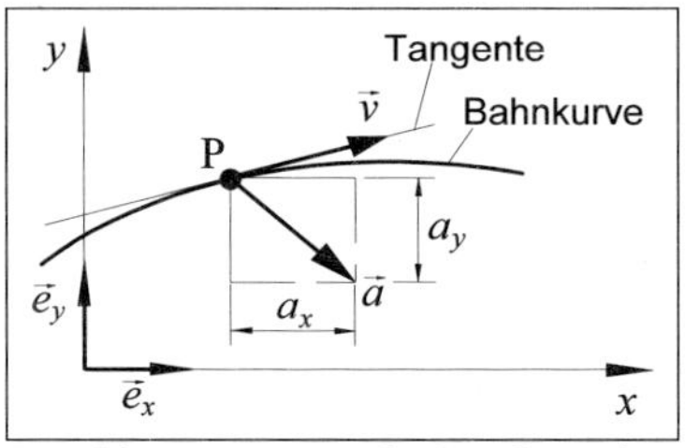


*Beschleunigung und Geschwindigkeit des Punktes P an einer Stelle der Bahnkurve*

$$\vec{a} = \frac{d\vec{v}}{dt} = \ddot{\vec{r}} = \ddot{x} \cdot \vec{e}_x + \ddot{y} \cdot \vec{e}_y$$

$$\vec{a} = a_x \cdot \vec{e}_x + a_y \cdot \vec{e}_y$$

$$a_x = \dot{v}_x = \ddot{x}\ ; \qquad a_y = \dot{v}_y = \ddot{y}$$

$$a = |\vec{a}| = \sqrt{a_x^2 + a_y^2} = \sqrt{\ddot{x}^2 + \ddot{y}^2}$$

$\vec{a}$ Beschleunigungsvektor (liegt bei der **krummlinigen** Bewegung niemals tangential zur Bahnkurve)

$a_x$; $a_y$ Koordinaten des Beschleunigungsvektors

$a$ absoluter Betrag des Beschleunigungsvektors

- **Bei einer krummlinigen Bewegung unterliegt der bewegte Punkt immer einer Beschleunigung, auch dann, wenn die Geschwindigkeit konstant ist.**
- Der Beschleunigungsvektor der Bewegung eines Punktes auf gekrümmter Bahn ist immer nach innen (Seite des Krümmungsmittelpunktes) gerichtet.

# Ebene Bewegung in natürlichen Koordinaten; Tangential- und Normalbeschleunigung

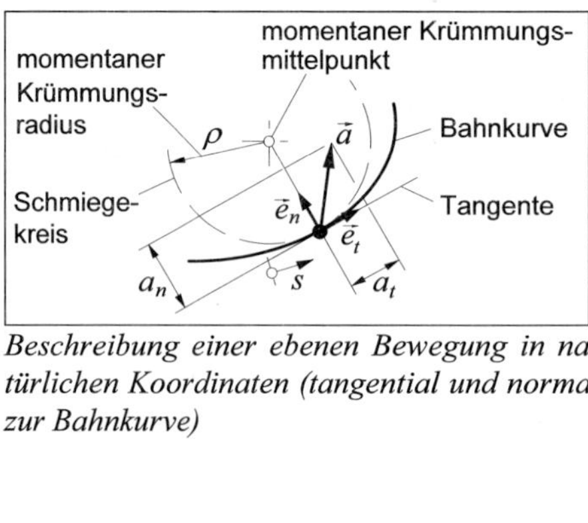


*Beschreibung einer ebenen Bewegung in natürlichen Koordinaten (tangential und normal zur Bahnkurve)*

Für manche Betrachtungen und Berechnungen ist es sinnvoller (natürlicher) - zumal der Geschwindigkeitsvektor die Bahnkurve tangiert -, die Beschleunigung durch ihre Komponenten in Richtung der ***Tangente*** der Bahnkurve und in Richtung der ***Normalen*** (Senkrechte zur Tangente) anzugeben.
In diesem Zusammenhang (Zerlegung in Richtung Tangenteneinheitsvektor $\vec{e}_t$ und in Richtung Normaleneinheitsvektor $\vec{e}_n$) sprechen wir von einer Darstellung in ***natürlichen Koordinaten***.

$$\vec{v}(t) = v(t) \cdot \vec{e}_t(t) \quad \text{mit} \quad v(t) = \frac{ds}{dt} = \dot{s}$$

$$\vec{a} = \frac{dv}{dt} \cdot \vec{e}_t + \frac{v^2}{\rho} \cdot \vec{e}_n = a_t \cdot \vec{e}_t + a_n \cdot \vec{e}_n$$

$$a_t = \frac{dv}{dt} = \dot{v} = \ddot{s} \quad ; \quad a_n = \frac{v^2}{\rho}$$

$$a = |\vec{a}| = \sqrt{a_t^2 + a_n^2}$$

| | |
|---|---|
| $s$ | Bogenlänge (Wegkoordinate) |
| $\vec{v}$ | Geschwindigkeitsvektor (tangential zur Bahnkurve) |
| $\vec{a}$ | Beschleunigungsvektor |
| $a_t$ | Tangential- oder Bahnbeschleunigung |
| $a_n$ | Normalbeschleunigung (ist immer auf den Mittelpunkt des Schmiegekreises hingerichtet) |
| $\rho$ | Krümmungsradius der Kurve in einem Bahnkurvenpunkt |
| $a$ | Betrag der Gesamtbeschleunigung |

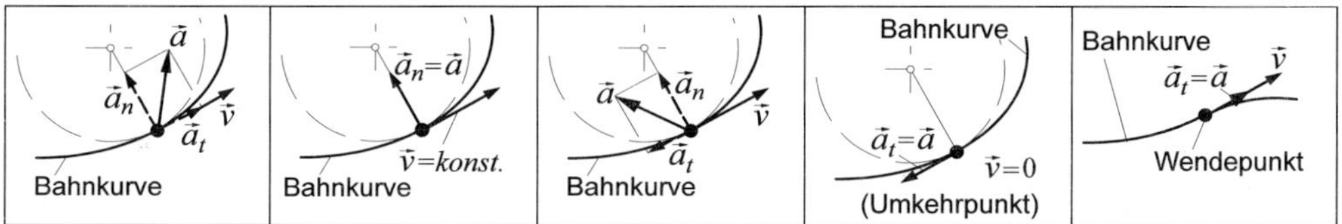


| | | | | |
|---|---|---|---|---|
| **Beschleunigte Bewegung.** $\vec{a}$ und $\vec{v}$ bilden einen spitzen Winkel. | **Bewegung mit konstanter Geschwindigkeit.** Es ist $\vec{a}_t = 0$ und damit $\vec{a}_n = \vec{a}$. Vektor $\vec{a}$ steht senkrecht auf der Bahngeschwindigkeit $\vec{v}$. | **Verzögerte Bewegung.** $\vec{a}$ und $\vec{v}$ bilden einen stumpfen Winkel. | **Umkehrpunkt für die Bewegung (keine Bewegung, momentaner Haltepunkt).** Momentan ist $\vec{v} = 0$. Dadurch ist $\vec{a}_n = 0$ und damit $\vec{a}_t = \vec{a}$. Vektor $\vec{a}$ tangiert die Bahn. | **Wendepunkt der Bahnkurve.** Im Wendepunkt ist die Bewegung **geradlinig**. Wegen $\rho = \infty$ ist $\vec{a}_n = 0$ und damit $\vec{a}_t = \vec{a}$. Der Vektor $\vec{a}$ liegt im Wendepunkt tangential zur Bahn. |
| Wegen der Lage von $\vec{a}_n$ liegt der Vektor $\vec{a}$ auf der *Innenseite (Seite des Krümmungsmittelpunktes) der Bahnkurve.* | | | | |

*Mögliche Lagen des resultierenden Beschleunigungsvektors $\vec{a}$ und deren Deutung*

# Bewegung auf kreisförmiger Bahn; Winkelgeschwindigkeit, Winkelbeschleunigung, gleichförmige Kreisbewegung, gleichmäßig beschleunigte Kreisbewegung

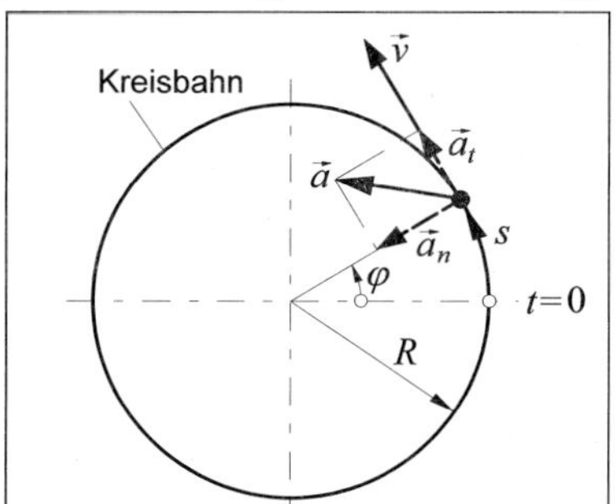


*Bewegung eines Punktes auf einer Kreisbahn*

| | |
|---|---|
| $R$ | Radius der Kreisbahn |
| $s$ | Bogenlänge (Wegkoordinate) |
| $\varphi$ | Winkel (Winkelkoordinate) |
| $v$ | Bahngeschwindigkeit |
| $a_t$ | Tangential- oder Bahnbeschleunigung |
| $a_n$ | Normalbeschleunigung |

$$s(t) = R\,\varphi(t)$$

$$v = \dot{s} = R\,\dot{\varphi} = R\,\omega$$

$$a_t = \dot{v} = R\,\ddot{\varphi} = R\,\dot{\omega} = R\,\alpha$$

$$\omega = \frac{d\varphi}{dt} = \dot{\varphi} \quad ; \quad \alpha = \dot{\omega} = \ddot{\varphi}$$

$$a_n = \frac{v^2}{R} = v\,\omega = R\,\omega^2$$

$\omega$ Winkelgeschwindigkeit

$\alpha$ Winkelbeschleunigung

- Eine Winkelgeschwindigkeit $\omega = 1\,\mathrm{s}^{-1}$ bedeutet, dass sich der Winkel in einer Sekunde um 1 rad vergrößert $\left(1\,\mathrm{rad} = \frac{180°}{\pi} \approx 57{,}3°\right)$.
- Durch die Winkelbeschleunigung $\alpha$ wird entsprechend $a_t = R\,\alpha$ nur die Bahnbeschleunigung $a_t$ repräsentiert. Die Normalbeschleunigung $a_n = v^2 / R$ ist bei der Kreisbewegung **immer** vorhanden und ist zum Kreismittelpunkt gerichtet.

# • Gleichförmige Kreisbewegung

Gleichförmig ist eine Bewegung, wenn die Winkelbeschleunigung $\alpha = 0$ und die Bahnbeschleunigung $a_t = 0$ sowie Winkelgeschwindigkeit $\omega$ und Bahngeschwindigkeit $v$ konstant sind.
Der seit Beginn der Zeitzählung $t = 0$ zurückgelegte Winkel $\varphi$ ist

$$\varphi = \varphi_0 + \omega t.$$

$\varphi_0$ ist der Winkel, der zu Beginn der Zeitzählung bereits zurückgelegt war.

Speziell für die **gleichförmige Kreisbewegung** können wir weitere Größen definieren:

$$T = \frac{2\,\pi}{\omega} = \frac{2\,\pi R}{v}$$

$$n = \frac{1}{T} = \frac{\omega}{2\,\pi} = \frac{v}{2\,\pi R}$$

$$\omega = 2\,\pi\,n = \frac{2\,\pi}{T}$$

$T$ Umlaufzeit (es gilt: 1 Umdrehung $\Rightarrow 2\,\pi$)

$n$ Drehzahl (im allgemeinen: Anzahl der Umdrehungen pro Minute)

$\omega$ Winkelgeschwindigkeit

$v$ Bahngeschwindigkeit

$R$ Radius der Kreisbahn

# • Gleichmäßig beschleunigte Kreisbewegung

Gleichmäßig beschleunigte Kreisbewegung heißt eine Kreisbewegung, bei der die Winkelbeschleunigung $\alpha = \mathit{konstant}$ ist.

Die Winkelgeschwindigkeit zu einem beliebigen Zeitpunkt $t$ ist

$$\omega = \omega_0 + \alpha t.$$

$$\varphi = \varphi_0 + \omega_0\,t + \frac{1}{2}\alpha t^2$$

$\varphi$ Winkel (Winkelkoordinate)

$\omega$ Winkelgeschwindigkeit

$\alpha$ Winkelbeschleunigung

$\omega_0$ Winkelgeschwindigkeit zum Zeitpunkt $t = 0$

$\varphi_0$ Winkel, der bei $t = 0$ bereits zurückgelegt war

# Beschreibung der Bewegung in Polarkoordinaten

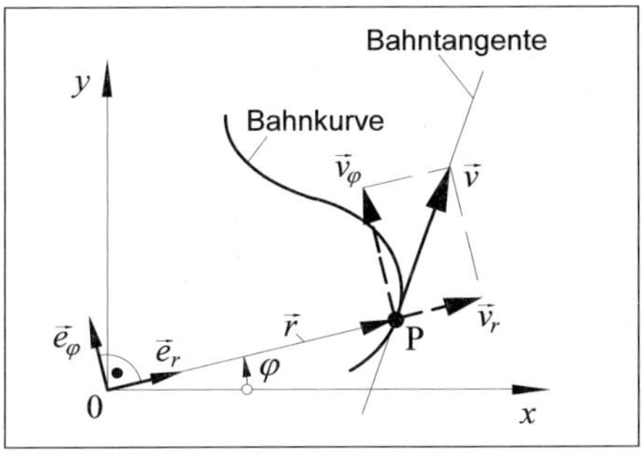


*Zur Definition der Polarkoordinaten*

Für viele Probleme ist es vorteilhaft, die Bewegung eines Punktes in der Ebene mittels ***Polarkoordinaten*** zu beschreiben. Zur Beschreibung der Lage des bewegten Punktes P wird sein Abstand $r$ von einem zu wählenden festen Ursprung 0 und der Winkel $\varphi$ bezüglich einer Bezugsgeraden benutzt. In Richtung des Ortsvektors $\vec{r}$ (können wir auch mit $\overrightarrow{0P}$ bezeichnen) zeigt stets der Einheitsvektor $\vec{e}_r$, senkrecht dazu steht der Einheitsvektor $\vec{e}_\varphi$. Die Größen $r$ und $\varphi$ werden als Polarkoordinaten bezeichnet.

$$\vec{r} = r\,\vec{e}_r$$

$$\vec{v} = v_r\,\vec{e}_r + v_\varphi\,\vec{e}_\varphi$$

$$v_r = \dot{r} \quad ; \quad v_\varphi = r\,\dot{\varphi}$$

$$v = |\vec{v}| = \sqrt{v_r^2 + v_\varphi^2}$$

$$\vec{a} = a_r\,\vec{e}_r + a_\varphi\,\vec{e}_\varphi$$

$$a_r = \ddot{r} - r\,\dot{\varphi}^2 \quad ; \quad a_\varphi = 2\,\dot{r}\,\dot{\varphi} + r\,\ddot{\varphi}$$

$$a = |\vec{a}| = \sqrt{a_r^2 + a_\varphi^2}$$

$\vec{r}$ Ortsvektor vom Bezugspunkt 0 zum Bahnpunkt P

$\overrightarrow{0P}$ Ortsvektor vom Bezugspunkt 0 zum Bahnpunkt P

$\varphi$ Winkel (Winkelkoordinate)

$\vec{v}$ Geschwindigkeitsvektor

$v_r$ Radialgeschwindigkeit

$v_\varphi$ Umfangs- oder Zirkulargeschwindigkeit

$\vec{a}$ Beschleunigungsvektor

$a_r$ Radialbeschleunigung

$a_\varphi$ Umfangs- oder Zirkularbeschleunigung

$v$ Betrag des Geschwindigkeitsvektors

$a$ Betrag des Beschleunigungsvektors

Der Anteil $2\,\dot{r}\,\dot{\varphi}$ in $a_\varphi$ ist die sogenannte CORIOLIS-Beschleunigung.

# Räumliche Punktbewegung

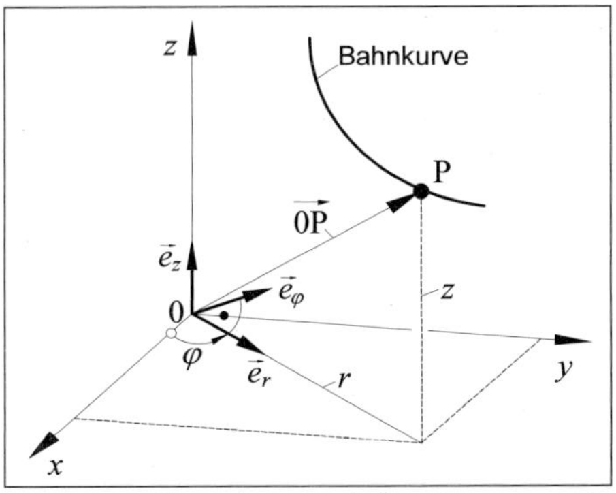


*Zur Darstellung der räumlichen Bewegung in Zylinderkoordinaten r, φ, z*

Bei der Beschreibung der dreidimensionalen, räumlichen Bewegung eines Punktes werden die Polarkoordinaten $r$ und $\varphi$ um die Koordinate $z$ erweitert. Es ist dabei zu beachten, dass $r$ in der $x,y$-Ebene liegt. Die Größen $r$, $\varphi$ und $z$ werden als ***Zylinderkoordinaten*** bezeichnet.

$\overrightarrow{0P}$ Ortsvektor vom Bezugspunkt 0 zum Bahnpunkt P

$r$ radiale Koordinate

$$\overrightarrow{0P} = r\,\vec{e}_r + z\,\vec{e}_z$$

$$\vec{v} = \dot{\overrightarrow{0P}}$$

$$\vec{v} = v_r\,\vec{e}_r + v_\varphi\,\vec{e}_\varphi + v_z\,\vec{e}_z$$

$$v_r = \dot{r} \quad ; \quad v_\varphi = r\,\dot{\varphi} \quad ; \quad v_z = \dot{z}$$

$$v = |\vec{v}| = \sqrt{v_r^2 + v_\varphi^2 + v_z^2}$$

$$\vec{a} = a_r\,\vec{e}_r + a_\varphi\,\vec{e}_\varphi + a_z\,\vec{e}_z$$

$$a_r = \ddot{r} - r\,\dot{\varphi}^2 \quad ; \quad a_\varphi = 2\,\dot{r}\,\dot{\varphi} + r\,\ddot{\varphi} \quad ; \quad a_z = \ddot{z}$$

$$a = |\vec{a}| = \sqrt{a_r^2 + a_\varphi^2 + a_z^2}$$

$\varphi$ Winkel (Winkelkoordinate)
$z$ Koordinate in $z$-Richtung
$\vec{v}$ Geschwindigkeitsvektor
$v_r$ Radialgeschwindigkeit
$v_\varphi$ Umfangs- oder Zirkulargeschwindigkeit
$v_z$ Axialgeschwindigkeit
$\vec{a}$ Beschleunigungsvektor
$a_r$ Radialbeschleunigung
$a_\varphi$ Umfangs- oder Zirkularbeschleunigung
$a_z$ Axialbeschleunigung
$v$ Betrag des Geschwindigkeitsvektors
$a$ Betrag des Beschleunigungsvektors

Bei der Beschreibung der Bahnkurve in ***kartesischen Koordinaten x, y, z*** werden die Beziehungen aus dem ebenen Fall um die $z$-Koordinate erweitert.

$$\overrightarrow{0P} = x\cdot\vec{e}_x + y\cdot\vec{e}_y + z\cdot\vec{e}_z$$

$$\vec{v} = \dot{x}\cdot\vec{e}_x + \dot{y}\cdot\vec{e}_y + \dot{z}\cdot\vec{e}_z$$

$$\vec{a} = \ddot{x}\cdot\vec{e}_x + \ddot{y}\cdot\vec{e}_y + \ddot{z}\cdot\vec{e}_z$$

$$v = |\vec{v}| = \sqrt{\dot{x}^2 + \dot{y}^2 + \dot{z}^2}$$

$$a = |\vec{a}| = \sqrt{\ddot{x}^2 + \ddot{y}^2 + \ddot{z}^2}$$

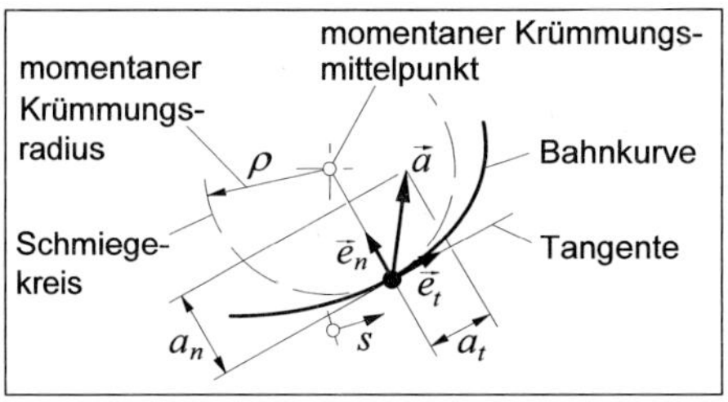


*Beschreibung einer räumlichen Bewegung in natürlichen Koordinaten (tangential und normal zur Bahnkurve)*

Bei Verwendung von ***natürlichen Koordinaten*** (in Richtung der Tangente und in die dazu senkrecht (normal) stehende Richtung) ergibt sich der Beschleunigungsvektor $\vec{a}$ mit den gleichen Beschleunigungsanteilen (Tangentialbeschleunigung $a_t = \dot{v}$ und Normalbeschleunigung $a_n = v^2/\rho$) wie im ebenen Fall. Der Geschwindigkeitsvektor ist in jedem Kurvenpunkt tangential zur Bahnkurve gerichtet.

$$\vec{v}(t) = v(t)\cdot\vec{e}_t(t) \quad \text{mit} \quad v(t) = \frac{ds}{dt} = \dot{s}$$

$$\vec{a} = \frac{dv}{dt}\cdot\vec{e}_t + \frac{v^2}{\rho}\cdot\vec{e}_n = a_t\cdot\vec{e}_t + a_n\cdot\vec{e}_n$$

$$a_t = \frac{dv}{dt} = \dot{v} = \ddot{s} \quad ; \quad a_n = \frac{v^2}{\rho}$$

$$a = |\vec{a}| = \sqrt{a_t^2 + a_n^2}$$

$s$ Bogenlänge (Wegkoordinate)
$\vec{v}$ Geschwindigkeitsvektor (tangential zur Bahnkurve)
$\vec{a}$ Beschleunigungsvektor
$a_t$ Tangential- oder Bahnbeschleunigung
$a_n$ Normalbeschleunigung (ist immer auf den Mittelpunkt des Schmiegekreises hingerichtet)
$\rho$ Krümmungsradius der Kurve in einem Bahnkurvenpunkt
$a$ Betrag der Gesamtbeschleunigung

# A3 Kinematik des starren Körpers

## ● Geschwindigkeit und Beschleunigung

### Ebene Bewegung:

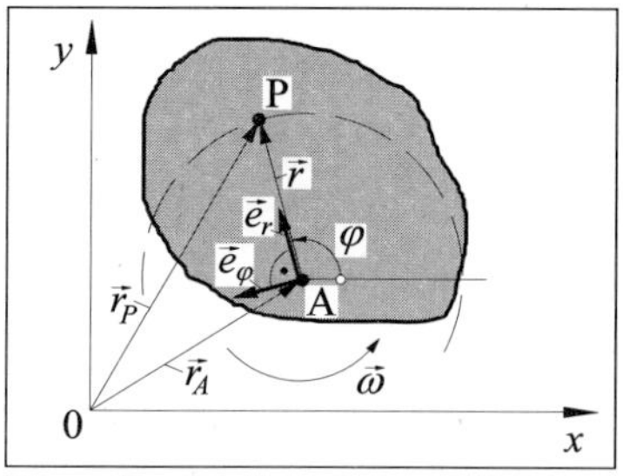


*Zur ebenen Bewegung des starren Körpers*

Entsprechend der Idee, die Bewegung eines starren Körpers als Überlagerung einer Translation mit einer Rotation zu beschreiben, dreht sich der Körper um den Punkt A mit der Winkelgeschwindigkeit $\vec{\omega}$ und zusätzlich führt der gesamte Körper, also auch Punkt A, eine Translation mit der Geschwindigkeit $\vec{v}_A$ aus (es gelten die Regeln der "Kinematik des Punktes").

$$\boxed{\vec{r}_P = \vec{r}_A + \vec{r} = \vec{r}_A + r \cdot \vec{e}_r} .$$

$\vec{r}_P$ Ortsvektor des Punktes P

$\vec{r}_A$ Ortsvektor des Punktes A

$\vec{r}$ Vektor, der die Lage von P relativ zu A beschreibt

$r$ Abstand der Punkte A und P (bleibt hinsichtlich der Zeit konstant)

$\vec{\omega}$ Winkelgeschwindigkeitsvektor (steht normal zur $x,y$-Ebene)

$v_P$ Geschwindigkeit des Punktes P

$v_A$ Bahngeschwindigkeit des Bezugspunktes A (translatorischer Anteil)

$v_{trans}$ Bahngeschwindigkeit des Bezugspunktes A (translatorischer Anteil)

$v_{rot}$ Bahngeschwindigkeit der Kreisbewegung von P auf einem Kreis mit dem Radius $r$ um den Bezugspunkt A (rotatorischer Anteil)

$\vec{e}_r$ Einheitsvektor

$\vec{e}_\varphi$ Einheitsvektor

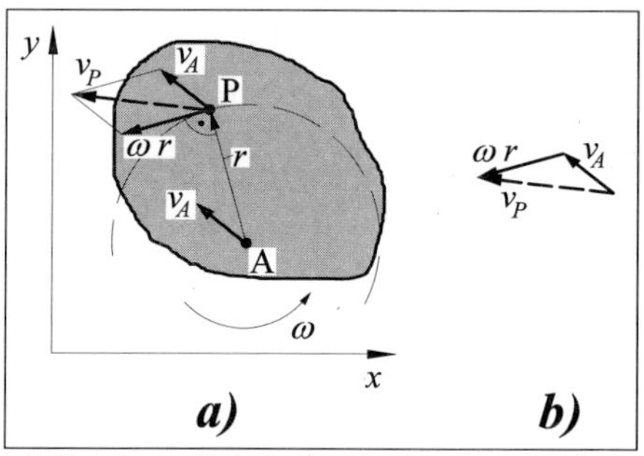


*a) Geschwindigkeit der Punkte A und P bei ebener Bewegung eines starren Körpers*
*b) Geschwindigkeitsplan des Punktes P*

$$\boxed{\vec{v}_P = \vec{v}_A + \vec{\omega} \times \vec{r}}$$

$$\boxed{\vec{v}_P = \vec{v}_A + \omega\, r\, \vec{e}_\varphi}$$

$$\boxed{\vec{v}_P = \vec{v}_{trans} + \vec{v}_{rot}}$$

Zeichnerisch lässt sich die Geschwindigkeit des Punktes P mit dem Geschwindigkeitsplan gemäß nebenstehendem Bild b) bestimmen.

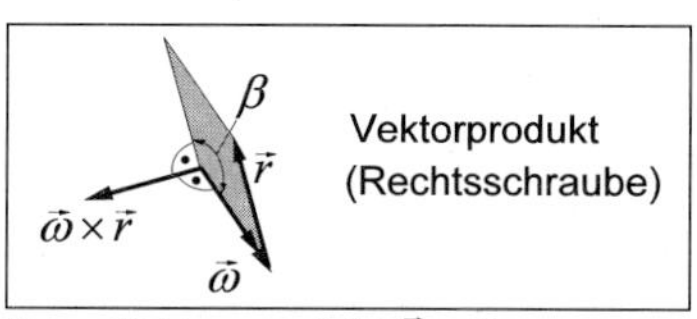


*Zum Vektorprodukt $\vec{\omega} \times \vec{r}$*

Das Vektorprodukt (Kreuzprodukt) $\vec{\omega} \times \vec{r}$ ist die Geschwindigkeitskomponente aufgrund der Rotation, steht normal zur Ebene, die von $\vec{\omega}$ und $\vec{r}$ aufgespannt wird und hat den Betrag

$$|\vec{\omega}| \cdot |\vec{r}| \cdot \sin\beta = \omega \cdot r \cdot \sin 90° = \omega\, r .$$

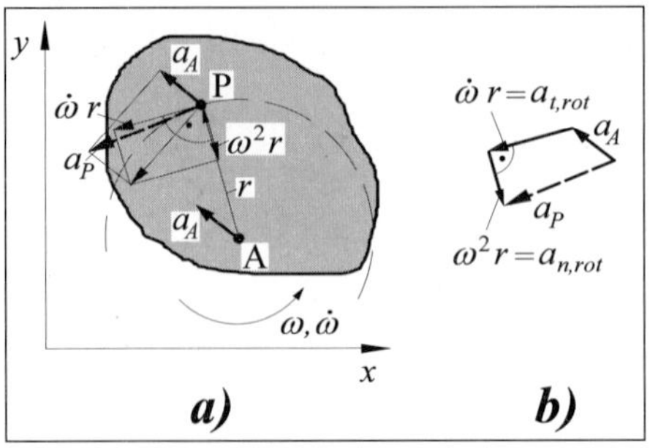


*a) Beschleunigung der Punkte A und P bei ebener Bewegung eines starren Körpers*
*b) Beschleunigungsplan des Punktes P*

$$\vec{a}_P = \vec{a}_A + \dot{\vec{\omega}} \times \vec{r} + \vec{\omega} \times (\vec{\omega} \times \vec{r})$$

oder

$$\vec{a}_P = \vec{a}_A + \dot{\omega}\, r\, \vec{e}_\varphi - \omega^2\, r\, \vec{e}_r$$

$$\vec{a}_P = \vec{a}_{trans} + \vec{a}_{t,rot} + \vec{a}_{n,rot}$$

Die Beschleunigung des Punktes P setzt sich aus einem translatorischen Anteil $a_{trans}$ und dem rotatorischen Anteil $a_{rot}$ zusammen. $a_{rot}$ wiederum setzt sich aus der Tangentialbeschleunigung $a_{t,rot} = \dot{\omega}\, r$ und der Normalbeschleunigung $a_{n,rot} = \omega^2\, r$ der Kreisbewegung des Punktes P bezüglich A zusammen.

Zeichnerisch läßt sich die Beschleunigung des Punktes P mit dem Beschleunigungsplan gemäß nebenstehendem Bild b) bestimmen.

$a_P$ Beschleunigung des Punktes P

$a_A$ Beschleunigung des Bezugspunktes A

## Räumliche Bewegung:

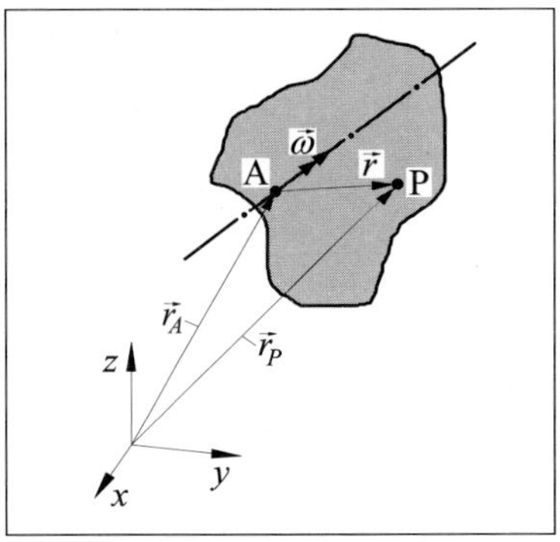


*Zur räumlichen Bewegung des starren Körpers*

$\vec{\omega}$ Winkelgeschwindigkeitsvektor zeigt in Richtung der momentanen Drehachse

$$\vec{r}_P = \vec{r}_A + \vec{r}$$

$$\vec{v}_P = \vec{v}_A + \vec{\omega} \times \vec{r}$$

$$\vec{a}_P = \vec{a}_A + \dot{\vec{\omega}} \times \vec{r} + \vec{\omega} \times (\vec{\omega} \times \vec{r})$$

# ● Momentanpol

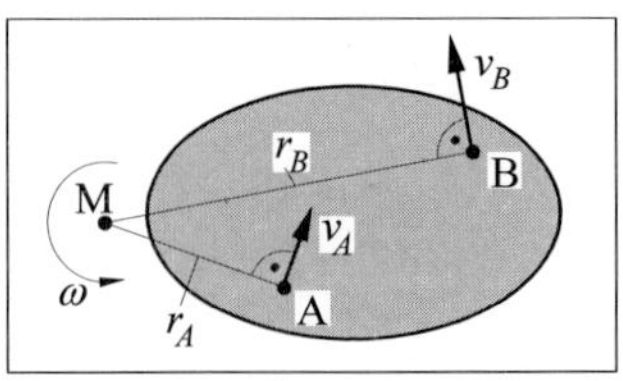


*Rotation um den Momentanpol M*

Für die Winkelgeschwindigkeit $\omega$ gilt bei Rotation um den Momentanpol M:

$$\omega = \frac{v_A}{r_A} = \frac{v_B}{r_B}$$

Beim rollenden Rad (ohne Schlupf) ist der Kontaktpunkt zwischen Rad und waagerechter Unterlage der **Momentanpol** M. Dies bedeutet, dass der Kontaktpunkt momentan in Ruhe ist (das heißt die Geschwindigkeit in diesem Punkt ist Null).

Es gilt für die Winkelgeschwindigkeit $\omega = \frac{v_S}{r}$

und für die Winkelbeschleunigung $\dot{\omega} = \frac{a_S}{r}$.

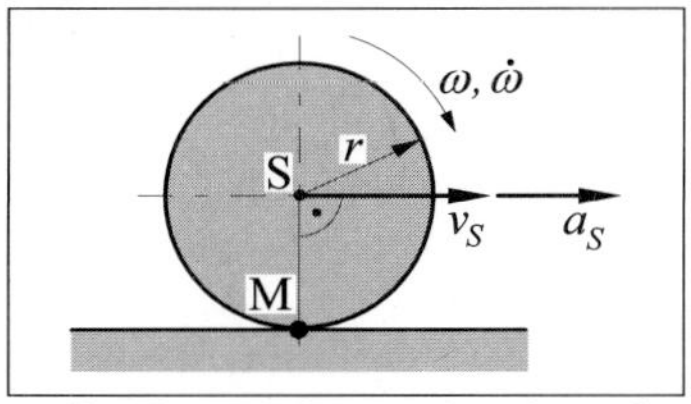


*Rollendes Rad mit Geschwindigkeit $v_S$ und Beschleunigung $a_S$*

# A4 Kinetik des Massenpunktes und der Massenpunktsysteme

**NEWTONsches Grundgesetz (Dynamisches Grundgesetz):**

$$\vec{F} = \frac{d(m\vec{v})}{dt}$$

mit $\vec{F} = \Sigma\, \vec{F}_i$ und dem

**Impuls** $\vec{p} = m\vec{v}$.

Da die Masse zeitlich unveränderlich ist, vereinfacht sich das Bewegungsgesetz (NEWTONsche Grundgesetz) zu

$$\vec{F} = m\frac{d\vec{v}}{dt}$$

$$\vec{F} = m\vec{a}$$

("*Kraft = Masse · Beschleunigung*").

$m$ Masse

$\vec{F}$ Kraftvektor

$\vec{a}$ Beschleunigungsvektor

$\vec{v}$ Geschwindigkeitsvektor

$\vec{p}$ Impuls (Bewegungsgröße)

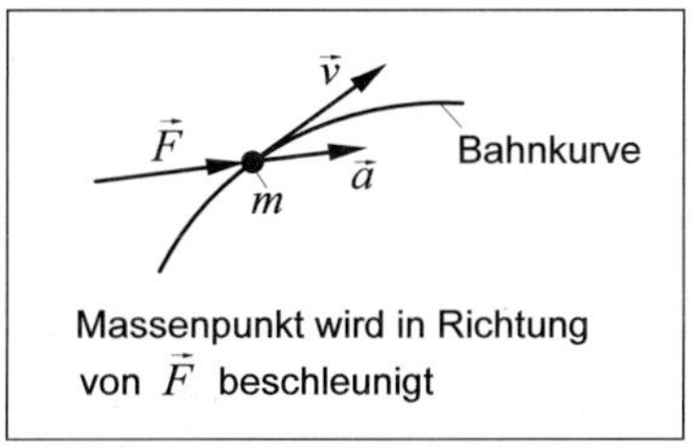


*Zum NEWTONschen Grundgesetz*

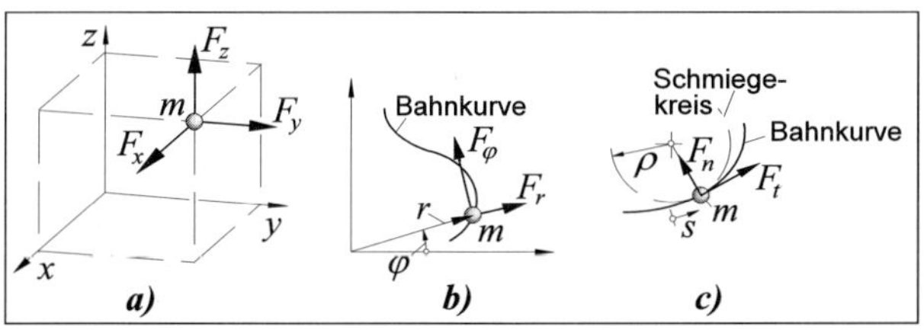


*Zum NEWTONschen Grundgesetz: Äußere Kräfte am Massenpunkt*
*a) in kartesischen Koordinaten*
*b) in Polarkoordinaten (ebene Bewegung)*
*c) in natürlichen Koordinaten*

In ***kartesischen*** Koordinaten (Bild a)): $m\,\ddot{x} = F_x \;;\quad m\,\ddot{y} = F_y \;;\quad m\,\ddot{z} = F_z$.

In dieser Form gilt das Bewegungsgesetz nur für ein Inertialsystem (absolut ruhendes Koordinatensystem).

In ***Polarkoordinaten*** (Bild b)): $m\,a_r = m\left(\ddot{r} - r\,\dot{\varphi}^2\right) = F_r \;;\quad m\,a_\varphi = m\left(2\,\dot{r}\,\dot{\varphi} + r\,\ddot{\varphi}\right) = F_\varphi$.

In ***natürlichen Koordinaten*** (Bild c)): $m\,a_t = m\,\ddot{s} = m\,\dot{v} = F_t \;;\quad m\,a_n = m\frac{\dot{s}^2}{\rho} = m\frac{v^2}{\rho} = F_n$.

# Prinzip von D'ALEMBERT (Massenpunkt)

Werden an einem beschleunigten Massenpunkt die äußeren Kräfte durch die **D'ALEMBERTsche Trägheitskraft** $-m\vec{a}$ ergänzt, dürfen wir den Massenpunkt wie im statischen Gleichgewicht betrachten (formale Rückführung der Kinetik auf die Statik). Das Minuszeichen vor der D'ALEMBERTschen Trägheitskraft bedeutet, dass diese in der Systemskizze **entgegen der positiven Beschleunigungs- bzw. Koordinatenrichtung** eingezeichnet werden muss (D'ALEMBERTsche Trägheitskraft ist durch gestrichelten Pfeil mit Konturspitze gekennzeichnet).

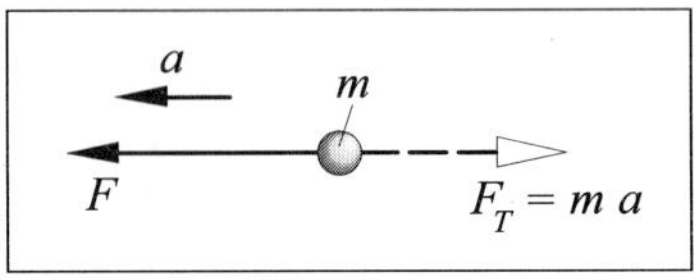

*Zur D'ALEMBERTschen Trägheitskraft am Massenpunkt*

$\vec{F}_T$ D'ALEMBERTsche Trägheitskraft

$\vec{F}$ Resultierende aller am Massenpunkt angreifenden äußeren Kräfte

$\vec{a}$ Beschleunigung

$m$ Masse

$\boxed{\vec{F} - m\vec{a} = 0}$, mit $\vec{F}_T = -m\vec{a}$ folgt $\boxed{\vec{F} + \vec{F}_T = 0}$, wobei $\vec{F} = \Sigma\,\vec{F}_i$ ist.

Auch bei Bewegung eines Massenpunktes auf einer Kreisbahn wird eine D'ALEMBERTsche Trägheitskraft **entgegengesetzt zur Bahnbeschleunigung** $a_t$ **und zur Normalbeschleunigung** $a_n$ angetragen. Das heißt, dass eine D'ALEMBERTsche Trägheitskraft $\boxed{m\,a_n = m\,R\,\omega^2}$ (Fliehkraft) bei der Kreisbewegung vom Kreismittelpunkt nach außen gerichtet ist, weil die Normalbeschleunigung immer zum Kreismittelpunkt gerichtet ist, und eine andere D'ALEMBERTsche Trägheitskraft ($m\,R\,\ddot{\varphi}$) infolge der Bahnbeschleunigung $\ddot{\varphi} = \dot{\omega}$ entgegen der positiv gewählten Koordinatenrichtung $\varphi$ gerichtet ist. ($\omega$ Winkelgeschwindigkeit; $R$ Radius der Bahn)

# Impulssatz (Massenpunkt)

Aus dem NEWTONschen Grundgesetz $\boxed{\vec{F} = \frac{d(m\vec{v})}{dt}}$ ergibt sich durch bestimmte Integration von

$$\vec{F}\,dt = d(m\vec{v})$$

über die Zeit der ***Impulssatz***

$$\int_{t_0}^{t_1} \vec{F}\,dt = \int_{v_0}^{v_1} d(m\vec{v})$$

bzw. nach Integration

$$\boxed{\int_{t_0}^{t_1} \vec{F}\,dt = (m\vec{v})_1 - (m\vec{v})_0 = \vec{p}_1 - \vec{p}_0}$$

mit dem Kraftstoß oder Antrieb

$$\boxed{\int_{t_0}^{t_1} \vec{F}\,dt}.$$

$m$ Masse

$\vec{v}$ Geschwindigkeit der Masse $m$

$\vec{p}_0$ Impuls (Bewegungsgröße) vor der Krafteinwirkung

$\vec{p}_1$ Impuls (Bewegungsgröße) am Ende der Krafteinwirkung

***Impulssatz:*** Der Kraftstoß (Antrieb) ist gleich der Änderung der Bewegungsgröße (des Impulses).

Für $\vec{F} = 0$ führt der Impulssatz zum

***Impulserhaltungssatz:*** $\vec{p}_0 = \vec{p}_1 = konstant$.

# Mechanische Arbeit einer Kraft

$$W = \int_{\vec{r}_1}^{\vec{r}_2} \vec{F} \cdot d\vec{r}$$

oder

$$W = \int_{s_1}^{s_2} F \cdot \cos\beta \cdot ds = \int_{s_1}^{s_2} F_t \cdot ds$$

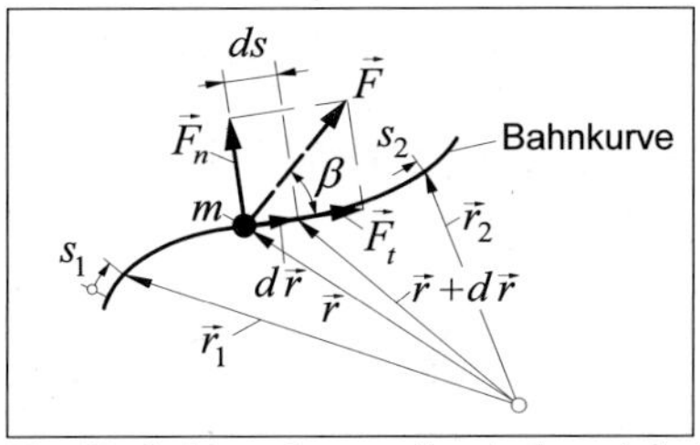


*Zur Definition der mechanischen Arbeit*

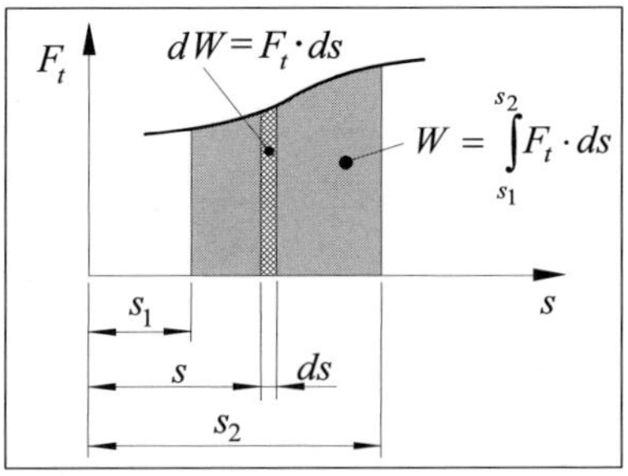


*Kraft-Weg-Diagramm; Arbeit als Fläche unter der Kraft-Weg-Kurve*

- $W$ Arbeit
- $F_t$ tangentiale Kraftkomponente an der Bahnkurve
- $\vec{r}$ Ortsvektor
- $s$ Wegkoordinate

Die mechanische **Arbeit** einer Kraft ist das Wegintegral über der tangential zur Bahnkurve wirkenden Kraftkomponente; sie ist ein Skalar und entspricht der Fläche unter der $F_t, s$-Kurve.

# Potentielle und kinetische Energie

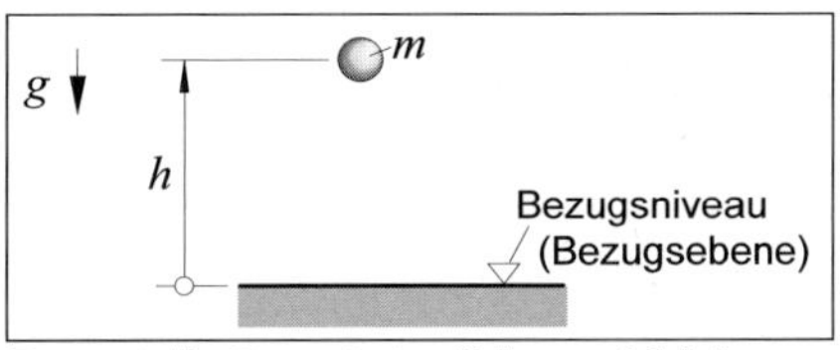


*Potentielle Energie im Schwerefeld der Erde*

Potentielle Energie der Lage $E_{pot} = m\,g\,h$

Ein Massenpunkt hat aufgrund seiner Lage, bezogen auf ein Bezugsniveau (Bezugsebene), eine **potentielle Energie der Lage**. Die Energie der Lage kann positiv oder negativ sein, weil das Bezugsniveau beliebig gewählt werden kann.

- $E_{pot}$ potentielle Energie
- $m$ Masse
- $g$ Fallbeschleunigung
- $h$ Höhe

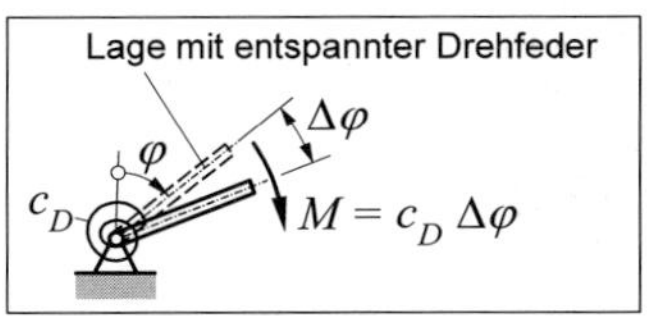


*Drehfeder*

Potentielle Energie der Drehfeder

$$E_{pot} = \frac{1}{2} c_D \cdot \Delta\varphi^2$$

- $c_D$ Drehfederkonstante
- $\Delta\varphi$ Winkel (Verdrehung)
- $M$ Drehfedermoment

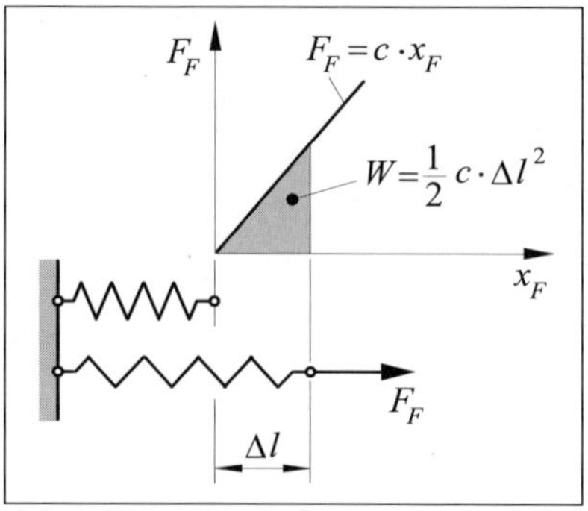


*Arbeit W bei der Deformation einer Feder*

Für die Deformation einer Feder ist eine Arbeit

$$W = \int_0^{\Delta l} F_F \cdot ds = \int_0^{\Delta l} c \cdot x_F \cdot dx_F = \frac{1}{2} c \cdot \Delta l^2$$

notwendig. Diese Arbeit ist als **potentielle Energie der Feder** in der Feder gespeichert.

Potentielle Energie der Feder $E_{pot} = \frac{1}{2} c \cdot \Delta l^2$ .

$c$ Federkonstante (Federsteifigkeit, Federrate)

$\Delta l$ "Federweg" (Verlängerung oder Verkürzung bezüglich der Länge der entspannten Feder)

Die **kinetische Energie** $E_{kin}$ ist das Arbeitsvermögen des Massenpunktes mit der Masse $m$ infolge seiner Bewegung mit der Geschwindigkeit $v$.

Kinetische Energie $E_{kin} = \frac{m}{2} v^2$ .

$E_{kin}$ kinetische Energie

$m$ Masse

$v$ Geschwindigkeit

# • Leistung

**Merksatz:** **Leistung = Arbeit pro Zeit ;** $P = \frac{dW}{dt}$ .

Die Leistung $P$ bei der translatorischen Bewegung ist gleich dem Produkt aus der **in Wegrichtung wirkenden konstanten Kraft *F*** und der Geschwindigkeit $v$ ihres Angriffspunkts:

$$P = F \frac{ds}{dt} = F\, v \; .$$

Leistung bei **Drehbewegung mit konstantem Moment**:

$$P = F\, r\, \omega = M\, \omega \; .$$

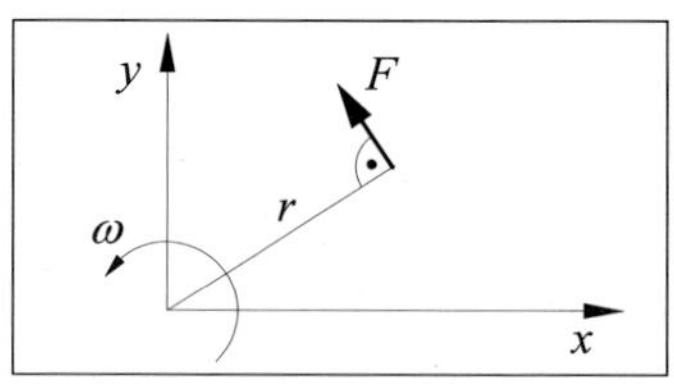


*Zur Leistung bei Drehbewegung*

Die Leistung ist eine skalare Größe mit der Dimension "*Arbeit / Zeit*",

z.B.: $1 \frac{\mathrm{N\,m}}{\mathrm{s}} = 1\,\mathrm{W}$ ("Watt").

$P$ Leistung

$M$ Moment, welches die Rotation hervorruft

$\omega$ Winkelgeschwindigkeit

# Energiesatz und Arbeitssatz (Massenpunkt)

Der ***Energiesatz*** für die Bewegung eines Massenpunktes lautet:

$$E_{pot\,1} + E_{kin\,1} = E_{pot\,2} + E_{kin\,2} = \text{konstant} \; .$$

Die Summe aus potentieller und kinetischer Energie ist zu jedem Zeitpunkt konstant, wenn ausschließlich *konservative* Kräfte auf den Massenpunkt einwirken.

Kräfte, für welche die von ihnen geleistete Arbeit nur vom Anfangs- und Endpunkt der Bewegung abhängt (also unabhängig vom Weg, der dabei zurückgelegt wird), nennen wir ***konservative Kräfte***. *Konservative* Kräfte sind z.B. Gewichtskräfte, Federkräfte; *nichtkonservativ* dagegen sind Reibungskräfte.

***Erweiterter Energiesatz*** für die Bewegung eines Massenpunktes:

$$E_{pot\,1} + E_{kin\,1} \pm \Delta W = E_{pot\,2} + E_{kin\,2} \; .$$

Die Summe der Energien im Endzustand ist gleich der Summe der Energien im Anfangszustand, vermehrt um die von außen zugeführte bzw. vermindert um die nach außen abgeführte Energie.

$\Delta W$ ist die während des Vorganges von 1 nach 2 durch *nichtkonservative Kräfte* verrichtete Arbeit.

$+\Delta W$, wenn Energie von außen zugeführt wird (Antrieb) (z.B. über einen Motor).

$-\Delta W$, wenn Energie nach außen abgeführt wird (Abtrieb) (z.B. Reibungsarbeit auf dem Weg von 1 nach 2).

***Arbeitssatz:*** $E_{kin\,1} - E_{kin\,0} = W$ .

Die bei einer Verschiebung eines Massenpunkts zwischen zwei Bahnpunkten von den eingeprägten Kräften, einschließlich vorhandener Reibungskräfte, geleistete Arbeit $W$ ist gleich der Änderung der kinetischen Energie.

# Schwerpunktsatz, Impulssatz, Drallsatz beim Massenpunktsystem

Unter Anwendung des NEWTONschen Grundgesetzes folgt für ein Massenpunktsystem der **Schwerpunktsatz**:

$$\vec{F}_R = \sum_{i=1}^{n} \vec{F}_i = m\,\ddot{\vec{r}}_S = m\frac{d\vec{v}_S}{dt} = m\,\vec{a}_S \; .$$

- $\vec{F}_i$ auf $m_i$ wirkende äußere Kraft
- $\vec{F}_R$ Resultierende der äußeren Kräfte
- $m$ Gesamtmasse
- $\vec{r}_S$ Ortsvektor des Schwerpunkts (Massenmittelpunkts)
- $\vec{a}_S$ Beschleunigung des Massenmittelpunkts

**Schwerpunktsatz:** Der Schwerpunkt eines Massenpunktsystems bewegt sich so, als ob in ihm die Gesamtmasse konzentriert wäre und die Resultierende der **äußeren** Kräfte an ihm angreifen würde.

**Schwerpunktsatz bei ebener Bewegung:** $m\,\ddot{x}_S = F_x \; ; \quad m\,\ddot{y}_S = F_y$ .

**Impulssatz:**

$$\vec{F}_R = \frac{d\vec{p}_{ges}}{dt} \quad \text{mit} \quad \vec{p}_{ges} = \sum_{i=1}^{n} m_i\,\vec{v}_i = m\,\vec{v}_S \; .$$

Den Gesamtimpuls eines Massenpunktsystems $\vec{p}_{ges}$ können wir als Summe der Impulse aller Einzelmassen oder als Produkt aus Gesamtmasse $m$ und Geschwindigkeit $\vec{v}_S$ des Schwerpunkts des Massenpunktsystems bilden. Die Ableitung des Gesamtimpulses nach der Zeit ist gleich der Resultierenden aller **äußeren** Kräfte.

**Impulserhaltungssatz:**

Ist die Resultierende der äußeren Kräfte gleich Null, so ist der Gesamtimpuls eines Massenpunktsystems konstant. Dies bedeutet, dass sich der Schwerpunkt des Systems mit konstanter Geschwindigkeit bewegt.

$$\vec{p}_{ges} = \sum_{i=1}^{n} m_i\,\vec{v}_i = m\,\vec{v}_S = \text{konstant}$$

**Drallsatz (Drehimpulssatz oder Momentensatz):**

$$\vec{M}_0 = \frac{d\vec{L}_0}{dt}$$

mit $\vec{M}_0 = \sum_{i=1}^{n} \vec{r}_i \times \vec{F}_i$

und $\vec{L}_0 = \sum_{i=1}^{n} \vec{r}_i \times m_i \vec{v}_i$

$\vec{L}_0$ Gesamtdrall bezüglich eines festen Punktes 0

$\vec{M}_0$ Moment aller äußeren Kräfte bezüglich eines festen Punktes 0

$\vec{r}_i$ Ortsvektor der Masse $m_i$

$\vec{F}_i$ auf $m_i$ wirkende äußere Kraft

$m_i\,\vec{v}_i$ Impuls des Massenpunkts $m_i$

Das Moment $\vec{M}_0$ aller äußeren Kräfte bezüglich eines festen Punktes 0 ist gleich der zeitlichen Änderung des Gesamtdralls in Bezug auf 0.

Der Drallsatz für ein Massenpunktsystem gilt für einen **festen** Bezugspunkt.

Ist das Moment $\vec{M}_0$ aller äußeren Kräfte gleich Null, dann bleibt der Gesamtdrall $\vec{L}_0$ eines Massenpunktsystems konstant (**Drallerhaltungssatz**).

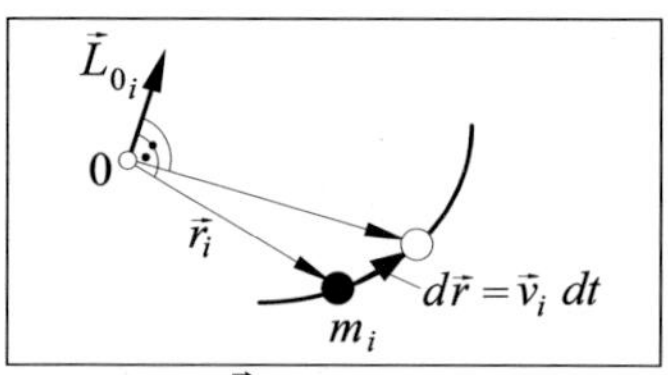


*Zum Drall $\vec{L}_{0_i}$ eines bewegten Massenpunktes $m_i$*

**Sonderfall des Drallsatzes:**

Für die Drehung eines *starren* Massenpunktsystems um eine feste Achse $z$ folgt:

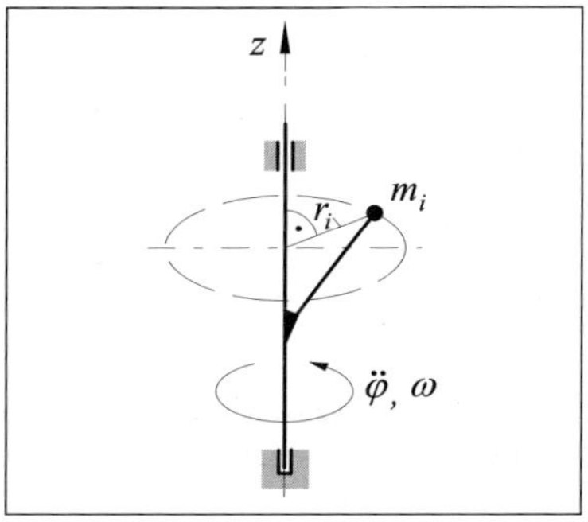


*Zur Drehung eines starren Massenpunktsystems*

$$M_z = J_z\,\ddot{\varphi}$$

$$L_z = J_z\,\omega = J_z\,\dot{\varphi}$$

mit $\quad J_z = \sum_{i=1}^{n} m_i \cdot r_i^2 \;.$

$M_z$ Gesamtdrehmoment in Bezug auf die $z$-Achse

$L_z$ Gesamtdrall bezüglich der $z$-Achse

$\ddot{\varphi}$ Winkelbeschleunigung für alle Massen $m_i$

$\omega$ Winkelgeschwindigkeit für alle Massen $m_i$

$J_z$ Massenträgheitsmoment bezüglich der $z$-Achse

$r_i$ senkrechter Abstand von der $z$-Achse

# A5 Kinetik starrer Körper

## Translation

Führt der starre Körper eine rein translatorische Bewegung aus, gelten für die kinetischen Untersuchungen die Regeln der "Kinetik des Massenpunktes" (siehe Kapitel 4).

## Rotation um eine feste Achse

$$M_A = \ddot{\varphi}\int_m r^2 dm = J_A\ddot{\varphi} = J_A\dot{\omega} \;.$$

Der Integralausdruck ist das **Massenträgheitsmoment** des starren Körpers bezüglich der Drehachse A:

$$J_A = \int_m r^2 dm \;.$$

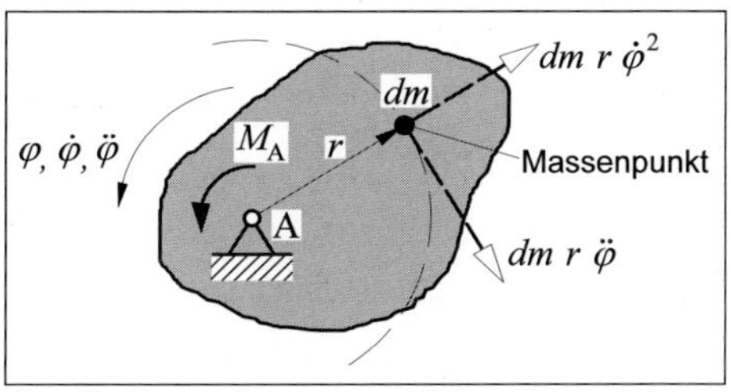


*Zur Drehung des starren Körpers um die ortsfeste Drehachse A*

**Drall:** $\boxed{L_A = J_A\,\omega = J_A\,\dot{\varphi}}$.

**Drallsatz** (Momentensatz) *für die ebene Bewegung von Scheiben*:

$$\boxed{\frac{dL_A}{dt} = M_A = J_A\,\dot{\omega} = J_A\,\ddot{\varphi}}.$$

Kinetische Energie eines starren Körpers, der sich um eine feste Achse dreht;
**kinetische Rotationsenergie:**

$$\boxed{E_{kin} = \frac{1}{2} J_A\,\omega^2}.$$

$M_A$ resultierendes äußeres Moment bezüglich der festen Achse A

$r$ senkrechter Abstand des Massenpunktes von der Drehachse A

$J_A$ Massenträgheitsmoment bezüglich der Drehachse A

$L_A$ Drall bezüglich der Drehachse A

$\dot{\varphi}, \omega$ Winkelgeschwindigkeit

$\ddot{\varphi}, \dot{\omega}$ Winkelbeschleunigung

$E_{kin}$ kinetische Rotationsenergie

In den Berechnungsformeln bezüglich Translation und Rotation treten gewisse Analogien auf. Wenn wir in den "Translationsformeln"
den

| | | | | | |
|---|---|---|---|---|---|
| **Translations-größen** | Ortskoordinate (Wegkoordinate) | Geschwindigkeit | Beschleunigung | Masse | Kraft |
| | $s, x$ | $v$ | $a$ | $m$ | $F$ |
| die | | | | | |
| **Rotations-größen** | Winkelkoordinate | Winkelgeschwindigkeit | Winkelbeschleunigung | Massenträgheitsmoment | Drehmoment |
| | $\varphi$ | $\omega$ | $\alpha$ | $J$ | $M$ |

zuordnen, erhalten wir die "Rotationsformeln", z.B.:

| **Berechnungsgröße aus Translation** | **Berechnungsgröße aus Rotation** | **Translation** | **Rotation** |
|---|---|---|---|
| Geschwindigkeit | Winkelgeschwindigkeit | $v = \dot{s}$ | $\omega = \dot{\varphi}$ |
| Beschleunigung | Winkelbeschleunigung | $a = \dot{v}$ | $\alpha = \dot{\omega}$ |
| Arbeit | Arbeit | $\int F_t\,ds$ | $\int M\,d\varphi$ |
| Leistung | Leistung | $F\,v$ | $M\,\omega$ |
| Schwerpunktsatz | Drallsatz | $m\,\ddot{x}$ | $J\,\ddot{\varphi}$ |
| D'ALEMBERTsche Trägheitskraft | D'ALEMBERTsches Moment | $m\,\ddot{x}$ | $J\,\ddot{\varphi}$ |
| kinetische Energie | kinetische Energie | $\frac{1}{2} m v^2$ | $\frac{1}{2} J\,\omega^2$ |
| Impuls | Drall | $m\,v$ | $J\,\omega$ |

# Massenträgheitsmomente

Das Massenträgheitsmoment einer Masse $m$ wird berechnet nach der Formel

$$J_{\bar{x}} = \int_m r^2 dm \, .$$

Es bezieht sich immer auf eine bestimmte Drehachse, die dann auch stets mit anzugeben ist.

Für Körper **aus mehreren Teilmassen** gilt:

Massenträgheitsmomente, die sich auf gleiche Drehachsen beziehen, dürfen addiert bzw. subtrahiert werden.

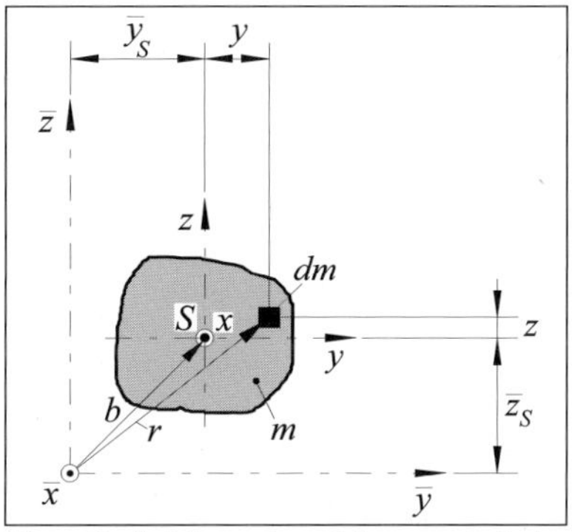


*Zur Definition der Massenträgheitsmomente*

**Axiale Massenträgheitsmomente**:

$$J_x = \int_m \left(y^2 + z^2\right) dm$$

$$J_y = \int_m \left(z^2 + x^2\right) dm$$

$$J_z = \int_m \left(x^2 + y^2\right) dm \, .$$

**Deviationsmomente**:

$$J_{xy} = -\int_m x\, y\, dm$$

$$J_{yz} = -\int_m y\, z\, dm$$

$$J_{zx} = -\int_m z\, x\, dm \, .$$

**STEINERscher Satz**:
(Transformation der Massenträgheitsmomente bezüglich der Achsen durch den Schwerpunkt auf parallel verschobene Achsen)

$$J_{\bar{x}} = J_x + m\, b^2 \, .$$

$$J_{\bar{x}} = J_x + m\left(\bar{y}_S^2 + \bar{z}_S^2\right)$$

$$J_{\bar{y}} = J_y + m\left(\bar{z}_S^2 + \bar{x}_S^2\right)$$

$$J_{\bar{z}} = J_z + m\left(\bar{x}_S^2 + \bar{y}_S^2\right)$$

$$J_{\overline{xy}} = J_{xy} - m\, \bar{x}_S\, \bar{y}_S$$

$$J_{\overline{yz}} = J_{yz} - m\, \bar{y}_S\, \bar{z}_S$$

$$J_{\overline{zx}} = J_{zx} - m\, \bar{z}_S\, \bar{x}_S$$

$J_{\bar{x}}$ Massenträgheitsmoment bezüglich der $\bar{x}$-Achse

$r$ senkrechter Abstand zwischen Bezugsachse und Massenteilchen $dm$

$dm$ Masse des Massenteilchens

$m$ Gesamtmasse

$J_x$ Massenträgheitsmoment bezüglich der $x$-Achse im Schwerpunkt

$J_y$ Massenträgheitsmoment bezüglich der $y$-Achse im Schwerpunkt

$J_z$ Massenträgheitsmoment bezüglich der $z$-Achse im Schwerpunkt

$J_{xy}$; $J_{yz}$; $J_{zx}$ Deviationsmomente bezüglich der Achsen im Schwerpunkt

$x$; $y$; $z$ Koordinaten

$b$ Abstand zwischen $\bar{x}$-Achse und dazu paralleler $x$-Achse

$\bar{x}_S$; $\bar{y}_S$; $\bar{z}_S$ Abstände zwischen den Schwerpunktachsen und den parallel verlaufenden Bezugsachsen

$J_{\bar{x}}$; $J_{\bar{y}}$; $J_{\bar{z}}$ Massenträgheitsmomente bezüglich eines beliebigen kartesischen Koordinatensystems

$J_{\overline{xy}}$; $J_{\overline{yz}}$; $J_{\overline{zx}}$ Deviationsmomente bezüglich eines beliebigen kartesischen Koordinatensystems

## Massenträgheitsmomente und Masse einiger homogener Körper

(Massendichte $\rho$)

| Körper | Masse | axiale Massenträgheitsmomente | Deviationsmomente |
|---|---|---|---|
| **Zylinder**<br>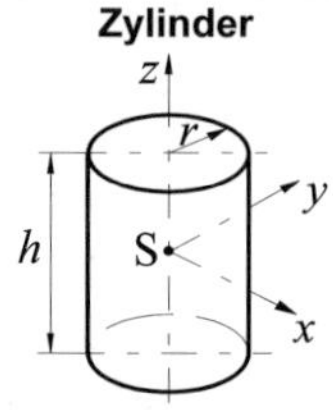 | $m = \rho \pi r^2 h$ | $J_x = J_y = \frac{m}{12}\left(3r^2 + h^2\right)$<br>$J_z = \frac{m}{2} r^2$ | $J_{xy} = J_{yz} = J_{zx} = 0$<br>(Hauptachsen) |
| **Hohlzylinder und dünnwandiger Hohlzylinder**<br>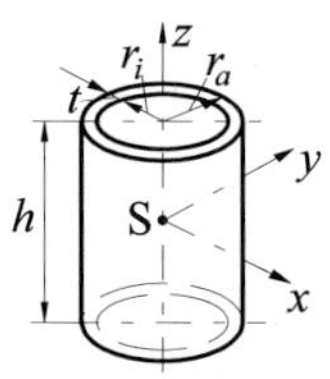 | **Hohlzylinder:**<br>$m = \rho \pi \left(r_a^2 - r_i^2\right) h$<br>**dünnwandiger Hohlzylinder:**<br>$m = 2\pi \rho r h t$<br>mit $t = r_a - r_i$<br>und $r = \frac{1}{2}\left(r_a + r_i\right)$ | **Hohlzylinder:**<br>$J_x = J_y = \frac{m}{4}\left(r_a^2 + r_i^2 + \frac{1}{3}h^2\right)$<br>$J_z = \frac{m}{2}\left(r_a^2 + r_i^2\right)$<br>**dünnwandiger Hohlzylinder:**<br>$J_z = m r^2$<br>$J_x = J_y = \frac{m}{2}\left(r^2 + \frac{1}{6}h^2\right)$<br>mit $r = \frac{1}{2}\left(r_a + r_i\right)$ | $J_{xy} = J_{yz} = J_{zx} = 0$<br>(Hauptachsen) |
| **dünner Stab**<br>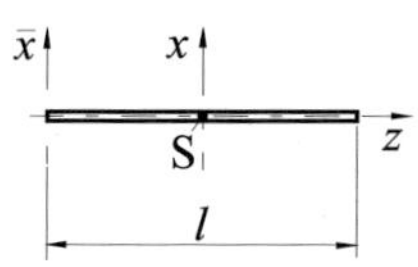 | $m = \rho A l$<br>($A$ Fläche des Querschnitts) | $J_z = 0$<br>$J_x = J_y = \frac{m}{12} l^2$<br>$J_{\bar{x}} = J_{\bar{y}} = \frac{m}{3} l^2$ | $J_{xy} = J_{yz} = J_{zx} = 0$<br>(Hauptachsen) |
| **Quader**<br>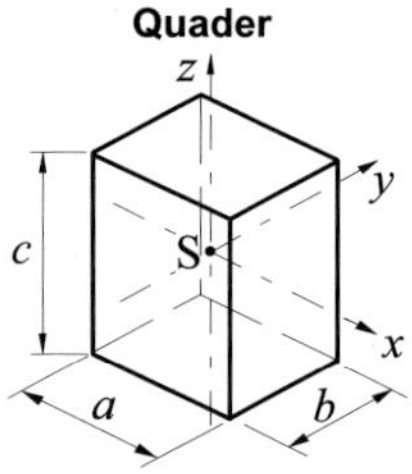 | $m = \rho a b c$ | $J_x = \frac{m}{12}\left(b^2 + c^2\right)$<br>$J_y = \frac{m}{12}\left(a^2 + c^2\right)$<br>$J_z = \frac{m}{12}\left(a^2 + b^2\right)$ | $J_{xy} = J_{yz} = J_{zx} = 0$<br>(Hauptachsen) |
| **dünne Rechteckscheibe**<br>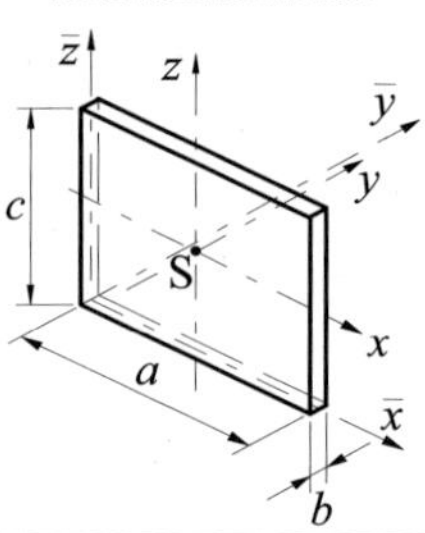 | $m = \rho a b c$<br>$m = \mu_A a c$<br>$\mu_A$ (Massenbelegung = Masse / Fläche) | $J_x = \frac{m}{12} c^2$<br>$J_y = \frac{m}{12}\left(a^2 + c^2\right)$<br>$J_z = \frac{m}{12} a^2$<br>$J_{\bar{z}} = \frac{m}{3}\left(a^2 + c^2\right)$ | $J_{xy} = J_{yz} = J_{zx} = 0$<br>(Hauptachsen)<br>$J_{\bar{z}\bar{x}} = -\frac{m}{4} a c$<br>$J_{\bar{y}\bar{z}} = J_{\bar{x}\bar{y}} = 0$ |

Fortsetzung der Tabelle:

| **Massenträgheitsmomente und Masse einiger homogener Körper** (Massendichte $\rho$) | | | |
|---|---|---|---|
| Körper | Masse | axiale Massenträgheitsmomente | Deviationsmomente |
| **Kugel** 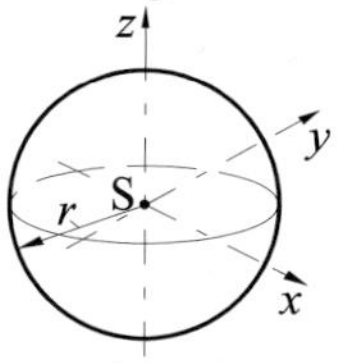  | $m=\frac{4}{3}\rho\pi r^3$ | $J_x=J_y=J_z=\frac{2}{5}m\,r^2$ | $J_{xy}=0$<br>$J_{yz}=0$<br>$J_{zx}=0$<br>(Hauptachsen) |
| **Kugelabschnitt** 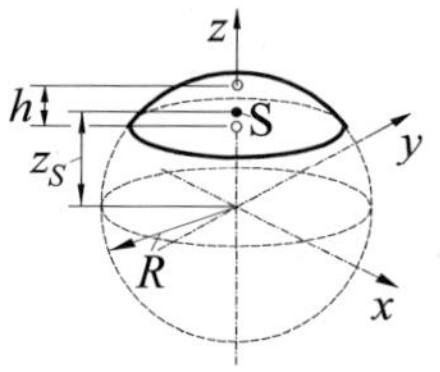  $z_S=\frac{3}{4}\frac{(2R-h)^2}{3R-h}$ | $m=\frac{\pi\rho h^2}{3}(3R-h)$<br><br>**Halbkugel:** $h=R$<br>$m=\frac{2}{3}\pi\rho R^3$ | $J_z=\rho\frac{\pi h^3}{30}\left(20R^2-15Rh+3h^2\right)$<br>$J_z=\frac{mh}{10}\cdot\frac{20R^2-15Rh+3h^2}{3R-h}$<br><br>**Halbkugel:** $h=R$<br>$J_z=\frac{8}{30}\pi\rho R^5=\frac{2}{5}mR^2$ | $J_{xy}=0$<br>$J_{yz}=0$<br>$J_{zx}=0$<br>(Hauptachsen) |
| **gerader Kreiskegel** 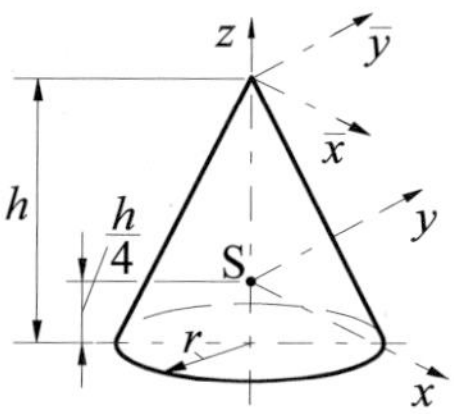  | $m=\frac{1}{3}\rho\pi r^2h$ | $J_z=\frac{3}{10}m\,r^2$<br>$J_x=J_y=\frac{3}{20}m\left(r^2+\frac{1}{4}h^2\right)$<br>$J_{\bar{x}}=J_{\bar{y}}=\frac{3}{5}m\left(\frac{1}{4}r^2+h^2\right)$ | $J_{xy}=0$<br>$J_{yz}=0$<br>$J_{zx}=0$<br>(Hauptachsen) |
| **Kreisscheibenausschnitt** 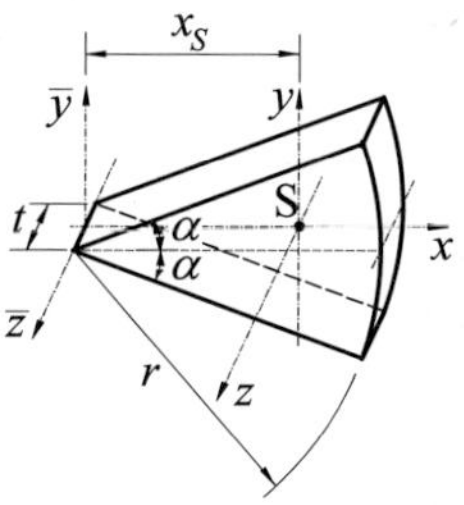  $x_S=\frac{2}{3}r\frac{\sin\alpha}{\alpha}$ | $m=\rho\,t\,r^2\alpha$ | $J_z=\frac{mr^2}{2}\left(1-\frac{8\sin^2\alpha}{9\alpha^2}\right)$<br>$J_x=\frac{mr^2}{4}\left(1-\frac{\sin 2\alpha}{2\alpha}\right)$<br>$J_{\bar{y}}=\frac{mr^2}{4}\left(1+\frac{\sin 2\alpha}{2\alpha}\right)$<br>$J_{\bar{z}}=\frac{mr^2}{2}$ | $J_{xy}=0$<br>$J_{yz}=0$<br>$J_{zx}=0$<br>(Hauptachsen) |

Fortsetzung der Tabelle:

| **Massenträgheitsmomente und Masse einiger homogener Körper** (Massendichte $\rho$) | | | |
|---|---|---|---|
| Körper | Masse | axiale Massenträgheitsmomente | Deviationsmomente |
| **Dreieckscheibe** 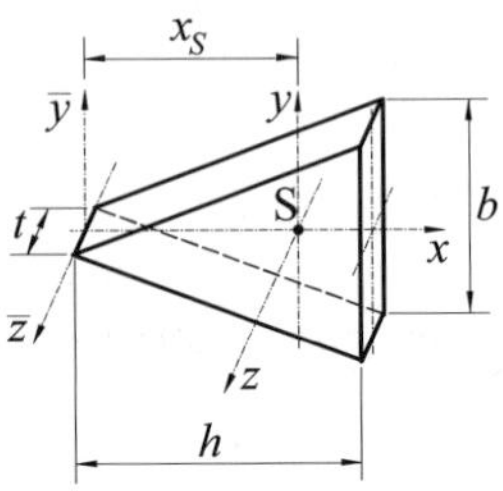  $x_S = \frac{2}{3}h$ | $m = \frac{1}{2}\rho\, b\, h\, t$ | $J_z = \frac{1}{2}m\left(\frac{1}{9}h^2 + \frac{1}{12}b^2\right)$ <br> $J_{\bar{z}} = \frac{1}{2}m\left(h^2 + \frac{1}{12}b^2\right)$ | $J_{xy} = 0$ <br> $J_{yz} = 0$ <br> $J_{zx} = 0$ <br> (Hauptachsen) |
| **gerader Kreiskegelstumpf** 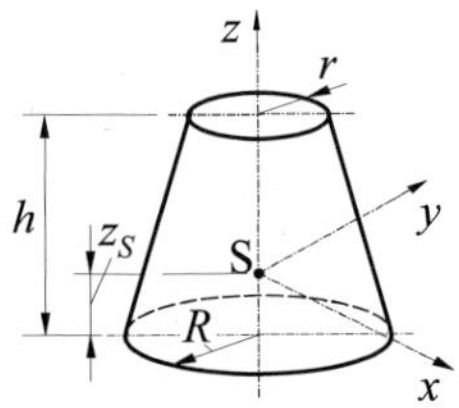  $z_S = \frac{h}{4}\cdot\frac{R^2 + 2Rr + 3r^2}{R^2 + Rr + r^2}$ | $m = \frac{\pi\rho h}{3}\left(R^2 + Rr + r^2\right)$ | $J_z = \frac{3}{10}m\frac{R^5 - r^5}{R^3 - r^3}$ | $J_{xy} = 0$ <br> $J_{yz} = 0$ <br> $J_{zx} = 0$ <br> (Hauptachsen) |
| **gerade Pyramide** 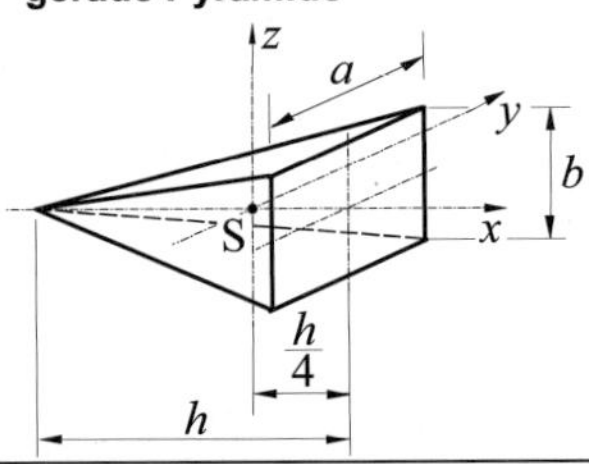  | $m = \frac{1}{3}\rho\, a\, b\, h$ | $J_x = \frac{m\left(a^2 + b^2\right)}{20}$ <br> $J_y = \frac{m\left(4b^2 + 3h^2\right)}{80}$ <br> $J_z = \frac{m\left(4a^2 + 3h^2\right)}{80}$ | $J_{xy} = 0$ <br> $J_{yz} = 0$ <br> $J_{zx} = 0$ <br> (Hauptachsen) |
| **Kreisringkörper (Kreistorus)** 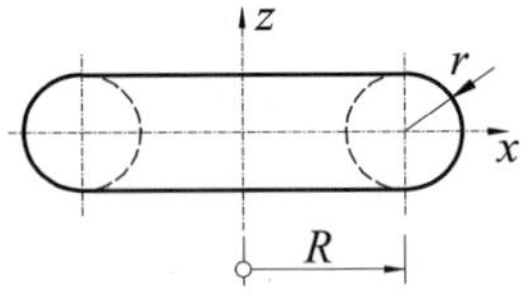  $R \geq r$ <br> $R$: Abstand des Mittelpunktes des erzeugenden Kreises von der Rotationsachse | $m = 2\pi^2\rho R r^2$ | $J_z = \frac{1}{4}m\left(4R^2 + 3r^2\right)$ <br> $J_x = J_y = \frac{1}{8}m\left(4R^2 + 5r^2\right)$ <br> Im Grenzfall $r = R$ ist <br> $J_z = \frac{7}{4}mR^2$, <br> $J_x = J_y = \frac{9}{8}mR^2$. | $J_{xy} = 0$ <br> $J_{yz} = 0$ <br> $J_{zx} = 0$ <br> (Hauptachsen) |

# Ebene Bewegung des starren Körpers

## Schwerpunktsatz, Drallsatz

Der **Schwerpunktsatz** lautet:

$$m\,\ddot{x}_S = F_x\,,\quad m\,\ddot{y}_S = F_y\,.$$

Der Schwerpunkt eines starren Körpers bewegt sich so, als würde die Gesamtmasse in ihm konzentriert sein und als würden alle äußeren Kräfte an ihm angreifen.

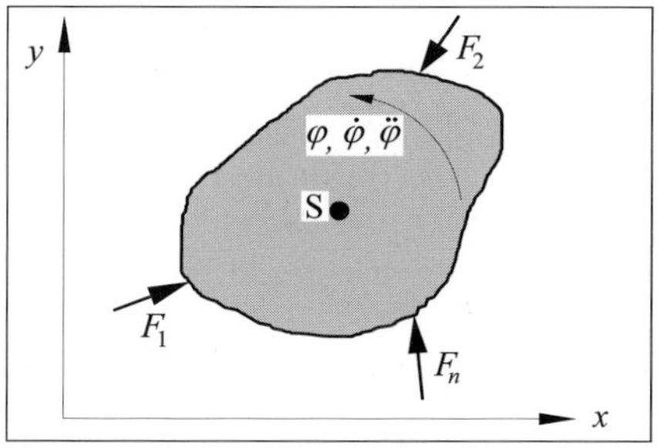


*Zur Bewegung des starren Körpers in der Ebene*

- $m$ Gesamtmasse des Körpers
- $\ddot{x}_S$ Beschleunigung des Schwerpunktes in $x$-Richtung
- $\ddot{y}_S$ Beschleunigung des Schwerpunktes in $y$-Richtung
- $F_x$ Summe aller äußeren Kräfte in $x$-Richtung
- $F_y$ Summe aller äußeren Kräfte in $y$-Richtung

**Drallsatz (Momentensatz)**:

$$J_A\,\ddot{\varphi} = J_A\,\dot{\omega} = M_A = \frac{d L_A}{dt}\,.$$

Die zeitliche Änderung des Dralls ist die Summe aller angreifenden äußeren Momente. Als Bezugspunkt A darf nur der Schwerpunkt S oder ein beschleunigungsfreier Punkt des Körpers (fester Punkt) verwendet werden.

- $J_A$ Massenträgheitsmoment bezüglich des Punktes A (beschleunigungsfreier Punkt oder Schwerpunkt S)
- $\ddot{\varphi}, \dot{\omega}$ Winkelbeschleunigung des Körpers
- $M_A$ Summe aller äußeren Momente bezüglich des Punktes A (beschleunigungsfreier Punkt oder Schwerpunkt S)
- $L_A$ Gesamtdrall bezüglich des Punktes A (beschleunigungsfreier Punkt oder Schwerpunkt S)

# Energiesatz und Arbeitssatz

Der **Energiesatz** für die Bewegung des starren Körpers lautet (nur konservative Kräfte):

$$E_{pot\,1} + E_{kin\,1} = E_{pot\,2} + E_{kin\,2} = \text{konstant}\,.$$

**Kinetische Energie** bei der ebenen Bewegung des starren Körpers:

$$E_{kin} = E_{kin\ trans} + E_{kin\ rot}\,,$$

$$E_{kin} = \frac{1}{2} m\,v_S^2 + \frac{1}{2} J_S\,\dot{\varphi}^2\,.$$

- $E_{pot}$ potentielle Energie
- $E_{kin}$ kinetische Energie
- $E_{kin\ trans}$ translatorischer Anteil der kinetischen Energie
- $E_{kin\ rot}$ rotatorischer Anteil der kinetischen Energie
- $m$ Masse
- $J_S$ Massenträgheitsmoment bezüglich des Schwerpunktes
- $v_S$ Geschwindigkeit des Schwerpunktes
- $\dot{\varphi}$ Winkelgeschwindigkeit des Körpers

Der **Arbeitssatz** für die ebene Bewegung eines starren Körpers lautet: $E_{kin\,1} - E_{kin\,0} = W$.

Darin ist $W$ die Arbeit der äußeren Kräfte (Momente) bei der Bewegung des Körpers aus einer Lage ⓪ in eine beliebige Lage ①.

# A6 Schwingungen

$$f = \frac{1}{T} = \frac{\omega}{2\pi}$$

Die Einheit der Frequenz $f$ ist $s^{-1}$ oder Hz (HERTZ):

$$1\,\text{Hz} = 1\,\text{s}^{-1}.$$

Die Frequenz $f$ gibt die Anzahl der Perioden in einer Sekunde an.

$f$ Frequenz (Schwingungszahl)

$T$ Schwingungsdauer (Schwingungszeit)

$\omega$ Kreisfrequenz

Für die Kreisfrequenz $\omega$ gilt $\omega = 2\pi f = \frac{2\pi}{T}$.

Die Kreisfrequenz $\omega$ gibt die Anzahl der Perioden in $2\pi$ Sekunden an.

## • Harmonische Schwingung:

Eine ***harmonische Schwingung*** ist ein Spezialfall einer periodischen Schwingung, deren Zustandsgröße $x(t)$ sich im zeitlichen Verlauf nach einer sin- und/oder cos-Funktion ändert.

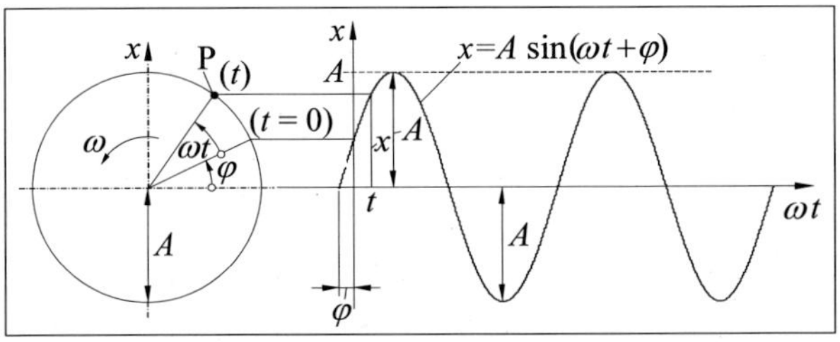

*Gleichförmige Kreisbewegung des Punktes P und Zeitverlauf der harmonischen Bewegung des Punktes P (harmonische Schwingung)*

$A$ Amplitude der Schwingung

$\omega$ Kreisfrequenz

$\varphi$ Nullphasenwinkel (Phasenverschiebung)

# Freie ungedämpfte Schwingungen

Bewegungsgleichung $\ddot{x} + \omega_0^2 x = 0 \quad \text{mit} \quad \omega_0^2 = \frac{c}{m}$

mit der allgemeinen Lösung $x(t) = c_0 \sin(\omega_0 t + \varphi_0)$.

Mit der Eigenkreisfrequenz $\omega_0$ lassen sich Schwingungsdauer $T_0$ und Eigenfrequenz $f_0$ bestimmen:

$$T_0 = \frac{2\pi}{\omega_0}, \quad f_0 = \frac{1}{T_0} = \frac{\omega_0}{2\pi} \quad \text{mit} \quad \omega_0 = \sqrt{\frac{c}{m}}.$$

$\omega_0$ Eigenkreisfrequenz

$c$ Federkonstante (Federsteifigkeit)

$m$ Masse

$T_0$ Schwingungsdauer

$f_0$ Eigenfrequenz

Aus den Anfangsbedingungen

$$t = 0: \quad x = x_0\,, \quad \dot{x} = v_0$$

erhalten wir für die Eigenschwingung die Amplitude $c_0$ und die Phasenverschiebung $\varphi_0$:

$$c_0 = \sqrt{x_0^2 + \left(\frac{v_0}{\omega_0}\right)^2}\,,$$

$$\tan\varphi_0 = \frac{\omega_0\, x_0}{v_0}\,.$$

$c_0$ Amplitude der Eigenschwingung

$\varphi_0$ Phasenverschiebung der Eigenschwingung

# Federn und Federnschaltungen

Ersatzfedern für elastische Elemente:

| | | | |
|---|---|---|---|
| Belastungsfall elastischer Körper | 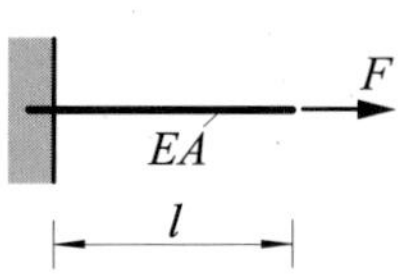 | 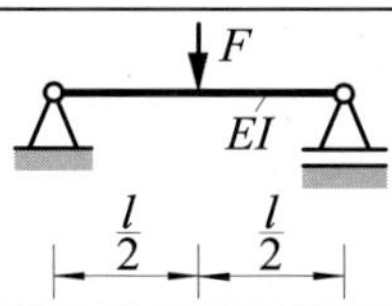 | 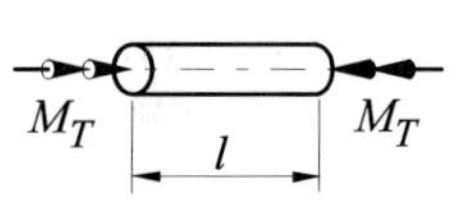 |
| Federkonstante $c$ für den Belastungsfall elastischer Körper | $c = \frac{EA}{l}$ | $c = \frac{48\,EI}{l^3}$ | $c = \frac{GI_T}{l}$ |

**Parallelschaltung**

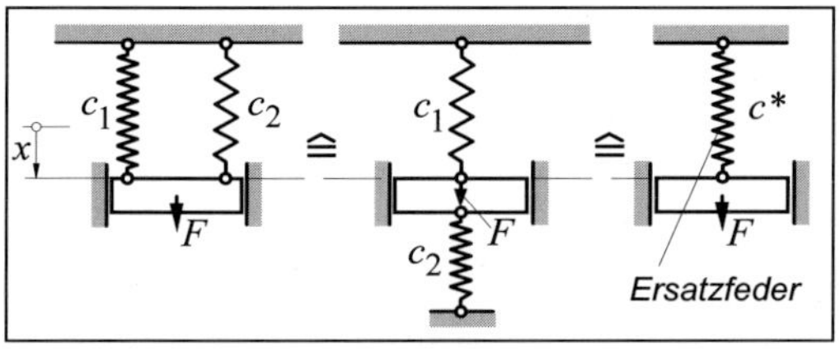


*Parallelschaltung von Federn*

**Reihenschaltung**

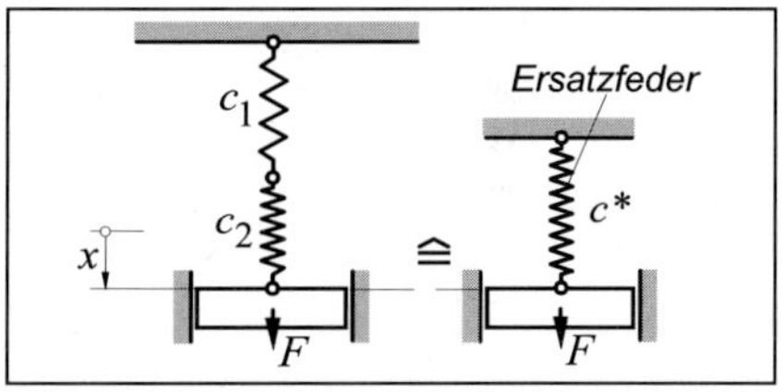


*Reihenschaltung von Federn*

**Parallelschaltung** (Federwege sind gleich groß)

$$F = c_1 x + c_2 x = c^* x \quad \Rightarrow \quad c^* = c_1 + c_2$$

$$c^* = \sum_{i=1}^{n} c_i$$

**Reihenschaltung** (Federkräfte sind gleich)

$$x = x_1 + x_2 = \frac{F}{c_1} + \frac{F}{c_2} = \frac{F}{c^*} \quad \Rightarrow \quad \frac{1}{c^*} = \frac{1}{c_1} + \frac{1}{c_2}$$

$$\frac{1}{c^*} = \sum_{i=1}^{n} \frac{1}{c_i}\,; \quad \frac{1}{c^*} = \frac{c_1 + c_2}{c_1 \cdot c_2} \quad \Rightarrow \quad c^* = \frac{c_1 \cdot c_2}{c_1 + c_2}$$

$c^*$: Federkonstante der Ersatzfeder

$c_i$: Federkonstante der Feder $i$

$n$: Anzahl der Federn

$F$: Federkraft

$x$: Federweg

# Freie gedämpfte Schwingungen

Mit $\boxed{\frac{b}{m} = 2\,\delta}$ und $\boxed{\frac{c}{m} = \omega_0^2}$ lautet die homogene lineare Differenzialgleichung

$$\boxed{\ddot{x} + 2\,\delta\dot{x} + \omega_0^2\,x = 0}.$$

Mit Einführung des Dämpfungsgrades

$D = \frac{\delta}{\omega_0}$ folgt die Differenzialgleichung

$$\boxed{\ddot{x} + 2\,D\,\omega_0\,\dot{x} + \omega_0^2\,x = 0}.$$

$b$ Dämpfungskonstante

$c$ Federkonstante

$x$ Auslenkung aus der statischen Ruhelage

$m$ Masse

$\delta$ Abklingkonstante

$\omega_0$ Eigenkreisfrequenz der ***ungedämpften*** Schwingung

$D$ Dämpfungsgrad (LEHRsches Dämpfungsmaß)

$D < 1$ schwache Dämpfung

D = 1 aperiodischer Grenzfall (kritische Dämpfung)

$D > 1$ starke Dämpfung (aperiodische Bewegung), keine Schwingung.

Für die **schwache Dämpfung ($D < 1$)** lautet die Lösung der Differenzialgleichung

$$\boxed{x(t) = e^{-\delta t} K \cos(\omega_d t - \varphi)}$$

mit $\boxed{\omega_d = \omega_0\sqrt{1 - D^2}}$; *Eigenkreisfrequenz der **gedämpften** Schwingung.*

# Das logarithmische Dekrement (Dämpfungsdekrement)

$$\boxed{\Lambda = \frac{1}{n}\ln\frac{x(t_0)}{x(t_0 + nT)}}$$

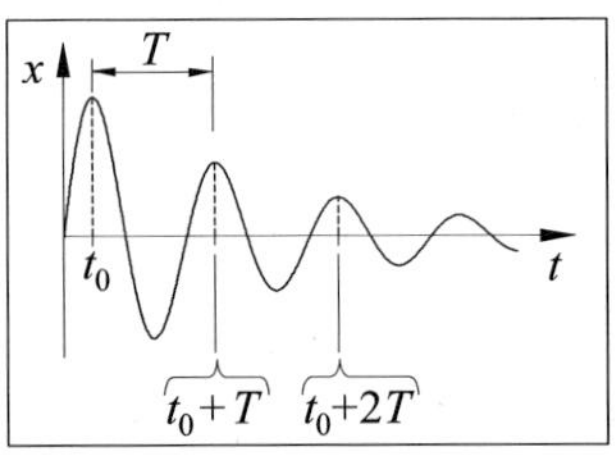


*Schwach gedämpfte Schwingung*

$\Lambda$ logarithmisches Dekrement

$n$ Anzahl der um $n$-Perioden auseinanderliegenden Maxima

$t_0$ zu irgendeinem Maxima gehörige Zeit

$T = 2\pi / \omega$ Schwingungsdauer

$\delta$ Abklingkonstante

$D$ Dämpfungsgrad

Für zwei aufeinanderfolgende Maxima ($n = 1$) gilt

$$\boxed{\Lambda = \ln\frac{x(t_0)}{x(t_0 + T)}}. \qquad \delta = \omega_0 D, \qquad \omega = \omega_0\sqrt{1 - D^2}.$$

$$\Lambda = \delta\,T = \delta\frac{2\pi}{\omega} = \delta\frac{2\pi}{\omega_0\sqrt{1 - D^2}},$$

$\boxed{\Lambda = 2\pi\frac{D}{\sqrt{1 - D^2}}}$; umgestellt nach $D$ ergibt sich $\boxed{D = \frac{\Lambda}{\sqrt{4\pi^2 + \Lambda^2}}}$.

# Erzwungene Schwingungen

## Krafterregung oder Erregung über eine Feder (Federkrafterregung)

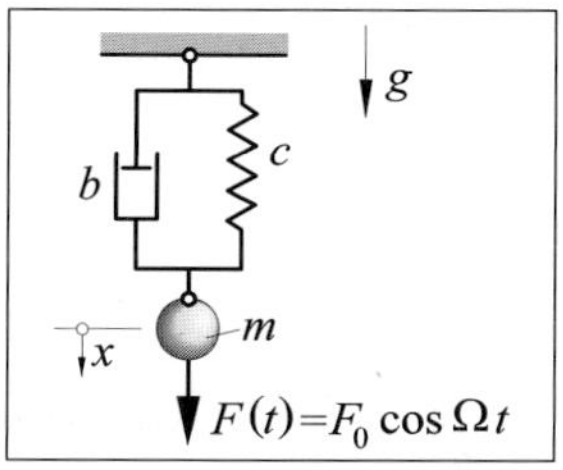


*Schwinger mit Erregerkraft an der Masse*

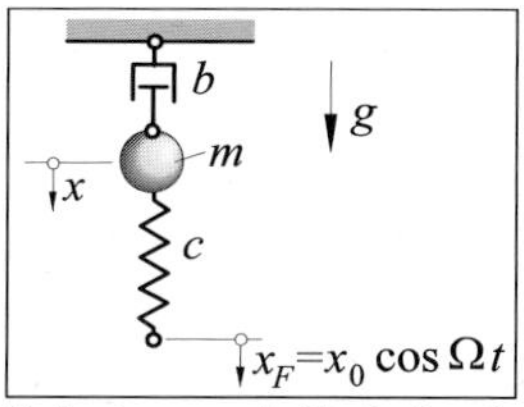


*Schwinger mit Federkrafterregung*

Die Bewegungs-Differenzialgleichung lautet mit

$\omega_0 = \sqrt{\frac{c}{m}}$, $D = \frac{\delta}{\omega_0}$, $\frac{b}{m} = 2\,\delta$ und $x_0 = \frac{F_0}{c}$:

$$\ddot{x} + 2D\omega_0 \dot{x} + \omega_0^2 x = x_0\, \omega_0^2 \cos \Omega t.$$

| | |
|---|---|
| $\Omega$ | Erregerkreisfrequenz |
| $\omega_0$ | Eigenkreisfrequenz der ***ungedämpften*** Schwingung |
| $b$ | Dämpfungskonstante |
| $c$ | Federkonstante |
| $D$ | Dämpfungsgrad |
| $\delta$ | Abklingkonstante |

**Dauerschwingung (stationäre Schwingung):**

$$x_{stationär} = x_0 \cdot \underbrace{\frac{1}{\sqrt{\left(1-\eta^2\right)^2 + 4D^2\eta^2}}}_{V(\eta)} \cdot \cos\left(\Omega t - \psi\right).$$

$$V(\eta) = \frac{1}{\sqrt{\left(1-\eta^2\right)^2 + 4D^2\eta^2}}$$ **Vergrößerungsfunktion**

$$\eta = \frac{\Omega}{\omega_0} = \frac{\Omega}{\sqrt{\frac{c}{m}}}$$ **Abstimmungsverhältnis** (Frequenzverhältnis)

$$\tan\psi = \frac{2D\eta}{1-\eta^2}$$ **Phasenverschiebung** $\psi$ (Nacheilwinkel)

$\psi$: Winkel, um den die erregte Schwingung (Ausschlag $x$) der Erregung nacheilt.

- Anmerkungen:
  1. Die Vergrößerungsfunktion $V(\eta)$ nimmt bei sehr kleiner Dämpfung in der Nähe von $\eta = 1$ sehr große Werte an. Das bedeutet: **Eine Erregung mit einer Kreisfrequenz $\Omega$, die der Eigenkreisfrequenz $\omega_0$ des ungedämpften Schwingers entspricht, führt bei kleiner Dämpfung zu sehr großen Amplituden (*Resonanz*).**
  2. Bei **überkritischer** Erregung mit $\Omega > \omega_0$ $(\eta > 1)$ sind die Amplituden deutlich geringer als im **unterkritischen** Bereich bei $\Omega < \omega_0$ $(\eta < 1)$.

# Unwuchterregung

$$V_U(\eta) = \eta^2 V(\eta) = \eta^2 \frac{1}{\sqrt{\left(1-\eta^2\right)^2 + 4D^2\eta^2}}$$ **Vergrößerungsfunktion für die Unwuchterregung**

# A7 Stoßvorgänge

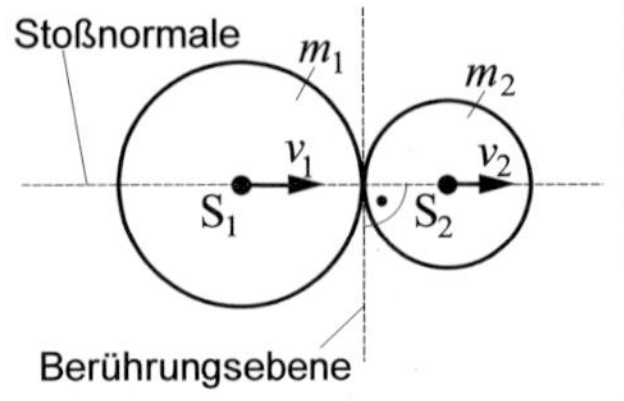


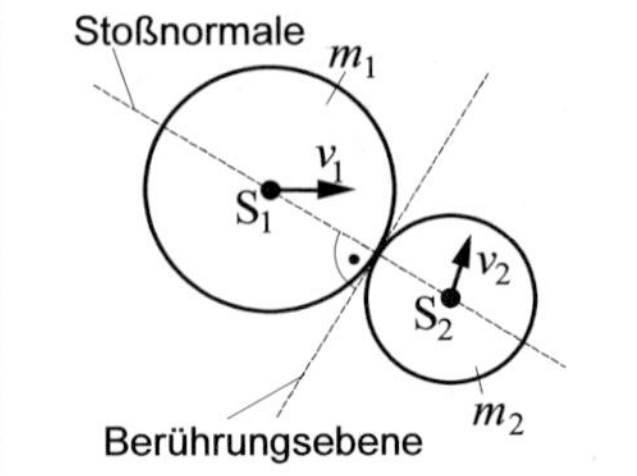


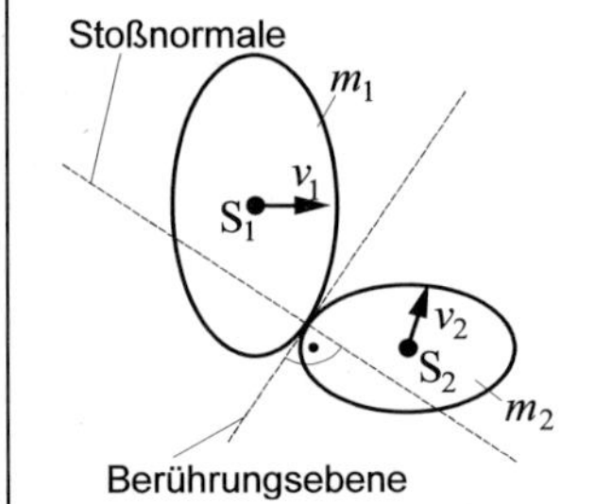


| | | |
|---|---|---|
| beide Körper bewegen sich in Richtung der Stoßnormalen und die Schwerpunkte der beiden Massen liegen auf der Stoßnormalen | die Richtung der Geschwindigkeiten stimmt nicht mit der Stoßnormalen überein und die Schwerpunkte der beiden Massen liegen auf der Stoßnormalen | Schwerpunkte der beiden Massen liegen nicht auf der Stoßnormalen |
| **gerader zentrischer Stoß** | **schiefer zentrischer Stoß** | **exzentrischer Stoß** |

*Verschiedene Stoßvorgänge*

## ◆ Gerader zentrischer Stoß

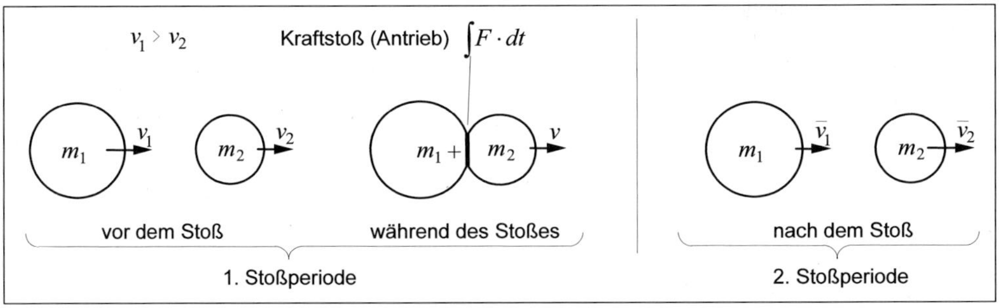


*Stoßablauf*

Aus dem **Impulssatz**

$$m_1 v_1 + m_2 v_2 = (m_1 + m_2) v$$

folgt die gemeinsame Geschwindigkeit am Ende der ersten Stoßperiode

$$\boxed{v = \frac{m_1 v_1 + m_2 v_2}{m_1 + m_2}}.$$

$v_1, v_2$ Geschwindigkeiten vor dem Stoß

$v$ gemeinsame Geschwindigkeit am Ende der ersten Stoßperiode

$$\boxed{e = \frac{\text{Geschwindigkeitsdifferenz nach dem Stoß}}{\text{Geschwindigkeitsdifferenz vor dem Stoß}}}$$

$$\boxed{e = \frac{\bar{v}_2 - \bar{v}_1}{v_1 - v_2}}$$

$e$ Stoßzahl (hängt vorwiegend von der Materialbeschaffenheit der Körper ab, aber auch von deren Form und Geschwindigkeit)

$\bar{v}_1, \bar{v}_2$ Geschwindigkeiten nach dem Stoß

Es gilt

| | | |
|---|---|---|
| $e = 0$ | ***vollkommen plastischer Stoß*** | (fehlende Formrückbildung; Körper trennen sich nicht) |
| $0 < e < 1$ | ***teilelastischer Stoß*** | (teilweise Formrückbildung) |
| $e = 1$ | ***vollkommen elastischer Stoß*** | (totale Formrückbildung; kein Energieverlust). |

**Geschwindigkeiten nach dem Stoß (2. Stoßperiode):**

$$\bar{v}_1 = \frac{m_1 v_1 + m_2 v_2 + e\, m_2 (v_2 - v_1)}{m_1 + m_2}$$

$$\bar{v}_2 = \frac{m_1 v_1 + m_2 v_2 + e\, m_1 (v_1 - v_2)}{m_1 + m_2}$$

$v_1, v_2$ Geschwindigkeiten vor dem Stoß

$\bar{v}_1, \bar{v}_2$ Geschwindigkeiten nach dem Stoß

$e$ Stoßzahl

**Energieverlust nach vollzogenem Stoß:**

$$\Delta E_{kin} = \frac{1}{2}\left(1 - e^2\right) \frac{m_1\, m_2}{m_1 + m_2} (v_1 - v_2)^2$$

$\Delta E_{kin}$ Verlust an kinetischer Energie nach vollzogenem Stoß

## ◆ Schiefer zentrischer Stoß

Beim schiefen zentrischen Stoß setzen wir *glatte* Oberflächen am Stoßpunkt voraus, so dass also keine Kräfte in Richtung der Berührungsebene ($y$-Richtung) übertragen werden.

$$\bar{v}_{1y} = v_{1y} \;; \qquad \bar{v}_{2y} = v_{2y} .$$

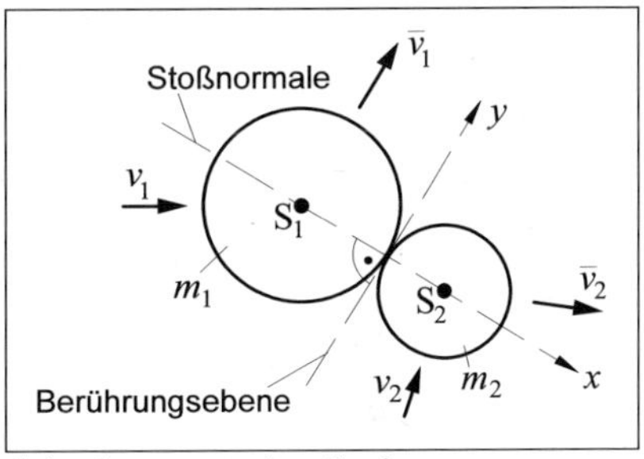


*Schiefer zentrischer Stoß*

$$e = \frac{\bar{v}_{2x} - \bar{v}_{1x}}{v_{1x} - v_{2x}}$$

$$\bar{v}_{1x} = \frac{m_1 v_{1x} + m_2 v_{2x} + e\, m_2 (v_{2x} - v_{1x})}{m_1 + m_2}$$

$$\bar{v}_{2x} = \frac{m_1 v_{1x} + m_2 v_{2x} + e\, m_1 (v_{1x} - v_{2x})}{m_1 + m_2}$$

$e$ Stoßzahl

$v_{1x}, v_{2x}$ Geschwindigkeitskomponenten in Richtung der Stoßnormalen vor dem Stoß

$\bar{v}_{1x}, \bar{v}_{2x}$ Geschwindigkeitskomponenten in Richtung der Stoßnormalen nach dem Stoß

## ◆ Exzentrischer Stoß

Für *glatte* Oberflächen gilt die Stoßzahl

$$e = \frac{\bar{v}_{2x} - \bar{v}_{1x}}{v_{1x} - v_{2x}}$$ ($x$ ist die Richtung der Stoßnormalen).

# A8 Relativbewegung

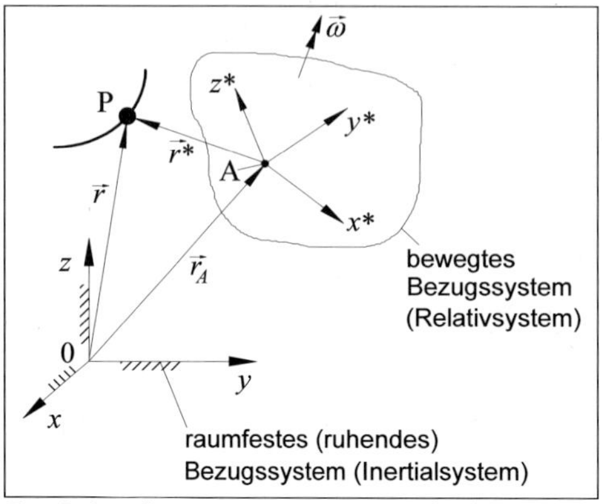


*Zur Relativbewegung; gegeneinander bewegte Bezugssysteme*

**Ortsvektor** der Bewegung des Punktes P bezogen auf das Inertialsystem:

$$\boxed{\vec{r} = \vec{r}_A + \vec{r}^*}.$$

**Absolutgeschwindigkeit** des Punktes P:

$$\boxed{\vec{v}_P = \vec{v}_f + \vec{v}_{rel}}$$

mit $\vec{v}_f = \vec{v}_A + \vec{\omega} \times \vec{r}^*$

oder $\vec{v}_f = \dfrac{d\vec{r}_A}{dt} + \vec{\omega} \times \vec{r}^*$

und $\vec{v}_{rel} = \left[\dfrac{d\vec{r}^*}{dt}\right]_{rel}$ (Zeitableitung im bewegten System).

In $\vec{v}_f$ kommt die Translation und Rotation des Führungssystems zum Ausdruck. Die Führungsgeschwindigkeit entspricht der Absolutgeschwindigkeit eines bewegten Punkts, der im Führungssystem ruht.

| | |
|---|---|
| $\vec{v}_P$ | Absolutgeschwindigkeit des Punktes P; im ruhenden System gemessene Geschwindigkeit |
| $\vec{v}_f$ | Führungsgeschwindigkeit |
| $\vec{v}_{rel}$ | Relativgeschwindigkeit |
| $\vec{v}_A$ | Geschwindigkeit von A |
| $\vec{\omega}$ | Winkelgeschwindigkeit des bewegten Relativsystems |

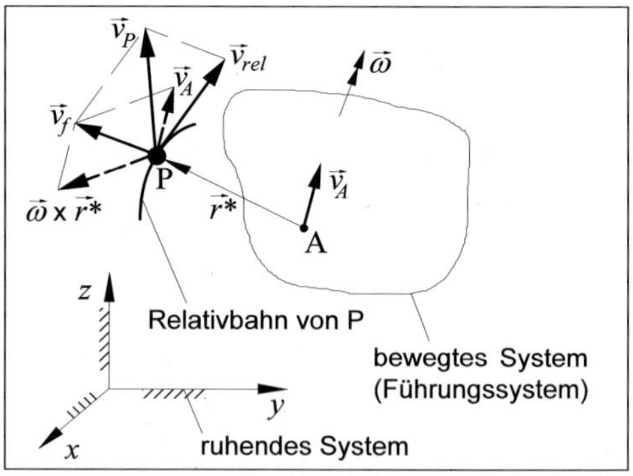


*Geschwindigkeiten bei der Relativbewegung des Punktes P*

**Absolutbeschleunigung** des Punktes P:

$$\vec{a}_P = \vec{a}_f + \vec{a}_{rel} + \vec{a}_C$$

mit der **Führungsbeschleunigung**

$$\vec{a}_f = \vec{a}_A + \dot{\vec{\omega}} \times \vec{r}^* + \vec{\omega} \times (\vec{\omega} \times \vec{r}^*),$$

der **Relativbeschleunigung**

$$\vec{a}_{rel} = \left[\frac{d\vec{v}_{rel}}{dt}\right]_{rel}$$ (Zeitableitung im bewegten System)

und der **CORIOLISbeschleunigung**

$$\vec{a}_C = 2\, \vec{\omega} \times \vec{v}_{rel}.$$

$\vec{a}_C$ steht senkrecht auf $\vec{\omega}$ und $\vec{v}_{rel}$ (auf Ebene, die durch $\vec{\omega}$ und $\vec{v}_{rel}$ aufgespannt wird) und verschwindet, wenn $\vec{\omega} = 0$ oder $\vec{v}_{rel} = 0$ oder $\vec{v}_{rel}$ parallel zu $\vec{\omega}$ ist.
Die Vektoren $\vec{\omega}$, $\vec{v}_{rel}$ und $\vec{a}_C$ bilden ein Rechtssystem.
Bei der ebenen Bewegung steht $\vec{\omega}$ immer senkrecht auf der Ebene, in der sich die Bewegung vollzieht (Winkel zwischen $\vec{\omega}$ und $\vec{v}_{rel}$ ist 90°), so dass dann der Betrag der CORIOLISbeschleunigung

$$|\vec{a}_C| = 2\, \omega\, v_{rel} \sin 90° = 2\, \omega\, v_{rel}$$

ist.

$\vec{a}_P$ Absolutbeschleunigung; im ruhenden System (Inertialsystem) gemessene Beschleunigung

$\vec{\omega}$ Winkelgeschwindigkeit des bewegten Relativsystems (Führungssystems)

$\vec{a}_A$ Beschleunigung des Punktes A

$\vec{a}_f$ Beschleunigung, die der Punkt P hätte, wenn er mit dem bewegten System fest verbunden wäre

$\vec{a}_{rel}$ Beschleunigung relativ zum bewegten System, welche von einem mitbewegten Beobachter gemessen wird

$\vec{a}_C$ CORIOLISbeschleunigung

Bewegungsgleichung:
Das NEWTONsche Grundgesetz in einem ruhenden Bezugssystem lautet

$$m\,\vec{a}_P = \vec{F} \qquad \Rightarrow \qquad m\left(\vec{a}_f + \vec{a}_{rel} + \vec{a}_C\right) = \vec{F}.$$

Durch Umstellen der Bewegungsgleichung folgt für die Relativbewegung in Bezug auf ein bewegtes Koordinatensystem:

$$m\vec{a}_{rel} = \vec{F} - m\vec{a}_f - m\vec{a}_C.$$

Der zweite und dritte Ausdruck auf der rechten Seite sind Trägheitskräftc, und zwar

$-m\vec{a}_f$ ist die Führungskraft infolge der Führungsbeschleunigung,

$-m\vec{a}_C$ ist die CORIOLISkraft infolge der CORIOLISbeschleunigung.

Nach dem **D'ALEMBERTschen Prinzip** folgt aus obiger Gleichung

$$\vec{F} + (-m\vec{a}_{rel}) + (-m\vec{a}_f) + (-m\vec{a}_C) = 0.$$

$\vec{F}$ Resultierende aller angreifenden äußeren Kräfte

$\vec{a}_C$ CORIOLISbeschleunigung

$m$ Masse

Die negativen Vorzeichen in vorstehender Gleichung bedeuten, dass diese Trägheitskräfte in der Systemskizze **entgegen der positiven Beschleunigungs- bzw. Koordinatenrichtung** eingezeichnet werden müssen (D'ALEMBERTsche Trägheitskräfte werden in der Systemskizze durch einen gestrichelten Pfeil mit Konturspitze gekennzeichnet).

***Notizen***

# Das griechische Alphabet

| Buchstabe groß | Buchstabe klein | Benennung | Buchstabe groß | Buchstabe klein | Benennung |
|---|---|---|---|---|---|
| $A$ | $\alpha$ | Alpha | $N$ | $\nu$ | Ny |
| $B$ | $\beta$ | Beta | $\Xi$ | $\xi$ | Xi |
| $\Gamma$ | $\gamma$ | Gamma | $O$ | $o$ | Omikron |
| $\Delta$ | $\delta$ | Delta | $\Pi$ | $\pi$ | Pi |
| $E$ | $\varepsilon$ | Epsilon | $P$ | $\rho$ | Rho |
| $Z$ | $\zeta$ | Zeta | $\Sigma$ | $\sigma$ | Sigma |
| $H$ | $\eta$ | Eta | $T$ | $\tau$ | Tau |
| $\Theta$ | $\vartheta$ | Theta | $Y$ | $\upsilon$ | Ypsilon |
| $I$ | $\iota$ | Jota | $\Phi$ | $\varphi$ | Phi |
| $K$ | $\kappa$ | Kappa | $X$ | $\chi$ | Chi |
| $\Lambda$ | $\lambda$ | Lambda | $\Psi$ | $\psi$ | Psi |
| $M$ | $\mu$ | My | $\Omega$ | $\omega$ | Omega |

# Vorsätze und Vorsatzzeichen für dezimale Teile und Vielfache von Einheiten

| Vorsatz | Vorsatzzeichen | Faktor, mit dem die Einheit multipliziert wird | Vorsatz | Vorsatzzeichen | Faktor, mit dem die Einheit multipliziert wird |
|---|---|---|---|---|---|
| Atto | a | $10^{-18}$ | Deka | da | $10^{1}$ |
| Femto | f | $10^{-15}$ | Hekto | h | $10^{2}$ |
| Piko | p | $10^{-12}$ | Kilo | k | $10^{3}$ |
| Nano | n | $10^{-9}$ | Mega | M | $10^{6}$ |
| Mikro | µ | $10^{-6}$ | Giga | G | $10^{9}$ |
| Milli | m | $10^{-3}$ | Tera | T | $10^{12}$ |
| Zenti | c | $10^{-2}$ | Peta | P | $10^{15}$ |
| Dezi | d | $10^{-1}$ | Exa | E | $10^{18}$ |

## Beispiele:

| Vorsatz | Kurzzeichen | Beispiel | |
|---|---|---|---|
| Mega | M | $1\,\text{Mg} = 10^6\,\text{g} = 10^3\,\text{kg} = 1\,\text{t}$ | ; (1 Megagramm) |
| Kilo | k | $1\,\text{kg} = 10^3\,\text{g} = 1000\,\text{g}$ | ; (1 Kilogramm) |
| Hekto | k | $1\,\text{hl} = 10^2\,\text{l} = 100\,\text{l}$ | ; (1 Hektoliter) |
| Deka | da | $1\,\text{dam} = 10\,\text{m}$ | ; (1 Dekameter) |
| Dezi | d | $1\,\text{dm} = 10^{-1}\,\text{m} = 0{,}1\,\text{m}$ | ; (1 Dezimeter) |
| Zenti | c | $1\,\text{cm} = 10^{-2}\,\text{m} = 0{,}01\,\text{m}$ | ; (1 Zentimeter) |
| Milli | m | $1\,\text{mm} = 10^{-3}\,\text{m} = 0{,}001\,\text{m}$ | ; (1 Millimeter) |
| Mikro | µ | $1\,\mu\text{m} = 10^{-6}\,\text{m} = 0{,}000001\,\text{m}$ | ; (1 Mikrometer) |
| Nano | n | $1\,\text{ns} = 10^{-9}\,\text{s}$ | ; (1 Nanosekunde) |
| Piko | p | $1\,\text{pF} = 10^{-12}\,\text{F}$ | ; (1 Pikofarad) |

# Einheitennamen und Einheitenzeichen

| Größe | Einheit Name | Einheit Zeichen | Beziehung | Früher gebräuchliche Einheit und Beziehung |
|---|---|---|---|---|
| Länge $l$ | Meter | m | | |
| Masse $m$ | Kilogramm | kg | $1\,\mathrm{kg} = 1000\,\mathrm{g}$ | |
| Zeit $t$ | Sekunde | s | $1\,\mathrm{min} = 60\,\mathrm{s}$ | |
| Temperatur $T$ | Kelvin | K | | $1\,\mathrm{grad} = 1\,\mathrm{K} = 1\,°\mathrm{C}$ |
| Celsius-Temperatur $\vartheta$ | Grad Celsius | °C | $1\,°\mathrm{C} = 1\,\mathrm{K}$ | |
| ebener Winkel | Radiant<br>Grad | rad<br>° | $1\,\mathrm{rad} = 1\frac{\mathrm{m}}{\mathrm{m}}$, $1° = \frac{\pi}{180}\,\mathrm{rad}$ | |
| Kraft $F$ | Newton | N | $1\,\mathrm{N} = 1\frac{\mathrm{kg\,m}}{\mathrm{s}^2}$ | Kilopond kp<br>$1\,\mathrm{kp} = 9{,}81\,\mathrm{N} \approx 10\,\mathrm{N}$ |
| Druck, mechanische Spannung $p, \sigma, \tau$ | $\frac{\text{Newton}}{\text{Quadratmeter}}$<br>Pascal | $\frac{\mathrm{N}}{\mathrm{m}^2}$<br>Pa | $1\,\mathrm{Pa} = 1\frac{\mathrm{N}}{\mathrm{m}^2} = 1\frac{\mathrm{kg}}{\mathrm{m\,s}^2}$<br>$1\frac{\mathrm{N}}{\mathrm{mm}^2} = 10^6\frac{\mathrm{N}}{\mathrm{m}^2} = 10^6\,\mathrm{Pa}$<br>$= 1\,\mathrm{MPa} = 10\,\mathrm{bar}$ | $1\frac{\mathrm{kp}}{\mathrm{mm}^2} \approx 10\frac{\mathrm{N}}{\mathrm{mm}^2}$<br>Meter Wassersäule mWS<br>$1\,\mathrm{mWs} \approx 0{,}1\,\mathrm{bar}$ |
| Drehmoment $M$, Biegemoment $M$, Torsionsmoment $M_T$ | Newtonmeter | Nm | $1\,\mathrm{Nm} = 1\frac{\mathrm{kg\,m}^2}{\mathrm{s}^2}$ | Kilopondmeter kpm<br>$1\,\mathrm{kpm} \approx 10\,\mathrm{Nm}$ |
| Energie $E$<br>Arbeit $W$ | Joule | J | $1\,\mathrm{J} = 1\,\mathrm{Nm} = 1\frac{\mathrm{kg\,m}^2}{\mathrm{s}^2}$ | Kilopondmeter kpm<br>$1\,\mathrm{kpm} \approx 10\,\mathrm{J}$ |
| Leistung $P$ | Watt | W | $1\,\mathrm{W} = 1\frac{\mathrm{J}}{\mathrm{s}} = 1\frac{\mathrm{Nm}}{\mathrm{s}}$<br>$1\,\mathrm{W} = 1\frac{\mathrm{kg\,m}^2}{\mathrm{s}^3}$ | $\frac{\text{Kilopondmeter}}{\text{Sekunde}}$ $\frac{\mathrm{kpm}}{\mathrm{s}}$<br>$1\frac{\mathrm{kpm}}{\mathrm{s}} = 9{,}81\,\mathrm{W}$; Pferdestärke PS; $1\,\mathrm{PS} = 735{,}7\,\mathrm{W}$ |
| Massenträgheitsmoment $J$ | Kilogrammmeterquadrat | $\mathrm{kg\,m}^2$ | $1\,\mathrm{kg\,m}^2$ | Kilopondmetersekundequadrat $\mathrm{kpm\,s}^2$<br>$1\,\mathrm{kpm\,s}^2 \approx 10\,\mathrm{kg\,m}^2$ |
| Wärmeausdehnungskoeffizient $\alpha_T$ | Eins durch Kelvin | $\frac{1}{\mathrm{K}}$ | $\frac{1}{\mathrm{K}} = \mathrm{K}^{-1}$ | $\frac{1}{\mathrm{grd}} = \frac{1}{°\mathrm{C}} = \frac{1}{\mathrm{K}}$ |
| Wärme | Joule | J | $1\,\mathrm{J} = 1\,\mathrm{Nm} = 1\frac{\mathrm{kg\,m}^2}{\mathrm{s}^2}$ | Kalorie cal<br>$1\,\mathrm{cal} = 4{,}1868\,\mathrm{J}$ |
| Frequenz eines periodischen Vorganges | Hertz | Hz | $1\,\mathrm{Hz} = \frac{1}{\mathrm{s}}$ | |
| Impuls $F\,\Delta t$ | Newtonsekunde | Ns | $1\,\mathrm{Ns} = 1\frac{\mathrm{kgm}}{\mathrm{s}}$ | Kilopondsekunde kps<br>$1\,\mathrm{kps} \approx 10\,\mathrm{Ns}$ |

# Einige Formeln aus der Mathematik

<table>
<tr><td>Binomische Formel</td><td>$(a\pm b)^2=a^2\pm 2ab+b^2$, $(a\pm b)^3=a^3\pm 3a^2b+3ab^2\pm b^3$<br>$a^2-b^2=(a+b)(a-b)$</td></tr>
<tr><td>Potenzen</td><td>$a^1=a$, $a^0=1$ $(a\neq 0)$, $1^b=1$<br>$a^{-b}=\frac{1}{a^b}$, $a^{-1}=\frac{1}{a}$, $a^b a^c=a^{b+c}$<br>$a^c b^c=(ab)^c$, $(a^b)^c=a^{bc}$, $\frac{a^b}{a^c}=a^{b-c}$, $\frac{a^c}{b^c}=\left(\frac{a}{b}\right)^c$</td></tr>
<tr><td>Wurzeln</td><td>$a=\sqrt[b]{c}=c^{\frac{1}{b}}$, wenn $a^b=c$ und $c>0$, $b$ positiv ganz<br>$\sqrt[2]{c}=\sqrt{c}$, $\sqrt[1]{c}=c$, $\sqrt[b]{1}=1$, $\sqrt[b]{c^b}=c$, $\sqrt[b]{c^a}=c^{\frac{a}{b}}$, $\sqrt[ab]{d^{ac}}=\sqrt[b]{d^c}$<br>$\sqrt[ab]{c}=\sqrt[a]{\sqrt[b]{c}}=\sqrt[b]{\sqrt[a]{c}}$, $\sqrt[a]{c}\cdot\sqrt[b]{c}=\sqrt[ab]{c^{a+b}}$, $\sqrt[c]{ab}=\sqrt[c]{a}\cdot\sqrt[c]{b}$, $\sqrt[c]{\frac{a}{b}}=\frac{\sqrt[c]{a}}{\sqrt[c]{b}}$</td></tr>
<tr><td>Logarithmen</td><td>$b=\log_a c$, wenn $a^b=c$ und $a,c>0$<br>$a=10$, Dekadischer (Briggscher) Logarithmus $\log_{10} c=\lg c$<br>$a=e$, Natürlicher Logarithmus $\log_e c=\ln c$ mit $e=2{,}718281828$<br>$\log_a 1=0$, $\log_a a^b=b$, $a^{\log_a c}=c$<br>$\log_a\left(\frac{1}{b}\right)=-\log_a b$, $\log_a(bc)=\log_a b+\log_a c$, $\log_a\left(\frac{b}{c}\right)=\log_a b-\log_a c$<br>$\log_a b^c=c\log_a b$, $\log_a\sqrt[c]{b}=c^{-1}\log_a b$<br>Umrechnung zwischen verschiedenen Basen:<br>$\log_a c=\log_a b\,\log_b c$, $\log_a b=1/\log_b a$<br>$\lg c=\ln c\,\lg e$, $\ln c=\lg c\,\ln 10$, $\lg e=1/\ln 10=0{,}4343$, $\lg c=0{,}4343\cdot\ln c$</td></tr>
<tr><td>Quadratische Gleichung</td><td>$x^2+ax+b=0$ (Normalform)<br>Lösungen: $x_{1,2}=-\frac{a}{2}\pm\sqrt{\left(\frac{a}{2}\right)^2-b}$</td></tr>
<tr><td>Winkel-beziehung</td><td>Bilden $g_1, g_2$ die Schenkel des Winkels $\alpha$, $g_3, g_4$ die Schenkel des Winkels $\beta$ und stehen die Schenkel von $\alpha$ und $\beta$ paarweise senkrecht aufeinander, dann gilt $\alpha=\beta$.
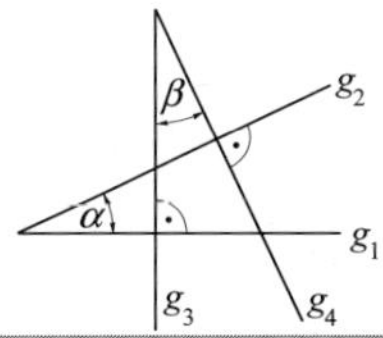
</td></tr>
<tr><td>Strahlensätze</td><td>*Strahlensätze* beschreiben die Relationen der Abschnitte $a_i$ auf Parallelen $p_1, p_2$ und $a_{ij}$ auf nicht parallelen Geraden $g_1, g_2$.<br>$\frac{a_{22}}{a_{21}}=\frac{a_{12}}{a_{11}}$, $\frac{a_{22}-a_{21}}{a_{21}}=\frac{a_{12}-a_{11}}{a_{11}}$<br>$\frac{a_2}{a_1}=\frac{a_{22}}{a_{21}}$, $\frac{a_2}{a_1}=\frac{a_{12}}{a_{11}}$
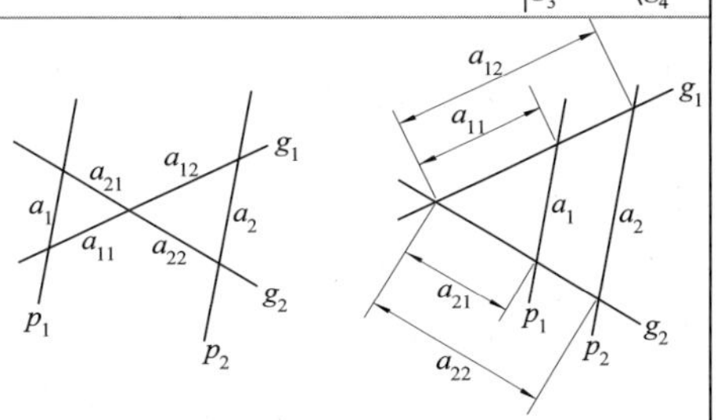
</td></tr>
</table>

Die wichtigsten Grundlagen und Formeln aus der Statik werden nachfolgend hier noch mal wiedergegeben, da die Festigkeitslehre aufs engste mit der Statik verknüpft ist.

# Einige Grundlagen und Formeln aus der Statik

## S1 Kräfte, Lagerungen, Freimachen, Axiome, Schnittprinzip

### Kräfte und Kraftarten

Die Einzelkraft ist eine ***vektorielle*** Größe und ist durch drei Bestimmungsstücke zu beschreiben

1. Betrag (Größe) der Kraft,
2. Richtung der Kraft (Wirkungslinie und Richtungssinn),
3. Angriffspunkt der Kraft.

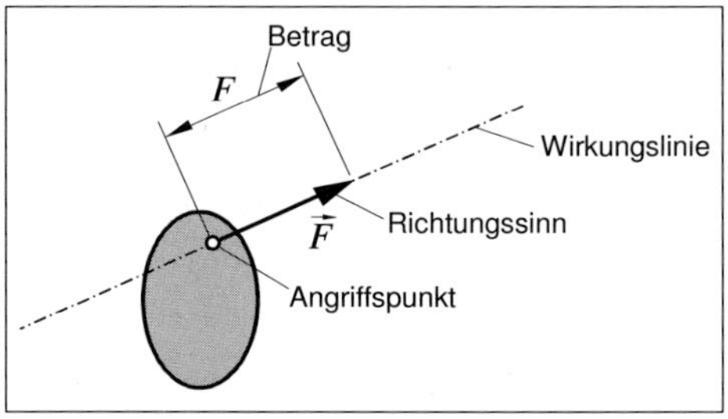


*Darstellung einer Einzelkraft*

| ***Kraftart*** | ***Symbol*** | ***Dimension (beispielhaft)*** | ***Bemerkung*** | ***Beispiel*** |
|---|---|---|---|---|
| Einzelkraft | 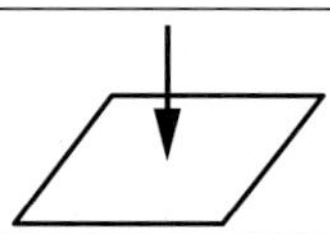 | N<br>kN<br>MN | wirkt auf einem Punkt (Idealisierung, da Kräfte nur auf Flächen wirken) | Stabkräfte, Lagerkräfte |
| Linienkraft (Streckenlast) | 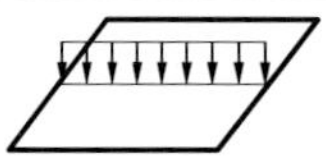 | N/m<br>kN/m<br>MN/m | wirkt längs einer Linie (Idealisierung) | Gewichtskraft eines Trägers |
| Flächenkraft | 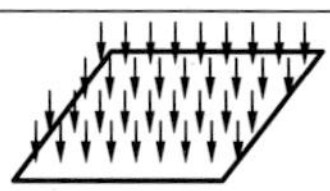 | $N/m^2$<br>$kN/m^2$<br>$MN/m^2$ | wirkt flächenhaft verteilt | Schneelast, Windlast, Erddruck, Flächenlager |
| Volumenkraft | 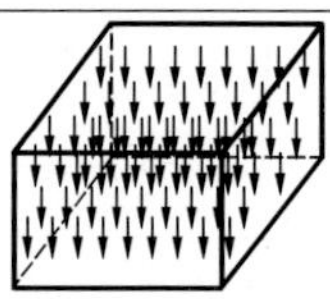 | $N/cm^3$<br>$kN/m^3$<br>$MN/m^3$ | wirkt räumlich verteilt an allen Elementen eines Körpers | Schwerkraft, spezifische Gewichte |

### Lagerungen in der Ebene

| Lagerung | Symbol | freigemachte Lagerstelle | Anzahl der unbekannten Lagerreaktionen (Fesseln) |
|---|---|---|---|
| Loses Lager (einwertig)<br>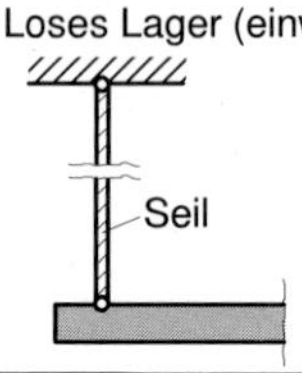<br> | 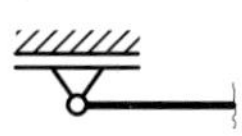 | 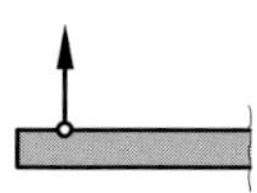 | 1 |

| Lagerung | Symbol | freigemachte Lagerstelle | Anzahl der unbek. Lagerreaktionen |
|---|---|---|---|
| Lose Lager (einwertig) 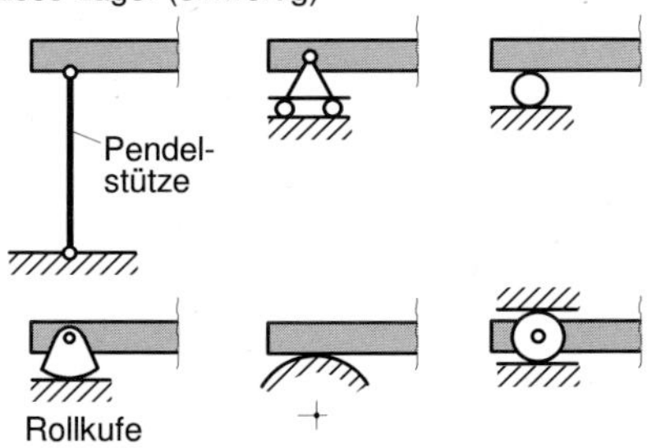  | 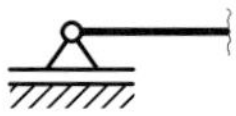 |  | 1 |
| Feste Lager (zweiwertig) 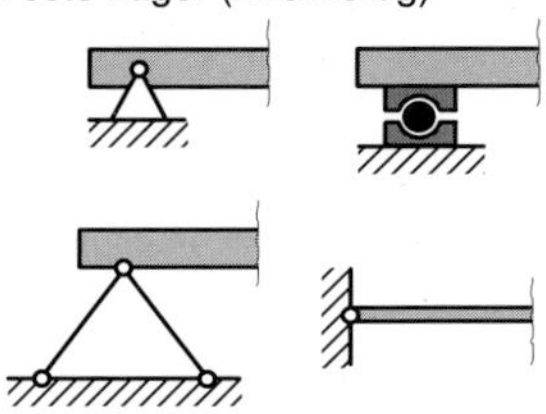 | 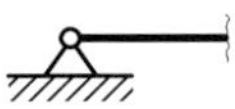 | 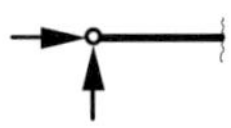 | 2 |
| "verschiebliche Einspannung" Parallelführungen (zweiwertig) 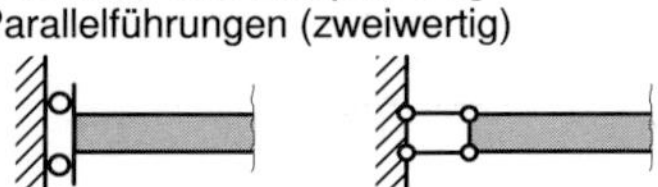 | 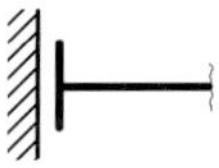 |  | 2 |
| Einspannung (dreiwertig) 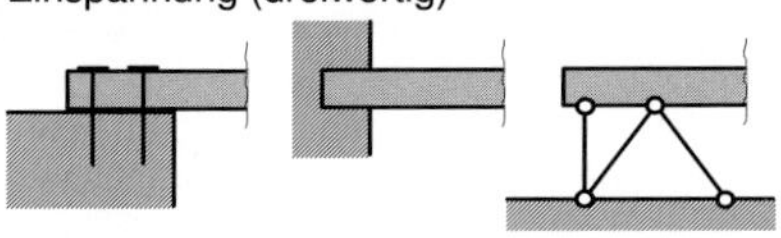 | 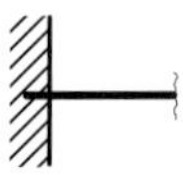 | 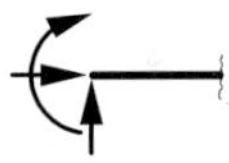 | 3 |

# Verbindungselement zwischen zwei Körpern in der Ebene

| Verbindungselement | freigemachte Verbindungsstelle (Verbindungsreaktionen) | Anzahl der Verbindungsreaktionen |
|---|---|---|
| Momentengelenk (Gelenk) 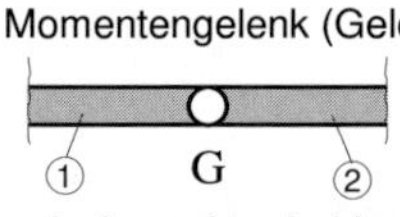  zwischen den beiden Körpern bestehen die Gesetzmäßigkeiten nach dem Wechselwirkungsgesetz (actio = reactio) | 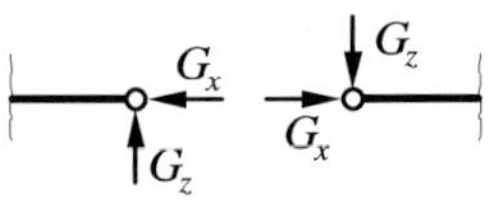  | 2 |

# Lagerungen im Raum

| Lagerung | freigemachte Lagerstelle | Anzahl der unbek. Lagerreaktionen |
|---|---|---|
| einwertiges Lager 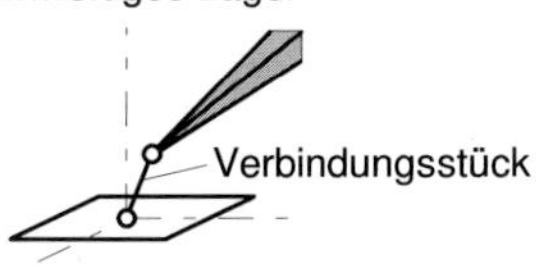  | nur <u>eine</u> Kraft in Längsachsenrichtung des Verbindungsstückes 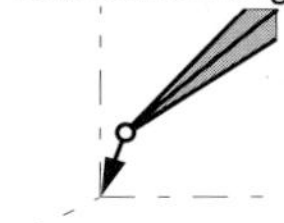 | 1 |

| Lagerung | freigemachte Lagerstelle | Anzahl der unbekannten Lagerreaktionen (Fesseln) |
|---|---|---|
| zweiwertiges Lager<br>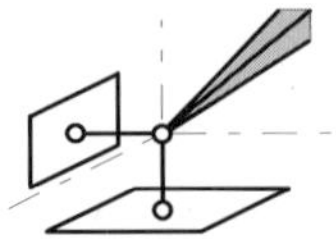 | 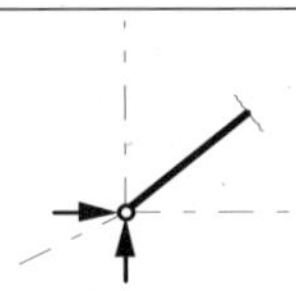 | 2 |
| dreiwertige Lager<br>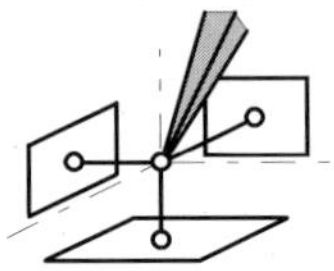 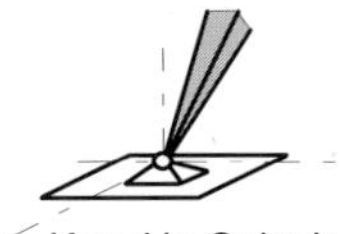<br>Kugel in Gelenkpfanne (Kugelgelenk) | 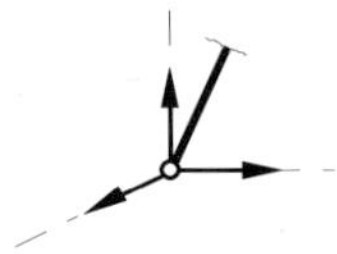 | 3 |
| sechswertiges Lager<br>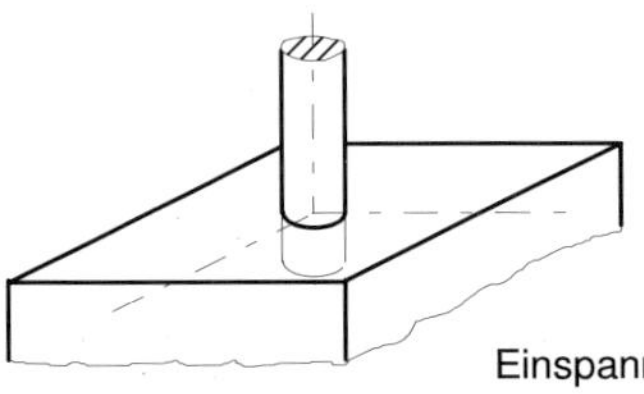<br>Einspannung | 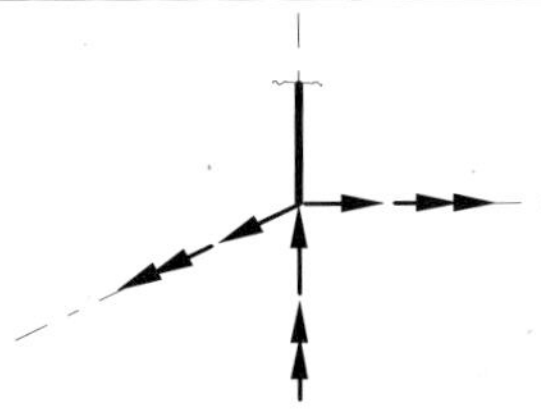 | 6 |

# Das Freimachen

**Freimachen** heißt:
Wir nehmen die Nachbarkörper, die den zu betrachtenden Körper berühren, Stück für Stück weg und bringen als Ersatz dafür an den Berührungsstellen diejenigen Kräfte an, die von den weggenommenen Körpern auf den betrachteten Körper wirken.
Oder anders ausgedrückt:
Unter dem **Freimachen** des betrachteten Körpers verstehen wir das Loslösen (durch gedankliches Schneiden) dieses Körpers von seinen Bindungen und Ersatz der Wirkung der Bindungen bzw. Auflager auf den Körper durch die Reaktionskräfte.

| ***Bauteillagerung und Lagerungsteile*** | ***Beispiel*** | |
|---|---|---|
| | ***mechanisches System*** | ***Freikörperbild*** |
| • **Loslager** nehmen nur Kräfte senkrecht zur Stützfläche auf.<br>• Ein **Festlager** kann eine Lagerkraft beliebiger Größe und Richtung aufnehmen. Beim Freimachen (Kräfte in einer Ebene) ersetzen wir die Lagerkraft durch zwei senkrecht aufeinander stehende Komponenten, z.B. einer Horizontalkomponente und einer Vertikalkomponente. | 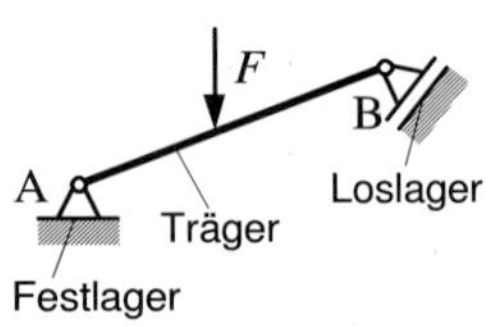 | 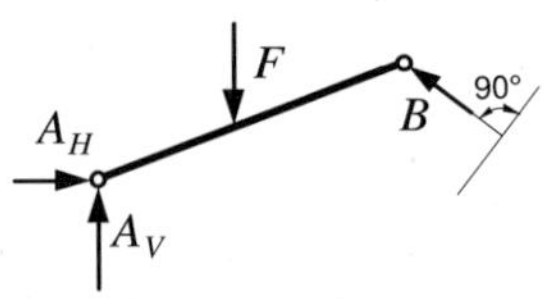<br>freigemachter Träger |

# Axiome der Statik

## Das Gleichgewichtsaxiom

Zwei Kräfte sind im Gleichgewicht, wenn sie auf derselben Wirkungslinie liegen, entgegengesetzt gerichtet und gleich groß sind.

Es gilt die Vektorgleichung

$$\vec{F}_1 + \vec{F}_2 = 0 \quad \text{beziehungsweise}$$

$$\vec{F}_1 = -\vec{F}_2 .$$

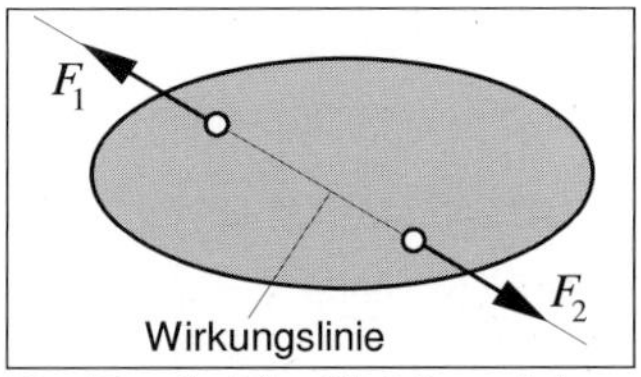


*Zur Zweikräfte-Gleichgewichts-gruppe*

## Das Reaktionsaxiom (Wechselwirkungsgesetz)

Wird von Körper $K_1$ auf den Körper $K_2$ die Kraft $\vec{F}_{2,1}$ ausgeübt (actio), so wirkt der Körper $K_2$ mit der Kraft $\vec{F}_{1,2} = -\vec{F}_{2,1}$ (reactio) auf $K_1$ in der gleichen Wirkungslinie zurück.

Dieses Naturgesetz actio = reactio wurde zuerst von NEWTON aufgestellt.

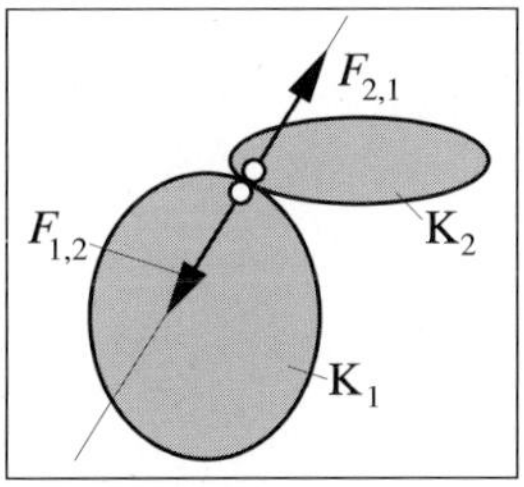


*Zum Reaktionsaxiom*

## Das Axiom von der Verschiebbarkeit einer Kraft auf ihrer Wirkungslinie

Die Wirkung einer Kraft auf einen ***starren Körper*** ist von der Lage des Kraftangriffspunktes auf der Wirkungslinie unabhängig. Das bedeutet, ein Kraftvektor ist *linienflüchtig* und lässt sich beliebig entlang seiner Wirkungslinie verschieben.

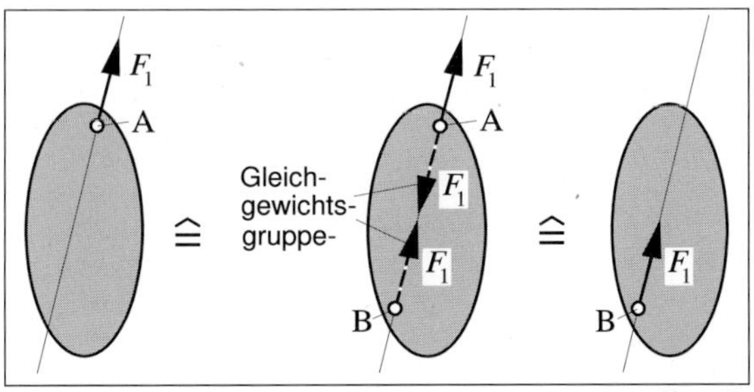


*Zur Kraftverschiebung; Gleichgewichtsgruppe $\vec{F}_1, -\vec{F}_1$ (gestrichelt) anbringen, dann heben sich die in A angreifenden Kräfte auf*

# Das Axiom vom Kräfteparallelogramm

Die Wirkung zweier Kräfte $\vec{F}_1$ und $\vec{F}_2$ auf einen gemeinsamen Angriffspunkt A ist gleich der Wirkung einer einzigen Kraft $\vec{R}$, die sich als von A ausgehende Diagonale des mit den Vektoren $\vec{F}_1$ und $\vec{F}_2$ gebildeten Parallelogramms ergibt.

Die Resultierende $\vec{R}$ ist die Summe der beiden Vektoren $\vec{F}_1$ und $\vec{F}_2$: $\boxed{\vec{R} = \vec{F}_1 + \vec{F}_2}$.

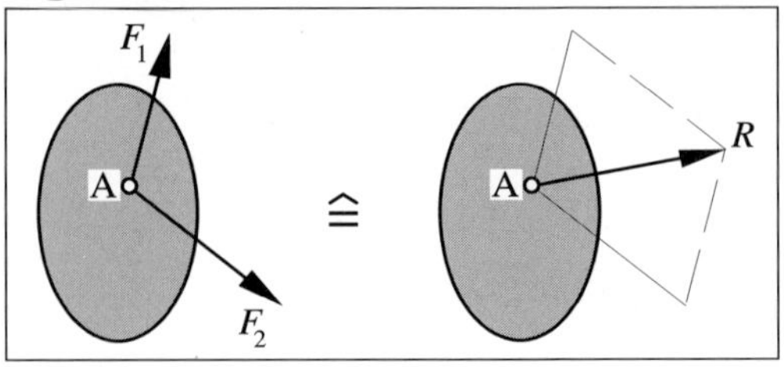


*Zum Parallelogramm-Axiom*

# Schnittprinzip (Schnittmethode oder Schnittverfahren)

**Merke:** Beim ***Schnittprinzip*** wird folgender ***Erfahrungssatz*** angewendet:

**Ist ein mechanisches System (Gesamtsystem) im Gleichgewicht, dann ist auch jedes durch einen Schnitt abgetrennte Teil unter Wirkung aller an ihm angreifenden Kräfte und Momente, einschließlich der Schnittreaktionen im Gleichgewicht.**

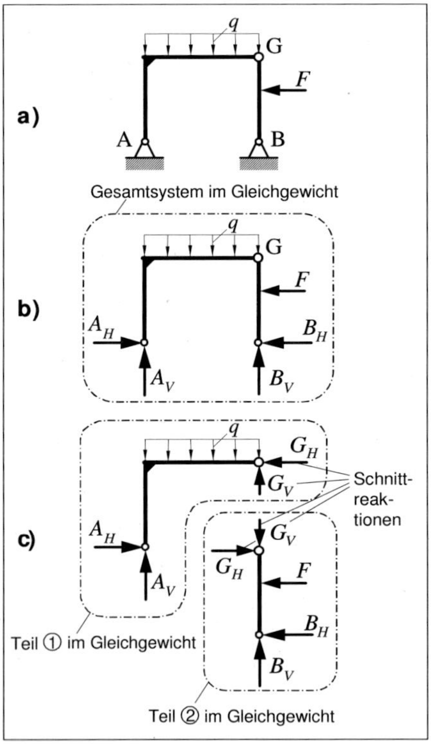


*Dreigelenkrahmen*
*a) Prinzipskizze*
*b) Gesamtsystem freigemacht und im Gleichgewicht*
*c) Gesamtsystem durch Schnitt in 2 Teile zerlegt; jedes Teil für sich im Gleichgewicht*

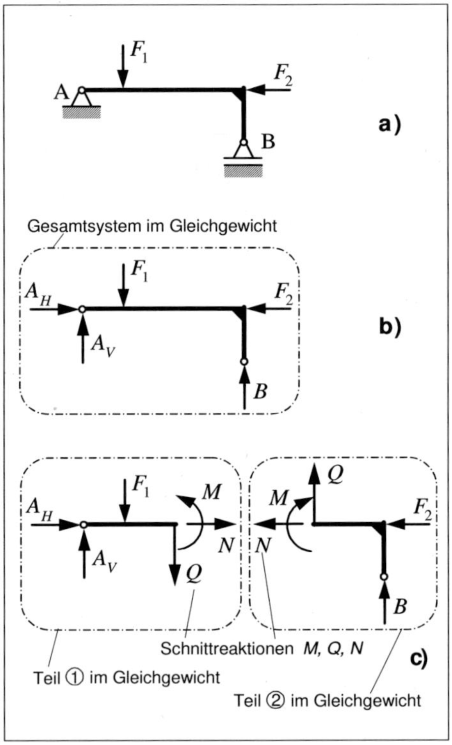


*Abgewinkelter Träger*
*a) Prinzipskizze*
*b) Gesamtsystem freigemacht und im Gleichgewicht*
*c) Gesamtsystem durch Schnitt in 2 Teile zerlegt; jedes Teil für sich im Gleichgewicht*

# S2 Zentrales Kräftesystem

Diesen Sonderfall können wir sowohl ***zeichnerisch*** als auch ***analytisch*** behandeln.

## Zusammensetzung und Zerlegen von Kräften in der Ebene, Komponentendarstellung

Ein zentrales Kräftesystem können wir durch die Resultierende

$$\boxed{\vec{R} = \vec{F}_1 + \vec{F}_2 + \ldots + \vec{F}_n = \sum \vec{F}_i}$$ ersetzen.

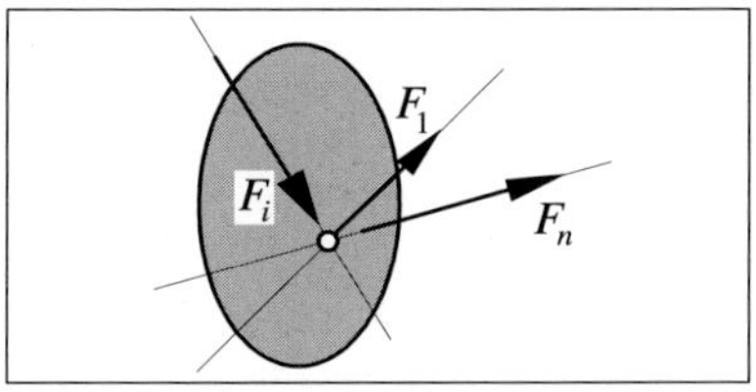


*Zentrales ebenes Kräftesystem, Lageplan*

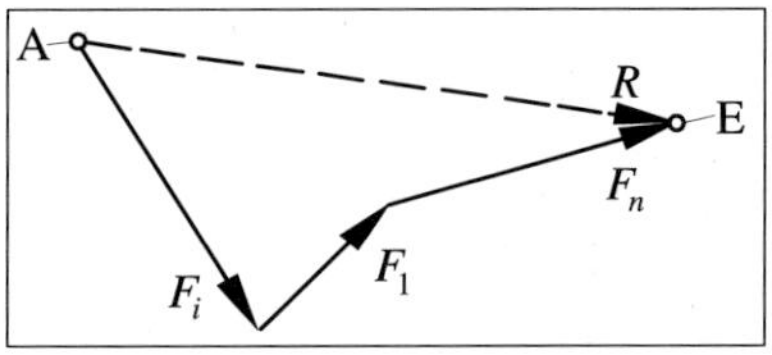


*Zeichnerische Ermittlung der Resultierenden, Kräfteplan*

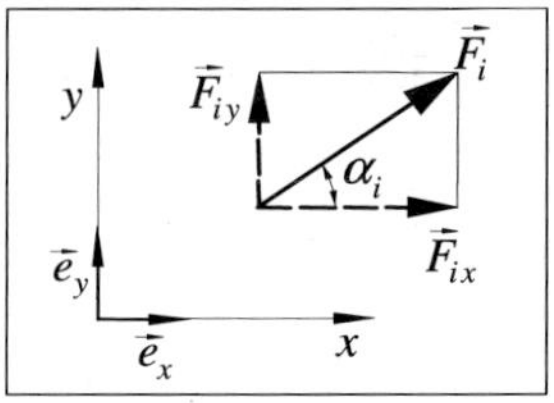


*Zerlegung einer Kraft in Komponenten*

$$\boxed{\vec{F}_i = \vec{F}_{ix} + \vec{F}_{iy}}$$

$$\boxed{\vec{F}_i = F_{ix}\,\vec{e}_x + F_{iy}\,\vec{e}_y}$$

$$\boxed{F_{ix} = F_i \cos\alpha_i \;; \qquad F_{iy} = F_i \sin\alpha_i}$$

$$\boxed{F_i = \sqrt{F_{ix}^2 + F_{iy}^2} \;; \qquad \tan\alpha_i = \frac{F_{iy}}{F_{ix}}}$$

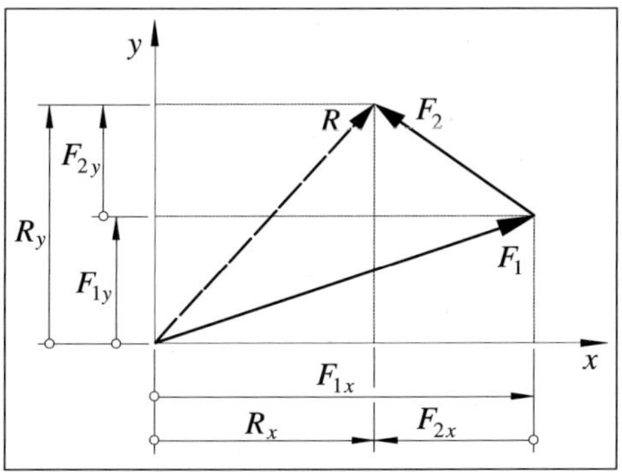


*Zwei Kräfte und deren Resultierende R im kartesischen Koordinatensystem*

Koordinaten der Resultierenden $R$ für $n$ Kräfte:

$$\boxed{\begin{aligned} R_x &= \sum_{i=1}^{n} F_{ix} = \sum_{i=1}^{n} F_i \cos\alpha_i \,, \\ R_y &= \sum_{i=1}^{n} F_{iy} = \sum_{i=1}^{n} F_i \sin\alpha_i \end{aligned}}.$$

Betrag und Richtung der Resultierenden:

$$\boxed{R = \sqrt{R_x^2 + R_y^2} \;; \qquad \tan\alpha_R = \frac{R_y}{R_x}}.$$

# Gleichgewicht in der Ebene

**Gleichgewichtsbedingung:**

Kräfte, die in der Ebene an einem Punkt angreifen, sind im Gleichgewicht, wenn die Vektorsumme aller Kräfte (d. h. die Resultierende) Null ist.

$$\vec{R} = \sum \vec{F}_i = \vec{0}$$

Diese Vektorgleichung lässt sich durch zwei skalare Gleichungen ***(Gleichgewichtsbedingungen)*** in Koordinaten ausdrücken:

$$\sum F_{ix} = 0\,, \qquad \sum F_{iy} = 0\,.$$

In der Praxis werden oft folgende vereinfachende Symbole benutzt:

$$\sum \rightarrow = 0\,, \qquad \sum \uparrow = 0\,.$$

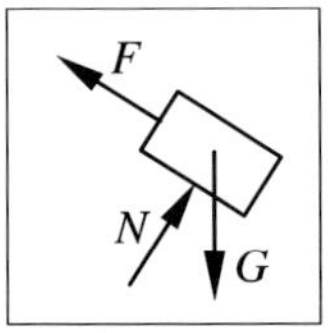


*Zur Gleichgewichtsbedingung*

**Hinweis:** Da wir für Gleichgewicht nur irgendwie $\vec{R} = \vec{0}$ erfüllen müssen, können wir durch geschickte Wahl der Lage der Koordinatenachsen die Rechnung vereinfachen. Zum Beispiel bei der glatten schiefen Ebene:

$$\sum \searrow = 0\,, \qquad \sum \nearrow = 0.$$

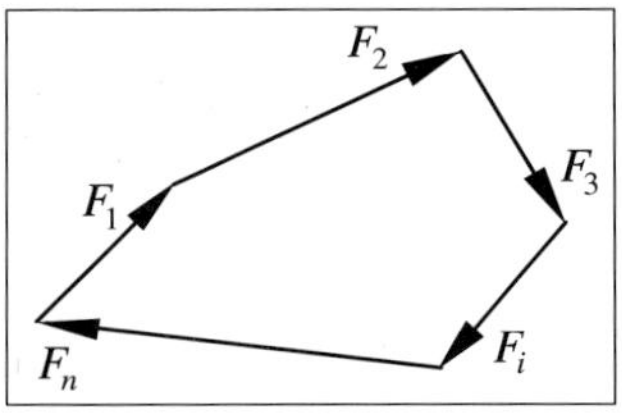


*Gleichgewicht, Krafteck gleichsinnig geschlossen*

Geometrisch bedeutet die Vektorgleichung $\vec{R} = \sum \vec{F}_i = \vec{0}$, dass das Krafteck (Kräftezug) **geschlossen** sein muss ($\vec{R} = \vec{0}$).

# Drei nichtparallele Kräfte im Gleichgewicht

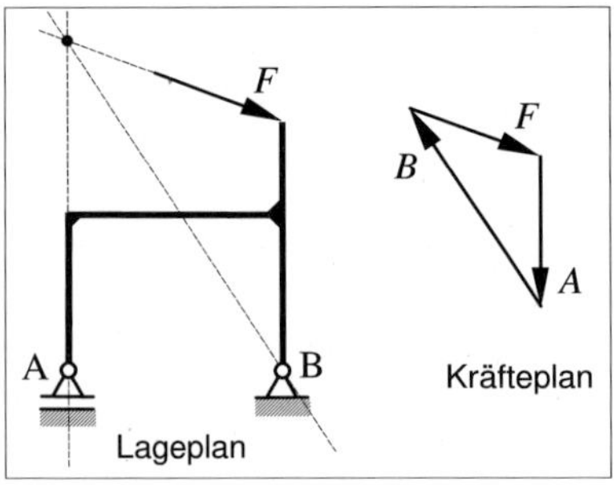


*Gleichgewicht bei drei nichtparallelen Kräften*

Drei nichtparallele Kräfte in der Ebene sind im Gleichgewicht, wenn ihre Wirkungslinien sich in einem Punkt schneiden und wenn das Krafteck **gleichsinnig geschlossen** ist (3-Kräfte-Verfahren).

# Räumliches zentrales Kräftesystem

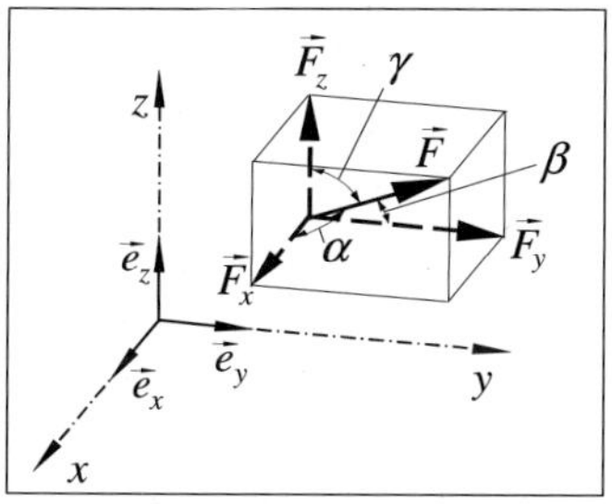


*Vektor in einem kartesischen Koordinatensystem*

Es gilt: $\vec{F} = \vec{F}_x + \vec{F}_y + \vec{F}_z$,

$$\vec{F} = F_x \vec{e}_x + F_y \vec{e}_y + F_z \vec{e}_z .$$

Oft schreiben wir dies auch in der Form eines einspaltigen matriziellen Vektors (Spaltenvektor) $\underline{F} = \begin{bmatrix} F_x \\ F_y \\ F_z \end{bmatrix}$.

Für den Betrag der Kraft und die Richtungskosinus gilt:

$$F = \sqrt{F_x^2 + F_y^2 + F_z^2},$$

$$\cos\alpha = \frac{F_x}{F}, \qquad \cos\beta = \frac{F_y}{F}, \qquad \cos\gamma = \frac{F_z}{F}.$$

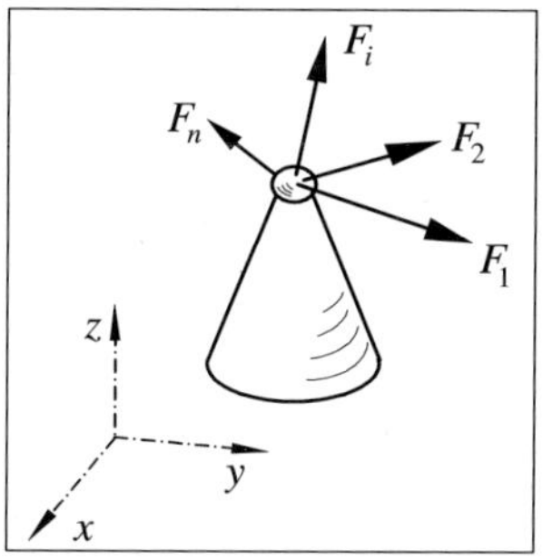


*n-Kräfte an einem Punkt im Raum*

$$\vec{R} = \vec{F}_1 + \vec{F}_2 + ... + \vec{F}_n = \sum_{i=1}^{n} \vec{F}_i .$$

In **Komponentendarstellung**:

$$\vec{R} = R_x \vec{e}_x + R_y \vec{e}_y + R_z \vec{e}_z .$$

$$\begin{aligned} R_x &= F_{1x} + F_{2x} + ... + F_{nx} = \sum_{i=1}^{n} F_{ix} \\ R_y &= F_{1y} + F_{2y} + ... + F_{ny} = \sum_{i=1}^{n} F_{iy} \\ R_z &= F_{1z} + F_{2z} + ... + F_{nz} = \sum_{i=1}^{n} F_{iz} \end{aligned} .$$

$$R = \sqrt{R_x^2 + R_y^2 + R_z^2}, \qquad \cos\alpha_R = \frac{R_x}{R}, \qquad \cos\beta_R = \frac{R_y}{R}, \qquad \cos\gamma_R = \frac{R_z}{R}.$$

Liegt **Gleichgewicht** vor, so bedeutet das vektoriell: $\vec{R} = \sum_{i=1}^{n} \vec{F}_i = \vec{0}$.

Aus dieser Vektorgleichung erhalten wir die folgenden drei skalaren **Gleichgewichtsbedingungen**:

$$\begin{aligned} \sum F_{ix} &= 0 \\ \sum F_{iy} &= 0 \\ \sum F_{iz} &= 0 \end{aligned} .$$

# S3 Allgemeines Kräftesystem

## Allgemeines Kräftesystem in der Ebene

## Kräftepaar und Moment des Kräftepaares

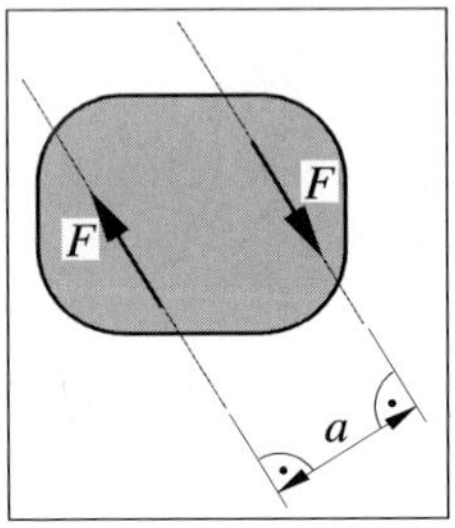


*Kräftepaar*

Ein *Kräftepaar* besteht aus zwei gleich großen, entgegengesetzt wirkenden Kräften auf parallelen Wirkungslinien.

$\boxed{M = F \cdot a}$ (Betrag der Kraft $F$ mal senkrechtem Abstand $a$)

## Moment einer Kraft, Versatzmoment (Parallel-verschiebung einer Kraft), Momentensatz

### ◆ Moment einer Kraft (statisches Moment)

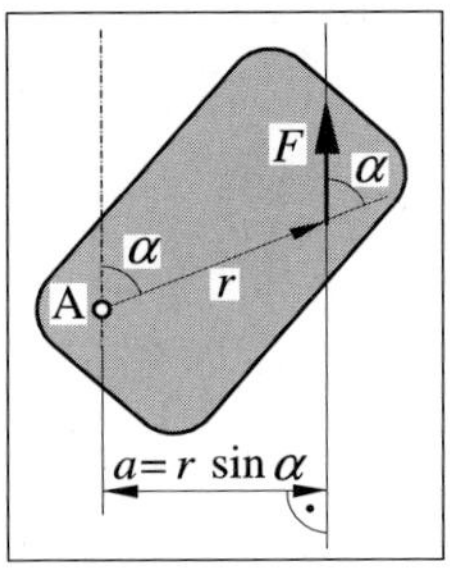


*Zum Moment einer Einzelkraft*

Das statische Moment einer Einzelkraft $\vec{F}$ bezüglich eines Punktes A ist das Vektorprodukt

$\boxed{\vec{M}_A = \vec{r} \times \vec{F}}$.

$$\boxed{M_A = r \cdot F \sin\alpha = F \underbrace{r \sin\alpha}_{a} = F\,a}$$

Kraft *mal* senkrechtem Abstand *a* (Hebelarm)

### ◆ Versatzmoment (Parallelverschiebung einer Kraft)

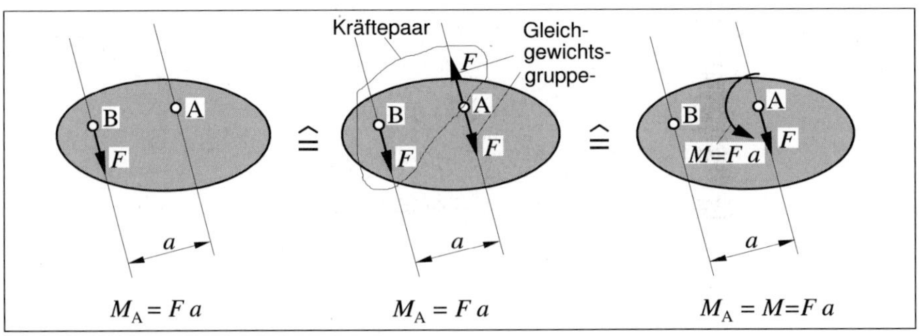


*Zur Parallelverschiebung einer Kraft (Versatzmoment)*

## ◆ Momentensatz

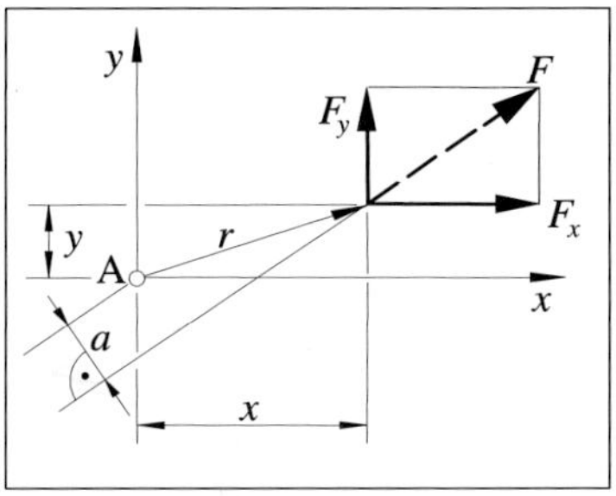


$$\vec{M}_{\mathrm{A}} = \vec{r} \times \vec{F} = \left(x \cdot \vec{e}_x + y \cdot \vec{e}_y\right) \times \left(F_x \cdot \vec{e}_x + F_y \cdot \vec{e}_y\right),$$

$$\vec{M}_{\mathrm{A}} = \begin{vmatrix} \vec{e}_x & x & F_x \\ \vec{e}_y & y & F_y \\ \vec{e}_z & 0 & 0 \end{vmatrix} = \vec{e}_z \left(x F_y - y F_x\right),$$

$$\boxed{M_{\mathrm{A}} = F_y \cdot x - F_x \cdot y}.$$

*Zum Momentensatz*

**Der Momentensatz lautet:**

Das Moment einer Kraft $F$ ist gleich der algebraischen Summe der Momente ihrer Komponenten, bezogen auf den gleichen Punkt A: $\boxed{M_{\mathrm{A}} = F \cdot a = F_y \cdot x - F_x \cdot y}$.

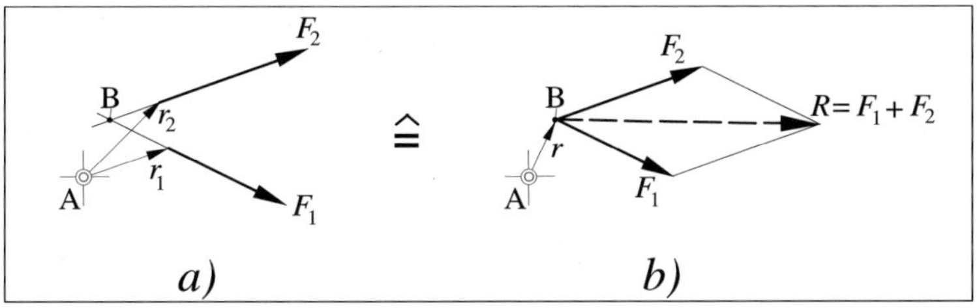


*Zum Momentensatz der ebenen Statik*

$$\boxed{\vec{M}_{\mathrm{A}} = \vec{r} \times \vec{R} = \vec{r}_1 \times \vec{F}_1 + \vec{r}_2 \times \vec{F}_2}.$$

Für $n$ Kräfte lautet der **Momentensatz** der ebenen Statik:

$$\boxed{\vec{M}_{\mathrm{A}} = \vec{r} \times \vec{R} = \sum_{i=1}^{n} \vec{r}_i \times \vec{F}_i}$$

Das Moment der von Null verschiedenen Resultierenden einer ebenen Kraftgruppe ist gleich der Summe der Momente der einzelnen Kräfte für denselben Bezugspunkt.

# Gleichgewichtsbedingungen im ebenen Kräftesystem

| | | | |
|---|---|---|---|
| $\sum_{i=1}^{n} F_{ix} = 0$ | | $\sum \rightarrow = 0$ | *Summe aller Kraftkomponenten in der angegebenen Richtung (hier horizontal) gleich Null* |
| $\sum_{i=1}^{n} F_{iy} = 0$ | oder | $\sum \uparrow = 0$ | *Summe aller Kraftkomponenten in der angegebenen Richtung (hier vertikal) gleich Null* |
| $\sum_{i=1}^{n} M_{iz} = 0$ | | $\left(\sum M\right)_{\mathrm{A}} = 0$ | *Summe aller Momente um einen beliebigen Bezugspunkt A gleich Null* |

Alternativ können wir auch an Stelle von ***zwei*** Kraft- und ***einer*** Momentengleichgewichtsbedingung mit ***einer*** Kraft- und ***zwei*** Momentengleichgewichtsbedingungen oder nur mit ***drei*** Momentengleichgewichtsbedingungen arbeiten.

# Gleichgewicht bei vier Kräften in der Ebene (Verfahren nach CULMANN)

Das Verfahren nach CULMANN wird zeichnerisch durchgeführt. Hierbei soll eine gegebene Kraft mit drei unbekannten Kräften, deren Wirkungslinien festliegen, ins Gleichgewicht gebracht werden.

Einschränkungen:

- Die Wirkungslinien dürfen sich nicht in einem Punkt schneiden.
- Kein Schnittpunkt der vorgegebenen drei Wirkungslinien darf auf der Wirkungslinie der gegebenen Kraft liegen.
- Maximal je zwei parallele Wirkungslinien.

> Bei Gleichgewicht müssen die Resultierenden je zweier nicht paralleler Kräfte gleich große Gegenkräfte sein, deren Wirkungslinie die CULMANNsche Gerade $c$ ist.

# Allgemeines Kräftesystem im Raum

Räumliche Probleme liegen vor, wenn die Wirkungslinien der Kräfte nicht in einer Ebene liegen oder die Drehachsen der Momente nicht alle senkrecht zur Ebene der Kräfte gerichtet sind.

# Moment einer Kraft (Momentenvektor)

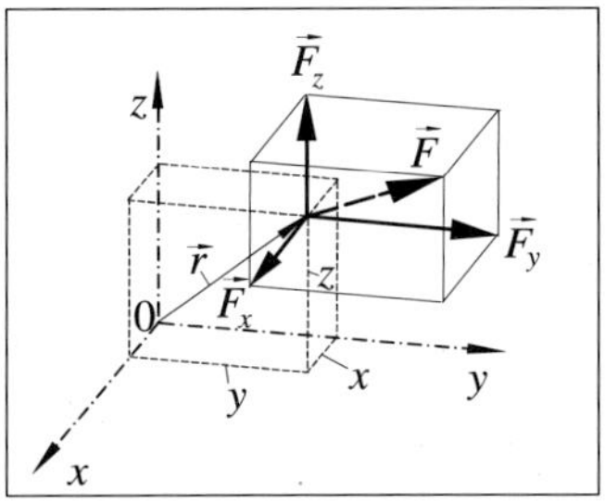


*Zum Moment einer Kraft im Raum (kartesisches Koordinatensystem)*

$$\vec{M}_0 = \vec{r} \times \vec{F} \quad \text{mit} \quad \vec{r} = \begin{bmatrix} x \\ y \\ z \end{bmatrix} \quad \text{und} \quad \vec{F} = \begin{bmatrix} F_x \\ F_y \\ F_z \end{bmatrix}.$$

In Form einer Determinante können wir schreiben:

$$\vec{M}_0 = \begin{bmatrix} M_x \\ M_y \\ M_z \end{bmatrix} = \vec{r} \times \vec{F} = \begin{vmatrix} \vec{e}_x & x & F_x \\ \vec{e}_y & y & F_y \\ \vec{e}_z & z & F_z \end{vmatrix},$$

$$\vec{M}_0 = \vec{e}_x \left(F_z\, y - F_y\, z\right) + \vec{e}_y \left(F_x\, z - F_z\, x\right) + \vec{e}_z \left(F_y\, x - F_x\, y\right)$$

.

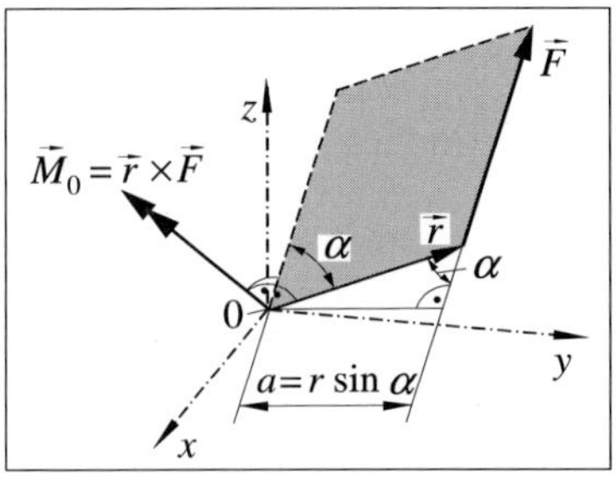


*Zum Momentenvektor*

Der Vektor $\vec{M}_0$ steht senkrecht auf der von $\vec{r}$ und $\vec{F}$ aufgespannten Ebene und dessen Drehsinn wird festgelegt durch das von $\vec{r}$, $\vec{F}$ und $\vec{M}_0$ gebildete Rechtssystem (Schraubenregel). Sein Betrag entspricht der von $\vec{r}$ und $\vec{F}$ aufgespannten Parallelogrammfläche (Kraft *mal* Hebelarm):

$$\boxed{M_0 = r\,F \sin\alpha = F\,a}.$$

Der Hebelarm $a$ ist das Lot von 0 auf die Wirkungslinie von $\vec{F}$.

## Gleichgewichtsbedingungen

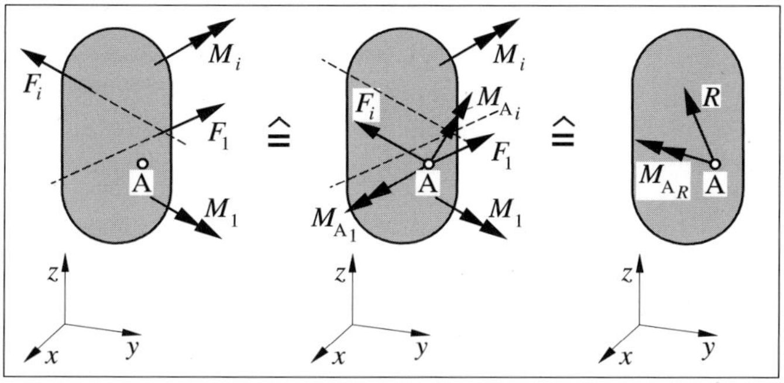


$$\vec{R} = \sum \vec{F}_i$$

$$\vec{M}_{A_R} = \sum \vec{M}_{A_i} + \sum \vec{M}_i$$

*Zurückführung eines räumlichen Kräftesystems auf eine resultierende Kraft und ein resultierendes Moment*

Soll Gleichgewicht vorhanden sein, muss die resultierende Kraft $\vec{R}$ und das resultierende Moment $\vec{M}_{A_R}$ verschwinden. Die *Gleichgewichtsbedingungen* lauten:

$$\sum \vec{F}_i = 0\,, \qquad \sum \vec{M}_{A_i} + \sum \vec{M}_i = 0.$$

In skalarer Komponentenform lauten die ***Gleichgewichtsbedingungen***:

| | | |
|---|---|---|
| $\sum F_{ix} = 0$ | *Summe aller Kraftkomponenten in x-Richtung gleich Null* | |
| $\sum F_{iy} = 0$ | *Summe aller Kraftkomponenten in y- Richtung gleich Null* | |
| $\sum F_{iz} = 0$ | *Summe aller Kraftkomponenten in z- Richtung gleich Null* | |
| $\sum M_{ix}^{(A)} = 0$ | *Summe aller Momente um die x-Achse gleich Null* | bezüglich eines beliebigen Punktes A |
| $\sum M_{iy}^{(A)} = 0$ | *Summe aller Momente um die y-Achse gleich Null* | |
| $\sum M_{iz}^{(A)} = 0$ | *Summe aller Momente um die z-Achse gleich Null* | |

# S4 Ebenes Fachwerk

## Statische Bestimmtheit beim Fachwerk

Wird ein Fachwerk, ausgehend von einem Fachwerk aus drei Stäben, jeweils durch den Anschluss zweier weiterer Stäbe und der daraus folgenden Bildung eines neuen Knotenpunktes gebildet, so entsteht ein *„Dreieckfachwerk"* oder auch *„einfaches Fachwerk"* genannt.

Hierbei besteht zwischen der Stabzahl und der Knotenzahl folgende Beziehung:

$$s = 2k - a,$$

$s$ Anzahl der Stäbe,

$k$ Anzahl der Knotenpunkte,

$a$ Anzahl der Auflagerreaktionen.

# Knotenpunktverfahren

Bei einem statisch bestimmten Fachwerk werden die einzelnen Fachwerksknoten freigeschnitten und für jeden Knoten das Freikörperbild gezeichnet. Da jeder Knoten im Gleichgewicht sein muss, können die Gleichgewichtsbedingungen formuliert werden. Die Gleichgewichtsbedingungen liefern genügend Gleichungen zur Berechnung aller Stab- und Auflagerkräfte.

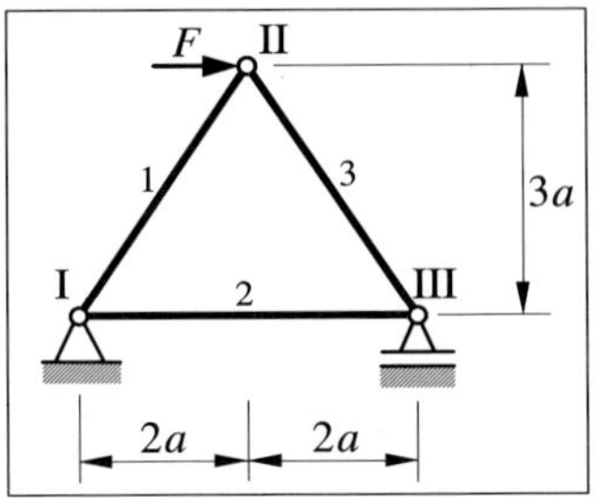


*Einfaches ebenes Fachwerk*

# RITTERsches Schnittverfahren

Falls erforderlich, zuerst Lagerreaktionen berechnen.

Beim RITTERschen Schnittverfahren müssen entweder ***drei*** Stäbe geschnitten werden, die nicht alle zum gleichen Knoten gehören oder der Schnitt ist durch ***einen*** Stab und ***ein*** Gelenk zu führen.

Aus den Gleichgewichtsbedingungen für ein abgeschnittenes Teil können wir die Kräfte in den geschnittenen Stäben berechnen.

# Nullstäbe erkennen

Stäbe eines belasteten Fachwerks, die nicht beansprucht werden, nennen wir Nullstäbe. Scheinbar nutzlos, erfüllen sie doch ihren Zweck, z.B. zur Verringerung der freien Knicklänge anderer Stäbe. Es ist von Vorteil, solche Stäbe bereits vor Beginn der Stabkraftberechnung zu erkennen.

Folgende drei Fälle sind zu unterscheiden:

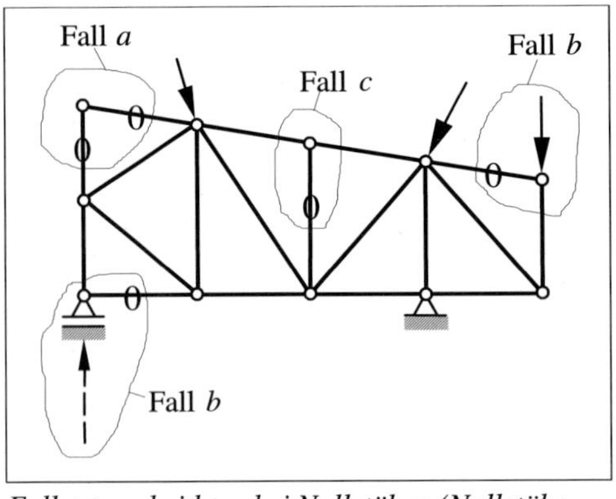


*Fallunterscheidung bei Nullstäben (Nullstäbe sind durch Nullen gekennzeichnet)*

**Fall *a*:**
Zwei Stäbe, die an einem **unbelasteten** Knoten angeschlossen sind und ungleiche Richtungen haben, sind Nullstäbe.

**Fall *b*:**
Sind an einem **belasteten** Knoten zwei richtungsungleiche Stäbe angeschlossen und greift die äußere Kraft in Richtung des einen Stabes an, so ist der andere ein Nullstab.

**Fall *c*:**
Sind an einem **unbelasteten** Knoten drei Stäbe angeschlossen, von denen zwei die gleiche Richtung haben, so ist der dritte Stab ein Nullstab.

# S5 Schnittgrößen am Balken

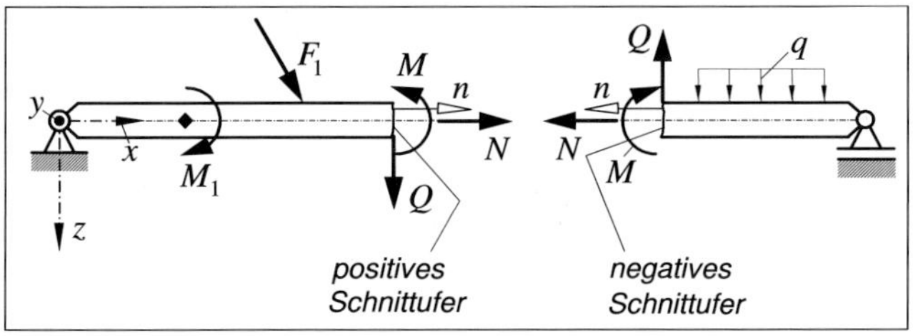


*Skizze zur Vorzeichenfestlegung der Schnittgrößen N, Q und M; positive Schnittgrößen N, Q, M an den Schnittufern*

Durch das Trennen des Balkens erhalten wir zwei Schnittufer. Ein Schnittufer heißt positiv, bei dem die äußere Flächennormale $n$ (als äußere Flächennormale bezeichnet man einen Vektor, der auf der Oberfläche des Körpers senkrecht steht und nach außen, also nicht in das Körperinnere weist) in die positive $x$-Richtung zeigt. Weist die äußere Flächennormale $n$ eines Schnittufers in negative $x$-Richtung, so heißt es negativ.

Es wird nun folgende **Vorzeichenfestlegung** für die Schnittgrößen $N$, $Q$ und $M$ getroffen:

| |
|---|
| Die Schnittgrößen $N$, $Q$ und $M$ sind dann positiv, wenn sie am positiven Schnittufer **in** die positiven Koordinatenrichtungen und am negativen Schnittufer **gegen** die positiven Koordinatenrichtungen zeigen. |

## Differentielle Zusammenhänge zwischen Belastung und Schnittgrößen

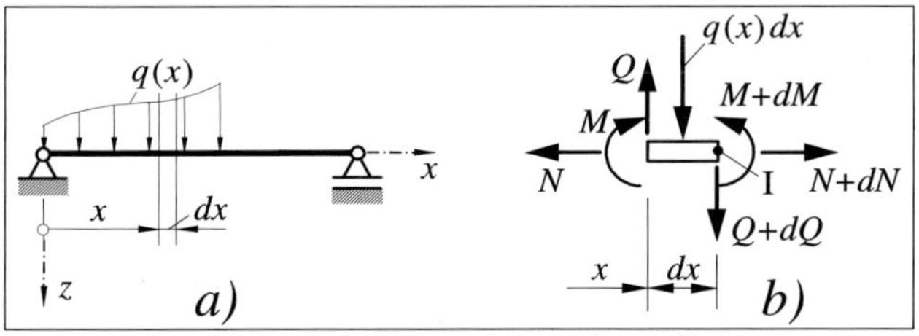


*a) vertikal kontinuierlich belasteter gerader Balken*
*b) Freikörperbild des herausgeschnittenen Balkenelements*

$$\frac{dQ}{dx} = -q(x)$$

$$\frac{dM}{dx} = Q$$

$$\frac{d^2M}{dx^2} = -q(x)$$

## Wichtige Aussagen zu den Schnittgrößen $Q$ und $M$

Die folgenden Aussagen sind für die Kontrolle der ermittelten Schnittgrößenverläufe nützlich und sie können zum Teil sogar eine aufwendige Rechnung ersparen.

Bei Balken mit Streckenlast- und / oder Einzelkraftbelastung, welche **senkrecht** zur Balkenachse angreift, und / oder bei äußerer Momentenbelastung besteht zwischen Biegemoment $M$ und Querkraft $Q$ folgender Zusammenhang:

- Die Tangentensteigung des Biegemomentenverlaufs entspricht dem entsprechenden Wert der Querkraft ($Q = \frac{dM}{dx}$). Das bedeutet z.B.: In Feldern, in denen die *Steigung* des Biegemomentenverlaufs konstant, also der $M$-Verlauf geradlinig ist, dort ist die Querkraft konstant.
- An Stellen, an denen eine senkrecht zur Balkenachse wirkende Einzelkraft angreift, hat der Querkraftverlauf einen Sprung um den Betrag der Einzelkraft und der Biegemomentenverlauf einen Knick (sprunghafte Änderung der Tangentensteigung).

Außerdem gilt:

- An den Stellen, an denen die Querkraft ihr Vorzeichen wechselt (Nulldurchgang), besitzt das Biegemoment einen relativen Extremwert (Maximum bzw. Minimum).
- An Stellen, an denen ein äußeres Moment angreift, hat der Biegemomentenverlauf einen Sprung um den Betrag dieses äußeren Moments.
- Falls keine äußeren Momente vorhanden sind, errechnet sich der Wert des Biegemoments an einer beliebigen Stelle $x$ aus dem Flächeninhalt, der sich unter der Querkraftlinie vom linken oder rechten Balkenende bis zu dieser Stelle $x$ hin erstreckt.

# Übersichtstabellen zu den Schnittgrößen $Q$ und $M$ in Abhängigkeit von Belastung, Lagerung und Verbindungsart

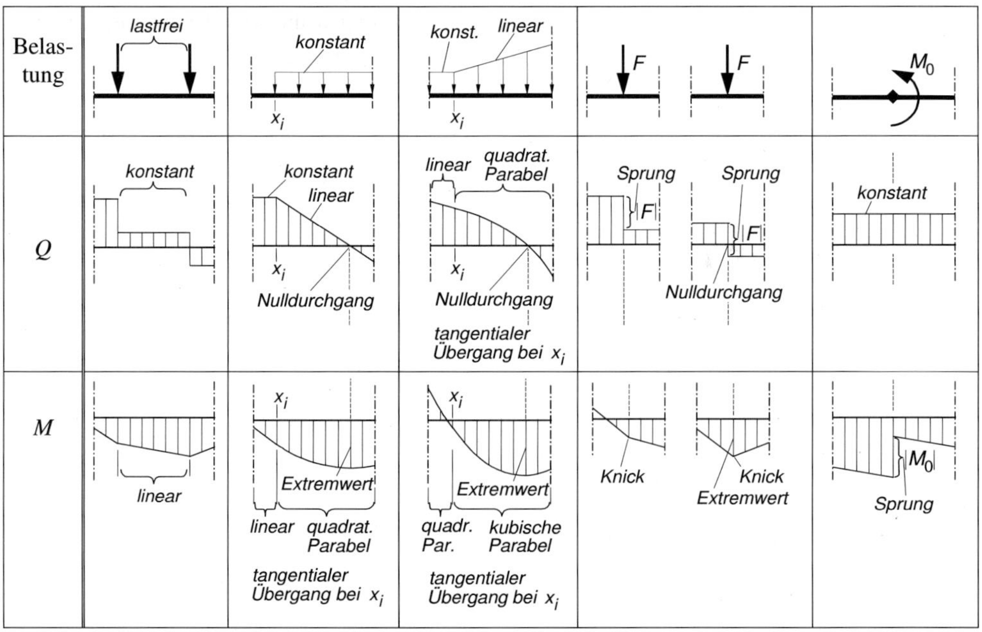


| Verbindungselement bzw. Lagerung | Gelenk | gelenkiges Lager | Einspannung |
|---|---|---|---|
| | 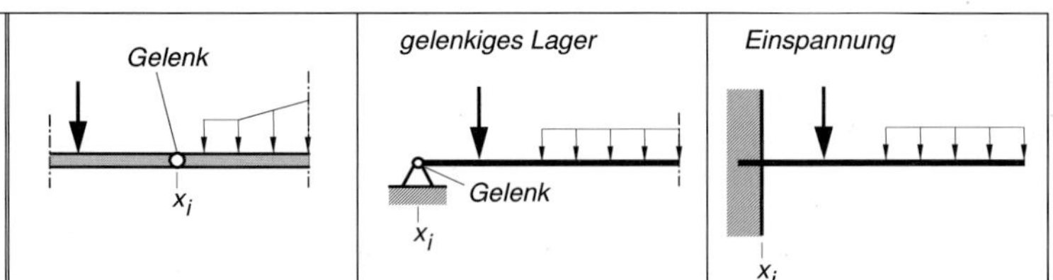 | | |
| | Belastung: beliebig (mit einer Ausnahme: am Gelenk soll kein äußeres Moment angreifen) | | |
| $Q$ an der Stelle $x_i$ | $\neq 0$ | $\neq 0$ | $\neq 0$ |
| $M$ an der Stelle $x_i$ | 0 | 0 | $\neq 0$ |

# S6 Der Schwerpunkt

## Massen- bzw. Gewichtsschwerpunkt

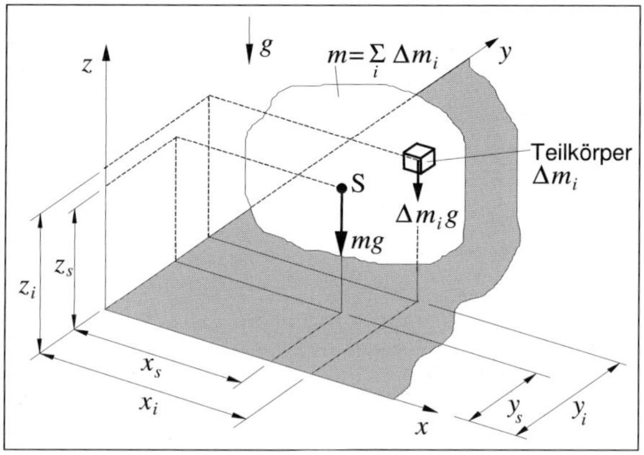


*Körper im räumlichen Koordinatensystem*

$$x_S = \frac{\sum_i x_i \,\Delta m_i}{m}$$

$$y_S = \frac{\sum_i y_i \,\Delta m_i}{m} \qquad z_S = \frac{\sum_i z_i \,\Delta m_i}{m}$$

Mit $mg = G$ und $\sum_i \Delta m_i g = \sum_i \Delta G_i$ folgen die Koordinaten des Gewichtsschwerpunktes, die identisch mit den Koordinaten des Massenschwerpunktes sind:

$$x_S = \frac{\sum_i x_i \,\Delta G_i}{G}, \quad y_S = \frac{\sum_i y_i \,\Delta G_i}{G}, \quad z_S = \frac{\sum_i z_i \,\Delta G_i}{G}.$$

## Volumenschwerpunkt

Für den **homogenen** Körper mit der Dichte $\rho =$ konstant, $m = \rho V$ und $\Delta m_i = \rho \Delta V_i$ folgen die Koordinaten des Volumenschwerpunktes

$$x_S = \frac{\sum_i x_i \,\Delta V_i}{V}, \quad y_S = \frac{\sum_i y_i \,\Delta V_i}{V}, \quad z_S = \frac{\sum_i z_i \,\Delta V_i}{V}.$$

Volumenschwerpunkt und Massenschwerpunkt sind nur für den homogenen Körper identisch.

Handelt es sich um einen Körper, dessen Figur mathematisch geschlossen angegeben werden kann, so können wir in obiger Gleichung statt der Summenzeichen Integralzeichen schreiben:

$$x_S = \frac{\int_V x\,dV}{V}, \quad y_S = \frac{\int_V y\,dV}{V}, \quad z_S = \frac{\int_V z\,dV}{V}.$$

## Flächenschwerpunkt

$$x_S = \frac{\sum_i x_i \,\Delta A_i}{A}, \quad y_S = \frac{\sum_i y_i \,\Delta A_i}{A}, \quad z_S = \frac{\sum_i z_i \,\Delta A_i}{A}.$$

Für unendlich viele unendlich kleine Teilflächen gehen die obigen Summen in Integrale über:

$$x_S = \frac{\int_A x\,dA}{A}, \quad y_S = \frac{\int_A y\,dA}{A}, \quad z_S = \frac{\int_A z\,dA}{A}.$$

Für Flächenschwerpunkte **ebener** Flächen müssen natürlich nur zwei Koordinaten bestimmt werden. Bei **Ausschnittsflächen** gehen die Flächeninhalte dieser Teilflächen mit **negativem Vorzeichen** in die Formeln ein.

# Linienschwerpunkt

Stellen wir uns eine Linie aus einem unendlich dünnen massebelegten Draht mit konstantem Querschnitt vor (*Volumen = Länge · Querschnittsfläche*), so kürzt sich die Querschnittsfläche aus den allgemeinen Schwerpunktsformeln heraus und wir erhalten die Formeln zur Berechnung des Linienschwerpunktes:

$$x_S = \frac{\sum_i x_i \, \Delta l_i}{l}, \quad y_S = \frac{\sum_i y_i \, \Delta l_i}{l}, \quad z_S = \frac{\sum_i z_i \, \Delta l_i}{l},$$

$$x_S = \frac{\int_l x \, dl}{l}, \quad y_S = \frac{\int_l y \, dl}{l}, \quad z_S = \frac{\int_l z \, dl}{l}.$$

Bei einer **ebenen** Linie müssen natürlich nur zwei Koordinaten ermittelt werden.

# Regeln von PAPPUS und GULDIN bei Rotationskörpern

## Oberflächenberechnung von drehsymmetrischen Körpern

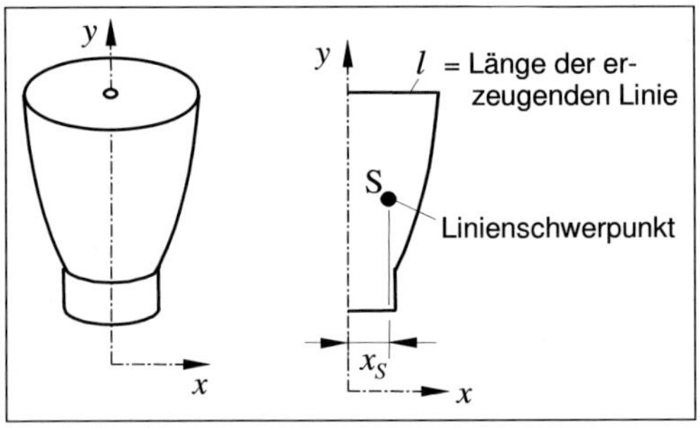


*Zur Oberflächenberechnung eines massiven Rotationskörpers*

Rotiert eine ebene Linie um eine in ihrer Ebene liegende Achse, welche die Linie nicht schneidet, so ist die von der Linie beschriebene Fläche (Oberfläche) gleich dem Produkt aus der Länge $l$ der Linie und dem Weg $2\pi x_S$ ihres Schwerpunktes für eine Umdrehung.

$$O = 2\pi x_S \cdot l$$

## Volumenberechnung von drehsymmetrischen Körpern

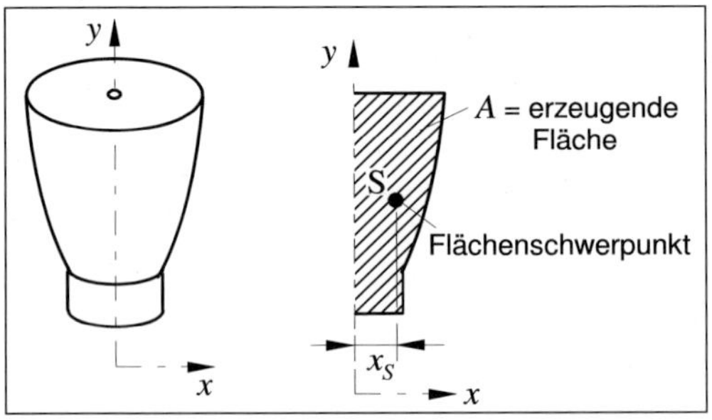


*Zur Volumenberechnung eines Rotationskörpers*

Rotiert eine ebene Fläche um eine in ihrer Ebene liegende, sie nicht schneidende Achse, so ist das von der erzeugenden Fläche $A$ beschriebene Volumen gleich dem Produkt aus dem Inhalt $A$ der Fläche und dem Weg $2\pi x_S$ ihres Schwerpunktes für eine Umdrehung.

$$V = 2\pi x_S \cdot A$$

# Tabellen mit Schwerpunktkoordinaten

## ● Tabelle: Schwerpunktkoordinaten homogener Körper

| Geometrie | Schwerpunktlage und Volumen |
|---|---|
| Zylinder,Prisma (gerade oder schief)<br>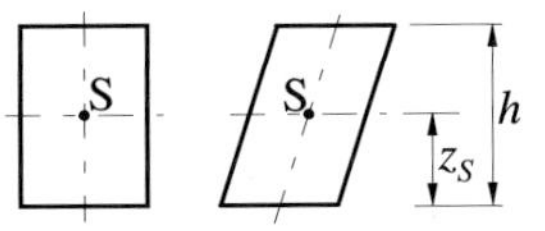<br><br>$A_G$ : Grundfläche<br>S liegt auf der Verbindungslinie der beiden Schwerpunkte der Begrenzungsflächen | $z_S = \frac{h}{2}$<br>$V = A_G h$ |
| Kegel, Pyramide (gerade oder schief)<br>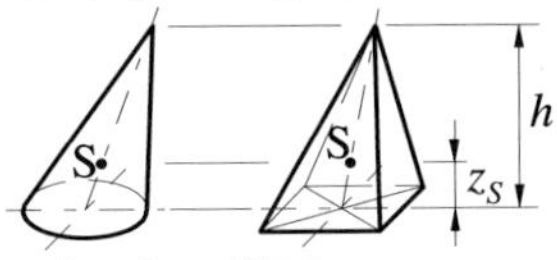<br><br>$A_G$ : Grundfläche | $z_S = \frac{h}{4}$<br>$V = \frac{1}{3} A_G h$ |
| Gerader Kreiskegelstumpf<br>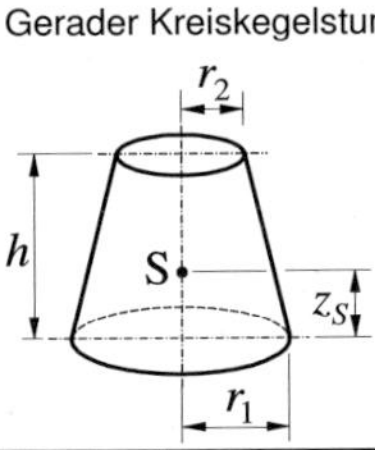<br> | $z_S = \frac{h}{4} \cdot \frac{r_1^2 + 2 r_1 r_2 + 3 r_2^2}{r_1^2 + r_1 r_2 + r_2^2}$<br>$V = \frac{1}{3} \pi h \left(r_1^2 + r_1 r_2 + r_2^2\right)$ |

| Geometrie | Schwerpunktlage und Volumen |
|---|---|
| Keil (gerade oder schief), dreieckiges Prisma<br>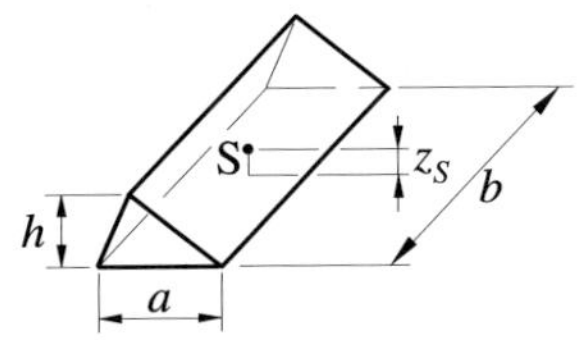<br> | $z_S = \frac{h}{3}$<br>$V = \frac{a\,b\,h}{2}$ |
| Kugelabschnitt, Halbkugel<br>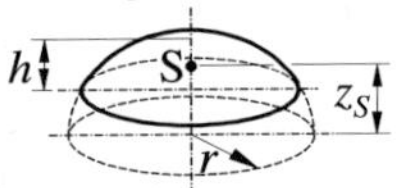<br><br>$z_S$ : Abstand des Schwerpunkts vom Kugelmittelpunkt | $z_S = \frac{3}{4} \cdot \frac{(2r - h)^2}{3r - h}$<br>$V = \frac{1}{3} \pi h^2 (3r - h)$<br>Halbkugel:<br>$z_S = \frac{3\,r}{8}, \quad V = \frac{2}{3} \pi r^3$ |
| Keil (Grundfläche rechteckig, Seitenflächen gleichschenklige Dreiecke und gleichschenklige Trapeze)<br>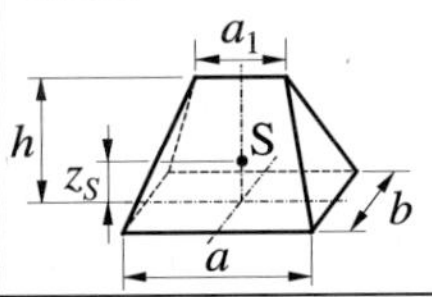<br> | $z_S = \frac{h}{2} \cdot \frac{a + a_1}{2a + a_1}$<br>$V = \frac{b\,h}{6} (2a + a_1)$ |

## ● Tabelle: Schwerpunktkoordinaten ebener Flächen

| Geometrie | Schwerpunktlage und Flächeninhalt |
|---|---|
| Dreieck<br>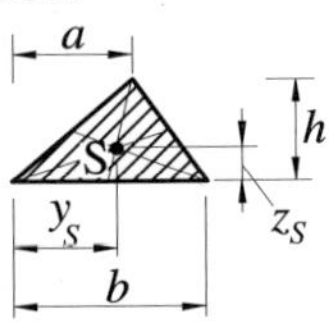<br><br>S liegt im Schnittpunkt der Seitenhalbierenden | $y_S = \frac{a + b}{3}$<br>$z_S = \frac{h}{3}$<br>$A = \frac{1}{2} b h$ |
| Halbkreis, Viertelkreis<br>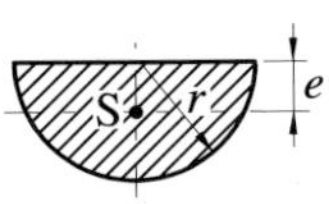<br><br>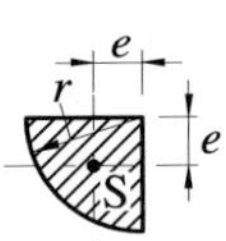<br> | $e = \frac{4\,r}{3\,\pi}$<br>(für Halb- und Viertelkreis)<br>Halbkreis: $A = \frac{\pi}{2} r^2$<br>Viertelkreis: $A = \frac{\pi}{4} r^2$ |

| Geometrie | Schwerpunktlage und Flächeninhalt |
|---|---|
| Kreisausschnitt<br>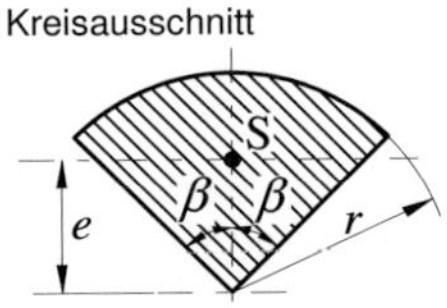<br> | $e = \frac{2\,r \sin\beta}{3\beta}$<br>$A = r^2 \beta$ |
| Kreisabschnitt<br>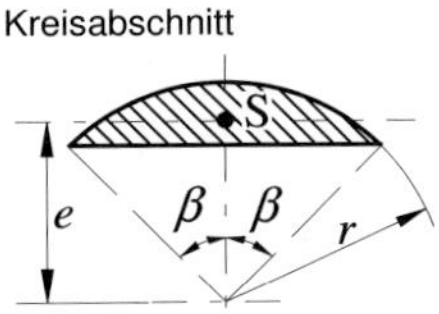<br> | $e = \frac{4 r \sin^3 \beta}{3(2\beta - \sin 2\beta)}$<br>$A = \frac{r^2}{2} (2\beta - \sin 2\beta)$ |

## • Tabelle: (Fortsetzung) Schwerpunktkoordinaten ebener Flächen

| Geometrie | Schwerpunktlage und Flächeninhalt |
|---|---|
| Trapez 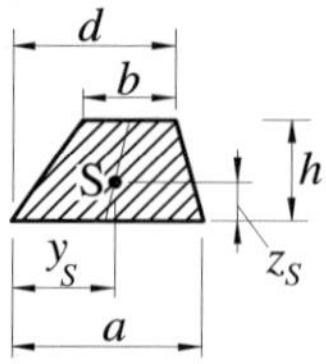  S liegt auf der Seitenhalbierenden | $y_S = \dfrac{a^2 - b^2 + d(a+2b)}{3(a+b)}$ <br> $z_S = \dfrac{h(a+2b)}{3(a+b)}$ <br> $A = \dfrac{a+b}{2} h$ |
| Quadratische Parabel 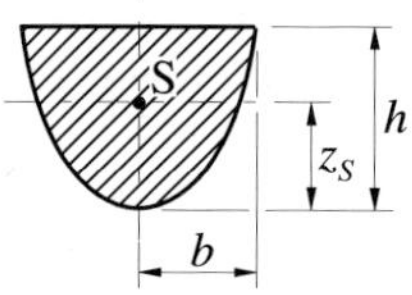  | $z_S = \dfrac{3}{5} h$ <br> $A = \dfrac{4}{3} b h$ |

| Geometrie | Schwerpunktlage und Flächeninhalt |
|---|---|
| Kreisringausschnitt 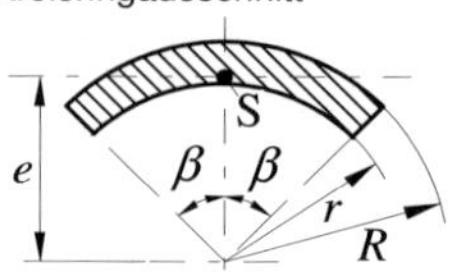  | $e = \dfrac{2(R^3 - r^3)\sin\beta}{3(R^2 - r^2)\beta}$ <br> $A = (R^2 - r^2)\beta$ |
| Viertelellipse 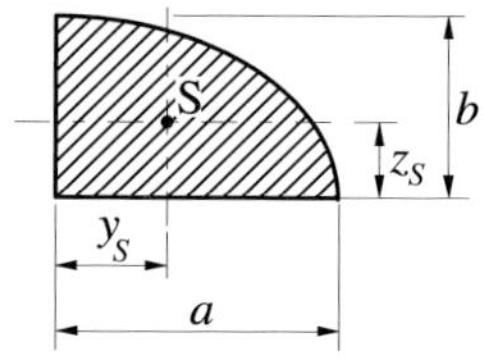  | $y_S = \dfrac{4}{3\pi} a$ <br> $z_S = \dfrac{4}{3\pi} b$ <br> $A = \dfrac{\pi}{4} a b$ |

## • Tabelle: Schwerpunktkoordinaten ebener Linien

| Geometrie | Schwerpunktlage und Linienlänge |
|---|---|
| Kreisbogen 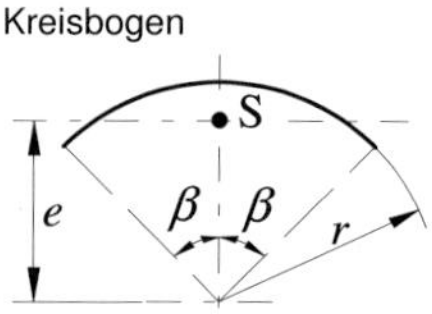  | $e = \dfrac{r \sin\beta}{\beta}$ <br> $l = 2 r \beta$ |
| Halb- und Viertelkreisbogen 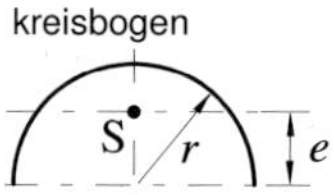  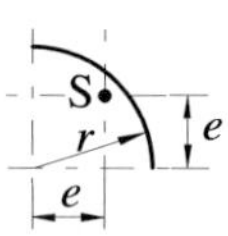  | $e = \dfrac{2r}{\pi} = 0{,}6366\, r$ <br> (für Halbkreis- und Viertelkreisbogen) <br> Halbkreisbogen: <br> $l = r\pi$ <br> Viertelkreisbogen: <br> $l = \dfrac{1}{2} r \pi$ |

| Geometrie | Schwerpunktlage und Linienlänge |
|---|---|
| Viertelkreisbogen 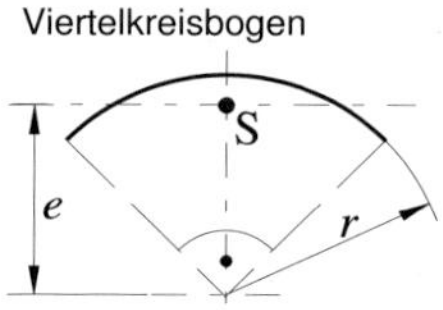  | $e = \dfrac{2\sqrt{2}}{\pi} r = 0{,}9003\, r$ <br> $l = \dfrac{1}{2} r \pi$ |
| Dreiecksumfang 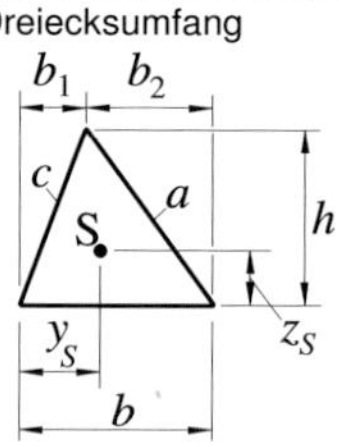  | $y_S = \dfrac{b_1(2a+c) + ab_2 + b^2}{2(a+b+c)}$ <br> $z_S = \dfrac{h}{2} \cdot \dfrac{a+c}{a+b+c}$ <br> $l = a + b + c$ |

# S7 Haftung und Reibung

## • Haftung (Haftreibung)

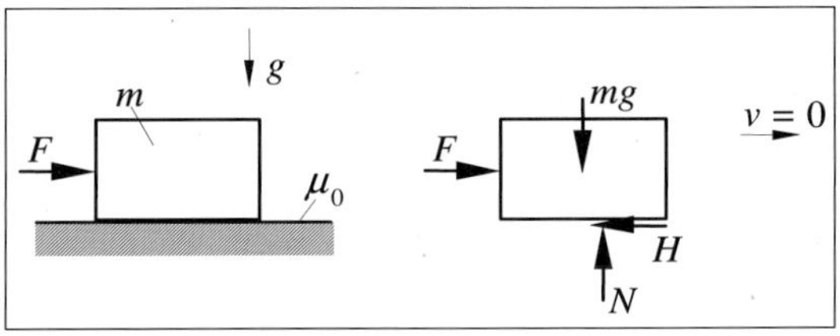


*Zur Haftung (ruhender Körper auf rauer Unterlage)*

Die Haftungskraft $H$ zeichnen wir **entgegengesetzt zu der Bewegungsrichtung ein**, die auftreten würde, wenn der Körper ins Rutschen geriete.

$$\boxed{|H| \le \mu_0 N \quad \text{mit} \quad H_0 = \mu_0 N}$$

## • Reibung (Gleitreibung)

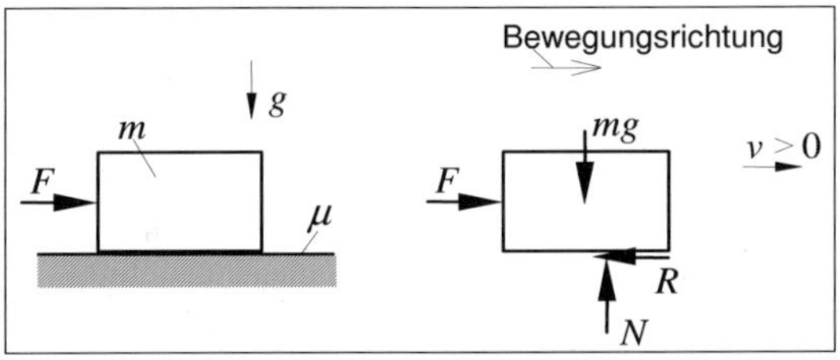


*Zur Reibung (Körper gleitet auf rauer Unterlage)*

Die Reibkraft $R$ ist proportional der Normalkraft $N$ und **immer entgegengesetzt der Bewegungsrichtung einzutragen**.

$$\boxed{R = \mu N} \qquad \text{mit} \qquad \mu < \mu_0$$

## • Näherungswerte für Haftungs- und Reibungskoeffizienten

| Materialpaarung | Haftungskoeffizient $\mu_0$ | | Reibungskoeffizient $\mu < \mu_0$ | |
|---|---|---|---|---|
| | trocken | geschmiert | trocken | geschmiert |
| Stahl auf Stahl | 0,15 | 0,1 | 0,1 | 0,01 |
| Stahl auf Gusseisen | 0,2 | 0,1 | 0,16 | 0,01 |
| Holz auf Metall | 0,7 | 0,1 | 0,5 | 0,08 |
| Autoreifen auf Straße | 0,7 | 0,45 | 0,5 | 0,3 |
| Bremsbelag - Stahl | | | 0,5 | 0,4 |
| Ski auf Schnee | 0,2 | | 0,04 | |

## • Haftungs- und Reibungswinkel

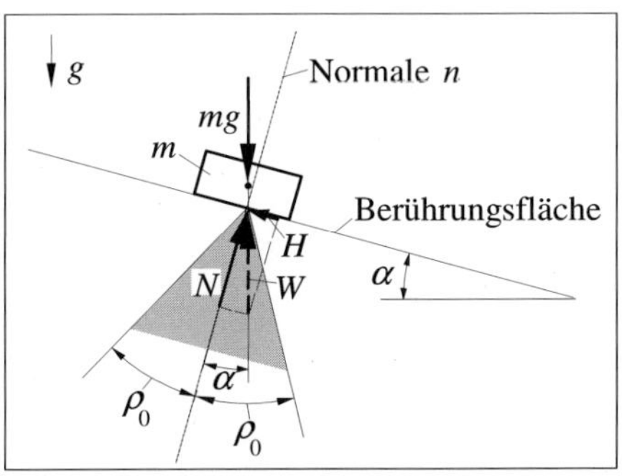


*Freikörperbild einer Masse auf rauer schiefer Ebene; Haftungskeil mit dem Öffnungswinkel $2\rho_0$*

Der Körper befindet sich in Ruhe, wenn die Kraft $W$ innerhalb des Haftungskeils liegt.
Im Grenzzustand Haften/Gleiten liegt die Resultierende $W$ auf dem Rand des Haftungskeils ($\alpha = \rho_0$).
Bewegt sich der Körper (Gleitreibung), so liegt die Kraft $W$ außerhalb des Haftungskeils und es liegt kein Gleichgewicht vor.

Haftungswinkel $\rho_0$, $\boxed{\tan\rho_0 = \mu_0 = \frac{H_0}{N}}$

Reibungswinkel $\rho$, $\boxed{\tan\rho = \mu = \frac{R}{N}}$

Zusammenfassung der möglichen Fälle:

| | Lage der resultierenden Kraft $W$ an der Berührungsfläche | Größe der Haft- bzw. Reibkraft |
|---|---|---|
| Haftung (Ruhezustand) | innerhalb des Haftungskeils $2\rho_0$ | $H < \mu_0 N$ |
| Grenzzustand, Grenzhaftung $\alpha = \rho_0$, maximale Haftung | auf dem Rand des Haftungskeils $2\rho_0$ | $H = H_0 = \mu_0 N$ |
| Reibung (Körper rutscht) | außerhalb des Haftungskeils $2\rho_0$ | $R = \mu N$ |

# Seilhaftung und Seilreibung

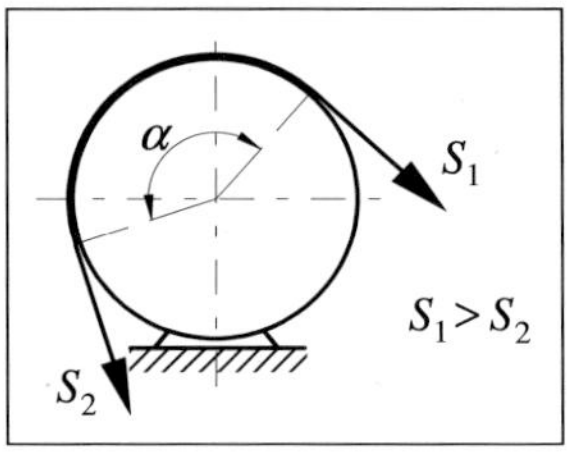


*Haftung bzw. Reibung zwischen Seil und Zylinder*

Unter der Annahme, dass das Seil auf dem feststehenden Zylinder reibt (**Seilreibung**) und das $S_1 > S_2$ sei, gilt:

$$S_1 = S_2 \cdot e^{\mu\alpha} \quad \text{für} \quad S_1 > S_2 .$$

$\alpha$ : Umschlingungswinkel
$e = 2{,}71828...$ : natürliche Zahl

Für den Grenzfall der Grenzhaftung (max. Haftkraft) (Seil gleitet gerade noch **nicht**) bei $S_1 > S_2$ gilt für die **Seilhaftung** analog:

$$S_1 = S_2 \cdot e^{\mu_0 \alpha} \quad \text{für} \quad S_1 > S_2 .$$

# S8 Das biegeschlaffe Seil

Seile übertragen ausschließlich Zugkräfte, die in jedem Punkt die Richtung der Tangente der Seillinie (Seilkurve) haben.

## ◆ Linienlast am Seil

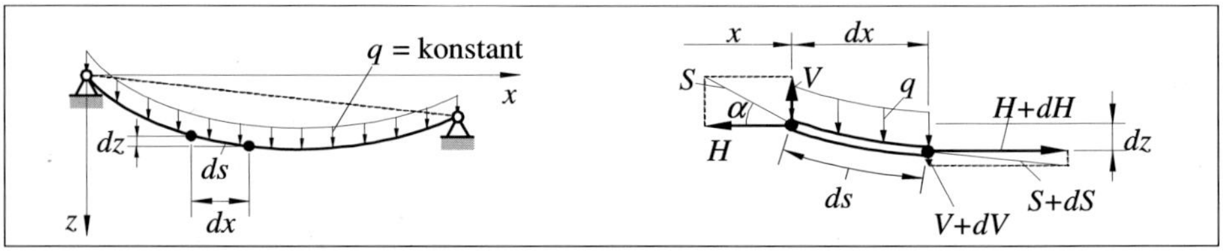


*Seil und freigeschnittenes Seilelement*

$q$ : Gewicht pro Längeneinheit des Seils

$H$ : Horizontalzug (horizontale Komponente der Seilkraft $S$)

Die Horizontalkomponente der Seilkraft $S$ (Horizontalzug $H$) ist in einem nur durch eine konstante Linienlast belasteten Seil konstant.

Seillinie (Kettenlinie):

$$z'' = -\frac{q}{H} \cdot \frac{ds}{dx} .$$

# Seil mit beliebigem Durchhang

Wir betrachten ein homogenes Seil gleichen Querschnitts mit konstanter Belastung $q$ (z.B. das Eigengewicht) und der Länge $L$. Den Zusammenhang zwischen den Koordinaten $x$ und $z$ und dem Differential der Bogenlänge $ds$ drücken wir durch die folgenden Gleichungen aus.

Mit $ds^2 = dx^2 + dz^2 = dx^2\left[1+\left(\frac{dz}{dx}\right)^2\right] = dx^2\left[1+(z')^2\right] \quad \Rightarrow \quad \boxed{\frac{ds}{dx} = \sqrt{1+(z')^2}}$ folgt:

$$\boxed{z'' = -\frac{q}{H}\sqrt{1+(z')^2}}. \qquad H = konstant \quad \text{(Horizontalzug)}$$

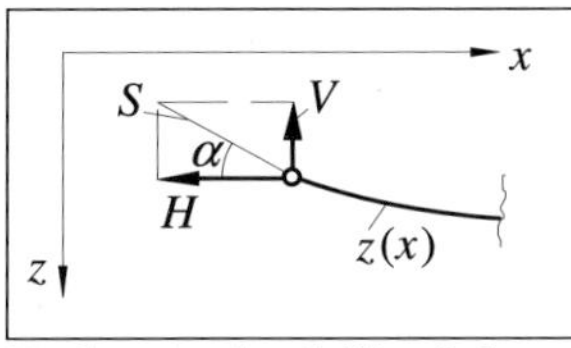

*Zerlegung der Seilkraft S*

$$\boxed{S = H\sqrt{1+(z')^2}} \quad \text{(Seilkraft)}$$

$$\boxed{z = -\frac{H}{q}\cosh\left(-\frac{q}{H}x + C_1\right) + C_2}$$

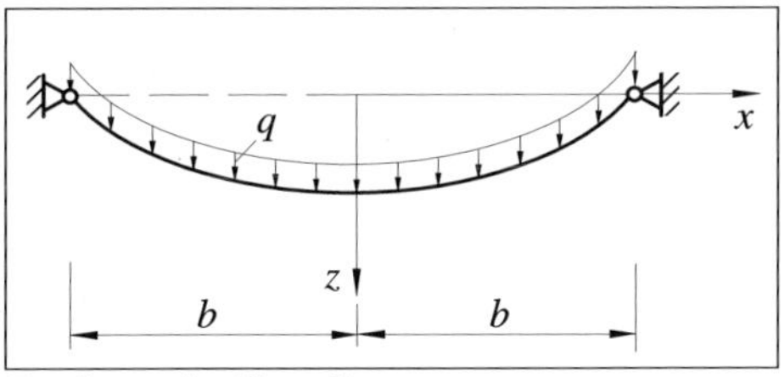

*Zur Lage des Koordinatensystems*

$$\boxed{z = \frac{H}{q}\left[\cosh\left(\frac{q}{H}b\right) - \cosh\left(\frac{q}{H}x\right)\right]}$$

Die Gesamtlänge $L$ des Seils: $\boxed{L = 2\,\frac{H}{q}\,\sinh\left(\frac{q}{H}b\right)}$.

# Seil mit geringem Durchhang

Bei flach gespannten Seilen (geringer Durchhang) ist die Ableitung $z' \ll 1$, das heißt:

$$\boxed{ds \approx dx}.$$

Die Differentialgleichung der Seilkurve lautet: $\boxed{z'' = -\frac{q}{H}}$. $\quad H = konstant$ (Horizontalzug)

Durch zweimaliges Integrieren erhalten wir die **Seillinie** bei konstanter Linienlast:

$$\boxed{z = -\frac{1}{2}\cdot\frac{q}{H}x^2 + C_1\,x + C_2}.$$

***Notizen***

# Einige Grundbegriffe und Formeln der Festigkeitslehre

## F1 Einheiten; Spannungen

♦ **Einheiten**

| Größe | Formelzeichen | SI-Einheit Name | SI-Einheit Zeichen | Beziehung |
|---|---|---|---|---|
| Kraft | $F$ | Newton | N | $1\,\text{N} = 1\,\text{kg m/s}^2$ |
| Masse | $m$ | Kilogramm | kg | |
| Spannung | $\sigma,\ \tau$ | | $\text{N/m}^2$ | $1\,\text{N/m}^2 = 1\,\text{Pa}$ |
| Druck | $p$ | Pascal | Pa | $1\,\text{Pa} = 1\,\text{N/m}^2 = 1\,\text{kg/(m s}^2)$ |

♦ **Spannungsvektor** $\vec{t} = \lim\limits_{\Delta A \to 0} \dfrac{\Delta \vec{F}}{\Delta A} = \dfrac{d\vec{F}}{dA}$

Die Dimension der mechanischen Spannung ist $\dfrac{\text{Kraft}}{\text{Fläche}}$.

$\Delta A$: Flächenelement

$\Delta \vec{F}$: am Flächenelement $\Delta A$ angreifende Schnittkraft

♦ Den Spannungsvektor $\vec{t}$ kann man in eine Komponente normal zur Schnittfläche (**Normalspannung** $\sigma$) und in eine Komponente in der Schnittfläche (**Schubspannung** $\tau$) zerlegen.

$\sigma$: Normalspannung (senkrecht zur Schnittfläche)

$\tau$: Schubspannung (in der Schnittfläche)

♦ **Ebener Spannungszustand**

$$\sigma(\varphi) = \frac{\sigma_x + \sigma_y}{2} + \frac{\sigma_x - \sigma_y}{2} \cos 2\varphi + \tau_{xy} \sin 2\varphi$$

$$\tau(\varphi) = -\frac{\sigma_x - \sigma_y}{2} \sin 2\varphi + \tau_{xy} \cos 2\varphi$$

$$\sigma_{1,2} = \frac{\sigma_x + \sigma_y}{2} \pm \sqrt{\left(\frac{\sigma_x - \sigma_y}{2}\right)^2 + \tau_{xy}{}^2}$$

$$\tau_{max} = \pm \frac{\sigma_1 - \sigma_2}{2} = \pm \sqrt{\left(\frac{\sigma_x - \sigma_y}{2}\right)^2 + \tau_{xy}{}^2}$$

$\sigma_x$: Normalspannung in $x$-Richtung

$\sigma_y$: Normalspannung in $y$-Richtung

$\tau_{xy}$: Schubspannung an der Stelle $x$ in $y$-Richtung

$\varphi$: Schnittwinkel

$\sigma(\varphi)$: Normalspannung senkrecht zur Schnittfläche (Winkel $\varphi$)

$\tau(\varphi)$: Schubspannung in der Schnittfläche (Winkel $\varphi$)

$\sigma_{1,2}$: Hauptnormalspannungen

$\tau_{max}$: Hauptschubspannung

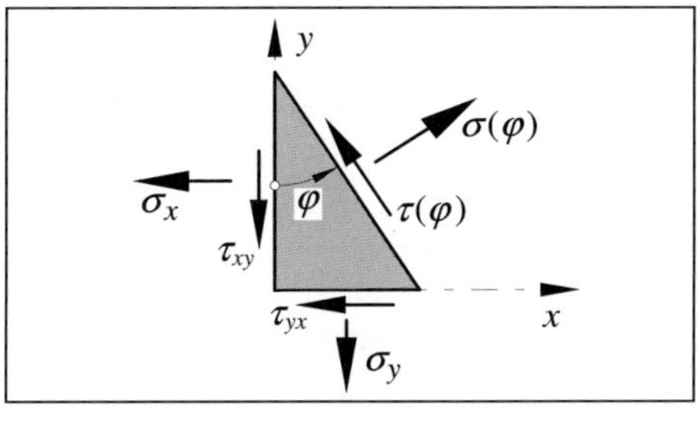


*Bild 1.1A: Spannungen in geneigten Schnittflächen*

Zur Berechnung der **Lage der Hauptnormalspannungsebenen** stehen folgende Formeln zur Verfügung:

$$\tan 2\varphi^* = \frac{2\,\tau_{xy}}{\sigma_x - \sigma_y} \qquad (1.1)$$

$$\tan \varphi_1 = \frac{\sigma_1 - \sigma_x}{\tau_{xy}} = \frac{\sigma_y - \sigma_2}{\tau_{xy}} = \frac{\tau_{xy}}{\sigma_1 - \sigma_y} = \frac{\tau_{xy}}{\sigma_x - \sigma_2} \qquad (1.2)$$

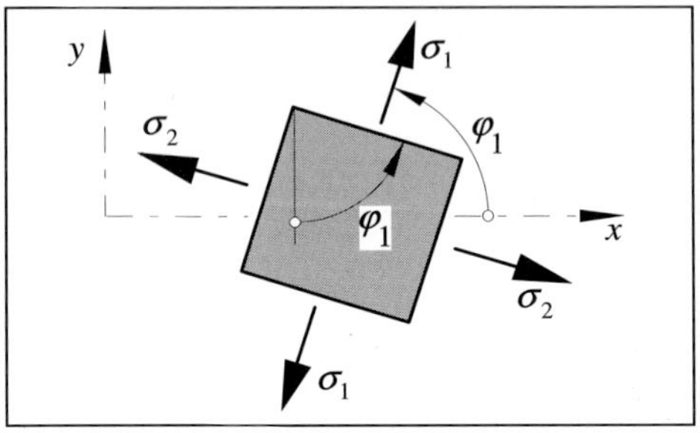


*Bild 1.2A: Zur Lage des Winkels $\varphi_1$ für die Ebene der Hauptnormalspannung $\sigma_1$*

$\varphi^*$: Winkel für die Lage der Hauptnormalspannungsebenen

$\varphi_1$: Winkel zwischen $x$-Achse und Richtung der Hauptnormalspannung $\sigma_1$ (Bild 1.2A)

Die Verwendung der Gleichung (1.2) hat den Vorteil, dass der Winkel $\varphi_1$, der zwischen $x$-Achse und Richtung von $\sigma_1$ liegt (Bild 1.2A), direkt berechnet werden kann. Bei der Richtungsermittlung der Hauptnormalspannungen mit der Gleichung (1.1) muß die Zugehörigkeit des Winkels $\varphi^*$ zu den Hauptnormalspannungen durch Einsetzen von $\varphi^*$ in die Gleichung für $\sigma(\varphi)$ noch ermittelt werden.

# F2 Verformungen

- **Dehnung** $\varepsilon$ ist der Quotient aus Längenänderung durch ursprüngliche Länge.

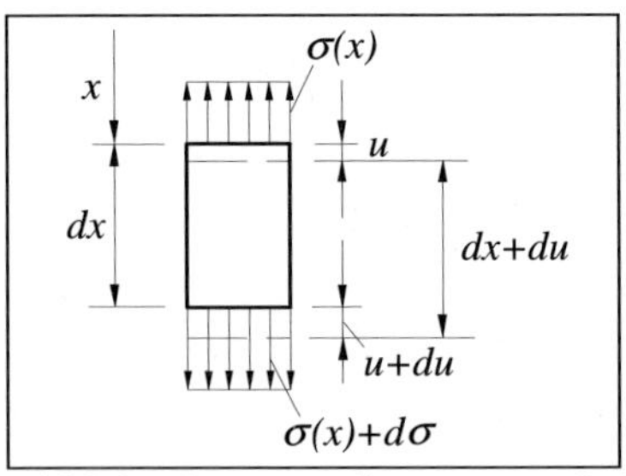


*Bild 2.1A: Längenänderung eines Stabelements*

$$\varepsilon = \frac{(dx + du) - dx}{dx} = \frac{du}{dx} \quad ; \quad \varepsilon = \frac{\Delta l}{l}$$

$\varepsilon$: Dehnung
$du$: Längenänderung
$dx$: ursprüngliche Länge
$\Delta l$: Längenänderung
$l$: ursprüngliche Länge

- **Verschiebung** $u$

$$du = \frac{\sigma(x)}{E}dx \quad ; \quad u = \frac{1}{E}\int \sigma(x)dx$$

$u$: Verschiebung
$\sigma(x)$: Normalspannung
$E$: Elastizitätsmodul

# F3 Zusammenhang zwischen Spannungen und Verformungen

- **Elastizitätsgesetz**

$$\varepsilon = \frac{\sigma}{E} \quad ; \quad \gamma = \frac{\tau}{G} \quad ; \quad G = \frac{E}{2(1+\nu)}$$

- **HOOKEsches Gesetz** $\sigma = E \cdot \varepsilon$

$E$: Elastizitätsmodul
$G$: Schubmodul
$\gamma$: Gleitung
$\nu$: Querdehnungszahl

- **Werkstoffkennwerte des Zugversuchs (DIN EN 10002 Teil 1)**

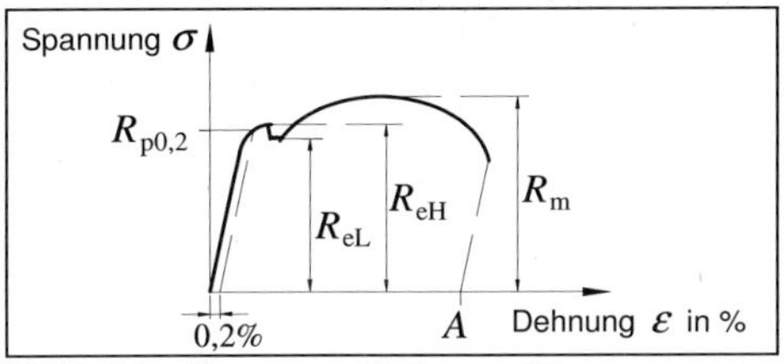


*Bild 3.1A: Spannung-Dehnung-Diagramm mit Werkstoffkennwerten*

$R_m$: Zugfestigkeit
$R_{eH}$: Obere Streckgrenze
$R_{eL}$: Untere Streckgrenze
$R_{p0,2}$: Spannung an der 0,2 Dehngrenze mit 0,2% bleibender Dehnung
$A$: Bruchdehnung

- **Verallgemeinertes HOOKEsches Gesetz** für den ebenen Spannungszustand bei Berücksichtigung von Temperaturdehnungen

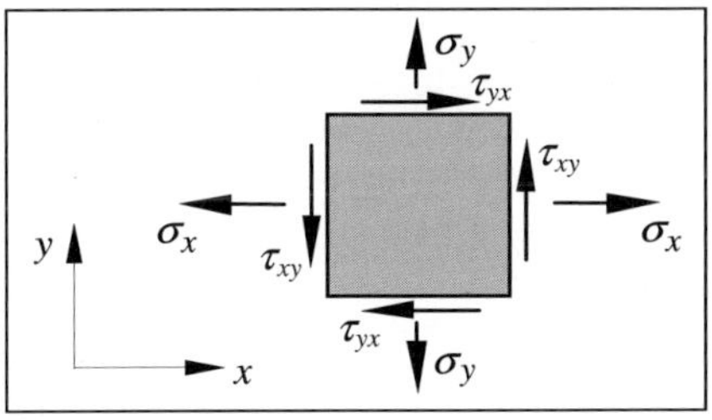


*Bild 3.2A: Zweiachsiger Spannungszustand*

$$\varepsilon_x = \frac{1}{E}\left(\sigma_x - \nu\sigma_y\right) + \alpha_T \Delta\vartheta$$

$$\varepsilon_y = \frac{1}{E}\left(\sigma_y - \nu\sigma_x\right) + \alpha_T \Delta\vartheta$$

$$\varepsilon_z = -\frac{\nu}{E}\left(\sigma_x + \sigma_y\right) + \alpha_T \Delta\vartheta$$

$$\gamma_{xy} = \frac{\tau_{xy}}{G}$$

$\varepsilon_x$: Dehnung in $x$-Richtung
$\varepsilon_y$: Dehnung in $y$-Richtung
$\varepsilon_z$: Dehnung in $z$-Richtung
$\gamma_{xy}$: Gleitung
$\nu$: Querdehnungszahl
$\alpha_T$: Wärmeausdehnungskoeffizient
$\Delta\vartheta$: Temperaturänderung
$E$: Elastizitätsmodul
$G$: Schubmodul

# F4 Zug und Druck in Stäben

- **Spannungsgleichung**

$$\sigma(x) = \frac{N(x)}{A(x)}$$

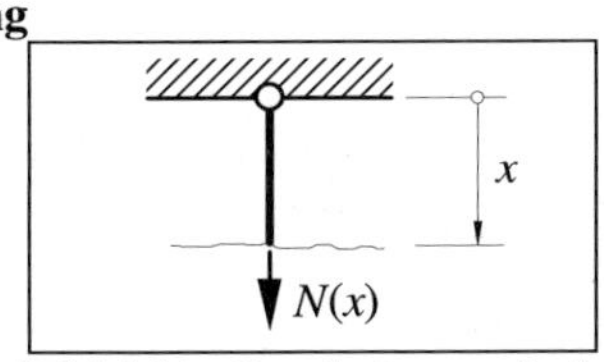


*Bild 4.1A: Geschnittener Stab*

$\sigma(x)$: Normalspannung an der Stelle $x$
$N(x)$: Normalkraft an der Stelle $x$
$A(x)$: Querschnittsfläche an der Stelle $x$

- **Längenänderung** $\Delta l$ infolge einer Normalkraftbelastung:

$$\varepsilon(x) = \frac{\sigma(x)}{E} = \frac{N(x)}{EA(x)}$$

$$\Delta l = \frac{1}{E}\int_0^l \frac{N(x)}{A(x)}dx.$$ Wenn Normalkraft und Querschnittsfläche konstant sind, folgt:

$$\Delta l = \frac{N\,l}{EA}.$$

$\Delta l$: Längenänderung des Stabes
$l$: ursprüngliche Länge des Stabes
$N$: Normalkraft
$A$: Querschnittsfläche
$E$: Elastizitätsmodul
$EA$: Dehnsteifigkeit

- **Wärmedehnung** $\varepsilon_T$

$$\varepsilon_T = \alpha_T \, \Delta\vartheta$$

$\alpha_T$: Wärmeausdehnungskoeffizient
$\Delta\vartheta$: Temperaturänderung

- **Längenänderung** $\Delta l_T$ infolge einer Temperaturänderung

$$\Delta l_T = \alpha_T \, \Delta\vartheta \, l$$

$l$: ursprüngliche Länge des Stabes

- **"Steifigkeit"** eines Stabes (Stab wird durch eine Feder "ersetzt")

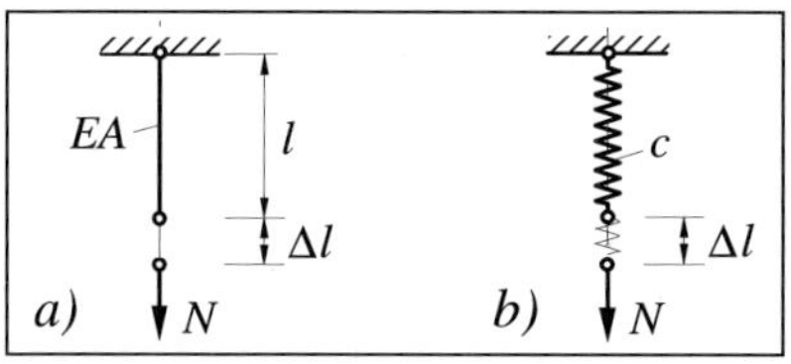


*Bild 4.2A:*
*a) Stab*
*b) lineare Feder*

Der linear elastische Stab kann durch eine lineare Feder (Federkraft ist proportional zum Federweg) (Bild 4.2A) mit der **Steifigkeit** (Federkonstante)

$$c = \frac{N}{\Delta l} = \frac{EA}{l}$$

"ersetzt" werden.

$c$: Federkonstante oder Steifigkeit
$\Delta l$: Längenänderung, Federweg
$N$: Normalkraft, Federkraft
$E$: Elastizitätsmodul
$A$: Querschnittsfläche
$EA$: Dehnsteifigkeit

- **"Steifigkeit"** beim Zusammenfassen ***mehrerer*** Federn zu einer ***Ersatzfeder***:

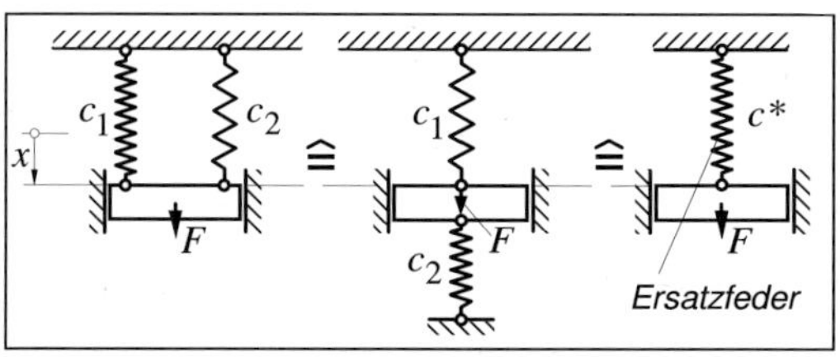


*Bild 4.3A: Parallelschaltung von Federn*

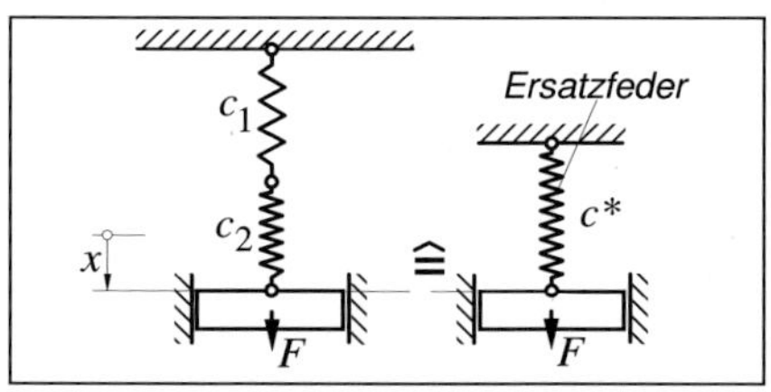


*Bild 4.4A: Reihenschaltung von Federn*

**Parallelschaltung** (Federwege sind gleich groß)

$$F = c_1 x + c_2 x = c^* x \quad \Rightarrow \quad c^* = c_1 + c_2$$

$$c^* = \sum_{i=1}^{n} c_i$$

**Reihenschaltung** (Federkräfte sind gleich)

$$x = x_1 + x_2 = \frac{F}{c_1} + \frac{F}{c_2} = \frac{F}{c^*} \quad \Rightarrow \quad \frac{1}{c^*} = \frac{1}{c_1} + \frac{1}{c_2}$$

$$\frac{1}{c^*} = \sum_{i=1}^{n} \frac{1}{c_i}; \quad \frac{1}{c^*} = \frac{c_1 + c_2}{c_1 \cdot c_2} \quad \Rightarrow \quad c^* = \frac{c_1 \cdot c_2}{c_1 + c_2}$$

$c^*$: Steifigkeit der Ersatzfeder
$c_i$: Steifigkeit der Feder $i$
$n$: Anzahl der Federn

$F$: Federkraft
$x$: Federweg

# F5 Flächenträgheitsmomente; Lage der Hauptachsen; Widerstandsmomente

♦ **Axiale Flächenträgheitsmomente** und **Deviationsmoment** oder **Zentrifugalmoment** für ein beliebiges kartesisches Koordinatensystem

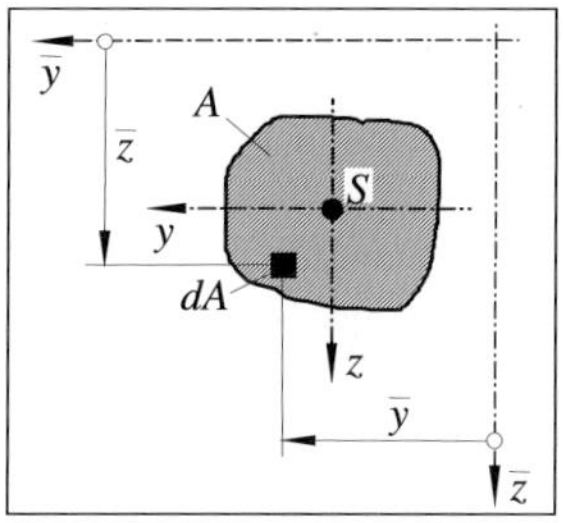

*Bild 5.1A:*

## Zur Definition der Flächenträgheitsmomente

$$I_{\bar{y}} = \int_A \bar{z}^2 dA$$

$$I_{\bar{z}} = \int_A \bar{y}^2 dA$$

$$I_{\bar{y}\bar{z}} = -\int_A \bar{y}\,\bar{z}\,dA$$

$I_{\bar{y}}$ : axiales Flächenträgheitsmoment bezüglich der $\bar{y}$-Achse

$I_{\bar{z}}$ : axiales Flächenträgheitsmoment bezüglich der $\bar{z}$-Achse

$I_{\bar{y}\bar{z}}$ : Deviationsmoment bezüglich des $\bar{y},\bar{z}$-Koordinatensystems

Mit Rücksicht auf weiterführende Betrachtungen (tensorielle Darstellung) in der höheren Mechanik wird das Deviationsmoment negativ definiert (siehe auch DIN 13316). Teilweise wird es in der Literatur mit positivem Vorzeichen angegeben, so dass der Vorzeichenunterschied beim Vergleich entsprechender Formeln zu beachten ist. $I_{\bar{y}\bar{z}}$ kann positiv, negativ oder auch gleich null werden. Es wird null, wenn mindestens eine der beiden Koordinatenachsen eine Symmetrieachse der Fläche ist.

♦ **Flächenträgheitsmomente paralleler Achsen (STEINERscher Satz)**

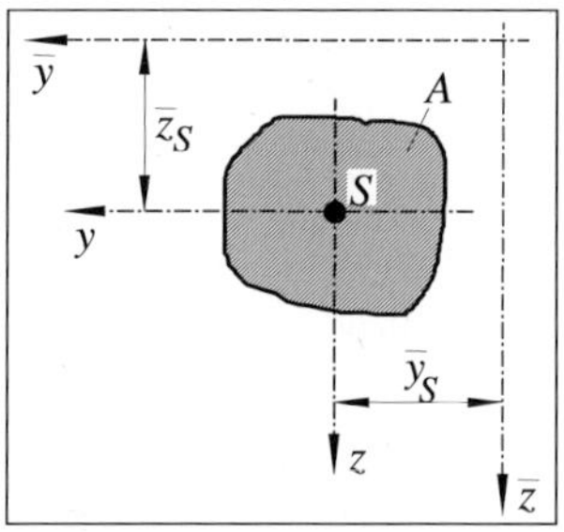

*Bild 5.2A:*
*Zum Satz von STEINER*

$$I_{\bar{y}} = I_y + \bar{z}_S{}^2 A$$

$$I_{\bar{z}} = I_z + \bar{y}_S{}^2 A$$

$$I_{\bar{y}\bar{z}} = I_{yz} - \bar{y}_S \bar{z}_S A$$

$I_{\bar{y}}$ : axiales Flächenträgheitsmoment bezüglich der $\bar{y}$-Achse

$I_{\bar{z}}$ : axiales Flächenträgheitsmoment bezüglich der $\bar{z}$-Achse

$I_{\bar{y}\bar{z}}$ : Deviationsmoment bezüglich des $\bar{y},\bar{z}$-Koordinatensystems

♦ **axiale Widerstandsmomente**

$$W_y = \frac{I_y}{|z_{\max}|}$$

$$W_z = \frac{I_z}{|y_{\max}|}$$

$W_y$ : Widerstandsmoment bezüglich *y*-Achse

$W_z$: Widerstandsmoment bezüglich *z*-Achse

$z_{\max}$: größter Abstand eines Querschnitt-Randpunktes von der Schwerpunktachse *y*

$y_{\max}$ : größter Abstand eines Querschnitt-Randpunktes von der Schwerpunktachse *z*

### ♦ Flächenträgheitsmomente eines aus *n* Teilflächen zusammengesetzten Querschnitts

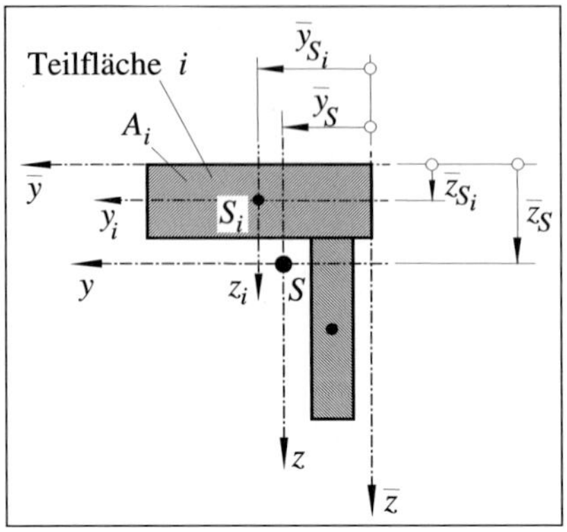


*Bild 5.3A: Aus n=2 Teilflächen zusammmengesetzter Querschnitt*

$$I_y = \sum_{i=1}^{n} I_{y_i} + \sum_{i=1}^{n} A_i \left(\bar{z}_{S_i} - \bar{z}_S\right)^2$$

$$I_z = \sum_{i=1}^{n} I_{z_i} + \sum_{i=1}^{n} A_i \left(\bar{y}_{S_i} - \bar{y}_S\right)^2$$

$$I_{yz} = \sum_{i=1}^{n} I_{yz_i} - \sum_{i=1}^{n} A_i \left(\bar{y}_{S_i} - \bar{y}_S\right)\left(\bar{z}_{S_i} - \bar{z}_S\right)$$

$I_y$ : Flächenträgheitsmoment der Gesamtquerschnittsfläche bezüglich der Schwerpunktachse $y$

$I_z$ : Flächenträgheitsmoment der Gesamtquerschnittsfläche bezüglich der Schwerpunktachse $z$

$I_{yz}$ : Deviationsmoment bezüglich des $y,z$-Koordinatensystems

$I_{y_i}$ : Flächenträgheitsm. der Teilfläche $i$ bezogen auf deren Schwerpunktachse $y_i$ (Eigenträgheitsmoment)

$I_{z_i}$ : Flächenträgheitsm. der Teilfläche $i$ bezogen auf deren Schwerpunktachse $z_i$ (Eigenträgheitsmoment)

$I_{yz_i}$ : Deviationsmoment der Teilfläche $i$ bezogen auf deren $y_i, z_i$-Schwerpunktkoordinatensystem

$A_i$ : Flächeninhalt der Teilfläche $i$

$\bar{y}_{S_i}$ : Abstand der Schwerpunktachse $z_i$ der Teilfläche $i$ zur Bezugsachse $\bar{z}$

$\bar{z}_{S_i}$ : Abstand der Schwerpunktachse $y_i$ der Teilfläche $i$ zur Bezugsachse $\bar{y}$

$\bar{y}_S$ : Abstand der Schwerpunktachse $z$ zur Bezugsachse $\bar{z}$

$\bar{z}_S$ : Abstand der Schwerpunktachse $y$ zur Bezugsachse $\bar{y}$

### ♦ Flächen mit gleichem Flächenträgheitsmoment bezüglich ein und derselben Achse

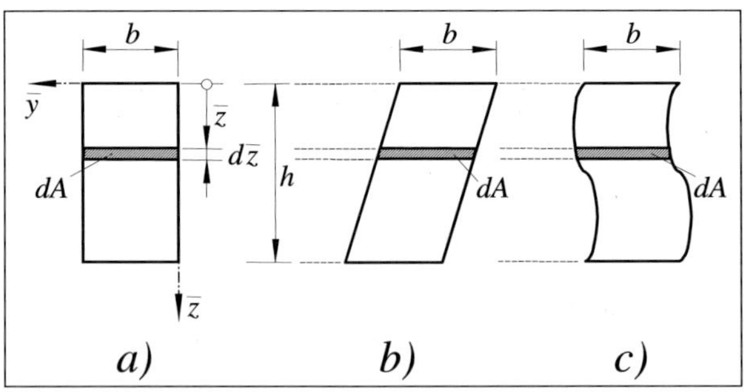


*Bild 5.4A: Flächen mit gleichem Flächenträgheitsmoment bezüglich der $\bar{y}$-Achse*

Bild 5.4A zeigt, wie wir durch parallele Verschiebung der Flächenstreifen $dA$ zur $\bar{y}$-Achse aus dem Rechteck a) ein Parallelogramm b) oder die beliebige Form c) mit dem gleichen Inhalt $A = \int dA = b\,h$ herstellen können. Alle Flächenstreifen $dA$ behalten ihre Größe und ihren Abstand von der Bezugsachse $\bar{y}$ unverändert bei, so dass folglich der Summenwert $I_{\bar{y}} = \int \bar{z}^2 dA$ (Flächenträgheitsmoment) nicht geändert wird.

Demnach gilt folgender Satz:

***Das Flächenträgheitsmoment bezüglich ein und derselben Achse ändert sich nicht, wenn einzelne oder alle Teile der Fläche parallel zu dieser Achse verschoben werden.***

### ♦ Flächenträgheitsmomente bei Drehung der Koordinatenachsen

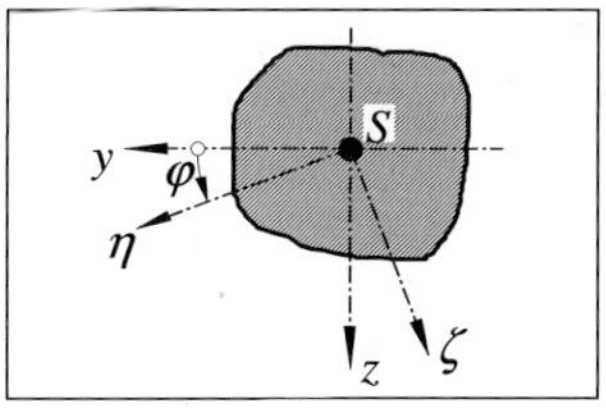


*Bild 5.5A:*
*Drehung der Koordinatenachsen*

$$I_\eta = \frac{I_y + I_z}{2} + \frac{I_y - I_z}{2}\cos 2\varphi + I_{yz}\sin 2\varphi \qquad (5.1)$$

$$I_\varsigma = \frac{I_y + I_z}{2} - \frac{I_y - I_z}{2}\cos 2\varphi - I_{yz}\sin 2\varphi$$

$$I_{\eta\varsigma} = -\frac{I_y - I_z}{2}\sin 2\varphi + I_{yz}\cos 2\varphi$$

$I_\eta$: Flächenträgheitsmoment bezüglich der $\eta$-Achse
$I_\zeta$: Flächenträgheitsmoment bezüglich der $\zeta$-Achse
$I_{\eta\zeta}$: Deviationsmoment bezüglich des $\eta, \zeta$-Koordinatensystems
$\varphi$: Winkel zwischen $y$-Achse und $\eta$-Achse

### ♦ Hauptträgheitsmomente

$$I_{1,2} = \frac{I_y + I_z}{2} \pm \sqrt{\left(\frac{I_y - I_z}{2}\right)^2 + I_{yz}^{\ 2}}$$

$I_1$: größtes axiales Flächenträgheitsmoment
$I_2$: kleinstes axiales Flächenträgheitsmoment

### ♦ Lage der Hauptachsen (Hauptachsenrichtung)

Zur Berechnung der Hauptachsenrichtungen stehen folgende Formeln zur Verfügung:

$$\tan 2\varphi^* = \frac{2I_{yz}}{I_y - I_z} \qquad (5.2)$$

$\varphi^*$: Richtungswinkel für die Lage der Hauptachsen

$$\tan\varphi_1 = \frac{I_1 - I_y}{I_{yz}} = \frac{I_z - I_2}{I_{yz}} = \frac{I_{yz}}{I_1 - I_z} = \frac{I_{yz}}{I_y - I_2} \qquad (5.3)$$

$\varphi_1$: Winkel zwischen $y$-Achse und der Hauptachse 1 (Bild 5.6A)

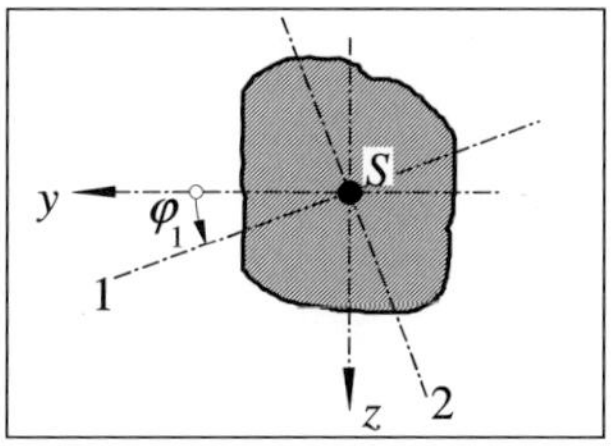


*Bild 5.6A:*
*Zur Lage des Winkels $\varphi_1$ für die Hauptachsenrichtung* 1

Die Verwendung der Gleichung (5.3) hat den Vorteil, dass der Winkel $\varphi_1$, der zwischen $y$-Achse und Hauptachse 1 liegt (Bild 5.6A), direkt berechnet werden kann. Wird Gleichung (5.2) benutzt, so muss die Zuordnung des Winkels $\varphi^*$ zu den Hauptträgheitsmomenten durch Einsetzen von $\varphi^*$ in die Gleichung (5.1) für $I_\eta$ noch ermittelt werden.

- **Axiale Flächenträgheitsmomente, Deviationsmoment, Flächeninhalt und Lage des Schwerpunkts einiger Grundflächen**

**Tabelle:**

| Querschnittsfläche; Lage des Schwerpunkts | Flächeninhalt $A$ | Flächenträgheitsmoment $I_y$ | Flächenträgheitsmoment $I_z$ | Deviationsmoment $I_{yz}$ |
|---|---|---|---|---|
| 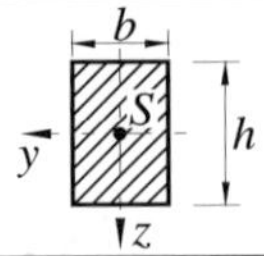 | $bh$ | $\frac{bh^3}{12}$ | $\frac{hb^3}{12}$ | 0 |
| 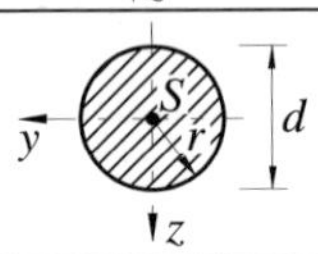 | $\pi r^2 = \frac{\pi}{4}d^2$ | $\frac{\pi}{4}r^4 = \frac{\pi}{64}d^4$ | $\frac{\pi}{4}r^4 = \frac{\pi}{64}d^4$ | 0 |
| 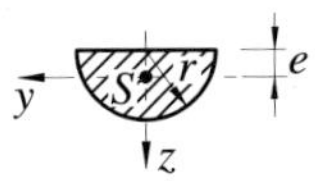 $e = \frac{4r}{3\pi} = 0{,}4244\,r$ | $\frac{\pi}{2}r^2$ | $\left(\frac{\pi}{8} - \frac{8}{9\pi}\right)r^4 \approx 0{,}1098\,r^4$ | $\frac{\pi}{8}r^4 \approx 0{,}3927\,r^4$ | 0 |
| $e = \frac{4r}{3\pi} = 0{,}4244\,r$ 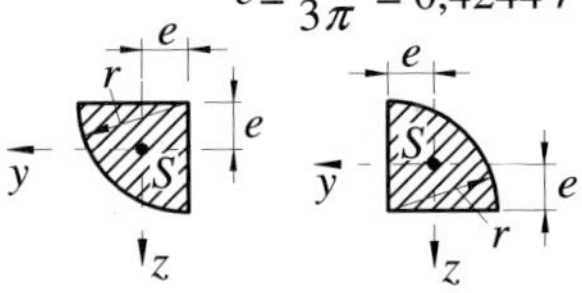 | $\frac{\pi}{4}r^2$ | $\left(\frac{\pi}{16} - \frac{4}{9\pi}\right)r^4 \approx 0{,}05488\,r^4$ | $\left(\frac{\pi}{16} - \frac{4}{9\pi}\right)r^4 \approx 0{,}05488\,r^4$ | $\left(\frac{4}{9\pi} - \frac{1}{8}\right)r^4 \approx 0{,}01647\,r^4$ |
| $e = \frac{4r}{3\pi} = 0{,}4244\,r$ 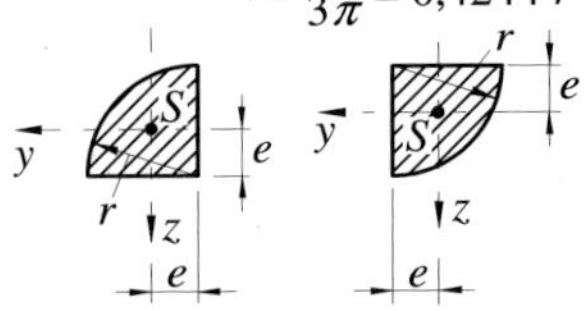 | $\frac{\pi}{4}r^2$ | $\left(\frac{\pi}{16} - \frac{4}{9\pi}\right)r^4 \approx 0{,}05488\,r^4$ | $\left(\frac{\pi}{16} - \frac{4}{9\pi}\right)r^4 \approx 0{,}05488\,r^4$ | $\left(-\frac{4}{9\pi} + \frac{1}{8}\right)r^4 \approx -0{,}01647\,r^4$ |
| 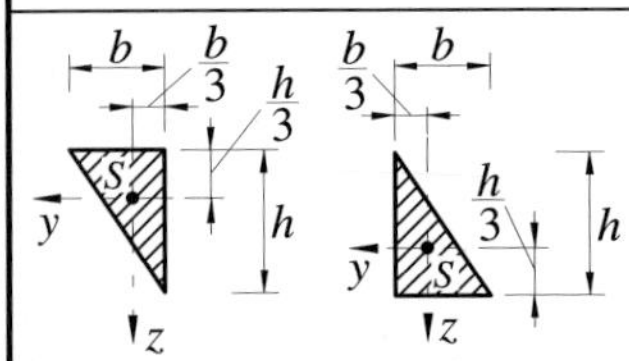 | $\frac{bh}{2}$ | $\frac{bh^3}{36}$ | $\frac{hb^3}{36}$ | $\frac{b^2h^2}{72}$ |
| 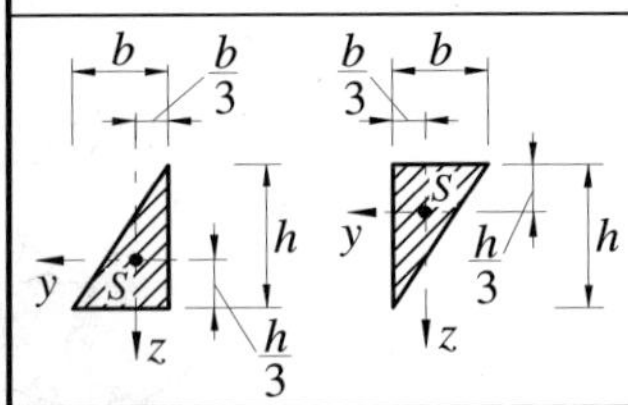 | $\frac{bh}{2}$ | $\frac{bh^3}{36}$ | $\frac{hb^3}{36}$ | $-\frac{b^2h^2}{72}$ |
| 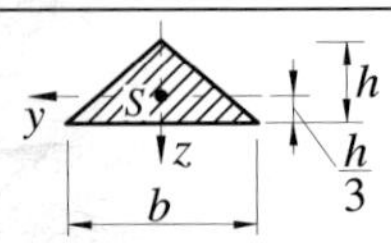 | $\frac{bh}{2}$ | $\frac{bh^3}{36}$ | $\frac{hb^3}{48}$ | 0 |

**Tabelle:** (Fortsetzung) Axiale Flächenträgheitsmomente, Deviationsmoment, Flächeninhalt und Lage des Schwerpunkts einiger Grundflächen

| Querschnittsfläche | Flächeninhalt $A$; Lage des Schwerpunkts | Flächenträgheitsmoment $I_y$ | Flächenträgheitsmoment $I_z$ | $I_{yz}$ |
|---|---|---|---|---|
| 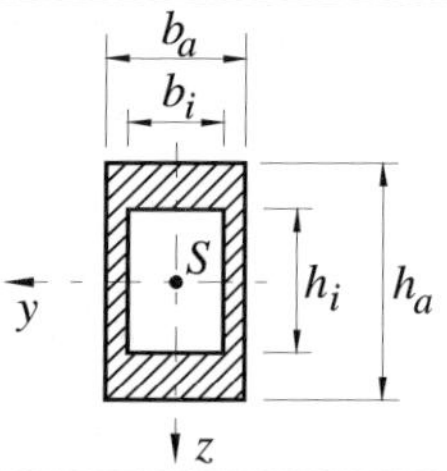 | $A = b_a h_a - b_i h_i$ | $\frac{1}{12}\left(b_a h_a^3 - b_i h_i^3\right)$ | $\frac{1}{12}\left(h_a b_a^3 - h_i b_i^3\right)$ | 0 |
| **Kreisring** 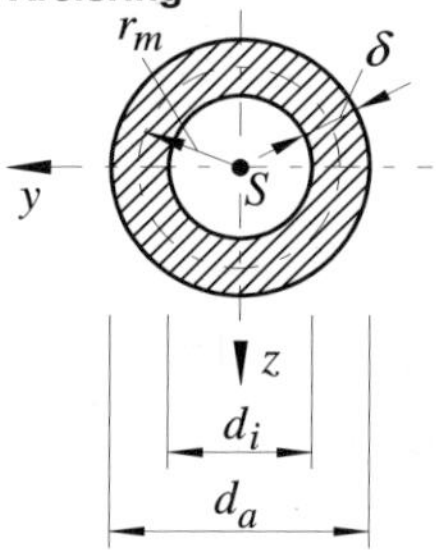 $r_m$ : mittlerer Radius | $A = \frac{\pi}{4}\left(d_a^2 - d_i^2\right)$<br>Für kleine Wandstärke ($\delta \ll r_m$) gilt:<br>$A = 2\,\pi r_m \delta$ | $\frac{\pi}{64}\left(d_a^4 - d_i^4\right)$<br>Für kleine Wandstärke ($\delta \ll r_m$) gilt:<br>$\pi r_m^3 \delta \left(1 + \left(\frac{\delta}{2r_m}\right)^2\right)$<br>$\approx \pi r_m^3 \delta$ | $\frac{\pi}{64}\left(d_a^4 - d_i^4\right)$<br>Für kleine Wandstärke ($\delta \ll r_m$) gilt:<br>$\pi r_m^3 \delta \left(1 + \left(\frac{\delta}{2r_m}\right)^2\right)$<br>$\approx \pi r_m^3 \delta$ | 0 |
| **Ellipse** 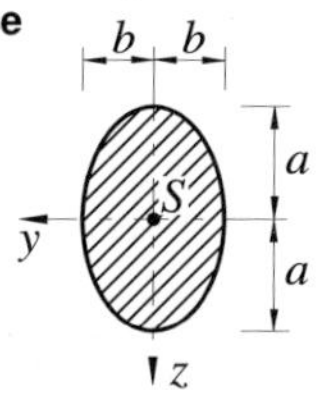 | $A = \pi a\, b$ | $\frac{\pi}{4} b\, a^3$ | $\frac{\pi}{4} a\, b^3$ | 0 |
| **Kreisausschnitt** 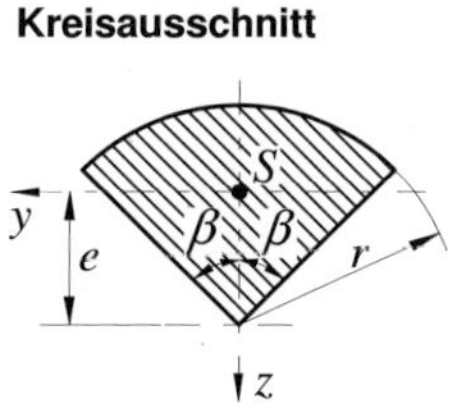 | $A = r^2 \beta$<br>$e = \frac{2\, r \sin\beta}{3\beta}$ | $\frac{r^4}{8}\left(2\beta + \sin 2\beta - \frac{32 \sin^2 \beta}{9\beta}\right)$ | $\frac{r^4}{4}\left(\beta - \sin\beta \cos\beta\right)$ | 0 |
| **Kreisabschnitt** 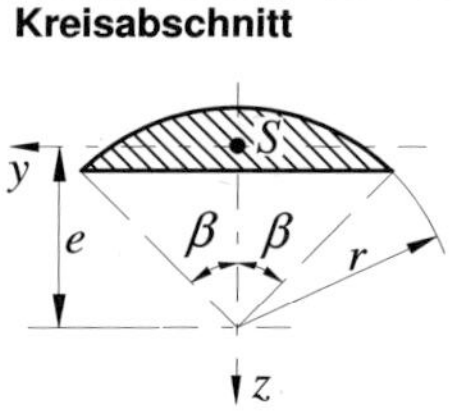 | $A = \frac{r^2}{2}\left(2\beta - \sin 2\beta\right)$<br>$e = \frac{4 r \sin^3 \beta}{3\left(2\beta - \sin 2\beta\right)}$ | $\frac{r^4}{144}\left(36\beta - 9 \sin 4\beta - \frac{128 \sin^6 \beta}{2\beta - \sin 2\beta}\right)$ | $\frac{r^4}{48}\left(12\beta - 8 \sin 2\beta + \sin 4\beta\right)$ | 0 |

# F6 Biegung

♦ **Normalspannung $\sigma$ bei Biege- und Normalkraftbeanspruchung**

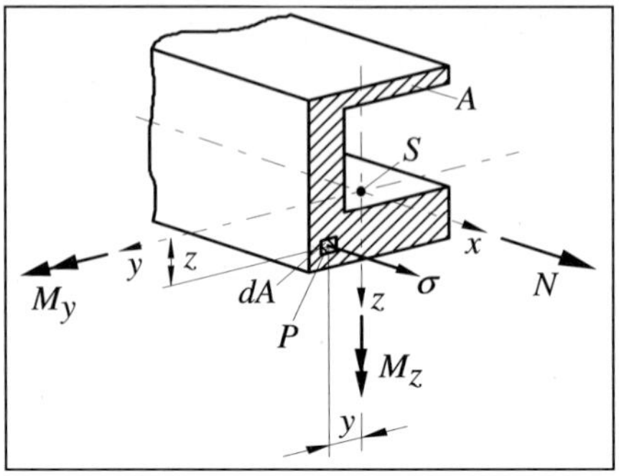


*Bild 6.1A:*
*Zur Normalspannungsberechnung bei Biegung und Normalkraftbeanspruchung sowie zur Verformungsberechnung bei einachsiger und schiefer Biegung*

$$\sigma = \frac{N}{A} + \frac{M_y I_z - M_z I_{yz}}{I_y I_z - I_{yz}^2} z - \frac{M_z I_y - M_y I_{yz}}{I_y I_z - I_{yz}^2} y$$

Wenn $I_{yz} = 0$ ist, folgt:

$$\sigma = \frac{N}{A} + \frac{M_y}{I_y} z - \frac{M_z}{I_z} y \; .$$

Wenn $N = 0,\; M_z = 0$ und $I_{yz} = 0$ ist, folgt:

$$\sigma = \frac{M_y}{I_y} z \quad \text{(einachsige Biegung).}$$

$$|\sigma_{\max}| = \frac{|M_y|}{W_y} \quad \text{mit} \quad W_y = \frac{I_y}{|z_{\max}|}$$

$\sigma$: Normalspannung in einem Querschnittspunkt
$N$: Normalkraft
$A$: Flächeninhalt des Querschnitts
$M_y$: Biegemoment um die $y$-Achse
$M_z$: Biegemoment um die $z$-Achse
$I_y$: Flächenträgheitsmoment bezüglich der Schwerpunktachse $y$
$I_z$: Flächenträgheitsmoment bezüglich der Schwerpunktachse $z$
$I_{yz}$: Deviationsmoment
$y$ u. $z$: Koordinaten eines Querschnittspunkts
$W_y$: Widerstandsmoment bezüglich der Schwerpunktachse $y$
$z_{\max}$: größter Abstand eines Querschnitt-Randpunktes von der Schwerpunktachse $y$

♦ **Schiefe Biegung** (Bild 6.1A)

*Schiefe Biegung* tritt z. B. immer dann auf, wenn ein Träger durch die beiden Biegemomente $M_y$ und $M_z$ beansprucht ist, oder wenn die Biegeachse (Achse, um die das Biegemoment dreht) keine Hauptachse ist.

♦ **Differentialgleichung der Biegelinie** (Bild 6.1A)

- **bei schiefer Biegung**

$$w'' = -\frac{1}{E} \cdot \frac{M_y I_z - M_z I_{yz}}{I_y I_z - I_{yz}^2}$$

$$v'' = \frac{1}{E} \cdot \frac{M_z I_y - M_y I_{yz}}{I_y I_z - I_{yz}^2}$$

**Anmerkung:** Ist zum Beispiel $M_z = 0$ und $M_y \neq 0$ bei unsymmetrischen Querschnitten ($I_{yz} \neq 0$), so ist dennoch auch eine Verschiebung $v$ in $y$-Richtung vorhanden.

- **bei einachsiger Biegung**
($M_z = 0$; $I_{yz} = 0$ ( $y$ und $z$ sind Hauptachsen))

$$w'' = -\frac{M_y}{E I_y}$$

$w$: Verschiebung in $z$-Richtung
$v$: Verschiebung in $y$-Richtung
$M_y$: Biegemoment um die $y$-Achse
$M_z$: Biegemoment um die $z$-Achse
$I_y$: Flächenträgheitsmoment bezüglich der Schwerpunktachse $y$
$I_z$: Flächenträgheitsmoment bezüglich der Schwerpunktachse $z$
$I_{yz}$: Deviationsmoment
$E$: Elastizitätsmodul
$E I_y$: Biegesteifigkeit

♦ **Gleichung der Biegelinie, maximale Durchbiegung** und **Neigungswinkel** für verschiedene Lagerungs- und Belastungsfälle von Balken **(Standardfälle)**

**Tabelle:**

| Lagerung, Belastungsfall und Verlauf der Biegelinie | Gleichung der Biegelinie ($x$ vom linken Lager aus) | Durchbiegungen | Neigungswinkel |
|---|---|---|---|
| 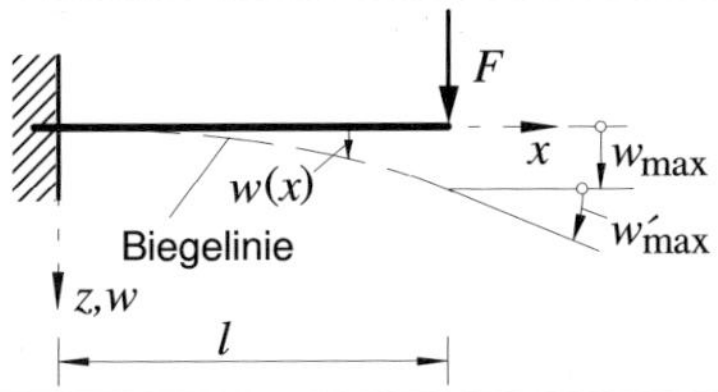 | $w(x) = \frac{Fl^3}{6EI}\left[3\left(\frac{x}{l}\right)^2 - \left(\frac{x}{l}\right)^3\right]$ | $w_{max} = w(l) = \frac{Fl^3}{3EI}$ | $w'_{max} = w'(l) = \frac{Fl^2}{2EI}$ |
| 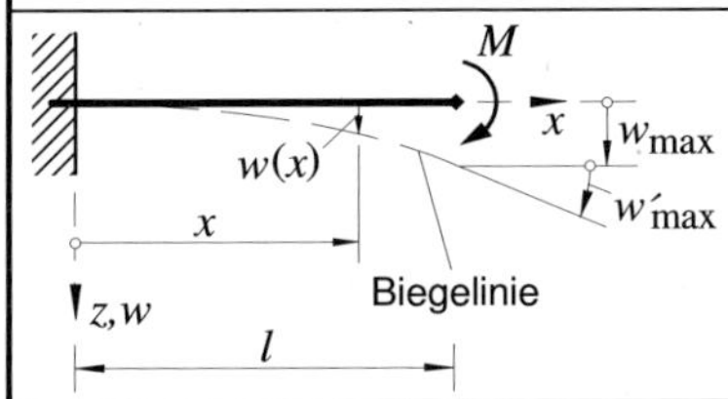 | $w(x) = \frac{M}{2EI}x^2$ | $w_{max} = w(l) = \frac{Ml^2}{2EI}$ | $w'_{max} = w'(l) = \frac{Ml}{EI}$ |
| 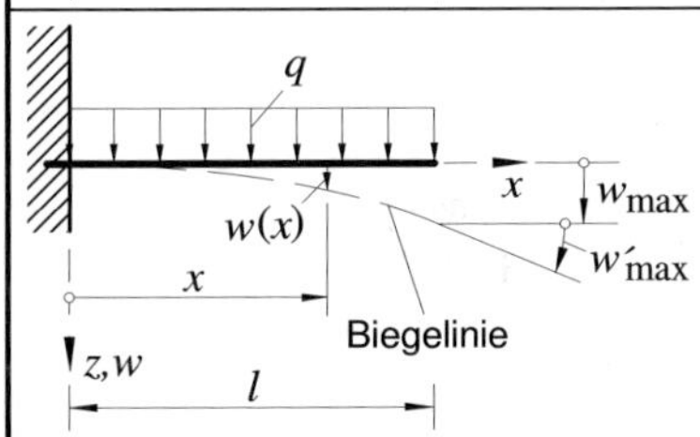 | $w(x) = \frac{ql^4}{24EI}\left[6\left(\frac{x}{l}\right)^2 - 4\left(\frac{x}{l}\right)^3 + \left(\frac{x}{l}\right)^4\right]$ | $w_{max} = w(l) = \frac{ql^4}{8EI}$ | $w'_{max} = w'(l) = \frac{ql^3}{6EI}$ |
| 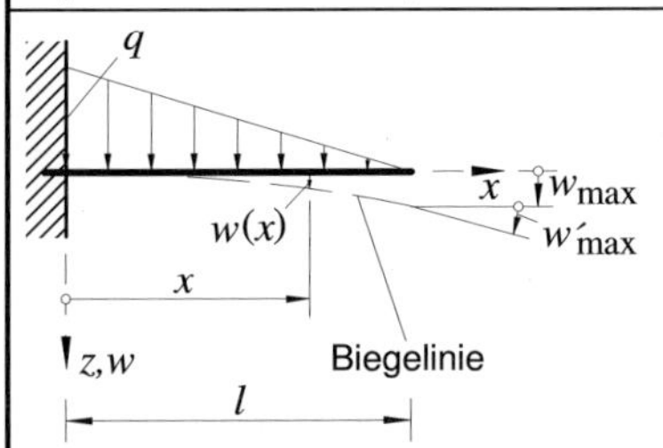 | $w(x) = \frac{ql^4}{120EI}\left[10\left(\frac{x}{l}\right)^2 - 10\left(\frac{x}{l}\right)^3 + 5\left(\frac{x}{l}\right)^4 - \left(\frac{x}{l}\right)^5\right]$ | $w_{max} = w(l) = \frac{ql^4}{30EI}$ | $w'_{max} = w'(l) = \frac{ql^3}{24EI}$ |
| 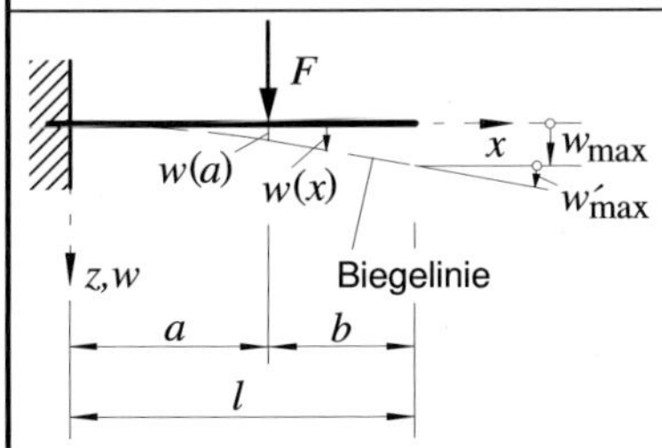 | Für $0 \le x \le a$: $w(x) = \frac{Fa^3}{6EI}\left[3\left(\frac{x}{a}\right)^2 - \left(\frac{x}{a}\right)^3\right]$<br>Für $a \le x \le l$: $w(x) = \frac{Fa^3}{6EI}\left(3\frac{x}{a} - 1\right)$ | $w(a) = \frac{Fa^3}{3EI}$<br>$w_{max} = w(l) = \frac{Fa^3}{6EI}\left(3\frac{l}{a} - 1\right)$ | $w'_{max} = w'(a) = w'(l) = \frac{Fa^2}{2EI}$ |
| 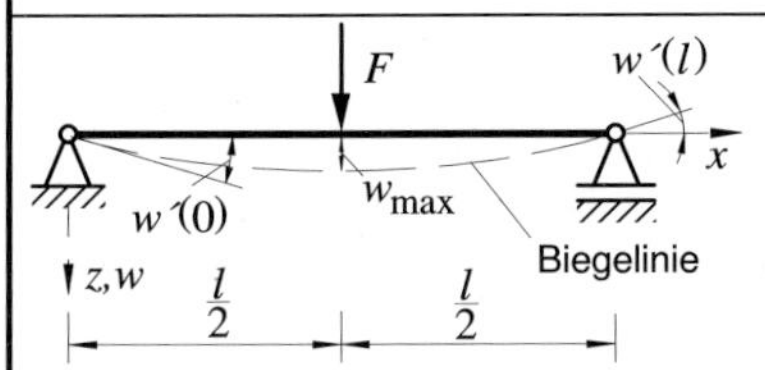 | $0 \le x \le \frac{l}{2}$<br>$w(x) = \frac{Fl^3}{48EI}\left[3\frac{x}{l} - 4\left(\frac{x}{l}\right)^3\right]$ | $w_{max} = w\left(\frac{l}{2}\right) = \frac{Fl^3}{48EI}$ | $w'(0) = -w'(l) = \frac{Fl^2}{16EI}$ |

**Tabelle:** (Fortsetzung)

| Lagerung, Belastungsfall und Verlauf der Biegelinie | Gleichung der Biegelinie ($x$ vom linken Lager aus) | Durchbiegungen | Neigungswinkel |
|---|---|---|---|
| 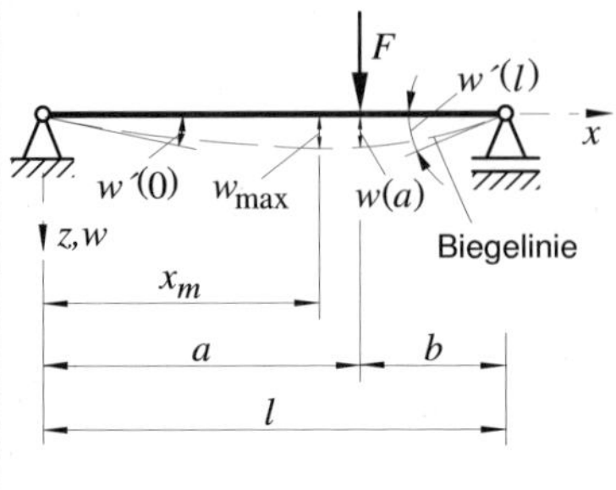 | Für $0 \le x \le a$: $w(x)=\frac{Fab^2}{6EI}\left[\left(1+\frac{l}{b}\right)\frac{x}{l}-\frac{x^3}{abl}\right]$ Für $a \le x \le l$: $w(x)=$ $\frac{Fa^2b}{6EI}\left[\left(1+\frac{l}{a}\right)\frac{l-x}{l}-\frac{(l-x)^3}{abl}\right]$ | $w(a)=\frac{Fa^2b^2}{3EIl}$ Für $a>b$: $w_{max}=$ $\frac{Fb\sqrt{(l^2-b^2)^3}}{9\sqrt{3}EIl}$ bei $x_m=\sqrt{\frac{l^2-b^2}{3}}$ | $w'(0)=$ $\frac{Fab}{6EIl}(l+b)$ $w'(l)=$ $-\frac{Fab}{6EIl}(l+a)$ |
| 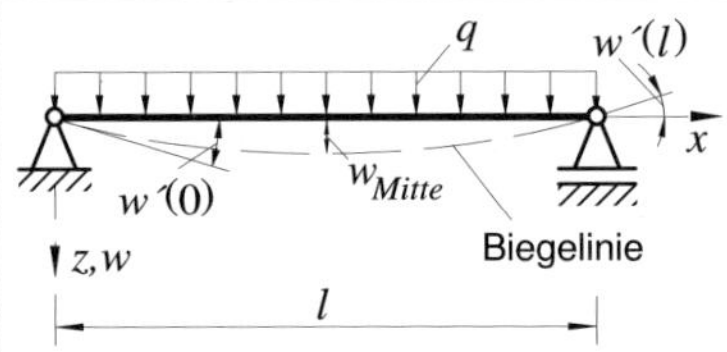 | $w(x)=$ $\frac{ql^4}{24EI}\left[\frac{x}{l}-2\left(\frac{x}{l}\right)^3+\left(\frac{x}{l}\right)^4\right]$ | $w_{Mitte}=$ $w_{max}=$ $w\left(\frac{l}{2}\right)=\frac{5ql^4}{384EI}$ | $w'(0)=$ $-w'(l)=\frac{ql^3}{24EI}$ |
| 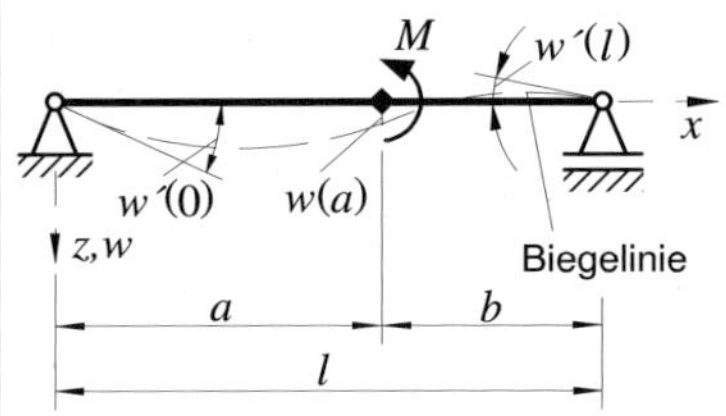 | Für $0 \le x \le a$: $w(x)=\frac{Ml^2}{6EI}\left[\left(6\frac{a}{l}-3\left(\frac{a}{l}\right)^2-2\right)\frac{x}{l}-\left(\frac{x}{l}\right)^3\right]$ Für $a \le x \le l$: $w(x)=\frac{Ml^2}{6EI}\left[3\left(\frac{a}{l}\right)^2-\left(2+3\left(\frac{a}{l}\right)^2\right)\frac{x}{l}+3\left(\frac{x}{l}\right)^2-\left(\frac{x}{l}\right)^3\right]$ | $w(a)=$ $\frac{Ml^2}{3EI}\left[3\left(\frac{a}{l}\right)^2-2\left(\frac{a}{l}\right)^3-\frac{a}{l}\right]$ | $w'(0)=$ $\frac{Ml}{6EI}\left[6\frac{a}{l}-3\left(\frac{a}{l}\right)^2-2\right]$ $w'(l)=$ $\frac{Ml}{6EI}\left[3\left(\frac{a}{l}\right)^2-1\right]$ |
| 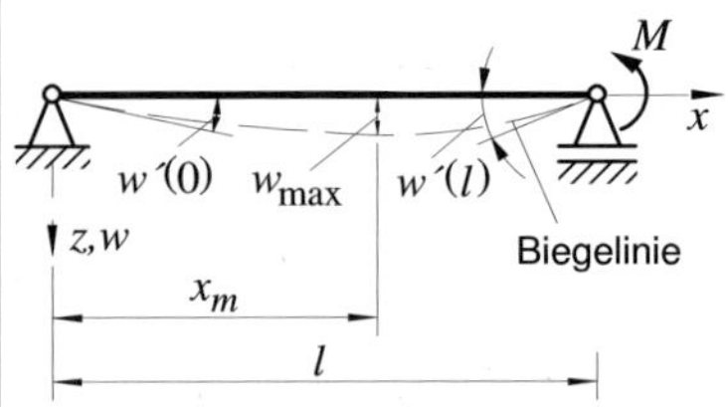 | $w(x)=$ $\frac{Ml^2}{6EI}\left[\frac{x}{l}-\left(\frac{x}{l}\right)^3\right]$ | $w\left(\frac{l}{2}\right)=\frac{Ml^2}{16EI}$ $w_{max}=\frac{\sqrt{3}\,M\,l^2}{27EI}$ bei $x_m=\frac{l}{\sqrt{3}}$ | $w'(0)=\frac{Ml}{6EI}$ $w'(l)=-\frac{Ml}{3EI}$ $w'(l)=-2w'(0)$ |
| 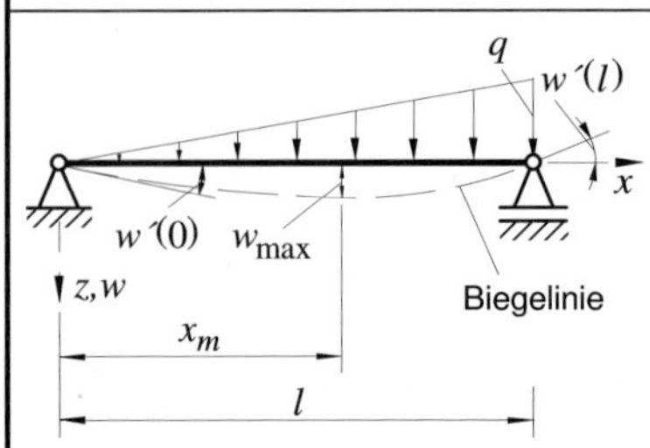 | $w(x)=$ $\frac{ql^4}{360EI}\left[7\frac{x}{l}-10\left(\frac{x}{l}\right)^3+3\left(\frac{x}{l}\right)^5\right]$ | $w_{max}=$ $0{,}00652\frac{q\,l^4}{EI}$ bei $x_m=0{,}5193\,l$ | $w'(0)=\frac{7ql^3}{360EI}$ $w'(l)=-\frac{ql^3}{45EI}$ |

# F7 Torsion

$$\vartheta = \frac{M_T}{G\,I_T}$$

$$\varphi = \frac{M_T\,l}{G\,I_T}$$

$\vartheta$: spezifischer Verdrehungswinkel (Verdrehungswinkel pro Längeneinheit)
$\varphi$: Gesamtverdrehungswinkel, wenn $M_T$ und $I_T$ konstant sind
$M_T$: Torsionsmoment
$G$: Schubmodul
$I_T$: Torsionsträgheitsmoment
$l$: Stablänge

## ♦ Torsion von kreiszylindrischen Stäben

$$I_T = I_p \quad ; \quad W_T = W_p$$

$$\tau(r) = \frac{M_T}{I_p}\,r \quad ; \quad \tau_{\max} = \frac{M_T}{I_p}\,r_a = \frac{M_T}{W_p}$$

$$W_p = \frac{I_p}{r_a}; \quad \vartheta = \frac{M_T}{G\,I_p}; \quad \varphi = \frac{M_T\,l}{G\,I_p}$$

$$I_p = \int_A r^2 dA = \int_A \left(y^2 + z^2\right) dA = I_z + I_y$$

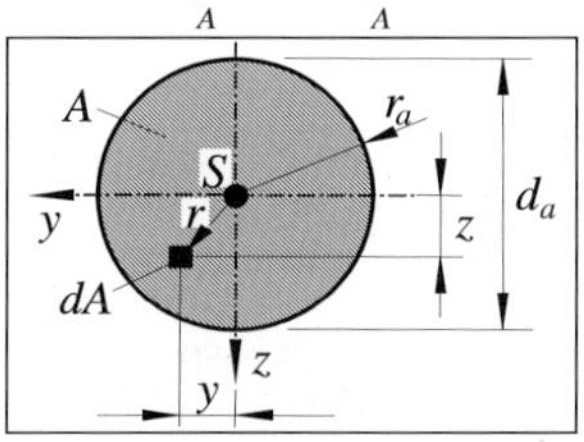


*Bild 7.1A: Zur Definition des polaren Flächenträgheitsmomentes $I_p$*

Kreisquerschnitt:

$$I_p = \frac{\pi}{2} r_a^{\,4} = \frac{\pi}{32} d_a^{\,4}; \quad W_p = \frac{\pi}{2} r_a^{\,3} = \frac{\pi}{16} d_a^{\,3}$$

$\tau(r)$: Schubspannung in Abhängigkeit vom Radius $r$
$I_p$: polares Flächenträgheitsmoment
$W_p$: polares Widerstandsmoment
$M_T$: Torsionsmoment
$\tau_{\max}$: größte Schubspannung am Querschnittsrand
$r_a$: Radius des Querschnittsrandes
$d_a$: Außendurchmesser
$G$: Schubmodul
$GI_p$: Torsionssteifigkeit
$I_y$: Flächenträgheitsmoment bezüglich der Schwerpunktachse $y$
$I_z$: Flächenträgheitsmoment bezüglich der Schwerpunktachse $z$
$dA$: differentiell kleines Flächenelement
$r$: Abstand des Flächenelements $dA$ vom Schwerpunkt

## ♦ Torsion von Stäben mit dünnwandigem geschlossenen Querschnitt

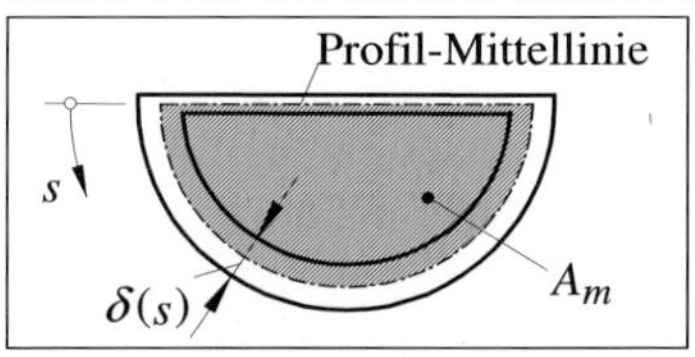


*Bild 7.2A: Zu den BREDTschen Formeln*

$$\tau(s) = \frac{M_T}{2\,A_m\,\delta(s)} \quad \textit{(Erste BREDTsche Formel)}$$

$$\tau_{\max} = \frac{M_T}{W_T} \quad \text{mit} \quad W_T = 2\,A_m\,\delta_{\min}$$

$$\vartheta = \frac{d\varphi}{dx} = \frac{M_T}{GI_T} = \frac{M_T}{G \cdot \dfrac{4\,A_m^{\,2}}{\oint \dfrac{ds}{\delta(s)}}} \quad \left(\textit{Zweite BREDTsche Formel}\right)$$

$$\text{mit } I_T = \frac{4\,A_m^{\,2}}{\oint \dfrac{ds}{\delta(s)}}$$

$\tau(s)$: Schubspannung
$\tau_{\max}$: maximale Schubspannung
$\vartheta$: spezifischer Verdrehungswinkel
$\varphi$: Verdrehungswinkel
$I_T$: Torsionsträgheitsmoment
$W_T$: Torsionswiderstandsmoment
$\oint \frac{ds}{\delta(s)}$: Umlaufintegral (längs der Bogenlänge $s$ einmal über den Umfang der Profil-Mittellinie integrieren (Bild 7.2A))
$A_m$: die von der Profil-Mittellinie eingeschlossene Fläche (Bild 7.2A)
$\delta(s)$: Wandstärke entlang der Profil-Mittellinie in Abhängigkeit von $s$
$\delta_{\min}$: kleinste Wandstärke
$G$: Schubmodul
$GI_T$: Torsionssteifigkeit

### ♦ Torsion von Stäben mit dünnwandigem offenen Querschnitt

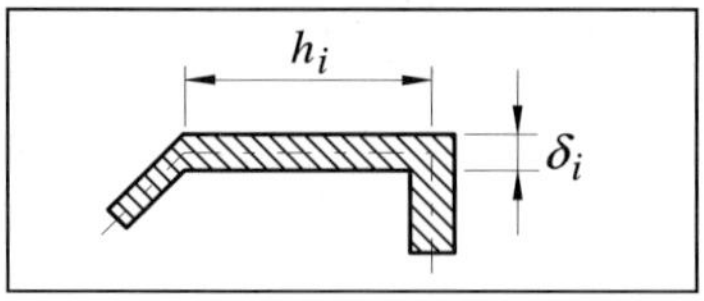


*Bild 7.3A:*
*Aus schmalen Rechtecken zusammengesetztes offenes Profil*

$$I_T \approx \frac{1}{3}\sum_{i=1}^{n} h_i\,\delta_i^3$$

$$W_T \approx \frac{I_T}{\delta_{\max}} \quad ; \quad W_T \approx \frac{1}{3\,\delta_{\max}}\sum_{i=1}^{n} h_i\,\delta_i^3$$

$$\tau_{\max} = \frac{M_T}{W_T} = \frac{M_T}{I_T}\,\delta_{\max}$$

$I_T$ : Torsionsträgheitsmoment
$W_T$ : Torsionswiderstandsmoment
$h_i$ : Länge des Teilrechtecks $i$
$\delta_i$ : Wandstärke des Teilrechtecks $i$
$\tau_{\max}$ : maximale Schubspannung
$\delta_{\max}$ : größte Wandstärke

### ♦ **Torsionsträgheitsmomente** und **Torsionswiderstandsmomente**

**Tabelle:**

| Querschnittsfläche | Torsionsträgheitsmoment $I_T$ | Torsionswiderstands-moment $W_T$ | Bemerkungen |
|---|---|---|---|
| **Kreis** 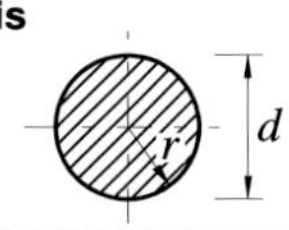  | $I_T = I_p = \frac{\pi}{2} r^4 = \frac{\pi}{32} d^4$ | $W_T = W_p = \frac{\pi}{2} r^3 = \frac{\pi}{16} d^3$ | größte Schub-spannung $\tau_{\max}$ am äußeren Rand |
| **dickwandiger Kreisring** 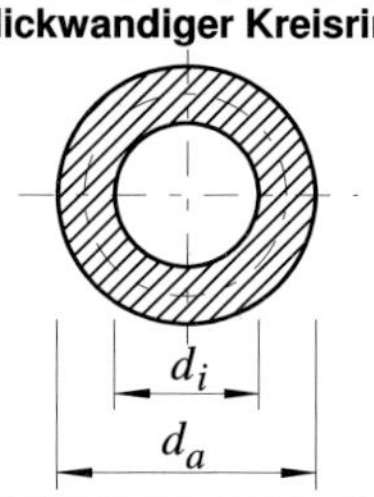  | $\frac{\pi}{32}\left(d_a^4 - d_i^4\right)$ | $\frac{\pi}{16}\cdot\frac{d_a^4 - d_i^4}{d_a}$ | größte Schub-spannung $\tau_{\max}$ am äußeren Rand |
| **Ellipse** 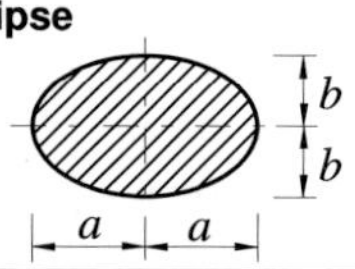  | $\frac{\pi a^3 b^3}{a^2 + b^2}$ | $\frac{\pi a\, b^2}{2}$ Voraussetzung: $b \le a$ | größte Schub-spannung $\tau_{\max}$ in den Enden der kleinen Achse |
| **gleichseitiges Dreieck** 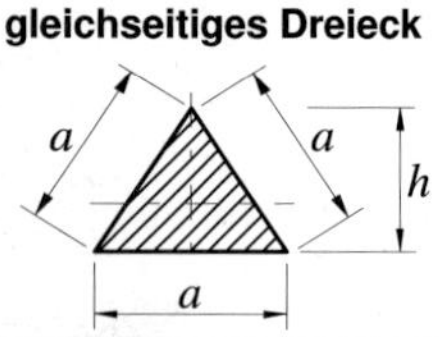  | $\frac{a^4}{46{,}19} \approx \frac{h^4}{26}$ | $\frac{a^3}{20} \approx \frac{h^3}{13}$ | $\tau_{\max}$ tritt in der Mitte der Seiten auf. In den Ecken ist $\tau = 0$. |
| **Quadrat** 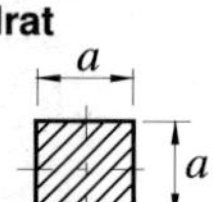  | $0{,}1407\, a^4$ | $0{,}208\, a^3$ | $\tau_{\max}$ tritt in der Mitte der Seiten auf. In den Ecken ist $\tau = 0$. |

**Tabelle:** (Fortsetzung)

| Querschnittsfläche | Torsionsträgheitsmoment $I_T$ | Torsionswiderstandsmoment $W_T$ | Bemerkungen |
|---|---|---|---|
| **Rechteck** 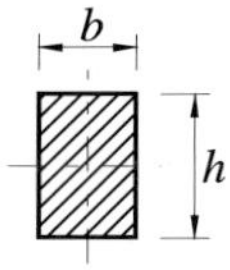  | Für $n = \frac{h}{b} \geq 1$<br>$c_1 h b^3 = c_1 n b^4$<br>Faktor:<br>$c_1 = \frac{1}{3}\left(1 - \frac{0{,}630}{n} + \frac{0{,}052}{n^5}\right)$ | Für $n = \frac{h}{b} \geq 1$<br>$\frac{c_1}{c_2} h b^2 = \frac{c_1}{c_2} n b^3$<br>Faktoren:<br>$c_1 = \frac{1}{3}\left(1 - \frac{0{,}630}{n} + \frac{0{,}052}{n^5}\right)$<br>und $c_2 = 1 - \frac{0{,}65}{1+n^3}$ | $\tau_{\max}$ tritt im Bereich der größten Seite auf. In den Ecken ist $\tau = 0$. |
| **dünnwandiger geschlossener Querschnitt** 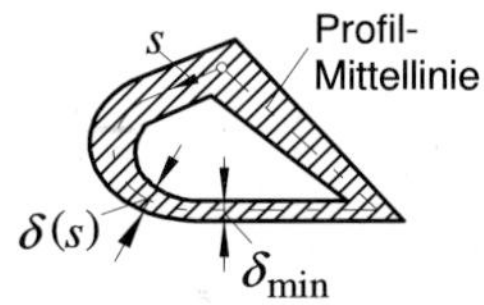  | $\frac{4A_m^2}{\oint \frac{ds}{\delta(s)}}$ | $2\,A_m\,\delta_{\min}$ | $A_m$ ist die von der Profil-Mittellinie eingeschlossene Fläche. $\oint \frac{ds}{\delta(s)}$ ist das Umlaufintegral längs der Profil-Mittellinie. $\tau_{\max}$ tritt an der Stelle der kleinsten Wandstärke $\delta_{\min}$ auf. |
| **dünnwandiger Kreisring** 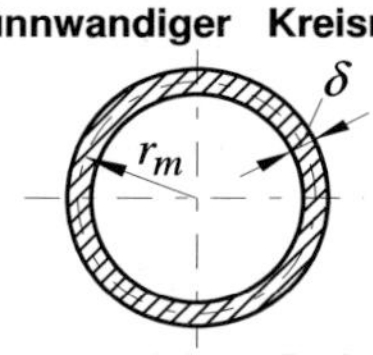  $r_m$: mittlerer Radius | $2\,\pi r_m^3\,\delta$ | $2\,\pi r_m^2\,\delta$ | |
| **schmales Rechteck** $\delta \ll h$ 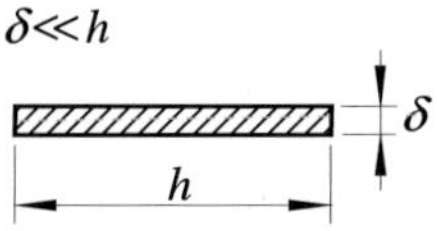  | $\frac{1}{3} h\,\delta^3$ | $\frac{1}{3} h\,\delta^2$ | |
| **aus schmalen Rechtecken zusammengesetzter offener Querschnitt** 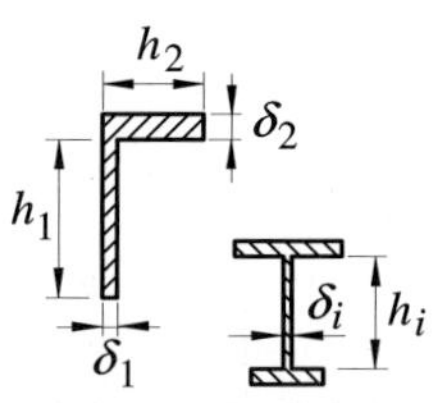  | $\approx \frac{1}{3}\sum_{i=1}^{n} h_i\,\delta_i^3$ | $\approx \frac{I_T}{\delta_{\max}}$<br>$\approx \frac{1}{3} \cdot \frac{\sum_{i=1}^{n} h_i\,\delta_i^3}{\delta_{\max}}$ | größte Schubspannung $\tau_{\max}$ in dem Querschnittsteil mit der größten Wandstärke $\delta_{\max}$ 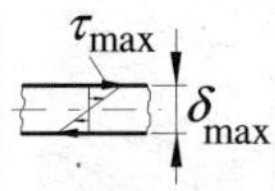  |

**Tabelle:** (Fortsetzung)

| Querschnittsfläche | Torsionsträgheitsmoment $I_T$ | Torsionswiderstands-moment $W_T$ | Bemerkungen |
|---|---|---|---|
| **offener dünn-wandiger Kreisring** 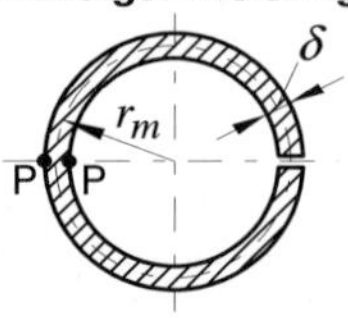  $r_m$: mittlerer Radius | $\frac{2}{3}\pi r_m \delta^3$ | $\frac{2}{3}\pi r_m \delta^2$ | $\tau_{max}$ in P |
| **dünnwandiger Rechteck-Hohlquer-schnitt** 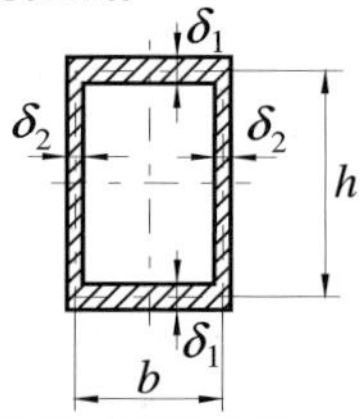  | $\frac{4(bh)^2}{2\left(\frac{b}{\delta_1}+\frac{h}{\delta_2}\right)}$ | $2bh\,\delta_{min}$ | $\tau_{max}$ bei $\delta_{min}$ |
| **Elliptischer Ring** 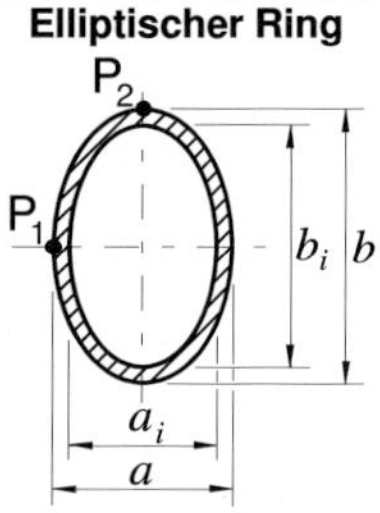  | $\frac{\pi}{16}\cdot\frac{n^3(a^4-a_i^4)}{n^2+1}$ | $\frac{\pi}{16}\cdot\frac{n(a^4-a_i^4)}{a}$ | Voraussetzung: $n=\frac{b}{a}=\frac{b_i}{a_i}\geq 1.$ $\tau_{max}$ in $P_1$, in $P_2$: $\tau_2=\frac{\tau_{max}}{n}.$ |
| **Regelmäßiges Sechseck** 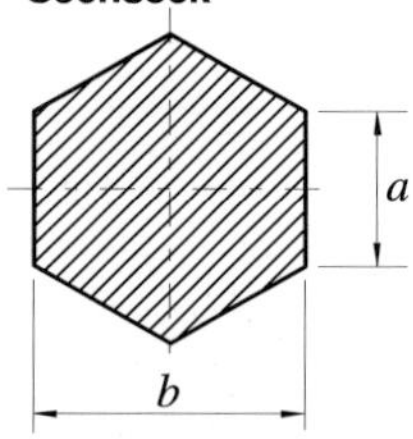  | $0{,}1154\ b^4 = 1{,}0386\ a^4$ | $0{,}1889\ b^3 = 0{,}9815\ a^3$ | $\tau_{max}$ in den Seitenmitten |
| **Regelmäßiges Achteck** 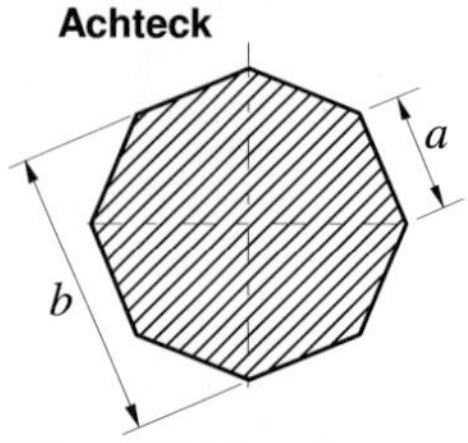  | $0{,}108\ b^4 = 3{,}67\ a^4$ | $0{,}185\ b^3 = 2{,}60\ a^3$ | $\tau_{max}$ in den Seitenmitten |

# F8 Lage der Schubmittelpunkte von dünnwandigen Profilen

- Weist der Querschnitt ***eine Symmetrieachse*** auf, so liegt der Schubmittelpunkt M auf ihr.
- Hat der Querschnitt ***zwei Symmetrieachsen***, fällt der Schubmittelpunkt M mit dem Schwerpunkt S zusammen.
- Bei Querschnitten mit ***Punktsymmetrie*** (Zentralsymmetrie = Deckungsgleichheit mit sich selbst bei Drehung um 180° um den Schwerpunkt) fällt der Schubmittelpunkt M mit dem Schwerpunkt S zusammen.
- Bei ***dünnwandig offenen Profilen*** liegt der Schubmittelpunkt M meist außerhalb der Querschnittsfläche (auf Seite gegenüber der Öffnung).

<table>
<tr><th>Querschnitt</th><th>Lage des Schubmittelpunktes M</th><th>Querschnitt</th><th>Lage des Schubmittelpunktes M</th></tr>
<tr><td></td><td rowspan="3">M liegt im Schnittpunkt der Profilmittellinien<br><br>(gilt für alle sternartigen Profile)</td><td>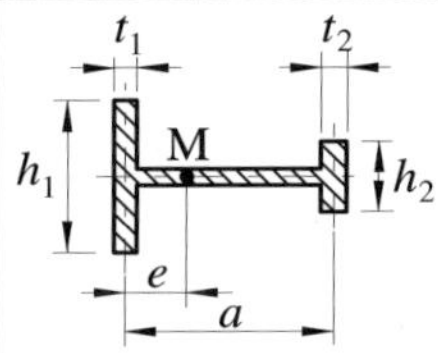</td><td>$e = \frac{1}{1+\left(\frac{h_1}{h_2}\right)^3 \frac{t_1}{t_2}}\, a$</td></tr>
<tr><td>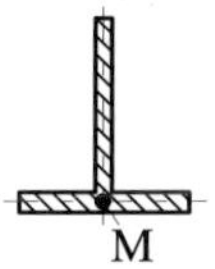</td><td>t = konst.<br>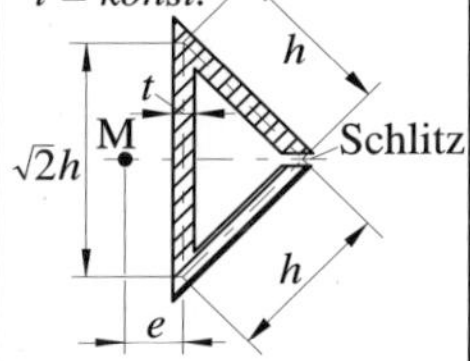</td><td>$e = \frac{1}{2\left(1+\sqrt{2}\right)}\, h$</td></tr>
<tr><td></td><td>t = konst.<br>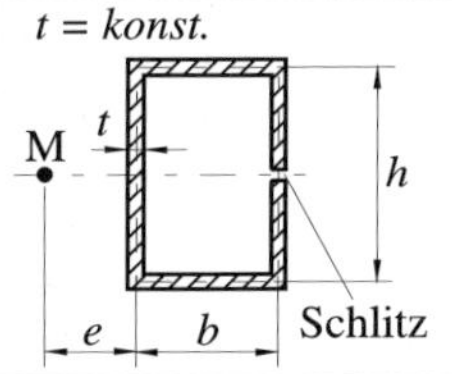</td><td>$e = \frac{b}{2} \cdot \frac{3b+2h}{3b+h}$</td></tr>
<tr><td>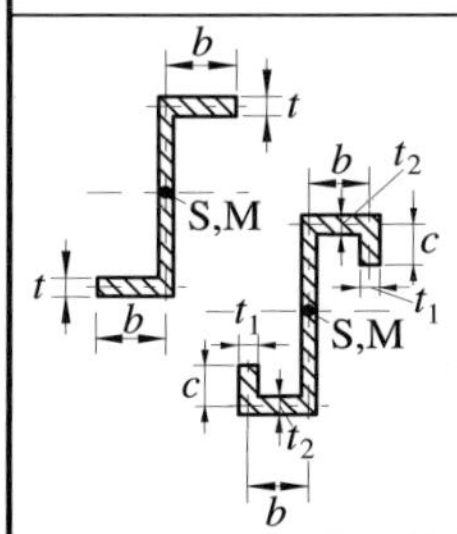</td><td>S ≡ M</td><td>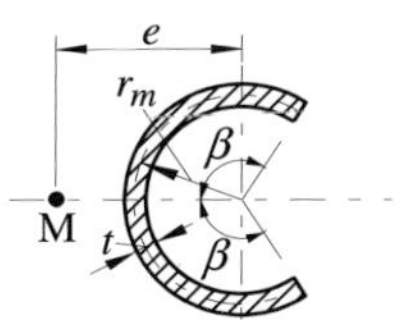<br>$r_m$: mittlerer Radius</td><td>$e = 2\, r_m \frac{\sin\beta - \beta\cos\beta}{\beta - \sin\beta\cos\beta}$</td></tr>
<tr><td>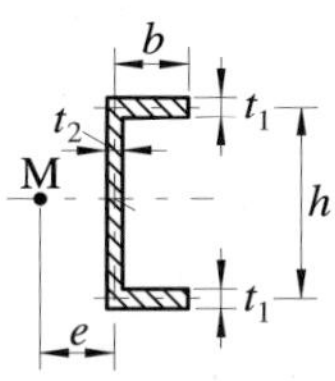</td><td>$e = \frac{3t_1 b^2}{6bt_1 + ht_2}$</td><td>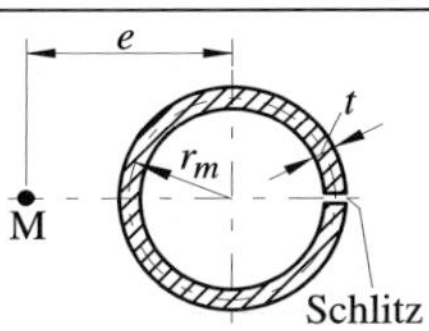<br>$r_m$: mittlerer Radius</td><td>$e = 2\, r_m$</td></tr>
</table>

# F9 Querkraftschub

$$\tau(z) = \frac{Q_z \cdot S_y(z)}{b(z) \cdot I_y}$$

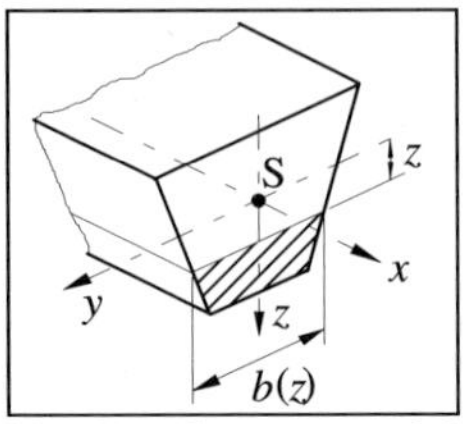


*Bild 9.1A: Zur Spannungsgleichung bei Schub aus Querkraft infolge Biegung*

$Q(z)$: Querkraft in $z$-Richtung
$S_y(z)$: statisches Moment einer Teilquerschnittsfläche bezüglich der $y$-Achse, die durch eine Parallele zur $y$-Achse bei $z$ vom Gesamtquerschnitt abgeschnitten wird
$b(z)$: Schnittbreite der abgeschnittenen Teilquerschnittsfläche (Bild 9.1A)
$I_y$: Flächenträgheitsmoment bezüglich der $y$-Achse (Hauptachse)
($y$ und $z$ sind Hauptachsen durch den Schwerpunkt)

# F10 Knickung

$$\lambda = \frac{s_K}{i_{\min}}$$

$$i_{\min} = \sqrt{\frac{I_{\min}}{A}}$$

$\lambda$: Schlankheitsgrad
$s_K$: freie Knicklänge
$i_{\min}$: kleinster Trägheitsradius
$I_{\min}$: kleinstes Flächenträgheitsmoment
$A$: Flächeninhalt des Querschnitts

- **Elastische Knickung nach EULER**

$$\lambda_{\min} = \pi \cdot \sqrt{\frac{E}{\sigma_p}}$$

| Werkstoff | $\lambda_{\min}$ | Gültigkeitsbereich |
|---|---|---|
| S235 | 105 | $\lambda > 105$ |
| E335 | 89 | $\lambda > 89$ |
| EN-GJL | 80 | $\lambda > 80$ |
| Holz | 100 | $\lambda > 100$ |

$\lambda_{\min}$: Grenzschlankheitsgrad für die Gültigkeit der EULERschen Knicktheorie (EULER-Formeln gelten nur für Stäbe mit größerem Schlankheitsgrad als $\lambda_{\min}$)

$$F_{krit} = \frac{\pi^2}{s_K^2} E\, I_{\min} \quad ; \quad \nu_K = \frac{F_{krit}}{F_{zul}}$$

$$\sigma_K = \frac{F_{krit}}{A} \quad ; \quad \sigma_K = \frac{\pi^2}{\lambda^2} E$$

Bild 10.2A zeigt die Auftragung der Knickspannung $\sigma_K$ über dem Schlankheitsgrad $\lambda$ (EULER-Hyperbel).

$\sigma_p$: Proportionalitätsgrenze (im Druckbereich)
$F_{krit}$: kritische Knicklast nach EULER
$F_{zul}$: zulässige Kraft
$\sigma_K$: kritische Knickspannung
$\nu_K$: Knicksicherheit
$E$: Elastizitätsmodul

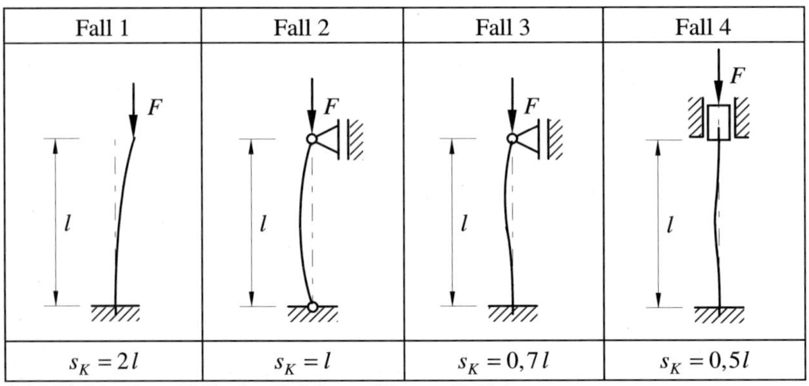


*Bild 10.1A: Grundfälle der Knickung (EULER-Fälle)*

- **Nichtelastische Knickung nach TETMAJER**

Die Knickung im nichtelastischen Bereich mit $\lambda < \lambda_{\text{min}}$ wird durch eine auf experimentellen Ergebnissen basierenden Formel von TETMAJER erfasst:

$$\sigma_K = a - b\,\lambda + c\,\lambda^2 .$$

Die werkstoffabhängigen konstanten Faktoren $a$, $b$ und $c$ sind der folgenden Tabelle zu entnehmen.

$\sigma_K$ : kritische Knickspannung

$a,b,c$ : werkstoffabhängige Faktoren (siehe folgende Tabelle)

| Werkstoff | $a$ | $b$ | $c$ | Gültigkeitsbereich |
|---|---|---|---|---|
| | N / mm² | | | |
| S235 | 240 | 0 | 0 | $0 < \lambda < 60$ |
| | 310 | 1,14 | 0 | $60 < \lambda < 105$ |
| E335 | 335 | 0,62 | 0 | $0 < \lambda < 89$ |
| EN-GJL | 776 | 12 | 0,053 | $0 < \lambda < 80$ |
| Nadelholz | 29,3 | 0,194 | 0 | $0 < \lambda < 100$ |

$$F_K = \sigma_K \cdot A = \left(a - b\lambda + c\lambda^2\right)A$$

$$F_{zul} = \frac{F_K}{\nu_K} = \frac{A}{\nu_K}\left(a - b\lambda + c\lambda^2\right)$$

$$\nu_{\text{vorh}} = \frac{F_K}{F} = \frac{\sigma_K}{\sigma_{\text{vorh}}}$$

$F_K$ : Knicklast nach TETMAJER

$F_{zul}$ : zulässige Kraft

$F$ : vorhandene Kraft

$\nu_K$ : Knicksicherheit

$\nu_{\text{vorh}}$ : vorhandene Knicksicherheit

$\sigma_{\text{vorh}}$ : vorhandene Druckspannung $F/A$

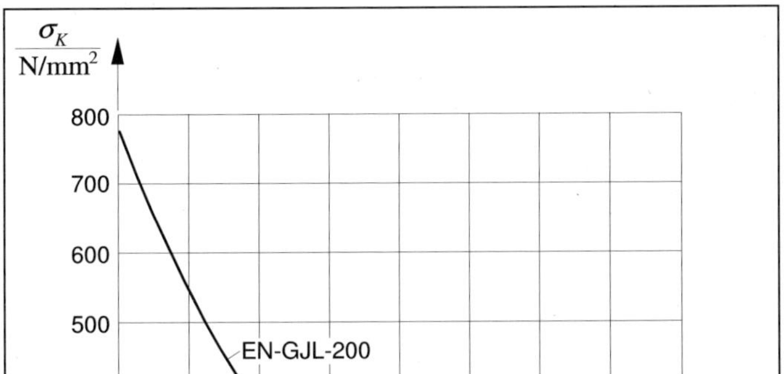


*Bild 10.2A: Knickspannung $\sigma_K$ in Abhängigkeit vom Schlankheitsgrad $\lambda$ für verschiedene Werkstoffe*

Im Bild 10.2A sind die vollständigen aus TETMAJER-Geraden (-Parabel) und EULER-Hyperbeln zusammengesetzten Kurven für die Knickspannung $\sigma_K$ für verschiedene Werkstoffe aufgetragen.

Für die Berechnung nach TETMAJER gelten auch die vier in Bild 10.1A zusammengestellten Grundfälle.

## ♦ Übersicht der Vorgehensweise bei Knickberechnungen

| | Berechnung von Knickstäben nach EULER | TETMAJER |
|---|---|---|
| Berechnungsverfahren | | |
| **Fall 1:**<br>Belastbarkeitsrechnung<br>(Knickstab liegt in all seinen Abmessungen vor)<br>ertragbare Belastung = ? | $\lambda_{\text{vorh}} = \dfrac{s_K}{i_{\min}}$<br><br>$\lambda_{\text{vorh}} \geq \lambda_{\min}$<br><br>$F_{zul} = \dfrac{\pi^2}{\nu_K\, s_K^2} E\, I_{\min}$ | $\lambda_{\text{vorh}} < \lambda_{\min}$<br><br>$F_{zul} = \dfrac{A}{\nu_K}\left(a - b\lambda + c\lambda^2\right)$ |
| **Fall 2:**<br>Entwurfsrechnung<br>(die Querschnittsabmessungen müssen für eine zu übertragende Last ermittelt werden)<br><br>Zu beachten ist, dass in jedem Falle <u>zunächst</u> nach EULER gerechnet wird! | Ermittle das erforderliche Flächenträgheitsmoment nach EULER: $I_{\text{erf}} = \dfrac{F_{\text{vorh}}\, \nu_K\, s_K^2}{\pi^2 E}$.<br><br>Berechne nach Festlegung der Querschnittsmaße $\lambda_{\text{vorh}} = \dfrac{s_K}{i_{\min}}$.<br><br>$\lambda_{\text{vorh}} \geq \lambda_{\min}$<br><br>Die Berechnung ist beendet, da die geforderte Knicksicherheit vorhanden ist. | $\lambda_{\text{vorh}} < \lambda_{\min}$<br><br>Ermittlung der vorhandenen Knickspannung und Knicksicherheit nach TETMAJER:<br>$\nu_{\text{vorh}} = \dfrac{\sigma_K}{\sigma_{\text{vorh}}} = \dfrac{A\left(a - b\lambda + c\lambda^2\right)}{F}$.<br><br>**Überprüfung der Knicksicherheit:**<br>Ist $\nu_{\text{vorh}} \geq \nu_K$, so ist der Querschnitt ausreichend und die Berechnung beendet. Wenn die vorhandene Knicksicherheit $\nu_{\text{vorh}}$ kleiner als die geforderte ist, wählen wir einen größeren Querschnitt und berechnen das neue $\lambda_{\text{vorh}}$ und $\nu_{\text{vorh}}$, bis die geforderte Sicherheit $\nu_K$ erreicht wird. |

**Hinweis:** Bei Stabilitätsuntersuchungen müssen wir uns häufig an branchentypische Vorschriften halten. So sind z.B. im Bauwesen (Stahlbau, Stahlbetonbau) andere Berechnungsverfahren für die Knickung vorgeschrieben.

# F11 Dünnwandige Behälter (Membranschalen) unter Innendruck

## ♦ Dünnwandiger zylindrischer Behälter (Rohr)

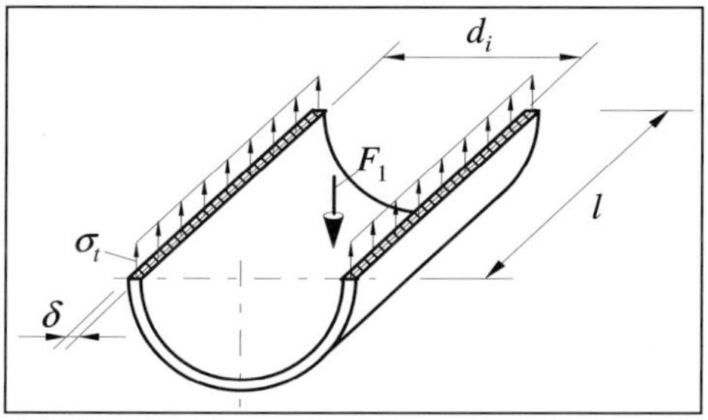


*Bild 11.1A: Tangentialspannung im Längsschnitt*

| | |
|---|---|
| $p$ : | Innendruck |
| $d_i$ : | Innendurchmesser |
| $\delta$: | Wanddicke |
| $F_1$ : | Resultierende aller auf der gesamten Oberfläche vertikal angreifenden Innendruckkräfte (Bild 11.1A) |
| $\sigma_t$ : | Tangentialspannung (Umfangsspannung) |

Aus der Gleichgewichtsbedingung an der Halbschale (Bild 11.1A) erhalten wir:

$$F_1 - \sigma_t \, 2 \, l \, \delta = 0$$

$$p \, d_i \, l - 2 \, \sigma_t \, l \, \delta = 0 \quad \Rightarrow \quad \boxed{\sigma_t = \frac{p \, d_i}{2 \, \delta}}$$ (*"Kesselformel"*).

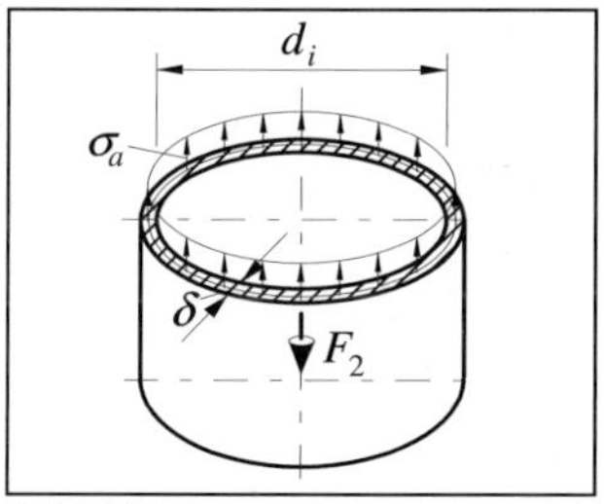


*Bild 11.2A: Axialspannung im Schnitt quer zur Zylinderlängsachse*

| | |
|---|---|
| $p$ : | Innendruck |
| $d_i$ : | Innendurchmesser |
| $\delta$: | Wanddicke |
| $F_2$ : | Resultierende aller auf der gesamten Oberfläche vertikal angreifenden Innendruckkräfte (Bild 11.2A) |
| $\sigma_a$ : | Axialspannung (Längsspannung) |

Analog folgt (Bild 11.2A):

$$F_2 - \sigma_a \, d_i \, \pi \, \delta = 0$$

$$p \, d_i^2 \, \frac{\pi}{4} - \sigma_a \, d_i \, \pi \, \delta = 0 \quad \Rightarrow \quad \boxed{\sigma_a = \frac{p \, d_i}{4 \, \delta}}$$ (*"Kesselformel"*).

## ♦ Dünnwandiger Kugelbehälter

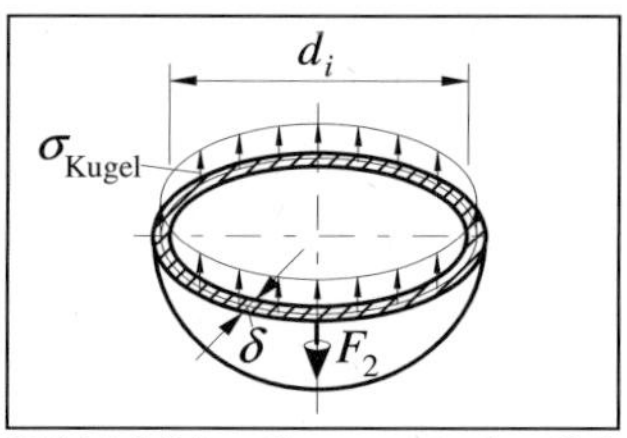


*Bild 11.3A: Spannung im Schnitt durch den Kugelmittelpunkt*

| | |
|---|---|
| $p$ : | Innendruck |
| $d_i$ : | Innendurchmesser |
| $\delta$: | Wanddicke |
| $F_2$ : | Resultierende aller auf der gesamten Oberfläche vertikal angreifenden Innendruckkräfte (Bild 11.3A) |
| $\sigma_{\text{Kugel}}$ : | Spannung im Schnitt durch den Mittelpunkt des Kugelkessels |

Beim Kugelbehälter gibt es keinen Längsschnitt. Alle Schnitte durch den Kugelmittelpunkt (Bild 11.3A) sind Schnitte entsprechend dem in Bild 11.2A. Deshalb gilt für die Spannung im Kugelbehälter:

$$\boxed{\sigma_{\text{Kugel}} = \frac{p \, d_i}{4 \, \delta}}$$ (*"Kesselformel"*).

# F12 Festigkeitshypothesen, Vergleichsspannung

Bei mehrachsigen und ungleichartigen Spannungszuständen lautet der Spannungsnachweis

$$\sigma_V \leq \sigma_{zul} \; .$$

Die zulässige Spannung $\sigma_{zul}$ basiert auf Versuchen an einem Probekörper mit einem einachsigen Spannungszustand. $\sigma_V$ ist die ***Vergleichsspannung***, die in verschiedenen ***Festigkeitshypothesen*** entwickelt wurde und eine einzige, dem einachsigen Spannungszustand möglichst gleichwertige Spannung darstellen soll.

♦ **Normalspannungshypothese (nach Rankine, Lamé)**

Für den Bruch ausschlaggebend ist die größte auftretende Normalspannung.

$$\sigma_{V_N} = \sigma_1$$

| Für den ebenen Spannungszustand gilt: | Wenn $\sigma_x = \sigma$, $\sigma_y = 0$ und $\tau_{xy} = \tau$ ist, folgt: |
|---|---|
| $\sigma_{V_N} = \sigma_1 = \dfrac{\sigma_x + \sigma_y}{2} + \sqrt{\left(\dfrac{\sigma_x - \sigma_y}{2}\right)^2 + \tau_{xy}^2} \; .$ | $\sigma_{V_N} = \sigma_1 = \dfrac{\sigma}{2} + \sqrt{\left(\dfrac{\sigma}{2}\right)^2 + \tau^2} \; .$ |

Die Normalspannungshypothese trifft in der Regel nur bei zugbeanspruchten spröden Werkstoffen (z.B. Gußeisen, Glas, Stein) zu.

♦ **Schubspannungshypothese (nach Coulomb, Saint-Vénant, Guest, Tresca)**

Der Schubspannungshypothese liegt die Vorstellung zugrunde, dass für das Eintreten des Fließens die größte auftretende Schubspannung maßgebend ist.

| Für den ebenen Spannungszustand gilt: | Wenn $\sigma_x = \sigma$, $\sigma_y = 0$ und $\tau_{xy} = \tau$ ist, folgt: |
|---|---|
| $\sigma_{V_S} = \sqrt{(\sigma_x - \sigma_y)^2 + 4\tau_{xy}^2} \; .$ | $\sigma_{V_S} = \sqrt{\sigma^2 + 4\,\tau^2} \; .$ |

Diese Hypothese ist brauchbar für zähe Werkstoffe (z.B. Stahl) mit ausgeprägter Streckgrenze.

♦ **Gestaltänderungsenergiehypothese (nach Hencky, von Mises, Huber)**

Der Gestaltänderungsenergiehypothese liegt die Annahme zugrunde, dass die Materialbeanspruchung durch die Gestaltänderung (Formänderung) und nicht durch die Volumenänderung (Raumänderung) hervorgerufen wird.

| Für den ebenen Spannungszustand gilt: | Wenn $\sigma_x = \sigma$, $\sigma_y = 0$ und $\tau_{xy} = \tau$ ist, folgt: |
|---|---|
| $\sigma_{V_G} = \sqrt{\sigma_x^2 + \sigma_y^2 - \sigma_x\,\sigma_y + 3\,\tau_{xy}^2} \; .$ | $\sigma_{V_G} = \sqrt{\sigma^2 + 3\,\tau^2} \; .$ |

Diese Hypothese wird gegenwärtig am häufigsten für zähe Werkstoffe verwendet.

❑ **Anmerkungen**

Bei unterschiedlichen Belastungsfällen (z.B. ruhende Belastung und wechselnde Belastung) kann mit dem Anstrengungsverhältnis $\alpha_0$ als Koeffizient der Schubspannung $\tau$ eine Verfeinerung der Festigkeitshypothesen und eine bessere Anpassung an praktische Erfahrungen erfolgen.

Liegt bei der Normalspannung $\sigma$ und bei der Schubspannung $\tau$ der gleiche Belastungsfall (beide entweder ruhend, schwellend oder wechselnd) vor, so ist das Anstrengungsverhältnis $\alpha_0 = 1$.

Bei der Berechnung von Wellen hat sich die Gestaltänderungsenergiehypothese bewährt, so dass mit dem Anstrengungsverhältnis $\alpha_0$ folgt: $\sigma_{V_G} = \sqrt{\sigma^2 + 3(\alpha_0 \tau)^2}$ .

Zur Vertiefung sei hier auf Bücher über Maschinenelemente verwiesen.

# F13 Zugfestigkeit $R_m$, Streckgrenze $R_{p0,2}$ und Bruchdehnung $A_5$ einiger Werkstoffe

| Werkstoffgruppe | Kurzname | Zugfestigkeit $R_m$ in N/mm² | Streckgrenze $R_{p0,2}$ in N/mm² | Bruchdehnung $A_5$ in % | Anwendungen |
|---|---|---|---|---|---|
| Allgemeine Baustähle nach DIN EN 10025 (früher DIN 17100) | S235J2G3 | 370 - 450 | 215 -235 | 25 | Anlagenteile des Maschinen- und Fahrzeugbaus |
| | S355J2G3 | 490 - 630 | 315 -355 | 20 | |
| | E360 | 670 - 830 | 325 -365 | 10 | |
| Vergütungsstähle DIN EN 10083 (früher DIN 17200) | C45E | 580 - 770 | 305 | 15 | Wellen, Schrauben, Fahrwerksteile |
| | 30CrNiMo8 | 1250 | 1050 | 9 | |
| Einsatzstähle DIN EN 10084 (früher DIN 17210) | C10E | 640 | 390 | 16 | Getriebeteile, Gelenke |
| | 16MnCr5 | 880 | 635 | 10 | |
| Federstähle DIN 17221 | 60 Si Cr 7 | 1320 - 1570 | 1130 | 6 | Tellerfedern, Blattfedern, Federringe |
| | 50 CrV 4 | 1370 - 1670 | 1180 | 6 | |
| Nichtrostende Stähle DIN EN 10088 (früher DIN 17440) | X6Cr17 | 450 - 600 | 270 | 18 | Chemischer Apparatebau, Medizintechnik |
| | X20Cr13 | 750 - 950 | 550 | 10 | |
| Gusseisen mit Lamellengraphit DIN EN 1561 (früher DIN 1691) | EN-GJL-100 | 100 | - | - | Gehäuse, Laufbuchsen |
| | EN-GJL-350 | 350 | 220 | - | |
| Gusseisen mit Kugelgraphit DIN EN 1563 | EN-GJS-400-18 | 400 | 250 | 18 | Getriebeteile, Kurbelwellen, Armaturen |
| | EN-GJS-800-2 | 800 | 480 | 2 | |

# F14 Zulässige Spannungen für Kran-Stahltragwerke

Zulässige Spannungen in **Bauteilen** beim Allgemeinen Spannungsnachweis und Stabilitätsnachweis nach DIN 15018 Teil 1 (Krane):

| Stahlsorte der Bauteile: Kurzname | nach | Lastfall | zulässige Vergleichsspannung / zulässige Zugspannung $\sigma_{z\,zul}$ N/mm² | zulässige Druckspannung $\sigma_{d\,zul}$ N/mm² | zulässige Schubspannung $\tau_{zul}$ N/mm² |
|---|---|---|---|---|---|
| S235 *) | DIN EN 10025 | H | 160 | 140 | 92 |
| | | HZ | 180 | 160 | 104 |
| S355 | DIN EN 10025 | H | 240 | 210 | 138 |
| | | HZ | 270 | 240 | 156 |

*) Alle Gütegruppen, Erschmelzungs- und Vergießungsarten.

# F15 Ausgewählte Werkstoffkennwerte

Angegeben sind Richtwerte. Genaue Werte sind den Regelwerken, z.B. DIN-Normen oder Europäischen Normen (EN), zu entnehmen.

| Werkstoff | Dichte<br>$\rho$ in kg/dm³ | Elastizitätsmodul<br>$E$ in N/mm² | Schubmodul<br>$G$ in N/mm² | Querdehnungszahl<br>$\nu$ in [–] | Wärmeausdehnungskoeffizient<br>$\alpha$ in 1/K |
|---|---|---|---|---|---|
| Stahl | 7,85 | $21 \cdot 10^4$ | $8{,}1 \cdot 10^4$ | 0,30 | $12 \cdot 10^{-6}$ |
| Gusseisen | 7,2 | $(6{,}4...18) \cdot 10^4$ | $(2{,}5...5) \cdot 10^4$ | 0,26 | $12 \cdot 10^{-6}$ |
| Aluminium | 2,7 | $7{,}1 \cdot 10^4$ | $2{,}7 \cdot 10^4$ | 0,34 | $23{,}9 \cdot 10^{-6}$ |
| Kupfer | 8,96 | $12{,}5 \cdot 10^4$ | $4{,}6 \cdot 10^4$ | 0,34 | $16{,}8 \cdot 10^{-6}$ |
| Messing<br>(60% Cu, 40% Zn) | 8,47 | $10 \cdot 10^4$ | $3{,}7 \cdot 10^4$ | 0,36 | $18 \cdot 10^{-6}$ |
| Titan | 4,5 | $10{,}8 \cdot 10^4$ | $4 \cdot 10^4$ | 0,36 | $8{,}5 \cdot 10^{-6}$ |
| Beton | 2,32 | $(2{,}2...3{,}9) \cdot 10^4$ | $1{,}5 \cdot 10^4$ | 0,15...0,22 | $(5{,}4...14{,}2) \cdot 10^{-6}$ |
| Holz<br>in Faserrichtung:<br>Eiche<br>Fichte<br>quer zur Faser:<br>Eiche<br>Fichte | <br><br>0,3...0,7<br>(Fichte) | <br><br>$1{,}3 \cdot 10^4$<br>$1{,}0 \cdot 10^4$<br><br>$0{,}16 \cdot 10^4$<br>$0{,}08 \cdot 10^4$ | | | <br><br>$4{,}9 \cdot 10^{-6}$<br>$5{,}4 \cdot 10^{-6}$<br><br>$54{,}4 \cdot 10^{-6}$<br>$34{,}1 \cdot 10^{-6}$ |

# F16 Anwendung des Energieprinzips bei Biegebeanspruchung (CASTIGLIANO, MOHRsches Arbeitsintegral, Kraftgrößenverfahren)

Bei der Beanspruchung eines elastischen Systems treten Verformungen auf. Die äußeren Kräfte verrichten zur Verformung eines Körpers eine **äußere Formänderungsarbeit** $W_a$. Im Innern des Körpers wird diese Arbeit als **innere Formänderungsenergie** $W_F$ gespeichert. Unter Berücksichtigung des Energieerhaltungssatzes gilt für einen elastisch deformierbaren Körper

$$\boxed{W_a = W_F}.$$

Die Anwendung des Energieprinzips hat den Vorteil, dass die Berechnung bei ungleichmäßig dicken, abgewinkelten und gekrümmten Trägern besonders einfach ist.

## ◆ Satz von CASTIGLIANO*

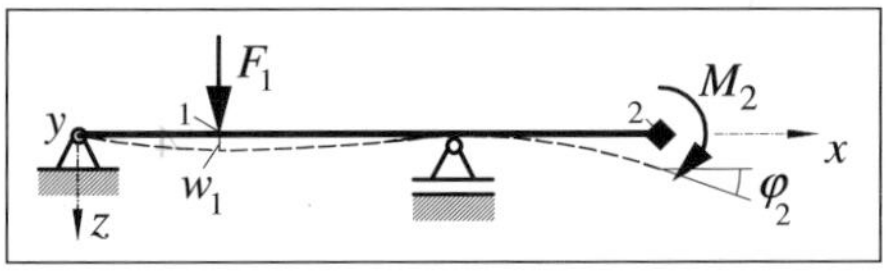


*Bild 18.1A:*
*Verschiebung und Verdrehung infolge der Belastung*

Der **1. Satz von CASTIGLIANO** lautet: $\boxed{\frac{\partial W_F}{\partial F_i} = w_i}$ und $\boxed{\frac{\partial W_F}{\partial M_i} = \varphi_i}$.

Die partielle Ableitung der Formänderungsenergie $W_F$ nach der Kraft $F_i$ ist gleich der Verschiebung $w_i$ des Kraftangriffspunktes *i* in Richtung der Wirkungslinie dieser Kraft $F_i$.

Die partielle Ableitung der Formänderungsenergie $W_F$ nach dem Moment $M_i$ ist gleich dem Verdrehwinkel $\varphi_i$ des Momentenangriffspunktes *i* in Drehrichtung des Momentes $M_i$.

## - Anwendung auf statisch bestimmt gelagerte Systeme

Für auf Biegung beanspruchte Träger folgt aus der Formänderungsenergie eines Biegebalkens

$$W_F = \int_0^l \frac{M_y^2(x)}{2EI} dx \quad \text{und} \quad \frac{\partial W_F}{\partial F_i} = w_i \quad \text{sowie} \quad \frac{\partial W_F}{\partial M_i} = \varphi_i$$

für die Berechnung der Verschiebungen und Verdrehungen infolge von Biegung

$$\boxed{w_i = \int_0^l \frac{M_y(x)}{EI} \cdot \frac{\partial M_y(x)}{\partial F_i} dx} \quad \text{und} \quad \boxed{\varphi_i = \int_0^l \frac{M_y(x)}{EI} \cdot \frac{\partial M_y(x)}{\partial M_i} dx}.$$

Werden Verformungen an einer Stelle gesucht, an der keine äußere Belastung wirkt, so ist dort eine Hilfskraft $F_H$ in der Richtung, in der die Verschiebung gesucht ist, anzubringen bzw. ein Hilfsmoment $M_H$, falls eine Verdrehung zu bestimmen ist (Bild 18.3A).

* CASTIGLIANO, Carlo Alberto, 1847 – 1884, italienischer Ingenieur

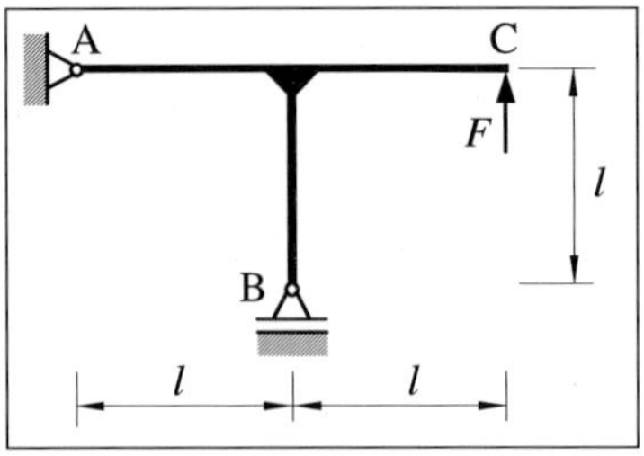


*Bild 18.2A: Bestimmung der Verschiebung von B und der Verdrehung in C*

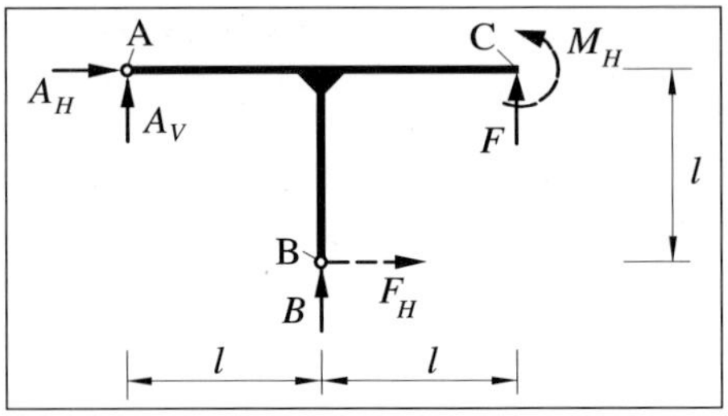


*Bild 18.3A: Freigeschnittenes System für das System nach Bild 18.2A mit den Hilfsgrößen $F_H$ und $M_H$*

Die Berechnung ist in folgenden Schritten durchzuführen:

1. Freischneiden (Freimachen), notwendige Hilfsgrößen einführen, eventuell Auflagerreaktionen ermitteln.
2. Bestimmung der Biegemomentenfunktion $M_y(x_i)$ in den einzelnen Trägerstücken und tabellarische Erfassung der Momente $M_y(x_i)$, Ableitungen und Gültigkeitsbereiche.
3. Ausrechnen der Integrale, wobei die eventuell eingeführten Hilfsgrößen $F_H$ und $M_H$ Null zu setzen sind. Die Hilfsgrößen werden nur bis zum Bilden der Ableitungen benötigt.

## - Anwendung auf statisch unbestimmt gelagerte Systeme

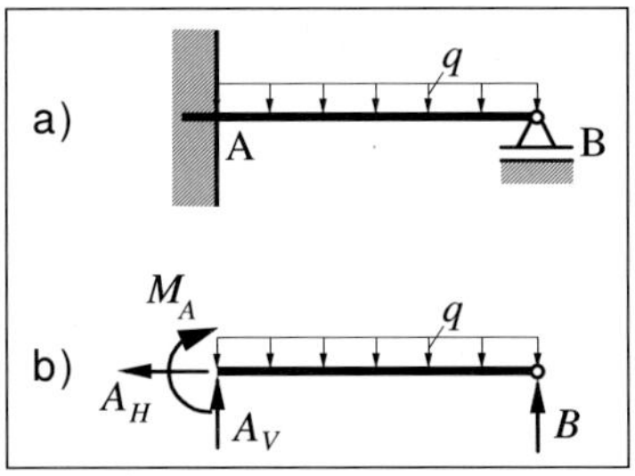


*Bild 18.4A: a) Einfach statisch unbestimmtes System*
*b) Freikörperbild (4 unbekannte Lagerreaktionen)*

Wenn die $m$ statischen Gleichgewichtsbedingungen nicht ausreichen, um die $n$ Lagerreaktionen zu ermitteln, liegt ein **($n$-$m$)-fach statisch unbestimmtes Problem** vor, zu dessen Lösung Formänderungsbetrachtungen notwendig sind. Führen wir ***n-m*** **Lagerreaktionen** als äußere unbekannte Belastungen (**statisch Unbestimmte**) ein, von denen wir wissen, dass sie keine Verformungen hervorrufen (im System nach Bild 18.4A wählen wir z.B. die Kraft $B$ als statisch Unbestimmte), so können wir mit dem Satz von CASTIGLIANO aus Gleichungen der Form $\boxed{\dfrac{\partial W_F}{\partial X_i} = 0}$ die statisch Unbestimmten ermitteln. Mit $X_i$ bezeichnen wir die ***i*-te statisch Unbekannte** (Kraft oder Moment).

Bei der Berechnung sind folgende Schritte durchzuführen:

1. Freischneiden (Freimachen), eventuell notwendige Hilfsgrößen einführen, Gleichgewichtsbedingungen formulieren.
2. Wahl der statisch Unbestimmten, Biegemomentenfunktionen und die benötigten Ableitungen tabellarisch aufschreiben.
3. Ausrechnen der Integrale, wobei die eventuell eingeführten Hilfsgrößen $F_H$ und $M_H$ Null zu setzen sind. Die Hilfsgrößen werden nur bis zum Bilden der Ableitungen benötigt.

## ◆ Arbeitssatz (MOHR*sches Arbeitsintegral)

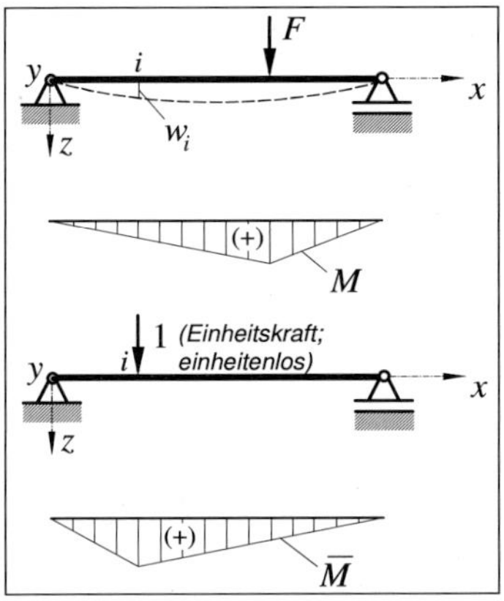


*Bild 18.5A: Zum Arbeitssatz (MOHRsches Arbeitsintegral)*

Die bei der Lösungsmethode nach CASTIGLIANO immer wieder vorkommenden Integrale können wir ein für alle Mal lösen (siehe untenstehende Tabelle) und dadurch die Rechnung weitgehend schematisieren. Dies gelingt mit Hilfe des **MOHRschen Arbeitsintegrals** (Arbeitssatz) $\boxed{w_i = \int_l \frac{M\,\overline{M}}{EI}\,dx}$ (Bild 18.5A).

Für den Verdrehungswinkel $\varphi_i$ gilt analog $\boxed{\varphi_i = \int_l \frac{M\,\overline{M}}{EI}\,dx}$.

$M$: Momentenfunktion infolge der Originalbelastung

$\overline{M}$: Momentenfunktion infolge der Einheitskraft 1 bei Verschiebung oder des Einheitsmomentes 1 bei Verdrehung

$w_i$: Verschiebung an der Stelle $i$

$\varphi_i$: Verdrehung an der Stelle $i$

$EI$: Biegesteifigkeit

**Tabelle der Integrale $\int_l M\,\overline{M}\,dx$ für häufig auftretende Momentenlinien-Kombinationen:** Alle Diagramme haben die Länge $l$. Die Scheitel der quadratischen Parabeln sind mit ∘ gekennzeichnet. Für die Anwendung der Formeln ist es gleichgültig, welches der Diagramme $M$ und welches $\overline{M}$ ist.

| $\overline{M}$ / $M$ | $\overline{M}_1$ 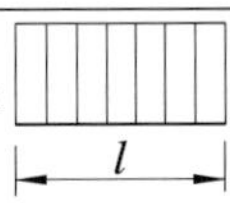 $l$ | 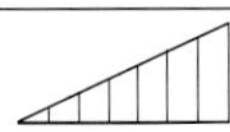 $\overline{M}_2$ | $\overline{M}_1$ 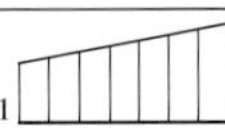 $\overline{M}_2$ |
|---|---|---|---|
| $M_1$ 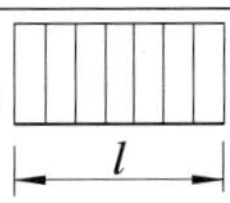 $l$ | $M_1 \cdot \overline{M}_1 \cdot l$ | $\frac{1}{2} M_1 \cdot \overline{M}_2 \cdot l$ | $\frac{1}{2} M_1 (\overline{M}_1 + \overline{M}_2) l$ |
| 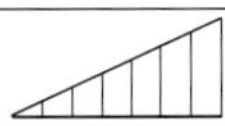 $M_2$ | $\frac{1}{2} M_2 \cdot \overline{M}_1 \cdot l$ | $\frac{1}{3} M_2 \cdot \overline{M}_2 \cdot l$ | $\frac{1}{6} M_2 (\overline{M}_1 + 2\overline{M}_2) l$ |
| $M_1$ 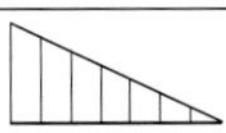 | $\frac{1}{2} M_1 \cdot \overline{M}_1 \cdot l$ | $\frac{1}{6} M_1 \cdot \overline{M}_2 \cdot l$ | $\frac{1}{6} M_1 (2\overline{M}_1 + \overline{M}_2) l$ |
| $M_1$ 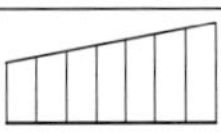 $M_2$ | $\frac{1}{2}(M_1 + M_2)\overline{M}_1 \cdot l$ | $\frac{1}{6}(M_1 + 2M_2)\overline{M}_2 \cdot l$ | $\frac{1}{6}[M_1(2\overline{M}_1 + \overline{M}_2) + M_2(\overline{M}_1 + 2\overline{M}_2)] l$ |
| 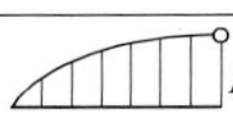 $M_2$ | $\frac{2}{3} M_2 \cdot \overline{M}_1 \cdot l$ | $\frac{5}{12} M_2 \cdot \overline{M}_2 \cdot l$ | $\frac{1}{12} M_2 (3\overline{M}_1 + 5\overline{M}_2) l$ |
| $M_1$ 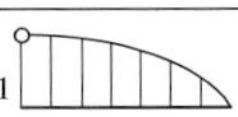 | $\frac{2}{3} M_1 \cdot \overline{M}_1 \cdot l$ | $\frac{1}{4} M_1 \cdot \overline{M}_2 \cdot l$ | $\frac{1}{12} M_1 (5\overline{M}_1 + 3\overline{M}_2) l$ |
| 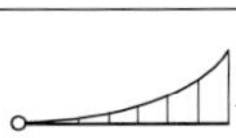 $M_2$ | $\frac{1}{3} M_2 \cdot \overline{M}_1 \cdot l$ | $\frac{1}{4} M_2 \cdot \overline{M}_2 \cdot l$ | $\frac{1}{12} M_2 (\overline{M}_1 + 3\overline{M}_2) l$ |
| $M_1$ 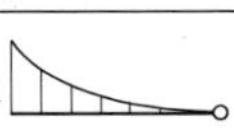 | $\frac{1}{3} M_1 \cdot \overline{M}_1 \cdot l$ | $\frac{1}{12} M_1 \cdot \overline{M}_2 \cdot l$ | $\frac{1}{12} M_1 (3\overline{M}_1 + \overline{M}_2) l$ |

* MOHR, Otto, 1835 – 1918, deutscher Altmeister der Technischen Mechanik

## ◆ Kraftgrößenverfahren

### - Einfach statisch unbestimmtes System

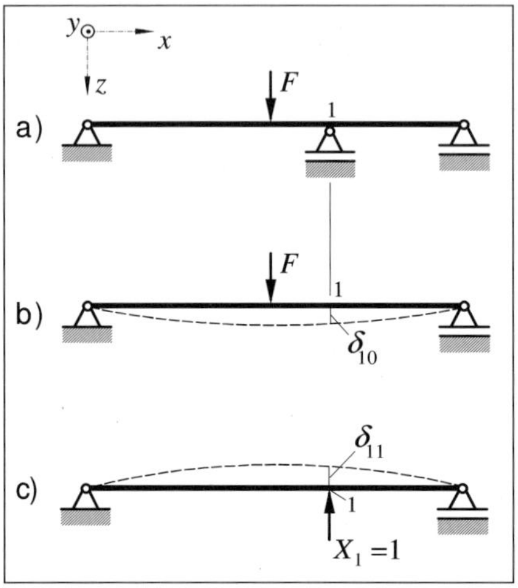


*Bild 18.6A:*

*a) einfach statisch unbestimmtes System (Gesamtsystem)*

*b) statisch bestimmt gemachtes Hauptsystem mit Originalbelastung*

*c) statisch bestimmt gemachtes System mit der statisch Unbestimmten $X_1 = 1$*

Beim Kraftgrößenverfahren denken wir uns das System aufgelöst in ein statisch bestimmtes System, an welchem außer den Belastungen die statisch unbestimmten Größen als äußere Kräfte angreifen (Bild 18.6A).

Durch Wegnahme des mittleren Lagers (Bild 18.6Aa) wird das System statisch bestimmt gemacht (**Hauptsystem**) (Bild 18.6Ab). An der Lagerstelle 1 tritt am Hauptsystem infolge der Originalbelastung die Verschiebung $\delta_{10}$ auf (Bild 18.6Ab).

Das Entfernen des mittleren Lagers wird rückgängig gemacht, indem wir die **statisch Unbestimmte** $X_1$ anbringen.

Zunächst nehmen wir $X_1 = 1$ (Einheitskraft 1 ist einheitenlos) an. Die daraus ergebende Durchbiegung an der Lagerstelle 1 bezeichnen wir mit $\delta_{11}$ (Bild 18.6Ac).

Da am Gesamtsystem bei 1 durch das vorhandene Lager eine Durchbiegung verhindert wird, muss die Durchbiegung infolge $X_1$ derjenigen infolge der Originalbelastung am Hauptsystem entgegengesetzt gleich groß sein. Dabei ist die Durchbiegung infolge der wirklich vorhandenen Kraft $X_1$ gleich dem $X_1$-fachen Wert von $\delta_{11}$ infolge $X_1 = 1$. Die Größe $\delta_{11}$ stellt dann die Durchbiegung je Einheit der Kraft $X_1$ dar.

Folglich ist die Gesamtdurchbiegung $\delta_1$ an der Stelle 1 des Hauptsystems wegen der Kompatibilitätsbedingung gleich Null, so dass gilt

$$\boxed{\delta_1 = 0 = \delta_{10} + \delta_{11} \cdot X_1}.$$

Daraus folgt die statisch Unbestimmte

$$\boxed{X_1 = -\frac{\delta_{10}}{\delta_{11}}}.$$

***Notizen***

# Literatur

## Lehrbücher zur Technischen Mechanik (Auswahl)


ASSMANN, B.; SELKE, P.: Technische Mechanik (3 Bände). München: Oldenbourg Verlag

BERGER, J.: Technische Mechanik für Ingenieure (3 Bände). Braunschweig / Wiesbaden: Verlag Vieweg

BIRNBAUM, H.; DENKMANN, N.: Taschenbuch der Technischen Mechanik. Frankfurt am Main: Verlag Harri Deutsch

BÖGE, A.: Technische Mechanik. Braunschweig / Wiesbaden: Verlag Vieweg

DANKERT, H.; DANKERT, J.: Technische Mechanik (computerunterstützt). Stuttgart: Verlag Teubner

GÖLDNER, H.; HOLZWEISSIG, F.: Leitfaden der Technischen Mechanik. Leipzig: Fachbuchverlag Leipzig

GROSS, D.; HAUGER, W.; SCHRÖDER, J.; WALL, W.: Technische Mechanik (3 Bände). Berlin: Springer-Verlag

HAGEDORN, P.: Technische Mechanik (3 Bände). Frankfurt am Main: Verlag Harri Deutsch

HAHN, H.G.: Technische Mechanik. München: Hanser Verlag

HOLZMANN, G.; MEYER, H.; SCHUMPICH, G.: Technische Mechanik (3 Bände). Stuttgart: Verlag Teubner

KNAPPSTEIN, G.: Statik
insbesondere Schnittprinzip
Haan-Gruiten: Verlag Europa-Lehrmittel

KNAPPSTEIN, G.: Aufgaben zur Festigkeitslehre - ausführlich gelöst
Mit Grundbegriffen, Formeln, Fragen, Antworten
Haan-Gruiten: Verlag Europa-Lehrmittel

MAGNUS, K.; MÜLLER-SLANY, H.H.: Grundlagen der Technischen Mechanik. Stuttgart: Verlag Teubner

MAYR, M.: Technische Mechanik. München: Hanser Verlag

# Sachwortverzeichnis

Der Zusatz ff. bedeutet, dass ein Stichwort auch auf mehreren Folgeseiten behandelt wird.